나합격
제강기능장
필기 X 실기

시험접수부터 자격증발급까지 응시절차

01
시험일정 & 응시자격조건 확인

- 큐넷 **시험일정 안내**에서 응시 종목의 접수기간과 시험일을 확인합니다.
- 큐넷 **자격정보**에서 응시 종목의 자격조건을 확인합니다(기능사 제외).

04
필기시험 합격자 발표

- 인터넷, ARS 또는 접수한 지사에서 공고됩니다.
- CBT의 경우 큐넷 **합격자 발표조회**에서 바로 확인이 가능합니다.

www.Q-net.or.kr 큐넷은 한국산업인력공단에서 운영하는국가 자격증 포털 사이트입니다.

02
필기시험 원서접수

- 큐넷 **www.Q-net.or.kr**에 로그인합니다.
  (회원가입 시 반명함판 사진 등록 필수)
- 큐넷 **원서접수**에서 신청 순서에 따라 접수하면 됩니다.
- 시험일자 및 장소는 **현재 접수 가능인원**을 반드시 확인 후 선택해야 합니다.
- **결제하기**에서 검정수수료 확인 후 결제를 진행합니다.

03
필기시험 응시 및 유의사항

- **신분증은 반드시 지참**해야 하며, 기타 준비물은 큐넷 **수험자 준비물**에서 확인하시면 됩니다.
- 시험시간 20분 전부터 입실이 가능합니다.
  (시험시간 미준수 시 시험 응시 불가)

05
실기시험 원서접수

- 인터넷 접수 **www.Q-net.or.kr** 만 가능하며, 필기시험 합격자에 한하여 실기접수기간에 접수합니다.
- 최종합격여부는 큐넷 홈페이지를 통해 확인할 수 있습니다.

06
자격증 신청 및 수령

- 큐넷 **자격증 발급 신청**에서 상장형, 수첩형 자격증 선택
- 상장형 - 무료 / 수첩형 수수료 - 6,110원

콕!집어~ 꼭!필요한 제강기능장 오리엔테이션

제강기능장?

제강기능장은 고철 및 용선을 제강로(전로, 전기로) 등에 장입한 후 성분조정 금속을 첨가하여 탈탄, 탈인, 탈산, 탈황 반응에 의하여 용해, 산화, 환원을 하고 조괴 및 연속주조 공정을 거쳐 양질의 강과 특수강 등을 제조하는 직무 수행하는데 필수적인 국가기술자격증입니다.

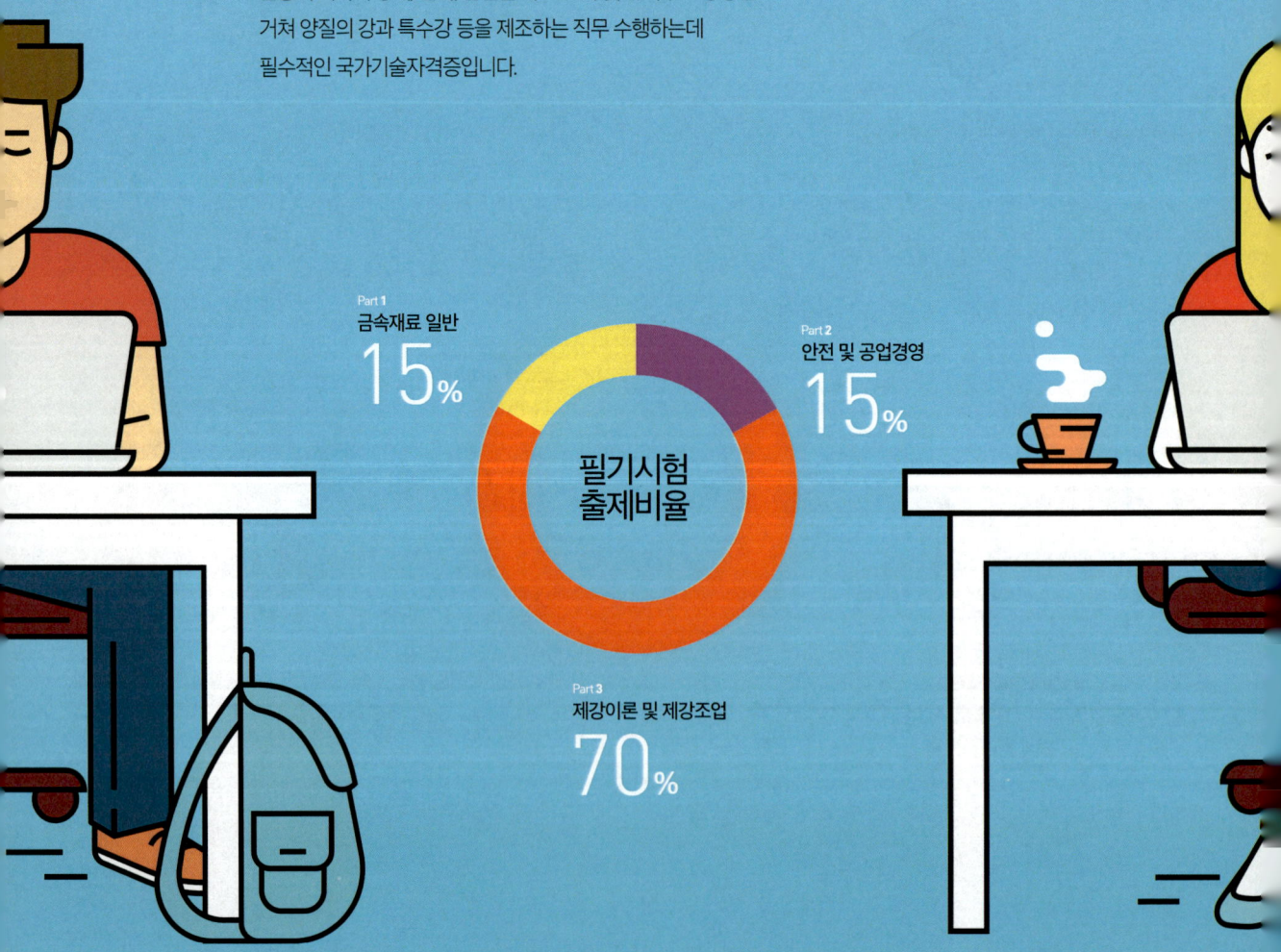

Part 1 금속재료 일반 **15%**

Part 2 안전 및 공업경영 **15%**

Part 3 제강이론 및 제강조업 **70%**

필기시험 출제비율

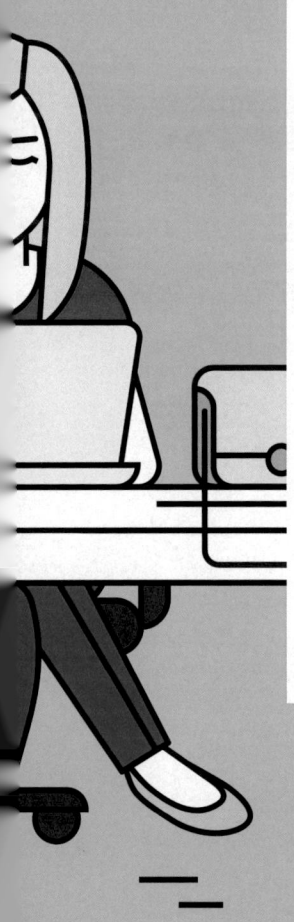

필기시험

01 제강작업(제강법, 전로제강, 전기로제강, 노외정련, 조괴, 연속주조, 품질관리)을 완벽히 암기

02 핵심 족보 정리 완벽 암기하기

03 기출문제 풀면서 본문 내용 정리하기

04 모의고사 풀면서 기출문제 완벽 정리하기

이 책은 최근 기출문제를 바탕으로 출제된 내용들을 파트별로 정리하여 본문으로 정리하였으며, 그 중 가장 출제 빈도가 높은 부분을 강조하여 표시하였습니다.
필기는 기출문제를 중심으로 공부하되 문제의 정답이 되는 근거를 본문에서 찾아가며 공부하는 방법으로 기출문제를 모두 독파한다면 단순한 정답 암기가 아닌 전체적으로 흐름을 이해할 수 있게 될 것 입니다. 이렇게 해야 필답형 공부하는 것이 훨씬 수월합니다.

실기시험

01 본문의 제강작업에 관한 내용을 다시 한번 정리하기

02 예상문제 암기하기

03 새로운 문제 숙지하기

개념잡는 핵심이론 나합격만의 본문구성

NEW DESIGN
나합격만의 아이덴티티를 강조한 새로운 디자인과 함께 최신 출제 경향을 완벽히 반영한 최신 개정판입니다.

본문의 이론을 유기적인 보충설명을 통해 지루하지 않고 탄탄하게 흡수하도록 구성하였습니다.

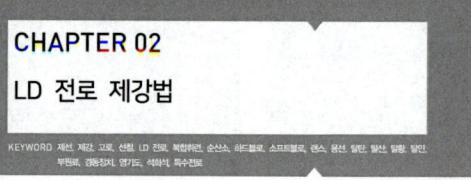

NEW DESIGN

KEYWORD
빅데이터 키워드를 통해 시험에 중요한 키워드를 확인하세요.

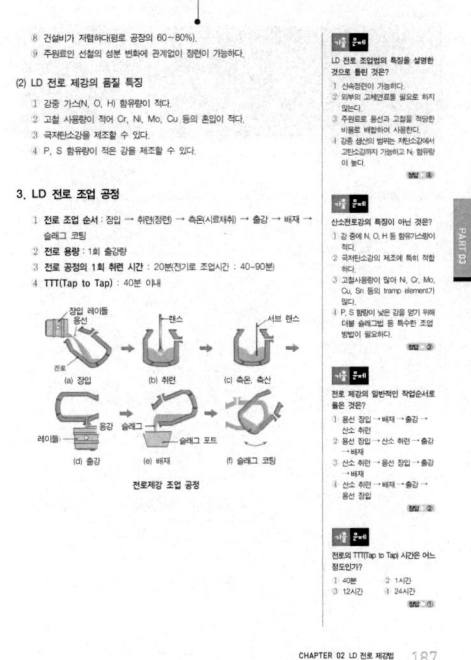

시험의 유형을 잡는 필기 연도별 기출문제

반드시 풀어야 할 기출문제로 실력을 다져보세요.
2018년 필기 CBT 시험 시행 후 기출문제는
공개되지 않습니다.

해설 및 풀이

기출문제 풀이는 연도별로 구성하였으며,
문제와 해설로 해당 이론을 익히도록
배치하였습니다.

시험의 흐름을 잡는 실기 필답형 예상문제&복원문제

유형별 예상문제 &
필답형 복원문제 수록

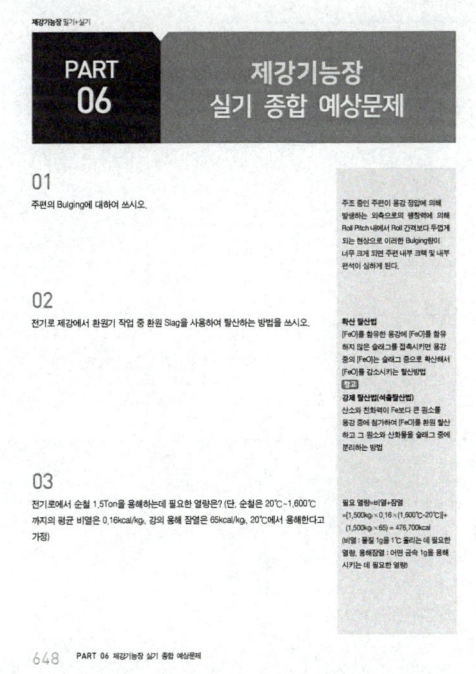

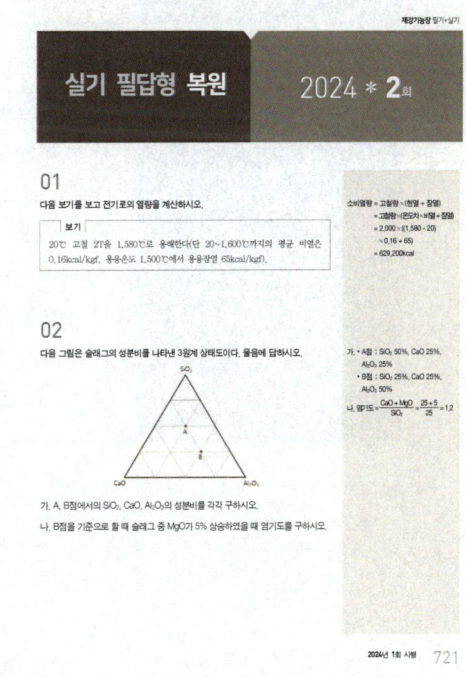

예상문제&복원문제 수록

유형별로 나누어진 예상문제로 이론과 문제를
정리하고 복원된 최신 기출문제로
출제경향을 파악해보세요.

SELF-STUDY PLANNER

시험 당일까지 공부 일정 및 계획을 짜는 것은 매우 중요합니다.
셀프스터디 합격 플래너를 통해 스스로의 합격을 만들어 보세요.

나의 목표		시험일
		/

				Study Day	Check
PART 01 금속재료 일반	01	금속재료의 성질	16	/	
	02	철과 강	38	/	
	03	비철 금속재료와 특수 금속재료	68	/	
	04	신소재 및 그 밖의 합금	88	/	

			Study Day	Check
PART 02 **안전 및 공업경영**	01	안전 및 환경	98	/
	02	자동생산 시스템	113	/
	03	공업경영	127	/

			Study Day	Check
PART 03 **제강이론 및 제강조업**	01	제강의 개요	156	/
	02	LD 전로 제강법	186	/
	03	전기로 제강법	226	/
	04	기타 제강법과 특수 정련법	257	/
	05	조괴법	282	/
	06	연속주조법	299	/

			Study Day	Check
PART 04 제강기능장 필기 기출문제	2002년 32회 기출문제	332	/	
	2003년 34회 기출문제	341	/	
	2004년 36회 기출문제	350	/	
	2005년 38회 기출문제	359	/	
	2010년 47회 기출문제	368	/	
	2011년 50회 기출문제	377	/	
	2012년 51회 기출문제	387	/	
	2012년 52회 기출문제	397	/	
	2013년 53회 기출문제	407	/	
	2014년 55회 기출문제	417	/	
	2014년 56회 기출문제	427	/	
	2015년 57회 기출문제	437	/	
	2016년 60회 기출문제	446	/	
	2017년 61회 기출문제	455	/	
	2018년 63회 기출문제	465	/	

2018년 63회 이후 CBT시험으로 변경되어 기출문제가 공개되지 않습니다.

			Study Day	Check
PART 05 제강기능장 실기 필답형 예상문제	01	LD전로 실기 예상문제 — 476	/	
	02	전기로 실기 예상문제 — 531	/	
	03	2차정련법 실기 예상문제 — 563	/	
	04	조괴법 실기 예상문제 — 577	/	
	05	연속주조 실기 예상문제 — 599	/	

		Study Day	Check
PART 06 제강기능장 실기 종합 예상문제	제강기능장 실기 종합 예상문제 — 648	/	

			Study Day	Check
PART 07 제강기능장 실기 필답형 복원문제	01	2021년 1회 시행 — 678	/	
	02	2021년 2회 시행 — 684	/	
	03	2022년 1회 시행 — 691	/	
	04	2022년 2회 시행 — 697	/	
	05	2023년 1회 시행 — 703	/	
	06	2023년 2회 시행 — 709	/	
	07	2024년 1회 시행 — 715	/	
	08	2024년 2회 시행 — 721	/	

PART 01

금속재료 일반

01 금속재료의 성질
02 철과 강
03 비철 금속재료와 특수 금속재료
04 신소재 및 그 밖의 합금

CHAPTER 01
금속재료의 성질

KEYWORD 결정 구조, 변태, 상태도, 기계적 성질, 소성 변형, 가공 일반적 성질, 재료 시험

01 금속의 특성과 결정 구조

1. 금속의 특성

(1) 일반적 특성

① 상온에서 고체상태로 존재(수은(Hg) 제외) → 결정 구조를 형성
② 특유의 광택을 띠며, 열과 전기를 잘 전달하는 **도체**
③ 연성과 전성이 우수
④ 다른 물질보다 비중이 큼

(2) 준금속과 비금속

① **금속이 비금속과 구별되는 중요한 특성** : 고체상태의 결정 구조에 따라 달라지며, 전기와 열의 양도체
② **준금속(아금속)** : 금속의 일반적 특성을 부분적으로 지니고 있는 금속(B, Si, Ge, As, Sb, Te 등)
③ **비금속** : 금속의 특성이 전혀 없는 것(H, He, N, O, Ne, Ar, C, P, S 등)

(3) 합금의 특징

① 한 금속에 다른 금속 또는 비금속 원소를 첨가하여 얻은 금속성 물질이다.
② 합금을 하면 용융점이 내려간다.
③ 합금은 강도 및 경도, 전기저항 등이 증가한다.
④ 전성, 연성 등의 가공성은 떨어진다.

기출문제

금속재료의 일반적 특성과 관계가 먼 것은?

① 연성과 전성이 나빠 변형이 어렵다.
② 열과 전기의 전도가 잘 된다.
③ 금속적 광택을 가지고 있다.
④ 수은을 제외하고 고체 상태에서 결정구조를 갖는다.

정답 ①

기출문제

준금속(아금속)에 속하는 것은?

① Fe
② Si
③ Mg
④ Cd

정답 ②

기출문제

일반적으로 합금을 만들 때 일어나는 현상과 관계가 없는 것은?

① 전기저항 증가
② 강도 증가
③ 응고점 저하
④ 연성 증가

정답 ④

(4) 금속의 결정 형성

① 금속의 결정 관련 용어
㉠ 결정 : 물질을 구성하는 원자가 입체적으로 규칙적인 배열을 이루는 것
㉡ 단위 세포 : 결정 구조를 나타내는 가장 작은 단위체
㉢ 결정 격자 : 단위 세포가 모인 것
㉣ 결정 입자 : 결정체를 이루고 있는 각각의 결정
㉤ 결정립계 : 결정 입자의 경계

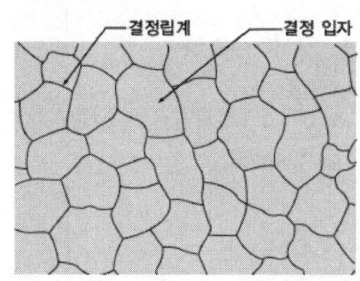

② 금속 결정의 형성
㉠ 응고 중에 형성
㉡ 결정핵으로부터 성장한 결정체는 어떤 곳에서나 같은 원자 배열을 가짐
㉢ 결정핵 : 과포화 용액이나 과냉각 용액에서 결정이 만들어질 때, 그 중심이 되는 결정의 씨. 이것이 바탕이 되어 결정이 성장함

③ 금속 결정의 종류
㉠ 단결정(single crystalline) : 금속의 응고 과정에서 결정핵이 한 개인 결정으로 이루어진 결정체(실리콘 등)
㉡ 다결정체(poly crystalline) : 대부분의 금속은 무수히 많은 크고 작은 결정이 모여 무질서한 집합체를 이루는데, 이와 같은 결정의 집합체

2. 금속의 결정구조

(1) 공간격자와 단위격자

① 금속은 용융상태에서 응고될 때 고체상태에서 원자는 결정을 이루며 정렬된 형태로 배열
② 금속은 많은 결정 입자의 집합체로 공간격자(space lattice)에 의하여 이루어짐
③ 공간격자는 최소 단위인 **단위격자**(unit cell)로 구성

④ **단위격자** : 결정격자의 격자점이 만드는 평행 육면체 가운데 결정격자의 최소 단위로 선택된 것. 크기와 모양은 세 개의 단위 벡터와 각 벡터가 이루는 여섯 개의 상수로 이루어지는 격자 상수에 의하여 규정됨
⑤ **격자 상수(lattice constant)** : 단위격자의 세 모서리의 길이 a, b, c
⑥ **축각(axial angle)** : 이때 축 간의 각인 α, β, γ

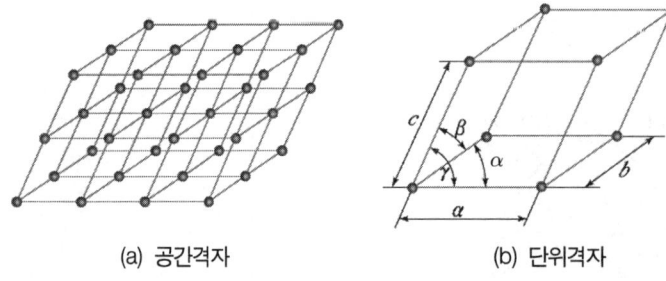

(a) 공간격자   (b) 단위격자

공간격자와 단위격자

⑦ **7종의 결정계와 14종의 브라베 격자**

결정계	축 길이	축 각	최소 대칭요소	브라베 격자
입방 정계 (Cubic)	a=b=c	α=β=γ=90°	3회전축 4개	단순, 체심, 면심
정방 정계 (Tetragonal)	a=b≠c	α=β=γ=90°	4회전축 1개	단순, 체심
사방 정계 (Orthorhombic)	a≠b≠c	α=β=γ=90°	2회전축 3개 (서로 수직)	단순, 체심, 저심, 면심
삼방 정계 또는 사방육면체적 (Trigonal or Rhombohedral)	a=b=c	α=β=γ≠90°	3회전축 1개	단순
6방 정계 (Hexagonal)	a=b≠c	α=β=90°, γ=120°	6회전축 1개	단순
단사 정계 (Monoclinic)	a≠b≠c	α=γ=90°, β≠90°	2회전축 1개	단순, 저심
삼사 정계 (Triclinic)	a≠b≠c	α≠β≠γ≠90°	-	단순

⑧ **금속의 대표적인 결정구조**
  ㉠ 체심입방격자(Body Centered Cubic lattice, BCC)
  ㉡ 면심입방격자(Face Centered Cubic lattice, FCC)
  ㉢ 조밀육방격자(Hexagonal Close-Packed lattice, HCP)

기출문제

Bravais 격자 모형에서 정방정계의 축 길이와 각을 나타낸 것으로 옳은 것은?

① a=b=c, α=β=γ=90°
② a≠b≠c, α=β=γ=90°
③ a=b≠c, α=β=γ=90°
④ a≠b≠c, α≠β≠γ≠90°

정답 ▶ ③

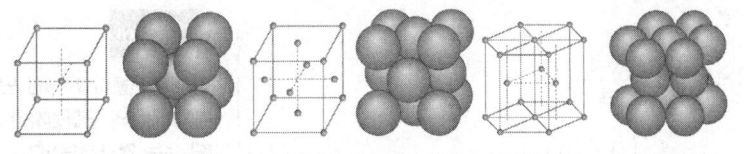

(a) 단위격자 (b) 원자 배열	(a) 단위격자 (b) 원자 배열	(a) 단위격자 (b) 원자 배열
체심입방격자	면심입방격자	조밀육방격자

(2) 체심입방격자(BCC)

① 입방체의 각 꼭짓점과 중심에 입자가 위치하는 구조

② **원자개수** : 2개

　(격자점에 있는 원자수 : $\frac{1}{8} \times 8 = 1$) + (체심에 있는 원자 : 1)

③ **근접 원자 간 거리** : $\frac{\sqrt{3}}{2}a$ (a : 격자상수)

　(근접 원자 간 거리 : 원자 간에 서로 접촉하고 있는 원자를 최근접 원자, 그 중심 간의 거리)

④ **배위수(coordination number)** : 8

　(배위수 : 한 개의 원자를 중심으로 원자 주위에 있는 최근접 원자의 수로, 배위 화합물에서 중심 금속 원자에 결합되는 원자나 원자단의 리간드(ligand) 수라 하고, 리간드는 착화합물에서 중심 금속 원자에 전자쌍을 제공하면서 배위 결합을 형성하는 원자나 원자단을 말한다)

⑤ **원자반지름** : $4R = \sqrt{3}a$ 이므로, $R = \frac{\sqrt{3}}{4}a$

⑥ **원자충진율** : $\frac{\text{총원자체적}}{\text{단위체적}} = \frac{2 \times \frac{4}{3}\pi \left(\frac{\sqrt{3}}{4}a\right)^3}{a^3} = \frac{\sqrt{3}}{8}\pi \fallingdotseq 68\%$

⑦ BCC 금속은 FCC 금속보다 융점이 높은 것이 많고, 가공에 의한 경화는 별로 없으나 전연성이 떨어진다.

⑧ **BCC에 속하는 주요 금속** : Ba, Cr, Be, K, W, Mo, V, Li, Rb, Cs, Nb, Fe

(3) 면심입방격자(FCC)

① 입방체의 각 꼭짓점과 각 면의 중심에 입자가 위치하는 구조

② **원자개수** : 4개

　(격자점에 있는 원자수 : $\frac{1}{8} \times 8 = 1$) + (면심에 있는 원자 : $\frac{1}{2} \times 6 = 3$)

③ **근접 원자 간 거리** : $\frac{1}{\sqrt{2}}a$ (a : 격자상수)

기출문제

다음 중 면심입방격자의 원자수와 충전율은?

① 원자수 : 2, 충전율 : 68%
② 원자수 : 2, 충전율 : 74%
③ 원자수 : 4, 충전율 : 68%
④ 원자수 : 4, 충전율 : 74%

정답 ▶ ④

④ 배위수 : 12개

⑤ 원자반지름 : $4R = \sqrt{2}a$ 이므로, $R = \dfrac{\sqrt{2}}{4}a$

⑥ 원자충진율 : $\dfrac{\text{총원자체적}}{\text{단위체적}} = \dfrac{4 \times \dfrac{4}{3}\pi \left(\dfrac{\sqrt{2}}{4}a\right)^3}{a^3} = \dfrac{\sqrt{2}}{6}\pi ≒ 74\%$

⑦ 단위 격자내의 원자 충전률 : 74%
⑧ FCC 금속은 전연성, 가공성이 좋으나 강도가 충분치 못함
⑨ FCC의 주요 금속 : Al, Ag, Au, Pt, Ni, Ca, Sr, Ir, Rh, Th, γ-Fe

(4) 조밀육방격자(HCP)

① 정육각형의 각 꼭짓점과 그 면의 중심에 입자가 있는 층이 있고, 그 층의 중심 입자 위에 삼각형의 꼭짓점에 입자를 가진 면을 놓고 다시 정육각형의 층을 그 위에 포개어 놓은 밀집 구조

② 원자수 : 단위격자 안에 정육각형의 꼭짓점에 1/6개×12개=2개, 정육각형의 중심에 1/2개×2개=1개, 중심 입자의 삼각형 원자 세 개를 합하면 6개

③ 배위수 : 12

④ a, c 축비 관계 : $\sqrt{a^2 - \left(\dfrac{2}{3} \times \dfrac{\sqrt{3}}{2}a\right)^2} = \sqrt{\dfrac{2}{3}}\,a$

$c = 2 \times \sqrt{\dfrac{2}{3}}\,a = \sqrt{\dfrac{8}{3}}\,a$

$\therefore \dfrac{c}{a} = \sqrt{\dfrac{8}{3}} ≒ 1.6333$

⑤ 단위 격자의 부피 : $a^2 \sin 60° \times c = a^2 \times \dfrac{\sqrt{3}}{2} \times \sqrt{\dfrac{8}{3}}\,a = \sqrt{2}\,a^3$

⑥ 결정 격자의 원자 충전율 : $\dfrac{\dfrac{4}{3}\pi \times \left(\dfrac{a}{2}\right)^3 \times 2}{2 \times \dfrac{1}{2}a^2 \sin 60° \times c} = \dfrac{\dfrac{\pi}{3}}{\sqrt{2}} ≒ 74\%$

⑦ **HCP의 주요 금속** : Mg, Zn, Be, Cd, Ti, Zr, La, Ce, Co
⑧ HCP는 전연성이 떨어지고 접착성도 나쁘다.

기출문제

원자 충전율이 74%인 면심입방격자(FCC)의 근접원자간 거리는? (단, a는 격자상수이다)

① $\dfrac{1}{2}a$
② $\dfrac{1}{\sqrt{2}}a$
③ $\dfrac{1}{\sqrt{3}}a$
④ $\dfrac{4}{3}a$

정답 ▶ ②

기출문제

면심입방격자(FCC)를 갖는 금속이 아닌 것은?

① Cr
② Ag
③ Ni
④ Al

정답 ▶ ①

기출문제

다음 중 CPH 결정구조로만 짝지어진 것은?

① Ba, Cr, Cs
② Be, Mg, Co
③ Ag, Al, Au
④ Ca, Cu, Mo

정답 ▶ ②

02 금속의 변태와 상태도

1. 금속의 응고

(1) 응고의 과정

① **응고 잠열** : 응고할 때 방출하는 것, 숨은 열
② **과냉** : 금속이 액체상태에서 냉각될 때 응고점에 도달하였어도 응고가 시작되지 않고 계속 액체상태로 남아있는 것, 과냉의 정도는 냉각속도가 클수록 커지며 결정립은 미세해짐
③ **수지상정** : 용융 금속이 응고할 때는 먼저 작은 결정을 만드는 핵이 생기고, 이 핵을 중심으로 금속이 나뭇가지 모양으로 발달하는 것
④ **평형상태** : 한 계에서 존재하는 각 상의 관계가 시간이 경과해도 변화하지 않는 상태
⑤ **용체** : 한 물질 중에 다른 물질이 용해하여 균일한 물질을 만든 것을 말하는 것
⑥ **응고 과정** : 결정핵 발생 → 결정핵 성장 → 결정경계 형성

(2) 금속의 결함

① **점결함**
  ㉠ 결정의 국부적인 결함으로 결정격자 중에는 점상의 결함이 존재
  ㉡ 종류 : 원자공공(공격자점), 복공공, 격자간원자, 치환형 불순물원자, 침입형 불순물원자 등

② **선결함**
  ㉠ 선에 따라서 결정 내에 존재하는 결함
  ㉡ 선결함에는 전위가 있고 이것이 금속결정의 소성변형과 강도에 밀접한 관계가 있다.

③ **계면결함**
  ㉠ 어떤 결정의 한 규칙 영역과 다른 규칙 영역 사이의 경계역할을 하는 2차원적인 결함이다.
  ㉡ 종류 : 결정입계와 적층결함 등

④ **체적결함**
  ㉠ 고체의 형태 또는 구조의 불균일성을 나타내는 거시적인 결함
  ㉡ 기공(기포) 및 수축공(수축관) 등

기출문제

순금속의 응고과정 순서로 맞는 것은?
① 결정핵 발생 - 결정경계 형성 - 결정핵 성장
② 결정핵 발생 - 결정핵 성장 - 결정경계 형성
③ 수상정 발생 - 결정의 성장 - 결정경계 형성
④ 결정경계 형성 - 결정핵 발생 - 결정핵 성장

정답 ▶ ②

기출문제

다음의 격자결함 중 선결함에 해당되는 것은?
① 공공(vacancy)
② 전위(dislocation)
③ 결정립계(grain boundary)
④ 침입형 원자(interstitial atom)

정답 ▶ ②

2. 금속의 상변화

(1) 변태점 측정법

① **열분석법**
  ㉠ 도가니에 금속을 넣고 일정한 속도로 가열하거나 냉각하면서 온도와 시간의 관계로 나타나는 곡선으로 변태점을 측정한다.
  ㉡ 온도 측정에 사용되는 온도계 : PR(Pt-Pt·Rh)선이나 CA(크로멜-알루멜)선을 주로 사용한다.

② **시차열분석법**
  ㉠ 열분석곡선만으로는 분명하게 나타나지 않을 때 열 변화를 확대하여 측정하는 방법이다.
  ㉡ 금속 시편과 변태가 없는 중성체를 전기로에 넣고 균일하게 가열 또는 냉각하여 금속의 온도 θ와 중성체의 온도 θ'와의 온도차 $\theta - \theta'$를 구하여 변태점을 찾아낸다.

③ **전기저항법**
  ㉠ 금속의 변태가 발생되면 원자 배열의 변화가 생겨서 전기비저항이 급격히 달라지게 되는데, 이것을 이용하여 변태점을 찾는 방법이다.
  ㉡ 고체에서 일어나는 동소변태나 자기변태의 측정이 가장 적당하다.

④ **열팽창법**
  ㉠ 금속은 온도가 상승하면 팽창하고, 온도가 내려가면 수축하는데, 이 변화가 일정하지 않고 변태점에서는 곡선방향으로 급히 변화하는 상태에서 변태점을 측정한다.
  ㉡ 이 방법은 체적의 증가분을 측정하는 것이 아니라 선팽창을 측정하는 방법으로써 열분석보다 변화가 뚜렷한 장점이 있다.

(2) 상

① **상(phase)**
  ㉠ 모든 물질들이 전 영역에 걸쳐 그 내부는 물리적, 화학적으로 균일하게 되어 있는 계의 각 부분이다.
  ㉡ 고체, 액체, 기체는 각각 하나의 상이다.
  ㉢ 금속이 동소변태에 의하여 결정구조가 다를 때는 동일 금속의 단체이지만 다른 상으로 구분한다.

② **계(system)**
  ㉠ 집단의 물체를 외부와 차단하여 그 물질 이외의 것은 어떠한 물질적 교섭이 없는 상태이다.

금속의 변태점 측정방법이 아닌 것은?

① 열 분석법
② 전류 측정법
③ 전기 저항법
④ 열 팽창법

ⓒ **균일(homogeneous)** : 1물질계가 1종의 균일한 것으로 되어 있으므로 어느 부분도 동일한 물질일 때를 의미

ⓒ **불균일(heterogeneous)** : 다른 종류의 물질이 서로 공존하고 있는 상태

③ **성분(component)**

  ⊙ 종류가 다른 원자나 분자(화합물형태로 나타나는 경우)의 가지 수

  Fe-C 합금의 경우 : Fe + C(2성분)

  물(H_2O)의 경우 : 1성분(물분자)

  ⓒ 상과 성분 : 얼음, 물, 수증기가 공존하면 성분은 1개지만 상은 고상, 액상, 기상의 3상임

④ **조성(composition)** : 성분을 구성하는 물질의 양의 비

⑤ **농도(consentration)** : 일정 영역 내에 존재하는 물질의 양

⑥ **평형 상태(equilibrium state)** : 어떤 물질계에 대해서 외계의 조건을 일정하게 유지하였을 때, 계의 상태가 시간과 같이 변화하지 않는 상태

(3) 자유도

① 여러 개의 상(phase)이 평형을 이루고 있는 계의 자유도 수를 정하는 법칙

② **자유도(degree of freedom)** : 평형상태에 있는 물질계에서 상의 수에 변화를 주는 일이 없이 서로가 독립적으로 변화시킬 수 있는 상태변수의 개수

③ **Gibb's의 상율** : 평형(equilibrium)을 깨뜨리지 않고 독립적으로 변할 수 있는 변수의 최대수

F = N + 2 - P (F : 자유도, N : 성분 수, P : 상의 수)

(4) 물의 자유도

① 물, 얼음, 수증기의 각 구역 :

F = 1 + 2 - 1 = 2

(1상의 조건 : 온도, 압력을 모두 변화시켜도 존재)

② 물과 수증기, 물과 얼음, 얼음과 수증기 :

F = 1 + 2 - 2 = 1

(2상 공존조건 : 온도, 압력 중 1개만 변형시킬 수 있음)

③ 물, 얼음, 수증기(T점) :

F = 1 + 2 - 3 = 0(불변계로서 완전 고정됨)

물의 상태도

기출문제

일반적으로 평형의 조건은 Gibbs의 상율(Phase rule)을 이용한다. 상율을 나타내는 식이 $F = C - P + E$ 라면 F는 무엇을 나타내는가?

① 성분 수
② 상의 수
③ 환경변수(온도, 압력)
④ 자유도

정답 ④

④ 삼중점

   ㉠ 물의 상태도에서 T점의 증기, 물, 얼음의 3상이 평형 공존하는 점
   ㉡ 자유도 : F=1+2-3=0
   ㉢ T점 이외의 점에서는 3상이 공존하지 않음
   ㉣ T점 : 압력 4.58mmHg, 온도 0.0075℃

(5) 금속의 경우 자유도

   ① 금속은 대기압 상태에서 취급하므로 고체 및 액체의 평형상태에서 압력의 영향을 거의 받지 않으므로 압력의 변수를 제외한다.
   F = N + 1 - P
   ② 순금속의 경우 성분수는 1이므로 상이 액상 또는 고상 중 한 개의 경우는
   F = 1 + 1 - 1 = 1
   따라서 독립적으로 변화시킬 수 있는 변수는 온도뿐이므로 자유도는 1이 되어 변계가 된다.
   ③ 액상의 금속과 고상의 금속이 공존할 때는 상이 두 개이므로,
   F = 1 + 1 - 2 = 0
   따라서 변화시킬 수 있는 변수가 없으므로 불변계가 되므로 용해 또는 응고는 일정한 온도에서 일어남을 알 수 있다.

3. 고용체

(1) 고용체의 정의

   ① 고용체(solid solution)는 A금속에 B금속이 녹아 들어간다는 것으로 용매인 A금속 결정의 공간격자에 용질인 B금속 원자가 들어가는 상태이다.
   ② 즉, 2개의 원소 이상으로된 단일상의 고체에서 1개의 원소의 결정이 다른 원소에 용해된 것이다.

(2) 침입형 고용체(interstisial solid solution)

   ① 용질원자가 용매원자의 결정격자 사이의 공간에 들어간 것이다.
   ② 녹아 들어가는 원자가 모체원자의 공간격자 사이에 들어간 고용체이다.
   ③ H, O, N, C 등과 같이 용질원자가 용매원자보다 작은 경우 용매금속의 격자간 사이에 끼어 들어간 상태이며 격자간 위치에 불규칙하게 침입한다.
   ④ 용매격자의 변형이 치환형의 경우보다 매우 크게 나타난다.
   ⑤ 고용한도는 작고 침입원자는 비금속으로 음이온이 되기 쉽다.

기출문제

어떤 순금속의 평행상태도에서 Gibbs의 상률에 의한 3중점에서의 자유도는? (단, 압력은 일정하다)

① 0
② 1
③ 2
④ 3

정답 ▶ ①

기출문제

철중에 탄소가 고용되어 α 철로 될 때 α 고용체의 형태는?

① 침입형 고용체
② 치환형 고용체
③ 공정형 고용체
④ 금속간 화합물

정답 ▶ ①

(3) 치환형 고용체(substitutional solid solution)

① 용매원자의 결정 격자점에 있는 원자가 용질원자에 의하여 치환된 것이다.

② **치환형 고용체 영역을 형성하는 인자(Hume-Rothery 법칙)**
　㉠ 용질, 용매원자 크기의 차가 15% 이내일 때 이루어진다.
　㉡ 결정격자형이 동일하여야 한다.
　㉢ 용질원자와 용매원자의 전기저항의 차가 적어야 한다.
　㉣ 원자가 효과로서 이것은 용질의 원자가가 용매의 것보다 커야 한다.

(4) 규칙격자형 고용체

① 고용체 내에서 용질원자의 치환위치가 규칙적인 상태가 어느 영역으로 걸쳐 있는 것이다.
② 전기전도도, 경도, 강도는 커지나 연성은 감소된다.

(5) 금속간 화합물 상태도

① 금속간 화합물(intermetallic compound)은 금속과 금속 사이의 친화력이 클 때 2종 이상의 금속원소가 간단한 원자비로 결합하여 성분 금속과는 다른 성질을 가진 독립된 화합물이다.
② A금속에 B금속을 원자량의 정수비로 결합하여 형성되는 성분금속과는 전혀 다른 결정구조를 갖는 중간상으로 나타난다.
③ 이 중간상은 AmBn의 화학식으로 되며 이러한 금속을 금속간 화합물이라 한다.
④ 금속간 화합물이 융점 이하에서 분해한 것은 자기융점이 없는 상태이며, 액상선상에 정상점도 생기지 않는다.

4. 금속의 변태

(1) 동소변태와 자기변태

① **동소변태** : 고체상태에서 온도에 따라 결정 구조의 변화를 가져오는 것

② **순철의 동소변태**
　㉠ A_3 **동소변태** : 가열 시 910℃에서 α철(체심입방격자)이 γ철(면심입방격자) 로 되는 변태
　㉡ A_4 **동소변태** : 가열 시 1,400℃에서 γ철(면심입방격자)이 δ철(체심입방격자) 로 되는 변태

기출 문제

금속중에 침입형으로 고용하는 원소들로만 이루어진 것은?

① C, H, Cr, Na, N
② H, Ar, Cl, C, Na
③ N, Mo, O, C, Cr
④ B, O, C, N, H

정답 ▶ ④

기출 문제

2종 이상의 금속원자가 간단한 원자비로 결합되어 본래의 물질과 전혀 다른 결정격자를 형성한 물질을 무엇이라 하는가?

① 고용체
② 금속간 화합물
③ 편석
④ 불규칙 변태

정답 ▶ ②

③ **자기변태** : 원자 배열은 변화하지 않고 **강자성**으로부터 **상자성**으로 자기적 성질만 변화하는 변태
  ㉠ 강자성체 금속을 가열하면 어느 일정한 온도 이상에서 금속의 결정 구조는 변하지 않지만 자성을 잃어 상자성체로 변화
  ㉡ A_2 자기변태 : 순철은 상온에서 강자성체이지만 가열하면 점점 자성을 잃어 768℃ 부근 큐리점(curie point)에서 급격히 상자성체로 변화

④ 동소변태와 자기변태의 비교

항목	동소변태	자기변태
정의	어느 온도에 있어서 상의 변화를 일으키는 변태	어느 온도에서 자기 성질의 변화를 일으키는 변태
원자의 변화	원자배열(결정격자)의 변화	원자 내부의 변화
성질의 변화	같은 물질이 다른 상으로 변화	강자성이 상자성 또는 비자성으로 변화
변화상태	일정온도에서 급격히 비연속적으로 발생	일정온도 범위 내에서 점진적, 연속적으로 변화가 생긴다.
순철의 변태점	910℃에서는 체심입방격자에서 면심입방격자로, 1,400℃에서는 면심입방격자에서 체심입방격자로 변한다.	768℃에서 자성 변화, 강자성에서 상자성으로 변한다.

기출문제

순철의 자기변태점은?
① A_4변태점
② A_3변태점
③ A_2변태점
④ A_1변태점

정답 ▶ ③

(2) Fe-C 상태도에서 변태

종류	형태	온도(℃)	비고
A_0변태	자기변태	210	시멘타이트(6.67%)
A_1변태	공석변태	723	공석강(0.8%)
A_2변태	자기변태	768	순철
A_3변태	동소변태	910	순철
A_4변태	동소변태	1,400	순철

(3) 철-탄소계 평형 상태도($Fe-Fe_3C$)의 상변태
 ① 상태도의 정의
  ㉠ 철-탄소계 평형 상태도 : 가로축을 철과 탄소의 2원 합금 조성(%)으로 하고 세로축을 온도(℃)로 했을 때, 각 조성의 비율에 따라 나타나는 합금의 변태점을 연결하여 만든 선도
  ㉡ 탄소 함유량이 6.67%까지만 표시되어 있는 것은 탄소가 6.67% 이상 함유된 철-탄소의 합금은 너무 취약하여 실제로 사용할 수 없기 때문이다.

기출문제

강에서 원자 배열의 변화는 없고 자기의 강도만 변하는 변태는?
① A_1 변태
② A_2 변태
③ A_3 변태
④ A_4 변태

정답 ▶ ②

② **공정반응 (4.3%C, 1,148℃)**
  ㉠ 액체 상태에서 두 종류의 결정이 동시에 생기는 반응
  ㉡ 액체 ↔ A결정 + B결정
  ㉢ 용액(L) ↔ 오스테나이트 (γ-Fe) + 시멘타이트(Fe_3C)
  ㉣ 공정조직 : 레데뷰라이트

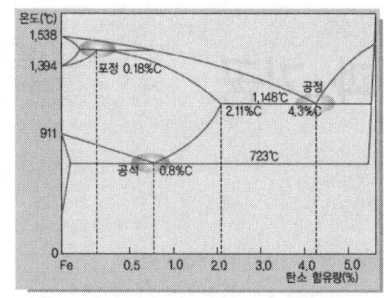

철-탄소계 평형 상태도의 상 변태

③ **포정반응 (0.18%C, 1,466℃)**
  ㉠ 한 고용체가 다른 고용체를 둘러싸면서 일어나는 반응
  ㉡ A고용체 + 용액 ↔ B고용체
  ㉢ 용액(L) + 페라이트(δ-Fe) ↔ 오스테나이트(γ-Fe)

④ **공석반응 (0.8%C, 723℃)**
  ㉠ 한 종류의 고체에서 두 종류의 고체가 동시에 생기는 현상
  ㉡ A고용체(고체) ↔ B고용체(고체) + C고용체(고체)
  ㉢ 오스테나이트(γ-Fe) ↔ 페라이트(α-Fe) + 시멘타이트(Fe_3C)

⑤ **순철의 상**
  ㉠ α철 : 순철 조성 중 상온~910℃에서 존재, BCC결정 구조이며, 페라이트 조직
  ㉡ δ철 : 순철 조성 중 1,400~1,539(융점)℃에서 존재, BCC결정 구조이며, 페라이트 조직
  ㉢ γ철 : 순철 조성 중 상온 910~1,400℃에서 존재, FCC결정 구조이며, 오스테나이트 조직

기출문제

Fe-C 상태도에서 γ-Fe과 Fe_3C의 공정조직은?

① 펄라이트(Pearlite)
② 레데뷰라이트(Ledeburite)
③ 오스테나이트(Austenite)
④ 덴드라이트(Dendrite)

정답 ▶ ②

기출문제

한 고상에 융체가 작용하여 다른 고상을 생성하는 반응은?

① 공정반응
② 포정반응
③ 석출반응
④ 용해반응

정답 ▶ ②

기출문제

Fe-C의 상태도에서 나타나는 불변반응이 아닌 것은?

① 포정반응
② 공정반응
③ 편정반응
④ 공석반응

정답 ▶ ③

기출문제

순철의 상태도에서 α와 γ의 결정격자로 옳은 것은?

① α : 체심입방격자,
   γ : 면심입방격자
② α : 면심입방격자,
   γ : 체심입방격자
③ α : 면심입방격자,
   γ : 조밀육방격자
④ α : 조밀육방격자,
   γ : 면심입방격자

정답 ▶ ①

03
금속의 소성 변형과 가공

1. 재료 가공성의 종류

(1) 주조성
① 금속이나 합금을 녹여 주물을 만들 수 있는 성질
② **주조성에 미치는 성질**
  ㉠ 금속의 용융점
  ㉡ 유동성
  ㉢ 수축성
  ㉣ 가스의 흡수성
③ **유동성**
  ㉠ 용융금속의 주형 내에 있어서의 유동도로서 점도(끈끈한 정도)가 낮을수록 즉, 용융금속이 잘 흐를수록(묽을수록) 유동성이 좋아 용융 금속이 주형의 구석구석에 침투하여 원하는 모양을 주조할 수 있다.
  ㉡ 주조성이 좋다는 것은 유동성이 좋다는 말과 일맥 상통한다.

(2) 탄성과 소성
① **탄성** : 재료가 외력을 받는 정도에 따라 가해진 외력을 제거하면 변형도 없어져서 원상태로 돌아가는 성질
② **소성(가소성)** : 변형되어 원래의 형상으로 되돌아가지 않는 성질

(3) 절삭성
① 재료가 공구에 의하여 깎이는 정도. 절삭성의 좋고 나쁨은 공구의 수명, 절삭 저항, 절삭면 등에 영향을 줌
② **절삭성의 영향**
  ㉠ 공구의 수명
  ㉡ 절삭 저항
  ㉢ 절삭면

(4) 접합성
① 재료의 용융성을 이용하여 두 부분을 반영구적으로 접합하는 정도를 나타내는 성질
② 이 성질을 이용한 가공 방법으로 납땜, 용접 등이 있음

기출 문제

다음 중 소성가공에 대한 정의로 옳은 것은?

① 금속 분말을 성형하여 소결하는 것
② 탄성을 잃고 영구적인 변형을 하는 것
③ 금속을 녹여서 원하는 모양으로 만드는 것
④ 외력을 제거하면 원래의 모양으로 돌아가는 것

정답 ▶ ②

2. 소성가공

(1) 소성가공의 종류

① **단조(forging)** : 해머나 프레스를 이용하여 금속재료를 필요한 형상으로 만드는 가장 오래된 금속 가공법
② **압연(rolling)** : 재료를 회전하는 2개의 롤러(roller) 사이에 끼우고 점차 간격을 좁히면서 통과시켜 늘리거나 얇게 성형하여 여러 가지 모양의 판재, 관재 등의 소재를 만드는 소성가공 방법
③ **압출** : 재료를 작은 다이 구멍을 통하여 밀어내어 형재를 생산하는 소성가공법으로, 압출에 작용하중은 압축하중이 작용한다.
④ **인발** : 다이 구멍을 통하여 출구 쪽으로 재료를 잡아 당겨 단면적을 줄이는 가공 방법으로, 주로 선재가공에 이용하며, 인발에는 인장하중이 작용한다.
⑤ **전조** : 소재나 공구(롤) 또는 그 양쪽을 회전시켜서 밀어붙여 공구의 모양과 같은 형상을 소재에 각인(刻印)하는 공법. 회전하면서 하는 일종의 단조가공법으로, 나사, 볼트 등의 가공에 이용

(2) 열간가공과 냉간가공

① **열간가공**
 ㉠ 재결정 온도 이상에서의 가공
 ㉡ 가공도가 크고, 대형 가공이 가능, 거친 가공
 ㉢ 강괴 중의 기공이 가공에 의해 압착이 된다.
 ㉣ 고온에서의 가공으로 편석이 제거된다.
 ㉤ 비금속 개재물이 가공방향으로 늘어나 섬유상 조직이 된다.

② **냉간가공**
 ㉠ 재결정 온도 이하에서의 가공
 ㉡ 정밀한 치수 가공이 가능하고 기계적 성질이 양호, 마무리 가공
 ㉢ 강도가 크고, 연신율은 감소
 ㉣ 가공도가 크지 않다.

(3) 재결정

① **회복** : 가공 경화에 의해 발생된 잔류 응력이 있는 재료를 가열하면 이 응력이 소멸되어 원래의 상태로 되돌아오는 것을 회복 단계라 한다.
② **가공 경화된 재료를 고온 가열하면** : 내부 응력 제거(회복) → 연화 → 재결정 → 결정 입자 성장
③ **재결정된 재료의 결정 입자 크기**
 ㉠ 가공도가 작을수록 크다.
 ㉡ 가열 시간이 길수록 크다.

기출문제

금속재료의 소성가공 방법이 아닌 것은?
① 프레스
② 압출, 인발
③ 단조, 압연
④ 주조, 정정

정답 ▶ ④

기출문제

열간가공과 냉간가공을 나눌 때 열간가공의 특징이 아닌 것은?
① 강괴 중의 기공이 압착된다.
② 재결정 온도 이상에서의 가공 작업을 말한다.
③ 가공 전의 가열과 가공 중의 고온 유지로 편석이 증가한다.
④ 비금속 개재물이 가공방향으로 늘어나 섬유상 조직이 된다.

정답 ▶ ③

기출문제

금속재료를 냉간가공하면 기계적 성질은 어떻게 변하는가?
① 강도와 항복점 증가, 연신율과 인성 감소
② 투자율과 전기전도도 증가, 연신율과 항자력 감소
③ 전기저항과 연신율 증가, 인성과 항복점 감소
④ 인성과 이방성 증가, 가공경화와 항복점 감소

정답 ▶ ①

ⓒ 가열 온도가 높을수록 크다.
ⓓ 가공 전 결정 입자가 크면
  ⓐ 재결정 후 결정 입자가 크다.
  ⓑ 가공도가 작을수록 크다.

④ 주요 금속의 재결정 온도

금속	재결정 온도(℃)	금속	재결정 온도(℃)	금속	재결정 온도(℃)
W	~1,200	Cu	200~250	Zn	15~50
Mo	~900	Al	150~240	Cd	~50
Ni	530~660	Au	~200	Pb	~0
Fe	350~450	Ag	~200	Sn	~0
Pt	~450	Mg	~150		

> **기출문제**
>
> 가공 경화된 재료를 풀림하면 온도에 따라 여러 가지 변화가 일어난다. 그 순서로 옳은 것은?
>
> ① 회복→재결정→결정립 성장
> ② 회복→결정립 성장→재결정
> ③ 재결정→결정립 성장→회복
> ④ 재결정→회복→결정립 성장
>
> 정답 ① ①

04
금속재료의 일반적 성질

1. 기계적 성질(강도, 경도, 인성, 취성, 연성, 전성)

① 기계를 구성하고 있는 요소는 외력을 받거나 힘을 전달하므로 외력에 의한 파괴나 변형에 대하여 견디는 강도, 인성, 경도 등이 필요하다.
② 원하는 기계 부품의 형상이나 치수로 가공하기 위하여 쉽게 변형할 수 있는 연성 또한 필요하다.
③ 강도
 ㉠ 재료에 작용하는 힘에 대하여 파괴되지 않고 어느 정도 견딜 수 있는 정도
 ㉡ 어떠한 재료에 외력을 가하면 파괴되는데, 이 힘에 대한 재료 단면에 작용하는 최대 저항력
 ㉢ **강도의 종류** : 인장 강도, 압축 강도, 굽힘 강도, 전단 강도, 비틀림 강도 등
④ 경도
 ㉠ 재료의 표면이 외력에 저항하는 성질
 ㉡ 재료 표면에 압력을 가하였을 때, 이 외력에 대한 저항의 크기로 재료의 단단한 정도를 나타내는 수치
⑤ 인성
 ㉠ 기계 부품에 충격, 굽힘, 비틀림 등의 외력이 작용하였을 때 파괴되지 않고 견디는 성질로서 재료의 질긴 성질

ⓒ 구리와 같은 금속은 외력이 가해져도 잘 파괴되지 않는 질긴 성질을 지닌다.
ⓒ 인성은 주로 충격시험에 의해 측정되어 지며, 인성이 좋을수록 충격에 잘 버틴다.

⑥ 취성
 ㉠ 유리와 같이 잘 부서지고 깨지는 성질(여림, 메짐이라고도 함)
 ㉡ 인성의 반대되는 성질

⑦ 연성
 ㉠ 재료를 잡아당기면 외력에 의하여 파괴되지 않고 가늘게 늘어나는 성질
 ㉡ **연성이 우수한 금속 순서** : Au 〉 Ag 〉 Al 〉 Cu 〉 Pt 〉 Pb 〉 Zn 〉 Li

⑧ 전성
 ㉠ 금속재료를 두드리거나 누르면 넓게 퍼지는 성질
 ㉡ **전성이 우수한 금속 순서** : Au 〉 Ag 〉 Pt 〉 Al 〉 Fe 〉 Ni 〉 Cu 〉 Zn

2. 물리적 성질(비중, 용융점, 전기 전도율, 자성)

① 비중
 ㉠ 어떤 물질의 질량과 같은 부피를 가지는 표준 물질에 대한 질량의 비율
 ㉡ 표준 물질 : 고체 및 액체의 경우 보통 1기압(atm), 4℃의 물, 기체의 경우에는 0℃, 1기압 하에서의 공기
 ㉢ 비중은 기체의 경우 온도와 압력에 따라 달라진다.
 ㉣ 비중이 가장 큰 금속은 Ir(22.4)이고 가장 작은 금속은 Li(0.53)

Mg	Cu	Ag	Cr	Mo	Au	Sn	W	Al	Fe	Mn	Zn	Ni	Co	Ir
1.74	8.9	10.5	7.19	10.2	19.3	7.28	19.2	2.7	7.86	7.43	7.1	8.9	8.8	22.5

② 용융점
 ㉠ 물질이 고체에서 액체로 상태가 변화될 때의 온도
  (금속을 가열하면 열적 성질이 변화하여 녹아서 액체가 될 때의 온도)
 ㉡ 응고점 : 일정한 압력에서 액체나 기체가 굳을 때의 온도. 보통 액체 응고점은 그 물질의 용융점과 같고, 기체의 응고점은 승화점과 같다.
 ㉢ 단일 금속의 경우 **용융점, 응고점 동일**
 ㉣ 융점이 가장 높은 금속은 W(3,410±20℃)이며, 가장 낮은 금속은 Hg(-38℃)이다.
 ㉤ W 3,410℃, Fe 1,538℃, Cu 1,400℃, Al 660℃, Zn 650℃, Sn 235℃

기출문제

열전도율이 좋고 비중이 약 8.9인 금속은?
① 철
② 주석
③ 구리
④ 납

정답 ▶ ③

기출문제

용융점이 높은 금속의 순서로 나열된 것은?
① W 〉 Zn 〉 Cu 〉 Al 〉 Fe
② W 〉 Cu 〉 Fe 〉 Al 〉 Zn
③ W 〉 Cu 〉 Fe 〉 Zn 〉 Al
④ W 〉 Fe 〉 Cu 〉 Al 〉 Zn

정답 ▶ ④

③ 전기 전도율
　㉠ 전기가 흐르는 정도
　㉡ 금속 결정은 많은 전자를 가지고 있어 전기가 흐르는 전기적 성질을 지닌다.

④ 자성
　㉠ 물질이 나타내는 자기적 성질
　㉡ **강자성체** : 금속을 자석에 가까이 하면 자석의 극과 반대의 극이 생겨서 서로 강하게 잡아당기는 물질(철(Fe), 니켈(Ni), 코발트(Co))
　㉢ **상자성체** : 약간 잡아당기는 것
　㉣ **반자성체** : 서로 잡아당기지 않는 금속(안티모니(Sb))
　㉤ **비자성체** : 자석을 접근해도 변화가 없는 것(스테인리스강, 나무, 고무, 비금속)
　㉥ **자기 변태점**(Curie point) : 포화된 자장 강도가 급속히 감소되는 온도점

금속명	Fe	Ni	Co	Fe_3C
자기 변태점	768℃	360℃	1,160℃	210℃

기출문제
순철의 자기 변태점에 대한 설명으로 옳은 것은?
① 가열에 의해 BCC 격자가 FCC 격자로 변한다.
② A_2 변태라 하며 약 768℃에서 일어난다.
③ A_3 변태라 하며 약 910℃에서 일어난다.
④ A_4 변태라 하며 약 1,200℃에서 일어난다.

정답 ▶ ②

3. 화학적 성질 (부식, 내식성)

① **부식**
　㉠ 금속이 산소, 물, 이산화탄소 등의 주위 환경에 따라 화학적 또는 전기·화학적인 작용에 의하여 비금속성 화합물을 만들어 점차 재료가 소실되는 현상
　㉡ **습식** : 전기·화학적 부식이며, 이것은 금속 주위의 수분 또는 그밖의 **전해질**과 작용하여 비금속성의 화합물로 변하는 현상
　㉢ **건식** : 화학적 부식이라고 하며, 이것은 상온 또는 고온에서 금속의 산화, 황화, 질화 등이 해당

② **내식성**
　㉠ 내식성은 금속의 부식에 대한 저항력
　㉡ 금속의 조성과 조직, 물이나 산, 알칼리, 염류 등의 종류, 농도, 온도 및 그밖의 상태에 따라 다르다.

③ **이온화 경향**
　㉠ 이온화 경향이 큰 금속일수록 화합물이 되기 쉬워 부식이 잘 된다.
　㉡ 이온화 경향이 큰 순서
　　K 〉 Ba 〉 Ca 〉 Na 〉 Mg 〉 Al 〉 Zn 〉 Cr 〉 Fe 〉 Co 〉 Ni 〉 Mo 〉 Sn 〉 Pb 〉 H 〉 Cu 〉 Hg 〉 Ag 〉 Pt 〉 Au
　㉢ Al보다 상위에 있는 금속은 공기 중에서도 산화물을 만들며 탄다.

05 금속재료의 시험과 검사

1. 인장시험

① 시편의 양 끝을 시험기에 고정시키고 시편의 축방향으로 천천히 잡아당겨 끊어질 때까지의 변형과 이에 대응하는 하중을 측정하여 금속재료의 여러 가지 기계적 성질을 측정하는 시험 방법

② **시험 결과로 알 수 있는 것** : 인장강도, 연신율, 단면 수축률, 항복점, 비례한도, 탄성한도, 응력-변형률 곡선 등

③ 응력-변형률 곡선
  ㉠ **A(비례한도)** : 비례한도 이내에서는 응력을 제거하면 원상태로 돌아간다.
  ㉡ **B(탄성한도)** : 재료가 탄성을 잃어버리는 최대한의 응력
  ㉢ **C(상부 항복점)** : 영구변형이 명확하게 나타나기 시작
  ㉣ **D(하부 항복점)** : 소성변형 - 항복점 이상의 응력을 받는 재료가 영구변형을 일으키는 과정
  ㉤ **E(최대응력)** : 최대응력을 가지고 인장강도 계산
  ㉥ **F(파단점)** : 재료에 파괴가 일어나서 절단된다.
  ㉦ **내력** : 항복점이 뚜렷이 나타나지 않는 재료에서 항복점 대신에 0.2%의 영구 스트레인이 발생할 때의 응력

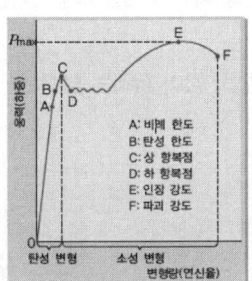

응력-변형률 곡선

④ 인장강도
  ㉠ 인장시험을 하는 도중 시편이 견디는 최대의 하중
  ㉡ 산출 방법

$$\text{최대 인장 강도}(\sigma_{max}) = \frac{\text{최대 인장 하중}(P_{max})}{\text{원 단면적}(A_0)} (\text{N/mm}^2)$$

⑤ 연신율(elongation ratio)
  ㉠ **변형량**을 원 표점 거리로 나누어 백분율(%)로 표시한 것
  ㉡ 연성을 나타내는 척도(대체적으로 연강 50%, 경강 25% 정도)
  ㉢ 산출 방법

$$\text{연신율}(\varepsilon) = \frac{L_1 - L_0}{L_0} \times 100 (\%)$$

기출문제

항복점이 뚜렷이 나타나지 않는 재료로서 항복점 대신에 0.2%의 영구 스트레인이 발생할 때의 응력은?

① 항복강도
② 인장강도
③ 내력
④ 비례한도

정답 ▶ ③

기출문제

연신율이 25%이고 늘어난 길이가 60mm이었다면 원래의 길이(mm)는?

① 41
② 45
③ 48
④ 52

정답 ▶ ③

풀이

$$\text{연신율} = \frac{L_1 - L_0}{L_0} \times 100$$

$$\therefore L_0 = \frac{100 \times L_1}{\text{연신율} + 100}$$

$$= \frac{100 \times 60}{25 + 100}$$

$$= 48$$

2. 압축시험(compression test)

① 재료에 압력을 가하여 파괴에 견디는 힘을 구하는 시험
② 주로 주철이나 콘크리트와 같이 내압에 사용되는 재료의 압축 강도, 비례한도, 항복점 등과 같은 기계적 성질을 알아보고자 할 때 하는 시험

3. 굽힘시험(bending test)

① 시편에 길이 방향의 직각 방향에서 하중을 가하여 재료의 연성, 전성 및 균열의 발생 유무를 판정하는 시험
② **굽힘균열시험(굽힘시험)** : 심하게 굽힐 때에 균열이 발생하는가의 여부를 조사하는 시험
③ **굽힘저항시험(항절시험)** : 파단할 때까지 변형시켜서 파단에 필요로 하는 힘을 구할 때 하는 시험
④ **굽힘시험방법** : 눌러 굽히는 방법, 감아 굽히는 방법, V-블록을 사용하여 굽히는 방법

4. 경도시험

① 재료의 단단함과 무른 정도를 나타내는 것, 압입에 대한 저항으로 나타낸다.
② **경도시험의 종류** : 브리넬 경도시험, 로크웰 경도시험, 비커스 경도시험, 쇼어 경도시험 등
③ **시험별 특징**

종류	압입자	기호	하중	계산식	기타
브리넬	10mm 강구	HB	3,000kg	$\dfrac{2P}{\pi D(D-\sqrt{D^2-d^2})} = \dfrac{P}{\pi Dt}$	
로크웰	1/16인치 강구	HRB	100kg, 예비 10kg	$130 - 500h$	
로크웰	120원뿔 다이아몬드	HRC	150kg, 예비 10kg	$100 - 500h$	
비커스	대면각 136도 다이아몬드	HV	1~120kg	$\dfrac{1.8544P}{d^2}$	미세조직의 경도측정가능
쇼어	다이아몬드	HS	반발 높이	$\dfrac{10,000}{64} \times \dfrac{h}{h_0}$	표면에 자국이 남지 않음

기출문제

브리넬 경도가 다음과 같이 표현되었을 때 이에 따른 설명으로 틀린 것은?

HB S (10/3,000) 341

① HB : 압입자의 종류
② 10 : 압입자의 직경(mm)
③ 3,000 : 시험하중(kgf)
④ 341 : 브리넬 경도값

정답 ▶ ①

5. 충격시험

① 충격력에 대한 재료의 저항력(인성)을 알아보는 시험
② 충격시험은 일반적으로 재료의 인성 또는 취성을 시험
③ 충격시험은 동적하중 시험
④ 충격값은 재료에 단일 충격을 주었을 때 흡수되는 에너지를 노치부의 단면적으로 나눈 값으로 나타낸다.
⑤ **종류** : 샤르피 충격시험, 아이조드 충격시험

6. 비파괴시험

① **자기탐상시험**
  ㉠ 누설 자속을 자분 또는 검사 코일을 사용하여 검출하여 결함 존재를 발견하는 검사 방법을 나타낸 것
  ㉡ 표면부 및 표면직하의 결함 검출
  ㉢ 자화방법
    ⓐ **축 통전법** : 시험편의 축방향의 끝에 전극을 대고 전류를 흘려 원형 자화시키는 방법으로 축방향, 즉 전류에 평행한 결함 검출 방법
    ⓑ **직각 통전법** : 시험편의 축에 대해 직각인 방향에 직접 전류를 흘려서 전류 주위에 생기는 자장을 원형 자화시키는 방법
    ⓒ **관통법** : 시험편의 구멍에 철심을 통해 교류 자속을 흘림으로써 그 주위에 유도 전류를 발생시켜 그 전류가 만드는 자기장에 의해 원형 자화시키는 방법
    ⓓ **코일법** : 시험편을 전자석으로 자화하고 시험편에 따라 탐상 코일을 이동시키면서 전자 유도 전류로 검출하는 직선 자화시키는 방법
    ⓔ **극간법** : 시험편의 전체 또는 일부분을 전자석 또는 영구 자석의 자극 사이에 놓고 직선 자화시키는 방법

② **침투탐상시험**
  ㉠ 시험편의 표면에 생긴 결함에 침투액을 스며들게 한 다음 현상액으로 결함을 검출하는 시험법
  ㉡ **침투액 종류** : 염색침투액, 형광침투액
  ㉢ 표면부의 결함 검출
  ㉣ **검사 순서** : 전처리 → 침투 → 유화 → 세척 → 건조 → 현상 → 관찰 → 후처리

③ **초음파탐상시험**
  ㉠ 초음파를 시험편 내부에 투사하여 결함부에서 반사되는 초음파로 결함의 크기와 위치를 알아보는 시험

기출문제

충격시험은 재료의 어떠한 성질을 알기 위한 시험인가?
① 경도
② 인장강도
③ 굽힘강도
④ 인성과 취성

정답 ▶ ④

기출문제

압연작업 후 롤 표면의 크랙(crack)을 검사하는 방법으로 적절치 못한 것은?
① 레이저 탐상
② 자분 탐상
③ 침투 탐상
④ 와전류 탐상

정답 ▶ ①

기출문제

침투탐상검사의 일반적인 검사 절차로 옳은 것은?
① 전처리 → 유화 → 침투 → 세척 → 현상 → 관찰 → 후처리 → 건조
② 전처리 → 침투 → 유화 → 세척 → 건조 → 현상 → 관찰 → 후처리
③ 전처리 → 현상 → 후처리 → 세척 → 유화 → 건조 → 관찰 → 침투
④ 전처리 → 건조 → 유화 → 관찰 → 현상 → 침투 → 세척 → 후처리

정답 ▶ ②

- ⓒ **방법** : 투과법, 반사법, 공진법
- ⓒ 내부결함 검출

④ **방사선투과시험**
- ㉠ X선이나 γ선은 금속재료를 투과할 때 재료내부의 결함이나 불균일한 조직 등에 의해 투과량의 차이가 생긴다. 이 차이를 사진 필름에 감광시켜 결함을 찾아 내는 시험법
- ㉡ X-선 투과 검사법 : X-선의 투과선을 사진 건판에 취하여 나타나는 명함도로 검사
- ㉢ γ-선 검사법(gamma rayin spection) : Tm-170, Ir-192, Cs-137, Co-60, Ra-226 등과 같은 방사성 동위원소 등에서 방사하는 γ-선 등에 의해 투과 검사

7. 금속 현미경 조직 관찰

① **특징**
- ㉠ 금속 조직의 구분 및 결정 입도의 크기
- ㉡ 주조, 열처리, 단조 등에 의한 조직의 변화
- ㉢ 비금속 개재물의 종류와 형상, 크기 및 편석 부분의 상향
- ㉣ **균열의 형상과 성장 상황**
- ㉤ 파단면 관찰에 의한 파괴 양상의 파악 등에 따른 상세한 검토

② **현미경 조직 검사 순서** : 시료 채취 및 제작 → 연마 → 부식 → 조직 관찰

③ **부식액**

금속재료의 부식액

재료	부식제	
철강	질산 알콜 용액	진한 질산 5cc, 알콜 100cc
	피크린산 알콜 용액	피크린산 5gr, 알콜 100cc
구리, 황동, 청동	염화제이철 용액	염화제이철 5gr, 진한 염산 50cc, 물 100cc
Ni 합금	질산 초산 용액	질산(70%) 50cc, 초산(50%) 50cc
Sn 합금	질산 용액(나이탈 용액)	질산 5cc, 물 100cc
Pb 합금	질산 용액	질산 5cc, 물 100cc
Zn 합금	염산 용액	염산 5cc, 물 100cc
Al 합금	수산화 나트륨액	수산화나트륨 20gr, 물 100cc
Au, Pt 등 귀금속	불화 수소	10% 수용액
	왕수	진한 질산 1cc, 진한 염산 5cc, 물 6cc

기출 문제

다음 중 철강 부식액으로 옳은 것은?

① 수산화나트륨 용액
② 질산 알콜 용액
③ 염화제이철 용액
④ 염산 용액

정답 ▶ ②

④ ASTM 결정입도
  ㉠ 현미경 배율 100배로 관찰하여 사진 $1in^2$ 내에 1개의 조직이 있으면 입도번호는 1이다.
  ㉡ $n=2^{N-1}$(n : 결정립수, N : 입도번호)

8. 그밖의 시험법

① 피로시험
  ㉠ 재료에 반복 하중이 작용하여도 영구히 파괴되지 않는 최대 응력
  ㉡ S-N 곡선 : 그 응력과 반복 횟수의 관계를 그래프로 그린 것
② 크리프시험 : 재료를 고온에서 내력보다 작은 응력을 장시간 작용하면 시간이 지나면서 변형이 진행되는 현상
③ 마멸시험 : 마찰력에 의해 감소되는 현상을 마멸이라 하며, 마멸에 대한 강도를 내마멸성이라 한다.
④ 불꽃시험
  ㉠ 강재를 그라인더에 눌러서 나오는 불꽃의 모양, 색, 크기, 개수 등으로 재질을 판별할 수 있는 방법이다.
  ㉡ 뿌리 부분 : C나 Ni 함유량이 미량 나타난다.
  ㉢ 중앙 부분 : 유선의 밝기, 불꽃의 모양에 따라 Ni, Cr, Al, Mn, Si, V 등이 판별된다.
  ㉣ 끝 부분 : 꼬리 불꽃의 변화에 따라 Mn, Mo, W 등의 원소를 판별할 수 있다.
  ㉤ 불꽃의 색깔을 보면 밝을수록 탄소량이 많고, 눌림의 느낌 강도에 따라 특수 원소의 함량을 느낄 수 있다.

기출문제

탄소강의 결정입도 번호가 7일 경우 배율 100배의 현미경 사진 $1in^2$ 내에 들어 있는 결정입자의 수는?

① 8 grains
② 16 grains
③ 64 grains
④ 82 grains

정답 ▶ ③

풀이
$n = 2^{N-1}$
$= 2^{7-1} = 2^6 = 64$

CHAPTER 02
철과 강

KEYWORD 순철, 탄소강, 합금강, 열처리, 주철, 주강

01 순철과 탄소강

1. 선철의 제조

(1) 제선의 원료

① 선철 제조 원료
- ㉠ **철광석** : 철분이 풍부하고 동시에 환원성이 좋아야 하고, 황, 인, 구리 등의 유해 성분이 적어야 하며, 입도가 적당해야 한다.
- ㉡ **코크스** : 용광로 내에서 철광석을 용해하는 열원인 동시에 철광석의 환원제, 용광로 내의 가스 통풍을 양호하게 하는 역할을 한다.
- ㉢ **석회석** : 용광로 내에서 철광석 중의 암석 성분이나 그밖의 불순물과 배합되어 용해되기 쉬운 슬래그로 배출된다.

② **철광석의 종류**
- ㉠ **적철광** : Fe_2O_3
- ㉡ **자철광** : Fe_3O_4
- ㉢ **갈철광** : $2Fe_2O_3 \cdot 3H_2O$
- ㉣ **능철광** : $FeCO_3$

(2) 철과 강의 분류

① 선철의 분류
  ㉠ 파면에 따라 : 회선철, 반선철, 백선철
  ㉡ 용도에 따라 : 제강용 선철, 주물용 선철

② 제조법에 따른 분류
  ㉠ 제강방법 : 전로강, 평로강, 전기로강
  ㉡ 탈산도 : 림드강, 캡드강, 세미킬드강, 킬드강

③ 철의 탄소 함유량에 따른 분류
  ㉠ 순철 : 0.02%C 이하
  ㉡ 강 : 0.02~2.01%C
    ⓐ 아공석강 : 0.02~0.77%C
    ⓑ 공석강 : 0.77%C
    ⓒ 과공석강 : 0.77~2.01%C
  ㉢ 주철 : 2.01~6.67%C
    ⓐ 아공정주철 : 2.01~4.3%C
    ⓑ 공정주철 : 4.3%C
    ⓒ 과공정주철 : 4.3~6.67%C

(3) 제강법

① **평로 제강법** : 축열식 반사로를 사용하여 장입물을 용해 정련하는 방법으로 선철과 고철을 용해하여 탄소 및 기타의 불순물을 연소시켜 강을 제조한다.
② **전로 제강법** : 원료 중에 공기(또는 산소)를 넣어 그 곳에 함유된 불순물을 짧은 시간에 신속하게 산화시켜 강재나 가스로서 제거하는 동시에 이때 발생하는 산화열을 이용하여 외부로부터 열을 공급하지 않고 정련하는 방법이다.
③ **전기로 제강법** : 전기 에너지를 열원으로 사용하여 양질의 강을 제조하는데 사용한다.

(4) 탈산에 따른 강괴의 종류와 특징

① **킬드강** : 용강 중에 Fe-Si 또는 Al 분말 등의 강한 탈산제를 첨가하여 완전히 탈산한 것
② **림드강** : 탈산 및 기타 가스 처리가 불충분한 상태의 용강을 그대로 주형에 주입하여 응고한 것
③ **세미킬드강** : 탈산 정도가 킬드강과 림드강의 중간 정도의 것
④ **캡드강** : 림드강에서 리밍작용을 억제하려고 뚜껑을 띄워 응고한 것

기출문제

다음 중 탈산의 정도에 따라 분류되는 강의 종류가 아닌 것은?

① 킬드강
② 캡드강
③ 림드강
④ 세미림드강

 ④

기출문제

주철과 강의 분류는 탄소 몇 %를 기준으로 하는가?

① 약 2.0
② 약 3.0
③ 약 4.9
④ 약 6.7

 ①

기출문제

Fe-C 상태도에서 탄소의 함량이 약 2.1% 이상을 포함한 강을 무엇이라고 하는가?

① 중탄소강
② 순철
③ 연강
④ 주철

정답 ④

기출문제

다음 강 중에서 탈산도가 가장 좋은 것은?

① 림드강
② 킬드강
③ 세미킬드강
④ 캡드강

정답 ②

2. Fe-C 평형 상태도

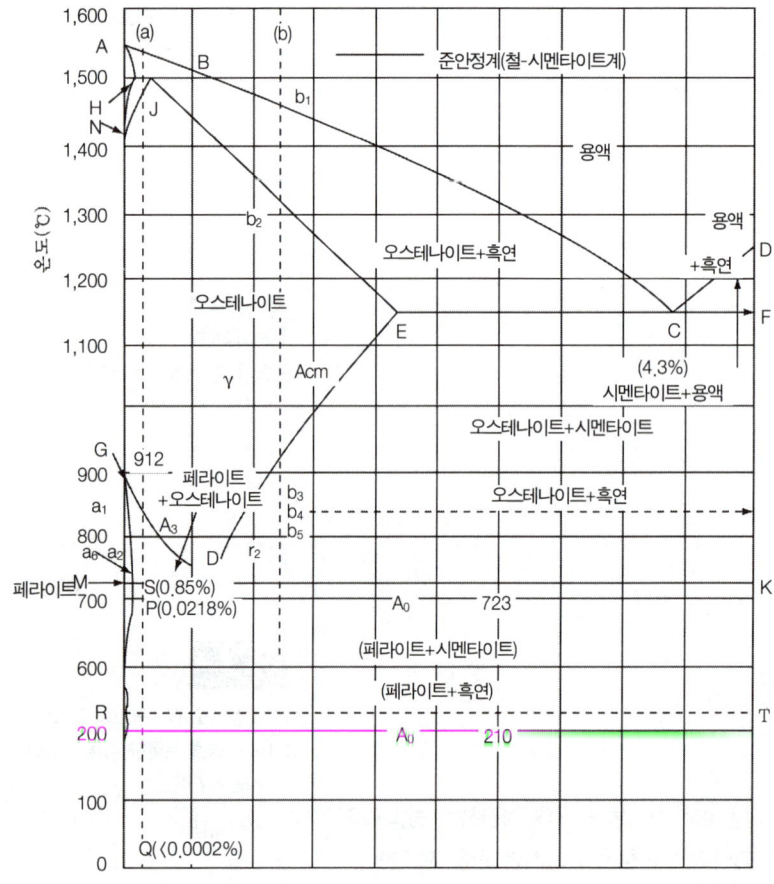

- A : 순철의 용융점(1,538±3℃)
- N : 순철의 A_4변태점(1,400℃) $\delta Fe \leftrightarrow \gamma Fe$
- AB : δ고용체(δFe이 탄소를 고용한 고용체)에 대한 액상선
- AH : δ고용체에 대한 고상선(H점 : 0.01%C)
- HN : δ고용체가 γ고용체로 변하기 시작한 온도선(강의 A_4변태가 시작되는 온도선)
- JN : δ고용체가 γ고용체로의 변화가 끝나는 온도선(강의 A_4변태가 끝나는 온도선)
- HJB : 포정선(1,495℃, J점 : 0.18%C, B점 : 0.53%C)
  ※ 이 온도에서 δ고용체(H)+용액(B) ↔ γ고용체(J)의 반응이 일어난다.
- BC : γ고용체(γFe이 탄소를 고용한 고용체)에 대한 액상선
- JE : γ고용체에 대한 고상선
- CD : 시멘타이트(Fe_3C)에 대한 액상선(Fe_3C가 정출하기 시작하는 선)
- C : 공정점(1,145℃, 4.3%C, E점에서 γ고용체와 F점의 Fe_3C가 동시에 정출하는 점)
  ※ 이 조성의 합금에서 공정조직(레데뷰라이트)이 된다.
    (반응식 : 용액 ↔ γ고용체+Fe_3C)
- E : γ고용체에 탄소가 최대로 용해되는 점(1,145℃, 2.11%C)

기출 문제

Fe-C 평형상태도에 관한 설명으로 틀린 것은?

① 강은 탄소함유량 0.8%를 기준으로 하여 아공석강과 과공석강으로 분류된다.
② Fe_3C는 시멘타이트라고 하며, 탄소의 최대 고용한도는 약 6.67%까지이다.
③ A_3 변태점은 약 910℃이며, $\alpha \rightleftarrows \gamma$가 된다.
④ A_1 변태점은 약 210℃에서 일어나며 Fe의 자기변태점이라고 한다.

정답 ▶ ④

ECF : 공정선
※ 이 온도에서 용액(C) ↔ γ고용체(E)+Fe₃C(F)의 반응에 의해 용액에서 γ고용체와 Fe₃C가 동시에 정출한다.

ES : Acm선, γ고용체에 대한 Fe₃C의 용해도 곡선, γ고용체에서 Fe₃C가 석출하기 시작한 온도선

G : 순철의 A₃변태점(910℃, γ ↔ α)

GS : A₃선, γ고용체에서 α고용체를 석출하기 시작하는 온도선

S : 공석점(723℃, 0.84%C), γ고용체에서 α고용체와 Fe₃C가 동시에 석출하는 점이다.

PSK : 공석선(A₁변태선), 펄라이트 조직이 나타난다.
※ 이 온도에서 γ고용체(S) ↔ α고용체(P)+Fe₃C(K)의 반응이며, K점은 6.68%C이다.

GP : P점은 0.025%C, 이 온도 이하의 γ고용체에서 α고용체의 석출이 끝나는 온도, 즉 A₃변태가 끝나는 온도이다.

P : αFe중에 탄소의 최대 고용 한도를 나타내는 점(0.025%C)

PQ : α고용체에 대한 Fe₃C의 용해 한도곡선. 상온에 있어서 탄소의 용해도는 0.0002% 이하이다.

M : 순철의 A₂변태점(768℃, 철의 자기 변태점)

3. 순철

(1) 순철의 변태

① **A₂변태** : 자기 변태(768℃), 강자성체 → 상자성체
② **A₃변태** : 동소 변태(910℃), α-Fe(체심 입방 격자) ↔ γ-Fe(면심 입방 격자)
③ **A₄변태** : 동소 변태(1,400℃), γ-Fe(면심 입방 격자) ↔ δ-Fe(체심 입방 격자)

(2) 순철의 동소체

① α - Fe : 910℃ 이하에서 체심 입방 격자
② γ - Fe : 910~1,400℃에서 면심 입방 격자
③ δ - Fe : 1,400℃ 이상에서 체심 입방 격자

(3) 순철의 기계적 성질

① 순철은 상온에서 전성 및 연성이 풍부하고 단접성, 용접성이 좋다.

경도 (HB)	인장 강도 (kgf/mm²)	연신율(%) (l = 10d)	단면 수축율 (%)	탄성 한도 (kgf/mm²)	탄성 계수 (kgf/mm²)
60~70	18~30	40~50	70~80	10~14	21600

기출 문제

순철은 1,539℃에서 응고하여 실온까지 냉각하는 변태 중 γ-Fe가 α-Fe로 되는 변태는?

① A₁
② A₂
③ A₃
④ A₀

정답 ▶ ③

기출 문제

순철의 밀도는 1,550℃에서 약 얼마나 되는가?

① 4.0 g/m³
② 5.62 g/m³
③ 7.0 g/m³
④ 9.62 g/m³

정답 ▶ ③

(4) 순철의 물리적 성질

① FCC는 BCC보다 원자 밀도가 크고 비체적이 적기 때문에 수축이 일어난다.
② 순철의 순도를 높이면 항자력이 적어지고 도자율이 현저히 높아지고 이력 손실이 적다.

비중	융점 (℃)	용해 숨은열 (cal/g)	선팽창율 (20℃)	비열(20℃) (cal/g)	열전도율(20℃) (cal/cm·sec·℃)	비저항 (Ω/cm)
7.876	1,538	65.0	11.7×10^{-6}	0.11	0.8	10×10^{-6}

(5) 순철의 종류

종류	전해철	해면철	아암코철	카아보닐철
탄소량(%)	0.013	0.03	0.01	<0.0007

(6) 순철의 용도

① 투자율이 높기 때문에 박판으로 변압기, 전동기 등에 사용하고, 소결 자석용 철분으로 사용한다.
② 강과 주철의 원료로 사용하고, 단접성 용이, 용접성이 양호하므로 이 분야에 많이 사용한다.
③ **카아보닐철은 소결재로 만들어 고수파용 압문(壓粉) 설심에 많이 사용한다.**
④ **순철의 제조** : 전기 분해법으로 한다.

4. 탄소강

(1) 탄소강의 표준조직(normal structure)

① **표준조직의 특징**
  ㉠ 탄소강은 탄소 함유량과 냉각속도 등에 따라 조성된 조직에 의하여 그 성질이 다름
  ㉡ 탄소강의 표준조직 : 강의 종류에 따라 A_3점 또는 Acm보다 30~50℃ 높은 온도로 강을 가열하여 균일한 오스테나이트 조직 상태에서 대기 중에 서서히 냉각하여(노멀라이징) 얻은 상온 조직
  ㉢ 표준조직에 의하여 탄소강의 탄소 함유량을 추정
  ㉣ 탄소강은 탄소 함유량이 많을수록 페라이트(흰색 부분)가 줄어들고 펄라이트(흑색 부분)와 시멘타이트(흰색 경계)가 늘어난다.

② **페라이트(ferrite)**
  ㉠ α철에 탄소가 최대 0.02% 고용된 α고용체
  ㉡ 거의 순철에 가까우며, 매우 연한 성질을 지니고 있어 전연성이 크다.

기출문제

다음 중 순철에 대한 설명으로 틀린 것은?

① 순철의 종류로는 전해철, 카보닐철, 암코철 등이 있다.
② 순철은 전연성이 풍부하며, 전기 재료로도 사용된다.
③ 순철의 변태는 동소변태(A_3, A_4)와 약 210℃ 부근의 자기변태(A_0)가 있다.
④ 순철의 동소체로는 α-철(체심입방격자), γ-철(면심입방격자), δ-철(체심입방격자)이 있다.

정답 ▶ ③

ⓒ A₂ 변태점(자기변태 768℃) 이하에서는 강자성체
ⓔ 경도 HB≒90 정도

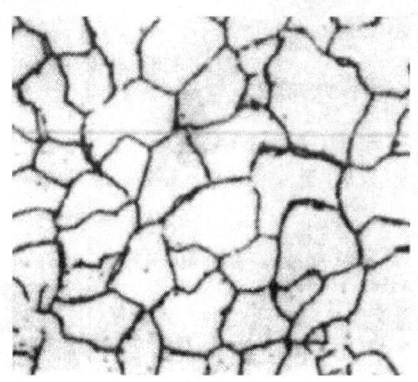

페라이트

③ **오스테나이트(austenite)**
  ㉠ γ철에 탄소를 최대 2.0% 고용한 γ 고용체
  ㉡ A₁ 변태점 이상으로 가열했을 때 얻을 수 있는 조직
  ㉢ **결정 구조** : FCC (면심입방격자)
  ㉣ 상자성체, 전기저항과 인성이 크고, 경도가 HB≒155 정도

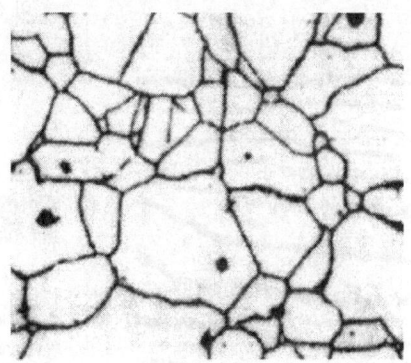

오스테나이트

④ **시멘타이트(cementite)**
  ㉠ 6.67%의 탄소와 철의 화합물(Fe₃C)로 매우 단단하고 부스러지기 쉬운 조직
  ㉡ 시멘타이트는 오스테나이트의 결정립계나 그 벽면에 침상 형성
  ㉢ **시멘타이트의 흑연화** : 준안정 상태의 탄화물로 900℃에서 장시간 가열하면 분해되어 흑연으로 변화되는 현상
  ㉣ 시멘타이트의 경도는 담금질한 강보다 높은 HB≒820 정도
  ㉤ 210℃ 이상에서는 상자성체, 해당 온도 이하에서는 강자성체

기출 문제

다음 사진은 현미경을 통하여 얻은 조직사진이다. 조직명은 무엇인가? (단, 0.02%로 고온으로 가열해서 담금질해도 경화되지 않으며, α-Fe이다)

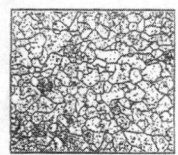

① 펄라이트조직
② 페라이트조직
③ 스테인리스강조직
④ 시멘타이트조직

정답 ▶ ②

기출 문제

다음 중 탄소함유량이 가장 많은 조직은?

① 시멘타이트
② 페라이트
③ 오스테나이트
④ 펄라이트

정답 ▶ ①

CHAPTER 02 철과 강

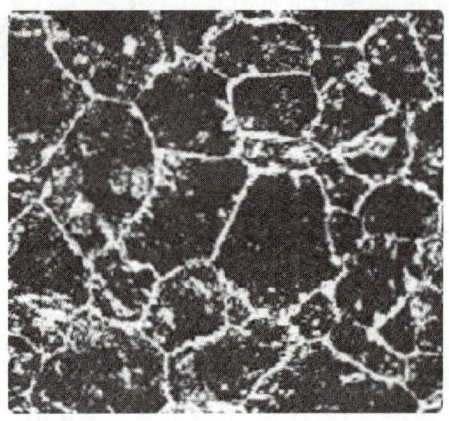

망상 시멘타이트

⑤ **펄라이트(pearlite)**
  ㉠ 0.8%의 탄소를 고용한 오스테나이트가 723℃ 이하로 서서히 냉각될 때 얻을 수 있는 조직
  ㉡ 공석강 : 펄라이트 조직
  ㉢ 페라이트와 시멘타이트가 층상으로 나타나는 조직으로 현미경으로 보면 진주조개에서 나타나는 무늬처럼 보인다고 하여 펄라이트라고 함
  ㉣ 경도 HB≒225 정도이며 강도가 크고 어느 정도 연성 확보함

펄라이트(×200)

펄라이트(×1600)

(2) 탄소강의 성질

① **아공석강**
  ㉠ 아공석강 : 0.02~0.8%의 탄소 조성
  ㉡ 초석 페라이트와 펄라이트의 혼합 조직
  ㉢ 탄소 함유량이 많아질수록 펄라이트의 양 증가 → 경도, 항복강도, 인장강도 증가, 연신율이나 충격치는 감소
  ㉣ 아공석강 중 페라이트와 펄라이트의 비율(초석 페라이트와 오스테나이트의 비율) 공석점 0.8%C, C의 고용한계는 0.025%C로 할 경우(고용한계를 무시할 경우는 0으로 계산)

기출 문제

펄라이트의 생성에 따른 석출 기구를 설명한 것 중 틀린 것은?

① 생성된 시멘타이트와 α-Fe은 입계로부터 오스테나이트 방향으로 성장하며 확산한다.
② Fe_3C의 주위에 α-Fe이 생성된다.
③ γ-Fe 입계에 Fe_3C의 핵이 생성된다.
④ α-Fe이 생긴 입계에 새로운 δ-Fe이 생성된다.

정답 ▶ ④

기출 문제

0.2% C 강의 표준 현미경 주 조직은?

① Pearlite + Ferrite
② Pearlite + Graphite
③ Ferrite + Graphite
④ Cementite + Graphite

정답 ▶ ①

기출 문제

탄소강에서 탄소함량이 0.2%에서 0.8%로 증가할 때 감소하는 기계적 성질은?

① 충격치
② 경도
③ 항복점
④ 인장강도

정답 ▶ ①

$$페라이트 = \frac{공석점 - 탄소함유량}{공석점 - 탄소고용한계} \times 100$$
$$펄라이트 = \frac{탄소함유량 - 탄소고용한계}{공석점 - 탄소고용한계} \times 100$$
$$= 100 - 페라이트비율$$

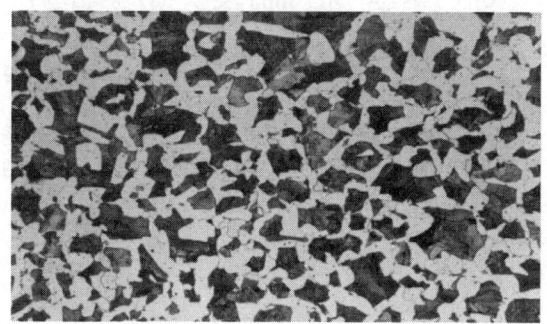

아공석강(백색 : 페라이트, 검정색 : 펄라이트)

② 공석강
  ㉠ 공석강 : 0.8% 탄소 조성
  ㉡ 공석 반응 : 723℃ 이하로 냉각 → 오스테나이트가 페라이트와 시멘타이트로 동시에 석출
  ㉢ 100% 펄라이트 조성으로 인장 강도가 가장 큰 탄소강

③ 과공석강
  ㉠ 과공석강 : 0.8~2.0%의 탄소 조성
  ㉡ 초석 시멘타이트(망상 조직)와 펄라이트의 혼합 조직
  ㉢ 탄소 함유량이 증가할수록 경도가 증가
  ㉣ 인장 강도 감소하고 메짐 성질이 증가 → 깨지기 쉬움
  ㉤ 구상화풀림 열처리를 통하여 망상 시멘타이트를 구상, 시멘타이트로 변화시켜서 탄소공구강으로 사용

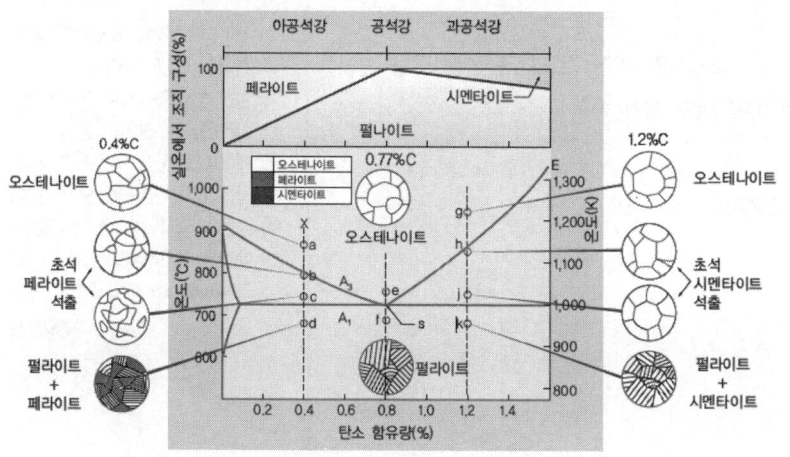

탄소 함유량에 따른 탄소강의 조직 변화

기출문제

0.3% 탄소강의 723℃ 직상에서 초석 α의 양과 펄라이트 양은 각각 약 몇 % 인가? (단, 공석점은 0.8%C, α의 C 고용한계는 0.025%이다)

① α = 64.5, 펄라이트 = 35.5
② α = 35.5, 펄라이트 = 64.5
③ α = 77, 펄라이트 = 23
④ α = 23, 펄라이트 = 77

정답 ▶ ①

풀이
$$\alpha = \frac{공석점 - 탄소함유량}{공석점 - 탄소고용한계} \times 100$$
$$= \frac{0.8 - 0.3}{0.8 - 0.025} \times 100 = 64.5\%$$
$$펄라이트 = 100 - \alpha$$
$$= 100 - 64.5 = 35.5\%$$

기출문제

다음의 강 중에 탄소 함유량이 가장 많이 포함될 수 있는 강종은?

① 레일강
② 스프링강
③ 탄소공구강
④ 기계구조용 탄소강

정답 ▶ ③

기출문제

강의 성질에 미치는 각 원소의 영향을 기술한 것 중 잘못된 것은?

① C : 일반적으로 C의 함유량이 많을수록 경도와 강도는 높아지고 신장율은 낮아진다.
② Si : 경도와 강도를 크게 하며, Si 1% 증가에 따라 인장강도는 약 10kgf/mm² 증가한다.
③ Mn : 강도와 인성을 높이며, S의 해를 방지한다.
④ S : 유익한 원소로써 냉가공 시 강을 강하게 한다.

정답 ▶ ④

(3) 탄소강에 함유된 원소의 영향

① 망가니즈(Mn)
  ㉠ 망가니즈는 제강 원료로 사용, 선철 중에 0.2~0.8% 함유
  ㉡ 일부는 탄소강에 고용되고, 나머지는 황(S)과 결합하여 **황화 망가니즈(MnS)**를 만들어 탈황효과 및 탈산효과도 있다.
  ㉢ 강도와 고온 가공성을 증가
  ㉣ 연신율의 감소를 억제시켜 주조성과 담금질 효과를 향상

② 규소(Si)
  ㉠ 합금 원소 또는 **탈산제**의 잔류 원소로 고용
  ㉡ 0.3% 이상 함유되면 인장 강도, 경도, 탄성 한도는 높이지만 연신율과 충격값은 감소
  ㉢ 결정 입자의 성장을 크게 하여 단접성과 냉간 가공성 저하

③ 인(P)
  ㉠ 결정 입자를 크고 거칠게 하여 강도와 경도를 다소 증가, 연신율을 감소
  ㉡ 탄소강에 함유된 인은 철과 화합하여 인화 철(Fe_3P)을 만들어 결정립계에 **편석** 생성
  ㉢ 충격값을 떨어뜨리고 균열을 일으킴
  ㉣ 충격값을 저하시켜 상온 메짐의 원인이 됨
  ㉤ 절삭 성능을 개선시키는 효과 → 쾌삭강에 이용

④ 황(S)
  ㉠ 선철의 불순물로 남아 철과 반응하여 황화 철(FeS) 형성
  ㉡ 탄소강에 고용된 황화 철은 용융점이 낮아 고온에서 취약 → 가공할 때 파괴의 원인(고온 메짐)
  ㉢ 절삭성을 향상시키기 때문에 쾌삭강의 경우 0.08~0.35% 정도 함유

⑤ 구리(Cu)
  ㉠ 탄소강에 0.3% 이하의 구리가 고용되면 인장 강도와 탄성 한도를 높여 주고, 내식성을 개선시켜 부식에 대한 저항 증가

⑥ 수소(H)
  ㉠ 백점(white spot) 및 헤어크랙(hair crack)의 주 원인

기출 문제

탄소강에서 Mn의 영향이 아닌 것은?
① 경화능을 크게 한다.
② 편석을 일으키며, 상온 취성의 원인이 된다.
③ 고온에서 결정립의 성장을 억제한다.
④ 강의 점성을 증가시키고 고온 가공을 쉽게 한다.

정답 ▶ ②

기출 문제

강에서 저온 취성의 원인이 되는 주 원소는?
① Ai   ② Mo
③ P   ④ S

정답 ▶ ③

기출 문제

철강의 5대 구성원소 중 철(Fe)과 결합하여 고온취성을 일으키는 원소는?
① S   ② P
③ Mn   ④ Si

정답 ▶ ①

기출 문제

탄소강에 함유된 H_2 가스가 강에 미치는 영향으로 옳은 것은?
① 페라이트 중에 고용되고 적열 취성의 원인이 된다.
② 실온에서 충격치를 저하시켜 상온취성의 원인이 된다.
③ 페라이트 중에 고용되고 석출하여 강도, 경도를 증가시킨다.
④ 강을 여리게 하고 산이나 알칼리에 약하며, 백점(flakes)이나 헤어크랙(hair crack)의 원인이 된다.

정답 ▶ ④

02 합금강

1. 합금강의 특성과 합금 원소의 영향

(1) 합금강의 특성

① 첨가하는 원소에 따라 탄소강과 다른 새로운 특성과 성질이 나타남
② 탄소강에 비하여 강의 열처리성을 향상시켜 기계적 성질 및 강인성 향상
③ 강의 내식성과 내마멸성을 증대시키고 전자기적 성질 변화

(2) 합금 원소의 영향

① 높은 강도와 연성 유지
② 내식성과 내고온산화성 개선
③ 고온과 저온의 기계적 성질 개선
④ 내마멸성 및 피로 특성 등의 특수한 성질 개선
⑤ 강의 표면 경화 깊이를 증가시켜 기계적 성질 개선

합금 원소	효과
니켈(Ni)	강인성, 내식성 및 내마멸성을 증가시킨다.
크로뮴(Cr)	함유량이 적어도 강도와 경도를 증가시키며, 함유량이 많아지면 내식성, 내열성 및 자경성을 크게 증가시키는 외에 탄화물의 생성을 용이하게 하여 내마멸성도 증가시킨다.
망가니즈(Mn)	강도, 경도, 내마멸성을 증가시키고 적열 취성을 방지한다.
몰리브데넘(Mo)	함유량이 적으면 니켈과 거의 비슷한 작용밖에 하지 못하지만 함유량이 많아지면 내마멸성을 크게 증가시키고 뜨임 취성을 방지한다.
규소(Si)	함유량이 적으면 강도와 경도를 조금 향상시키지만 함유량이 많아지면 내산성과 내마멸성을 크게 증가시키고, 전자기적 성질도 개선시킨다.
텅스텐(W)	함유량이 적으면 크로뮴과 거의 비슷한 작용밖에 하지 못하지만 함유량이 많아지면 탄화물 생성을 용이하게 하여 경도와 내마멸성을 크게 증가시킨다. 특히, 고온 강도와 경도를 증가시킨다.
코발트(Co)	크로뮴과 함께 사용하여 고온 강도와 고온 경도를 크게 증가시킨다.
바나듐(V)	몰리브데넘과 비슷한 작용을 하지만 경화성을 증가시킨다.
구리(Cu)	크로뮴 또는 크로뮴-텅스텐과 함께 사용해야 그 효과가 크다. 석출 경화가 일어나기 쉽게 하고 내산화성을 증가시킨다.
타이타늄(Ti)	규소나 바나듐과 비슷한 작용을 하고, 탄화물의 생성을 용이하게 하며, 결정 입자 사이의 부식에 대한 저항성을 증가시킨다.

기출문제

철강의 일반적인 물리적 성질을 나타낸 내용으로 틀린 것은?

① 합금강에서 전기저항은 합금원소의 증가에 따라 커진다.
② 탄소강의 비열, 전기전도도는 탄소량의 증가에 따라 감소한다.
③ 합금강에서 오스테나이트 강은 페라이트강보다 팽창계수는 크고 열전도도는 작다.
④ 탄소강의 비중, 팽창계수, 열전도도는 탄소량의 증가에 따라 감소한다.

정답 ▶ ②

기출문제

철강에 합금원소를 첨가할 때 나타나는 효과로 틀린 것은?

① 합금원소에 의한 기지의 고용 강화
② 결정립 미세화에 따른 강인성 향상
③ 소성가공성을 저하시켜 뜨임취성 향상
④ 변태속도의 변화에 따른 열처리 효과 향상

정답 ▶ ③

기출문제

철강의 합금원소로서 담금질성을 증대시키고 강도를 높이며 탈산제로 좋고 황과 결합하여 파삭성을 높이고 적열취성을 방지하는 원소로 가장 적합한 것은?

① 망간(Mn)   ② 인(P)
③ 규소(Si)   ④ 니켈(Ni)

정답 ▶ ①

2. 합금강의 종류와 용도

분류	종류	주요 용도
구조용 합금강	강인강 표면 경화용 강 침탄강, 질화강	크랭크축, 기어, 볼트, 너트, 키축 등 기어축, 피스톤 핀, 스플라인축 등
공구용 합금강	합금 공구강 고속도 공구강	절삭 공구, 프레스 금형, 정, 펀치 등 절삭 공구, 금형 등
내식·내열용 합금강	스테인리스강 내열강 내식·내열 초합금	칼, 식기, 취사 용구, 화학 공업 장치 등 내열 기관의 흡기·배기 밸브, 터빈 날개 고온·고압 용기 제트 엔진 부품, 터빈 날개
특수 목적용 합금강	쾌삭강 스프링강 내마멸강 베어링강 자석용 강 규소강(철심재료) 불변강	볼트, 너트, 기어축 등 스프링축 등 크로스 레일, 파쇄기 등 볼 베어링, 전동체(강구, 롤러) 등 전력 기기, 자석 등 변압기, 발전기, 차단기 커버 및 배전판 바이메탈, 계측기 부품, 시계 진자 등

기출문제

특수강 중에 각종 원소를 첨가하였을 때의 효과에 대한 설명으로 틀린 것은?

① Ni는 탄소와의 친화력이 낮고, 페라이트에 고용된다.
② Cr은 담금질성을 악화시키는 효과가 Ni보다 우수하다.
③ Mo를 첨가한 강은 400℃ 부근까지 고온강도를 개선한다.
④ Mn의 첨가량이 1.0% 이상이 되면 결정입자를 조대화하고 취성이 증대된다.

정답 ▶ ④

기출문제

기계 구조용강의 KS규격의 재료 기호로 맞는 것은?

① STC3
② SM45C
③ GC400
④ SACM415

정답 ▶ ②

(1) 구조용 합금강

① **목적**
  ㉠ 구조용 탄소강보다 큰 강도 및 우수한 기계적 성질이 요구될 때 사용
  ㉡ 조직상으로는 탄소강과 별 차이가 없지만 담금질성 우수
  ㉢ 기계를 구성하는 주요 부품 또는 구조물을 만드는 강재로 사용

② **강인강**
  ㉠ 강인강은 탄소강에서 얻을 수 없는 강인성을 가지는 재료를 얻기 위하여 탄소강에 니켈, 크로뮴, 텅스텐, 몰리브데넘, 규소 등을 첨가한 것
  ㉡ 합금한 상태 그대로 사용하기도 하지만, 적당히 **담금질, 뜨임** 등의 열처리로 그 성질을 개선하여 사용

강인강	
종류	주요 특징 및 용도
니켈(Ni)강	• 강인성과 열처리성, 내마멸성, 내식성을 향상시키기 위하여 탄소강에 니켈(Ni)을 첨가시킨 강 • 니켈강을 적절하게 열처리하면 인성이 탄소강의 5~6배로 증가하고 내식성과 마멸성도 개선 • 니켈 자원의 한정으로 고가

분류	내용
크로뮴(Cr)강	• 담금질성과 뜨임 효과를 크게 개선하기 위하여 0.14~0.48%의 탄소를 함유한 탄소강에 0.9~1.2%의 크로뮴(Cr)을 첨가 • 크로뮴은 자원이 풍부하고 값도 저렴하여 경제적인 합금용 원소로 널리 이용 • 크로뮴 함유량 2% 이하의 저탄소 크로뮴강은 침탄용 강으로 사용, 고탄소 크로뮴강은 베어링, 줄, 다이스 등에 이용
망가니즈(Mn)강	• 망가니즈(Mn)는 강도를 증가시키는 가장 경제적인 합금 원소 • 망가니즈는 탄소강에 **자경성** 부여 • 다량으로 첨가한 망가니즈강은 공기 중에서 냉각하여도 쉽게 마텐자이트 또는 오스테나이트 조직 형성 • 강인강으로서 망가니즈강은 중탄소강의 기본 조성에 1.2~1.65%의 망가니즈를 함유시켜 황에 의한 취성화를 방지 → 담금질성 향상 • 저망가니즈강(듀콜강) : 망가니즈 함유량 2% 이하, 강하고 연신율도 양호하여 조선, 차량, 건축, 교량 등 일반 구조용 강으로 사용 • 고망가니즈강(해드필드강) : 망가니즈 함유량 10~14%, 내마멸성과 내충격성이 우수, 특히 조직이 오스테나이트이므로 인성이 우수하여 각종 광산 기계의 파쇄 장치, 임펠러 플레이트 등이나 기차 레일, 굴착기 등의 재료로 사용
니켈-크로뮴(Ni-Cr)강	• 탄소강에 니켈과 크로뮴을 첨가하여 열처리 효과가 크며, **질량 효과가 적음** • 큰 지름의 단면이더라도 중심부까지 균일하게 담금질 가능 • 내마멸성과 내식성이 우수 • 고온에서 장시간 가열하여도 결정립이 성장하지 않음 → 고온 가공의 작업 온도 범위가 넓음 • 열전도성이 나쁘기 때문에 서서히 가열 • 강도를 필요로 하는 봉재, 관재, 선재 및 기어, 캠, 피스톤 핀 등의 단조용 소재로 널리 사용 • 템퍼취성(뜨임취성)이 발생하므로 575℃ 이상에서 뜨임한 후 급랭시키거나, Mo를 소량 첨가하여 템퍼취성 방지
니켈-크로뮴·몰리브데넘(Ni-Cr-Mo)강	• 구조용 니켈-크로뮴강에 0.3% 이하의 몰리브데넘(Mo) 첨가 • 강인성을 증가시키고 담금질성을 향상시킬 뿐만 아니라, 템퍼취성(뜨임취성)을 완화 • 몰리브데넘은 고온에서도 점성이 좋아 단조 및 압연이 용이 • 스케일 분리가 잘 되어 표면이 수려함 • 고급 내연 기관의 크랭크축, 강력 볼트, 기어 등 중요 기계 부품에 사용
크로뮴-몰리브데넘(Cr-Mo)강	• 니켈-크로뮴강에서 니켈 대신 몰리브데넘을 소량 첨가하여 강인성과 내식성을 향상시킨 저합금강 • 값이 비싼 니켈을 대신하기 위하여 개발 • 용접성이 우수, **경화능이 크고** 템퍼취성(뜨임취성)도 적으며, 고온 가공성 우수 • 가공면이 깨끗하여 얇은 강판이나 관의 제조에 많이 사용

기출문제

헤드필드(Hadfield) 강에 대한 설명으로 틀린 것은?

① 마텐자이트 조직을 가진 강이다.
② 고온에서 서랭하면 결정립계에 M_3C가 석출한다.
③ 고온에서 서랭하면 오스테나이트가 마텐자이트로 변태한다.
④ 열전도성이 나쁘고, 팽창계수도 커서 열변형을 일으킨다.

정답 ▶ ①

기출문제

탄소강 및 Ni-Cr 강의 템퍼취성(temper brittleness)을 방지하기 위한 방법으로 옳은 것은?

① 200℃ 이상에서 뜨임한 후 급랭시키거나, Al 를 소량 첨가한다.
② 575℃ 이상에서 뜨임한 후 급랭시키거나, Mo 를 소량 첨가한다.
③ 700℃ 이상에서 뜨임한 후 급랭시키거나, Sn 을 소량 첨가한다.
④ 800℃ 이상에서 뜨임한 후 급랭시키거나, W를 소량 첨가한다.

정답 ▶ ②

(2) 표면 경화용 합금강

① 강의 표면이 높은 경도를 가지고, 내부가 강인성을 필요로 할 때 사용
② 이때 사용하는 강은 경화시키기 위하여 **침탄이나 질화** 효과가 큰 것이 필요
③ 표면 경화 작업시간이 길어, 오래 가열하여도 조직이나 성질이 나빠지지 않아야 함

표면 경화용 합금강	
종류	주요 특징 및 용도
침탄용 합금강	• 담금질성의 개선과 중심부의 강인성 증대 • 가열에 의한 결정립의 크기가 커지는 것을 방지 • 니켈-크로뮴-몰리브데넘(Ni-Cr-Mo)강 → 가혹한 조건에서 사용하는 부품이나 중요한 기계 부품 제작에 사용
질화용 강	• 알루미늄(Al), 크로뮴(Cr), 바나듐(V) 등의 합금 원소를 함유하는 중탄소의 저합금강 • 강의 표면을 질화하여 높은 표면 경도 부여 • 질화하기 전에 담금질과 뜨임, 질화 후에는 열처리하지 않음 • 질화 제품 변형 극히 작음 • 가열도 저온의 영역에서 실시 → 열처리에 따른 변형이나 모재의 결정립 성장 미비 • 질화용 강은 중심부가 양호한 기계적 성질을 가지면서 경화층의 경도를 높일 수 있는 소성
고주파 경화용 강	• 탄소강에 크로뮴, 몰리브데넘 등의 원소를 첨가 • 내부의 인성과 높은 강도가 요구될 때에는 저합금강 사용

(3) 공구용 합금강

① **특성과 구비조건**
  ㉠ 칼날, 바이트, 커터, 드릴에는 절삭성, 정이나 펀치 등에는 내충격성, 게이지나 다이스 등에는 내마멸성과 불변형성이 필요
  ㉡ 각각 알맞은 특성을 지닌 재료 필요
  ㉢ 상온 및 고온에서 경도가 크고, 가열에 의한 경도 변화가 적음
  ㉣ 인성과 마멸저항이 크고, 가공이 쉬우며, 열처리에 의한 변형이 적음

② **공구 재료로서 구비해야 할 조건**

> ① 상온과 고온에서 경도가 높아야 한다.
> ② 내마멸성이 커야 한다.
> ③ 강인성이 커야 한다.
> ④ 열처리와 공작이 용이해야 한다.
> ⑤ 가격이 저렴해야 한다.

공구강의 구비조건으로 틀린 것은?

① 상온 및 고온에서 경도가 클 것
② 내마모성이 클 것
③ 연신 및 충격성이 우수할 것
④ 가공 및 열처리성이 양호할 것

정답 ③

③ 합금 공구강
  ㉠ 탄소 공구강 : 고온 경도가 낮고 고속 절삭과 강력 절삭 공구 또는 단조, 주조 등에 부적합
  ㉡ 합금 공구강 : 결점을 보완하기 위하여 탄소 공구강에 특수 원소로서 크로뮴, 텅스텐, 망가니즈, 니켈, 바나듐 등을 한 종 또는 두 종 이상 첨가하여 성능을 개선한 강, 고 크로뮴으로 인해 자경성이 매우 우수

합금 공구강	
종류	주요 특징 및 용도
절삭용 합금 공구강	• 탄소 함유량 높이고 크로뮴, 텅스텐, 바나듐 등 첨가 • 고경도, 절삭성 증가
내충격용 합금 공구강	• 절삭용 공구강에 비하여 탄소 함유량을 낮추고 크로뮴, 텅스텐, 바나듐 등 원소 첨가 • 정이나 펀치, 스냅과 같은 충격을 흡수해야 하는 공구재료 → 인성 부여
게이지용 합금 공구강	• 게이지용 합금 공구강은 정밀 기계·기구, 게이지 등에 사용 • 담금질에 의한 변형, 담금질 균열 없음 • 팽창 계수가 보통 강보다 작음 • 시간이 지남에 따른 치수 변화 없음

④ 고속도 공구강(SKH)
  ㉠ 18% 텅스텐, 4% 크로뮴, 1% 바나듐이고 탄소를 0.8~1.5% 함유
  ㉡ 절삭 공구강의 일종
  ㉢ 500~600℃까지 가열하여도 뜨임에 의한 연화 없음
  ㉣ 고온에서도 경도 감소 적음

고속도 공구강	
종류	주요 특징 및 용도
텅스텐(W)계 고속도강	• 고속도강의 표준적 조성 • 풀림 처리를 하면 경도가 낮아짐 • 어떤 형상의 공구 제작도 용이 • 담금질한 후 뜨임 처리를 하면 고온 경도, 내마모성 크게 향상 • 기본 조성 : 18%W·4%Cr·1%V
몰리브데넘 고속도강	• 텅스텐(W)의 양을 줄이고 대신에 강에서 석출 경화를 일으키는 몰리브데넘(Mo)과 바나듐을 첨가하여 **복합 탄화물의 생성으로 경화된 고속도 공구** • 가격 저렴, 비중 작음, 인성 높음 • 담금질 온도가 낮아 열처리가 용이

자경성(Self-hardening steel)은?

① 고탄소강
② 고텅스텐강
③ 고몰리브덴강
④ 고크롬강

정답 ▶ ④

고속도 공구강의 기호로 맞는 것은?

① STC 3
② STD 11
③ STS 1
④ SKH 51

정답 ▶ ④

Mo계 고속도강이 W계 고속도강보다 우수한 점으로 틀린 것은?

① 비중이 적고 염가이다.
② 인성이 높다.
③ 소입온도가 낮다.
④ 열전율이 낮다.

정답 ▶ ④

⑤ 경질 공구용 합금

경질 공구용 합금	
종류	주요 특징 및 용도
소결 초경합금 (sintered hard metal)	• 탄화 텅스텐(WC), 탄화 타이타늄(탄화 티탄 : TiC), 탄화 탄탈럼(TaC) 등의 미세한 분말 형태의 금속을 코발트(Co)로 소결한 탄화물 소결 공구
주조 경질 합금 (casted hard metal)	• 스텔라이트(stellite) : 코발트를 주성분으로 하는 코발트-크로뮴-텅스텐-탄소(Co-Cr-W-C)계의 합금 • 금형 주조에 의하여 일정한 형상으로 만들어 연삭하여 사용하는 경질 주조 합금 공구재료 • 상온에서는 담금질한 고속도강보다 다소 연하지만, 600℃ 이상에서는 고속도강보다 경도가 높아 절삭 능력이 좋으나 취약하여 충격으로 쉽게 파손

(4) 내식·내열용 합금강

① 내식강
  ㉠ 금속의 부식 현상을 개선하기 위하여 부식에 강하거나 표면에 보호막을 형성하여 부식이 내부로 진행하지 않도록 내식성을 부여한 강
  ㉡ 스테인리스강(stainless steel)
  ㉢ 성분에 따라 크로뮴(Cr)계, 크로뮴-니켈(Cr-Ni)계로 구분
  ㉣ 금속 조직에 따라 페라이트(ferrite)계, 마텐자이트(martensite)계, 오스테나이트(austenite)계로 분류

스테인리스강	
종류	주요 특징 및 용도
페라이트계 스테인리스강 (고Cr계)	• 크로뮴은 페라이트에 고용되어 내식성 증가 • 일반적으로 크로뮴 13%인 것과 크로뮴 18%인 것을 사용 • 탄소 함유량 0.12% 이하로 담금질 효과가 없는 페라이트 조직 • 페라이트계 스테인리스강 연마 표면 → 공기, 수증기 내식성 우수 • 내산성이 오스테나이트계에 비하여 작고 담금질 상태에서는 내식성 우수
오스테나이트계 스테인리스강 (고Cr, 고Ni계)	• 18-8 스테인리스강 : 표준 조성은 (Cr)18%, (Ni)8% • 고크로뮴계보다도 내식성과 내산화성 더 우수 • 상온에서 오스테나이트 조직으로 변하여 가공성이 좋음 • 18-8 스테인리스강의 입계 부식 : 600~800℃에서 단시간 내에 탄화물이 결정립계에 석출되어 입계 부근의 내식성이 저하되어 점진적으로 부식 • 입계부식 방지 : 고온에서 담금질하여 탄화물을 고용 • 화학 공업, 건축, 자동차, 의료기기, 가구, 식기 등에 사용

기출문제

스테인리스강의 분류를 구성조직으로 분류한 것 중 잘못된 것은?

① 시그마형
② 오스테나이트형
③ 페라이트형
④ 마텐자이트형

정답 ▶ ①

기출문제

오스테나이트계 스테인리스강에 대한 설명으로 틀린 것은?

① 대표적인 조성은 18%Cr-8%Ni 이다.
② 자성체이며, BCC의 결정구조를 갖는다.
③ 오스테나이트조직은 페라이트 조직보다 원자밀도가 높아 내식성이 좋다.
④ 1,100℃ 부근에서 급랭하는 고용화처리를 하여 균일한 오스테나이트조직으로 사용한다.

정답 ▶ ②

기출문제

오스테나이트형 스테인리스강의 입계부식을 방지하는 방법이 아닌 것은?

① 탄소 함유량을 낮게 한다.
② Ti을 첨가하여 TiC로 안정화 시킨다.
③ Cr, C의 함유량을 증가시켜 미리 안정한 크롬 탄화물을 형성한다.
④ 고온으로 가열하여 탄화물을 오스테나이트 중에 고용시켜 급랭한다.

정답 ▶ ③

마텐자이트계 스테인리스강 (고Cr, 고C계)	• 이 합금은 12~17%의 크로뮴(Cr)과 충분한 탄소를 함유하여 담금질한 후에 뜨임 처리하여 마텐자이트 조직 형성 • 높은 강도와 경도를 목적으로 하였기 때문에 내식성이 고크로뮴 (Cr)계 및 고크로뮴-니켈(Cr-Ni)계에 비하여 나쁘다. • 인장 강도는 열처리에 의하여 어느 정도 조정 가능 • 담금질 온도는 크로뮴(Cr)의 함유량이 많을수록 높으며, 크로뮴 함유량이 높기 때문에 공기 중에서 냉각하여도 마텐자이트를 얻을 수 있고 계속하여 뜨임 가능 • 페라이트계에 비하여 내식성이 좀 떨어지지만 강도가 크므로 일반 구조용과 내식 공구 등에 사용

② 내열강
 ㉠ 고온에서 산화 또는 가스 침식에 견디며, 사용 중에 조직의 변화를 일으키지 않고 기계적 성질 유지
 ㉡ **크로뮴, 규소, 알루미늄, 니켈** : 내열, 내산화성 개선
 ㉢ **텅스텐, 코발트, 몰리브데넘** : 고온 강도 향상
 ㉣ 조직에 따른 분류 : 페라이트계의 크로뮴강, 오스테나이트계 크로뮴-니켈강
 ㉤ 오스테나이트계는 상당히 높은 온도까지 사용하지만, 페라이트계는 비교적 낮은 온도 범위에서 사용

(5) 특수 목적용 합금강

① 쾌삭강
 ㉠ 쾌삭강 : 가공재료의 피삭성을 높이고, 절삭 공구의 수명을 길게 하기 위하여 요구되는 성질을 부여한 강재
 ㉡ 절삭 중 절삭되어 나오는 칩(chip) 처리 능률을 높이고, 가공면의 정밀도와 표면 거칠기 등 향상
 ㉢ 강에 황(S), 납(Pb), 흑연을 첨가하여 절삭성 향상
 ㉣ 가공 후 고온에서 확산풀림 열처리 후 사용

쾌삭강	
종류	주요 특징 및 용도
황 쾌삭강	• 탄소강에 황 0.1~0.25% 증가시켜 쾌삭성을 높인 것 • 황은 망가니즈와 화합하여 황화물을 형성하여 절삭성 향상 • 인(P)을 첨가하면 인성은 다소 저하하나, 절삭성을 높이는데 유용 • 경도를 고려하지 않는 정밀 나사의 작은 부품용 사용
납 쾌삭강	• 탄소강 또는 합금강에 납(Pb)을 0.10~0.30% 첨가 • 절삭성을 크게 향상시킨 합금강 • 약간의 납은 기계적 성질에 큰 영향을 끼치지 않으므로 납 쾌삭강은 보통의 강과 같이 열처리를 하여 사용 • 자동차 중요 부품 제작에 대량 생산용으로 널리 사용

기출 문제

다음 중 쾌삭강에 대한 설명으로 옳은 것은?

① 황(S)복합쾌삭강은 칼슘을 동시에 첨가한 초쾌삭강이다.
② 연(Pb)쾌삭강은 Fe 중에 고용하여 Chip Breaker작용과 윤활제작용을 하며 열처리에 의한 재질개선은 할 수 없다.
③ 황(S)쾌삭강은 MnS의 형태를 분산시켜 Chip Breaker작용과 피삭성을 향상시킨 강으로 저탄소강보다 약 2배의 절삭속도를 낼 수 있다.
④ 칼슘(Ca)쾌삭강은 쾌삭강을 갖게 되면 기계적 성질이 저하되며, 칼슘계 개재물이 공구의 절삭면에 융착되어 공구를 빨리 마모시킨다.

정답 ▶ ③

② 스프링강
　㉠ 탄성 한도와 항복점이 높고 충격이나 반복 응력에 잘 견디는 성질이 요구되는 스프링을 만드는데 사용되는 재료
　㉡ 탄소를 0.5~1.0% 함유한 고탄소강 사용(SPS계)
　㉢ 고탄소강의 사용 목적에 맞게 담금질과 뜨임을 하거나 경강선, 피아노선을 냉간 가공하여 경화시켜 탄성 한도를 높임(블루잉처리)

③ 베어링강
　㉠ 베어링은 동력을 전달하는 회전축과 접촉하므로 베어링강은 내마멸성과 강성이 요구됨
　㉡ 고탄소-크로뮴강으로 표준 조성이 1.0% 탄소, 1.5% 크로뮴

④ 철심재료
　㉠ 순철, 규소강, 철-규소-알루미늄 합금 등은 투자율과 전기저항이 크고, **보자력, 이력 현상**(hysterisis) 등이 작음
　㉡ 전동기, 발전기, 변압기 등의 철심재료로 사용
　㉢ 순도가 높은 순철은 우수한 자성을 띠지만 고유 전기저항과 강도가 작고 제련하기가 어려워 공업용 철심으로 사용하기에는 부적당
　㉣ 규소강은 자성 및 전기저항도 향상되어 철심재료로 많이 사용

⑤ 영구 자석강
　㉠ 영구 자석강으로 사용하는 강은 보자력과 잔류 자기가 크고 투자율이 작은 것 필요
　㉡ **경질 자석** : 알니코 자석, 페라이트 자석, ND자석
　㉢ **연질 자석** : 센더스트, 규소강판

⑥ 전기저항용 합금
　㉠ 내열성, 전기 비저항이 크고 연성이 풍부하며 고온 강도가 큼
　㉡ 니켈-크로뮴계 합금 및 철-크로뮴계 합금을 많이 사용

전기저항용 합금	
종류	주요 특징 및 용도
니켈-크로뮴계 합금	• 니켈-크로뮴계 합금은 전기저항이 크고 내식성 및 내열성 우수 • 1,100℃ 정도의 고온까지 사용 • 니크롬(nichrome)이라고 불림 • 크로뮴 함유량이 증가함에 따라 합금의 전기 **비저항**이 증가하며, 약 40% 크로뮴에서 최대
철-크로뮴계 합금	• 철-크로뮴계 합금은 값이 비싼 니켈 대신에 철과 알루미늄을 사용한 전열 합금 • 내열성과 전기저항을 높이기 위하여 2~6%의 알루미늄(Al)을 첨가 • 니켈-크로뮴계 합금에 비하여 전기저항이 20~40% 높으며 내식성과 내열성이 우수하고 최고 1,200℃까지 사용

코일 스프링용 소재로 가장 적합한 것은?

① SCM415
② SM55C
③ STC7
④ SPS8

정답 ▶ ④

⑦ **불변강** : 주변의 온도가 변화하더라도 재료가 가지고 있는 열팽창 계수나 탄성 계수 등의 특성이 변하지 않는 강

불변강	
종류	주요 특징 및 용도
인바 (invar)	• 탄소 0.2% 이하, 니켈 35~36%, 망가니즈 0.4% 정도의 조성 • 200℃ 이하의 온도에서 열팽창 계수가 현저하게 작은 것이 특징 • 줄자, 표준자, 시계추 등의 재료
엘린바 (elinvar)	• 약 36%의 니켈, 약 12%의 크로뮴(Cr), 나머지는 철로 조성 • 온도 변화에 따른 탄성률의 변화가 매우 작음 • 지진계 및 정밀기계의 주요 재료에 사용
초인바 (superinvar)	• 약 36%의 니켈, 약 11%의 코발트(Co), 나머지는 철로 조성 • 온도 변화에 따른 탄성률의 변화가 매우 작고, 공기나 물 속에서 부식되지 않음 • 특수용 스프링, 기상 관측용 기구 부품의 재료에 사용
플래티 나이트	• 약 46%의 니켈, 나머지는 철로 조성 • 열팽창계수가 백금과 거의 동일 • 전구의 도입선 등에 사용

⑧ **마레이징강(maraging steel)**
   ㉠ 탄소 함유량 미비, 일반적인 담금질에 의해서 경화되지 않는다는 점에서 기존의 강과는 다른 초고장력강(ultra high strength steel)
   ㉡ 탄소량이 매우 적은 마텐자이트 기지를 용체화처리와 시효(aging)처리하여 생긴 금속간 화합물의 석출에 의해 경화

03 강의 열처리

1. 탄소강의 열처리 기초

(1) 열처리

고체 금속을 적당한 온도로 가열한 후에 적당한 속도로 냉각시켜 그 성질을 향상시키고 개선을 꾀하는 조작

(2) 열처리의 기초적인 요인

① **적당한 가열 온도의 설정** : 변태점, 고용한도
② **가열 속도** : 급속한 가열, 서서히 가열

기출문제

36% Ni-Fe 합금으로 열팽창계수가 가장 적은 것은?
① 백동
② 인바
③ 모넬메탈
④ 퍼멀로이

정답 ▶ ②

기출문제

열탄성계수가 좋아 고급시계, 정밀 저울 등의 스프링 및 정밀기계부품에 사용되는 불변강은?
① 엘린바
② 두랄루민
③ 고망간강
④ 하이드로 날륨

정답 ▶ ①

기출문제

다음 중 마레이징강에 대한 설명으로 틀린 것은?
① 마레이징강은 탄소가 많기 때문에 담금질 열처리에 의해 경화된다.
② 50% 냉간가공 후 용체화처리 하면 강도가 더욱 높아진다.
③ 시효처리로 금속간화합물의 석출에 의해 경화된다.
④ 강화에 의한 마텐자이트는 비교적 연성이 크다.

정답 ▶ ①

③ **적당한 온도 범위** : 임계구역, 위험구역
④ **적당한 냉각속도** : 급랭, 서랭

2. 열처리 종류와 특징

(1) 담금질(quenching)

① 강의 강도나 경도를 높이기 위하여 강을 오스테나이트 조직으로 될 때까지 A_1~A_3변태점보다 30~50℃ 높은 온도로 가열한 후 물이나 기름에 급랭하여 마텐자이트 변태가 생기도록 하는 조직
② 임계구역(Ar'변태구역)은 급랭시키고 위험구역(Ar"변태구역)은 서랭
③ 냉각속도에 따라(빠른-느린)
   : 오스테나이트 〉 마텐자이트 〉 트루스타이트 〉 소르바이트
④ 경도에 따라(강함-약함)
   : 마텐자이트 〉 트루스타이트 〉 소르바이트 〉 오스테나이트
⑤ 탄소량이 많거나 냉각속도가 빠를수록 담금질 효과가 큼
⑥ **담금질성을 개선하는 원소** : B, C, Mn, Mo, P, Cr, Si, Ni, Cu
⑦ **담금질성을 감소시키는 원소** : S, Co, V, W

(2) 뜨임

① 적당한 강인성을 주기 위해서 A_1변태점 이하의 온도에서 재가열하는 열처리
② 목적
   ㉠ 조직 및 기계적 성질을 안정화시키기 위함
   ㉡ 경도는 조금 낮아지나 인성을 좋게 하기 위함
   ㉢ 잔류 응력을 감소시키거나 제거하고 탄성한계, 항복강도가 향상

(3) 풀림

① A_1~A_3 변태점보다 30~50℃ 높은 온도로 가열하여 오스테나이트로 변환시킨 후 노나 재 속에서 서서히 냉각시켜 연화시키는 작업

② 풀림 처리하는 목적
   ㉠ 주조, 단조, 기계 가공에서 생긴 내부 응력을 제거하기 위함
   ㉡ 열처리로 말미암아 경화된 재료를 연화시키기 위함
   ㉢ 가공 또는 공장에서 경화된 재료를 연화시키기 위함
   ㉣ 금속 결정 입자를 균일화하고 미세화시키기 위함

③ 풀림 처리의 종류
   ㉠ 완전 풀림 : 강을 연하게 하여 기계 가공성을 향상시키기 위한 것

기출문제

강의 담금질 방법이 가장 옳은 것은?
① Ar'변태구역은 급랭시키고 Ar"변태구역은 서랭한다.
② Ar'변태구역은 서랭시키고 Ar"변태구역은 급랭시킨다.
③ Ar' 및 Ar"변태구역 모두 서랭시킨다.
④ Ar' 및 Ar"변태구역 모두 급랭시킨다.

정답 ▶ ①

기출문제

다음 중 경도가 가장 높은 조직은?
① Pearlite   ② Sorbite
③ martensite ④ Austenite

정답 ▶ ③

기출문제

담금질성을 개선시키는 원소로 영향력이 큰 것부터 작은 순서로 옳은 것은?
① Mn > B > Cu > Cr > P
② B > Mo > P > Cr > Cu
③ Cu > Ni > Mo > Si > B
④ Cu > Ni > Si > Cr > P

정답 ▶ ②

기출문제

강에 인성을 부여하고 불안정한 조직의 안정을 위한 가장 적합한 열처리 작업은?
① 표준화
② 풀림
③ 담금질
④ 뜨임

정답 ▶ ④

ⓒ **응력 제거 풀림** : 내부 응력을 제거하기 위한 것
ⓒ **구상화 풀림** : 기계적 성질을 개선하기 위한 것

(4) 불림

① A_1~Acm변태점보다 40~60℃ 정도의 높은 온도로 가열하여 균일한 오스테나이트 조직으로 개선한 후에 공기 중에서 냉각시키는 작업
② **목적** : 단조된 재료나 주조된 재료 내부에 생긴 내부 응력을 제거하거나 결정 조직을 균일화시키는데 있음

3. 열처리의 영향

(1) 강의 열처리에서 냉각속도의 영향

① **질량 효과** : 질량이 무거운 제품을 담금질할 때, 질량이 큰 제품일수록 내부의 열이 많아서 천천히 냉각되어 조직과 경도가 변하는 현상
② **형상 효과** : 제품의 생긴 모양이나 위치에 따라 냉각속도가 달라 열처리 효과가 다른 현상
③ **크기 효과** : 제품의 크기에 따라 냉각속도가 변하는 현상
④ **냉각능** : 냉각하는 물질인 물, 공기, 기름이 강을 냉각하는 능력

(2) 마텐자이트 변태의 특징

① 고용체의 단일상
② 마텐자이트 변태에서는 원자의 확산을 수반하지 않는 무확산 변태
③ 확산이 없으므로 냉각속도에 의해 변태 시작온도 저하 없음
④ 확산이 없으므로 모상과 마텐자이트의 성분이 같음
⑤ 오스테나이트와 마텐자이트 사이에는 일정한 결정방위관계가 있음
⑥ 마텐자이트 변태를 하면 표면기복이 생김
⑦ 일정온도 범위에서 변태가 시작되고 변태가 끝남(시작점 Ms, 끝점 Mf)
⑧ 탄소량, 합금 원소가 증가할수록 Ms, Mf 온도 저하
⑨ 마텐자이트 변태는 협동적 원자운동에 의한 변태
⑩ 마텐자이트의 결정 내에는 격자결함이 존재

(3) 강의 취성(메짐)

① **청열 취성** : 200~300℃에서 연강은 상온에서보다 연신율은 낮아지고 강도와 경도는 높아진다. 인(P)으로 인하여 발생
② **저온 취성** : 온도가 낮아짐에 따라 강도가 급격히 증가하면서 인성이 저하하는 현상

기출문제

마텐자이트변태에 대한 설명으로 옳은 것은?

① 마텐자이트변태는 무확산변태이다.
② 마텐자이트 결정 내에는 격자결함이 없다.
③ 마텐자이트변태를 하면 표면기복이 없어진다.
④ 마텐자이트 결정은 오스테나이트 결정에 대하여 일정한 방위관계가 없다.

정답 ①

기출문제

마텐자이트(Martensite) 변태를 설명한 것 중 틀린 것은?

① 마텐자이트 변태를 하면 표면기복이 생긴다.
② 마텐자이트는 단일상이 아닌 금속간 화합물이다.
③ Ms점에서 마텐자이트 변태를 개시하여 Mf에서 완료한다.
④ 오스테나이트에서 마텐자이트로 변태하는 무확산 변태이다.

정답 ②

③ **고온 취성(적열 취성)** : 적열상태에서 FeS가 존재할 때 가열로 인하여 용해되어 강의 결정사이의 응집력을 파괴하여 취성이 발생하는 현상
④ **뜨임 취성** : 500~600℃ 사이에서 담금질 후 뜨임을 하면 충격값이 감소하는 현상

4. 기타 열처리 방법

(1) 표면 경화 열처리

① **표면 경화 열처리** : 금속의 표면부만 전혀 다른 조성으로 변화시키거나, 조성은 변화시키지 않더라도 성질을 변화시켜 재료의 표면 성질을 개선하는 방법

② **분류**
  ㉠ **화학적 방법** : 침탄법, 질화법, 침탄 질화법
  ㉡ **물리적 방법** : 화염 경화법, 고주파 경화법, 금속 용사법

③ **표면 경화 열처리의 종류**
  ㉠ **침탄법** : 표면에 탄소를 침투시키는 방법
  ㉡ **질화법** : 강철을 암모니아가스와 같이 질소를 함유한 물질 속에서 500℃ 정도로 50~100시간 가열하여 질소 화합물을 만들어 표면을 경화하는 방법
  ㉢ **청화법(침탄질화법)** : NaCN, KCN을 용융시킨 고온의 염욕도에 20~60분간 넣어 침탄과 질화를 동시에 하는 것
  ㉣ **화염 경화법** : 산소와 아세틸렌가스 등의 화염으로 일부를 가열한 뒤에 공기 제트나 물로 냉각시키는 방법
  ㉤ **고주파 경화법** : 가열물의 표면만을 담금질 온도로 가열하기 위해 고주파 유도 전류를 이용하여 표면층을 가열한 뒤에 급랭하는 방법

④ **기타 표면 경화방법**
  ㉠ **금속 용사법** : 강의 표면에 용융 또는 반용융 상태의 미립자를 고속으로 분사시키는 방법
  ㉡ **하드 페이싱** : 금속 표면에 스텔라이트, 초경합금 등의 금속을 융착시켜 표면 경화층을 만드는 방법
  ㉢ **숏 피닝** : 금속재료의 표면에 강이나 주철의 작은 입자를 고속으로 분사시켜, 표면층을 가공 경화에 의하여 경도를 높이는 방법

(2) 심랭처리

① 담금질한 강을 실온까지 냉각한 다음 다시 계속하여 실온 이하 (영하 50~70℃)의 마텐자이트 변태 종료 온도까지 냉각
② 잔류 오스테나이트를 마텐자이트로 변태

기출 문제

질화처리한 강의 표면경도가 높은 이유는?

① 질화처리 후 담금질에 의해 조직이 변하기 때문에
② 질소를 흡수하여 질화물을 형성하기 때문에
③ 질화층이 깊고, 인성이 있기 때문에
④ 내부경도가 증가하기 때문에

정답 ▶ ②

③ 심랭처리 후 반드시 뜨임 실시
④ **각종 심랭 처리용 냉각제** : 소금물, 드라이아이스, 액체 산소, 액체 질소

(3) 항온열처리

① **오스템퍼링(austempering)**
  ㉠ 오스테나이트 상태로부터 Ms 이상인 적당한 온도의 염욕에서 담금질, 과랭 오스테나이트가 염욕 중에서 항온 유지 후 공냉하는 과정
  ㉡ 생성 조직 : 베이나이트 조직 (인성 풍부)

② **마퀜칭(marquenching)**
  ㉠ 오스테나이트 상태로부터 Ms 바로 위 온도의 염욕 중에 담금질 후 항온유지 하여 과랭 오스테나이트가 항온변태를 일으키기 전에 공기 중에서 Ar″ 변태가 천천히 진행되도록 하는 방법
  ㉡ 생성조직 : 마텐자이트

③ **마템퍼링(martempering)**
  ㉠ 오스테나이트 상태로부터 Ms 이하의 염욕 중에 담금질 후 변태가 거의 종료될 때까지 같은 온도로 유지하여 공기 중에서 냉각
  ㉡ 생성 조직 : 마텐자이트 + 베이나이트 혼합 조직

④ **오스포밍(ausforming)** : 오스테나이트강을 재결정 온도 이하와 Ms점 이상의 온도 범위에서 오스테나이트 상태에서 소성 가공한 다음 급랭

⑤ **시간 담금질(time quenching : 인상 담금질)** : 냉각속도의 변환을 냉각시간으로 조절하는 담금질로 변형 균열 및 치수 변화를 최소화

⑥ **Ms 담금질(Ms quenching)** : 시간 담금질 또는 마퀜칭의 단점인 Ms~Mf 구간의 서랭을 급랭으로 하여 잔류 오스테나이트를 적게 하는 데 사용

기출문제

베이나이트(bainite) 변태에 대한 설명으로 틀린 것은?

① 항온변태에 의해 생성된다.
② 연속냉각변태에 의해 생성된다.
③ 페라이트와 시멘타이트의 혼합상이다.
④ 페라이트와 레데뷰라이트의 층상 구조이다.

정답 ▶ ④

(4) 금속 침투법

① 제품을 가열하여 표면에 다른 종류의 금속을 피복시키는 동시에, 확산에 의하여 합금 피복층을 얻는 방법

② **종류**

명칭	침투금속	성질
세라다이징	Zn	내식성, 방청성
크로마이징	Cr	내식성, 내열성, 내마모성, 경도 증가
칼로라이징	Al	고온산화방지, 내열성
보로나이징	B	내식성, 경도 증가
실리코나이징	Si	내산성, 내열성

04 주철과 주강

1. 주철의 개요

(1) 주철의 정의
① 주철(cast iron)은 탄소 함유량이 2.0~6.67%인 철 합금으로 규소, 망가니즈, 인, 황 등을 함유하고 있는 합금
② **장점** : 용융점이 낮고 주조성이 우수하여 복잡한 형상도 쉽게 주조, 값이 저렴하여 널리 사용
③ **단점** : 탄소강에 비하여 취성이 크고 소성 변형 어려움
④ 일반적으로 주철은 탄소를 2.5~4.6% 함유

(2) 주철에서의 탄소의 영향
① 주철의 조직은 유리 탄소, 흑연, 화합 탄소로 구성
  ㉠ **유리 탄소** : 주철에 있어서 시멘타이트형의 탄소를 화합 탄소라는데 대해 흑연으로서 유리하고 있는 탄소를 말한다.
  ㉡ **흑연** : 탄소의 동소체 중 하나로, 주철에서 가장 중요한 역할을 하며 형태 및 분포에 따라 주철의 성질이 달라진다.
  ㉢ **화합 탄소** : 주철의 조직에서 화합 상태의 펄라이트 또는 시멘타이트로 존재하는 결정체이다.
② 주철의 탄소 함유량은 보통 흑연과 화합 탄소를 합한 전체의 탄소 함유량으로 나타낸다.

(3) 주철에 함유된 원소의 영향
① **Si** : 주조성 증가, 경도·강도 향상, 흑연화 촉진, 연성·전성 향상
② **Mn** : 탄소의 흑연화 방해, 경도·강도 증가, 수축율을 크게 하고, 유황의 해를 중화시킴
③ **P** : 융점이 낮고, 유동성을 좋게 하며, 수축율 감소, 1% 이상이면 거친 Fe_3C 발생, Fe-Fe_3P-Fe_3C의 3원 공정 조직인 스테다이트 형성
④ **S** : 유동성을 해치고, 주조 곤란, 수축율을 크게 하며, 흑연 생성 방해, 균열의 원인이 됨

기출문제

주철의 일반적인 조직에 관한 설명 중 틀린 것은?
① 백주철과 회주철의 혼합조직을 반주철이라 한다.
② 흑연이 많으면 파단면에 시멘타이트가 많이 존재한다.
③ 주철 중의 탄소는 유리탄소와 화합탄소 형태로 존재한다.
④ 주철 조직과 성질에 C와 Si가 가장 중요한 영향을 미친다.

정답 ②

기출문제

주철 중에 함유되어 있는 유리 탄소란?
① 화합탄소
② 시멘타이트
③ 전탄소
④ 흑연

정답 ④

기출문제

주철에서 응고 시 가장 강력한 흑연화 촉진 원소는?
① V
② S
③ Sn
④ Si

정답 ④

2. 주철의 성질과 조직

(1) 주철의 성질

성질	내용
물리적 성질	• 화학 조성과 조직에 따라 크게 다르다. • 비중, 용융점 : 규소와 탄소가 많을수록 작다. • 조직에서 흑연의 분포가 클수록 전기 전도도 및 열전도도 나빠진다.
화학적 성질	• 주철은 염산, 질산 등의 산에 약하지만 알칼리에는 강하다. • 내식성이 좋아 상수도용 관으로 많이 사용된다. (그러나 물살이 빨라 마찰 저항이 커지는 곳은 쉽게 침식)
기계적 성질	• 주철의 기계적 성질은 흑연의 모양과 분포 등에 의하여 크게 영향을 받는다. • 주철은 경도를 측정하여 그 값에 따라 재질을 판단한다.

고온 성질	• 주철의 성장 : 600℃ 이상의 온도에서 가열과 냉각을 반복하면 부피가 증가하여 파열되는 현상
	• 주철의 성장 원인
	  - 시멘타이트의 흑연화에 의한 팽창
	  - 페라이트 중에 고용되어 있는 규소의 산화에 의한 팽창
	  - A_1 변태점(723℃) 이상의 온도에서 부피 변화로 인한 팽창
	  - 불균일한 가열로 생기는 균열에 의한 팽창
	  - 흡수한 가스에 의한 팽창 등
	• 내열성 : 주철은 400℃ 정도까지는 상온에서와 같은 내열성을 가지지만, 400℃를 넘으면 강도가 점차 저하되고 내열성도 나빠진다.
	• 일반적으로, 주철의 내마멸성은 고온에서도 우수하므로 자동차와 내연 기관의 실린더, 실린더 라이너, 피스톤 링 등의 재료로 많이 사용

주조성	• 유동성 : 철을 용해한 후 주형에 주입할 때 주철 쇳물이 흐르는 정도 • 주철은 탄소, 인, 망가니즈 등의 함유량이 많을수록 유동성이 좋아지지만 황은 유동성 저하 • 수축 : 냉각 응고 시에는 부피가 수축되며, 응고 후에도 온도의 강하에 따라 수축
감쇠능	• 회주철은 편상 흑연이 있어 진동을 잘 흡수하므로 진동을 많이 받는 방직기의 부품이나 기어, 기어 박스, 기계 몸체 등의 재료로 많이 사용 • 일반적으로 어떠한 물체에 진동을 주면 진동 에너지가 그 물체에 흡수되어 점차 약화되면서 정지한다. 이와 같이 물체가 진동을 흡수하는 능력을 진동의 감쇠능이라고 한다.
피삭성	• 흑연의 윤활작용은 절삭 칩을 쉽게 파쇄하는 효과 • 주철의 절삭성은 매우 좋음 • 경도와 강도가 높아지면 절삭성 저하

기출 문제

주철의 성장 원인이 아닌 것은?

① 불균일한 가열에 의한 팽창
② 시멘타이트의 흑연화에 의한 팽창
③ 방출된 가스에 의한 팽창
④ 고용 원소인 Si의 산화에 의한 팽창

정답 ▶ ③

(2) 주철의 조직

① 주철의 파단면에 따른 분류

종류	내용
회주철	• 주철의 조직 중에 흑연이 많을 경우 탄소가 전부 흑연으로 변하여 그 파단면의 광택이 회색을 띰 • 일반적으로 주물 두께가 두껍고 규소의 양이 많은 경우, 응고 시 냉각 속도가 느린 경우 회주철 생성 회주철에서의 흑연의 모양

백주철	• 주철의 조직에서 흑연의 양이 적어 대부분의 탄소가 화합 탄소인 시멘타이트로 구성된 것
	• 파단면이 흰색을 띤 백주철
	• 냉각속도가 빠를 때
	• Si이 양이 적을 때
	
	백주철과 레데뷰라이트조직
	  - 백색부분 : 시멘타이트
	  - 벌집모양 : 레데뷰라이트
	  - 검은색 : 펄라이트

반주철	• 주철의 조직에서 시멘타이트와 흑연이 혼합되어 백주철과 회주철의 중간 상태로 존재하여 파단면에 반점이 있는 주철

② 주철 조직의 상과 특성

종류	내용
흑연	• 연하고 메짐성이 있어 인장 강도 저하 • 흑연의 양과 크기 및 모양, 분포 상태에 따라 주조성, 내마멸성, 절삭성, 인성 등을 좋게 하는데 영향 • 흑연을 구상화하면 흑연이 철 중에 미세한 알갱이 상태로 존재하여 주철을 탄소강과 유사한 강인한 조직을 생성
시멘타이트	• 주철 조직 중 가장 단단하며 경도 HV=1,100 정도 • 시멘타이트의 양이 증가하고 흑연 생성이 없어져 시멘타이트로 조직이 변화되면 백주철이 되어 매우 단단하지만 절삭성이 크게 저하
페라이트	• 페라이트는 철을 고용한 고용체 • 주철에서는 규소의 양이 대부분을 차지, 일부의 망가니즈 및 극히 소량의 탄소를 함유
펄라이트	• 펄라이트는 단단한 시멘타이트와 연한 페라이트가 층상으로 혼합된 조직 • 양자의 중간 정도의 성질, 회주철에는 대체로 펄라이트를 바탕으로 흑연과 조합을 이룸
레데뷰라이트	• γ-Fe+Fe$_3$C의 공정조직 • 점상의 조직
스테다이트	• Fe-Fe$_3$P-Fe$_3$C의 3원 공정조직 • 스테다이트 중의 시멘타이트는 분해하기 어렵기 때문에 주철을 단단하게 하고 여리게 하므로 유해한 조직 • P가 소량 함유되면 스테다이트가 서로 분리하여 분산되기 때문에 영향이 적으나 0.1% 이상이면 영향이 나타남

기출문제

주철의 조직 중 스테다이트(steadite)란?

① Fe-FeS-Fe$_3$P의 3원 공정상
② Fe-FeS-Fe$_3$C의 3원 공정상
③ Fe-Fe$_3$C-MnS의 3원 공정상
④ Fe-Fe$_3$C-Fe$_3$P의 3원 공정상

정답 ④

③ **마우러의 조직도** : 탄소 및 규소의 양, 냉각속도의 관계

영역	조직	주철의 종류
I	펄라이트+시멘타이트	백주철(극경주철)
II	펄라이트+시멘타이트+흑연	반주철(경질주철)
IIa	펄라이트+흑연	펄라이트주철(강력주철)
IIb	펄라이트+페라이트+흑연	회주철(주철)
III	페라이트+흑연	페라이트주철(연질주철)

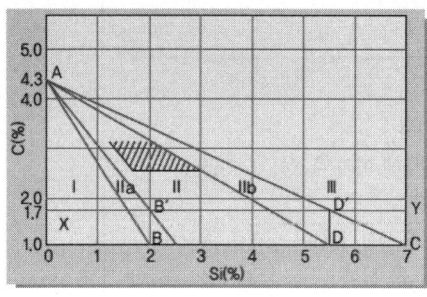

마우러의 조직도

3. 주철의 종류와 용도

(1) 보통 주철(ordinary cast iron)

① 회주철
  ㉠ 조성 : 탄소 3.2~3.8%, 규소 1.4~2.5%, 망가니즈 0.4~1.0%, 인 0.3~0.8%, 황 0.01~0.12% 미만
  ㉡ 인장 강도 : 98~196MPa
  ㉢ 조직 : 주로 편상 흑연과 페라이트, 약간의 펄라이트 함유
  ㉣ 특징 : 기계 가공성이 좋고 경제적이다.
  ㉤ 사용 : 일반 기계 부품, 수도관, 난방기, 공작 기계의 베드(bed), 프레임(frame) 및 기계 구조물의 몸체 등

(2) 고급 주철(high grade cast iron)

① 고급 주철의 특징
  ㉠ 인장 강도가 245MPa 이상인 주철로, 강력하고 내마멸성이 요구되는 곳에 이용
  ㉡ 조직 : 흑연이 미세하고 균일하게 활 모양으로 구부러져 분포되어 있으며, 바탕이 펄라이트 조직(펄라이트 주철이라고도 함)

② **미하나이트 주철** : 연성과 인성이 매우 크며 두께의 차에 의한 성질의 변화가 매우 적다.

(3) 합금 주철(alloy cast iron)

① 합금강의 경우와 같이 주철에 특수 원소를 첨가하여 보통 주철보다 기계적 성질을 개선하거나 내식성, 내열성, 내마멸성, 내충격성 등의 특성을 가지도록 한 주철

기출문제

주철에 대한 설명으로 옳은 것은?

① 주철은 탄소함량이 약 4.3% 이상이다.
② 백주철은 마텐자이트와 펄라이트를 탈탄시켜 주철에 가단성을 부여한 것이다.
③ 고급주철이란 편상흑연 주철 중에서 인장강도가 약 250MPa 정도 이상인 주철이다.
④ 칠드주철은 저탄소, 저규소의 백주철을 풀림 상자 속에서 열처리하여 시멘타이트를 분해시켜 흑연을 입상으로 석출시킨 것이다.

정답 ▶ ③

② **고력 합금 주철**
   ㉠ 보통 주철에 니켈(Ni)을 0.5~2.0% 첨가하거나 여기에 약간의 크로뮴, 몰리브데넘을 배합(강도 향상)
   ㉡ 일반 공작 기계 및 자동차용 주물로 사용

종류	내용
니켈-크로뮴계 주철	• 기계 구조용으로 가장 많이 사용 • 강인하며 내마멸성, 내식성, 절삭성 우수
침상 주철 (acicular cast iron)	• 보통 주철 성분에 0.7~1.5%의 몰리브데넘, 0.5~4.0%의 니켈을 첨가하고 별도로 구리와 크로뮴을 소량 첨가 • 흑연은 보통 주철과 같은 편상 흑연이나 조직이 베이나이트의 침상 조직으로 인장 강도가 440~640MPa • 경도가 HB=300 정도로 강인하며 내마멸성도 우수 • **크랭크축, 캠축, 실린더 압연용 롤 등의 재료**

③ **내마멸성 합금 주철**
   ㉠ 크로뮴, 몰리브데넘, 구리 등의 원소를 하나 또는 둘 이상 소량 첨가한 주철 → 내마멸성 더욱 향상
   ㉡ 탄소 및 규소의 함유량을 낮게 → 유리 시멘타이트나 인화 철(Fe_3P)을 균일하게 분산 → 내마멸성 향상(대형 디젤 기관의 실린더 라이너 사용)

④ **내열 주철** : 내산화성, 내성장성, 고온 강도를 향상시킨 주철

⑤ **내식 내열 주철**
   ㉠ 조성 : 주철에 규소 5~6%, 크로뮴 1~2%, 알루미늄 7~9%를 첨가 → 내열성, 내식성 향상(단, 여리며 절삭 어려움)
   ㉡ 니켈을 함유시킨 내식-내열 주철은 고가 페라이트계의 주철로 대체
   ㉢ 규소를 13~14.5% 함유한 규소 주철은 내산성이 우수 (절삭 가공 불가능 → 그라인더로(연삭) 가공한다)

(4) **특수 주철**
   ① 보통 주철이나 합금 주철에 비하여 기계적인 성질이 뛰어난 주철을 얻기 위하여 배합 성분이나 주조 처리 및 열처리 등의 특별한 방법으로 제조
   ② **가단 주철(malleable cast iron)**
      ㉠ 백주철을 장시간 열처리하여 탄소를 분해시켜 탈탄 또는 흑연화하여 강도와 연성을 향상시킨 주철
      ㉡ 흑심 가단주철
         ⓐ 저탄소, 저규소의 백주철을 풀림 상자 속에서 2단계의 열처리 공정을 거쳐 시멘타이트를 분해시켜 흑연을 입상으로 석출시킨 것

기출문제

가단주철의 성질에 대한 설명으로 틀린 것은?

① 주조성이 우수하여 복잡한 주물을 만들 수 있다.
② 강도, 내력이 높은 편이며 경도는 Si량이 많을수록 낮다.
③ 내식성, 내충격성, 내열성이 우수하고 절삭성이 좋다.
④ 흑심가단주철의 인장강도는 30~40kg/mm²이다.

정답 ▶ ②

ⓑ 1단계 흑연화 : 850~950℃의 온도에서 30~40시간 가열하여 오스테나이트의 펄라이트화
ⓒ 2단계 흑연화 : 제1단계의 Pearlite를 680~720℃에서 30~40시간 유지하여 흑연을 분해시킨다.
ⓒ 백심 가단주철 : 표면에서 내부까지 탈탄이 되어 표면이 페라이트로 변하여 연해지고, 내부로 들어갈수록 펄라이트가 많아져 풀림 처리에 의한 흑연과 시멘타이트가 남아 굳은 조직이 되어 가단성을 부여한 것
ⓔ 펄라이트 가단주철 : 흑심 가단주철 공정에서 제1단계의 흑연화 처리만 한 다음 955℃ 정도까지 가열하여 뜨임탄소를 구상화하고 Cementite가 Austenite 안에 용해되도록 7시간 정도 유지하며 2시간 안에 900℃로 노냉을 시킨 후 급속히 공냉한 것

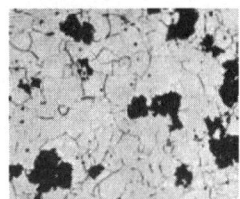 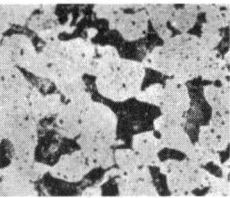 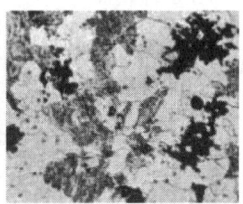

흑심가단주철   백심가단주철   펄라이트가단주철

③ **구상흑연주철**
  ㉠ 용융 상태이 주철 중에 마그네슘(Mg), 세륨(Ce) 또는 칼슘(Ca) 등을 첨가하여 편상 흑연을 구상화한 것 → 주철의 강도와 연성 등 개선
  ㉡ 노듈러 주철(nodular cast iron), 덕타일 주철(ductile cast iron) 등으로 불린다.
  ㉢ 강인하고 주조 상태에서 구조용 강이나 주강에 가까운 기계적 성질을 얻을 수 있다.
  ㉣ 열처리에 의하여 조직을 개선할 수 있다.
  ㉤ 편상 흑연에 비해 강도, 내마멸성, 내열성, 내식성 등 우수
  ㉥ 소형 자동차의 크랭크축을 비롯하여 캠축, 브레이크 드럼 등의 자동차용 주물이나 구조용 재료로 널리 사용
  ㉦ 페이딩 현상
    ⓐ 구상흑연 제조시 Mg용탕 처리 후 시간이 지남에 따라 그 효과가 없어지는 현상
    ⓑ 용탕의 온도가 높거나, Mg의 함유량이 높을 경우 빨리 발생
    ⓒ 이 현상이 일어나면 구상흑연이 원래의 편상으로 바뀜
  ㉧ 분류와 성질

종류	발생상황	성질
시멘타이트형 (시멘타이트가 석출한 것)	• Mg의 첨가량이 많을 때 • C, Si 특히 Si가 적을 때 • 냉각속도가 빠를 때	• 경도가 HB220 이상 • 연성이 없다.

기출문제

흑심가단 주철에서 제1단계 흑연화 즉, 유리시멘타이트의 분리가 일어나는 유지 온도(℃)는?

① 380~520
② 680~720
③ 850~950
④ 1,050~1,250

정답 ▶ ③

기출문제

주철에서 석출하는 흑연의 형태를 구상으로 정출시키는 원소가 아닌 것은?

① Mg
② Ca
③ Ce
④ Al

정답 ▶ ④

기출문제

구상화주철의 용해 시 생기는 페이딩(fading) 현상과 관련된 내용으로 틀린 것은?

① fading 현상은 구상흑연수를 감소시킨다.
② 용탕의 온도가 높을수록 fading 현상은 빠르다.
③ 슬래그를 빨리 제거할수록 fading 현상은 빨라진다.
④ 구상흑연 제조 시 마그네슘이 과다인 경우 fading 현상이 조기에 일어난다.

정답 ▶ ③

펄라이트형
(바탕이 펄라이트)
	시멘타이트형과 페라이트형의
	중간의 발생원인
		• 강인하고 인장강도
		  60~70kgf/mm²
		• 연신율 2% 정도
		  경도 HB150~240

페라이트형 (페라이트가 석출한 것)	• Mg의 첨가량이 많을 때 • C, Si 특히 Si가 적을 때 • 냉각속도가 빠를 때 • 접종이 양호할 때	• 연신율 6~20% • 경도 HB150~200 • Si가 3% 이상이 되면 취약

불스아이형
(펄라이트와
페라이트가 혼재)
	• 기지는 펄라이트이며,
	  페라이트가 흑연 주위에
	  환상으로 나타남
		• 연신율 1~2%
		• 인장강도 70kgf/mm²
		• 경도 HB270
		• 내열, 내식, 내마모성이
		  우수

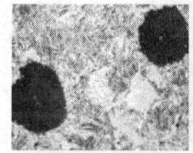 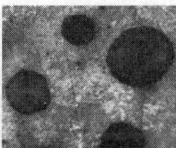 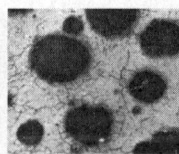 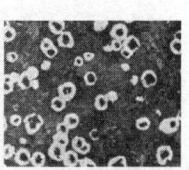

    시멘타이트형   펄라이트형   페라이트형   불스아이형

④ **칠드 주철**
   ㉠ 보통 주철보다 규소 함유량을 적게 하고 적당량의 망가니즈를 첨가한 쇳물을 주형에 주입 → 경도를 필요로 하는 부분에만 칠 메탈(chill metal)을 사용하여 빨리 냉각 → 단단한 칠 층 형성(해당 부분 조직만 백선화되어 경화)
   ㉡ 칠 현상에 영향을 미치는 원소는 탄소, 규소, 망가니즈
   ㉢ 탄소(C) : 칠 깊이를 감소시키지만 경도를 증가
   ㉣ 규소(Si) : 칠 깊이에 영향을 주며, 규소 함유량이 많아지면 칠 층 저하
   ㉤ 망가니즈(Mn) : 백선 부분, 회주철 부분 사이 반선 부분을 생성 → 칠 깊이 증가(많으면 수축성이 증가하고 균열이 생기기 쉬우므로 망가니즈 함유량 0.4~1.1% 조정)

4. 주강의 특성

① **주강품(steel casting)** : 용융된 탄소강 또는 합금강을 주형에 주입하여 만든 제품
② **주강(cast steel)** : 강주물에 사용한 탄소강이나 합금강
③ 주강은 모양이 크고 복잡하여 단조 가공이 곤란하고 주철 주물보다 강도가 큰 기계재료에 사용
④ 주철에 비하여 용융 온도가 높기 때문에 주조하기가 어렵고 고비용

기출문제

칠드주물에서 칠(Chill)의 길이를 증가시키는 원소는?

① Mn
② Al
③ C
④ Si

정답 ①

CHAPTER 03
비철 금속재료와 특수 금속재료

KEYWORD 구리와 그 합금, 알루미늄, 마그네슘, 니켈, 아연, 납, 주석, 저용융점 금속

01 구리와 그 합금

1. 구리의 성질

(1) 개요
① 전기 및 열전도율이 다른 금속에 비하여 높고 전연성이 좋아 가공이 용이
② 구리 합금은 황동과 청동이 많이 사용
③ 냉·난방 기기, 화학 공업용 급수관, 송유관, 가스관, 기계 부품, 건축 재료, 가구 장식, 화폐 등 이용

(2) 물리적 성질
① 비중 8.96, 용융점 1,083℃, 비자성체, 면심입방격자(변태점이 없음)
② 구리의 빛깔은 고유한 담적색 → 공기 중 표면이 산화되면 암적색
③ 전기 전도율과 열전도율이 금속 중에서 은 다음으로 높음
④ **전기 전도율** : 감소시키는 원소(타이타늄, 인, 철, 규소, 비소 등), 적게 감소시키는 원소(카드뮴, 아연, 칼슘, 납)

(3) 기계적 성질
① 연하고 가공성이 풍부하여 냉간 가공으로 적당한 강도 부여 가능
② 밴드(band), 관, 선, 주발(bowl), 플랜지(flange) 등 사용
③ 상온에서 가공할 때 가공도에 따라 인장 강도가 증가하여 가공도 70~80% 부근에서 최대(상온 가공 후 풀림 작업 중요)

기출문제

구리의 특성에 대한 설명 중 틀린 것은?
① 용융점은 약 1,083℃이다.
② 비중은 약 6.96이다.
③ 전기 열의 양도체이다.
④ 전연성이 좋아 가공이 용이하다.

정답 ▶ ②

기출문제

열전도율이 좋고 비중이 약 8.9인 금속은?
① 철
② 주석
③ 구리
④ 납

정답 ▶ ③

(4) 화학적 성질

① 구리는 건조한 공기 중에서는 산화하지 않지만, 이산화탄소 또는 습기가 있으면 염기성 황산구리, 염기성 탄산구리가 생겨 산화(녹청색이 됨)
② 맑은 물에는 거의 침식되지 않지만, 소금물에는 빨리 부식되어 염기성 산화물이 생기고 묽은 황산이나 염산에는 서서히 용해

2. 황동

(1) 황동의 성질

① **일반적 성질**
  ㉠ 황동은 구리와 아연의 2원 합금(놋쇠라고도 함)
  ㉡ 구리에 비하여 주조성, 가공성, 내식성 우수
  ㉢ 가장 많이 사용되는 합금은 30~40%아연
  ㉣ 공업용으로 많이 사용 → 봉, 관, 선 등의 가공재 또는 주물 사용

② **물리적 성질**
  ㉠ 비중 : 황동에 함유되어 있는 아연의 함유량이 증가함에 순 구리의 8.9에서 50%아연의 황동은 8.29까지 직선적으로 낮아진다.
  ㉡ 전기 전도율, 열전도율 : 40%아연까지의 α고용체 범위에서는 낮아지다가 그 이상이 되어 β상이 나오면 전기 전도율은 다시 증가한다.
  ㉢ 황동선 냉간가공 시 전기 전도율이 저하되며, 아연 함유량이 많을수록 잘 나타난다.
  ㉣ 7-3황동 1,150℃, 6-4황동 1,100℃가 넘으면 아연이 끓는다.

③ **기계적 성질**
  ㉠ 연신율 : 30%아연 부근에서 최대, 40~50%아연에서 급격히 감소
  ㉡ 인장 강도 : 아연의 증가와 함께 커지고, 45%아연일 때 최대
  ㉢ 아연이 더 증가하여 γ상이 나타나면 급격히 감소
  ㉣ 상온 가공 : 7-3황동이 강도가 약하며 전연성 우수
  ㉤ 고온 가공
    ⓐ 7-3황동 : 600℃ 이상에서 메짐성 생겨 높은 온도에서 가공 부적합
    ⓑ 6-4황동 : 600℃까지는 연신율이 감소, 그 이상이 되면 연신율 급격히 증가 → 300~500℃ 가공을 피하고, 그 이상의 고온에서 가공
  ㉥ 합금 원소의 영향
    ⓐ Pb는 황동 중에 용해하여 연성을 감소시킨다.
    ⓑ Sb는 결정립을 조대화시키며 상온취성을 조장시킨다.
    ⓒ Bi는 고온취성을 증대시킨다.
    ⓓ Cd는 1% 이상이면 강도, 연성을 감소시킨다.

기출문제

구리에 아연을 첨가함에 따라 어느 것과는 달리 아연과 구리 성질의 평균치 이하로 급격히 떨어지는 성질은?

① 밀도
② 인장강도
③ 전기전도도
④ 비등점

정답 ▶ ③

기출문제

황동의 압연 시 황동 중 Pb, Bi, Sb, As 등이 존재하면 어떻게 되는가?

① 강도가 상승한다.
② 표면이 미려해진다.
③ 윤활이 필요없다.
④ 가공성이 나빠 압연 시 균열이 생긴다.

정답 ▶ ④

기출문제

황동에서 불순물의 영향으로 잘못 설명된 것은?

① Pb는 황동 중에 용해하여 연성을 증가시킨다.
② Sb는 결정립을 조대화시키며 상온취성을 조장시킨다.
③ Bi는 고온취성을 증대시킨다.
④ Cd는 1% 이상이면 강도, 연성을 감소시킨다.

정답 ▶ ①

④ 화학적 성질
  ㉠ 탈아연 부식
    ⓐ 불순한 물질 또는 부식성 물질이 녹아 있는 수용액의 작용에 의하여 황동의 표면 또는 깊은 곳까지 탈아연 되는 현상
    ⓑ 방지법 : 0.1~0.5%의 비소나 안티모니, 1% 정도의 주석을 첨가
  ㉡ 자연 균열(season cracking)
    ⓐ 공기 중의 암모니아나 염소류에 의해 입계부식 및 상온가공에 의한 내부응력 때문에 생긴 균열
    ⓑ 자연 균열 방지법 : 도료, 아연 도금 실시, 가공재를 180~260℃로 응력 제거 풀림하여 내부 변형을 완전히 제거
    ⓒ 응력 부식 균열 : 잔류 응력에만 국한되지 않고 외부에서의 인장 하중에 의해서도 일어나는 균열
  ㉢ 고온 탈아연
    ⓐ 고온에서 증발에 의하여 황동 표면으로부터 아연이 탈출하는 현상
    ⓑ 고온 탈아연 방지법 : 표면 산화물 피막 형성

기출문제

황동에서 자연균열을 방지하기 위한 대책으로 옳은 것은?

① 수은 및 그 화합물과 함께 보관한다.
② 암모니아 탄산가스 분위기에서 보관한다.
③ 가공재를 185~260℃에서 응력 제거 풀림한다.
④ α+β 황동 및 β 황동에 Mn 또는 Cr 등을 첨가한다.

정답 ▶ ③

(2) 황동의 종류와 용도

① 황동의 종류

종류	내용
톰백 tombac	• 5~20%아연의 황동 • 5%아연 합금 : 순구리와 같이 연하고 코이닝(coining)이 쉬워 동전이나 메달 등에 사용 • 10%아연 황동 : 톰백의 대표적인 것으로, 딥 드로잉(deep drawing)용 재료, 건축용, 가구용 등에 사용(색깔이 청동과 비슷 청동 대용) • 15%아연 황동 : 연하고 내식성이 좋아 건축용, 금속 잡화, 소켓 체결구 등에 사용 • 20%아연 황동 : 전연성이 좋고 색깔이 아름다워 장식 용품, 악기 등에 사용 • 납을 첨가한 것은 금박의 대용으로도 사용
7-3황동 cartridge brass	• 70%구리 - 30%아연 합금으로 가공용 황동의 대표 • 연신율이 크고 인장 강도가 매우 높아 판, 막대, 관, 선 등으로 널리 사용 • 자동차용 방열기 부품, 계기 부품, 전구 소켓, 여러 가지 일용품, 장식품, 탄피 등으로 가공하여 이용
6-4황동 muntz metal	• 60%구리 - 40%아연 합금(α+β 조직) • 상온 중 7-3황동에 비하여 전연성이 낮고 인장 강도 큼 • 황동 중에서 아연 함유량이 많아 값이 싸므로 많이 사용 • 내식성이 다소 낮아 판재, 선재, 볼트, 너트, 열교환기, 파이프, 밸브, 탄피 등에 많이 사용

기출문제

가공용 황동의 대표적인 것으로 cartridge brass라 하며, 판·봉·관·선 등을 만들어 사용하면, 자동차용 방열기 부품, 소켓, 체결구, 탄피, 장식품 등으로 사용하는 합금의 조성으로 옳은 것은?

① 95%Cu - 5%Zn 합금
② 85%Cu - 15%Sn 합금
③ 70%Cu - 30%Zn 합금
④ 60%Cu - 40%Sn 합금

정답 ▶ ③

② 특수 황동

종류	내용
납 황동	• 황동에 납을 첨가하여 절삭성을 좋게 한 황동 • 쾌삭 황동 또는 하드 브래스(hard brass)라고도 함 • 스크루(screw), 시계용 기어 등 정밀 가공 필요 부품 사용
주석 황동	• 황동에 소량의 주석을 첨가, 탈아연 부식이 억제 • 0.5% 주석을 첨가하면 탈아연 속도가 1/2 이하로 저하 • 애드미럴티 황동 : 7-3황동에 주석을 1% 첨가한 것(70%구리, 29%아연, 1%주석), 전연성이 좋아 관 또는 판을 만들어 증발기, 열교환기 등에 사용 • 네이벌 황동 : 6-4황동에 주석을 1% 첨가한 것(62%구리, 37%아연, 1%주석) 판, 봉으로 가공하여 용접봉, 밸브대 등에 사용
알루미늄 황동	• 7-3황동에 2% 알루미늄을 넣으면 강도, 경도 증가 • 바닷물에 부식이 잘 되지 않음 • 알브락(albrac) : 22% Zn, 1.5~2% Al, 나머지 구리, 고온 가공으로 관을 만들어 열교환기, 증류기관, 급수 가열기 등에 사용
규소 황동	• 10~16%아연의 황동에 4~5%규소를 넣은 것 • 주조성, 내해수성, 강도 우수, 경제적 • 선박 부품 등의 주물에 사용
고강도 황동	• 고강도 황동 : 6-4황동에 철, 망간, 니켈 등을 넣어서 더욱 강력하면서도 내식성, 내해수성을 증가시킨 것 • 철 황동(델타 메탈) : 6-4황동에 1~2%철을 넣은 것으로, 강도가 크고 내식성이 좋아 광산 기계, 선박용 기계, 화학 기계 등에 사용 • 두라나 메탈 : 7-3황동에 2%철과 알루미늄, 주석 소량 첨가 • 망간 황동 : 6-4황동에 철, 망간, 알루미늄, 니켈, 주석 등을 넣어, 바닷물이나 광산물 등에 대한 내식성을 좋게 한 황동, 광산용 기계 부품, 밸브, 스크루, 프로펠러, 피스톤 등에 사용
니켈 황동	• 양은, 양백 : 황동에 10~20%니켈을 넣은 것, 색깔이 은과 비슷하여 예부터 장식, 식기, 악기 및 은 대용품으로 사용 • 탄성과 내식성이 좋아 탄성 재료, 화학 기계용 재료에 사용 • 10~20%니켈, 15~30%아연인 것을 많이 사용

기출문제

문쯔 메탈(Muntz metal)에 Sn을 소량 첨가한 합금으로 판·봉으로 가공되어 복수기판, 용접봉 등으로 사용하는 합금은?

① 라우탈(Lautal)
② 레드 브래스(Red brass)
③ 네이벌 브래스(Naval brass)
④ 에드미럴티 포금(Admiralty gun metal)

정답 ▶ ③

기출문제

7:3 황동에 Fe 2%와 소량의 Sn, Al을 첨가한 합금은?

① German Silver
② Muntz Metal
③ Tin Bronze
④ Durana Metal

정답 ▶ ④

3. 청동

(1) 청동의 성질

① 청동의 의미
  ㉠ 넓은 의미 : 황동이 아닌 구리 합금
  ㉡ 좁은 의미 : Cu Sn 합금 → 주석 청동(tin bronze)

② 물리적 성질
  ㉠ 비중 : 순구리 8.89, 20%주석 8.85
  ㉡ 선팽창 계수 : 주석 함유량에 따라 거의 변화 없다.
  ㉢ 전기 전도율 : 순구리의 61m/Ω·mm^{2}에서 약 3%주석까지 급격히 감소, 10%주석에서 순구리의 1/10 정도
  ㉣ 전기저항, 온도 계수, 열전도율 : 순구리에 비하여 낮다.

③ 기계적 성질
  ㉠ 주석 함유량, 열처리, 냉각속도에 따라 조직과 성질이 다르다.
  ㉡ 연신율 : 4~5%주석 부근에서 최대, 주석의 함유량에 따라 적어지며, 25%주석 이상에서 메짐성 생성
  ㉢ 인장 강도 17~18%주석 부근에서 최대, 경도 30%주석에서 최대

④ 주조 편석 발생 상황
  ㉠ 개재물이 많을 때
  ㉡ 냉각속도가 빠를 때
  ㉢ 확산속도가 느릴 때
  ㉣ 응고구간이 넓을 때

⑤ 화학적 성질
  ㉠ 대기 중에서 내식성 우수(부식률 : 0.00015~0.002mm/년)
  ㉡ 내해수성 우수(부식률이 낮아 선박용 부품에 사용)
  ㉢ 진한 질산, 염산의 부식률 높고, 5%황산에서 부식률 매우 낮다.

(2) 청동의 종류와 용도

① 포금(gun metal)
  ㉠ 8~12%주석에 1~2%아연을 넣은 것으로 포신 재료로 많이 사용
  ㉡ 강도, 연성, 내식성, 내마멸성 우수
  ㉢ 애드미럴티 포금 : 88%구리, 10%주석, 2%아연 합금, 주조성과 내압력성이 좋아 수압과 증기압에 잘 견디므로 선박 등에 널리 사용

② 베어링용 청동
  ㉠ 10~14%주석을 함유한 것 : 연성은 떨어지지만 경도가 크고 내마멸성 매우 우수 → 베어링, 차축 등의 마멸이 많은 부분에 사용

기출문제

주조성이 양호하며 내식성이 우수하여 화폐, 종, 동상 등 미술공예품으로 많이 사용되는 청동은?

① Cu+Zn
② Cu+Sn
③ Cu+Al
④ Cu+P

정답 ▶ ②

기출문제

청동의 주조 시 편석이 많이 일어나는 경우가 아닌 것은?

① 개재물이 적을수록
② 냉각속도가 빠를수록
③ 확산속도가 느릴수록
④ 응고구간이 확장될수록

정답 ▶ ①

- ⓒ 5~15%납을 첨가한 것 : 윤활성 우수 → 철도 차량, 공작 기계, 압연기 등의 고압용 베어링에 적합
- ⓒ 켈밋(kelmet) : 28~42%납, 2% 이하의 니켈 또는 은, 0.8% 이하의 철, 1% 이하의 주석을 함유한 베어링용 합금

③ 화폐용 청동
- ㉠ 단조성, 내마모성, 내식성 우수 → 화폐, 메달 등에 많이 사용
- ㉡ 주조성을 좋게 하기 위하여 1% 내외의 아연을 첨가

④ 미술용 청동
- ㉠ 동상이나 실내 장식 또는 건축물 등에 사용
- ㉡ 2~8%주석, 1~12%아연, 1~3%납을 함유한 구리 합금
- ㉢ 유동성을 좋게 하기 위하여 정밀한 주물에 아연 다량 첨가

⑤ 특수 청동

종류	내용
인 청동	• 청동에 1% 이하의 인을 첨가한 합금 • 청동 용탕의 유동성이 좋아지고, 합금의 경도와 강도가 증가하며, 내마멸성과 탄성 향상 • 선, 스프링, 펌프 부품, 기어, 선박용 부품, 화학 기계용 부품 등
니켈 청동	• 조성 : 10~15%니켈, 2~3%알루미늄, 나머지는 구리 (Cu - Ni - Al계 합금) • 풀림 시효 경화 현상에 의하여 고온 강도가 높고 내마멸성과 내식성도 양호 • 항공기 기관용 부품, 선박용 기관, 주요 기계 부품 등에 사용
알루미늄 청동	• 알루미늄 청동은 12% 이하의 알루미늄을 첨가한 합금 • 주조성, 가공성, 용접성은 나쁘지만 내식성, 내열성, 내마멸성이 황동 또는 다른 청동에 비하여 우수 • 화학 공업용 기계, 선박, 항공기, 차량용 부품 등에 사용
규소 청동	• 4%규소 이하의 구리 합금 • 높은 온도와 낮은 온도에서 내식성이 좋고 용접성이 우수 • 가솔린 저장 탱크, 피스톤 링, 화학 공업용 기구 등 사용
망가니즈 청동	• 5~15%망가니즈를 첨가한 구리 합금 • 기계적 성질이 우수하고 소금물, 광산물 등에 대한 내식성 우수 • 선박용, 증기 터빈 날개, 증기 밸브, 정밀 계기 부품에 많이 사용 • 망가닌(manganin) : 대표적 합금, 80~88%구리, 10~15%망가니즈, 2~5%니켈 및 1%철 정도의 화학 조성
베릴륨 청동	• 2~3%베릴륨을 첨가한 구리 합금 • 시효 경화성, 구리 합금 중에서 강도와 경도가 가장 크다. • 베어링, 고급 스프링, 전기 접점, 용접용 전극 등으로 사용

기출문제

다음 중 Cu - Pb계로 고속, 고하중에 적합한 베어링용 합금의 명칭으로 옳은 것은?

① 크로멜
② 켈밋
③ 슈퍼인바
④ 백 메탈

정답 ▶ ②

기출문제

다음의 청동 중 석출경화성이 있으며, 동합금 중에서 가장 높은 강도와 경도를 얻을 수 있는 청동으로 옳은 것은?

① 길딩 청동
② 베릴륨 청동
③ 네이벌 청동
④ 에드밀러티 청동

정답 ▶ ②

02 알루미늄, 마그네슘과 그 합금

1. 알루미늄과 알루미늄 합금의 개요

① 알루미늄(Al)은 규소 다음으로 지구상에 많이 존재하는 원소
② 가볍고 내식성이 좋아 다양하게 사용
③ 용융점이 660℃인 은백색의 전연성이 좋은 금속
④ 주조가 쉽고, 다른 금속과 합금이 잘 되며, 상온 및 고온 가공이 용이하여 압연품, 주물, 단조품으로 이용

2. 알루미늄

① **알루미늄의 제조** : 보크사이트(bauxite, $Al_2O_3 \cdot 2H_2O$)를 정제하여 알루미나(Al_2O_3)를 만들고, 그것을 용융염에서 전기 분해하여 제조

② **물리적 성질**
  ㉠ **비중** : 2.7(백색의 **경금속**)
  ㉡ 무게가 철의 1/3 정도이지만 합금을 만들 경우에는 강도 우수
  ㉢ **전기 전도율** : 구리의 65%로 은, 구리, 금 다음으로 좋음

③ **기계적 성질**
  ㉠ 순도가 높을수록 연성이 크며 강도와 경도가 저하
  ㉡ 상온에서 판, 선으로 압연 가공하면 가공 정도에 따라 강도와 경도가 높아지지만 연신율은 저하

④ **화학적 성질**
  ㉠ **보호 피막** : 표면에 산화피막이 얇게 생성되어 대기 중 내식성 향상
  ㉡ 내식성
    ⓐ **저해 원소** : 구리, 은, 니켈, 철 등
    ⓑ 탄산염, 크로뮴산염, 초산염, 황화물 등의 중성 수용액에서는 내식성이 우수 ↔ 염화물 용액 중에서는 내식성이 나쁨
  ㉢ **부식 방지법**

종류	내용
수산법	• 알루마이트(alumite)법 • 알루미늄 제품을 2%수산 용액에 넣고 직류, 교류 또는 직류에 교류를 동시에 보내면 표면이 단단하고 치밀한 산화막이 형성

기출문제

Al 합금의 특징을 설명한 것 중 옳은 것은?

① 하이드로날륨은 Al에 Si을 첨가한 합금이다.
② 표면에 발생한 산화피막에 의해 내식성이 향상된다.
③ Si, Fe, Cu, Ti, Mn 등을 첨가하면 도전율이 상승한다.
④ Cu, Mg, Si, Zn, Ni 등의 원소를 넣어 합금한 고강도 Al은 순 Al보다 기계적 성질이 떨어진다.

정답 ▶ ②

황산법	• 알루미라이트(alumilite)법 • 15~20%황산액(H_2SO_4)을 사용하여 피막을 형성하는 방법
크로뮴산법	• 3%의 산화 크로뮴(Cr_2O_3) 수용액 사용 • 전압을 가감하면서 통전 시간을 조정하며, 전해액 기계 교반

3. 주물용 알루미늄 합금

① 주물용 알루미늄 합금의 특징
　㉠ 알루미늄-구리 합금, 알루미늄-규소 합금, 알루미늄-마그네슘 합금을 기본으로 하고, 망가니즈와 니켈을 첨가한 다원계 합금
　㉡ 주물용 알루미늄 합금은 주철 주물보다 경량
　㉢ 자동차 부품, 광학 기계, 조명 및 통신 기구, 위생 용기 등 널리 사용

② Al-Cu계 합금
　㉠ 순수한 알루미늄에 구리가 함유된 것
　㉡ 담금질과 시효에 의하여 강도가 증가
　㉢ 내열성과 강도, 연신율, 절삭성 등 우수
　㉣ 단점 : 고온 여림이 크고, 주물의 수축에 의한 균열 발생

③ Al-Si계 합금
　㉠ 단순히 공정형으로, 규소의 용해도가 작아 열처리 효과 미비
　㉡ 공정점 부근 조직 : 기계적 성질이 우수하고 용융점이 낮아 많이 사용
　　실루민(silumin) : 11~14%의 규소 함유
　㉢ 용융점이 낮고 유동성이 좋아 넓고 복잡한 모래형 주물에 이용
　㉣ 개량처리
　　ⓐ 실루민의 기계적 성질 보완
　　ⓑ 나트륨, 플루오린화 알칼리, 금속 나트륨, 수산화 나트륨, 알칼리염 등 첨가

④ Al-Cu-Si계 합금
　㉠ Al-Cu-Si계 합금은 라우탈(lautal)이라 하며, 실루민의 결점인 가공 표면의 거침 제거
　㉡ 주조 균열이 작고 금형 주조에도 적합 → 자동차 및 선박용 피스톤, 분배관 밸브 등에 사용

⑤ 내열성 알루미늄 합금
　㉠ 로엑스(Lo-Ex) 합금
　　ⓐ 12%규소, 1.0%구리, 1.0%마그네슘, 1.8%니켈 등 함유
　　ⓑ 고온 강도가 우수, 팽창률이 낮음
　㉡ Y 합금
　　ⓐ Al-Cu-Ni-Mg계 합금

기출문제

다음 중 알루미늄(Al) 합금이 아닌 것은?
① 라우탈(Lautal)
② 베빗메탈(Babbit metal)
③ 두랄루민(Duralumin)
④ 하이드로날륨(Hydronalium)

정답 ▶ ②

기출문제

다음 중 Al 합금을 개량처리하여 강화시킨 합금은?
① 실루민
② 엘린바
③ 콘스탄탄
④ 모넬메탈

정답 ▶ ①

기출문제

고온 강도가 크므로 내연 기관의 실린더, 피스톤, 실린더 헤드 등에 사용되는 주조용 Al 합금은?
① 하이드로날륨
② No.12 합금
③ 다이캐스팅 합금
④ Y합금

정답 ▶ ④

        ⓑ 시효 경화성이 있어 모래형 또는 금형 및 단조용으로 사용
        ⓒ 내열성 우수 → 자동차, 항공기용 엔진의 공랭 실린더 헤드와 피스톤 등에 많이 사용
      ⓒ 코비탈륨 : Y 합금의 일종으로 Y합금에 Ti과 Cr를 0.2% 정도씩 첨가한 것
  ⑥ 다이 캐스팅용 알루미늄 합금
    ㉠ 다이 캐스팅용 합금으로 특히 필요한 성질
        ⓐ 유동성이 좋을 것
        ⓑ 열간 메짐성이 적을 것
        ⓒ 응고·수축에 대한 용탕 보충이 용이할 것
        ⓓ 금형에서 잘 떨어질 것
    ㉡ 다이 캐스팅용 알루미늄 합금의 종류 : 라우탈, 실루민, 하이드로날륨, Y 합금 등
    ㉢ 자동차 부품, 통신 기기 부품, 철도 차량 부품, 가정용 기구 등
  ⑦ 알루미늄 분말 소결체
    ㉠ 알루미늄 가루와 알루미나 가루를 압축 성형하고 500~600℃로 소결
    ㉡ 열간에서 압출 가공한 일종의 분산 강화형 합금
    ㉢ 순수 알루미늄에 비하여 내식성 및 열과 전기 전도율이 떨어지지 않고, 내산화성 고온 강도가 우수
    ㉣ 500℃ 정도까지 내열 재료 → 피스톤과 추진기의 날개 등에 사용

기출 문제

다이캐스팅용 Al 합금으로 요구되는 성질 중 틀린 것은?

① 유동성이 좋을 것
② 열간취성이 적을 것
③ 금형에 대한 점착성이 좋을 것
④ 응고수축에 대한 용탕 보급성이 좋을 것

정답 ▶ ③

4. 가공용 알루미늄 합금

(1) 고강도 알루미늄 합금

종류	내용
두랄루민	• 주성분이 Al-Cu-Mg이며 4%구리, 0.5%마그네슘, 0.5%망가니즈, 0.5%규소이고 나머지는 알루미늄 • 시효 경화에 의해 강도가 증가 • 가볍고 고강도 → 항공기, 자동차, 운반 기계 등에 사용
초두랄루민	• 두랄루민에서 마그네슘을 다소 증가시킨 4.5%구리, 1.5%마그네슘, 0.6% 망가니즈의 Al-Cu-Mg계 합금 • 인장 강도가 490MPa 이상 • 항공기와 같이 가벼운 것의 중요한 부재나 부품의 재료로 사용
초(초)강 두랄루민 (Extra Super Duralumin, ESD)	• 1.5~2.5%구리, 7~9%아연, 1.2~1.8%마그네슘, 0.3~1.5%망가니즈, 0.1~0.4%크로뮴을 함유한 Al-Zn-Mn-Mg계 합금 • 인장 강도가 530MPa 이상인 고 강력 합금 • 주로 항공기의 구조용 재료로 사용

기출 문제

다음 중 두랄루민에 대한 설명으로 가장 관계가 먼 것은?

① 고강도 알루미늄 합금이다.
② 시효경화 효과가 없다.
③ 내열 고강도용으로도 사용된다.
④ 대표적인 합금계는 Al-Cu-Mg 이다.

정답 ▶ ②

(2) 알루미늄 합금의 열처리 질별 기호

① F : 제품 그대로
② O : 풀림한 재질
③ H : 가공경화한 재질
④ H1 : 가공경화 받은 그대로
⑤ H2 : 가공경화 후 풀림
⑥ H3 : 가공경화 후 안정화 처리
⑦ W : 용체화처리 후 시효경화가 진행중인 재료
⑧ T : F, O, H 이외의 열처리를 받은 재질
⑨ T2 : 풀림한 재질
⑩ T3 : 용체화 후 상온가공경화
⑪ T4 : 용체화 후 상온시효
⑫ T5 : 용체화 생략하고 뜨임처리
⑬ T6 : 용체화 후 뜨임
⑭ T7 : 용체화 후 안정화처리
⑮ T8 : 용체화 후 상온가공경화 다음에 뜨임
⑯ T9 : 용체화 후 뜨임 다음에 상온가공경화
⑰ T10 : 용체화 생략하고 뜨임 다음에 상온가공경화

기출문제

알루미늄, 마그네슘 및 그 합금의 질별 기호를 옳게 나타낸 것은?

① O : 어닐링한 것
② W : 제조한 그대로의 것
③ H2 : 용체화 처리한 것
④ H1 : 고온 가공에서 냉각 후 자연 시효시킨 것

정답 ▶ ①

기출문제

가공용 알루미늄 합금을 용체화한 다음 자연시효시킨 것은?

① T1처리
② T2처리
③ T4처리
④ T6처리

정답 ▶ ③

(3) 내식성 알루미늄 합금

종류	내용
하이드로날륨 (hydronalium, Al-Mg계 합금)	• 6~10%마그네슘 합금 • 바닷물과 알칼리성에 대한 내식성이 강하고 용접성이 매우 우수 • 선박용, 조리용, 화학 장치용 부품 등 사용
알민(almin, Al-Mn계 합금)	• 알루미늄에 1~1.5%망가니즈를 함유 • 가공성, 용접성 우수 • 저장 탱크, 기름 탱크 등에 사용
알드리 (aldrey, Al-Mg-Si계 합금)	• 0.5%규소, 0.43%마그네슘을 함유 • 담금질 후에 상온 가공에 의하여 기계적 성질을 개선 • 용접성, 내식성, 인성, 전기 전도율 우수 • 송전선에 많이 사용
알클래드 (alclad)	• 고강도 합금 판재인 두랄루민의 내식성을 향상시키기 위하여 순수 알루미늄 또는 알루미늄 합금을 피복한 것 • 강도와 내식성을 동시에 증가시킬 목적으로 주로 사용

기출문제

Al에 6%이하의 Mg을 첨가하여 바닷물과 알칼리성에 대한 내식성이 강하고 용접성이 우수하므로, 선박용 및 화학장치용 부품 등에 사용하는 Al 합금은?

① 알클래드(alclad)
② 하이드로날륨
(hydronalium)
③ 알민(almin)
④ 알드리(aldrey)

정답 ▶ ②

5. 마그네슘과 그 합금

(1) 마그네슘의 성질

① 비중 1.74로 알루미늄에 비하여 약 35%정도 가볍고, **마그네슘 합금은 실용하는 합금 중에서 가장 가벼우며, 비강도가 우수**
② 비강도가 알루미늄 합금보다 우수하여 항공기나 자동차 부품, 전기 기기, 선박, 광학 기계, 인쇄 제판 등에 이용
③ 구상 흑연 주철의 첨가제로도 많이 사용
④ 마그네슘 합금은 부식되기 쉽고, 탄성 한도와 연신율이 작아 알루미늄, 아연, 망가니즈, 지르코늄 등을 첨가한 합금으로 제조
⑤ 마그네슘은 용해하면 폭발, 발화하므로 주의할 것
⑥ 건조한 공기 중에서는 산화하지 않지만 습한 공기 중에서는 표면이 산화 마그네슘 또는 탄산 마그네슘으로 되어 내부의 부식을 방지
⑦ 바닷물에 매우 약하여 수소를 방출하면서 용해
⑧ 내산성이 극히 나쁘지만 내알칼리성은 강함

(2) 마그네슘 합금의 종류

① **주물용 합금**
  ㉠ **다우메탈(Dow Metal)** : Mg-Al계, 비중이 Mg 합금 중 가장 작고, 용해 및 주조가 용이하다.
  ㉡ **엘렉트론(Elektron)** : Mg-Zn-Al계, 내식성을 향상시킨 주물용 합금
  ㉢ **Mg 희토류계** : 희토류는 미시 메탈(Mish metal) 형태로 첨가되어 주조성이 우수
  ㉣ **Mg-Zr계** : Zr이 결정립을 미세화하고 건전한 주물을 얻으며, 가공성도 개선
  ㉤ **Mg-Th계** : Mg크리프 강도를 향상시키며, Th만으로 양호한 주물을 얻기 어려우므로 Zr을 첨가

② **가공용 합금**
  ㉠ **Mg-Mn계** : M1A합금(Mg 1.2%, Mn 0.09%, Ca)가 있으며, 용접성, 고온가공성, 내식성이 양호
  ㉡ **Mg-Al-Zn계** : AZ31B, AZ61A, AZ80A, PE합금, 가공용으로 가장 많이 사용
  ㉢ **Mg-Zn-Zr계** : Zr이 결정립 미세화 및 열처리 효과가 향상되어, 압출재로 사용
  ㉣ **Mg-Th계** : HA21A, HM31A합금이 있으며, 판재나 단조재로 사용되고, 내열성이 좋아 300~350℃에서도 사용이 가능하다.

기출 문제

마그네슘 및 그 합금에 대한 설명으로 틀린 것은?

① 마그네슘의 융점은 약 650℃ 정도이다.
② 마그네슘의 비중은 약 1.74 정도이다.
③ 엘렉트론은 Mg-Al 에 Zn과 Mn을 첨가한 합금이다.
④ 마그네슘합금은 고온에서 잘 산화가 되지 않으며, 탈가스처리가 필요하지 않다.

정답 ▶ ④

기출 문제

실용금속 중에서 가장 가볍고 비강도가 우수하여 항공기, 자동차부품, 광학기계 등에 이용되는 합금은?

① 알코아
② 라우탈
③ 다우메탈
④ 두랄루민

정답 ▶ ③

기출 문제

주조용 Mg합금에 관한 설명으로 틀린 것은?

① Mg 희토류계 합금 희토류 원소는 미시메탈(Misch Metal)로 첨가된다.
② Mg-Al계 합금에 소량의 Co를 첨가한 것을 엘렉트론(Electron) 합금이라 한다.
③ Mg-Th계 합금에서 토륨은 Mg의 크리프 강도를 향상시킨다.
④ Mg-Zr계 합금에서 지르코늄을 첨가하면 결정입자를 미세화한다.

정답 ▶ ②

03 니켈 금속과 그 합금

1. 니켈과 니켈 합금의 개요

① 물리적 성질
  ㉠ 면심입방격자의 원자 배열
  ㉡ 은백색의 금속으로 비중이 8.9이며, 용융 온도는 1,455℃

② 기계적 성질
  ㉠ 백색의 인성이 풍부한 금속
  ㉡ 열간 및 냉간 가공 가능

③ 화학적 성질
  ㉠ 증류수, 수돗물, 바닷물 등에 내식성이 강하며 내열성 우수
  ㉡ 내식성이 좋아 대기 중에서는 부식되지 않지만, 아황산 가스를 함유한 대기 중에서는 심하게 부식

> **기출문제**
>
> 비철금속 재료의 설명이 잘못된 것은?
> ① 구리는 면심입방격자이고 용융점은 약 1,083℃이다.
> ② 알루미늄 비중은 2.7이고 전기 전도도는 구리의 약 65% 수준이다.
> ③ 니켈의 비중은 2.9이고 용점은 1,050℃이다.
> ④ 인바는 표준자, 시계추 등에 사용된다.
>
> 정답 ▶ ③

2. 니켈 합금

(1) Ni-Cu계 합금

종류	내용
콘스탄탄 (constantan, 55~60% 구리)	• 45%의 니켈과 55%의 구리로 이루어진 합금. 전기저항률이 높아 저항기로 쓰거나 철·구리와 짝지어 열전쌍으로 사용
어드밴스 (advamce, 54%구리, 1%망가니즈, 0.5%철)	• 인발 가공이 쉬운 선은 표준 저항성 또는 열전쌍용 선으로 사용
모넬 메탈 (monel metal)	• 60~70%니켈을 함유 • 내식성 및 기계적·화학적 성질이 매우 우수 • R 모넬(0.035% 황 함유), KR 모넬(0.28% 탄소 함유) 등은 쾌삭성 우수 • H 모넬(3% 규소 함유)과 S 모넬(4% 규소 함유) 메탈은 경화성 및 강도 우수
MMM합금 (modified monel metal)	• 60~65%니켈, 24~28%구리, 9~11%주석 및 소량의 철, 규소, 망가니즈 등을 함유한 것 • 압력 용기, 밸브 등에 사용

(2) Ni-Fe계 합금

종류	내용
인바 (invar)	• 36%니켈, 0.1~0.3%코발트, 0.4%망가니즈, 나머지는 철인 합금 • 열팽창 계수(0.97×10^{-7})가 상온 부근에서 매우 작음 → 길이의 변화가 거의 없음 • 길이 측정용 표준 자, 전자 분야의 바이메탈, VTR의 헤드 고정대 등에 널리 이용
슈퍼 인바 (super invar)	• 니켈 30~32%, 코발트 4~6% 나머지는 철인 합금 • 20℃의 팽창 계수 0에 가깝다.
엘린바 (elinvar)	• 36%니켈, 12%크로뮴, 나머지는 철로 된 합금 • 온도에 대한 탄성률의 변화가 거의 없음 • 고급 시계, 지진계, 압력계, 스프링 저울, 다이얼 게이지, 유량계, 계측 기기 등의 부품에 사용
플래티나이트 (platinite)	• 44~47.5%니켈과 철 등을 함유한 합금 • 열팽창 계수(9×10^{-6})가 유리나 백금 등에 가까우므로 전등의 봉입선에 이용 • 두멧(dumet) 선 : 합금선에 구리를 피복하고 다시 표면을 산화 처리 또는 붕사 처리한 제품 • 두멧 선은 전자관, 전구, 방전 램프, 반도체 디바이스 등의 연질 유리에 들어가는 선으로 이용
니칼로이 (nickalloy)	• 50%니켈, 50%철인 합금 • 초투자율 포화 자기 전기저항 큼 • 저출력 변성기, 저주파 변성기 등의 자심으로 널리 사용
퍼멀로이 (permalloy)	• 70~90%니켈, 10~30%철인 합금 • 투자율이 높고 약한 자기장 내에서의 초투자율 높음
퍼민바 (perminvar)	• 20~75%니켈, 5~40%코발트, 나머지는 철인 합금 • 자기장 강도의 어느 범위 내에서 일정한 투자율 유지 • 고주파용 철심이나 오디오 헤드로 사용

기출 문제

36% Ni-Fe 합금으로 열팽창계수가 가장 적은 것은?

① 백동
② 인바
③ 모넬메탈
④ 퍼멀로이

정답 ▶ ②

기출 문제

다음 중 Ni – Fe 합금이 아닌 것은?

① 엘렉트론(Elektron)
② 니칼로이(Nicalloy)
③ 퍼멀로이(Permalloy)
④ 플래티나이트(Platinite)

정답 ▶ ①

기출 문제

46%Ni-Fe의 합금으로 열팽창계수 및 내식성에 있어서 백금의 대용이 되어 전구봉입선 등에 사용되는 것은?

① 문쯔메탈(muntz metal)
② 플래티나이트(platinite)
③ 모넬 메탈(Monel metal)
④ 콘스탄탄(constantan)

정답 ▶ ②

(3) Ni-Cr계 합금

종류	내용
니크롬	• 15~20%크로뮴의 합금으로 전열선으로 널리 사용 • 철을 첨가한 전열선은 전기저항 및 온도 계수가 증가하지만 고온에서의 내산성은 저하 • Ni-Cr선은 1,100℃까지, 그리고 철을 첨가한 Ni-Cr-Fe선은 1,000℃ 이하에서 사용
열전대선	• 열전대에는 Ni-Cr계 합금과 Ni-Cu계 합금 사용 • 800℃ 이하에는 철과 콘스탄탄(constantan) 사용 • 1,000~1,200℃에는 크로멜-알루멜(chromel-alumel) 사용 • 1,600℃에는 백금-로듐 Pt-Pt.Rh(13% Rh) 열전대 사용
전기저항선	• 목적 : 전기의 저항이 클 것 • 양백 및 Ni-Cr 등과 같은 저항의 온도 계수가 0에 가까운 망가닌(manganin), 콘스탄탄(constantan), 어드밴스(advance) 등 • 전열용, 정밀 측정기 및 표준 저항으로 사용
내열성 및 내식용 니켈계 합금	• 내열용 : 인코(inco), 인코넬(inconell), 니모닉(nimonic), 일리움(illium) 등 • 내식용 : 해스텔로이(hastelloy) • 고온에서 산화에 잘 견디고 또한 내식성 우수
바이메탈	• 열팽창이 작은 Fe-Ni계의 인바(invar)와 열팽창 계수가 비교적 큰 황동의 두 종류의 금속을 합판으로 제조 • 항온기(thermostat)의 온도 조절용 변환기 부분에 사용

기출문제

Ni-Cr계 합금에 대한 설명으로 틀린 것은?

① 전기저항이 대단히 작다.
② 내식성이 크고 산화도가 작다.
③ Fe 및 Cu에 대한 열전 효과가 크다.
④ 내열성이 크고 고온에서 경도 및 강도의 저하가 작다.

정답 ▶ ①

기출문제

다음 중 내식성 니켈 합금에 해당되는 것은?

① 실루민(silumin)
② 두라나 메탈(durana metal)
③ 하이드로날륨(hydronalium)
④ 하이스텔로이(hastelloy)

정답 ▶ ④

04
아연, 납, 주석, 저용융점 금속과 그 합금

1. 아연과 아연 합금

(1) 아연의 성질

① **아연과 아연 합금의 개요**
  ㉠ 알루미늄, 구리 다음으로 많이 생산하는 비철 금속
  ㉡ 주조성이 좋아 다이캐스팅(die casting)용 합금으로서 유용
  ㉢ 용융 아연 도금, 건전지, 인쇄판 등 아연판, 황동 및 기타 합금으로 사용

② **물리적 성질**
  ㉠ 비중 : 7.14, 용융점 : 419℃
  ㉡ 조밀육방격자, 회백색 금속

③ 기계적 성질
  ㉠ 주조상태에서 조대 결정이 되므로 인장강도나 연신율이 낮으며 여려서 상온가공이 어려움
  ㉡ 열간가공하여 결정을 미세화하면 가공이 가능

④ 화학적 성질
  ㉠ 건조한 공기 중에서 얇은 막이 생성(광택 상실) → 내부 보호 산화 방지
  ㉡ 습기와 이산화탄소가 있으면 염기성 탄산아연을 만들어 부식 진행
  ㉢ 철이나 구리와 같은 금속과 접촉하거나 도금을 하면 전기・화학적으로 이들의 부식 방지(음극화 보호)
  ㉣ 용융 아연 도금, 전기 도금, 피복 등으로 철강의 방식에 중요한 금속

(2) 아연 합금의 종류
  ① 다이 캐스팅용 아연 합금
    ㉠ 다이 캐스팅용 아연 합금은 용융점이 낮고 유동성 기계적 성질 우수
    ㉡ 구리가 첨가되면 입간부식을 억제
    ㉢ Zn-Al-Cu계 합금, Zn-Al-Cu-Mg계 합금, Zn-Al계 합금, Zn-Cu계 합금 등

  ② 가공용 아연 합금
    ㉠ Zn-Cu계 합금, Zn-Cu-Mg계 합금, Zn-Cu-Ti계 합금 등
    ㉡ 아연 판 및 아연 동판으로 가장 많이 사용
    ㉢ 하이드로-티-메탈(hydro-T-metal)
      ⓐ Zn-Cu-Ti 합금, 강도, 고온 크리프 특성 우수
      ⓑ 봉재, 선재, 판재, 건축용, 탱크용, 전기 기기 부품, 자동차 부품, 일상용품 등에 널리 사용

  ③ 베어링용 아연 합금
    ㉠ 아연에 3~6%구리, 2~3%알루미늄, 5~6%구리, 10~20%주석, 5%납 함유한 합금
    ㉡ 다른 합금에 비하여 비중이 작고 경도 및 마찰계수 큼
    ㉢ 내해수성 우수 → 선박의 스턴튜브(sterntube)의 베어링에 사용

  ④ 금형용 아연 합금
    ㉠ 알루미늄과 구리의 양을 증가시켜 강도와 경도 향상
    ㉡ 아연에 4%알루미늄, 3%구리에 소량의 마그네슘을 첨가 → 강도, 경도 매우 우수
    ㉢ 그무다이 합금 : 금형용 아연 합금으로 0.8%니켈, 0.2%타이타늄을 첨가하여 내마멸성 우수

기출문제

다이캐스팅용 아연합금의 입간부식을 억제하는 원소는?
① Cu
② Sn
③ Cd
④ Pb

정답 ① ①

2. 주석과 주석 합금

(1) 주석의 성질

① **주석과 주석 합금의 개요**
  ㉠ 주석(Sn)은 은백색의 연한 금속으로 주석석에서 선광하여 용광로에서 환원 정련하여 제조
  ㉡ **종류** : 백주석, 회주석
  ㉢ **용도** : 주석 도금, 구리 합금, 베어링 메탈, 땜납

② **물리적 성질**
  ㉠ 비중 7.3, 용융점 231.9℃, 13℃에서 동소변태
  ㉡ 13℃ 이하 → 다이아몬드형 구조(회주석), 13℃ 이상 → 주석(백주석)

③ **기계적 성질**
  ㉠ 납 다음으로 연질 금속, 전연성이 우수(얇은 박 형태 제조 가능)
  ㉡ **주석 주조품의 인장 강도** : 30MPa 정도
  ㉢ 고온에서 온도가 높아짐에 따라 인장 강도, 경도 및 연신율 모두 저하

④ **화학적 성질**
  ㉠ 주석은 공기 중에서 거의 변색되지 않음
  ㉡ 표면에 생기는 산화물의 얇은 막으로 인해 내식성 우수
  ㉢ **연수**에는 잘 견디지만 **경수**에서는 탄산염이 석출하여 부식
  ㉣ 독성이 없어 의약품·식품 등의 포장용 튜브, 주석박(foil), 식기, 장식기 등에 사용

(2) 주석 합금

종류	내용
Sn-Pb계 합금	• 연납용으로 사용 • 연납은 용융점이 낮으며, 용도에 따라 주석 25~90%의 범위 안에서 사용하지만 40~50% 주석을 가장 많이 사용
Sn-Sb-Cu계 합금	• 백랍(브리타니아메탈) : 4~7%안티모니, 1~3%구리를 함유한 주석 합금 • 경석 : 0.4%구리를 함유한 주석 • 의약품, 그림물감 등의 튜브용 기재로 사용 • 베빗메탈 : 75~90%주석, 3~15%안티모니, 3~10%구리, 주석계 화이트 메탈, 납계보다 경도가 높아 큰 하중에 견딘다.

기출문제

다음 중 베빗 메탈(Babbit metal)이란 어떤 합금인가?

① 텅스텐계 베어링 합금이다.
② 주석을 주성분으로 하고 구리, 안티모니를 첨가한 주석계 화이트 메탈이다.
③ 아연을 주성분으로 하고 구리, 주석을 첨가한 아연계 화이트 메탈이다.
④ 주석 5~20%, 안티모니 10~20%이며 나머지가 납으로 된 납계 화이트메탈이다.

정답 ▶ ②

3. 납과 납 합금

(1) 납의 성질

① **납과 납 합금의 개요**
  ㉠ 회백색의 금속으로 화학적으로 안정하여 축전지, 수도관, 케이블 피복 및 패킹(packing)재 등에 사용
  ㉡ 활자 합금, 베어링 합금, 쾌삭강 등의 합금용 첨가 원소로 사용

② **물리적 성질**
  ㉠ 비중은 11.34로 공업용 금속 중 가장 큼
  ㉡ 용융온도가 325.6℃로 낮음

③ **기계적 성질**
  ㉠ 연성이 풍부하여 소성 가공 용이
  ㉡ 주조성, 윤활성, 내식성 등 우수 ↔ 전기 전도율 나쁨

④ **화학적 성질**
  ㉠ 방사선 투과도가 낮아 원자로나 X선의 차단 재료 적합
  ㉡ 불용성 피막이 표면을 형성 → 내식성 우수
  ㉢ 인체에 유해하므로 식기, 장난감 등에는 절대 함유되지 않도록 주의

⑤ **활자합금의 조건**
  ㉠ 용융점이 낮을 것
  ㉡ 주조성이 좋아 요철이 주조면에 잘 나타날 것
  ㉢ 적당한 강도와 내마멸성 및 내식성을 가질 것
  ㉣ 가격이 저렴할 것

(2) 납 합금

종류	내용
Pb-As계 합금	• 강도, 크리프 저항 우수, 케이블 피복용 주로 사용 • 0.12~0.2%비소, 0.8~0.12%주석, 0.05~0.15%비스무트(Bi)
Pb-Ca계 합금	• 케이블 피복재, 기타 크리프 저항이 필요한 관과 판 등에 이용 • 0.023~0.033%칼슘, 0.02~0.1%구리, 0.002~0.02%은
Pb-Sb계 합금	• 경연 : 4~8%안티모니를 함유한 납 합금, 판, 관 등에 사용 • 구리, 텔루륨(Te) 등을 소량 첨가하면 결정 입자가 미세화되어 입계 석출에 의한 피로 강도의 저하를 억제하는 효과
Pb-Sn-Sb계 합금	• 주로 인쇄 공업의 활자 합금으로 사용 • 안티모니를 넣어 응고 시 약 1% 팽창하여 경도를 상승시키고 용융점을 저하, 특히 경도가 필요할 때에는 구리를 첨가

기출문제

쾌삭강(free cutting steel)에서 피삭성을 향상시키는데 가장 효과적인 원소는?
① Zn
② Pb
③ Si
④ Sn

정답 ▶ ②

기출문제

다음 중 활자 금속의 주된 원소는?
① Pb-Cu
② Pb-Zn
③ Pb-Sb-Sn
④ Pb-Al

정답 ▶ ③

05 귀금속, 희토류 금속과 그밖의 금속

1. 금과 금 합금

(1) 금의 성질

① 금과 금 합금의 개요
  ㉠ 금(Au)은 황금색의 아름다운 광택을 가진다.
  ㉡ 면심입방격자 금속

② 물리적 성질
  ㉠ 비중 : 19.32
  ㉡ 용융 온도 : 1,063℃

③ 기계적 성질
  ㉠ 전연성이 매우 커서 10~6cm 두께의 박이나 가는 선으로 가공 가능
  ㉡ 다른 귀금속과 비교하면 가공성, 전기 전도율 및 내식성이 우수
  ㉢ 공업적으로 사용되는 순수한 금은 순도가 99.96% 이상

④ 금의 순도 : 단위는 캐럿(carat, K), 순금 24캐럿으로 24K로 표기
  계산 : 24K를 100%로 하여 비례식으로 계산

(2) 금 합금

종류	내용
Au-Cu계 합금	• 10% 구리가 첨가되면 붉은색 생성 • 금화는 약 10% 구리를 가하여 경도 향상 • 반지나 장신구는 9~22K까지의 것을 사용
Au-Ag-Cu계 합금	• 5% 은에서 녹색 생성, 그 이상의 은이 들어가면 백색 증가 • 치과용에는 5%은, 3%구리의 합금을 사용 • 금선으로는 15%은, 13%구리를 사용
Au-Ag-Cu-Ni-Zn 계 합금	• 핑크 골드(pink gold) • 14캐럿은 조성이 58.3%금, 3.3%은, 31.0%구리, 3.5%니켈, 3.9%아연 등 • 장식용 모조금으로 사용
Au-Ni-Cu-Zn계 합금	• 화이트 골드(white gold) • 주로 18, 14, 12캐럿으로 제조 • 조성 : 금, 13~27%니켈, 1.6~4.5%구리, 1.3~1.7%아연 • 치과용, 장식용 사용
Au-Pt계 합금	• 화학 공업용으로 20~30%백금은 노즐 재료로 사용

18금(18K)은 순금의 함유율이 몇 % 인가?
① 60
② 75
③ 85
④ 95

정답 ▶ ②

풀이
24K : 100% = 18K : x%
∴ $x = \dfrac{18 \times 100}{24} = 75\%$

2. 백금과 백금 합금

(1) 백금의 성질

　① 백금과 백금 합금의 개요
　　㉠ 회백색
　　㉡ 면심입방격자 금속

　② 물리적 성질
　　㉠ 비중 : 21.46
　　㉡ 용융점 : 1,774℃

　③ 기계적 성질
　　㉠ 인장 강도 : 120~150MPa(12~15kg$_f$/mm^2)
　　㉡ 연신율 : 30~50%
　　㉢ 경도 : HB 150 정도

　④ 화학적 성질
　　㉠ 산소 친화력 적음 → 화학 약품에 대하여 안정
　　㉡ 전기·화학에서 전극과 실험 장치, 용해로, 교반기, 광학, 전기 가열 기구, 열전쌍 보호관 제작 등에 널리 사용

(2) 백금 합금

종류	내용
Pt-Rh계 합금	• 10~13%로듐(Rh) 함유 백금 합금 　→ 열전쌍 고온계(1,500~1,600℃) 사용
Pt-Pd계 합금	• 10~75%팔라듐(Pd) 함유 → 장식품에 사용
Pt-Ir계 합금	• 10~20%이리듐(Ir) 함유 : 경도, 내산성 우수 • 15%이리듐 합금 : 표준자 • 20%이리듐 합금 : 표준 중추, 전기 접점, 화학 공업용 도화선 등에 사용

3. 은과 은 합금

(1) 은의 성질

　① 은과 은 합금의 개요
　　㉠ 보통 사용하는 은의 순도는 99.99% 정도
　　㉡ 은백색 금속으로 비중이 10.497, 용융점이 960.5℃
　　㉢ 전기 전도율이 금속 중 가장 우수
　　㉣ 전연성이 금 다음으로 양호하여 얇은 판, 가느다란 선으로 가공 가능

② 화학적 성질
  ㉠ 대기 중에 방치하거나 가열하여도 녹이 슬지 않음 ↔ 황화 수소(H_2S)에는 검게 변하고 진한 염화 수소(HCl), 황산(H_2SO_4), 질산(HNO_3) 등에 의하여 부식
  ㉡ 오래 전부터 알려진 장식품, 가정용 기구, 화폐 등에 사용

③ 은의 사용
  ㉠ 전자·전기 재료 등으로 사용
  ㉡ 은화용 합금
    ⓐ 화폐 은(sterling silver) : 92.5%은, 7.5%구리
    ⓑ 주화용 은 : 90%은, 10%구리
  ㉢ 전기 접점용 합금 : Ag-Mo계 합금, Ag-W계 합금, Ag-Ni계 합금

(2) 은 합금

종류	내용
Ag-Cu 합금	• 화폐용 : 7.5% 구리인 은화 → (영국) 스털링 실버(sterling silver), 10% 구리 : (구리) 코인 실버(coin silver) • 식기용 : 스털링, 80%은, 20%구리 합금 • 은납 : Ag-Cu 합금에 아연 첨가한 것
Ag-Cd계 합금	• 전기 접점 합금 : Ag-Cd 합금, Ag-Cd-Ni 합금, Ag-Cu-Ni 합금 • 은-15%, 인듐-15%, 카드뮴 합금은 원자로에도 사용
Ag-Au-Zn계 합금	• 은납 : Ag-Au 합금은 72%은에서 공정 조성을 나타내지만 여기에 아연을 첨가하면 응고점이 저하하는 것 • 저용융점을 필요로 할 경우에는 15%카드뮴, 5%주석을 첨가
Ag-Pd계 합금	• 팔라듐 첨가로 전기저항이 뚜렷이 상승, 변형성과 도금성이 감소 • 전기 접점재 : 1~10%팔라듐을 함유한 Ag-Pd 합금 사용 • 치과용 : 25%, 팔라듐 0~10%, 구리를 함유한 합금 사용
Ag-Hg-Cu-Sn계 합금	• 치과용 이말감(amalgam) : 33%은, 52%수은, 12.5%주석, 2%구리, 0.5%아연 등을 함유한 합금 사용

기출 문제

스털링 실버(Sterling Silver)란 무엇인가?

① Ag-Ag-Sn합금
② Ag-Pt합금
③ Ag-Si-Zn합금
④ Ag-Cu합금

정답 ④

CHAPTER 03 비철 금속재료와 특수 금속재료

CHAPTER 04
신소재 및 그 밖의 합금

KEYWORD 금속 기지 복합재료, 형상 기억 합금, 제진 합금, 비정질 합금, 초전도 재료, 자성 재료

01 고강도 재료

1. 고강도 재료의 개요

(1) 금속재료의 고강도화 기구

기본적으로 격자결함의 이동성을 방해하는 메커니즘
① 고용강화
② 입계강화
③ 석출강화
④ 가공강화

(2) 고강도 재료의 구분

① 고비강도 재료
② 구조재료용 금속간 화합물
③ 섬유강화 금속복합재료
④ 입자분산 복합재료
⑤ 극저온용 구조재료

2. 고강도 재료의 종류

(1) 초강력강

① 초강력강은 비중이 큰 불리한 조건을 가진 고비강도화를 꾀하지 않으면서 고강도화를 최대로 추구하여 달성한 재료

② **종류** : 마레이징강, 스테인리스강
③ **조직** : 뜨임 마텐자이트 조직, 2차 경화조직, 금속간화합물 석출경화 조직

(2) 타이타늄합금

① 비중이 4.54로 가벼우며, 용융점이 1,670℃로 강보다 높음
② 고온에서 산소, 질소, 탄소와 반응하기 쉬워 용해 및 주조가 어려움
③ 전기 및 열의 전도성이 철보다 나쁨
④ 가공 경화성이 크고, 강도가 알루미늄이나 마그네슘보다 큼
⑤ 고온 비강도(강도/비중)가 뛰어남 → 가스 터빈용, 항공기 구조용, 화학 공업용 내식 재료, 원자로 구조용 재료로 많이 사용
⑥ 내식성이 좋으며 바닷물에 대해서는 18-8스테인리스강보다 우수
⑦ 내열성 500℃ 정도에서는 스테인리스강보다 우수
⑧ 철 함유량의 증가에 따라 인장 강도와 경도 증가, 연신은 감소
⑨ 가공 경화성 큼 → 기계적 성질은 냉간 가공도에 따라 크게 변화
⑩ 표면에 안정된 TiO_2의 보호 피막이 생겨 내식성 우수

> **기출문제**
>
> 다음 중 Ti 합금의 설명과 관계가 없는 것은 어느 것인가?
>
> ① 내식성이 우수하다.
> ② 고온 강도가 크다.
> ③ 항공기 재료에 적당하다.
> ④ $\dfrac{강도}{중량비}$의 값이 작다.
>
> **정답** ▶ ④

02 기능성 재료

1. 금속 기지 복합재료

(1) 섬유 강화금속 복합재료(FRM)

① 금속 모재 중에 휘스커와 같은 대단히 강한 섬유상의 물질을 분산시켜 요구되는 특징을 가지도록 만든 것
② **강화 섬유(크게 비금속계와 금속계로 구분)**
  ㉠ **비금속계** : C, B, SiC, Al_2O_3, AlN, ZrO_2 등
  ㉡ **금속계** : Be, W, Mo, Fe, Ti 및 그 합금

(2) 분산 강화금속 복합재료(PSM)

① 금속에 기지 금속과 반응하지 않고 열적·화학적으로 안정한 0.01~0.1nm의 산화물 등의 미세한 입자를 소량으로 균일하게 분포시킨 재료
② 분산 강화된 재료는 고온에서도 오랫동안 강도 유지 → 고온 **크리프** 특성이 우수

CHAPTER 04 신소재 및 그 밖의 합금

③ **분산 미립자** : 산화 알루미늄, 산화 토륨 등 이용 → 기지 금속 중에서 화학적으로 안정적이며 용융점이 높고, 고용하지 않는 화합물
④ **기지 금속** : Al, Ni, Ni-Cr, Ni-Mo, Fe-Cr 등
⑤ **분산 강화 복합재료의 성질 및 종류**
　㉠ SAP(sintered aluminium powder product) : 저온 내열재료
　㉡ TD Ni(thoria dispersion strengthened nickel) : 고온 내열재료

(3) 입자 강화금속 복합재료
① 금속의 기지 중 1~5nm의 비금속 입자를 분산시켜 만든 재료
② **서멧** : 탄화 텅스텐(WC)입자와 코발트(Co)입자를 혼합하고 소결하여, 경질 공구 재료에 사용

(4) 클래드 재료
① 두 종 이상의 금속재료에 높은 압력을 가한 상태에서 압연 공정을 이용하여 금속 결합을 시키는 방법
② 단일 금속으로는 가질 수 없는 전기적·물리적 특성을 지닌 재료
③ 니켈 합금, 스테인리스강 등의 내식성 재료와 저탄소강을 서로 조합한 클래드 재료가 화학 공업의 장치로 사용
④ **제조 방법** : 폭발 압착법, 압연법, 확산 결합법, 단접법, 압출법

(5) 다공질 재료
① 내부에 15~95%의 체적이 기공으로 이루어진 재료
② 기존 치밀한 재료가 갖지 못하는 분리, 저장, 열차단 등의 특성 부여
③ **제조 방법** : 용융 금속의 발포법, 압분 성형체의 발포법
④ 충격 흡수성이 우수하고 가공성 우수
⑤ 단열성과 흡음성이 우수하며, 앞으로 자동차 등의 경량재료나 충격 흡수재료, 건축재료 등에 사용
⑥ **다공질 재료의 종류**
　㉠ **오일리스 베어링** : 소결체의 다공성을 이용한 함유 베어링은 체적비로 10~30%의 기름을 함유시킨 자기 급유 상태로 사용되는 베어링
　㉡ **다공질 금속 필터** : 여과성이 좋고, 고온에서 사용할 수 있으며, 수명 우수, 기계적 성질이 양호하여 용접, 납땜 등의 접합도 용이하기 때문에 유체를 취급하는 공업 분야에서 실용화
　㉢ **소결 다공성 금속 제품** : 방직기용 소결 링크, 열교환기, 전극 촉매

기출 문제

다음 중 금속계 복합재료가 아닌 것은?

① 섬유 강화 금속
② 분산 강화 금속
③ 입자 강화 금속
④ 석출 강화 금속

정답 ▶ ④

기출 문제

서로 다른 두 금속을 층상으로 접합하여 두 금속의 장점을 유지하고 단점을 보완한 재료로 피복강판이라고도 하는 재료는?

① 퍼멀로이(Permalloy)
② 클래드강판(Clad steel plate)
③ 플레티나이트(Platinite)
④ 콘스탄탄(Constantan)

정답 ▶ ②

2. 형상기억합금

(1) 형상기억합금의 특징

① **형상기억합금의 세 가지 공통 기능**
  ㉠ 소성 변형이 일어나도 가열하면 그 변형이 소실되는 기능
  ㉡ 탄성 회복량이 매우 큰 **초탄성**(의탄성) 효과
  ㉢ 진동 흡수능(제진성)

② 고상에서 모상(austenite)의 형상기억합금을 냉각하면 변태가 일어나 결정 구조가 변하고 마텐자이트강이 생성

③ 마텐자이트(martensite)는 강을 담금질하였을 때 생성되는 마텐자이트와 달리 열탄성형 마텐자이트라고 하는 특수한 마텐자이트

④ **형상기억합금의 활용** : 인공위성 안테나, 휴대전화 안테나, 로봇의 관절부, 전동차선 이상 발열 검출 센서, 창문 자동 개폐 장치, 온도 조절기, 전기밥솥의 압력 조절기, 브레지어용 와이어에 실용화

(2) 형상기억효과

① **일방향형상 기억** : 고온상의 형상 하나만 기억하는 경우로 오스테나이트상의 형상만 기억하는 경우이다.

② **가역형상 기억** : 일방향 형상기억합금을 다시 냉각 시 변형시켰던 형상으로 되돌아 가는 경우이다.

③ **전방향형상 기억** : 변형을 준 상태에서 시효시킨 Ni, 과잉 Ti-Ni계 합금에서 나타나는 현상이다.

④ **변형 의탄성** : 변태 작용 시의 마텐자이트변태 온도가 역변태 종료온도보다 높은 경우에 생기는 현상으로 응력유기 마텐자이트가 외부 응력제거 시 오스테나이트로 변태가 일어난다.

(3) 형상기억합금의 종류

① **Ti-Ni계 합금(니티놀)**
  ㉠ 50%Ti-50%Ni계로 형상기억효과가 가장 우수하다.
  ㉡ 연성이 우수하고 내식성, 내마모성, 반복 피로성이 가장 우수하다.

② **Cu계 합금**
  ㉠ Cu-Al-Zn계, Cu-Al-Ni계
  ㉡ 소성가공이 좋아서 반복사용하지 않는 이음쇠 등에 사용한다.
  ㉢ 결정입자의 미세화를 위해 Ti 등의 첨가에 의한 성능 개선을 한다.

기출문제

형상기억효과의 종류 중 전방위 형상기억에 대한 설명으로 옳은 것은?

① 일반적인 일방향 형상기억합금이며, 오스테나이트상의 형상만을 기억하는 현상이다.
② 오스테나이트의 형상과 더불어 마텐자이트상이 변형되었을 때의 형상도 기억하는 형상이다.
③ 열탄성 마텐자이트 변태에 기인하며 초탄성에 의한 형상기억 효과는 응력부하온도에 의존하는 현상으로 응력유기 마텐자이트가 외부응력이 제거되면서 오스테나이트로 변태함으로 생기는 현상이다.
④ 변형상태에서 시효시키면 나타나는 현상으로 온도에 따라 오스테나이트상으로부터 중간상을 거쳐 저온상으로 변태하며 이때 마텐자이트 변태도 동반되는 현상이다.

정답 ▶ ④

기출문제

실용되고 있는 형상기억 합금계가 아닌 것은?

① Ti-Ni
② Co-Mn
③ Cu-Al-Ni
④ Cu-Zn-Al

정답 ▶ ②

3. 제진 합금

(1) 제진 합금의 개요
① 고체음이나 고체 진동이 문제가 되는 경우 음원이나 진동원에 사용하여 진동 에너지를 열에너지로 변화시켜 공진, 진폭, 진동 속도를 감소시키는 재료
② **방진재료** : 진동음을 방지해 주는 재료
③ **흡음재료** : 소음의 대책으로 공기압의 진동을 열에너지로 변환시켜 흡수하는 재료
④ **차음재료** : 공기압 진동의 전파를 차단시키는 재료

(2) 제진 합금의 특성 및 종류
① Mg-Zr, Mn-Cu, Ti-Ni, Cu-Al-Ni, Al-Zn, Fe-Cr-Al 등
② 편상 흑연을 가진 회주철은 강에 비하여 소리의 감쇠가 빠름 → 비감쇠능이 커서 공작 기계의 베드(bed)에 사용

4. 비정질 합금

(1) 비정질 합금의 특성
① **비정질(amorphous)** : 원자의 배열이 불규칙한 상태
② 금속을 가열하여 액체 상태로 만든 후 105K/s 이상의 고속으로 급랭 원자가 규칙적인 배열을 하지 못한 무질서한 배열의 금속
③ **비정질 합금의 특성 및 활용**
  ㉠ 전기저항이 크고 온도 의존성이 적다.
  ㉡ 열에 약하고 고온에서 결정화한다.
  ㉢ 구조적으로 결정의 방향성이 없다.
  ㉣ 경도가 높고 연성이 양호하며 가공경화 현상이 나타나지 않는다.
  ㉤ 용접이 불가능하다.

(2) 비정질 합금의 제조법
① **제조법 분류**

기체 급랭법	액체 급랭법	금속 이온법
진공 증착법	단롤법	전해 코팅법
이온도금법	쌍롤법	무전해 코팅법
스퍼터링법	원심법	
화학증착(CVD)법	스프레이법	
	분무법	

기출문제

금속을 용융상태에서 초고속 급랭에 의해 제조되는 재료로 결정이 되어 있지 않은 상태이며, 인장강도와 경도를 크게 개선시킨 합금은?

① 섬유강화합금
② 형상기억합금
③ 비정질합금
④ 수소저장용합금

정답 ③

기출문제

비정질금속(Amorphous Metal)을 제조하는 방법 중 금속가스를 이용한 방법이 아닌 것은?

① 진공증착법
② 이온도금법
③ 스퍼터링법
④ 전해-무전해법

정답 ④

② **기체 급랭법**
  ⊙ **진공증착법** : 진공용기에서 금속을 가열하여 기체 상태로 만들어 세라믹 기판에 그 기체를 부착시키는 방법
  ⓒ **스퍼터링법** : 불활성가스 이온을 모합금에 충돌시켜 튀어나오는 원자를 기판에 부착시키는 방법(희토류금속에 많이 이용)

③ **액체 급랭법**
  ⊙ **단롤법** : 고속회전하는 1개의 롤 표면에 용융금속을 분출시켜 냉각하는 방법
  ⓒ **쌍롤법** : 회전하는 2개의 롤 사이에 용융금속을 공급하여 냉각하는 방법
  ⓒ **원심급랭법** : 회전하는 냉각체 내부에 용융금속을 공급하여 냉각하는 방법
  ⓔ **분무법** : 고속으로 분출하는 물의 흐름 중에 적당한 용융금속을 떨어뜨려 미분화하는 방법

5. 초전도 재료

(1) 초전도 재료의 특성 및 종류

① **초전도 현상** : 어떤 종류의 금속에서는 일정한 온도에서 갑자기 전기저항이 0이 되어 전기를 무제한으로 흘려보내는 상태
② **초전도체** : 절대 온도 0도(-273℃)로 급속히 냉각시킬 때 전기저항이 없어져 전류를 무제한으로 흘려보내는 도체
③ **자기장 차폐 효과** : 초전도 덩어리 내부에서는 항상 자기장이 존재하지 않는 성질 → "마이스너 효과(Meissner's effect)"
④ **조셉슨 효과(Josephson effect)** : 두 개의 초전도 물질 사이에 매우 얇은 절연체를 끼워도 한 쪽 초전도 물질로부터 다른 쪽 초전도 물질로 전류가 흐른다는 현상
⑤ **종류**
  ⊙ 순수한 금속 물질로 대표적인 금속으로는 수은(Hg)
  ⓒ **저온 초전도체** : 4K(-269℃) 영역에서 초전도성 발휘(나이오븀-타이타늄 계열의 합금 재료)
  ⓒ **고온 초전도체** : 100K(-180℃) 이하에서 초전도성 발휘(YBCO : 화합물 (세라믹) 계열)

(2) 초전도 재료의 응용

① 고압 송전선, 전자석용 선재, 감지기 및 기억 소자
② 전력 시스템의 초전도화, 핵융합, MHD발전(magnetohydrodynamics power generation), 자기 부상 열차, 핵자기 공명 단층 영상 장치, 컴퓨터 및 계측기 등의 여러 분야 응용 가능

6. 초소성 재료

(1) 초소성 변태의 구조

① 미세 결정입자 초소성의 조건
㉠ 재료의 결정입자가 10㎛ 이하의 것을 일정한 온도하에서 적당한 변형속도를 가하면 나타난다.
㉡ 변형 온도는 그 재료 용융점의 1/2 이상이어야 한다.
㉢ 최적의 변형속도가 존재하여야 한다.

② 미세 결정입자의 초소성 변형 기구
㉠ 초소성 변형에서는 각 결정입자가 경계를 미끄러지거나 회전하여 변형한다.
㉡ 합금의 보통 소성에 알려진 슬립선의 운동으로 결정입자 자체가 변형되고 재료전체가 소성변형된다.

(2) 초소성 재료의 응용

① 초소성 재료의 특징
㉠ 초소성은 일정한 온도 영역과 변형 속도의 영역에서만 나타난다.
㉡ 초소성 영역에서 강도가 낮고 연성은 300~500%로 매우 크다.
㉢ 재질은 결정입자가 극히 미세하며 외력을 받을 때 슬립변형이 쉽게 일어난다.
㉣ 결정입자는 10㎛ 이하의 크기로서 등방성이다.

② 초소성 재료의 성형법
㉠ blow 성형법 : 판상의 Al계 및 Ti계 초소성재료를 15~300psi의 가스 압력으로 어느 형상에 양각 또는 음각하거나 금형이 필요없이 자유 성형하는 방법이다.
㉡ gatorizing 단조법 : Ni계 초소성 합금으로 터빈 디스크를 제조하기 위하여 개발된 방법이다.
㉢ SPF/DB법 : 초소성 성형법과 고체상태에서 용접하는 확산접합법의 합쳐진 기술로서 고체상태의 확산에 의해서 초소성온도에서 용접이 가능하기 때문에 초소성 재료를 사용할 때만 가능하다.

기출문제

다음 초소성(SPF) 재료의 설명으로 옳지 않은 것은 어느 것인가?
① 금속재료가 유리질처럼 늘어나며 300~500% 이상의 연성을 갖는다.
② 초소성은 일정한 온도 영역에서만 일어난다.
③ 초소성의 재질은 결정입자 크기가 클 때 잘 일어난다.
④ 니켈계 초합금의 항공기부품 제조 시 초소성의 성질을 이용하면 우수한 제품을 만들 수 있다.

정답 ③

7. 반도체 재료

(1) 반도체용 금속재료

① **집적회로의 배선재료** : 집적재료 회로용 금속재료에는 전극 및 배선재료인 Al, Si, Ti, Mo, Ta, W, Au 등이 있다.

② **전극재료** : 전극재료에는 W, Mo, Ta, Ti 등이 있다.

③ **리드 프레임(lead frame)** : 집적회로의 조립공정에서 필요한 대표적인 금속재료로 IC용, DIP용, LSI 등이 있다.

④ **땜용재료** : Sb, Ag, Cu 등을 함유한 합금, In-Pb-Sn계, In-Sn계 등의 합금이 이용된다.

⑤ **반도체용 재료** : Si, Ge, Se, Te 등이 있다.

(2) 반도체 재료의 정제법

① **Ge, Si의 정제법**
  ㉠ 광석의 가루를 염소화하여 $GeCl_4$를 만들어 이를 증류하여 순도를 높게 하고 다시 가스 분해한 후 GeO_2를 만들며 고순도 산화 Ge은 고순도의 H 중에서 550℃로 1시간 정도 유지 후 700℃로 2시간 정도 환원시킨 Ge의 정제법이 있다.
  ㉡ 실리콘 정제는 프로팅 존법을 주로 이용한다.

② **물리적 정제법**
  ㉠ **대역 정제법** : 편석법을 보완한 방법으로 Ge 등 많은 반도체와 금속의 정제에 이용된다.
  ㉡ **플로팅 존법** : 도가니나 보트와 같은 용기를 사용하지 않는 정제법으로 다결정 Si 막대를 수직으로 고정시키고 고주파가열 코일에 의해 부분적으로 용융시키는 방법으로 고순도 반도체를 얻을 수 있다.

기출문제

은백색의 취약한 금속이며 비중이 약 5.32, 융점이 약 958.5℃이고 반도체적 성질을 이용하여 전자공업에 많이 이용되는 금속은?

① Ge
② Al
③ Pb
④ Fe

정답 ▶ ①

기출문제

화학적으로 정제된 실리콘을 불순물 농도가 높아 다시 물리적인 정제법으로 고순도 반도체를 얻는 방법은 다음 중 어느 것인가?

① 대역 정제법
② 플로팅 존법
③ 존 레벨링법
④ 인상법

정답 ▶ ②

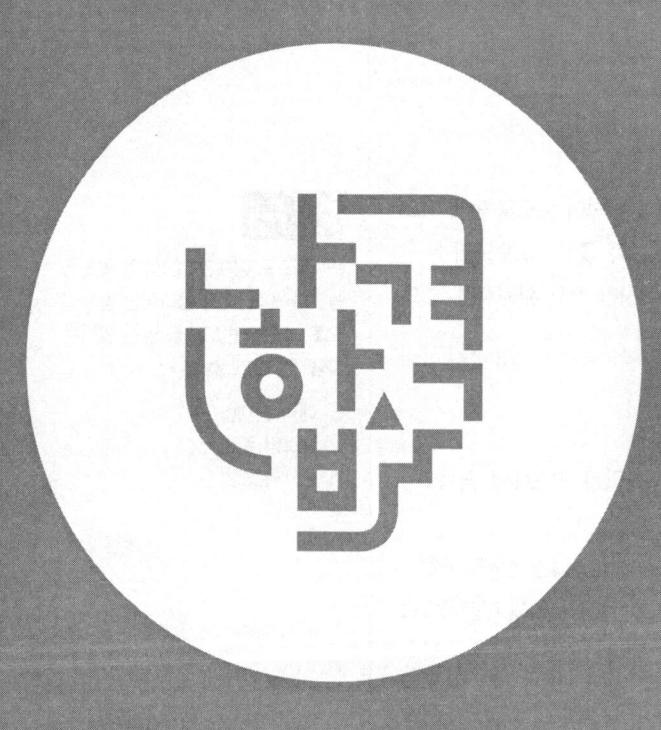

PART 02

안전 및 공업경영

01 안전 및 환경
02 자동생산 시스템
03 공업경영

CHAPTER 01
안전 및 환경

01 재해방지의 기본사항

1. 공통적 안전수칙

① 기계의 안전장치에 함부로 손을 대지 않는다.
② 각 작업장, 각 기계시설에 붙여놓은 안전 주의사항을 반드시 지킨다.
③ 보호구를 반드시 착용하고 작업한다.
④ 관계가 없는 기계는 일체 손을 대지 않는다.
⑤ 파손된 것은 즉시 수리해 놓는다.
⑥ 무거운 것을 무리하게 들지 않는다.
⑦ 공동작업에서는 반드시 서로 신호를 하고 작업을 한다.
⑧ 재료 운반 시에는 통로가 꺾이는 곳에서 특히 주의한다.

2. 안전점검의 목적

① 위험을 사전에 발견하여 개선
② 기기 및 설비의 결함, 불완전 상태 제거로 사전에 안전성 확보
③ 기기 및 설비의 안전 상태 유지 및 본래의 성능 유지
④ 인적 측면에서의 안전 행동 유지
⑤ 생산성 향상을 위한 합리적인 생산 관리

기출문제

다음 중 안전점검의 가장 주된 목적은?
① 위험을 사전에 발견하여 개선하는데 있다.
② 법 및 기준에 적합여부를 점검하는데 있다.
③ 안전사고의 통계율을 점검하는데 있다.
④ 장비의 설계를 하기 위함이다.

정답 ▶ ①

3. 작업장의 정리정돈

① 재료, 공구, 예비품 등은 놓는 장소를 정하고 사용 후에는 즉시 지정된 장소에 되돌려 놓아야 한다.
② 통로에는 일체 불필요한 물건이 없어야 한다.
③ 물건을 놓는 방법, 쌓는 방법, 벌려놓는 방법 등을 일정하게 한다. 특히 금속 재료에 있어서 화학조성을 알고 있는 재료는 유사한 것끼리 모아 정리하고 서로 섞이지 않게 한다.
④ 작업공정을 합리화시켜서 재료 및 제품이 공장 내에서 질서있게 일정한 방향으로 흐르면서 작업이 이루어지도록 한다.

02 일반적인 안전사항

1. 작업 복장

(1) 작업복

① 작업복은 신체에 맞고 가벼운 것으로써 때에 따라서는 상의의 끝이나 바지자락이 말려 들어가지 않도록 잡아매는 것이 좋다.
② 실밥이 풀리거나 터진 것은 즉시 꿰맨다.
③ 항상 깨끗이 하고 특히 기름이 묻은 작업복은 불이 붙기 쉬우므로 위험에 주의해야 한다.
④ 여름철이나 고온 작업 시에도 작업복을 벗지 않도록 한다(벗으면 직장 규율 및 기강에도 좋지 않으며, 재해의 위험성이 있음).
⑤ 착용자의 연령, 직종 등을 고려하여 적절한 스타일을 선정한다.

(2) 작업모

① 기계의 주위에서 작업을 하는 경우에는 반드시 모자를 착용한다.
② 여자 및 장발자의 경우에는 모자나 수건으로 머리카락을 완전히 감싸도록 한다.
③ 모자 착용 시 앞머리를 내놓지 않아야 한다.

(3) 신발

① 신발은 작업 내용에 잘맞는 것을 선정한다.
② 샌들 등은 걸음걸이가 불안정해 넘어질 위험이 있으므로 피하도록 한다.

③ 맨발은 부상당하기 쉽고, 고열의 물체에 닿을 때도 위험하므로 절대 금지한다.
④ 신발은 안전화로 착용한다.

(4) 보호구

① 작업에 필요한 적절한 보호구를 선정하고 올바른 사용을 익힘
② 필요힌 수량의 비치, 정비, 점검 등 보호구 관리 철저
③ 필요한 보호구는 반드시 착용
④ **보안경** : 철분, 모래 등이 눈에 들어가지 않도록 착용
⑤ **차광 보호 안경** : 불티나 유행광선이 나오는 작업에 사용
⑥ **방진 마스크** : 먼지가 많은 장소나 해로운 가스가 발생되는 작업에 사용
⑦ **산소 마스크** : 산소가 16% 이하로 결핍되었을 때 사용
⑧ **장갑** : 기계작업 시에는 착용을 금하고, 고온 작업 시에는 내열장갑을 착용
⑨ **귀마개** : 소음이 발생하는 작업 등에서 착용
⑩ **안전모** : 물건이 떨어지거나, 충돌로부터 머리를 보호
⑪ 안전모 상부와 머리 상부 사이의 간격 : 25mm 이상 유지

> **기출문제**
>
> 안전작업을 하기 위해 보호구 사용시 유의사항으로 옳은 것은?
>
> ① 방전용 보호장갑은 고무 플라스틱의 재료를 사용한다.
> ② 드릴링 작업시에는 항상 목장갑을 착용하도록 한다.
> ③ 화기를 사용하는 작업장에서는 방염성, 가연성 작업복을 사용한다.
> ④ 작업복은 연령, 성별, 크기에 관계없이 항상 통일되어야 한다.
>
> 정답 ▶ ①

2. 안전수칙과 점검사항

(1) 통행 시 안전수칙

① 통행로 위의 높이 2m 이하에는 장애물이 없을 것
② 기계와 다른 시설물과의 사이의 통행로 폭은 80cm 이상으로 할 것
③ 뛰지 말 것
④ 한눈을 팔거나 주머니에 손을 넣고 걷지 말 것
⑤ 통로가 아닌 곳을 걷지 말 것
⑥ 통행규칙을 지킬 것
⑦ 높은 작업장 밑을 통과할 때 조심할 것
⑧ 작업자나 운반자에게 통행을 양보할 것

(2) 운반 시 안전수칙

① 운반차량은 규정 속도를 지킬 것
② 적재 시 시야를 가리지 않게 쌓을 것
③ 승용석이 없는 운반차에는 승차하지 말 것
④ 빙판 또는 물기있는 곳에서의 운행 시 미끄럼에 주의할 것
⑤ 긴 물건에는 끝에 표시를 달고 운반할 것
⑥ 통행로, 운반차, 기타 시설물에는 안전표지색을 이용한 안전표지를 할 것
⑦ 고압가스용기는 바닥에 쓰러뜨려 굴려서 운반하지 말 것

> **기출문제**
>
> 고압가스용기를 취급 또는 운반 시 잘못된 것은?
>
> ① 운반용 기구를 사용한다.
> ② 반드시 캡을 씌워서 운반한다.
> ③ 지면 바닥에 쓰러뜨려 조심스럽게 굴려서 운반한다.
> ④ 트럭으로 운반 시에는 로프 등으로 단단히 묶는다.
>
> 정답 ▶ ③

(3) 계단 설치 시 고려할 사항

① 견고한 구조로 할 것
② 경사는 심하지 않게 할 것
③ 각 계단의 간격과 너비는 동일하게 할 것
④ 높이 5m를 초과할 때에는 높이 5m 이내마다 계단실을 설치할 것
⑤ 적어도 한쪽에는 손잡이를 설치할 것

(4) 공구류 취급 시 안전수칙

① 손이나 공구에 묻은 기름, 물 등을 닦아낼 것
② 주위를 정리정돈 할 것
③ 수공구는 그 목적 이외는 사용하지 말 것
④ 좋은 공구를 사용할 것
⑤ 사용법에 알맞게 사용할 것

(5) 수동 운반차

① 적재방법을 안전성있게 해야 하며, 또 앞이 가리도록 높게 적재하면 안 된다.
② 적재 제한량을 넘지 말아야 한다.
③ 운반차를 통로에 방치하면 안 된다.

(6) 천정주형 기중기

① 기중기 운전은 신호를 확인하고 신호에 따라 운전한다.
② 기중기의 걸고리를 정확하게 걸고 이를 확인 후에 움직인다.
③ 갑작스런 발진, 정지를 해서는 안 된다.
④ 무리하게 짐을 매달면 안 된다.
⑤ 짐을 매다는 줄은 적절한 안전율을 생각하고 선택한다.

03 산업 재해

1. 산업 재해의 원인

(1) 인적 원인

① **심리적 원인** : 무리, 과실, 숙련도 부족, 난폭, 흥분, 소홀, 고의 등
② **생리적 원인** : 체력의 부작용, 신체결함, 질병, 음주, 수면부족, 피로 등
③ **기타** : 복장, 공동작업 등

(2) 물적 원인

① **건물(환경)** : 환기불량, 조명불량, 좁은 작업장, 통로불량 등
② **설비** : 안전장치결함, 고장난 기계, 불량한 공구, 부적당한 설비 등

(3) 사고의 간접 원인

① **기술적 원인**
  ㉠ 건물, 기계 장치 설계 불량
  ㉡ 구조, 재료의 부적합
  ㉢ 생산 공정의 부적당
  ㉣ 점검, 정비 보존 불량

② **교육적 원인**
  ㉠ 안전 의식의 부족
  ㉡ 안전 수칙의 오해
  ㉢ 경험, 훈련의 미숙
  ㉣ 작업방법의 교육 불충분
  ㉤ 유해 위험 작업의 교육 불충분

③ **작업 관리적 원인**
  ㉠ 안전 관리 조직 결함
  ㉡ 안전 수칙 미제정
  ㉢ 작업 준비 불충분
  ㉣ 인원 배치 부적당
  ㉤ 작업 지시 부적당

기출 문제

안전교육에서 교육적 원인에 속하는 것은?

① 장비보존의 불량
② 구조재료의 부적합
③ 건물의 설계불량
④ 안전지식의 부족

정답 ▶ ④

기출 문제

알고 있으나 그대로 하지 않는 사람에게 필요한 안전 교육은?

① 태도교육
② 지식교육
③ 실습교육
④ 기능교육

정답 ▶ ①

(4) 재해 원인과 상호관계

① 불안전 행동
  ㉠ 인간의 작업행동의 결함(전체 재해의 54%)
  ㉡ 무리한 행동(16%)
  ㉢ 필요이상 급한 행동(15%)
  ㉣ 위험한 자세, 위치, 동작(8%)
  ㉤ 작업상태 미확인(6%)

② 불안전 상태
  ㉠ 기계 설비의 결함(전체 재해의 46%)
  ㉡ 보전불비(17%)
  ㉢ 안전을 고려하지 않은 구조(15%)
  ㉣ 안전커버가 없는 상태(6%)
  ㉤ 통로, 작업장 협소(7%)

(5) 재해의 경향

① **재해가 가장 많은 계절** : 여름(7~8월)
② **재해가 가장 많은 요일** : 토요일
③ **재해가 가장 많은 작업** : 운반 작업
④ **재해가 가장 많은 전동장치** : 벨트

(6) 재해와 연령

① **50세 이상** : 6.1%
② **30~49세** : 49.5%
③ **20~29세** : 33.3%
④ **18~19세** : 7.7%

2. 산업 재해율

(1) 재해율

① 재해 발생의 빈도 및 손실의 정도를 나타내는 비율
② 재해 발생의 빈도 : 연천인율, 도수율
③ 재해 발생에 의한 손실 정도 : 강도율

기출문제

사고 발생원인을 가장 많이 일어나는 순서로 나열한 것은?

① 물적 원인 → 자연적 재해 → 인적 원인
② 자연적 재해 → 인적 원인 → 물적 원인
③ 인적 원인 → 물적 원인 → 자연적 재해
④ 자연적 재해 → 물적 원인 → 인적 원인

정답 ▶ ③

기출문제

작업장에서 가장 높은 비율을 차지하는 인적 사고의 원인은?

① 인간의 불안전한 행동
② 시설장비의 결함
③ 작업환경
④ 체제상의 결함

정답 ▶ ①

(2) 재해 지표

① 연천인율 = $\dfrac{재해건수}{평균 근로자수(재적인원)} \times 1{,}000$

② 도수율 = $\dfrac{재해건수}{연 근로시간수} \times 1{,}000{,}000$

③ 연천인율과 도수율과의 관계 : 연천인율 = 도수율×2.4

$$도수율 = \dfrac{연천인율}{2.4}$$

④ 강도율 = $\dfrac{근로 손실일수}{연 근로시간수} \times 1{,}000$

3. 재해 이론

(1) 하인리히 도미노 이론

단계	명칭	특징
1	유전적 요소 및 사회적 환경	사고를 일으킬 수 있는 바람직하지 않은 유전적 특성 및 인간 성격을 바람직하지 못하게 할 수도 있는 사회적 환경
2	개인적 결함	개인적 기질에 의한 결함(과격한 기질, 신경질적인 기질, 무모함 등)
3	불안전한 행동 또는 불안전한 상태	• 불안전한 행동(인적 요인) : 장치의 기능을 제거, 잘못 사용, 조작 미숙, 자세 및 동작의 불안전, 취급 부주의 등 • 불안전한 상태(물적 요인) : 기계, 방호장치, 보호구, 작업환경, 생산공정이나 배치의 결함 등
4	사고	생산 활동에 지장을 초래하는 모든 사건
5	재해	사고의 최종 결과, 인명의 상해나 재산상의 손실

(2) 수정 도미노 이론(버즈)

단계	명칭	특징
1	통제의 부족 (관리)	안전에 관한 전문적인 제도, 조직, 지도, 관리의 소홀
2	기본 원인(기원)	사고의 배후, 근원적 원인(개인의 지식 부족, 틀린 사용법 등)
3	직접 원인(징후)	불안전한 행동, 불안전 상태와 같은 징후
4	사고(접촉)	안전 한계를 넘는 에너지원과의 접촉, 신체에 유해한 물질과의 접촉 등
5	상해 및 손상(손실)	근로자의 상해와 재산의 손실

기출문제

500명이 근무하는 모회사에서 안전사고 6건에 8명의 재해자가 발생하였다. 이 회사의 재해 도수율은? (단, 연근로일수는 300일, 1일 근로시간은 8시간임)

① 0.012
② 0.016
③ 5.0
④ 6.67

정답 ③

풀이

1인 재해 도수율
$= \dfrac{재해건수}{연노동시간} \times 1{,}000{,}000$
$= \dfrac{6}{300 \times 8} \times 1{,}000{,}000$
$= 2500$

∴ 재해 도수율
$= \dfrac{1인\ 재해\ 도수율}{인원}$
$= \dfrac{2500}{500} = 5$

4. 기계 설비의 안전

(1) 기계 설비의 안전 조건

안전 조건	안전화 방안
외관의 안전화	밖으로 돌출되어 있는 위험한 부위를 안으로 넣거나 제거하는 것
작업의 안전화	돌발적인 사고 발생을 방지하는 안전장치를 설치하는 것
기능의 안전화	장치들을 안전하게 배치
구조의 안전화	장치의 구조를 안전하게 설계, 제작, 시공

(2) 기계 설비의 안전 수칙

① 방호 장치의 사용 : 위치 제한형, 접근 거부형, 접근 반응형, 포집형, 감지형
② 보호구의 사용 : 안전모, 안전대, 보안경, 안전 장갑, 안전화, 방진 마스크 등
③ 공구의 안전 사용 : 드라이버, 망치, 전기 드릴 등 안전하게 사용

(3) 기계 설비의 안전 작업

① 시동 전에 점검 및 안전한 상태 확인
② 작업복을 단정히 하고 안전모를 착용할 것
③ 작업물이나 공구가 회전하는 경우는 장갑 착용을 금지할 것
④ 공구나 가공물의 탈부착 시에는 기계를 정지시켜야 함
⑤ 운전 중에 주유를 하거나 가공물 측정 금지

(4) 전기 사고의 특징과 원인

① **특징**
　㉠ 전기는 보이지 않고 냄새와 소리도 없음
　㉡ 전류가 흐르는 전선을 접촉하면 감전
　㉢ 전선이나 전기 기기에 이상이 생기면 화재가 발생
　㉣ 사고가 나면 대피할 시간을 판단하여 대응할 시간적 여유가 거의 없음

② **원인**
　㉠ **과열** : 과전류에 의한 전선 및 전기 기구에 많은 열이 발생
　㉡ **단락** : 절연 불량으로 두 전선이 접촉하면 큰 전류가 흘러 아크가 발생
　㉢ **누전** : 절연 불량으로 건물, 구조물에 큰 전류가 흐르면 큰 저항열이 생겨 화재 발생

(5) 위험 물질

종류	특성
폭발성 물질	산소(산화제)가 없어도 열, 충격, 마찰, 접촉으로 폭발 등 격렬하게 반응하는 액체나 고체 물질
발화성 물질	낮은 온도에서도 발화하는 물질 물과 접촉하여 가연성 가스를 발생시키는 물질
산화성 물질	가열, 마찰, 충격, 다른 물질과의 접촉 등으로 빠르게 분해하거나 반응하는 물질
인화성 물질	대기압에서 인화점이 65℃ 이하인 가연성 물질
가연성 가스	폭발 한계 농도의 하한값이 10% 이하이거나 상한값과 하한값의 차이가 20%인 가스
부식성 물질	금속 등을 부식시키고 인체와 접촉하면 심한 상해를 입히는 물질

5. 재해 예방

(1) 사고 예방

① 대책의 기본 원리 5단계
안전 조직 관리 → 사실의 발견(위험의 발견) → 분석 평가(원인 규명) → 시정 방법의 선정 → 시정책의 적용(목표 달성)

② 예방 효과
근로자의 사기 진작 및 노사 화합, 생산성 향상, 원가 절감, 기업의 이윤 증대

(2) 재해 예방의 원칙

원칙	내용
손실 우연의 원칙	재해에 의한 손실은 사고가 발생하는 대상의 조건에 따라 달라지며 즉, 우연이다.
원인 계기의 원칙	사고와 손실의 관계는 우연이지만 원인은 반드시 있다.
예방 가능의 원칙	사고의 원인을 제거하면 예방이 가능하다.
대책 선정의 원칙	재해를 예방하려면 대책이 있어야 한다. • 기술적 대책(안전기준 선정, 안전설계, 장비 점검 등) • 교육적 대책(안전교육 및 훈련 실시) • 규제적 대책(신상필벌의 사용 : 상벌 규정 엄격히 적용)

기출문제

사고예방 대책의 기본 원리 5단계에 속하지 않는 것은?
① 조직
② 분석 평가
③ 원가 절감
④ 사실의 발견

정답 ▶ ③

기출문제

사업장의 무재해운동의 기대효과가 아닌 것은?
① 원가 상승
② 기업의 번영
③ 생산성 향상
④ 노사화합 형성

정답 ▶ ①

기출문제

재해 예방의 4원칙이 아닌 것은?
① 예방가능의 원칙
② 사고지연의 원칙
③ 원인연계의 원칙
④ 대책선정의 원칙

정답 ▶ ②

(3) 무재해 3원칙
① 무의 원칙
② 전원 참여의 원칙
③ 선취 해결의 원칙

(4) 무재해 운동 추진 3요소
① 최고 경영자의 경영 자세
② 직장 소집단의 자주활동의 활성화
③ 관리 감독자에 의한 안전 보건의 추진

기출문제

다음 중 무재해 운동 추진의 3요소가 아닌 것은?

① 최고 경영자의 경영자세
② 재해 상황 분석 및 해결
③ 직장 소집단의 자주활동의 활성화
④ 관리 감독자에 의한 안전 보건의 추진

정답 ▶ ②

(5) 위험예지훈련 4단계
① 1단계 : 현상 파악
② 2단계 : 본질 추구
③ 3단계 : 대책 수립
④ 4단계 : 목표 설정

(6) 재해의 기본원인 4M
① 사람(Man)
② 설비(Machine)
③ 재료(Material)
④ 관리(Management)

(7) 사고예방 대책 기본원리 5단계
① 1단계 – 안전관리 조직
  ㉠ 안전 관리조직을 구성, 계획을 수립
  ㉡ 전문적 기술을 가진 조직을 통해 안전활동 수립
② 2단계 – **사실의 발견**
  ㉠ 사고 및 활동 기록 검토, 작업분석, 안전점검 및 검사
  ㉡ 사고조사, 토의, 불안적 요소를 발견
③ 3단계 – **원인규명(분석평가)**
  ㉠ 사고 보고서 및 현장조사 분석, 사고기록 관계 자료분석
  ㉡ 인적 및 물적 환경조건 분석, 작업공정 분석, 교육훈련 분석
④ 4단계 – **대책의 선정(시정방법의 선정)**
  ㉠ 기술적 개선, 인사치조정, 교육 및 훈련 개선
  ㉡ 안전행정의 개선, 규정 및 제도 개선, 효과적인 개선방법 선정

⑤ 5단계 – 대책의 적용(시정책의 적용)

하베이 3E – 기술, 교육, 관리

(8) 사고에 의한 부상

① **협착** : 물건에 끼워진 상태, 말려든 상태
② **파열** : 용기 또는 장치가 물리적인 압력에 의해 파열한 경우
③ **충돌** : 사람이 정지물에 부딪친 경우
④ **낙하, 비래** : 물건이 주체가 되어 사람이 맞은 경우
⑤ **절상** : 뼈가 부러지는 상해
⑥ **찰과상** : 스치거나 문질러서 벗겨진 상해
⑦ **부종** : 인체 내부에 수액이 축적되어 몸이 붓는 상해
⑧ **자상** : 칼같은 물건에 찔린 상해

기출문제

사고예방원리 5단계 중 제4단계에 해당되는 것은?

① 조직
② 평가 분석
③ 사실의 발견
④ 시정책의 선정

정답 ▶ ④

04 산업 안전과 대책

1. 안전 표지와 색채

(1) 녹십자 표지

① 1964년 고용노동부 예규 제6호로 제정
② 각종 산업 재해로부터 근로자의 생명권 보장
③ 국가 산업 발전에 기여

(2) 안전표지와 색채 사용도

① **적색** : 방화 금지, 방향 표시, 규제, 고도의 위험 등에 사용
② **오렌지색(주황색)** : 위험, 일반위험 등에 사용
③ **황색** : 주의표시(충돌, 장애물 등)
④ **녹색** : 안전지도, 위생표시, 대피소, 구호소 위치, 진행 등에 사용
⑤ **청색** : 주의, 수리 중, 송전 중 표시
⑥ **진한 보라색(자주색)** : 방사능 위험표시
⑦ **백색** : 글씨 및 보조색, 통로, 정리정돈
⑧ **흑색** : 방향 표시, 글씨
⑨ **파랑색** : 출입금지

(3) 가스관련 색

① **산소** : 녹색
② **액화 이산화탄소** : 파랑색
③ **액화 암모니아** : 흰색
④ **액화 염소** : 갈색
⑤ **아세틸렌** : 노란색(황색)
⑥ **수소** : 주황색
⑦ **LPG, 질소, 기타** : 쥐색(회색)

기출문제

공업용 고압가스 용기와 색상 기준의 연결이 틀린 것은?

① 산소-녹색
② 질소-자색
③ 아세틸렌-황색
④ 수소-주황색

정답 ▶ ②

(4) 작업 환경

① **채광 및 조명**

  ㉠ 조명 단위 : 룩스(lx)
  ㉡ 자연 광선인 태양광선(4,500룩스)을 충분히 받아 조명

공장		사무실	
장소	조명도(lx)	장소	조명도(lx)
초정밀작업	700~1,500	정밀사무	700~1,500
정밀작업	300~700	일반사무	300~700
거친작업	70~150	응접실, 서재	150~300

② **환기 통풍**

  ㉠ 온도 : 여름 25~27℃, 겨울 15~23℃
  ㉡ 상대습도 : 50~60%
  ㉢ 기류 : 1m/sec

③ **재해와 온도, 습도의 관계**

  ㉠ 감각온도(ET) : 지적작업 60~65ET, 경작업 55~65ET, 근육작업 50~62ET
  ㉡ 불쾌지수 : 기온과 습도의 상승작용에 의하여 인체가 느끼는 감각 정도를 측정하는 척도

  $$\text{EMR} = \frac{\text{작업 소비 에너지} - \text{안정한 때의 소비에너지}}{\text{기초 대사}}$$

④ **작업장 분진** : 연마, 절삭 등에 의한 고체유해물의 고체미립자가 공기 중에 부유하고 있는 것

기출문제

작업장의 분진에 대한 설명으로 옳은 것은?

① 금속의 증기 등 기체가 공기 중에 부유하고 있는 것
② 액체의 미세한 입자가 공기 중에 부유하고 있는 것
③ 연마, 절삭 등에 의한 고체유해물의 고체미립자가 공기 중에 부유하고 있는 것
④ 액체 또는 고체물질이 증기압에 따라 휘발 또는 승화하여 기체로 되는 것

정답 ▶ ③

2. 화재 및 폭발 재해

(1) 화재의 분류

구분	명칭	내용	소화방법	색상
A급	일반 화재	• 연소 후 재가 남는 화재(일반 가연물) • 목재, 섬유류, 플라스틱 등	ABC분말 소화기, CO_2 소화기, 포말 소화기 물, 모래	백색
B급	유류 화재	• 연소 후 재가 없는 화재(유류 및 가스) • 가연성 액체(가솔린, 석유 등) 및 기체(프로판 등)	ABC분말 소화기, CO_2 소화기 포말 소화기	황색
C급	전기 화재	• 전기 기구 및 기계에 의한 화재 • 변압기, 개폐기, 전기 다리미 등	ABC분말 소화기 CO_2 소화기	청색
D급	금속 화재	• 금속(마그네슘, 알루미늄 등)에 의한 화재 • 금속이 물과 접촉하면 열을 내며 분해되어 폭발하며, 소화 시에는 모래나 질석 또는 팽창 질석을 사용	건조 모래, 할로겐 소화기 D급 소화기	없음

(2) 화재의 원인

① **유류에 의한 착화** : 유류의 증기, 유류 기구의 과열, 유류 누출 등
② **유류에 의한 발화** : 연소 기구의 전도 또는 가연물의 낙하
③ **전기에 의한 발화** : 단락, 누전, 과전류 등

(3) 화재 예방

① **화재의 3요소** : 연료, 산소, 점화원(점화 에너지)
② **화재 예방** : 3요소 중 하나를 제거
  ㉠ 연료를 제거하거나 연소 범위 밖의 농도로 유지
  ㉡ 공기(산소 또는 산화제)를 최소 농도 이하로 유지
  ㉢ 점화원을 제거
    ⓐ **기계적 에너지 제거** : 충격이나 마찰 방지
    ⓑ **전기 에너지 제거** : 전기 스파크나 정전기 제거
    ⓒ **전기 불꽃** : 전기 및 가스 용접
③ **소화**
  ㉠ **제거 소화(가연물)** : 가연물 제거 및 연료 산소 농도 이하로 유지
  ㉡ **질식 소화(산소)** : 최저산소농도(15%) 이하로 유지(공기 중 산소농도 21%)
  ㉢ **냉각 소화(열원)** : 연료의 발화점 이하로 냉각

기출문제

화재의 종류에 따른 색상표시가 옳게 짝지어진 것은?

① 일반화재 : 황색
② 유류화재 : 백색
③ 전기화재 : 청색
④ 금속화재 : 녹색

정답 ▶ ③

기출문제

유류화재 발생 시 사용할 수 없는 소화기는?

① 주수(注水) 소화기
② ABC 소화기
③ CO_2 소화기
④ 포말 소화기

정답 ▶ ①

(4) 폭발

① 폭발의 종류

폭발의 종류	원인
가연성 가스나 증기의 폭발	아세틸렌, 수소 등
분해성 가스의 폭발	아세틸렌, 산화에틸렌 등
가연성 미스트의 폭발	분출한 작동유, 디젤유 등
가연성 분진의 폭발	곡물 분진, 석탄 분진, 금속 분말 등
고체 및 액체의 분해 폭발	화약류 및 유기 과산화물 등
수증기의 폭발	용융 금속, 보일러의 물 등의 급격한 팽창

② 폭발의 조건 : 가연성 가스, 증기 또는 분진의 농도가 폭발 한계에 있어야 하며, 밀폐된 공간이나 점화원이 주어져야 폭발

③ 폭발의 방지 대책

㉠ **화학적 폭발 방지** : 가연물(누출 및 방출 방지, 폭발 농도 이하 유지), 공기(산소), 점화원(충격, 전기에너지, 열, 광선 등)을 봉쇄

㉡ **폭발 방호 대책** : 불연재나 난연재 사용, 가연물 확산 방지, 안전거리 확보, 압력용기 안전장치 설치 등

㉢ **피해 최소화 대책** : 사고확산방지설비 설치(방류둑, 방폭벽, 방화문 설치 등), 소화설비 설치, 워터커튼 설치 등

㉣ **폭발 재해의 비상 대책** : 긴급 차단 시스템, 피난 계획, 구명, 응급 조치, 긴급 복구 등

3. 안전 교육 방법

(1) 강의(OFF-JT)방식 교육

① 일반적 교육 방법으로 한 번에 많은 사람에게 지식을 부여하는 것이 가능하다.
② 다른 방법과 비교하여 언제 어디에서도 비교적 용이하게 행할 수 있다.
③ 수고와 시간이 다른 방법보다 적게 드는 등의 장점이 있다.
④ 강사가 일방적으로 설명하여, 수강자가 수동적이다.

(2) OJT 방식 교육

① 현장의 작업에 대하여 숙련되어 있지 않은 신규채용자 등에 대하여 각각의 작업장에서 실무적인 교육을 실시하는 것이다.
② 기계·설비의 변경, 작업요령, 절차의 변경 등이 있었던 경우에 실시한다.
③ 안전한 작업의 실시에 대한 적극적인 발언, 행동을 유도한다.

기출문제

주변의 화염, 전기불꽃 등의 발화원이 없는 물질을 공기중에서 가열했을 때 발화 또는 폭발을 일으키는 최저온도를 무엇이라 하는가?

① 발화점
② 인화점
③ 폭발점
④ 연소점

정답 ▶ ①

기출문제

교육 방법 중 OJT(On The Job Training)의 특징이 아닌 것은?

① 상호신뢰 및 이해도가 높아진다.
② 직장의 설정에 맞게 실제적 훈련이 가능하다.
③ 훈련에만 전념할 수 있으며, 전문가를 강사로 초빙 가능하다.
④ 개인에게 적절한 지도훈련이 가능하다.

정답 ▶ ③

(3) 토의방식에 의한 교육

① 소수에 의한 토의, 심포지엄, 패널 토론, 브레인스토밍 등이 있음
② 7~8명 정도를 하나의 그룹으로 하여 토론을 진행
③ 참가자가 현장의 실태에 입각한 주제에 대하여 토론을 진행
④ 의견교환이 자유로워 다면적인 학습이 가능하고, 자율적·주체적인 참가에 의해 자기계발이 가능
⑤ 연대감·동료의식·경쟁심·상호자극 등 상호계발이 가능
⑥ 토의의 절차
  ㉠ 토의집단의 전원(약 6명)이 각자 토의주제를 1개 또는 2개 제출한다.
  ㉡ 주제 후보를 몇 개로 압축한다(공통적으로 토의할 수 있거나 공통된 문제의식이 있는 것으로 준비).
  ㉢ 각 주제별로 당해 주제에 대하여 그 원인과 생각되는 구체적 현상을 모두 낸다.
  ㉣ 원인을 분류한다.(4M으로 분류하면 대책을 정할 때 용이하다)
  ㉤ 분류한 원인에 대하여 생각할 수 있는 모든 대책을 서로 낸다.
  ㉥ 대책을 부서에서 가능한 것과, 사업장 전체에서 가능한 것으로 구분하여 정리한다.

(4) 브레인스토밍 4원칙

① 비판금지(suppert)
② 대량발언(speed)
③ 수정발언(synergy)
④ 자유분방(silly)

(5) 문제해결방식에 의한 교육

① 토의방식을 더욱 발전시킨 것
② 참가자가 자신이 품고 있는 문제 등을 서로 제출하여, 의견교환을 통하여 문제점의 해결방법을 정리해 가는 것이다.
③ 토의방식과 마찬가지로 시간이 길게 소요되는 난점이 있다.
④ 문제의식과 해결책이 하나의 세트가 되어 문제점에 대한 통찰력의 훈련, 해결책의 구체적 기술의 향상 등에 큰 장점이 있다.
⑤ **문제 해결 교육의 순서** : 문제점의 추출 → 사실의 확인 → 원인의 배경 → 대책의 결정

안전교육의 방법 중 토의법을 적용하는 경우가 아닌 것은?

① 수업의 초기단계에 적용한다.
② 팀워크가 필요로 하는 경우에 적용한다.
③ 알고 있는 지식을 심화하기 위해 적용한다.
④ 어떠한 자료에 대해 보다 명료한 생각을 갖게 하는 경우에 적용한다.

정답 ▶ ①

위험 예지훈련에서 활용하는 브레인스토밍(Brain Storming)의 4원칙이 아닌 것은?

① 비판금지
② 대량발언
③ 수정발언 금지
④ 자유분방한 발언

정답 ▶ ③

CHAPTER 02
자동생산 시스템

01 자동 제어

1. 자동 제어의 개요

(1) 압연 라인에서 제어용 컴퓨터를 도입한 동기

① 생산량이 많으므로 품질, 회수율의 근소한 개선에 따른 큰 이익이 얻어짐
② 공정이 복잡하고 품질 및 능률에 영향을 끼치는 요인이 많음
③ 온라인 제어에 필요한 자동 제어 설비가 개발
④ 고도로 기계화된 설비이고, 컴퓨터와 접속이 용이
⑤ 조업이 상당히 수식화되어 있어 컴퓨터에 의한 처리가 용이

(2) 개요

① 압연 공장에서 컴퓨터의 활용에 의해 압연 공정의 해석이 발전하고 컴퓨터의 적용 범위와 문제점이 명확해짐
② 컴퓨터가 적용되는 범위가 넓어짐과 동시에 컴퓨터의 분업이 이루어짐
③ **사용 컴퓨터** : 대형 컴퓨터, 미니 컴퓨터 등

(3) 자동화의 5대 요소

① 프로그램 기술
② 컴퓨터 네트워크 시스템
③ **제어신호 처리장치(signal processor)** : 감지기로부터 입력되는 제어 정보를 분석, 처리하여 필요한 제어 명령을 내려주는 장치

기출문제

자동 제어계의 일반적인 특성이 아닌 것은?

① 생산기구가 간단해진다.
② 노동조건을 향상시킬 수 있다.
③ 생산량을 증대시킬 수 있다.
④ 원료 및 연료를 절감시킨다.

정답 ▶ ①

④ 감지기(sensor) : 엑추에이터 및 외부 상태를 감지하여 제어신호 처리장치에 공급하여 주는 입력 요소
⑤ 엑추에이터(actuator) : 외부의 에너지를 공급받아 일을 하는 출력 요소

(4) 제어량의 성질에 따른 분류
① **Process 제어** : 제어량이 온도, 압력, 유량, Level Gas분석, PH등 Process 공업의 공업량에 대한 자동제어를 말하며, 철강, 화학, 석유정제, 섬유, 제지 등에 이용
② **Servo-Mechanism** : 위치나 각도를 제어량으로 하는 것을 말하며, 항공기, 선박 등의 자동조종 및 각종의 추적 장치에 이용
③ **자동조정(Automatic Regulation)** : 속도, 장력, 전기량 등을 제어량으로 하는 것을 말하며, 속도제어는 수차, 터빈 등의 원동기 제어, 생산공업이나 금속공업에 있어서의 압연기와 전선공업에 있어서 신연기 등에 사용

(5) 목표량의 성질에 따른 분류
① **정치제어** : 제어량을 어떤 일정의 목표값에 유치하는 것을 목적으로 하는 제어이며 Process 제어의 대부분을 차지한다.
② **Program 제어** : 목표 값을 미리 정한 프로그램에 따라 변화시키는 것을 복적으로 하는 제어를 말한다.
③ **추종제어** : 비주기적인 시간으로 변화를 하는 목표 값에 제어량을 추종시키는 것을 목적으로 하는 제어이며 Servo-Mechanism의 대부분이 이에 속한다.

2. 피드백 제어

(1) 피드백 제어 장치 종류
① 설정부
② 제어부
③ 조작부
④ 검출부

(2) 피드백 제어 특징
① 공정의 제어량을 계측하여 목표 값과 비교해서 편차가 없도록 조작
② 피드백 루트의 각 요소에 동적특성을 고려
③ **동적특성을 나타내는 양으로 중요한 것**
㉠ 시간 정수와 허비 시간(dead time)
㉡ 시간 정수 : 공정의 시간적인 민감도
㉢ 허비 시간 : 입력 변화가 생길 때부터 출력 변화가 나타나기까지의 시간

기출문제

다음 중 자동화 5대 요소가 아닌 것은?
① 센서
② 프로세서
③ 액추에이터
④ 최종제어요소

정답 ▶ ④

기출문제

Feed back control system의 구성에서 제어장치에 속하지 않는 것은?
① 설정부
② 제어대상
③ 조작부
④ 검출부

정답 ▶ ②

④ 좋은 제어 결과를 얻기 위한 조건
　㉠ 공정 동적특성이 제어하기 쉬운 형태일 것
　㉡ 동적특성에 맞는 제어 동작 조절계를 설치할 것
　㉢ 안전한 계측을 할 것
⑤ 설계 시 동적특성을 예측하기 쉬우므로 허비 시간, 이력 등의 작은 제어가 용이한 계측기를 설계

3. 시퀀스 제어

(1) 시퀀스 제어의 개요
① **간단한 시퀀스 제어** : 캠을 조합하여 기계적으로 제어
② 반도체 논리소재(IC, TR)를 사용하면 신뢰성이 높고 복잡한 동작 가능
③ 프로그램에 의해 미리 정해진 순서대로 제어 신호가 출력되는 제어

(2) 시퀀스 제어 형태
① **정성적 제어** : 전등과 같이 전원을 ON/OFF 두 가지 상태 중에 하나를 선택하는 것으로서 화력의 강약 조절 여부에는 관계없는 제어
② **정량적 제어** : 가스렌지 및 수도 콕을 조절함에 따라 화력 또는 유량을 연속적으로 조절할 수 있는 제어

(3) 시퀀스 제어의 구성
① **명령 처리부** : 작업 명령이나 검출 신호, 미리 기억시켜둔 신호 등에 의해서 제어 명령을 만드는 부분
② **제어대상** : 제어하려는 목적의 장치(전동기, 솔레노이드 등)
③ **제어요소** : 동작신호를 조작량으로 변환하는 요소(조절부+조작부)
④ **검출부** : 구동부가 행한 일이 정해진 조건을 만족하는 경우, 그것을 검출하여 신호를 보내는 것
⑤ **제어** : 제어 명령의 신호를 증폭하여 제어 대상을 직접 제어(릴레이, 전자 접촉기, 타이머 등)
⑥ **표시부** : 표시 램프와 카운터 등으로 제어의 진행 상태를 나타내는 부분

기출문제

자동제어에서 계측-목표값과 비교-판단-조작-계측과 같이 결과로부터 원인의 수정으로 순환해서 끊임없이 동조하는 것은?

① 출력
② 응답
③ 시퀀스
④ 피드백

정답 ▶ ④

기출문제

신호처리 방식에 의한 분류 중 프로그램에 의해 미리 정해진 순서대로 제어 신호가 출력되는 제어는?

① 동기 제어계
② 시퀀스 제어계
③ 비동기 제어계
④ 논리 제어계

정답 ▶ ②

기출문제

시퀀스 제어의 요소 중 회로를 개폐하여 시퀀스 회로의 상태를 결정하는 기구는?

① 입력기구
② 출력기구
③ 보조기구
④ 접점기구

정답 ▶ ④

(4) 시퀀스 제어의 종류

① **유접점 제어** : 전자 릴레이를 사용하여 시퀀스 제어회로를 동작

유접점 제어의 장·단점

장점	단점
개·폐 부하용량이 크다.	소비전력이 크다.
과부하에 견디는 힘이 크다.	접점이 소모되므로 수명에 한계가 있다.
전기적 노이즈에 대하여 안정하다.	동작속도가 늦다.
온도특성이 양호하다.	기계적 진동, 충격 등에 비교적 약하다.
입력과 출력을 분리하여 사용할 수 있다.	외형의 소형화에 한계가 있다.

② **무접점 제어** : 로직 시퀀스라고도 하며 TR, IC 등의 반도체를 사용한 논리소자를 스위치로 이용하여 제어

무접점 제어의 장·단점

장점	단점
동작속도가 빠르다.	전기적 노이즈, 서지에 약하다.
고빈도 사용에 견디며 수명이 길다.	온도변화에 약하다.
고정밀도로서 동작시간, 감도에 분산이 적다.	신뢰성이 떨어진다.
진동, 충격에 대한 불량 동작의 우려가 없다.	별도의 전원을 필요로 한다.
장치의 소형화가 가능하다.	

기출문제

무접점 시퀀스의 장점을 나열한 것이 아닌 것은?

① 동작속도가 빠르다.
② 고빈도 사용에도 견디고 수명이 길다.
③ 장치의 축소화가 가능하다.
④ 별도의 전원을 필요로 한다.

정답 ▶ ④

02
CAD/CAM 기초

1. CAD/CAM의 개요

(1) CAD/CAM

① CAD/CAM은 컴퓨터를 이용한 설계제도 및 제작을 의미함
② CAD/CAM의 주기능은 제도 및 설계 작업, CNC 공작기계를 이용한 제품 가공 및 생산에 있음
③ 생산 시스템, 로봇, 자동창고, 자동반송기기 등을 컴퓨터로 관리
④ **궁극적 목표** : 공장 전체의 자동화, 무인화, FA(공장자동화)

(2) CAD

컴퓨터에 의한 제품의 제도, 설계, 해석 및 최적 설계 등의 작업

(3) CAM

제품제조단계에 관련되는 기술로서 공정설계, 작업기술결정, 가공, 검사, 조립 등의 전 과정을 컴퓨터로 추진하는 기술

(4) 장점

설계 및 제조 시간 단축, 품질관리의 강화, 생산성 향상, 우수 품질의 제품을 대량 생산

(5) CAD/CAM의 적용 범위

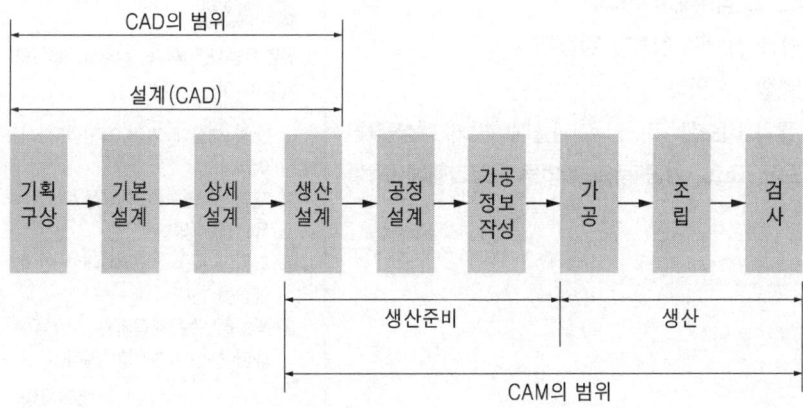

> **기출문제**
>
> CAD/CAM은 컴퓨터를 이용한 설계 제도 및 제작을 의미하며 주 기능은 제도 및 설계작업 그리고 제품의 생산가공에 있는데 CAD기능에 속하지 않는 것은?
>
> ① 가공용해
> ② 기획구상
> ③ 상세설계
> ④ 기본설계
>
> 정답 ▶ ①

2. 자동화와 CAD/CAM

(1) FA(Factory automation)

① 공장 자동화(무인화)
② 공장의 자동화를 완전하게 하는 요소로는 컴퓨터를 사용한 설계(CAD), 제조(CAM), 검사 시스템이 있다.

(2) 자동화를 할 수 있는 생산 형태의 구분

① **연속적 공정의 흐름**

화학 플랜트나 정유 공업과 같이 크기가 큰 생산품의 대량 생산이 이루어지는 형태

> **기출문제**
>
> 자동화를 하여 얻어지는 효과가 아닌 것은?
>
> ① 생산성이 향상된다.
> ② 원자재 비용이 감소된다.
> ③ 노무비가 감소된다.
> ④ 노동인력이 많아진다.
>
> 정답 ▶ ④

② **부품의 대량생산**
자동차, 엔진블록 및 기계설비와 같이 한 가지 혹은 한정된 제품을 대량생산하는 형태

③ **일괄생산**
책, 못 또는 산업용 기계와 같이 비슷한 종류의 크기가 작은 제품이나 부품을 한 번 이상 되풀이하여 생산하는 형태

④ **특수제품의 생산**
항공기, 공작기계 및 기타 특수장비와 같이 다품종 소량생산으로 주문제작이나 고도의 기술을 요하는 제품의 생산 형태

(3) 유연생산시스템(FMS : Flexible manufacturing system)
① 제조 시스템으로 수치 제어 공작 기계와 산업용 로봇을 중심으로 한 생산 방식으로 생산 기술자가 적극적으로 참여해야 한다.
② 기계의 이용률이 높아지고, 인력 절감으로 원가가 절감된다.
③ 생산 기간의 단축과 납기를 단축할 수 있다.
④ **산업용 로봇** : 인간의 손이나 팔과 비슷한 기구인 머니플레이터가 대상물을 잡거나, 공구 이송이나, 용접, 도장, 조립, 가공 등의 작업을 프로그램에 의해 실행

3. 컴퓨터 시스템

(1) 중앙처리장치
① **연산장치** : 프로그램에서 주어진 각종 연산을 실행하며, 실행하는 방법은 가감, 승제, 비교, 논리, 연산 등이 있다.
② **제어장치** : 주기억 장치에 기억된 프로그램에 의해 입출력 장치를 비롯한 연산, 기억 장치 등으로부터 신호를 받고 이를 각 장치에 신호를 보내는 등 제어하는 장치이다.

(2) 주기억장치
① **Static Memory** : 데이터를 기억시키면 외부 도움없이 스스로 데이터를 기억(core memory, disk, drum)
② **Volatile Memory(휘발성)** : 전원이 공급되지 않으면, 그 내용을 증발시켜 버리는 메모리(flip-flop, RAM)
③ **ROM(Read Only Memory)** : 읽기만 가능한 메모리
　㉠ PROM(Programmable ROM) : 제조 후 사용자가 1회 write 가능한 메모리

기출문제

다음 중 유연생산시스템(FMS)에 대한 설명으로 틀린 것은?
① 새로운 공작물의 생산 준비 기간이 길어진다.
② 기계의 이용률이 높아지고 임금이 절약된다.
③ 생산기술자가 적극적으로 참여한다.
④ 생산 기간의 단축과 납기가 단축된다.

정답 ▶ ①

기출문제

유연자동화(flexible automation)의 특징이 아닌 것은?
① 뱃치 생산에 가장 적합한 방식이다.
② 제품설계변화를 처리할 수 있는 유연성이 있다.
③ 다양한 제품 조합에 대한 연속 생산을 한다.
④ 특별히 주문제작되는 시스템에 대한 높은 투자비가 든다.

정답 ▶ ①

기출문제

다음 중 전원 차단시 내용이 지워지는 메모리는?
① RAM
② ROM
③ EPROM
④ EAROM

정답 ▶ ①

ⓒ EPROM(Erasable and Programmable ROM) : 제조 후 사용자가 여러 번 write 가능한 메모리
④ **다이나믹 메모리** : 데이터를 기억시킨 후 외부에서 물리적 변화를 주어야만 데이터를 기억(delay line, dynamic flip-flop)
⑤ **비휘발성 메모리** : 전원이 공급되지 않아도 내용을 유지하는 메모리(ROM, PROM, EPROM, disktape)

(3) 보조기억장치

① 자료를 반영구적으로 오랫동안 보관하고 많은 데이터를 보관하는 기억장치를 보조기억장치라 한다. 보조기억장치에는 자기 테이프, 자기 디스크, 자기 드럼, 플로피 디스크를 들 수 있다.

② **자기 테이프(magnetic tape)** : 자기 테이프는 순차처리만 가능한 기록매체로 오디오 시스템이 테이프와 유사하다.
   ㉠ 폭은 1/2인치 길이는 2,400피트가 표준
   ㉡ 트랙은 7트랙과 9트랙을 사용

③ **자기 디스크(magnetic disk)**
   ㉠ 플로피 디스크와 하드 디스크의 2종류가 있다.
   ㉡ 자기적으로 피막된 디스크로 응용되는 곳에 따라 디스크의 크기와 형태는 다양하다.
   ㉢ 직접처리 방식으로 액세스 시간이 자기 테이프보다 빠르다.

④ **자기 드럼(magnetic drum)**
   ㉠ 알루미늄 합금제의 원통 표면에 자성 재료를 도포한 것이다.
   ㉡ 하나의 트랙 비트를 직렬로 배열해서 기록하는 비트 직렬식과 축방향의 몇 트랙을 사용하여 병렬로 배열시켜 기록하는 비트 병렬식이 있다. 또 이를 혼합한 비트식·병렬식이 있다.

(4) 입력장치

① **키보드**
   ㉠ 지령 및 데이터를 영문자와 숫자의 키를 눌러 입력할 수 있는 가장 기본적인 장치
   ㉡ 명령어를 입력하는 경우 치수, 텍스트는 물론 필요한 경우 각종 기능을 명령문으로 종합한 기능 키를 지정하여 사용할 수 있음

② **라이트 펜**
   ㉠ 그래픽 스크린 상에서 특정의 위치나 도형을 지정하거나 자유로운 스케치, 그래픽 스크린 상의 메뉴를 통한 명령어 선택이나 데이터 입력에 사용

기출문제

CAD시스템의 입력장치 중 좌표나 위치정보의 입력에 사용되는 것은?

① 테블릿(tablet)
② 플로터(plotter)
③ 프린터(printer)
④ 하드카피장치(hard copy unit)

정답 ▶ ①

ⓒ 그래픽 스크린 상에 접촉한 자리의 빛을 인식하는 장치로 광다이오드나 광트랜지스터 또는 광선 감지기를 사용

③ **조이스틱**
　　㉠ 영상 피드백의 원리에 의해 작동되는 커서를 이동시키기 위해 사용되는 장치
　　ⓒ 3차원 작업에서 그립 스타일과 크기에 사용할 수 있음
　　ⓒ 3차원 디스플레이에서 사용하면 보다 좋은 효과를 얻을 수 있으나, 정확한 위치 조정이 어려움

④ **마우스**
　　㉠ 테이블 위에서 이동시키면서 디스플레이 화면 중의 커서를 이동시켜 그래픽 디스플레이에 표시된 도형이나 스크린 상의 메뉴를 일치시켜 버튼을 누르면 도형 데이터가 인식되거나 명령어가 입력됨
　　ⓒ 그래픽 좌표 입력 가능
　　ⓒ 볼을 이용하는 기계식과 광학 센서를 이용한 광학식이 있음

⑤ **트랙 볼**
　　㉠ 임의의 방향으로 자유롭게 회전할 수 있는 베어링의 볼
　　ⓒ 커서의 위치를 원하는 방향으로 이동시키기 위하여 적절한 방향으로 회전하여 사용
　　ⓒ 커서 움직임의 방향은 볼의 회전 정도에 좌우되며 커서의 속도는 볼에 의해 조정됨

⑥ **태블릿**
　　㉠ 좌표나 위치 정보의 입력장치로 사용
　　ⓒ 도형 입력상 여러 가지 기능에 대한 약속을 판에 정의해 두고 펜이나 푸시 버튼으로 입력

(5) **출력장치**
　① **디스플레이(CRT)**
　　　㉠ CAD/CAM 주변기기 중에서 중요한 역할
　　　ⓒ 랜덤 주사형, 스토리지형, 래스터형

　② **프린터**
　　　㉠ 도면을 나타내는 기능
　　　ⓒ 잉크젯, 레이져, 도트 매트릭스, 라인 프린터

　③ **플로터**
　　　㉠ 도면을 나타내는 기능
　　　ⓒ 펜 플로터와 정전형 플로터

기출문제

다음 중 출력 장치가 아닌 것은?
① 디지 타이저
② 프린터
③ 플로터
④ 모니터

정답 ▶ ①

④ 하드 카피 장치
  ㉠ CRT 화면에 나타난 영상을 그대로 복사하는 장치
  ㉡ 컴퓨터를 이용한 설계 작업시 신속하게 변하는 중간 중간의 결과를 관찰하기에 편리
  ㉢ 플로터에 비해 해상도가 나쁘므로 최종 도면으로는 부적합

03 유압장치

1. 유압장치의 개요

(1) 유압장치의 기본원리(파스칼의 원리)
① 액체의 압력은 모든 면에 작용한다.
② 액체의 압력은 각 면에 직각으로 작용한다.
③ 각 점의 압력은 모든 방향에 동일하게 작용한다.
④ 밀폐된 용기 내 액체에 가해진 압력은 동일한 크기로 각 부에 전달된다.

(2) 유압장치의 특징
① 장점
  ㉠ 소형장치로 큰 힘(출력)을 발생
  ㉡ 일정한 힘과 토크를 낼 수 있음
  ㉢ 무단변속이 가능하고 원격제어가 가능함
  ㉣ 과부하에 대한 안전장치가 간단하고 정확
  ㉤ 전기, 전자장치가 좋아 자동제어가 가능
  ㉥ 정숙한 운전 및 열 방출성이 우수

② 단점
  ㉠ 유온의 영향(점도의 변화)으로 속도가 변동
  ㉡ 고압 사용으로 인한 위험성 및 배관이 어려움
  ㉢ 이물질로 인한 오염에 민감
  ㉣ 기름 누출의 사고 발생

(3) 유압장치의 구성
① **유압펌프** : 유압 에너지의 발생원으로 오일을 공급하는 기능 수행

기출문제

유압의 제일 기본 원리인 파스칼(Pascal)의 원리에 대한 설명 중 틀린 것은?
① 액체의 압력은 수평으로 작용한다.
② 액체의 압력은 각 면에 직각으로 작용한다.
③ 각 점의 압력은 모든 방향에 동일하게 작용한다.
④ 밀폐된 용기 내 액체에 가해진 압력은 동일한 크기로 각 부에 전달된다.

정답 ▶ ①

② **유압제어밸브** : 압력, 방향, 유량 제어 밸브 등으로 공급된 오일을 조절하는 기능 수행
③ **액추에이터** : 유압 에너지를 기계적 에너지로 변환하는 작동기로 유압실린더, 모터 등으로 구성
④ **스트레이너** : 유압장치에서 동작유의 오염은 기름을 손상시키므로 기기속에 혼입되는 불순물을 제거하기 위해 사용

2. 유압 펌프의 종류

(1) 기어펌프

① **외접식 기어펌프** : 펌프축이 회전되면 두 개의 외접기어가 케이싱 상에서 맞물려 회전하면서 오일을 흡수하여 토출구 쪽으로 밀어내는 펌프
② **내접식 기어펌프** : 케이싱 안에 내치기어와 외치기어가 맞물려 회전함으로써 펌프작업을 행하는 펌프
③ **트로코이드 펌프** : 트로코이드 곡선을 사용한 내접식 펌프

(2) 베인 펌프

① **단단(1단) 베인 펌프**
  ㉠ 베인 펌프의 기본형태
  ㉡ 부시, 캠링, 로터 베인으로 카트리지가 구성
  ㉢ 축, 베어링에 편심하중이 걸리지 않으므로 수명이 길다.

② **2단 베인 펌프**
  ㉠ 2개의 카트리지를 본체에 직렬로 연결
  ㉡ 1단 베인 펌프에 비해 2배의 압력을 유지
  ㉢ 부하배분 밸브가 부착되어 있음

③ **이중 베인 펌프**
  ㉠ 2개의 카트리지를 본체에 병렬로 연결
  ㉡ 1개의 펌프를 가지고 2개의 유압원에 사용하고자 할 때 사용
  ㉢ 설비비가 경제적

④ **복합 베인 펌프**
  ㉠ 하나의 본체에 2개의 카트리지로 구성
  ㉡ **카트리지 외 구성품** : 릴리프 밸브, 무부하 밸브, 체크 밸브가 같이 구성되어 있음

⑤ **가변용량형 베인 펌프** : 로터의 회전 중심, 원형 캠링을 기계적으로 조절하여 1회전당 토크량을 조절할 수 있음

기출문제

유압장치에서 동작유의 오염은 기름을 손상시키므로 기기속에 혼입되는 불순물을 제거하기 위해 사용되는 것은?

① 패킹
② 밸브
③ 축압기
④ 스트레이너

정답 ▶ ④

기출문제

유압 펌프의 종류가 아닌 것은?

① 기어 펌프
② 베인 펌프
③ 피스톤 펌프
④ 분사 펌프

정답 ▶ ④

(3) 피스톤 펌프

① **축방향 피스톤 펌프**
  ㉠ **사축식 피스톤 펌프** : 실린더 블록축과 구동축의 각도를 바꾸는 펌프
  ㉡ **사관식 피스톤 펌프** : 실린더 블록축과 구동축을 동일축상에 배치하고 경사관의 각도를 바꾸어 피스톤의 행정을 조정하는 펌프

② **반지름 방향 피스톤 펌프** : 피스톤의 운동방향이 실린더 블록의 중심선에 직각인 평면 내에서 방사상으로 나열되어 있는 펌프

(4) 피프톤 펌프의 특징

① 다른 유압펌프에 비해 효율이 가장 우수
② 고속, 고압의 유압장치에 적합
③ 가변용량형 펌프에 많이 이용
④ 구조가 복잡하고 가격이 고가
⑤ 흡입능력이 가장 낮음

3. 유압제어 밸브

(1) 압력제어 밸브

① **릴리프 밸브**
  ㉠ 회로 내의 최고압력을 한정하는 밸브
  ㉡ 실린더 내의 토크를 제한하여 과부하를 방지
  ㉢ 종류 : 직동형, 파일럿형

② **감압 밸브**
  ㉠ 주회로의 압력보다 저압으로 감압시켜 사용하는 밸브
  ㉡ 출구측의 압력을 일정하게 유지할 수 있음

③ **압력 시퀀스 밸브**
  ㉠ 주회로에서 복수의 실린더를 순차적으로 작동시켜 주는 밸브
  ㉡ 응답성이 우수하여 저압용으로 많이 사용

④ **카운터 밸런스 밸브**
  ㉠ 회로의 일부에 배압을 발생시킬 경우 사용하는 밸브
  ㉡ 부하가 급격히 제거되어 관성에 의한 제어가 곤란할 때 사용
  ㉢ 수직형 실린더의 자중 낙하를 방지

⑤ **무부하(unloading) 밸브**
  ㉠ 유압장치의 작동 중 펌프의 송출량을 필요로 하지 않을 때 사용

기출문제

다음 중 압력 제어 밸브가 아닌 것은?

① 교축 밸브
② 릴리프 밸브
③ 시퀀스 밸브
④ 무부하 밸브

정답 ▶ ①

기출문제

수직왕복운동을 하는 유압실린더에서 자중에 의한 낙하 속도의 변화를 방지하는 압력제어 밸브는?

① 압력 릴리프 밸브
② 카운터 밸런스 밸브
③ 시퀀스 밸브
④ 감압 밸브

정답 ▶ ②

ⓒ 펌프의 전유량을 직접 탱크로 돌려보내 펌프를 무부하로 하여 동력절감 및 유온상승 방지

종류	릴리프 밸브	감압 밸브	압력 시퀀스 밸브	카운터 밸런스 밸브	무부하 밸브
도시 기호					

기출문제

유압제어 밸브 중 압력제어 밸브에 해당되는 것은?

① 언로딩 밸브
② 솔레노이드
③ 체크 밸브
④ 매뉴얼 밸브

정답 ▶ ①

(2) 방향제어 밸브

① **체크 밸브** : 오일을 한 방향으로 흐르게 하여 반대방향으로 흐르는 것을 방지하는 밸브
② **파일럿 조작 체크 밸브** : 외부에서 파일럿 압력을 조작하여 역류가 가능하게 하는 밸브
③ **감속 밸브** : 유압자동기의 운동 위치에 따라 캠 조작으로 회로를 개폐시키는 밸브
④ **셔틀 밸브** : 항상 고압측의 유압만을 통과시키는 밸브
⑤ **방향전환 밸브** : 조작기를 통하여 밸브의 흐름 방향을 바꾸는 밸브
⑥ **전자 밸브** : 전자조작으로 유압의 방향을 전환시키는 밸브
⑦ **서보 밸브** : 입력 신호에 따라 높은 압력의 유량을 빠른 응답속도로 제어하는 밸브
⑧ **안내 밸브** : 포트를 통과하여 액추에이터에 유압을 제어하는 밸브

종류	체크 밸브	파일럿 조작 체크 밸브	셔틀 밸브
도시 기호			

종류	방향전환 밸브	전자전환 밸브	서보 밸브
도시 기호			

기출문제

한 방향으로 흐름을 허용하고 역류를 방지하는 밸브는?

① 셔틀 밸브
② 체크 밸브
③ 2압 밸브
④ 조합 밸브

정답 ▶ ②

(3) 유량제어 밸브

① **교축 밸브** : 작은 지름의 파이프에서 유량을 미세하게 조정하는 밸브로 부하 변동에 따른 유량을 정확하게 제어가 곤란
② **압력보상 유량제어 밸브** : 출구측의 유량이 회로의 압력변동에 영향을 받지 않고 일정하게 흐르도록 압력보상장치가 달린 밸브
③ **유량분류 밸브** : 2개의 실린더 작동을 동조시키고, 유량을 제어하고 분배하는 기능을 하는 밸브

종류	교축 밸브	유량제어 밸브	유량분류 밸브
도시 기호			

기출문제

유량제어 밸브의 사용시 주의사항으로 틀린 것은?

① 출구 압력을 입구압력의 1/2 이하로 한다.
② 유량제어 밸브는 되도록 제어 대상에 가깝게 설치한다.
③ 너트로 고정하는 경우 스로틀 조절나사가 함께 회전하지 않도록 한다.
④ 공압 실린더의 속도 제어에는 원활한 움직임이 얻어지는 미터 아웃 방식을 사용한다.

정답 ▶ ①

4. 공압장치

(1) 공압장치

① 어느 공간 내의 공기를 작게 압축시켰을 때 이 압축된 공기가 원상태로 복귀하려는 힘을 이용하는 장치

(2) 공압의 특징

① 공기압의 작동 매체로서 유체를 사용한다.
② 작동 유체는 압축성이 있는 공기이다.
③ 공기압은 내 환경성이 있다.
④ 압축공기의 동력원을 용이하게 구할 수 있다.
⑤ 공기 압축기를 사용한다.

(3) 공압의 장점

① 압축공기는 어느 곳에서도 실제적으로 쉽게 얻을 수 있다.
② 힘과 속도를 무단(analog)으로 조정할 수 있다.
③ 복귀 라인이 필요하지 않고 쉽게 이송과 확장이 가능하다.
④ 공압기기는 동력공급원, 정류기, 변압기와 같은 부수적인 장치가 필요하지 않고, 빠르게 쉽게 조립될 수 있다.
⑤ 고도의 설계와 기술 보증으로 신뢰성이 매우 높고 다양하게 응용될 수 있으며, 내구성이 좋다.
⑥ 공압은 쉽게 배울 수 있고, 사용하기에 친숙하므로 설치하기가 용이하고 유지보수가 쉬우며 비용이 적게 든다.

기출문제

다음 중 공압장치에 대한 설명으로 틀린 것은?

① 인화의 위험이 없다.
② 에너지 축적이 용이하다.
③ 압축공기의 에너지를 쉽게 얻을 수 있다.
④ 정확한 위치결정 및 중간정지가 가능하다.

정답 ▶ ④

⑦ 공압 에너지 자체가 인체에 해가 없으므로 특별한 안전장치 없이 널리 사용된다.
⑧ 공압 부품 자체에 과부하에 대한 보호 기능을 지닌다.
⑨ 광산이나 화학 플랜트와 같은 폭발 및 화재 위험성이 있는 곳에서도 안전하다.

(4) 공압의 단점

① 압축공기를 만드는 데에는 많은 주의가 필요하며 먼지나 습기를 가능한 많이 제거해 주어야 한다. 이 때문에 많은 주변 장치가 필요하다.
② 공기의 압축성은 에너지의 저장이라는 긍정적인 면도 있지만, 균일한 피스톤의 속도를 얻는데는 단점으로 작용한다. 특히 저속에서는 속도의 불안정이 심해진다.
③ 압축공기는 어떤 기준 이상의 힘이 요구될 때에는 비경제적이다. 보통 작업압력은 700kPa(7bar)가 한계이고, 힘은 이송길이와 속도에 달려 있지만 일반적으로 30,000~35,000N이 한계이다.

(5) 공압제어 밸브

① **공압제어 밸브의 의미** : 공압제어 시스템은 신호감지요소, 제어요소, 최종제어요소, 작업요소 등으로 구성되어 있으며, 이 중 신호감지요소와 제어요소, 최종제어요소를 밸브라고 한다.

② **공압제어 밸브의 역할** : 작업요소들의 작동순서에 영향을 미치며 시작과 정지 그리고 방향을 제어하며, 유량과 압력을 제어해주는 장치이다.

③ **공압제어 밸브의 종류**
  ㉠ **압력제어 밸브** : 압력제어 밸브는 조절기능, 릴리프 기능, 시퀀스 기능을 수행한다.
  ㉡ **방향제어 밸브** : 방향제어 밸브는 작업요소(공압실린더, 공압모터)로 공급되는 공기의 흐름방향을 전환시키는 기능을 수행한다.
  ㉢ **유량제어 밸브** : 유량제어 밸브는 작업요소(공압실린더, 공압모터)의 속도를 제어하는 밸브이다.

CHAPTER 03
공업경영

01 품질 관리

1. 기초 통계 분석

(1) 중심 위치의 측도

① 산술평균 : $\bar{x} = \dfrac{x_1 + x_2 + \cdots + x_n}{n}$

② 중앙값 : 데이터를 크기순으로 나열할 때 가운데 위치한 값 ($\tilde{x}$)

③ 범위의 중앙값 : 데이터 중에서 최댓값($x_{\max}$)과 최솟값($x_{\min}$)의 평균

④ 최빈도수 : 반복되어 가장 많이 나타나는 측정치(M_0)

(2) 정규분포

① 정규분포의 정의
   ㉠ 평균을 중심으로 좌우대칭이며 분포의 형태가 평균(μ)과 분산(δ^2)에 의해서 결정
   ㉡ 가우스 분포라고 함

② 정규분포의 성질
   ㉠ 제품의 품질특성(계량치)의 분포는 일반적으로 정규분포에 근사
   ㉡ 정규화 : 정규분포의 변수(x)의 (μ)으로부터의 편차를 (σ) 단위로 바꾼 것
   ㉢ 평균(μ) 또는 표준편차(σ)가 다를 때 분포의 모습도 달라짐
   ㉣ 정규분포에서는 평균, 중위수, 최빈수가 항상 일치
   ㉤ 평균(μ)을 중심으로 좌우 대칭

기출문제

도수분포표에서 도수가 최대인 계급의 대표값을 정확히 표현한 통계량은?

① 중위수
② 시료평균
③ 최빈수
④ 미드-레인지(Mid-Range)

정답 ▶ ③

ⓗ 평균은 중심의 위치를 나타내고 분산은 분포의 흩어진 정도를 나타냄
ⓢ 곡선은 평균치 근처에서 높고, 양쪽으로 갈수록 낮아짐

(3) 확률분포
① **이상확률분포의 종류** : 이항분포, 포아송분포, 초기화분포
② **연속확률분포의 종류** : 균등분포, 정규분포, t-분포, 지수분포

2. 도수분포표

(1) 정의
① 도수분포(Frequency distribution)는 원자료를 계급과 도수로 구성된 표로 구조화한 것이다.
② **도수분포표의 활용**
㉠ 데이터의 흩어진 모양을 알고 싶을 때(로트의 분포를 알고 싶을 때)
㉡ 많은 데이터로부터 평균치와 표준편차를 구할 때(로트의 평균치와 표준편차를 알고 싶을 때)
㉢ 원 데이터를 규격과 대조하고 싶을 때(규격과 비교하여 부적합품률을 알고 싶을 때)

(2) 형태
① **범주형 도수분포** : 범주형 도수분포는 명목자료나 순위자료로 된 자료를 구조화할 때 사용
② **집단화 도수분포** : 자료값의 범위가 넓으면, 전체 범위를 일정한 폭의 계급구간 몇 개로 나누고, 이 계급별로 자료를 집단화하는 것
③ **비집단화 도수분포** : 집단화 도수분포와 반대로 자료값의 범위가 상대적으로 좁으면, 개별 자료값 하나를 하나의 계급으로 하는 도수분포
④ **누적 도수분포** : 누적 도수분포는 일정한 값 이하인 자료의 개수를 표시하는 분포

(3) 용어 정의
① **변량** : 어떠한 자료에 속해 있는 값들을 수량으로 나타낸 것이다.
② **계급** : 변량들을 일정한 간격으로 나눈 구간을 말한다.
③ **계급값** : 각 계급의 중앙에 위치한 값이다. 도수분포표에서 평균 등을 구할 때는 보통 이 값을 사용한다.
④ **계급의 크기** : 각 계급의 너비를 뜻한다.
⑤ **도수** : 계급에 속한 값들의 양을 뜻한다.

기출문제

도수분포표를 만드는 목적이 아닌 것은?

① 데이터의 흩어진 모양을 알고 싶을 때
② 많은 데이터로부터 평균치와 표준편차를 구할 때
③ 원 데이터를 규격과 대조하고 싶을 때
④ 결과나 문제점에 대한 계통적 특성치를 구할 때

정답 ▶ ④

기출문제

도수분포표에서 도수가 최대인 곳의 대표치를 말하는 것은?

① 중위수
② 비 대칭도
③ 모우드(mode)
④ 첨도

정답 ▶ ③

⑥ **평균(mean)** : 자료에 포함된 관측치를 모두 더한 후 관측치의 수로 나눈 값을 말한다.
⑦ **최빈수(mode)** : 도수가 최대인 곳의 대표치를 말한다.
⑧ **중위수(median)** : 평균이 아닌 도수의 중심위치를 나타내는 값을 말한다.

3. 관리도

(1) 관리도의 종류

공정		조업 개선 사례	
$\bar{x} - R$ 관리도 (평균치와 범위 관리도)	계량치	• 품질 특성의 평균을 관리할 목적으로 계량치에 가장 많이 사용	정규분포
x 관리도	계량치	• 데이터를 군으로 나누지 않고 한 개 한 개의 측정치를 그대로 사용하여 공정을 관리	정규분포
$\tilde{x} - R$ 관리도 (중앙치와 범위 관리도)	계량치	• $\bar{x} - R$ 관리도의 $\bar{x}$ 대신에 $\tilde{x}$(Median)을 사용함으로서 $\bar{x}$보다 계산하는 시간과 노력을 줄일 수 있음 • 이상치(Outier)의 영향을 배제할 수 있음	정규분포
P_n 관리도	계수치	• 공정을 불량계수에 의해서 관리할 때 사용	이항분포
P 관리도	계수치	• 불량을 탐지하거나 평균불량률을 추정하고 싶을 때 사용	이항분포
c 관리도	계수치	• 일정 단위 중에 나타나는 결점의 수를 관리할 목적으로 사용	포아송분포
u 관리도	계수치	• 검사하는 Subgroup의 면적이나 길이 등이 일정하지 않은 경우에 나타나는 결점수를 관리할 목적으로 사용	포아송분포

(2) u 관리도의 관리한계선

• $ULC/CLC = \bar{u} \pm 3\sqrt{\dfrac{\bar{u}}{u}}$

(3) 제1종 과오와 제2종 과오

① **제1종 과오** : 두 개의 대비되는 현상 중 기준이 되는 현상을 참이라고 할 때 참인 현상을 참이 아니라고 잘못 판정하는 과오
② **제2종 과오** : 기준 현상에 반대되는 참이 아닌 현상인 거짓 현상을 참이라고 잘못 판정하는 과오

기출문제

다음 중 두 관리도가 모두 포아송 분포를 따르는 것은?

① $\bar{x}$관리도, R 관리도
② c 관리도, u 관리도
③ np 관리도, p 관리도
④ c 관리도, p 관리도

정답 ②

기출문제

직물, 금속, 유리 등의 일정 단위 중 나타나는 흠의 수, 편홀 수 등 부적합 수에 관한 관리도를 작성하려면 가장 적합한 관리도는?

① c 관리도
② np 관리도
③ p 관리도
④ $\bar{X} - R$ 관리도

정답 ①

기출문제

u 관리도의 공식으로 가장 올바른 것은?

① $\bar{u} \pm 3\sqrt{\bar{u}}$
② $\bar{u} \pm \sqrt{\bar{u}}$
③ $\bar{u} \pm 3\sqrt{\dfrac{\bar{u}}{n}}$
④ $\bar{u} \pm \sqrt{n}$

정답 ③

	참	거짓
참이라고 판정	옳은 결정 : 1-α(신뢰율)	제2종 과오 : β
거짓이라고 판정	제1종 과오 : α(위험율)	옳은 결정 : 1-β(검출력)

* 1-α(신뢰율) : 참인 현상을 참이라고 판정하는 능력
* 1-β(검출력) : 거짓인 현상을 거짓이라고 판정하는 능력

(4) 관리도 사용 절차

① 첫째로, 관리하려는 제품이나 종류를 선정한다.
② 둘째로, 관리해야 할 항목을 선정한다.
③ 셋째로, 적합한 관리도를 선정한다.
④ 넷째로, 시료를 채취하고 측정하여 관리도를 작성한다.

기출문제

다음은 관리도의 사용 절차를 나타낸 것이다. 관리도의 사용 절차를 순서대로 나열한 것은?

㉠ 관리하여야 할 항목의 선정
㉡ 관리도의 선정
㉢ 관리하려는 제품이나 종류 선정
㉣ 시료를 채취하고 측정하여 관리도를 작성

① ㉠ → ㉡ → ㉢ → ㉣
② ㉠ → ㉢ → ㉣ → ㉡
③ ㉢ → ㉠ → ㉡ → ㉣
④ ㉢ → ㉣ → ㉠ → ㉡

정답 ▶ ③

4. 품질관리

(1) 품질관리의 목적

① 제품의 사용목적에 맞는 그 제품을 생산하는 데에 기울인 노력의 총합
② 고객이 요구하는 우수한 품질의 제품을 생산하는 제조공정 중 발생되는 불량유형의 분류와 원인을 파악, 평가하여 재발방지대책을 세우고 표준화하여 품질을 향상시키는 것

(2) 통계적 품질관리(SQC)

① 제품의 생산 과정에 한정하여 공정의 이상 유무를 판단하기 위해 통계적인 관리와 기법을 적용하는 방법
② 소비자가 원하는 제품을 가장 경제적으로 생산할 수 있는 통계학적 관리법

(3) 종합적 품질관리(TQC)

① 제품 설계, 생산 기술, 제조, 검사, 유통 기구, 마케팅 활동 등 품질에 영향을 줄 수 있는 모든 활동을 전사적으로 종합 관리하는 방법
② 전사적 품질 관리

(4) ABC 분석기법

① 판매 volume별 구분으로서 사용량이 많고 소비품목이 큰 중요 상품을 선택하여 ABC 등급으로 부여한 후 등급에 따라 이를 관리하는 기법
② 자금의 회전을 원활히 하기 위한 ICS(Inventroy control system) 기법

기출문제

소비자가 요구하는 품질로서 설계와 판매정책에 반영되는 품질을 의미하는 것은?

① 시장품질
② 설계품질
③ 제조품질
④ 규격품질

정답 ▶ ①

(5) 작업 표준화

① 프로세스 운영에 필요한 수행기준, 절차, 필요 지식, 도구 등의 제반사항에 대하여 책임과 권한을 명확히 하고 정확한 의사를 전달하기 위한 수단으로서 표준 업무 절차를 설정하고 문서화하여 이를 지키도록 하는 일련의 모든 활동

② **표준작업** : 어떤 제품을 효율적으로 제조하기 위하여 사람, 설비, 재료를 가장 유효하게 조립하여 이룩한 집약된 하나의 결과인 가장 효율적인 일련의 작업

③ **작업표준** : 표준작업을 정확하게 지도하여 지키게 하기 위한 기준, 즉 작업자의 행동을 규정한 것으로, 어떤 작업에 있어 그 작업에 대한 표준사항을 작성하는 문서

④ **작업표준서 작성 시 주의사항**
  ㉠ 품질은 기본으로 한 품질관리의 의지가 포함된 표준설계가 필요하다.
  ㉡ 누가 작업하더라도 동일한 결과가 나올 수 있도록 한다.
  ㉢ 절차 및 현상은 간소화하고 기술 및 품질부분은 구체화한다.
  ㉣ 작업하기 어려운 점, 주의할 점 등을 적극적으로 찾아내어 표준화한다.

(6) 국가표준과 국제표준

① **국제표준** : 국가 간의 원활한 산업 교류와 공동의 이익을 추구하기 위하여 국제적으로 적용하는 표준을 말하며 이런 표준에는 통일된 표준 제정과 실천의 촉진을 위해 1947년 설립된 국제 표준화 기구(ISO)가 있다.

② **국가표준** : 한국 산업 표준(KS)과 같이, 한 국가 내의 모든 이해 관계자들이 일반적으로 국제표준에 준하여 규정해 놓은 것으로, 한 국가 내에서 적용되는 표준이다.

(7) QC-7 도구

① **파레토** : 데이터를 항목별로 분류해서 크기 순서로 나열한 그림으로, 문제해결 우선순위를 결정하여 중점 관리항목을 설정하는데 유용한 도구

② **층별** : 형상을 명확하게 알고자, 특별한 특징이나 특성에 따라 유사한 것들을 모아 품질에 대한 영향 정도를 알려고 할 때 사용

③ **특성요인도** : 문제가 되고 있는 결과에 대하여 영향을 미치고 있는 모든 원인들을 구체적으로 찾아내어 진짜 원인이라고 생각되는 것을 규명하기 위한 도구

④ **산점도** : 서로 대응하는 2개 특성의 상호관계를 알아보기 위해 한쪽을 X축, 다른쪽을 Y축으로 하여 측정치를 매기거나 경향을 파악하는 방법

⑤ **체크시트** : 데이터의 사실을 조사, 확인하는 첫 번째 단계로서 결점수 등 셀 수 있는 데이터를 분류 항목별로 얼마나 많이 있는지 알아보기 위한 표

기출문제

국제 표준화의 의의를 지적한 설명 중 직접적인 효과로 보기 어려운 것은?

① 국제간 규격통일로 상호 이익 도모
② KS 표시품 수출 시 상대국에서 품질인증
③ 개발도상국에 대한 기술개발의 촉진을 유도
④ 국가 간의 규격상이로 인한 무역 장벽의 제거

정답 ▶ ②

⑥ **그래프** : 많은 데이터를 그림으로 나타내어 시각적으로 쉽고 빠르게 요약하여 전달하는 것으로 기호나 그림으로 데이터를 선, 원, 막대 등으로 나타낸 것
⑦ **히스토그램** : 품질특성 중 계량치 데이터를 몇 개의 급으로 나누고 각 구간 내에 포함되는 데이터 개수에 따라 막대모양으로 나타낸 그림

02 생산관리

1. 생산관리의 개요

(1) 생산 관리
① **협의의 생산 관리** : 제조활동 또는 작업수행 활동을 대상으로 한 활동
② **광의의 생산 관리** : 기업경영에 있어서 모든 생산적 활동

(2) 생산 요소
① **3요소** : Men, Machine, Material
② **5요소** : Men, Machine, Material, Method, Management
③ **7요소** : Men, Machine, Material, Method, Management, Market, Money

(3) 생산 시스템
① **구성** : 투입(Input) → 변화(Processor) → 산출(Output)
② **공통 성질** : 집합성, 관련성, 목적 추구성, 환경 적응성

(4) 생산 합리화
① **목표** : 좋은 물건을(품질), 값싸게(원가), 빠른 생산으로(납기)
② **원칙**
  ㉠ **표준화** : 제품과 관련하여 정해진 각종 기준의 규격으로 대량 생산하여 불량률 감소, 비용 절감, 생산성 향상
  ㉡ **단순화** : 작업 절차에서 불필요한 부분을 제거하여 간소화, 제품의 품질향상, 생산 기간 단축
  ㉢ **전문화** : 작업 특성과 제조 과정에 따라 생산 활동을 분업화, 근로자의 전문성 및 숙련도 제고, 능률 향상

③ ZD 운동
  ㉠ 미국의 마틴 마리에타사(Martin Marietta Corp.)에서 시작된 품질개선을 위한 동기부여 프로그램
  ㉡ 모든 작업자가 무결점을 목표로 설정하고, 처음부터 작업을 올바르게 수행함으로써 품질비용을 줄이기 위한 프로그램

(5) 수요 예측
① 시장에서 요구하는 제품이나 서비스의 양적, 시간적, 질적, 장소에 대한 미래의 수요를 평가, 추정하는 과정
② 분류
  ㉠ **정성적 방법** : 시장조사법, 델파이법, 위원회에 의한 예측법, 자료 유출법
  ㉡ **인과형 예측법** : 희귀모델, 계량경제모델
  ㉢ **시계열 분석법** : 최소 자승법, 이동 평균법, 지수 평활법

(6) 검사공정에 의한 검사 방법의 분류

종류	설명
수입 검사(II) (Incoming Inspection)	납품 업체로부터 제품 입고 시 사내 표준 검사기준에 의하여 현장에 투입 전 실시하는 검사 방법
초도품 검사(FAI) (First Article Inspection)	양산 공정에서 대량의 LOT 불량을 방지하기 위해서 처음 작업된 제품에 대하여 실시하는 검사 방법
공정 검사(PI) (Processing Inspection)	공정 단위로 구분하여 후공정에 제품 연결 시 양품만 연결될 수 있도록 실시하는 검사 방법
최종 검사(FI) (Final Inspection)	하나의 완성품이 구성되어 생산의 마지막 공정(검사)에서 실시하는 검사 방법
출하 검사(OI) (Outgoing Inspection)	고객에게 제품이 납품되기 전 고객의 요구조건 또는 표준 검사 기준에 맞추어 실시하는 검사 방법

2. 생산 계획

(1) 생산 계획의 단계
① 기본 계획(준비 계획)
② 실행 계획(제조 계획)
③ 실시 계획(작업 계획)

기출문제

미국의 마틴 마리에타사(Martin Marietta Corp.)에서 시작된 품질개선을 위한 동기부여 프로그램으로, 모든 작업자가 무결점을 목표로 설정하고, 처음부터 작업을 올바르게 수행함으로써 품질비용을 줄이기 위한 프로그램은 무엇인가?

① TPM 활동
② 6 시그마 운동
③ ZD 운동
④ ISO 9001 인증

정답 ▶ ③

기출문제

다음 검사의 종류 중 검사공정에 의한 분류에 해당되지 않는 것은?

① 수입검사
② 출하검사
③ 출장검사
④ 공정검사

정답 ▶ ③

기출문제

검사의 분류 방법 중 검사가 행해지는 공정에 의한 분류에 속하는 것은?

① 관리 샘플링검사
② 로트별 샘플링검사
③ 전수검사
④ 출하검사

정답 ▶ ④

(2) 공수 계획

① **공수 계획** : 공정(직장)별 또는 기계별로 작업부하가 균등히 걸리도록 작업량을 할당하기 위한 것

② **공수의 단위** : 인일(Man day-계략적), 인시(Man hour), 인분(Man minute)

③ **공수 체감 곡선 식** : $Y = AX^B$

X : 단위당 평균 생산 시간
A : 최초제품의 생산 소요시간
B : 경사율

④ **누계 공수 계산 식** : $\int_0^{X_n} Y dx = \dfrac{AX_n^{B+1}}{B+1}$

3. 생산 방식

(1) 제품 시장의 특성에 따른 종류

① **주문 생산**
  ㉠ 고객의 주문에 따라 특정 제품을 생산하는 방식
  ㉡ 대형 선박, 고층 빌딩 등

② **계획 생산**
  ㉠ 일반 대중을 대상으로 일반적 상품을 연속적으로 생산하는 방식
  ㉡ TV, 자동차, 오디오 등

(2) 공정 관리의 특성에 따른 분류

① **연속 생산**
  ㉠ 단일 제품 또는 소품종 제품을 연속적으로 생산하는 방식
  ㉡ 단위당 생산원가가 낮음
  ㉢ 전자제품, 시멘트

② **로트(Lot) 생산**
  ㉠ 동일 제품 또는 부품을 일정한 수량만 생산하는 방식
  ㉡ **로트 수** : 일정한 제조횟수를 표시하는 개념(예정 생산목표량을 몇 회로 분할 생산하는 것인가)
  ㉢ **로트의 크기** : 예정 생산목표량을 로트 수로 나눈 것
  ㉣ **로트의 종류** : 제조명령 로트, 가공 로트, 이동 로트

기출문제

다음 중 단속생산 시스템과 비교한 연속생산 시스템의 특징으로 옳은 것은?

① 단위당 생산원가가 낮다.
② 다품종 소량생산에 적합하다.
③ 생산방식은 주문생산방식이다.
④ 생산설비는 범용설비를 사용한다.

정답 ①

4. 공정 관리

(1) 공정 관리 순서

공정 계획 → 일정 계획 → 작업 분해 → 진행 관리

① **공정 계획** : 작업의 진행 순서와 방법, 장소, 작업 시간 등을 결정하고 할당
② **일정 계획** : 작업 공정의 구체적인 시기를 확정
③ **작업 분배** : 작업자나 기계에 구체적인 작업을 할당하여 생산할 것을 지시
④ **진행 관리** : 작업 상황을 통제하며 진도를 관리

(2) 워크 펙터

① **측정법**
　㉠ PTS법 : 인간이 행하는 모든 작업의 구성을 기본동작으로 분해하여 그 동작의 설정과 조건에 따라 미리 정해진 시간치를 적용하는 방법
　㉡ MTM법 : 인간이 행하는 작업을 몇 개의 기본동작으로 분석하여 그 기본 동작간의 관계나 그것에 필요한 시간치를 밝히는 방법이며, 사용되는 단위는 1TMU로 1/100,000시간에 해당

② **워크 펙터의 시간단위** : 1WFU = 0.006초 = 0.0001분 = 0.0000007시

③ **워크 펙터 기호**

D	S	P	W	V
일시 정지	방향 조절	주의	중량(저항)	방향 변수

(3) 공정분석 기호

① 작업(Operation) : ○
② 운반(Transportation) : ⇨
③ 검사(Inspection) : □
④ 지연(Delay) : D
⑤ 저장(Storage) : ▽

(4) ECRS의 원칙

① 배제(Elominate)
② 결합(Combine)
③ 재배치(Rearrage)
④ 간소화(Simplify)

기출문제

표준시간 설정 시 미리 정해진 표를 활용하여 작업자의 동작에 대해 시간을 산정하는 시간연구법에 해당되는 것은?

① PTS법
② 스톱워치법
③ 워크샘플링법
④ 실적자료법

정답 ▶ ①

기출문제

모든 작업을 기본동작으로 분해하고, 각 기본 동작에 대하여 성질과 조건에 따라 미리 정해 놓은 시간치를 적용하여 정미시간을 산정하는 방법은?

① PTS법
② Work Sampling법
③ 스톱워치법
④ 실적자료법

정답 ▶ ①

기출문제

MTM(Method Time Measurement)법에서 사용되는 1TMU(Time Measurement Unit)는 몇 시간인가?

① $\frac{1}{100000}$
② $\frac{1}{10000}$
③ $\frac{6}{10000}$
④ $\frac{36}{1000}$

정답 ▶ ①

(5) 공정도 개선 원칙

① 재료취급의 원칙
② 레이아웃의 원칙
③ 동작경제의 원칙

(6) 반즈의 동작경제의 원칙

① **인체의 사용에 관한 원칙**
   ㉠ 양손의 동작은 동시에 시작하여 동시에 끝나야 한다.
   ㉡ 양손은 휴식시간을 제외하고는 동시에 쉬어서는 안 된다.
   ㉢ 팔의 동작은 서로 반대의 대칭적 방향으로 이루어져야 하며 동시에 행해져야 한다.
   ㉣ 손과 몸의 동작은 일에 만족스럽게 할 수 있는 가장 단순한 동작에 한정되어야 한다.
   ㉤ 작업에 도움이 되도록 가급적 물체의 관성(慣性)을 활용하고, 근육운동으로 작업을 수행하는 경우를 최소한으로 줄여야 한다.
   ㉥ 갑자기 예각방향으로 변화를 하는 직선동작보다는 유연하고 연속적인 곡선동작을 하는 것이 좋다.
   ㉦ 제한되거나 통제된 동작보다는 탄도적 동작이 보다 빠르고 쉬우며 정확하다.
   ㉧ 작업을 원활하고 자연스럽게 수행하는 데는 리듬이 중요하다. 가급적 쉽고 자연스러운 리듬이 가능하도록 작업이 배열되어야 한다.
   ㉨ 눈의 고정은 가급적 줄이고 함께 가까이 있도록 한다.

② **작업장의 배열에 관한 원칙**
   ㉠ 낙하식 운반방법을 사용한다.
   ㉡ 중력 이송원리를 이용하여 부품을 제품 사용위치까지 보낸다.
   ㉢ 작업자가 작업중에 자세를 변경할 수 있도록 작업대와 의자높이를 조정한다.
   ㉣ 적절한 조명을 한다.
   ㉤ 작업자가 좋은 자세를 취할 수 있도록 의자는 높이뿐만 아니라 디자인도 좋아야 한다.
   ㉥ 공구, 재료, 제어장치는 사용위치에 가까이 둔다.(정상작업영역, 최대작업영역)
   ㉦ 지정된 공구 재료는 지정된 위치에 있도록 한다.
   ㉧ 정해준 공구, 재료는 작업동작이 원활하게 수행되도록 그 위치를 정해준다.

③ **공구 및 장비의 설계에 관한 원칙**
   ㉠ 공구, 재료는 가능한 사용하기 쉽도록 미리 위치를 잡아준다.
   ㉡ 각 손가락이 서로 다른 작업을 할 때에는 작업량을 각 손가락의 능력에 맞게 배분한다.

기출문제

다음 중 반즈(Ralph M. Barnes)가 제시한 동작경제원칙에 해당되지 않는 것은?

① 표준작업의 원칙
② 신체의 사용에 관한 원칙
③ 작업장의 배치에 관한 원칙
④ 공구 및 설비의 디자인에 관한 원칙

정답 ▶ ①

기출문제

Ralph M. Barnes 교수가 제시한 동작경제의 원칙 중 작업장 배치에 관한 원칙(Arrangement of the workplace)에 해당되지 않는 것은?

① 가급적이면 낙하식 운반방법을 이용한다.
② 모든 공구나 재료는 지정된 위치에 있도록 한다.
③ 적절한 조명을 하여 작업자가 잘 보면서 작업할 수 있도록 한다.
④ 가급적 용이하고 자연스런 리듬을 타고 일할 수 있도록 작업을 구성하여야 한다.

정답 ▶ ④

ⓒ 레어, 핸들, 제어장치는 작업자가 몸의 자세를 크게 바꾸지 않더라도 조작하기 용이하도록 배치한다.
ⓔ 치구 즉답장치를 활용하여 양손이 다른 일을 할 수 있도록 한다.
ⓜ 공구의 기능을 결합하여 사용한다.

(7) 진도 관리

① **업무 단계** : 진도조사 → 진도편성 → 진도수정 → 지연조사 → 자연예방 대책 → 회복확인
② **조사 방법** : 전표 이용법, 구두 연락법, 직시법, 기계적 방법

(8) 공정 관리 기법

① **공정의 변화에 영향을 받는 3가지 형태**
  ㉠ 제한의 변화
  ㉡ 모델의 구조적인 변화
  ㉢ 모델계수의 변화

② **칸트 차트(Gantt Chart)**
  ㉠ 막대 길이로서 시간의 장단을 표시하는 도표
  ㉡ 공정 진행 관리에 널리 사용

③ **PERT 기법**
  ㉠ 경영관리자가 사업 목적을 달성하기 위해 수행하는 기본계획, 세부계획, 통계기능에 도움을 줄 수 있는 수직 기법
  ㉡ 계획 공정도를 중심으로 한 종합적인 관리 기법
  ㉢ 합리적인 계획으로 실패를 줄이며 성공하는 방법

④ **CPM 기법**
  ㉠ 각 활동의 소요일수 대 비용의 관계를 조사하여 최소비용으로 공사 계획이 수행될 수 있도록 최적의 공기를 구하는 방법
  ㉡ 비용을 극소화하여 이윤을 극대화하는 방법

⑤ **3점 견적법**
  ㉠ 낙관 시간치
  ㉡ 정상 시간치
  ㉢ 비관 시간치
  ㉣ 기대 시간치

⑥ **Come-Up 시스템**
  ㉠ 각 제품의 제조명령에 대하여 1공정 1전표를 완료예정일 순으로 전표를 정리하여 지연작업을 조사하는 방법
  ㉡ 제품 수가 많고, 공정의 길이가 일정하지 않은 경우에 사용

기출문제

공정의 변화에 의해 영향을 받는 기본적인 3가지 형태에 해당되지 않는 것은?

① 제한의 변화
② 원자재의 변화
③ 모델계수의 변화
④ 모델의 구조적인 변화

정답 ▶ ②

5. 제품 검사

(1) 제품 검사 개요
① 제품 검사는 완성된 물품에 대한 결과를 나타낼 뿐만 아니라, 그것을 생산한 공정에 대한 가장 신뢰성있는 정보가 된다.
② 제품 검사는 크게 전수검사와 샘플링검사로 나눈다.

(2) 전수 검사
① 전수 검사는 검사를 위해 제출된 모든 제품에 대하여 시험 또는 측정하여, 그 결과를 규격과 비교하여 양품만을 합격하는 검사이다.
② **전수 검사를 하는 경우**
  ㉠ 전수 검사를 하지 않고는 불량품을 제거할 수 없을 경우(공정이 불안정하여 층별할 수 없을 때)
  ㉡ 전수 검사가 용이하고 경제적일 경우(전구의 점등 시험)
  ㉢ 불량품이 섞이면 치명적 혹은 중대한 영향이 있을 경우(보일러의 내압시험)
  ㉣ 모든 물품이 양품이 아니면 안 되는 경우(칼라TV, 만년필, 시계)
  ㉤ 인명에 관련된 매우 중요한 경우(자동차 브레이크 시험)

(3) 샘플링 검사
① 불량품이 확실치 않은 Lot에서 샘플을 임의로 뽑아, 샘플의 결과와 Lot의 판정기준을 대조하여 합격여부를 판정하는 것이다.
② **샘플링 검사를 하는 경우**
  ㉠ 파괴검사의 경우(재료의 인장시험, 전구나 진공관의 수명시험)
  ㉡ 연속체나 대량품의 경우(전선, 필름, 석탄, 면사, 약품)
  ㉢ 검사에 막대한 비용과 시간이 걸릴 경우(자동차 파괴검사)
  ㉣ 생산자나 납품자에게 자극을 주고 싶은 경우(전량회수 등의 자극)
  ㉤ 검사항목이 많을 경우(CD, 패트병)

(4) 전수 검사 및 샘플링 검사의 한계점
① **전수 검사의 한계점**
  ㉠ 전수 검사의 문제점은 검사를 몇 번 반복해도 반드시 실수가 있다.
  ㉡ 이러한 문제를 없애기 위해선 검사항목, 검사대상, 방법 등을 적정하게 정하는 동시에 전수검사의 합격품에 대해서는 100% 품질보증이 가능하도록 계획되어 관리되어야 한다.

기출문제

전수 검사와 샘플링검사에 관한 설명으로 맞는 것은?
① 파괴 검사의 경우에는 전수 검사를 적용한다.
② 검사항목이 많을 경우 전수 검사보다 샘플링 검사가 유리하다.
③ 샘플링 검사는 부적합품이 섞여 들어가서는 안 되는 경우에 적용한다.
④ 생산자에게 품질향상의 자극을 주고 싶을 경우 전수 검사가 샘플링 검사보다 더 효과적이다.

정답 ②

기출문제

샘플링에 관한 설명으로 틀린 것은?
① 취락 샘플링에서는 취락 간의 차는 작게, 취락 내의 차는 크게 한다.
② 제조공정의 품질특성에 주기적인 변동이 있는 경우 샘플링을 적용하는 것이 좋다.
③ 시간적 또는 공간적으로 일정 간격을 두고 샘플링하는 방법을 계통 샘플링이라고 한다.
④ 모집단을 몇 개의 층으로 나누어 각 층마다 랜덤하게 시료를 추출하는 것을 층별 샘플링이라고 한다.

정답 ②

② **샘플링 검사의 한계점**
  ㉠ 샘플링 검사의 경우 샘플링이 잘못되어 제조공정에서 실제 발생하는 불량률보다 적게 나오는 샘플링을 하였을 때, 제조공정에 대하여 잘못된 판단이나 조치를 하게 되어 제품의 품질에 큰 손실을 준다.
  ㉡ 이러한 문제를 없애기 위해선 모집단에서 추출한 표본이 전부를 대표할 수 있도록 선택해야 한다. 이를 위해 랜덤 샘플링, 층별 샘플링, 취락 샘플링, 다단 샘플링 등의 방법이 있다.

(5) **샘플링의 종류**
  ① **랜덤 샘플링**
    ㉠ Lot 전체에서 랜덤하게 샘플링을 얻는 방법이다.
    ㉡ 층별추출이나 취락 샘플링, 다단 샘플링 등 많은 취락에서 몇 개의 취락을 샘플링하는 경우에도 적용된다.
  ② **다단 샘플링**
    ㉠ Lot으로부터 1차 샘플링 단위를 채취하고, 다음에 제2단계로 각각의 1차 샘플링 단위에서 2차 샘플링 단위를 채취한다.
  ③ **층별 샘플링**
    ㉠ Lot를 몇 개의 층으로 나누어 모든 층으로부터 샘플을 채취하는 것이나, 각 층으로부터는 랜덤하게 채취를 한다.
    ㉡ 층으로 나눌 때는 가능한 균일하게 되도록 한다.
    ㉢ 층내를 균일하게 할수록 전체의 샘플링 정밀도가 좋아진다.
  ④ **취락 샘플링**
    ㉠ Lot의 취락 사이의 산포는 대차가 없다는 것을 가정하여 하나의 취락을 정하여 그 전부를 샘플로 한다.
    ㉡ 취락을 잘 만들지 않으면 정밀도가 나쁘게 되거나 편중이 생길 위험이 있기 때문에, Lot의 여러 가지 부분이 같은 비율로 대표되어 있도록 취락 간에는 차가 없도록 하는 것이 중요하다.
  ⑤ **유의 샘플링**
    ㉠ Lot 전체의 평균치를 알기 위해 Lot 전체를 대표하는 샘플을 채취하지 않고 일부의 특정 부분을 채취하여 그 샘플의 값에서 전체를 미루어 살피는 방법이다.
    ㉡ 유의 샘플링은 전체에서 랜덤하게 취하는 것보다 정밀도가 좋고 샘플링이 손쉬우며, 경제적이라는 이유로 실시된다.
    ㉢ 단, 표본 추출시 전체의 평균을 대표하고 있는지 전체의 평균에 대한 치우침은 관리되어 있는지 등을 확인해 두지 않으면 잘못된 조치를 취할 위험이 크다.

기출문제

다음 중 샘플링 검사보다 전수 검사를 실시하는 것이 유리한 경우는?
① 검사항목이 많은 경우
② 파괴 검사를 해야 하는 경우
③ 품질특성치가 치명적인 결점을 포함하는 경우
④ 다수 다량의 것으로 어느 정도 부적합품이 섞여도 괜찮을 경우

정답 ▶ ③

기출문제

200개들이 상자가 15개 있을 때 각 상자로부터 제품을 랜덤하게 10개씩 샘플링 할 경우 이러한 샘플링 방법을 무엇이라 하는가?
① 층별 샘플링
② 계통 샘플링
③ 취락 샘플링
④ 2단계 샘플링

정답 ▶ ①

03 작업관리

1. 작업관리의 개요

(1) 작업관리의 정의

작업관리란 방법연구와 작업측정을 주 대상으로 인간이 관여하는 작업을 전반적으로 검토하고 작업의 경제성과 효율성에 미치는 모든 요인을 체계적으로 조사하여 최적 작업 시스템을 지향하는 것

(2) 표준시간

① **표준시간** : 작업에 적성이 있고 숙련된 작업자가 양호한 작업 환경 소정의 작업조건, 필요한 여유 및 소정의 작업에 미리 정해진 방법에 따라 수행한 시간

② **주작업시간과 준비시간의 합**

③ 표준시간 = 정미시간 × (1+여유율) → 외경법

표준시간 = $\dfrac{정미시간 \times 1}{1-여유율}$ → 내경법

(3) 레이팅

정상 페이스와 관측대상작업의 페이스를 비교 판단하여 관측시간치를 정상페이스의 시간치로 수정하는 것

(4) 여유시간

- 여유율(%) = $\dfrac{여유시간}{정미시간} \times 100$ → 외경법

- 여유율(%) = $\left(\dfrac{여유시간}{정미시간+여유시간}\right) \times 100$ → 내경법

(5) 시간 연구법의 측정단위 순서

공정 〉 단위작업 〉 요소작업 〉 동작작업

기출문제

여유시간이 5분, 정미시간이 40분일 경우 내경법으로 여유율을 구하면 약 몇 %인가?

① 6.33
② 9.05
③ 11.11
④ 12.50

정답 ③

풀이

여유율
=(여유시간/(정미시간+여유시간))×100
=(5/(40+5))×100
=(5/45)×100
=11.11%

2. 작업측정

(1) 작업측정의 의의

작업측정은 측정 대상 작업을 구성단위(요소작업)로 분할하여 시간을 척도로서 측정하고 평가 및 설계, 개선하는 것

(2) 테일러의 스톱워치법에 의한 직접측정법

① 계속법
② 반복법
③ 순환법

(3) 워크 샘플링

① 워크 샘플링은 영국의 통계학자 L.H.C Tippet가 가동률 조사를 위해 창안한 것으로, 스냅리딩(Snap Reading)이라고도 함
② 워크 샘플링은 사람이나 기계의 가동상태 및 작업의 종류 등을 순간적으로 관측하고 반복된 관측으로 각 관측항목의 시간구성이나 그 추이상황을 통계적으로 추측하는 방법
③ 통계적 추론을 이용하기 위하여 사람과 기계의 움직임을 순간적으로 관측하여 측정하는 방법

(4) 표준자료법

동일 종류에 포함되는 과업의 작업내용을 정상요소와 변수요소로 분류하여 사전 작업측정에 의한 변동요인과 시간치와의 관계를 해석하고 시간공식 또는 시간자료를 작성하여 개별 작업시간을 설정할 때마다 측정하지 않고 작성된 자료를 활용하여 표준시간을 구하는 방법

(5) 동작 연구

① **동작 연구의 목적** : 작업에 포함되어 있는 인간의 신체동작과 눈의 움직임을 분석함으로써 불필요한 동작을 배제 및 최적의 방법 설정

② **종류**
  ㉠ 양수분석 작업
  ㉡ 서블리그 분석
  ㉢ 동시동작 분석

(6) 가치 공학

기능분석가 기능평가를 체계적으로 하여 고객의 요구를 실현하는 방법

기출문제

테일러(F.W. Taylor)에 의해 처음 도입된 방법으로 작업시간을 직접 관측하여 표준시간을 설정하는 표준시간 설정기법은?

① PTS법
② 실적자료법
③ 표준자료법
④ 스톱워치법

정답 ④

기출문제

워크 샘플링에 관한 설명 중 틀린 것은?

① 워크 샘플링은 일명 스냅리딩(Snap Reading)이라 불린다.
② 워크 샘플링은 스톱워치를 사용하여 관측대상을 순간적으로 관측하는 것이다.
③ 워크 샘플링은 영국의 통계학자 L.H.C Tippet가 가동률 조사를 위해 창안한 것이다.
④ 워크 샘플링은 사람의 상태나 기계의 가동상태 및 작업의 종류 등을 순간적으로 관측하는 것이다.

정답 ②

(7) 유동 작업

① 각 공정의 작업시간이 균일하고, 작업공간들의 공정 순서대로 배치되어 있고, 시간적, 공간적 조건을 만족시키는 것
② **분류 기준** : 만족 시키는 정도, 분업적 조건, 운반적 조건
③ **종류** : 완전 유동작업, 불완전 유동작업
④ **편성 순서**
  ㉠ 피치타임의 결정
  ㉡ 유동작업화를 위한 공정 분석(단순공정분석)
  ㉢ 작업분석 및 시간측정
  ㉣ 작업내용의 분할, 합성(라인 밸런스)

(8) 레이아웃

① **플랜트 레이아웃** : 가정 경제적인 일련의 물적 생산 시스템으로 유동을 설계, 확립하는 것
② **배치의 원칙**
  ㉠ 총합의 원칙
  ㉡ 단거리 원칙
  ㉢ 유동의 원칙
  ㉣ 일체의 원칙

기출문제

다음 중 공장 작업 공정에서 레이아웃의 기본조건이 아닌 것은?

① 운반의 합리성을 고려한다.
② 재료 및 제품의 연속적 이동을 고려한다.
③ 미래의 변경에 대한 융통성을 부여한다.
④ 공간 이용시 입체화는 고려하지 않는다.

정답 ▶ ④

04 설비보전관리

1. 설비관리

(1) 설비관리의 의미
① **설비관리** : 유형고정자산의 총칭인 설비를 활용하여 기업이 목적으로 하는 수익성을 높이는 활동
② **협의적 설비관리** : 설비보전관리
③ **광의적 설비관리** : 설비계획에서 보전에 이르는 "종합적 관리"

(2) 설비관리의 목적
① 최고의 설비를 선정 도입하여 설비의 기능을 최대한으로 활용, 기업의 생산성 향상을 도모하는데 있다.
② 목적 달성을 위한 6요소
　㉠ 생산계획 달성　　㉡ 품질향상
　㉢ 환경개선　　　　㉣ 원가절감
　㉤ 재해예방　　　　㉥ 납기준수

(3) 설비관리의 필요성
① 제품 불량에 의한 손실
② 품질 저하에 따른 손실
③ 가동 중 원재료의 손실
④ 돌발 고장의 수리비의 지출
⑤ 생산 정지시간의 감산에 의한 손실
⑥ 정지 기간 중 작업자의 작업이 중지되어 대기 시간에 의한 손실
⑦ 생산계획 착오로 인한 납기 연장, 신용의 저하 등에서 오는 유형, 무형의 손실
⑧ 고장수리 후부터 평상 생산에 들어가기까지의 복구 기간 중의 저능률 조업에 따른 복구 손실

(4) 설비관리의 기본방침
① 설비관리 업무 체계의 확립 및 효과적인 운영
② 설비관리를 통한 생산성 향상
③ 설비관리를 통한 품질향상
④ 설비관리를 통한 원가절감

기출문제

설비배치 및 개선의 목적을 설명한 내용으로 가장 관계가 먼 것은?
① 재고품의 증가
② 설비투자 최소화
③ 이동거리의 감소
④ 작업자의 부하 평준화

정답 ▶ ①

(5) 설비관리(모듈) 시스템의 구성

① **설비자료 관리 모듈**
  ㉠ 설비의 효율적 관리를 위한 기초 자료를 관리하는 모듈이다.
  ㉡ 주로 BOM(bill of material) 형태로 구축되어 최종적으로 구성 예비품 (Spare Parts)까지 전체 구성 요소를 포함한다.

② **작업관리 모듈**
  ㉠ 사후 고장 처리 및 예방 보전 작업 등의 처리를 위한 모듈로 작업 지시서 (Work Order)의 작성관리, 작업분석, 비용, 정비이력분석, 작업결과 처리 등 작업에 관련된 모든 기능을 제공한다.
  ㉡ 작업 처리를 하는데 있어서 작업자에게 필요한 여러 가지 자료를 제공하고, 고장 분석, 비용 집계 등 유용한 데이터베이스를 구축할 수 있도록 한다.

③ **예방 보전 모듈**
  ㉠ 예방보전을 위한 일정 계획을 작성하고 이를 작업 지시서 또는 체크리스트, PDA(personal digital assistance) 등을 활용하여 예방 점검, 정비가 이루어 질 수 있도록 하는 기능이다.
  ㉡ 예방 점검, 정비에 필요한 각종 기준에 의해 보전 계획이 결정되며 필요한 공구, 자재, 작업 표준 등의 자료를 제공한다.

④ **자재 관리 모듈**
  ㉠ 보전 작업에 필요한 자재의 재고 수불을 목적으로 수급 예상치를 계산하고, 사용량 분석, 위치별 재고 파악, 실사 관리 등의 기능을 제공하는 모듈이다.
  ㉡ 작업 관리 모듈의 작업 계획에 따라 계산된 자재의 소요량 예측 정보 및 출고 자재의 설비 이력 반영, 구성 자재 목록 반영, 자재 사용 실적 누적 등의 기능을 제공한다.

⑤ **기술 자료 관리**
  ㉠ 모듈보전 작업에 소요되는 표준 작업 지침, 소요 공구, 소요 자재 등을 관리하여 정비에 필요한 노하우를 유지할 수 있도록 하는 모듈이다.

예방보전의 기능에 해당하지 않는 것은?
① 취급되어야 할 대상설비의 결정
② 정비작업에서 점검시기의 결정
③ 대상설비 점검개소의 결정
④ 대상설비의 외주이용도 결정

정답 ▶ ④

2. 설비보전

(1) 생산보전(PM : productive maintenance)의 종류

① 보전 예방
② 예방 보전
③ 개량 보전
④ 사후 보전

생산보전(PM : productive maintenance)의 내용에 속하지 않는 것은?
① 보전예방
② 안전보전
③ 예방보전
④ 개량보전

정답 ▶ ②

(2) 보전 조직의 형태

① 집중보전

㉠ **특징** : 모든 보전작업 및 요원이 한 관리자 밑에 조직되며, 보전 현장도 한 곳에 집중된다. 또한 설계나 공사관리, 예방보전관리 등이 한 곳에서 집중적으로 이루어진다.

㉡ **장단점**

장점	단점
• 기동성이 있음	• 현장과의 일체감이 결여됨
• 인원배치상의 유연성	• 작업장 이동시간의 소비
• 보전설비, 공구의 유효한 이용 가능	• 작업요청, 완료까지의 시간지연
• 특수기능자의 효율적 활용이 용이	• 보전요원의 특정설비 기술습득 난해
• 전 책임이 명확	• 생산라인, 공정 변경에 신속성 결여
• 보전원 통제가 확실	• 작업일정 조정에 보전부문 관여
• 보전비 관리가 확실	• 적절한 관리, 감독 및 통제필요
• 보전원의 기능향상 교육에 유리	

② 지역보전

㉠ **특징** : 조직상으로는 집중보전과 동일하고, 배치상으로는 각 지역에 분산된 형태이다. 지역이란 지리적 혹은 제품별, 제조별, 제조부문별, 업무별로 나누어 진다.

㉡ **장단점**

장점	단점
• 현장과의 일체감이 있음	• 인원배치상의 유연성 제약
• 작업장 이동시간의 절약	• 보전설비, 공구의 중복투자
• 작업요청에서 완료까지 신속한 처리	• 특수기능자 효과적 활용이 난이
• 보전요원의 특정설비 기술습득 용이	• 지역보전 그룹별로 스텝이 필요
• 생산라인, 공정 변경에 신속 대응	• 대규모 수리작업/작업조정이 난해
• 작업일정 조정이 용이	• 배치, 전환, 고용 등 인사문제 발생

③ 부문보전

㉠ **특징** : 보전요원은 각 제조부문의 감독 하에 놓인다. 작업계획은 생산할당에 책임을 가지고 임할 수 있는 관리자가 세운다.

기출문제

설비보전조직 중 지역보전(area maintenance)의 장·단점에 해당하지 않는 것은?

① 현장 왕복 시간이 증가한다.
② 조업요원과 지역보전요원과의 관계가 밀접해진다.
③ 보전요원이 현장에 있으므로 생산본위가 되며 생산의욕을 가진다.
④ 같은 사람이 같은 설비를 담당하므로 설비를 잘 알며 충분한 서비스를 할 수 있다.

정답 ▶ ①

ⓒ 장단점

장점	단점
• 현장과의 일체감이 있음 • 작업장 이동시간의 절약 • 작업요청에서 완료까지 신속한 처리 • 보전요원의 특정설비 기술습득 용이 • 생산라인, 공정변경에 신속 대응 • 보전계획과 생산계획의 균형	• 제조부문 감독자들의 보전업무 지원이 어려움 • 제조부문 감독자들이 보전작업을 무시할 수 있음 • 공당의 보전책임 분할 • 보전비 등 각종관리, 통계의 어려움 • 인사문제는 지역보전보다 복잡 • 기타 단점은 지역보전과 동일

④ 절충보전
  ㉠ 특징 : 지역보전이나 부문보전을 집중보전과 결합한 보전 방식
  ㉡ 장단점

장점	단점
• 집중보전 그룹의 기동성 • 지역보전그룹의 운전부문과의 일체감	• 집중보전 그룹의 보행로스 • 지역보전그룹의 노동효율이 낮음

3. 설비점검

(1) 점검 주기에 의한 구분

① **일상점검** : 운전이나 사용 중 또는 그 전후에 오감에 의하거나 점검 기구 등을 이용한 외관검사 및 일상적인 급유, 급지, 간단한 조정 등을 말한다. 최근에는 자동감지 시스템이나 PDA 등을 점검에 활용하기도 한다. (권장설비 : 돌발 고장에 의해 큰 손해, 피해가 예상되는 설비)

② **정기점검** : 주기적으로 설비의 열화 또는 노후 정도를 판정하여 수리 또는 개선할 목적으로 오감이나 점검기구를 사용하여 외관검사 또는 개방점검을 실시하는 것을 말한다.

③ **사후점검** : 예방보전적인 작업은 일절하지 않고, 고장이 난 경우에만 보수하는 보전 방법이다. 고장이 나도 경제손실은 없고 안전상의 문제도 없는 설비에 주로 적용한다.

④ **임시점검** : 천재지변, 기기고장, 순시점검 중이나 운전 시 이상 발견 시 실시한다.

⑤ **특별점검** : 점검주기에 의한 것이 아닌 수시점검 또는 부정기적인 점검을 말하는 것으로서, 설비를 처음 사용하는 경우, 설비를 분해 및 개조 또는 수리를 하였을 경우, 설비를 장시간 정지하였을 경우, 폭풍이나 호우ㆍ지진 등이 발생한 뒤 작업을 다시 시작할 때 등에 있어서 안전 담당자 등이 설비의 이상유무를 체크하기 위하여 실시하는 점검을 말한다.

기출문제

다음 내용은 설비보전조직에 대한 설명이다. 어떤 조직의 형태에 대한 설명인가?

> 보전작업자는 조직상 각 제조부문의 감독자 밑에 둔다.
> • 단점 : 생산우선에 의한 보전작업 경시, 보전기술 향상의 곤란성
> • 장점 : 운전자와 일체감 및 현장 감독의 용이성

① 집중보전
② 지역보전
③ 부문보전
④ 절충보전

기출문제

다음 중 점검시기에 의한 안전점검의 분류에 해당하지 않는 것은?

① 정기점검
② 성능점검
③ 임시점검
④ 특별점검

(2) 설비 중요도 선정
  ① 설비관리 수준의 높고 낮음을 부여하여 한정된 보전비, 인원, 시간으로 보전효율을 상승시키기 위함이다. 보전효과가 큰 것부터 보전계획 우선순위를 정한다.
  ② **설정기준** : 공장, 공정의 상태에 따라 다음 방법을 병행해서 결정한다.
     ㉠ **정성적 평가법** : 정지 또는 성능저하로 인한 재해, 공해의 영향이나 생산, 품질의 영향도 등의 중대성을 정성적으로 평가하여 S, A, B, C등으로 중요도를 부여한다.
     ㉡ **절대적 평가법** : 설비중요도 평가기준과 평가표에 의한 합계 점수를 내어 S, A, B, C급으로 나누는 방법이다.
  ③ **설비의 중요도에 의한 방법** : 공장 설비전체에 대해서 그 설비가 생산면(생산량, 품질 등)에 어떤 영향을 주는가, 고장이 발생했을 때 그 설비가 어느 정도 피해를 입었는지 등을 고려하여 결정
     ㉠ P: PRODUCTS 생산량(조업도, 예비기 유무 등)
     ㉡ Q: QUALITY 품질에 미치는 영향
     ㉢ C: COST 원가에 미치는 영향과 보수비 등
     ㉣ D: DELIVERY & DAMAGE 납기와 설비 피해
     ㉤ S: SAFETY 안전성 및 환경피해
  ④ **설비의 열화요인에 의한 방법**
     ㉠ 설비의 열화속도가 시간과 생산량, 동작회수 등의 파라메타에 비례하는지 여부에 따라 TBM/CBM/BM 등이 선택된다.
     ㉡ 열화경향의 변동이 적어 주기설정이 쉬울 경우는 TBM(정기보전), 열화경향이 일정치 않을 경우에는 CBM(예지보전)이 선택된다.
     ㉢ 실제로는 이 두 가지 방법을 조합하여 결정한다.
  ⑤ **설비 열화형의 종류**
     ㉠ 물리적 열화
     ㉡ 기능적 열화
     ㉢ 기술적 열화
     ㉣ 화폐적 열화

05 공업경영 계산

① 수요 예측 : $M_6 = \frac{1}{N}\sum_{x=1}^{5} x$

예 1. 표는 어느 회사의 월별 판매실적을 나타낸 것이다. 5개월 이동평균법으로 6월의 수요를 예측하면?

월	1	2	3	4	5
판매량	100	110	120	130	140

풀이 $M_6 = \frac{1}{N}\sum_{x=1}^{5} x$

$= \frac{1}{5}(100+110+120+130+140) = 120$

예 2. 다음 [표]를 참조하여 5개월 단순이동평균법으로 7월의 수요를 예측하면 몇 개인가?

월	1	2	3	4	5	6
실적	48	50	53	60	64	68

풀이 $M_6 = \frac{1}{N}\sum_{x=1}^{5} x$

$= \frac{1}{5}(50+53+60+64+68) = 59$

(7월의 수요 예측이므로 직전의 5개월 값만 계산한다)

② 도수율 : $= \frac{재해건수}{연노동시간수} \times 1,000,000$

예 500명이 근무하는 모회사에서 안전사고 6건에 8명의 재해자가 발생하였다. 이 회사의 재해 도수율은? (단, 연근로일수는 300일, 1일 근로시간은 8시간임)

풀이 1인 재해 도수율

$= \frac{재해건수}{연노동시간수} \times 1,000,000$

$= \frac{6}{300 \times 8} \times 1,000,000 = 2500$

∴ 재해 도수율

$= \frac{1인\ 재해\ 도수율}{인원} = \frac{2500}{500} = 5$

③ 편차 = 평균-데이터값
  예 다음의 데이터를 보고 편차 제곱합(S)을 구하면? (단, 소숫점 3자리까지 구하시오)
  [Data] : 18.8, 19.1, 18.8, 18.2, 18.4, 18.3, 19.0, 18.6, 19.2
  풀이 평균≒18.7 이므로
    편차는 0.1, 0.4, 0.1, -0.5, -0.3, -0.4, 0.3, -0.1, 0.5 이다.
    편차제곱은 0.01, 0.16, 0.01, 0.25, 0.09, 0.16, 0.09, 0.01, 0.25 이다.
    ∴ 편차제곱합은 1.03

④ 로트별 작업시간 : 로트별 작업시간 = $\dfrac{정미작업시간+준비작업시간}{로트수}$

  예 1. 준비 작업시간 100분, 개당 정미작업시간 15분, 로트 크기 20일 때 1개당 소요 작업시간(분)은 얼마인가? (단, 여유시간은 없다고 가정한다)
  풀이 로트별 작업시간 = $\dfrac{정미작업시간+준비작업시간}{로트수}$
    $= \dfrac{(15 \times 20) + 100}{20} = 20$

  예 2. 로트수가 10이고 준비작업시간이 20분이며, 로트별 정미작업시간이 60분이라면 1로트당 작업시간은?
  풀이 로트별 정미작업시간이 60분이므로 이 항목은 별도로 구분해야 함
    1로트당 작업시간 $= 60 + \dfrac{20}{10} = 62$

⑤ 중앙값(Me)=중앙의 데이터, 시료평균 $\bar{x} = \dfrac{1}{n}\sum x_1$, 제곱합

$S = \sum x_i^2 - \dfrac{(\sum x_i)^2}{n}$, 시료분산 $s^2 = \dfrac{S}{n-1}$, 범위 $R = x_{max} - x_{min}$,

미드레인지 $M = \dfrac{x_{max} + x_{min}}{2}$

  예 다음 데이터로부터 각각의 통계량을 계산하시오.

  21.5, 23.7, 24.3, 27.2, 29.1

  풀이 중앙값(Me) = 24.3
    시료평균($\bar{x}$) = $\bar{x} = \dfrac{1}{n}\sum x_1$
      $= \dfrac{1}{n}(21.5 + 23.7 + 24.3 + 27.2 + 29.1) = 25.16$
    제곱합(S) = $\sum x_i^2 - \dfrac{(\sum x_i)^2}{n} = 3201.08 - \dfrac{125.8^2}{5} = 35.952$
    시료분산(s2) = $\dfrac{S}{n-1} = \dfrac{35.952}{4} = 8.988$
    범위(R) = 최대치-최소치 = 29.1-21.5 = 7.6
    미드레인지(M) = $M = \dfrac{x_{max} + x_{min}}{2} = \dfrac{29.1 + 21.5}{2} = 25.3$

⑥ 손익분기점 계산 : 손익분기점 $= \dfrac{\text{고정비}}{\left(1-\dfrac{\text{변동비}}{\text{매출액}}\right)}$

예 어떤 회사의 매출액이 80,000원, 고정비가 15,000원, 변동비가 40,000원일 때 손익분기점 매출액은 얼마인가?

풀이 손익분기점 $= \dfrac{\text{고정비}}{\left(1-\dfrac{\text{변동비}}{\text{매출액}}\right)}$

$= \dfrac{15,000}{\left(1-\dfrac{40,000}{80,000}\right)} = 30,000$

⑦ 확률 계산(초기하분포 이용) : $P = \dfrac{\binom{M}{x}\binom{N-M}{n-x}}{\binom{N}{n}}$

(N=로트수, M = 부적합품수, n=샘플링수, x=시료중 얻어지는 부적합품개수)

예 로트의 크기 30, 부적합품률이 10%인 로트에서 시료의 크기를 5로 하여 랜덤 샘플링 할 때, 시료 중 부적합품수가 1개 이상일 확률은 얼마인가? (단, 초기하분포를 이용하여 계산한다)

풀이 부적합품수가 1 이상이므로 1개, 2개, 3개, 4개, 5개로 계산해야 하므로 5번 확률계산해야 하므로, 그럴 경우 부적합품수를 0개로 계산하고 결과값을 1에서 빼면 쉽다.

$P = 1 - \dfrac{\binom{M}{x}\binom{N-M}{n-x}}{\binom{N}{n}}$

$= 1 - \dfrac{\dfrac{3!}{0! \times 3!} \times \dfrac{27!}{5! \times 22!}}{\dfrac{30!}{5! \times 25!}}$

$= 1 - \dfrac{1 \times 80730}{142506} = 0.4335$

⑧ 확률 계산(이항분포 이용) : $P = nCr \cdot P^r \cdot Q^{(n-r)}$

예 로트크기 1000, 부적합품이 15% 로트에서 5개의 랜덤시료 중에서 발견된 부적합품수가 1개일 확률이 이항분포로 계산하면 약 얼마인가?

풀이 $P = nCr \cdot P^r \cdot Q^{(n-r)}$

n : 5(랜덤시료)

r : 1(부적합품수)

$P = {}_5C_1 \times \left(\dfrac{15}{100}\right)^1 \times \left(\dfrac{85}{100}\right)^{(5-1)}$

$= 5 \times \dfrac{15}{100} \times \left(\dfrac{85}{100}\right)^4 = 0.3915$

⑨ **비용구배 계산** : 비용구배 = $\dfrac{\text{급속비용} - \text{정상비용}}{\text{정상소요기간} - \text{급속소요기간}}$

예 1. 정상소요기간이 5일이고, 이때의 비용이 20,000원이며 특급소요기간이 3일이고, 이때의 비용이 30,000원이라면 비용구배는 얼마인가?

풀이 비용구배 = $\dfrac{\text{급속비용} - \text{정상비용}}{\text{정상소요기간} - \text{급속소요기간}}$

$= \dfrac{30,000 - 20,000}{5 - 3}$

$= \dfrac{10,000}{2} = 5,000$원/일

예 2. 어떤 공장에서 작업을 하는데 있어서 소요되는 기간과 비용이 다음 표와 같을 때 비용구배는?(단, 활동시간의 단위는 일(日)로 계산)

정상작업		특급작업	
기간	비용	기간	비용
15일	150만원	10일	200만원

풀이 비용구배 = $\dfrac{\text{급속비용} - \text{정상비용}}{\text{정상소요기간} - \text{급속소요기간}}$

$= \dfrac{2,000,000 - 1,500,000}{15 - 10}$

$= \dfrac{500,000}{5} = 100,000$원/일

⑩ **여유율(내경법)** :

여유율 = $\dfrac{\text{여유시간}}{\text{전체시간}} \times 100 = \dfrac{\text{여유시간}}{\text{여유시간} + \text{정미시간}} \times 100$

예 여유시간이 5분, 정미시간이 40분일 경우 내경법으로 여유율을 구하면 약 몇 %인가?

풀이 여유율 = $\dfrac{\text{여유시간}}{\text{여유시간} + \text{정미시간}} \times 100$

$= \dfrac{5}{5 + 40} \times 100 = 11.11$

⑪ **c관리도에서의 관리한계 CL, UCL, LCL 계산**

$CL = \bar{c}$
$UCL = \bar{c} + 3\sqrt{\bar{c}}$
$LCL = \bar{c} - 3\sqrt{\bar{c}}$ 　　여기서, $\bar{c} = \dfrac{\sum c}{k}$

예 c관리도에서 k=20인 군의 총 부적합수 합계는 58이었다. 이 관리도의 UCL, LCL을 계산하면 약 얼마인가?

풀이 $\bar{c} = \dfrac{\sum c}{k} = \dfrac{\text{총부적합수}}{\text{군의수}} = \dfrac{58}{20} = 2.9$

$\therefore UCL = \bar{c} + 3\sqrt{\bar{c}} = 2.9 + 3\sqrt{2.9} = 8.01$

$LCL = \bar{c} - 3\sqrt{\bar{c}} = 2.9 - 3\sqrt{2.9} = -2.21$

LCL은 (−)값이므로 고려하지 않음

⑫ np관리도에서의 관리한계 CL, UCL, LCL 계산

$CL = \overline{np}$
$UCL = \overline{np} + 3\sqrt{\overline{np}(1-\overline{p})}$
$LCL = \overline{np} - 3\sqrt{\overline{np}(1-\overline{p})}$

여기서, $\overline{np} = \dfrac{\sum np}{k}$

예 np관리도에서 시료군마다 시료수(n)는 100이고, 시료군의 수(k)는 20, $\sum np = 77$이다. 이때 np관리도의 관리상한선(UCL)을 구하면 약 얼마인가?

풀이 $\overline{np} = \dfrac{\sum np}{k} = \dfrac{77}{20} = 3.85$

$\overline{p} = \dfrac{\sum np}{\sum n} = \dfrac{77}{100 \times 20} = 0.0385$

$\therefore UCL = \overline{np} + 3\sqrt{\overline{np}(1-\overline{p})} = 3.85 + 3\sqrt{3.83 \times (1-0.0385)} = 9.61$

⑬ 3점 견적법

기대 시간치(T_e) : 일반적으로 기대되는 시간치

낙관 시간치(T_o) : 최소시간 또는 최단시간 추정치

정상 시간치(T_m) : 가장 흔하게 발생되는 정상적일 경우 최선의 시간치(보통 시간치)

비관 시간치(T_p) : 최대시간 또는 최장시간 추정치

기대 시간치 $T_e = \dfrac{(T_o + 4 \times T_m + T_p)}{6}$

분산 $\sigma^2 = \left(\dfrac{T_p - T_o}{6}\right)^2$

예 어떤 작업을 수행하는데 작업소요시간이 빠른 경우 5시간, 보통이면 8시간, 늦으면 12시간 걸린다고 예측되었다면 3점 견적법에 의한 기대 시간치와 분산을 계산하면 약 얼마인가?

풀이 기대 시간치 $T_e = \dfrac{(T_o + 4 \times T_m + T_p)}{6} = \dfrac{(5 + 4 \times 8 + 12)}{6} = 8.2$

분산 $\sigma^2 = \left(\dfrac{T_p - T_o}{6}\right)^2 = \left(\dfrac{12-5}{6}\right)^2 = 1.36$

⑭ 작업자 1명당 생산 가능 수 : 작업일수 $\times \left(\dfrac{1일작업시간}{소요공수} \right) \times$ 생산종합효율

> **예 1.** 자전거를 셀 방식으로 생산하는 공장에서, 자전거 1대당 소요공수가 14.5H이며, 1일 8H, 월 25일 작업을 한다면 작업자 1명당 월 생산 가능 대수는 몇 대인가? (단, 작업자의 생산종합효율은 80%이다)
>
> **풀이** 생산가능대수 = 작업일수 $\times \left(\dfrac{1일작업시간}{소요공수} \right) \times$ 생산종합효율
> $= 25 \times \left(\dfrac{8}{14.5} \right) \times 0.8 = 11$

> **예 2.** 월 100대의 제품을 생산하는데 세이퍼 1대의 제품 1대당 소요공수가 14.1[H]라 한다. 1일 8[H], 월 25일 가동한다고 할 때 이 제품 전부를 만드는데 필요한 세이퍼의 필요 대수를 계산하면? (단, 작업자 가동율 80(%), 세이퍼 가동율 90(%)이다)
>
> **풀이** 제품생산에 필요한 시간 / 필요대수 = 월 가용시간
> 필요대수 = 제품생산에 필요한 시간 / 월 가용시간
> $= (100 \times 14.4 / 0.9) / (8 \times 25 \times 0.8) = 10$

⑮ F.W.Harris 경제적 주문량

Q = 1회 주문량

H = 개당 연간재고비용

D = 연간 소요량

S = 회당 주문비용

재고비용 = 일평균재고(일회주문향/2) × 개당연간재고비용 = (Q/2) × H

주문비용 = 연간주문횟수(연간소비량/1회주문량) × 주문1번당비용 = (D/Q) × S

재고비용 = 주문비용이므로

$$1회주문량(Q) = \sqrt{\dfrac{2 \times 연간소요량 \times 회당주문비용}{개당연간재고비용}}$$

> **예** 연간 소요량 4,000개인 어떤 부품의 발주비용은 매회 200원이며, 부품 단가는 100원, 연간 재고유지 비용이 10%일 때, F.W.Harris 식에 의한 경제적 주문량은 얼마인가?
>
> **풀이** 재고비용 = (Q/2) × H = (Q/2) × (100 × 0.1)
> 주문비용 = (D/Q) × S = (4000/Q) × 200
> 재고비용 = 주문비용이므로
> (Q/2) × H = (D/Q) × S에서
> $Q = \sqrt{2DS/H} = \sqrt{2 \times 4,000 \times 200 / (100 \times 0.1)} = 400$

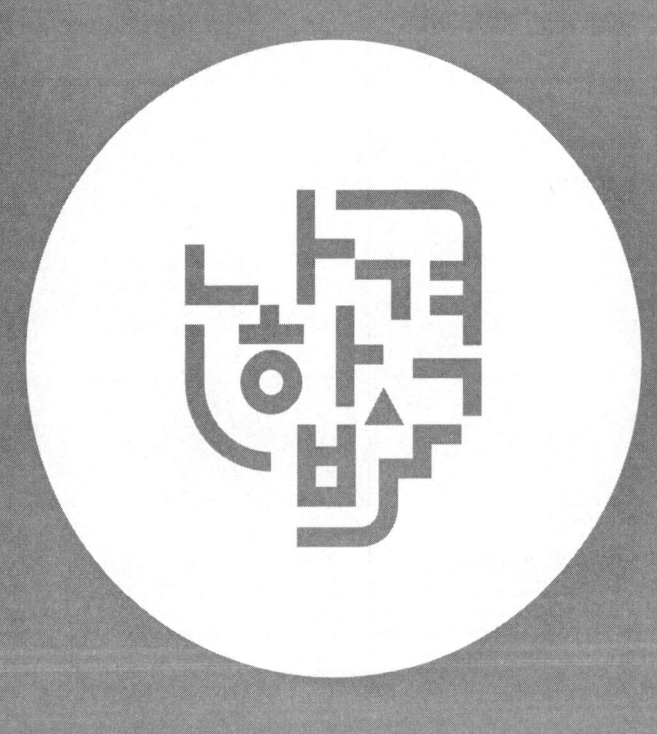

PART 03

제강이론 및 제강조업

01 제강의 개요
02 LD 전로 제강법
03 전기로 제강법
04 기타 제강법과 특수 정련법
05 조괴법
06 연속주조법

CHAPTER 01
제강의 개요

KEYWORD 제선, 제강, LD 전로, 전기로, 평로, 선철, 전처리, 고철, 용제, 슬래그, 탈황, 탈인

01 제강법의 종류와 특징

1. 제강의 개요

① 선철이나 고철을 주원료로 하고, 산화제, 용제 및 탈산제 등의 부원료를 이용하여 용해 및 정련함으로써 유해원소를 제거하여 사용목적에 맞는 성질의 강을 생산하는 것

② **강과 주철의 구분** : 금속 조직상 탄소 함유량이 2% 이하를 강, 2% 이상을 주철

③ **선철**
  ㉠ 제선 공정에서 용광로에서 철광석을 환원하여 제조된 철
  ㉡ 탄소 함유량이 많고, P, S, Si, Mn 등의 불순물이 많이 함유
  ㉢ 경도가 높고 취약해 정련하여 탄소량을 줄이고, 유해원소를 제거하는 공정이 제강 공정

④ **제강과 제선의 반응**
  ㉠ 제강의 반응 : 산화반응
  ㉡ 제선의 반응 : 환원반응

2. 제강법의 종류

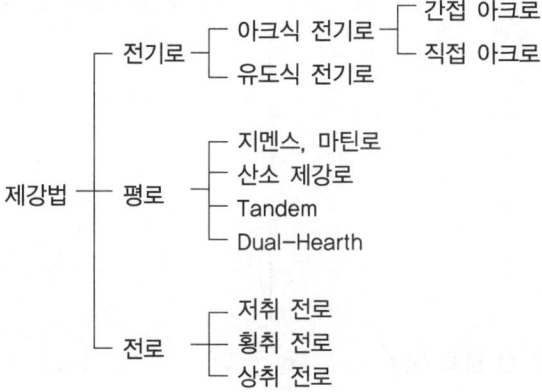

3. 제강법의 비교

구분	원료		열원	장점	단점
	주원료	산화제			

전로법	• 용선
	• 냉선
	• 고철
		• 순산소	• 용선의 현열
			• 불순물의
			  연소열
				• 제강시간이 짧다.
				• 대량생산 가능
				• 건설비 저렴
				• 규칙적인 출강
					• 용선이 필수적
					• 성분의 미세조정
					  곤란

평로법	• 고철	• 철광석 • 산소	• 중유 • 가스	• 성분조정 용이 • 강종 생산 광범위 • 각종 원료 사용가능	• 생산원가가 높다. • 제강시간이 길다. • 외부연료 다량 필요 • 설비비 고가
전기 로법	• 고철 • 선철	• 철광석 • 산소	• 전기에너지	• 성분조절 용이 • 온도조절 용이 • 양질의 강 생산	• 생산비가 높다. • 전력비 고가 • 생산성이 낮다.

기출문제

LD 전로 제강에서 사용하는 주원료가 아닌 것은?
① 용선
② 고철
③ 냉선
④ 철광석

 ④

기출문제

전기로 제강에 사용되는 주원료는?
① 매트
② 배소광
③ 고철
④ 산화규소

 ③

4. 제강법의 역사

(1) 전로법

① 1856년 베서머(Bessemer)에 의해 저취 전로법 발명
② 공기를 취입하는 것만으로도 용선이 용강을 변하게 하고, 용강의 대량 생산을 가능하게 함
③ 듀러(Durrer)에 의해 제2차 세계대전 후 순 산소 제강법 다시 연구
④ 1949년 오스트리아 린쯔(Lintz)와 도나비쯔(Donawitz) 공장에 본격 설치
⑤ 1952년 LD(Lintz-Donawitz) 전로가 본격적으로 조업 시작

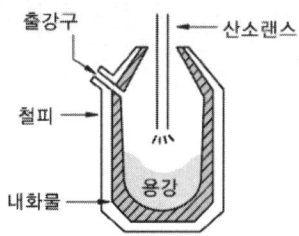

(2) 평로법

① 독일의 지멘스(Siemens)가 예열 방식을 고안
② 1865년 프랑스 마르텡(Martin)이 축열식로를 기초로 한 평로 개발
③ 용해실이 평탄한 배 밑과 같은 모양이므로 평로(Open Hearth Furnace)라 함

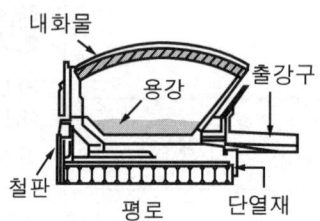

(3) 전기로법

① 1860년경 합금철의 생산에 도가니로를 사용
② 1878년 지멘스(Siemens)가 탄소 아크의 원리를 바탕으로 전기 제강 시도
③ 슈나이더(Schneider) 회사의 라프라쯔(Lapraz) 공장에서 아크로에 의한 전기 제강에 성공
④ 1890년 이탈리아의 스타사노(Stassano) 전기 제강 시도
⑤ 1899년 스웨덴의 켈린(Khelin)이 유도 전기로의 공업화 성공
⑥ 1906년 미국 홀콤(Holcomb) 회사에서 에루(Heroult)식 전기로 조업 시작
⑦ 1914년 미국에 유도로가 건설
⑧ 에루식로의 개발로 높은 온도를 필요로 하는 페로실리콘(Fe-Si), 페로망간(Fe-Mn) 생산도 가능

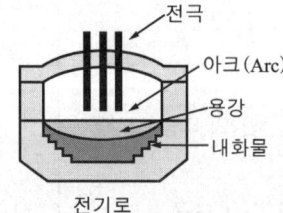

5. 현대 제강 기술

① 퍼들법이 1880년 염기성법의 개발로 쇠퇴하고 용강 제조를 축으로 하여 제선, 제강, 조괴, 압연 등의 근대 제철 방식이 확립
② **철강 기술 발전의 외적 요소**
  ㉠ 철강 소비 산업의 확대
  ㉡ 기술적 고도화 요구
  ㉢ 자원조건의 변화
  ㉣ 인건비의 상승
③ 외적 조건의 변화로 철강의 대형화, 고속화, 연속조업, 자동화 요구
④ 고로의 대형화, 조업의 신속화, 고능률화, 원료처리 기술 발달
⑤ 산소 전로의 발달로 제강 기술 발달
⑥ 1940년부터 독일의 만네스만(Mannesmann)에 의해 연속주조법 개발
⑦ 1947년 비스라(BRISRA) 회사에서 비스라법, 웨이브리지법 연속주조법 개발
⑧ **계측관리, 자동화, 컴퓨터 도입** : 원료 배합부터 제품 검사 출하까지 전공정을 온라인으로 조정

02 제강 원료

1. 주원료

※ **제강 주원료** : 용선(선철), 냉선, 고철

(1) 선철

① **용선**
  ㉠ 용광로에서 나와 녹아 있는 상태의 선철
  ㉡ 용선은 고로에서 출선된 다음 혼선로, 용선차를 거쳐 전로에 장입
  ㉢ 용선의 성분은 온도에 영향을 주므로 부원료 등의 조정이 필요
  ㉣ 선철 중의 C, Si, Mn 등은 산소와 반응하여 열을 발생
  ㉤ P, S 등은 불순물로 강중에 잔류하지 않는 것이 좋음
② **선철의 특징**
  ㉠ 철의 5대 불순물 원소(C, Si, Mn, S, P)가 다량 함유
  ㉡ C 3.0~4.5%, Si 0.2~3.0%, Mn 0.5~2%, P 0.02~0.5%, S 0.01~0.1%

ⓒ 단단하고 강하지만 취약해서 부서지기 쉬움
　　ⓓ 탄소를 많이 함유하고 있어 가공이 어려움
　　ⓔ 주물로 이용하지만 강을 만들기 위한 원료로 이용

(2) 선철 내 불순물 5대 원소의 특징

① 탄소(C)
　㉠ 용선의 온도 및 규소에 의해 포화량이 결정
　㉡ 산화 반응에 의해 일산화탄소, 이산화탄소로 되어 제거
　㉢ 실제 조업에서 함유량은 중요하지 않음

② 규소(Si)
　㉠ 산소와 반응하여 이산화규소로 되어 열량(발열반응), 용제량, 용제 염기도를 변화시킴
　　ⓐ 반응식 : $Si + O_2 = SiO_2$
　㉡ **규소 함량이 너무 적을 때** : 산화반응열이 적고 용선의 유동성이 나빠짐
　㉢ **규소 함량이 너무 높을 때**
　　ⓐ 산화반응열이 많아지지만 이산화규소의 양이 증가
　　ⓑ 플럭스로 사용하는 석회석의 양이 증가하여 강재의 양이 증가
　　ⓒ 탈인, 탈황을 저해
　　ⓓ 슬래그 양이 증가하여 슬로핑(slopping) 증가로 실수율이 저하
　㉣ 용선 배합율이 적을 때는 규소의 양이 약간 많은 것이 유리함
　㉤ **통상 함유량** : 0.6~0.8%

③ 망간(Mn)
　㉠ **반응식** : $Mn + FeO = MnO + Fe$
　㉡ 강의 성질을 좌우하는 중요한 원소
　㉢ 용선 중의 망간의 함유량이 많으면 슬래그 손실이 증가
　㉣ 적으면 잔류 망간이 적어 강의 품질이 저하
　㉤ **통상 함유량** : 0.6~0.8%

④ 인(P)
　㉠ LD 전로에서 인을 제거하는 것이 평로보다 약간 어려움
　㉡ LD 전로에서의 탈인율은 보통 80~90%
　㉢ 강중의 인의 함유량은 적을수록 유리
　㉣ 용선 중의 인의 함유량이 많을수록 특별취련(Double Slag)이 필요
　㉤ **통상 함유량** : 0.15~0.25%

⑤ 황(S)
　㉠ 인과 함께 강중의 불순물로 매우 좋지 않음(고온취성 유발)
　㉡ LD 전로는 평로, 전기로에 비해 탈황률이 약간 나쁨

기출문제

전로 제강에 쓰이는 선철 중에 포함된 5대 성분이 아닌 것은?
① 망간(Mn)
② 규소(Si)
③ 인(P)
④ 티타늄(Ti)

정답 ④

기출문제

철강의 5대 구성원소 중 철(Fe)과 결합하여 고온취성을 일으키는 원소는?
① S　　② P
③ Mn　　④ Si

정답 ①

ⓒ 보통 조업에서 35~50%
　　　ⓓ 선철 중의 황은 적은 편이 유리
　　　ⓔ **통상 함유량** : 0.02~0.04%
　　⑥ **기타 불순물** : Cu, Ti, As 등으로 0.1% 이하로 조절

(3) **고철**

　① **종류**
　　　㉠ **자가발생 고철** : 자가환원 고철, 자가회수 고철
　　　㉡ **구입 고철** : 시중가공 고철, 시중노폐 고철

　② **자가발생 고철(환원 고철)**
　　　㉠ 강재의 제조공정 중에 발생
　　　㉡ 강괴, 블룸, 빌릿, 강관, 봉강 등의 절단철, 용강의 흘림철, 절단철, 압탕, 탕도, 불합격품, 스케일 등
　　　㉢ 별도 가공처리 없이 전량 회수하여 재사용
　　　㉣ 제강공장이나 주물공장의 용해량과 최종 제품의 양에 비례
　　　㉤ **발생률은 강의 종류나 제품에 따라 차이가 있음** : 출강량의 20%
　　　㉥ 품질 확실, 발생량 안정
　　　㉦ 특수 합금원소 함유 고철, 저황 고철은 별도 분류하여 사용

　③ **구입 고철**
　　　㉠ 가공 고철은 기계공장, 철강재 가공 공장, 조선·자동차 공장에서 발생
　　　㉡ 재활용을 위한 고철의 가공 작업이 필요

　④ **노폐 고철**
　　　㉠ 유용성이 소멸되어 폐기 처리된 철강 폐기물
　　　㉡ 가공 처리를 하여 재사용
　　　㉢ 폐차, 철도, 기계, 선박, 건축자재 등에서 발생
　　　㉣ 재사용 시 분류 정돈을 잘하여 불순물의 혼입을 가급적 방지
　　　㉤ 자력선별법을 통하여 불순물, 비철을 제거
　　　㉥ 품질과 형상이 불안정하므로 전로에 사용하기 전에 적당한 크기로 절단, 압축하여 사용

　⑤ **중량 고철**
　　　㉠ 취련 중 용해가 완료되지 않고 출강 시 노의 바닥에 미용해로 남음
　　　㉡ 장입 시 충격으로 노의 내부 벽돌이 손상
　　　㉢ 중량의 고철을 다량으로 장입한 경우 노 내 고철이 용선을 덮어 취련개시 중 착화를 방해

2. 산화제

(1) 개요

① **산화제** : 산화를 일으키는 물질
② **종류** : 철광석, 밀 스케일(Mill Scale), 망간광, 산소
③ 산화제 첨가로 인한 분해, 흡열 작용으로 용탕의 온도 냉각 작용

(2) 철광석

① 적철광, 자철광 등을 주로 사용
② P, S의 함유량이 적은 적철광이 유리
③ Al_2O_3, SiO_2 성분이 10% 이하, 입도 10~50mm가 적당
④ 수분 함량이 적은 것 사용
⑤ 적당한 강도를 가져야 장입 시 분화되지 않음
⑥ 철광석 대신 소결광을 사용하기도 하지만 큰 차이는 없음

(3) 밀 스케일(Mill Scale)

① **밀 스케일(철 부스러기)** : 주로 제철소에서 압연 등의 가공 공정 중에 발생하는 철 부스러기로 주성분은 Fe, FeO, Fe_3O_4, Fe_2O_3 등이다.
② 철광석보다 산소를 많이 함유, 불순물도 적고 서렴
③ S을 많이 함유하고 있으므로 주의
④ 10mm 이하의 크기로 정립, 수분 제거 후 사용
⑤ 강괴나 슬래브를 스카핑(Scarfing)할 때 발생하는 스카핑 스케일도 산화정도에 따라 사용 가능

(4) 망간광

① 철광석보다 산화력이 떨어짐
② Mn 50% 이상 함유된 광석 사용
③ S, P의 함유량이 적은 것 사용

3. 조재제(Flux)

(1) 개요

① 정련 시 품질이 우수한 강재를 얻기 위해서 좋은 슬래그를 만드는 것이 중요
② **좋은 슬래그를 위한 조재제** : 생석회(CaO), 석회석($CaCO_3$), 형석(CaF_2), 망간광석, 모래 등
③ 조재제가 첨가되므로 인해 화학조성 및 유동성을 갖춘 슬래그 생성

기출문제

철광석 구비조건에 적합하지 않은 것은?
① 철함유량이 높고 Al_2O_3, SiO_2 성분이 높을 것
② P, S, As 성분이 적을 것
③ 피환원성이 좋을 것
④ 장입에 견디는 강도와 환원분화성이 적을 것

정답 ▶ ①

(2) 슬래그

① 목적 금속이나 매트상에 용해되는 것이 바람직하지 않은 불순물 등이 주로 산화물의 형태로 혼합 용융되어 균일한 조성을 이룬 액체

② 슬래그를 구성하는 산화물
  ㉠ 염기성 산화물 : 산소 이온을 쉽게 내보내어 상대방에게 주는 산화물. CaO, MgO, FeO, Na_2O 등
  ㉡ 산성 산화물 : 산소 이온을 받아 강하게 결합하는 것. SiO_2, P_2O_5, B_2O_3
  ㉢ 중성 산화물 : Al_2O_3, Cr_2O_3, FeO

③ 규산도 = $\dfrac{SiO_2 \text{ 중의 산소무게}}{\text{염기성 산화물 중의 전체 산소무게}}$

④ 염기도 = $\dfrac{\text{염기성 성분의 합}}{\text{산성 성분의 합}} = \dfrac{CaO}{SiO_2}$

⑤ 제강 중 슬래그의 역할
  ㉠ 정련 작용(불순물 제거)
  ㉡ 용강의 산화 방지
  ㉢ 외부 가스 흡수 방지
  ㉣ 보온(열의 방출 차단)
  ㉤ 용강 중으로 산소를 운반하는 매개체

⑥ 좋은 슬래그를 만들기 위하여 용제가 지녀야 할 조건
  ㉠ 용융점이 낮을 것
  ㉡ 점성이 낮고 좋은 유동성을 지닐 것
  ㉢ 조금속과 비중차가 클 것
  ㉣ 불순물의 용해도는 크고, 목적 금속의 용해도가 작을 것
  ㉤ 쉽게 구입이 가능하며, 가격이 저렴할 것
  ㉥ 환경에 유해한 성분이 없을 것

⑦ 슬래그의 점도(유동성과 반대의 성질) 및 비중 관계
  ㉠ 형석 : 소량 첨가해도 슬래그의 용융점을 낮추어 유동성을 향상시키는 데 큰 효과를 볼 수 있지만, 내화물 침식작용이 있어서 초기 소량만 사용해야 한다.
  ㉡ MgO : 소량이라도 용융점을 크게 상승하여 점도를 높이게 된다.
  ㉢ 점도가 낮을수록 유동성이 좋다.

기출 문제

강재의 성분구성을 구분한 것 중 틀린 것은?
① 염기성 산화물 : Al_2O_3,
  양성 산화물 : P_2O_5
② 염기성 산화물 : Na_2O,
  산성 산화물 : SiO_2
③ 염기성 산화물 : MnO,
  양성 산화물 : Al_2O_3
④ 염기성 산화물 : CaO,
  산성 산화물 : SiO_2

정답 ▶ ①

기출 문제

염기성 성분이 아닌 것은?
① SiO_2 ② CaO
③ MnO ④ Na_2O

정답 ▶ ①

기출 문제

제강에서 사용하는 강재의 기능을 설명한 것 중 틀린 것은?
① 노 내 분위기로부터 산소, 기타 가스에 의한 오염을 방지한다.
② Fe 등 기타 유용원소 손실을 크게 하는 역할을 한다.
③ 산소를 운반하는 매개체로부터 산화철을 보유하고 있다.
④ P, S 등 유해원소를 제거해 준다.

정답 ▶ ②

기출 문제

슬래그의 역할로 틀린 것은?
① 가스 흡수방지
② 정련작용을 한다.
③ 열의 방출작용을 한다.
④ 용강의 산화방지

정답 ▶ ③

(3) 석회석과 생석회(산화칼슘)

① 특징

㉠ 석회석 및 생석회의 성분

성분(%) 종류	CaO	SiO_2	MgO	Fe_2O_3	Al_2O_3	P	S	작업 감량
석회석	54~56	0.5	0.5~1.8	0.3~0.5	0.05~0.2			42~43
생석회	91~93	1~2	0.8	0.3	0.1~0.2	0.02	0.05	4~6

㉡ 석회석과 생석회는 염기성로의 경우 가장 중요한 조재제
㉢ 전로, 평로, 전기로 등 대부분 제강로에 적용
㉣ 고로에서 철광석 중에 암석 성분이나 불순물와 배합하여 용해하기 쉬운 슬래그로 배출하는 역할
㉤ 선철 중의 황 성분을 제거
㉥ 석회석
  ⓐ 산화칼슘 끓음(Lime Boiling) : 석회석의 노 내 반응으로 용강의 격렬한 교반
  ⓑ $CaCO_3 \rightarrow CaO + CO_2 - 42,500(cal/mol)$
㉦ 생석회(산화칼슘)
  ⓐ 석회석을 소성하여 제조한 것으로 염기성로에서 반드시 사용
  ⓑ 생석회는 이산화탄소가 남지 않도록 충분히 소성한 것이 가장 품질이 우수
  ⓒ 황과 함께 이산화규소가 적은 것이 좋음(이산화규소는 2% 이하로)
  ⓓ 소성한 다음 오랜 시간 지나면 대기 중의 수분을 흡수하므로 빨리 사용해야 함

② LD 전로에서의 사용상 특징

㉠ 용선 배합률이 높고, 열량적으로 유리할 때 초기부터 장입하여 냉각제 및 조재제로서의 효과 기대
㉡ 취련 중 $100kg_f$ 정도씩 분할 투입하여 냉각 효과, 조재 효과, 슬로핑(Slopping) 방지
㉢ 열적으로 불리할 때 냉각 효과를 저하시키기 위해 전량 산화칼슘으로 조업

③ LD 전로에서 요구되는 산화칼슘의 성질

㉠ 소성이 잘 되어 반응성이 좋을 것
㉡ 세립 및 정립되어 있어서 반응성이 좋을 것
㉢ 가루가 적어 다룰 때 손실이 적을 것
㉣ 수송 또는 저장 중에 풍화 현상이 적을 것
㉤ 인, 황, 이산화규소 등의 불순물이 적을 것

기출문제

부원료 중 전로에서 탈인, 탈규의 목적으로 투입하여 염기성 슬래그를 형성하는 생석회(CaO)의 품질요구 특성이 아닌 것은?

① 연소하여 반응성이 좋을 것
② 세립, 정립이고 분이 적을 것
③ 수분을 많이 함유하고 있을 것
④ 수송, 저장 중에 풍화 현상이 적을 것

정답 ▶ ③

(4) 형석

① 형석의 성분

  ㉠ 주성분 : 플루오루화칼슘(CaF_2)

  ㉡ 불순물 : $CaCO_3$, SiO_2, Fe_2O_3, Al_2O_3, S 등

성분	CaF_2	SiO_2	$Al_2O_3 + Fe_2O_3$	$CaCO_3$	S
(%)	60~90	1.5~4.5	1.5~2.0	3.0~9.0	0.5% 이하

  ㉢ 용융점 : 935~950℃

② 특징

  ㉠ 염기성 강재는 산화칼슘이 많아서 유동성을 저해하므로 형석을 첨가하여 유동성을 증가시킴

  ㉡ 유동성 증가는 정련의 속도를 촉진

  ㉢ 너무 많이 사용하면 내화물의 침식이 증가

  ㉣ 사용량 : 산화칼슘의 5% 정도, 원단위로는 2~3kgf/t·pig

  ㉤ 대용품

  ⓐ 산성 벽돌 부스러기, 규사, 모래 및 슬래그 가루 등을 사용

  ⓑ 탈황 작용이 없음

  ⓒ 이산화규소가 많아 강재의 염기도가 저하

(5) 복합 플럭스(Flux)

① 산화철과 산화칼슘을 혼합한 것을 소성하여 칼슘 페라이트로 복합 플럭스 제조

② 복합 플럭스 제조방법

  ㉠ 산화철로 평로 및 전로의 먼지에 산화칼슘 가루 40~95% 혼합하여 40mm 크기로 성형, 이를 배소로에서 1,100~1,250℃로 소성

  ㉡ 5~20mm로 정립된 석회석에 산화철 2%, 수분 2%를 넣고 회전로(Rotary Kiln)에서 1,300℃로 소성

③ 특징 및 효과

  ㉠ 칼슘 페라이트의 용융점 : 1,400℃

  ㉡ 산화칼슘의 용융점이 낮아져 취련 초기의 재화성이 향상

  ㉢ 탈인율이 향상

제철 조업에서 유동성이 가장 좋은 것은?

① 규석
② 석회석
③ 산화마그네슘
④ 형석

정답 ▶ ④

4. 탈산제

(1) 개요

① **탈산제** : 용융 금속으로부터 산소를 제거하는 역할
② **제강용 탈산제** : 페로망간(Fe-Mn), 알루미늄
③ **구리용 탈산제** : 인, 규소
④ 응고할 때 가스 발생이 없어야 함
⑤ 용강에 신속히 용해되고, 산소와 친화력이 커야 함
⑥ 탈산 반응 생성물의 부상이 빨라야 함

(2) 망간철

① 페로망간, 경철(13~30% Mn을 함유한 선철)을 탈산제로 사용
② **탈산 반응** : $FeO + Mn \rightarrow MnO + Fe$
③ 망간의 양이 많을 경우 $FeS + Mn \rightarrow MnS + Fe$ 반응으로 MnS가 슬래그 속으로 들어감
④ 밀도와 점성을 낮추고, 탈황 작용도 있음

종류	Mn	Si	P	S	C
저탄소 페로망간	70~75	<1.25	<0.35	<0.05	<0.75
중탄소 페로망간	70~75	<1.25	<0.35	<0.05	<1.5
고탄소 페로망간	70~75	<1.25	<0.35	<0.05	<7.5

(3) 규소철

① 규소는 망간보다 5배 정도의 탈산력이 있음
② 페로실리콘(Fe-Si)으로 사용
③ **탈산 반응** : $2FeO + Si \rightarrow SiO_2 + 2Fe$
④ 노, 레이들의 예비 탈산에 주로 사용
⑤ 용강이 레이들에서 반 정도 출강되었을 때 첨가하면 탈산 효과 우수

종류	Si	C	P	S
저규소 페로실리콘	10~17	<1.25	<0.15	<0.06
고규소 페로실리콘	25, 50, 75, 80, 85, 90~95	<1.25	<0.15	<0.06

(4) 알루미늄

① 탈산력이 규소의 17배, 망간의 90배
② 적당량 첨가로 결정입 미세화 및 균일화 효과적
③ 너무 많이 첨가하면 강의 취성이 증가

기출 문제

탈산제의 구비조건으로 맞는 것은?
① 가격이 비싸고 대량으로 사용할 것
② 산소와의 친화력이 작을 것
③ 용강 중에 천천히 용해할 것
④ 탈산 생성물의 부상속도가 클 것

정답 ▶ ④

기출 문제

용강에 첨가해서 밀도와 점성을 동시에 낮추는 원소는?
① Mn ② Cu
③ Co ④ Ni

정답 ▶ ①

④ 질화물인 AlN은 미세 석출하여 강의 결정립 미세화에 효과적이어서 극미세 강 제조가 가능
⑤ 탈질, 탈산용으로 0.1% 이하로 첨가
⑥ **탈산 반응** : $3FeO + 2Al \rightarrow 3Fe + Al_2O_3$
⑦ 90% 이상의 재생 알루미늄 막대로 만들어 레이들에 첨가
⑧ 주형에 주입할 때는 알갱이 모양을 사용
⑨ 재생 알루미늄에 Cu 성분이 함유되어 있으면 안되므로 주의

(5) 실리콘 망간(Si-Mn)

① 출강까지의 시간 단축, 비금속 물질의 감소
② Si 20%, Mn 60%의 실리콘 망간 사용
③ **용융점** : 1,135℃

(6) 칼슘 실리콘(Ca-Si)

① Ca 25~30%, Si 55~60%, C<1.0%의 칼슘 실리콘 사용
② **용융점** : 1,110℃
③ 20mm 이하로 출강 통, 레이들에 첨가

(7) 탄소(C)

① 가탄제로 코크스, 무연탄 가루, 전극 부스러기 등을 사용
② 수분, 회분, 인, 황 등의 불순물이 적어야 함
③ 레이들 중에 첨가하여 용강의 탄소를 높이는 데 사용

(8) 탈산제의 탈산 능력 비교

① Al은 Si의 17배
② Al은 Mn의 90배
③ Si는 Mn의 5배

03 용선의 제강 전처리

1. 혼선로와 용선차

(1) 개요

① 제강 주원료인 용선은 고로에서 곧바로 전로에 주입하여 제강 작업을 진행하지 않고 보관을 하기 때문에 혼선로나 용선차가 필요
② 고로에서 나온 용선을 저장 후 필요에 따라 제강로에 공급, 공급 전 예비 정련 실시
③ **주입하는 용선의 온도** : 1,200~1,300℃
④ **보관 중 용선의 온도는 1,300℃ 이상을 유지** : COG, BFG로 가열

(2) 혼선로의 기능

① 용선의 열 발산이 적고, 용선을 필요 온도로 가열이 가능
② **용선의 성분을 균일화하기가 용이** : 고로에서 나온 용선의 성분이 불균일하므로 다른 용선을 혼합하여 성분의 균일화할 수 있음
③ **고로와 제강로의 연락을 원만하게** : 고로의 출선량과 제강로의 생산량이 다르므로 저장해 놓고 필요에 따라 수시로 공급
④ 제강로를 가동하지 않을 때 용선을 임시 저장하는 데 용이
⑤ **용선 중의 화학 성분은 레이들로 운반할 때와 혼선로 중에 저장되어 있을 때 변화** : 황의 경우 망간과 반응하여 MnS로 되어 탈황작용

(3) 혼선로의 모양

① 초기 모양은 배 모양이었으나 지금은 거의 사용하지 않음
② 현재는 지름과 길이가 1:1인 룬트미셔(Rundmischer), 1:2인 발젠미셔(Walzenmischer)라는 원통형을 사용
③ **혼선로 외형** : 20~40mm 두께의 강철판으로 만든 원통형으로 수선구, 출선구, 출재구, 노체를 기울일 수 있는 경동장치가 설치
④ **혼선로 내부**
  ㉠ 부위에 따라 다른 내화 벽돌을 200~600mm 두께로
  ㉡ 천장 부분은 고알루미나 벽돌이나 샤모트 벽돌 사용
  ㉢ 슬래그가 닿는 슬래그 라인이나 출선구는 고온 소성 마그네시아 벽돌 사용

기출문제

혼선로를 설치하여 용선을 저장하는 이유에 대한 설명으로 틀린 것은?
① 용선의 열방산을 촉진시킨다.
② 용선을 필요 온도로 가열한다.
③ 용선의 성분 및 온도를 균일화한다.
④ 제강로에서 용선을 필요로 할 때 수시로 공급할 수 있다.

정답 ▶ ①

기출문제

용선로의 주요 기능이 아닌 것은?
① 용선의 균일화
② 용선의 저장
③ 보온
④ 탈산 및 탈인

정답 ▶ ④

기출문제

혼선로에서 화학성분 감소 효과가 가장 큰 것은?
① Mn   ② S
③ P   ④ Cr

정답 ▶ ②

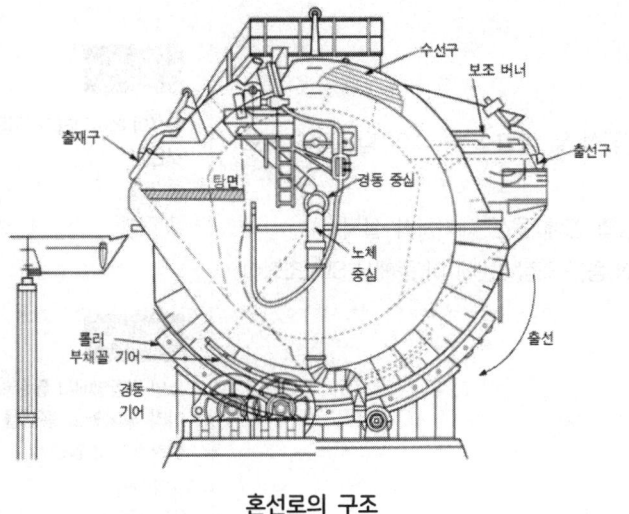

혼선로의 구조

(4) 용선차(TLC : Toperdo ladle car)

① 기능
  ㉠ 고로에 공급하는 용선을 보온, 저장하며, 이것을 제강 공장으로 운반 역할
  ㉡ 용선의 온도는 8시간 후부터 8℃/h, 15시간부터 5℃씩 하강하므로 30시간 정도 저장 가능
  ㉢ 용탕의 성분 변동이 심하므로 전로 조업전 레이들에서 성분 조정을 실시

② 구조
  ㉠ 노체 중심부에 수선과 출선을 겸하는 노구가 설치
  ㉡ 노체 벽돌은 점토질, 고알루미나질 벽돌 사용
  ㉢ 벽돌 두께 300~400mm, 용탕 접촉부 500~600mm
  ㉣ 출선할 때 로체가 120~145° 정도 기울일 수 있음

③ 토페도카의 특징
  ㉠ 용강의 보온 및 온도 강하가 적고 전로에 직접 장입할 수 있다.
  ㉡ 혼선로에 비해 건설비가 싸다.
  ㉢ 작업 인원 및 장비가 많지 않다.
  ㉣ 부착금속이 되는 선철 손실이 적다.
  ㉤ 성분 조정 및 탈황, 탈인이 가능하다.
  ㉥ 용선 장입 및 출강이 하나의 입구로 가능하다.
  ㉦ 입구가 넓어 출강 시 슬래그가 혼입될 수 있는 단점이 있다.

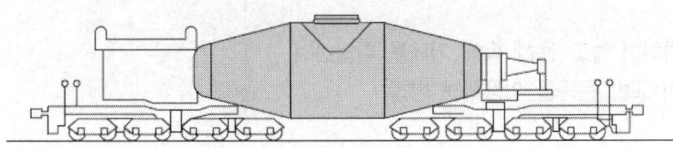

토페도카

기출문제

LD전로가 대형화되면서 고로에서 출선된 용선을 제강공정에서 운반하는 용기로 가장 적합한 것은?
① 혼선로(Mixer)
② OL(Open Ladle)
③ TLC(Torpedo Ladle Car)
④ 수강레이들(Teeming Ladle)

정답 ▶ ③

기출문제

용선을 제강로 장입 전 혼선차(torpedo Car)에서 용선을 예비처리하는 목적이 아닌 것은?
① 제강시간을 단축할 수 있다.
② 저황(S)강의 제조가 용이하다.
③ 용선 중 탈 P, 탈 S 할 수 있다.
④ 탈탄(C) 작업으로 취련 시간을 단축한다.

정답 ▶ ④

2. 용선의 탈황 처리

(1) 탈황의 개요

① 용선 중의 S는 고로 장입 원료인 철광석 및 코크스 중 Si의 함유량과 고로 조업할 때 장입물 등에 따라 차이
② 전로 강의 품질 향상을 위해 전로 장입 전에 용선 예비처리 실시
③ 예비처리는 용선 중의 Si, Mn, P, S, N 등을 조정하는데 이 중에서 S의 조정이 중요

(2) 탈황법의 분류

① 기체에 의한 탈황법
② 슬래그와의 반응에 의한 탈황법
③ 황과 결합력이 큰 원소(탈황제)를 첨가하는 탈황법

(3) 탈황법

① **고로 탕도에서의 탈황법**
  ㉠ 고로에서 나오는 용선을 탕도에서 연속적으로 탈황하는 방식
  ㉡ **와류법** : 고로의 탕도 말단에 용선이 와류가 되도록 와류기 또는 와류관을 설치하여 상류에 혼합된 탈황제가 잘 섞이도록 하여 탈황하는 방법
  ㉢ **평면 유동법** : 탕도를 어느 한 부분에 설치하여 탈황제를 넣고 탈황하는 방법으로 탈황 효과가 좋음

② **레이들 탈황법(치주법)**
  ㉠ 용선 레이들 바닥에 탈황제를 넣고 용선을 주입하여 탈황하는 간단한 방법
  ㉡ 탈황율이 50%에 불과하고 변동이 심함
  ㉢ 혼선로 출선할 때 적용하는 것이 효과적
  ㉣ 소다회 또는 소다회의 복합제를 사용

③ **탈황제 주입법**
  ㉠ 탄화칼슘과 같은 미분상 탈황제를 가스와 같이 용선 중에 취입하여 탈황하는 방법
  ㉡ 탈황 효과가 떨어짐
  ㉢ 반응 촉진제를 사용하여 탈황 효과를 개선
  ㉣ 용선차(Torpedo Car) 상취 주입에 주로 사용

④ **기체 취입법**
  ㉠ 미리 탈황제를 용선 표면에 첨가하여 놓고 용선 속에 기체를 취입하여 기포의 상승 작용에 의한 용선의 교반 운동을 이용하는 방법
  ㉡ 종류 : 저취법, 상취법

기출문제

용선의 예비처리의 주목적으로 옳은 것은?
① 탈황 ② 침탄
③ 전해 ④ 냉각
정답 ▶ ①

기출문제

노외 탈황법에서 탈황제를 레이들에 미리 넣어놓고 용선을 주입하여 탈황하는 방법은?
① KR법
② 치주법
③ Turbulator법
④ 요동 레이들법
정답 ▶ ②

기출문제

노외 탈황법 중 내화 물질로 둘러싼 랜스가 용선차의 노구를 통하여 용선 중에 깊숙이 침지시키고 탈황제와 캐리어 가스를 분사시키는 탈황법은?
① 교반법
② 치주법
③ 인젝션법
④ 요동 레이들법
정답 ▶ ③

기출문제

노외 탈황법에서 탈황제를 용선표면에 첨가하여 놓고 용선 중에 가스를 취입하여 기포의 상승에 따라 용선의 교반 운동을 이용하는 방법은?
① 포러스 플러그법
② 요동 레이들법
③ 기계 교반법
④ 치주법
정답 ▶ ①

ⓒ **저취법(포러스 플러그법)** : 다공질의 내화법(포러스 플러그)을 써서 레이들 저부에서 취입하는 방법
ⓓ **상취법(인젝션법)** : 취입관을 이용하여 상부에서 취입하는 방법으로 용선차에서 주로 사용

⑤ **교반법** : 탈황제는 넣고 용강을 교반하여 탈황하는 방법
  ㉠ **데마크-오스트베르그(Demag-Ostberg)법** : T자형 내화재의 교반봉을 회전시켜 탈황하는 방법
  ㉡ **라인슈탈(Rheinstabl)법** : ㅗ모양 내화재의 교반봉을 회전시켜 탈황하는 방법
  ㉢ **KR(Kanbare Reacter)법** : 여러 개의 회전날개를 붙인 교반봉을 회전시켜 탈황하는 방법

> **기출문제**
> 다음 노외탈황법 중 기계적 교반법에 해당되지 않는 것은?
> ① Demag-Ostberg법
> ② Siphon-ladle법
> ③ Rheinstabl법
> ④ Kanbare Reacter법
> 정답 ▶ ②

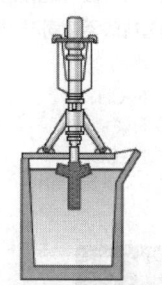
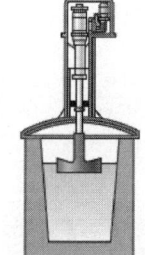
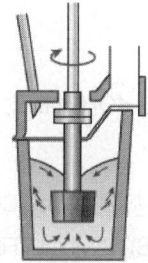

(a) 데마크 오스트베르그법　　(b) 라인슈탈법　　(c) KR법

교반 탈황법

> **기출문제**
> 레이들 중의 용선에 편심회전을 주어 그때 일어나는 특이한 파동을 반응물질의 혼합 교반에 이용하는 노외탈황법은?
> ① 교반법
> ② 인젝션법
> ③ 레이들 탈황법
> ④ 요동 레이들법
> 정답 ▶ ④

⑥ **요동레이들법** : 레이들에 편심을 주어 회전을 하면서 탈황하는 방법
  ㉠ **칼링(Kalling)법** : 회전로에서 용강과 탈황제(석회)를 넣고 노를 회전하여 탈황하는 방법
  ㉡ **DM 전로법** : 편심 및 일반 회전의 요동 레이들법을 개조한 것으로 정회전-역회전을 반복하여 용선의 와류 운동의 효율을 높인 것
  ㉢ **회전 드럼법** : 소형 회전로에 용선과 탈황제를 넣고 밀폐한 다음 노를 회전하여 용선에 탈황제를 혼합 교반하여 탈황 반응을 촉진하며, 탈황제로는 석회가루, 코크스 가루를 사용하며, 강한 환원성 조건에서 산화칼슘에 의해 탈황능력 향상

⑦ **마그네슘에 의한 탈황법**
  ㉠ Mg이 S와 친화력이 큰 것을 응용하는 방법
  ㉡ **종류** : 플런징 벨(Plunging Bell)법, 주입법
  ㉢ **플런지 벨법**
    ⓐ 흑연 또는 내화재로 만든 플런징을 용선 중에 담가 Mg 취입
    ⓑ 코크스 또는 강판에 Mg을 침투시킨 Mg-coke, Mg-steel을 사용
    ⓒ Mg-coke를 사용하여 S이 0.005% 이하의 저황강을 생산

② 주입법 : 무기염류로 표면을 피복시킨 Mg 입자를 취입관에 의하여 운반 가스로 취입
⑪ 개선점
  ⓐ Mg 처리에 따른 결심한 용선의 비산
  ⓑ 처리시간이 길어지면 복황이 발생

⑧ 기포 펌프식 환류 교환법
  ㉠ 기포 펌프의 양수 원리를 이용
  ㉡ 레이들 중에 용선을 기포 펌프를 통하여 기체를 취입, 탈황제가 있는 용선 표면으로 환류시켜 탈황하는 방법
  ㉢ 기포 펌프 자체를 회전시켜 탈황 효율 개선, 시간 단축
  ㉣ 탄화칼슘 5kg/톤을 사용하여 15분 동안 S을 0.005% 이하로 처리

(4) 액체 탈황제

① **액체 탈황제** : Na_2CO_3, NaOH, KOH, NaCl, NaF

② **Na_2CO_3 탈황 반응식**

$(FeS)+(Na_2CO_3)+[Si] = (Na_2S)+(SiO_2)+[Fe]+CO$
$(FeS)+(Na_2CO_3)+2[Mn] = (Na_2S)+2[MnO]+[Fe]+CO$
  ( ) 슬래그 상, [ ]는 용융금속 상

㉠ 생성된 Na_2S는 CO 가스에 의한 용선의 비등으로 부상하여 슬래그화
㉡ SiO_2, MnO는 $2FeO \cdot SiO_2$, $MnO \cdot SiO_2$가 되어 슬래그화
㉢ 용융점이 낮음
㉣ 탄산나트륨에 의한 탈황은 흡열반응
㉤ 탈황 효과는 온도가 낮을수록 좋음
㉥ Na_2CO_3와 용선의 반응에 의해 발생하는 Na 일부가 기화하는데 기화손실은 용선 온도가 높을수록 크기 때문
㉦ 이런 이유로 Na_2CO_3는 탈황제로 사용하지 않음

(5) 고체 탈황제

① **고체 탈황제** : CaC_2, CaO, CaF_2

② **탄화칼슘(CaC_2)의 반응**
  ㉠ 용융점이 높음
  ㉡ CaC_2(탄화칼슘)의 반응 : $(CaC_2)+[s] = (CaS)+2(C)$
                                $(CaC_2)+(FeS) = (CaS)+2[C]+[Fe]$
  ㉢ 탄화칼슘이 분해하여 Ca와 용선 중의 S와 직접 반응하므로 강력한 탈황 작용이 일어남
  ㉣ 생성된 CaS는 화학적으로 안정하여 복황을 일으키지 않음

기출 문제

용선에만 사용되고 용강에는 기화하므로 이용할 수 없는 탈황제는?
① Ca   ② Mn
③ Na   ④ Mg

정답 ▶ ③

기출 문제

용선의 제강 예비처리 공정에서 탈황제로 적합하지 않은 것은?
① CaO
② NaOH
③ Fe_2O_3
④ Na_2CO_3

정답 ▶ ③

기출 문제

다음 중 탈황(0) 시 사용되는 환원제는?
① Al_2O_3 ② CaO
③ P_2O_5 ④ SiO_2

정답 ▶ ②

기출 문제

용선의 예비처리에 있어서 CaC_2에 의한 탈황과 관련된 설명 중 옳은 것은?
① CaC_2에 의한 탈황은 발열 반응이다.
② CaC_2에 의한 탈황에서 Si량의 변화가 심하다.
③ CaC_2에 의한 탈황은 용선온도가 높을수록 탈황률이 낮다.
④ 생성한 CaS는 화학적으로 불안정하여 복황(復黃)을 일으킨다.

정답 ▶ ①

ⓜ 탄화칼슘은 고온에서 산소와 쉽게 반응하므로 용선 중에 산소량이 많을 때는 산소와 반응하여 산화칼슘이 생성되어 탈황효과가 떨어짐
　　ⓗ CaC_2를 취급할 때 공기보다 질소 등의 불활성 가스를 사용
　　ⓢ 발열반응이며, 용선 온도가 높을수록 탈황율이 높고, Si의 감소도 없음

　③ 산화칼슘의 반응
　　㉠ 반응식
　　　$2(FeS)+4(CaO)+[Si] = 2[Fe]+2(CaS)+(Ca_2SiO_4)$
　　　$2(FeS)+2(CaO)+[Si] = 2[Fe]+2(CaS)+(SiO_2)$
　　㉡ 고체 [CaO]와 액체 [FeS] 사이의 반응
　　㉢ 반응을 촉진하기 위해 CaO를 미분으로 하여 접촉면적을 크게 하고 교반을 실시
　　㉣ 생성된 CaS의 용융점이 2,450℃이므로 용선 온도에서는 고체상태이기 때문에 내벽을 침식하지 않음
　　ⓜ CaO만을 사용하면 탈황율이 낮으므로 Mg, 망간광, 돌로마이트, 형석 등과 혼합하여 사용하면 탈황량도 개선되고 탈산효과도 있음
　　ⓗ CaO는 염기성이지만 점성이 커서 슬래그의 유동성을 떨어뜨림

(6) 탈황제 선택
　① 탈황능력은 교반방식, 분위기, 용선성분, 고로 슬래그의 성질에 따라 달라짐
　② 복합 탈황제는 배합한 탈황제의 종류, 배합 비율 등에 따라 달라짐
　③ 탈황제 선택 조건
　　㉠ 탈황 능력
　　㉡ 목표로 하는 탈황의 정도
　　㉢ 탈황 방법
　　㉣ 탈황 비용 및 작업성

(7) 노외 탈황 시 문제점
　① **온도 강하** : 80톤 레이들 기준으로 20℃ 정도 강하
　② **철 손실**
　　㉠ 슬래그로 혼합되는 철, 슬래그 제거 시 유실되는 철
　　㉡ 1~2% 정도 손실
　③ **작업 시간이 소요** : 자동화로 개선
　④ **복황 현상** : 슬래그를 제거해야 함

기출문제

염기성 강재 중 가장 유동성을 저해시키는 성분은?
① P_2O_5
② CaO
③ SiO_2
④ FeO

정답 ▶ ②

3. 용선의 탈규, 탈인, 탈질

(1) 개요

① 평로에서 용선 중의 Si 함유량이 많으면 제거하기 위해 많은 산화제가 필요, 탈황에 필요한 산화칼슘이 필요하고, 슬래그량이 증가하여 제강 시간이 길어짐
② 전로에서 Si는 가장 빨리 산화반응이 일어나 열수지면에서 유리
③ 석회석, 철광석, 형석 등을 첨가하여 탈인 반응에 알맞은 조업 조건 필요
④ 탈황과 탈인의 조건이 서로 다르므로 동시에 조업하는 방법이 필요
⑤ P도 Si과 같이 제강 시간 연장의 원인
⑥ 고인선을 정련하여 좋은 강을 얻는 것은 토머스 전로법이 가장 유효

(2) 탈규, 탈인법

① 플럭스 또는 산화제에 의한 탈규 및 탈인
 ㉠ 레이들에 용선을 받을 때 철광석, 화산재 등의 산화재를 20kg$_f$/t 정도 첨가하여 Si를 0.2% 정도 감소
 ㉡ 플럭스를 레이들에 넣고 용선을 부으면 급속한 반응을 일으킴

② 산소에 의한 탕도에서의 탈규
 ㉠ 고로 출선 시 탕도의 일부에 산소를 취입시켜 탈규하는 방법
 ㉡ 전로선의 탈규에 이용

③ 산소에 의한 레이들 안의 탈규
 ㉠ 레이들 안의 용선이나 혼선로에서 레이들에 용선을 받을 때 산소 취련을 하는 방법
 ㉡ 산소 기류 중에 산화칼슘 가루를 섞어 취입하면 탈규, 탈인, 탈황을 동시에 할 수 있음

(3) 탈질 촉진법

① 용강의 끓음과 교반을 강하게 한다.
② 노구에서의 공기 침입을 방지한다.
③ 용선 중 질소량 자체를 낮게 한다.

기출문제

고로에서 출선된 용선을 전로에 장입하기 전에 전로의 부하를 줄여주기 위하여 예비처리하는 기술이 현재 널리 보급되어 산업현장에서 크게 활용하고 있다. 이때 예비처리로 제거하는 원소가 아닌 것은?

① 탈탄소 [C]
② 탈인 [P]
③ 탈규소 [Si]
④ 탈유황 [S]

정답 ▶ ①

04 내화물

1. 내화물의 분류

(1) 원료의 화학 성분에 따른 분류

분류	주원료	내화물 명칭	주요 화학 성분
산성 내화물	점토질 규석질 반규석질	샤모트질 내화물 납석질 내화물 규석질 내화물 반규석질 내화물 규조토 내화물	$SiO_2 + Al_2O_3$ $SiO_2 + Al_2O_3$ SiO_2 $SiO_2(Al_2O_3)$
중성 내화물	알루미나질 크롬질 탄소질 탄화규소질	알루미나질 내화물 크롬질 내화물 탄소질 내화물 탄화규소질 내화물	$Al_2O_3(SiO_2)$ $Cr_2O_3, Al_2O_3, MgO, FeO$ C SiC
염기성 내화물	마그네시아질 크롬-마그네시아질 백운석질 석회질	마그네시아질 내화물 크롬-마그네시아질 내화물 백운석질 내화물 석회질 내화물	MgO $MgO + Cr_2O_3$ $CaO \cdot MgO$ CaO

> **기출문제**
> 염기성 내화물로 사용하지 않는 것은?
> ① 마그네시아 연와
> ② 돌로마이트 연와
> ③ 포스터라이트 연와
> ④ 샤모트 연와
>
> 정답 ▶ ④

(2) 가열 처리 방법에 의한 분류

분류	특징
소성 내화물	소성에 의하여 만든 내화물
용융 내화물	원료를 일단 용융 상태로 한 다음에 주조한 내화물
플루오르성 내화물	열처리를 하지 않은 내화물 화학적 결합제로 성형 후 건조만 하여 사용하는 내화물

(3) 내화도에 따른 분류

종류	SK 번호	사용 온도(℃)
저급 내화물	26~29	1,580~1,650
중급 내화물	30~33	1,670~1,730
고급 내화물	34~42	1,750~2,000
특수 고급 내화물	42 이상	2,000 이상

(4) 형상에 따른 분류

① **정형 벽돌** : 길이 230mm, 폭 114mm, 두께 65mm
② **이형 벽돌** : 노의 형상과 구조 등의 특수 사정에 따라 벽돌의 모양이 다른 것

(5) 내화물에 따른 제강법의 분류

① 제강법은 사용하는 내화물의 종류에 따라 산성법과 염기성법이 있다.
② 내화물이 염기성이면 염기성 제강법
③ 내화물이 산성이면 산성 제강법

2. 내화재료의 구비조건과 내화도

(1) 내화재료의 구비조건

① **높은 온도에서 용융하지 않을 것**
  사용하고 있는 노의 최고 온도 이상의 내화도를 가지도록 하는 것이 절대적인 조건

② **높은 온도에서 쉽게 연화하지 않을 것**
  ㉠ **하중연화** : 내화재료가 고온에서 연화하여 하중에 견딜 수 없는 현상
  ㉡ **하중연화 온도** : 하중연화 현상이 일어나는 온도
  ㉢ **열간내압 강도** : 하중연화와 관련성이 있는 것으로 특정의 온도에서 강도를 측정한 것

③ **온도 급변에 잘 견딜 것**
  ㉠ 온도의 변화가 심한 곳에서 사용할 때 파손, 균열 등이 없어야 함
  ㉡ **스폴링 현상** : 온도의 급변에 따라 내화물의 표면에서 파편이 떨어지고, 새로운 표면을 만드는 현상
  ㉢ 벽돌 파편이 노 안에 들어가면 제품 오염의 원인
  ㉣ 점점 떨어지면 축조재료의 역할을 잃어버리고, 생산능률을 저해

④ **높은 온도에서 형상이 변화하지 않을 것**
  ㉠ 고온에서 팽창이 작고 팽창비가 각 온도에 따라 균일해야 함
  ㉡ 각종 벽돌의 선팽창 계수

종류	온도(℃)	선팽창 계수
규석 벽돌(a)	20~400	0.00003~0.00001
규석 벽돌(b)	600~1,000	0.000004
샤모트 벽돌	20~1,000	0.0000076
마그네시아 벽돌	20~1,000	0.000013
크롬 벽돌	20~1,000	0.000009
석영 유리	16~1,000	0.00000054

⑤ **용제 및 기타 물질 등에 대해서 침식 저항이 클 것**
  ㉠ 고온의 가스, 용제, 용탕 등과 접촉이 심하므로 이들과의 화학작용에 의한 침식작용이 많이 일어남
  ㉡ 화학적인 작용에 의한 침식에 강해야 함

⑥ **마멸에 잘 견딜 것**
  노벽 및 지주 등은 장입물과의 접촉이 커서 마멸에 강해야 함

⑦ **그밖의 고려해야 할 사항**
  ㉠ 비중, 기공률, 흡수율, 열전도율, 기체 침투율, 전기 저항 등
  ㉡ 진비중은 벽돌의 소성 정도에서 품질을 판정하는 데 중요함

(2) 내화도

① **내화물이 내화도 측정** : 제게르 추(Seger Cone)를 사용

② **제게르 추 시험법**
  ㉠ SiO_2, B_2O_3, Al_2O_3, MgO, Na_2O, K_2O 등을 배합, 조정하여 일정한 치수의 이등변 삼각추를 만듦
  ㉡ 삼각추를 대상물 위에 얹어 놓고 노의 온도를 올리면 꼭지점부터 점점 용융, 연화되어 구부러지기 시작함
  ㉢ 완전히 구부러지면 꼭지점에 대상물이 닿는데 이때의 온도를 표준 내화온도로 정하였음
  ㉣ 어떤 내화물의 온도를 측정할 때 삼각추와 같이 만든 피검물의 시료와 표준시료를 동시에 가열하여 각각의 구부러진 정도를 비교하여 내화도 판정

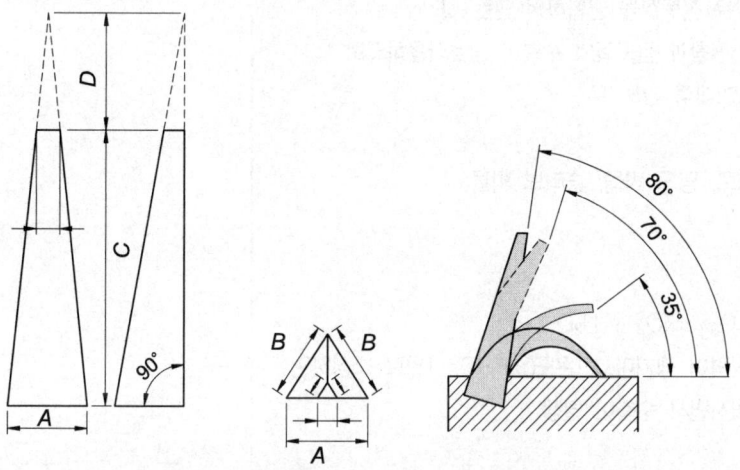

제게르 추의 형태와 크기 및 구부러지는 모양

③ 표준 내화도를 번호로 나타내고, 제게르 추 번호로 나타냄(SK 몇 번)
④ 오턴 추(Orton Cone)도 제게르 추와 거의 유사
⑤ SK 30이 1,670℃이며 SK 1 증가 또는 감소할 때 20℃ 차이가 남

3. 내화물 종류별 특징

(1) 산성 내화재료

SiO$_2$가 주성분인 산성 내화물은 고온에서 CaO, MgO 등의 염기성 물질과 접촉하면 염류를 만들어 점차 침식이 이루어짐

기출문제
염기성 성분이 아닌 것은?
① SiO$_2$ ② CaO
③ MnO ④ Na$_2$O
정답 ▶ ①

① 규석 벽돌
  ㉠ 규석은 1,800℃ 고온에서 잘 견디나 자연 상태의 것을 사용하면 변태로 인한 팽창으로 균열이 발생
  ㉡ 분말에 점토, 석회 등을 혼합하여 압착, 성형 후 건조한 것을 소성하여 사용
  ㉢ 백색, 등황색에 갈색 반점을 가지고 있음
  ㉣ 내화도 : SK 32~33
  ㉤ 하중에 대한 벽돌 변형 저항성이 크고 비중도 작음
  ㉥ 고온 마멸에 대한 저항성이 우수
  ㉦ 열팽창이 커서 200℃ 부근에서 변태 팽창이 일어나므로 노의 가열 시 주의해야 함(1,000℃까지 승온할 때 13시간 이상 필요)
  ㉧ 용도 : 산성 제강로, 전기로, 축열식, 코크스로, 열풍로의 연소실, 균열로

② 반규석 벽돌
  ㉠ 규석에 샤모트나 납석질같은 점토질을 혼합하여 만든 것
  ㉡ 반복 가열에 의한 규석의 팽창과 점토질의 수축이 상호작용하므로 연속가열에 대한 저항력, 기계적 강도 우수
  ㉢ 내화도가 낮음
  ㉣ 용도 : 노의 천장, 코크스로, 탕도 벽돌, 슬리브 벽돌

③ 내화점토 및 샤모트 벽돌
  ㉠ 내화점토
    ⓐ 내화점토 주성분 : Al$_2$O$_3 \cdot$ 2SiO$_2$ + H$_2$O
    ⓑ 물을 적시면 강한 접착력이 생기며, 고온도(SK 12~18)로 소성하면 결정수와 유기물이 없어지면서 수축이 발생
  ㉡ 샤모트(Chamotte)
    ⓐ 샤모트분 : 점토를 충분히 소성시킨 것
    ⓑ 샤모트분과 생점토를 혼합하고 물에 혼합하여 압착, 성형 후 건조 및 소성하여 샤모트 벽돌 제조
    ⓒ 내화도 : SK 30~34

ⓓ 백색 또는 등갈색이며 비중과 기공률의 범위가 넓음
ⓔ 열팽창률이 적어 열의 급변에 잘 견디고, 열전도도가 낮으며 가공이 용이
ⓕ 용재나 산화성 분위기에 강하지 않음
ⓖ 용도 : 샤프트부의 노벽, 제강용 평로의 노벽, 코크스의 축열식 노벽, 레이들 벽돌, 탕구와 스토퍼 등의 이형 벽돌 제조

④ 납석 벽돌
  ㉠ 주성분 : $Al_2O_3 \cdot 2SiO_2 + H_2O$
  ㉡ 결정수가 적어 채굴된 상태 그대로 분말로 만들어 내화점토를 혼합(약 7:3)하여 제조
  ㉢ 백색이고, 샤모트 벽돌에 비해 내화도가 약간 떨어짐
  ㉣ 제조가 용이하고 소성온도(SK 10~12)로 낮아 제조 단가가 낮음
  ㉤ 기공률이 낮고, 균질성이 있어 용강에 대한 침식저항이 우수, 샤모트 벽돌보다 내구력이 우수
  ㉥ 용도 : 제강용 레이들, 탕도용 벽돌, 레이들의 노즐, 가열로

(2) 중성 내화재료

산성이나 염기성 물질 어느 것에도 침식하지 않는 것을 주성분으로 하는 내화물

① 크롬 벽돌
  ㉠ 주원료 : 크롬철광($FeO \cdot Cr_2O_3$)
  ㉡ 크롬철광에 점결제로 2~5% 생점토 또는 석회와 물을 가하여 혼련 성형한 후 건조, 소성
  ㉢ 색깔이 검고 비중이 큼(점토 벽돌의 2배)
  ㉣ 온도 급변에 약하지만, 열간하중 강도는 우수
  ㉤ 내화도 SK 36~38
  ㉥ 산성, 염기성 용제에도 강함
  ㉦ 고온도에서 산화철을 흡수하여 균열(Bursting)을 일으키기 쉽고, 스폴링(spalling)이 발생
  ㉧ 1,000℃까지의 안전한 가열 속도는 4시간 정도 필요
  ㉨ 용도 : 염기성로 및 가열로의 노저 벽돌에 사용

② 탄소질 내화물
  ㉠ 주원료 : 천연흑연, 인조흑연, 코크스분
  ㉡ 원료에 점토나 콜타르를 점결제로 하여 성형, 건조한 다음 500~1,000℃로 소성, 고화하여 제조
  ㉢ 탄소벽돌과 흑연벽돌이 있음
  ㉣ 산화작용이 심한 화염, 수분·산화철이 많은 용제, 탄소량이 적은 철과 접촉을 피해야 함
  ㉤ 용도 : 고로 노상부, 레이들의 스토퍼, 고로 출선구 충전재

③ 고반토질 벽돌
　㉠ 알루미나가 약 50% 이상 함유한 내화물
　㉡ 알루미나 함유량이 높을수록 내화도가 높음
　㉢ 종류 : 다이아스포아 점토($Al_2O_3 \cdot H_2O$), 보크사이트 점토($Al_2O_3 \cdot 2H_2O$), 반토혈암
　㉣ 내화도(SK 35~40)가 높으며, 열전도도가 우수
　㉤ 중성에 가까워 염기성, 산성 어느 용제에도 견딜 수 있으며, 특히 알칼리계 용제에 강함
　㉥ 용도 : 유리용융 벽돌, 탕도 벽돌, 특수용도용 벽돌

(3) 염기성 내화재료

염기성 산화물(산기와 반응하여 염류를 생성하는 산화물 : MgO, CaO)을 주성분으로 한 내화물

① 마그네시아(MgO) 및 마그네시아 벽돌
　㉠ 주원료 : 마그네사이트(고토 광물 : $MgCO_3$)
　㉡ 원료를 SK 20(1,520℃) 이상의 고온에서 배소
　㉢ 내화도가 가장 높음(2,700℃)
　㉣ 마그네시아 벽돌 제조 : 2mm의 MgO 쇄분에 3~5% 점결제와 물을 가하여 혼련 후 성형, 건조한 것을 SK 18(1,500℃) 이상으로 소성
　㉤ 염기성 강재, 산화철에 대하여 저항성이 우수
　㉥ 열간 하중에 약함
　㉦ 온도 급변에 스폴링이 발생하므로 노의 온도를 올릴 때 주의(1,000℃까지의 가열속도는 7시간)
　㉧ 용도 : 염기성 제강로 노상, 혼선로

② 돌로마이트(Dolomite)
　㉠ 주원료 : 백운석($CaCO_3 \cdot MgCO_3$)
　㉡ MgO의 함유량이 높을수록 내화도가 높음
　㉢ 배소하여 소성 돌로마이트로 만들어 사용
　㉣ 돌로마이트를 가열하면 350~850℃에서 $MgCO_3$가 분해, 600~950℃에서 $CaCO_3$가 분해
　㉤ 용도 : LD전로, 평로, 전기로 등의 노상

4. 혼선로 및 용선차용 내화물

(1) 혼선로용 내화물

① 특징
　㉠ 혼선로의 대형화에 따라 라이닝의 수명 연장이 필수
　㉡ 점토질 벽돌을 주로 사용하였으나 최근 고급 내화물이 필요
　㉢ 벽돌 틈새의 모르타르 : 마그네시아 미분 사용

② 구성
　㉠ 노체 상부, 천장 : 점토질이나 내스폴링성이 있는 고알루미나질 벽돌
　㉡ 노체 하부의 손상이 심한 곳 : 염기성 마그네시아질 벽돌

③ 벽돌 손상 원인
　㉠ 용선의 심한 유동에 의한 마멸 작용
　㉡ 슬래그와 선철 등의 침입에 의한 내스폴링성 약화

④ 벽돌 손상 방지
　㉠ 벽돌의 내식성 향상
　㉡ 노 안의 슬래그 활성화 약화
　㉢ 노 안의 온도 관리

(2) 용선차용 내화물

① 혼선로와 같이 치밀하고 내식성이 풍부한 것 사용
② 접착 부분을 중요시해야 함
③ 용선차용 내화물의 품질

항목		점토질 벽돌	
내화도(SK)		35	33
겉보기 비중		2.69	2.61
비피 비중		2.36	2.03
기공률(%)		12.3	22.0
압축강도(MPa)		78.46	29.42
하중연화점(℃)		1,545	1,498
화학성분(%)	SiO_2	53.00	58.70
	Al_2O_3	24.50	35.60
	Fe_2O_3	1.50	2.74

5. 평로용 내화물

① 사용 내화 재료에 따라 산성 평로와 염기성 평로로 분류

② 천장
　㉠ 산화철, 석회 등이 침투되어 변질층 발생
　㉡ 고온 소성한 다이렉트 본드 벽돌(마그-크롬질 벽돌) 사용

③ 노벽
　㉠ 용손과 온도 변화가 심하여 스폴링이 많이 발생
　㉡ 돌로마이트 클링커를 투사

④ 노상
　㉠ 용강과 슬래그에 대한 내침식성이 커야 함
　㉡ 마그네시아재로 스탬프 시공

⑤ 축열실
　㉠ 산소의 사용으로 연진량 증가, 연진 중에 있는 FeO의 증가로 인하여 축열실 격자의 용손이 증가
　㉡ 점토질 벽돌 사용
　㉢ 상부 온도가 높은 곳에는 염기성 벽돌 사용

6. 전로용 내화물

(1) 내화물의 요구조건

① 염기성 슬래그(Slag)에 대한 화학적인 내식성
② 용강이나 용재의 교반에 대한 내마모성
③ 급격한 온도변화에 대한 내열 Spalling성
④ 장입물의 충격에 대한 내충격성

(2) 전로의 내장재

① **염기성 내화재 사용**
　㉠ 마그네시아(Magnesia) 돌로마이트(Dolomite)계의 타르 본드 벽돌
　㉡ 타르 함침의 소성 돌로마이트 벽돌
　㉢ 소성 마그네시아 벽돌

② **전로의 구성**
　㉠ **철판** : 전로의 외부 철판
　㉡ **영구내장(Permanent Lining)** : 전로의 철판에 접하는 부분
　㉢ **조업내장(Work Lining)** : 로 수리 때마다 갱신

기출문제

전로용 내화물의 요구 조건으로 틀린 것은?
① 염기성 슬래그에 대한 화학적인 내식성
② 용강이나 용제의 교반에 대한 내마모성이 없어야 한다.
③ 급격한 온도 변화에 대한 내열 Spalling성
④ 장입물의 충격에 대한 내충격성

정답 ▶ ②

기출문제

전로상 내화물로써 요구되는 성질이 아닌 것은?
① 장입물의 충격에 대한 내충격성이 좋아야 한다.
② 급격한 온도변화에 대한 스폴링성이 좋아야 한다.
③ 염기성 슬래그에 대한 화학적 내식성이 좋아야 한다.
④ 용강이나 용재의 교반에 대한 내마모성이 좋아야 한다.

정답 ▶ ②

기출문제

전로에서 사용될 수 없는 내화물은?
① 마그네사이트(Magnesite)
② 돌로마이트(Dolomite)
③ 번실리카(Burned Silica)
④ 타르-돌로마이트(Tar-Dolomite)

정답 ▶ ③

(3) 전로의 벽돌 수명

　① 400회 정도(최근에는 800회 정도)
　② **수명 연장법** : 열간보수, 용제에 돌로마이트 첨가

7. 전기로용 내화물

① 대형화, 산소 사용으로 작업 조건이 복잡하고 내화물의 품질과 형상에 문제점이 많이 발생
② 전기로 제강법은 산성법과 염기성법이 있으며, 염기성법이 주로 사용
③ 천장
　㉠ 고온 강도가 높고, 내식성이 강해야 함
　㉡ 규석질 벽돌 사용
　㉢ 최근 산소의 이용으로 노안의 고온과 이동 천장 때문에 스폴링이 쉽게 발생하므로 내스폴링성이 우수한 내화물 사용
　㉣ 대책으로 고알루미나질 벽돌 사용
④ 천장 하부 주위
　㉠ 높은 열이 접촉하는 부분
　㉡ 염기성 벽돌 사용
⑤ 노벽
　㉠ 규석질 벽돌 사용
　㉡ 최근에는 염기성 조업으로 염기성인 크롬-마그롬 벽돌 사용
　㉢ 고온부에서는 전주 벽돌, 고온 소성 마크로 벽돌 사용
⑥ 내화재료 선택 시 주의할 것
　㉠ 노체와 노 뚜껑이 접촉되는 천장의 하부는 스폴링에 의한 내화재 탈락이 가장 심한 부분
　㉡ 용손과 균열이 심한 전극 주위도 내화재 탈락이 심한 부분

기출문제

전기로의 천정내화물재료로써 구비해야 할 특성 중 가장 중요한 것은?
① 내스폴링성
② 비중
③ 크기
④ 친화력

정답 ▶ ①

기출문제

전기로에 사용되는 내화연와의 특성을 설명한 것 중 틀린 것은?
① 규석연와는 열간강도가 높다.
② 고알루미나 연와는 내스폴링성이 높다.
③ 염기성 연와는 강재에 대한 저항성은 크나 내스폴링성이 낮다.
④ 염기성 연와는 용융점은 낮으나, 열간강도는 높다.

정답 ▶ ④

8. 그밖의 내화물

(1) 진공 탈가스용 내화물

　① 염기성 벽돌이나 전주 벽돌 사용
　② 특수 고알루미나질 벽돌도 사용

(2) 연속 주조용 내화물

　① 연주용 내화물의 조건으로 고온에서 장시간 동안 형을 그대로 유지해야 함

② 연주에서 중요한 부분
  ㉠ 레이들 벽돌의 내용도의 연장
  ㉡ 스토퍼, 슬리브 등의 벽돌 안정성
  ㉢ 턴디시 노즐의 내침식성(가장 중요한 부분)
③ 노즐 벽돌로 고알루미나질 벽돌, 지르코니아질 벽돌과 같은 특수 벽돌 사용

(3) 조괴용 내화물
① 조괴용 내화물은 조괴 작업 시 용강의 충돌과 급열을 받고, 용탕 및 슬래그의 화학적 침식을 받음
② 조기 내화물의 선택 불량으로 강괴의 결함인 모래 및 비금속 개재물 혼입의 원인
③ 레이들용 내화물
  ㉠ 용강을 받을 때 충돌, 급격한 온도 변화, 용강 압력, 마멸 용손 침식 등이 발생
  ㉡ 소결성이 좋은 납석, 고규산질 점토 벽돌 사용
    ⓐ 내화도는 낮으나 비중이 크고 낮은 기공율로 인해 치밀한 조직을 가짐
    ⓑ 용강의 온도에 의해 연화를 일으키기 용이
    ⓒ 규산질의 점결성이 있는 액상을 만들어 내식성을 유지
    ⓓ 접착무가 봉착되어 봉낭, 슬래그, 가스 등의 침투 등을 방지
  ㉢ 특수강용 : 고알루미나질, 지르콘, 카보런덤질 벽돌 사용
④ 스토퍼 헤드의 노즐 내화물
  ㉠ 강괴의 품질과 강괴 회수율과 깊은 관계가 있음
  ㉡ 스토퍼 헤드와 노즐은 한 세트로 고려
  ㉢ 스토퍼 헤드
    ⓐ 연질의 노즐에 대하여 경질의 것을 필요
    ⓑ 하중 연화 온도가 높고, 균일한 조직을 가지고, 스폴링에 의한 균열이 없을 것
    ⓒ 용강에 대한 내식성도 유지해야 함
    ⓓ 흑연-점토질, 탄화규소질 벽돌 사용
  ㉣ 노즐 벽돌
    ⓐ 헤드와의 조화가 좋아 용강 유출이 완전히 차단되고, 고온에서 점성이 강한 연질의 내화재 사용
    ⓑ 용강 유출에 따른 내마멸성, 급격한 온도변화에 대한 저항성도 유지
    ⓒ 고규산질, 흑연질 벽돌 사용

⑤ 슬라이딩 노즐 방식
  ㉠ 레이들 저부의 노즐 벽돌에 특수 내화물로 만든 슬라이드 판을 장착
  ㉡ 슬라이드 판이 유압, 용강 흐름을 제어
  ㉢ 지르콘질, 고순도 알루미나질 벽돌 사용

⑥ 슬리브 벽돌
  ㉠ 조괴작업에서 많이 소비되는 벽돌
  ㉡ 조괴작업 도중에 스토퍼의 심봉이 끊어져 사고를 일으키기 쉬움
  ㉢ 용손에 견디고, 내스폴링성도 중요
  ㉣ 주로 점토질 벽돌 사용, 특수강에는 고알루미나질 벽돌 사용

⑦ 탕도 벽돌
  ㉠ 탕도 벽돌은 하주입법을 택할 때 사용
  ㉡ 균열 발생, 형상 불량으로 용탕 유출, 용손 사고, 불량 강괴 등이 발생
  ㉢ 모래, 비금속 개재물의 혼입의 원인
  ㉣ 샤모트 점토질 벽돌 사용

CHAPTER 02
LD 전로 제강법

KEYWORD 제선, 제강, 고로, 선철, LD 전로, 복합취련, 순산소, 하드블로, 소프트블로, 랜스, 용선, 탈탄, 탈산, 탈황, 탈인, 부원료, 경동장치, 염기도, 석회석, 특수전로

01
LD 전로 제강법의 특징

1. LD 전로 제강의 개요

① 1949년 오스트리아 Linz와 Donawitz 공장의 공동연구로 개발된 제강법
② 순산소를 전로 상부에서 랜스를 통하여 고압의 산소를 상취하여 강을 정련
③ 일반 전로의 풍구를 LD 전로에서는 산소랜스에서 한다.
④ **장점** : 다른 제강법에 비해 생산성, 품질, 원가, 건설비, 원료면에서 우수
⑤ **단점** : 원료에 용선을 사용하므로 고로설비가 있는 공장에서만 사용 가능
⑥ **LD 전로의 다른 명칭** : 순산소상취전로, 산소전로, Converter, BOF, BOP, BOS

2. LD 전로법의 특징

(1) 일반적 특징

① 다른 제강법에 비해 생산능률이 높아 대량생산이 가능하다.
② 규칙적인 출강이 가능하다.
③ 염기성 내화물을 사용하여 탈인·탈황이 가능하다.
④ 제강시간이 매우 짧다.
⑤ 연료비가 필요없어 원가가 저렴하다(평로법의 60~70%, 강괴 원가의 5~10% 절감).
⑥ 산소 효율이 높고, 탈탄속도가 빠르다.
⑦ 제강능력이 우수하다(평로법의 6~8배).

기출문제

다음 중 LD 전로의 호칭이 아닌 것은?
① Converter
② 전로(轉爐)
③ LF(Ladle Furnace)
④ BOF(Basic Oxygen Furnace)
정답 ③

기출문제

전로조업의 특징을 설명한 것으로 틀린 것은?
① 제강시간이 빠르다.
② 장입원료는 용선이다.
③ 산화반응열을 이용한다.
④ 반드시 연료가 필요하다.
정답 ④

기출문제

순산소 상취 전로 조업에 대한 설명으로 틀린 것은?
① 탈인이 잘 된다.
② 산화 반응이다.
③ 생산 능률이 높다.
④ 선철 성분에 제한이 많다.
정답 ④

⑧ 건설비가 저렴하다(평로 공장의 60~80%).
⑨ 주원료인 선철의 성분 변화에 관계없이 정련이 가능하다.

(2) LD 전로 제강의 품질 특징

① 강중 가스(N, O, H) 함유량이 적다.
② 고철 사용량이 적어 Cr, Ni, Mo, Cu 등의 혼입이 적다.
③ 극저탄소강을 제조할 수 있다.
④ P, S 함유량이 적은 강을 제조할 수 있다.

3. LD 전로 조업 공정

① **전로 조업 순서** : 장입 → 취련(정련) → 측온(시료채취) → 출강 → 배재 → 슬래그 코팅
② **전로 용량** : 1회 출강량
③ **전로 공정의 1회 취련 시간** : 20분(전기로 조업시간 : 40~90분)
④ **TTT(Tap to Tap)** : 40분 이내

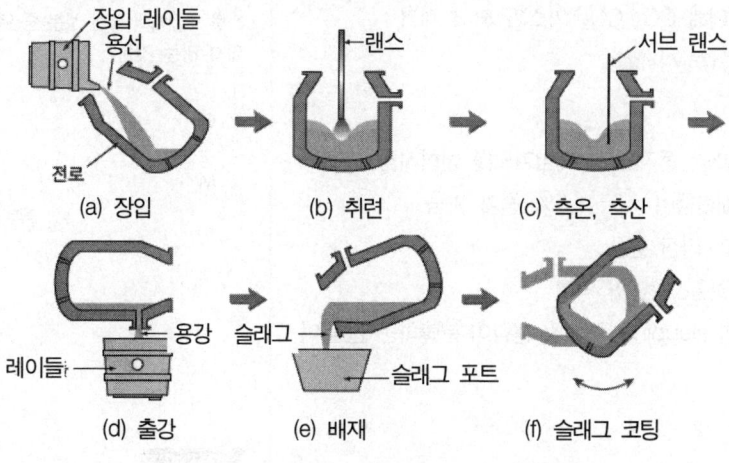

전로제강 조업 공정

기출문제

LD 전로 조업법의 특징을 설명한 것으로 틀린 것은?
① 신속정련이 가능하다.
② 외부의 고체연료를 필요로 하지 않는다.
③ 주원료로 용선과 고철을 적당한 비율로 배합하여 사용한다.
④ 강종 생산의 범위는 저탄소강에서 고탄소강까지 가능하고 N₂ 함유량이 높다.

정답 ▶ ④

기출문제

산소전로강의 특징이 아닌 것은?
① 강 중에 N, O, H 등 함유가스량이 적다.
② 극저탄소강의 제조에 특히 적합하다.
③ 고철사용량이 많아 Ni, Cr, Mo, Cu, Sn 등의 tramp element가 많다.
④ P, S 함량이 낮은 강을 얻기 위해 더블 슬래그법 등 특수한 조업 방법이 필요하다.

정답 ▶ ③

기출문제

전로 제강의 일반적인 작업순서로 옳은 것은?
① 용선 장입 → 배재 → 출강 → 산소 취련
② 용선 장입 → 산소 취련 → 출강 → 배재
③ 산소 취련 → 용선 장입 → 출강 → 배재
④ 산소 취련 → 배재 → 출강 → 용선 장입

정답 ▶ ②

기출문제

전로의 TTT(Tap to Tap) 시간은 어느 정도인가?
① 40분   ② 1시간
③ 12시간 ④ 24시간

정답 ▶ ①

02 LD 전로 조업 원료

1. 주원료

※ **주원료** : 용선, 냉선, 고철

(1) 용선

① 열원으로 가장 중요(사용비율 : 70~85% 사용)

② 용선 중의 원소
  ㉠ 열원 : C, Si, Mn의 산화열
  ㉡ 불순물 : P, S(강의 품질에 악영향)

③ 탄소(C)
  ㉠ 용선온도, Si 함유량에 따라 포화량이 정해짐
  ㉡ 취련 중 대부분 산화반응에 의해 CO, CO_2 가스가 되어 제거
  ㉢ 실제 조업에서는 함유량이 중요하지 않음

④ 규소(Si)
  ㉠ 산화반응으로 SiO_2가 되어 열량, 용재량, 용재염기도를 변화시킴
  ㉡ Si 0.1% 증가에 따라 고철배합률이 1.3~1.5% 증가 가능
  ㉢ 가장 먼저 반응하고, 발열량이 가장 높음
  ㉣ 조업에서 Si 함량이 높으면 탈황, 탈인이 억제
  ㉤ Si 높으면 용재량 증가에 의한 slopping(용재 및 용강이 분출하는 현상)이 증가하여 출강수율이 저하

⑤ 망간(Mn)
  ㉠ 용선 중 Mn과 정련종료 시의 용강 Mn이 비례관계
  ㉡ 용선 Mn을 높이면 용강 Mn이 높아져 Fe-Mn의 첨가량이 감소, 취련 중 산화되어 Mn 손실이 높아짐

⑥ 인(P), 황(S)
  ㉠ P, S는 대부분 강재의 품질에 악영향
  ㉡ P, S가 높으면 노외 용선예비처리, Double slag법, LD-AC법 등을 이용하여 제거

기출문제

LD 전로 제강에서 사용하는 주원료가 아닌 것은?
① 용선
② 고철
③ 냉선
④ 철광석

정답 ▶ ④

기출문제

용강법 중 용선의 현열과 불순물의 연소열을 열원으로 사용하는 로는?
① 평로법
② 전기로법
③ 전로법
④ 유도로법

정답 ▶ ③

기출문제

전로 조업에서 용선 성분 중 열원이 되지 않는 것은?
① S
② C
③ Si
④ Mn

정답 ▶ ①

기출문제

전로 제강에 쓰이는 선철 중에 포함된 5대 성분이 아닌 것은?
① 망간(Mn)
② 규소(Si)
③ 인(P)
④ 티타늄(Ti)

정답 ▶ ④

(2) 고철(Scrap)

① 공장 내 발생고철
  ㉠ 환원고철 : 불량주괴, 압연설 등으로 품질이 확실하고 발생량이 안정적이어서 가장 좋은 고철
  ㉡ 회수고철 : 가공설, 노후설비설, 폐Roll 등
  ㉢ 특수합금원소를 함유한 발생고철, 저유황설 등은 따로 분류하여 특정 강종에 사용

② 구입 고철
  ㉠ 품질, 형상이 불안정
  ㉡ 전로 사용 전 적당한 크기로 절단, 프레스 후 사용
  ㉢ 중량고철(Heavy scrap)을 많이 사용할 경우
    ⓐ 장입 시 로체내벽에 충격을 주어 로의 수명 단축
    ⓑ 취련 중 용해가 끝나지 않고 남아있음
    ⓒ 출강량의 변동, 노 내 온도 저하, 성분 불균일의 원인
  ㉣ 경량고철(Light scrap)을 사용할 경우
    노 내에서 고철이 용선의 표면을 덮어 취련시작 시 착화를 늦추는 원인

(3) 냉선류

① 냉선, 폐주형, 용선설 등
② 보조 열원으로 사용
③ 슬래그(Slag, 용재)의 염기도 계산할 때 용선과 같이 취급

2. 부원료

(1) 사용 목적에 따른 분류

분류	사용목적	부원료 종류
조재제	슬래그 형성	생석회, 석회석, 규사, 연와설(벽돌 스크랩)
매용제	슬래그 생성 촉진	밀 스케일(mill scale), 소결광, 철광석, 형석
냉각재	용강 온도 조정	철광석, 석회석, 밀 스케일, 소결광, 고철
가탄제	탄소 성분 조정	전극설, 무연탄, 코크스
산화제	용강 산소 공급	철광석, 소결광, 밀 스케일, 철망간광
탈산제	용강의 산소 제거	Al, CaC_2, Fe-Si, Fe-Mn, Ca-Si
노보수제	전로 내화물 보호	돌로마이트

기출문제

전로에서 사용하는 주원료에 대한 설명으로 틀린 것은?
① 용선은 주원료로 냉선은 보조열원으로 사용된다.
② 중량고철 장입 시 충격력이 커서 연와수명을 단축시킨다.
③ 중량고철량이 증가하면 출강량의 변동아 노 내 온도, 성분 불균일의 원인이 된다.
④ 경량고철을 다량 사용하면 취련개시 시 착화와 용해가 빨라 효율적인 취련작업이 된다.

정답 ▶ ④

기출문제

LD 전로 조업의 원료 중 부원료가 아닌 것은?
① 조재제   ② 용선
③ 냉각제   ④ 매용제

정답 ▶ ②

기출문제

전로조업에서 사용되는 부원료 중 조재제와 냉각제로 모두 사용되는 재료는?
① 형석   ② 석회석
③ 철광석   ④ 생석회

정답 ▶ ②

기출문제

산소전로법에서 부원료로 사용하는 것 중 냉각제로 사용되지 않는 것은?
① 철광석   ② 생석회
③ 소결광   ④ 밀 스케일

정답 ▶ ②

(2) 조재제(플럭스)

① 생석회(산화칼슘)
㉠ CaO가 90% 이상, 슬래그의 주성분으로 탈황, 탈인 반응
㉡ 염기성으로 가장 중요한 조재제

② 생석회가 LD 전로에서 요구되는 성질
㉠ 소성이 잘 되어 반응성이 좋을 것
㉡ 세립 및 정립되어 있어서 반응성이 좋을 것
㉢ 가루가 적어 다룰 때 손실이 적을 것
㉣ 수송 또는 저장 중에 풍화작용이 적을 것
㉤ P, S, SiO_2 등의 불순물이 적을 것

③ 석회석
㉠ 투입되면 급속히 분해하여 CaO가 되며 이때 열을 흡수(냉각재)
㉡ 노 내에서 분해하여 격렬한 교반이 일어나는 끓음 현상 발생(lime boiling)
: $CaCO_3 \rightarrow CaO + CO_2 - 42{,}500(cal/mol)$ ◀ 흡열반응

④ 석회석과 산화칼슘을 함께 사용할 경우
㉠ 용선 배합률이 높고, 열량적으로 유리할 때 초기부터 장입하여 냉각제 및 조재제로서의 효과 기대
㉡ 취련 중에 $100kg_f$ 정도씩 분할 투입하여 냉각효과, 조재의 효과 및 슬로핑(Slopping) 방지에 효과적
㉢ 열적으로 불리할 때 냉각효과를 저하시키기 위해 전량을 산화칼슘으로 할 수 있음

⑤ 규사, 연와설 : 용선 중 Si의 양이 낮을 때 슬래그량의 증가 목적으로 사용

⑥ 형석
㉠ 소량 첨가로 슬래그의 유동성 향상
㉡ 너무 많이 사용하면 내화물의 침식이 증가

⑦ 밀 스케일, 소결광 : 노 내 첨가되면 FeO가 되어 SiO_2와 함께 생석회의 슬래그화를 촉진

(3) 냉각제

① 냉각제 냉각능

냉각제	고철	석회석	철광석
냉각능	1	2.2	2.7

② 냉각제는 취련 후반기 용강 온도 조절용으로 투입하는 것으로 소량을 분할하여 투입해야 한다.

전로에서 생석회(CaO) 사용 조건으로 적합한 것은?
① 저장 시 풍화가 용이할 것
② 반응성이 양호하여 쉽게 용해될 것
③ 입도가 크고 고온에서 장시간 원형을 유지할 것
④ CaO 이외 불순원소를 많이 함유하여 용해성이 좋을 것

정답 ▶ ②

전로 내에 사용되는 석회석의 역할이 아닌 것은?
① 냉각제
② 용강에 탄소부여
③ 조재제
④ 슬로핑(Slopping) 방지

정답 ▶ ②

LD 전로에서 냉각제로 사용되는 것은?
① 석회석
② 규사
③ 알루미나
④ 연와설

정답 ▶ ①

③ 냉각제로서 철광석 사용 시 유의사항
  ⊙ 노 내에서 분해하여 Fe로 되어 용강의 일부가 되어 실수율 증가
  ⓒ 철광석에는 맥석 성분인 SiO_2, Al_2O_3 성분이 적어야 한다.
  ⓒ **투입 시기** : 냉각제는 취련 후반기 용강 온도 조절용으로 투입하는 것으로 소량을 분할하여 투입해야 한다.

기출문제

다음 중 전로에서 사용되는 냉각제와 가장 거리가 먼 것은?
① FeO   ② SiO_2
③ Fe_2O_3 ④ $CaCO_3$
정답 ▶ ②

(4) 산화제
  ① 산화제의 역할
    ⊙ 용강에 산소 공급
    ⓒ 용강 온도 조정
    ⓒ 슬래그 조정에 의한 탈인 작용
  ② 철광석이 산화제로서 구비조건
    ⊙ 산화철이 많을 것
    ⓒ 산성성분 SiO_2, Al_2O_3, TiO_2가 낮을 것
    ⓒ P, S가 적을 것
    ⓔ 결합수 및 부착수분이 적을 것
    ⓜ 괴광으로서 분광의 혼입이 적을 것
    ⓗ 단단하고 치밀할 것

기출문제

철광석이 산화제로 이용되기 위하여 갖추어야 할 조건을 설명한 것 중 틀린 것은?
① 단단하고 치밀할 것
② 결합수가 높을 것
③ 괴광으로서 분광의 혼입이 적을 것
④ 산성성분 SiO_2, Al_2O_3, TiO_2가 낮을 것
정답 ▶ ②

(5) 탈산제
  ① 탈산제의 구비조건
    ⊙ 산소와의 친화력이 클 것
    ⓒ 용강 중에 급속히 용해할 것
    ⓒ 탈산 생성물의 부상속도가 클 것
    ⓔ 가격이 저렴하고 소량만 사용할 것
    ⓜ 회수율이 양호할 것
  ② 첨가시기 및 첨가방법에 따른 분류
    ⊙ Cu, Ni, Mo와 같이 취련 전에 투입하여 취련 중에 용해하여 균일화를 도모하는 것
    ⓒ 취련 종료 후 전로 내에 첨가하여 예비탈산을 하는 것
    ⓒ 수강 전의 레이들에 미리 첨가하여 놓는 것
    ⓔ 출강 중에 레이들 내에 첨가하는 것
  ③ 형상에 따른 분류
    ⊙ 1종의 원소로 되어 있는 것 : Al, 탄소, 강 스크랩 등
    ⓒ 2종 이상의 원소로 되어 있는 것 : Fe-Mn, Si-Mn, Fe-Cr, Fe-Si 등
    ⓒ 용해를 촉진하기 위해 발열성 처리를 해 놓은 것 : 발열 Fe-Nb 등
    ⓔ 강중 H의 저감대책으로서 미리 가열하여 놓은 것

기출문제

LD 전로 조업 중 취련(정련) 후에 노를 기울여 출강할 때 성분조절과 탈산을 위하여 첨가하는 것이 아닌 것은?
① 알루미늄(Al)
② 페로망간(Fe-Mn)
③ 페로실리콘(Fe-Si)
④ 밀스케일(Mill scale)
정답 ▶ ④

④ 탈산법의 종류
  ㉠ 용강 중 C에 의한 탈산 : 탄소강에서는 C에 따라 용도가 달라지므로 사용하지 않음($FeO + C \rightarrow Fe + CO$)
  ㉡ 확산 탈산 : FeO를 함유한 용강을 FeO를 함유하지 않은 강재와 접촉시켜 용강 중의 FeO와 강재와의 평형 관계로 FeO 감소
  ㉢ 석출 탈산 : 산소와의 친화력이 Fe보다 큰 원소를 용강 중에 첨가하여 강제탈산하는 방법(Si, Mn, Ca, Mg, Ti, Al 등 첨가)

⑤ 망간철(Fe-Mn)
  ㉠ 탈산작용 : $FeO + Mn \rightarrow MnO + Fe$
  ㉡ 탈황작용 : $FeS + Mn \rightarrow MnS + Fe$
  ㉢ 여분의 망간은 용강 중에 녹아서 강의 성분이 됨

⑥ 규소철(Fe-Si)
  ㉠ 망간철 탈산력의 5배
  ㉡ 탈산작용 : $2FeO + Si \rightarrow SiO_2 + 2Fe$
  ㉢ 노 또는 레이들 중의 예비탈산에 주로 사용
  ㉣ 용강이 레이들의 반 정도 출강되었을 때 사용하면 탈산효과를 높일 수 있음

⑦ 알루미늄
  ㉠ 탈산력이 Si의 17배, Mn의 90배
  ㉡ 탈산작용 : $3FeO + 2Al \rightarrow Al_2O_3 + 3Fe$
  ㉢ 결정립 미세화 및 균일화에 효과적(AlN이 결정립 미세화에 효과적)
  ㉣ 너무 많이 첨가하면 강이 취약해짐(0.1% 이하로 첨가)
  ㉤ 고온산화방지 및 내황화성에 효과적
  ㉥ 90% 이상 재생 Al을 막대 모양으로 만들어 레이들에 첨가
  ㉦ 재생 Al에 구리가 들어있으면 안 됨

⑧ 실리콘 망간(Si-Mn)
  ㉠ 출강까지의 시간 단축과 비금속 물질의 감소를 기대
  ㉡ Si 20%, Mn 60%가 표준 성분

⑨ 탄소(C)
  ㉠ 가탄제 역할
  ㉡ 코크스, 무연탄 가루, 전극 부스러기 등 사용
  ㉢ 용강의 탄소를 높이기 위해 레이들 중에 첨가

⑩ 탈산제 탈산능력 : Al 〉 CaC_2 〉 Fe-Si 〉 Fe-Mn

기출문제

용강 탈산의 3가지 방법에 해당되지 않는 것은?
① 석출 탈산
② 침적 탈산
③ 확산 탈산
④ 용강 중의 탄소에 의한 탈산

정답 ②

3. 전로 원료 장입

① 전로의 주원료는 용선을 사용하며 고철은 장입량의 약 15% 정도까지만 사용한다.
② 전로 고철을 용선보다 나중에 장입하면 고철 중에 부착된 수분에 의해 폭발이 발생할 수 있으므로 고철을 먼저 장입한다.
③ 원료장입 및 출강 시에 모두 전원을 off 상태로 해야 한다.
④ 전로에 용선을 장입할 때 노 내 코팅한 슬래그가 굳기 전에 장입하면 용융물이 노 외로 분출할 수 있다.
⑤ 전로 고철 장입은 크레인으로 한다.
⑥ 고철에 수분이 있으면 폭발의 위험이 있으므로 습기를 제거한다.

기출문제

전로 작업 시 주원료를 장입할 때 고철을 장입하고 용선을 장입해야 하는 주된 이유는?
① 교반증대
② 내화물 보호
③ 폭발방지
④ 취련시간 단축

정답 ▶ ③

03 LD 전로 설비

1. 개요

① **전로 공정** : 용선과 고철을 전로에 장입하고 랜스(Lance)라는 수냉구조의 노즐(nozzle)로부터 고압, 고순도의 산소를 취입하여 정련하여 용강을 제조
② 용선은 레이들 또는 용선차로 용선로에서 전로공장으로 운반
③ 운반된 용선은 혼선로에 저장한 후 장입 레이들로 장입
④ 장입 레이들의 용선은 크레인으로 전로에 장입
⑤ 고철은 스크랩 낙하장치(scrap chute)를 써서 전로에 장입
⑥ 용선과 고철 장입 후 랜스를 노 내에 넣어서 순산소를 취입하여 정련 진행
⑦ 반응을 원활히 하기 위하여 조제제, 매용제 등을 취련 중에 노 내에 투입
⑧ 전로의 노구에서 고온의 CO가스 및 철진 등의 폐가스 처리 설비 필요
⑨ 정련된 용선은 주입용 레이들에 받은 후 강의 용도에 맞게 합금철, 탈산제 첨가하여 조괴, 연속주조로 제조
⑩ 순산소를 사용하므로 산소제조 설비가 필수로 필요

2. LD 전로 본체 설비

(1) 노체

① **전로의 능력** : 1회당 처리용강량으로 표시, 30~300톤 규모
② 노구가 노체의 중심선에 있는 대칭형
③ 노체는 30~40mm 두께의 강판을 용접한 대칭형 용기
④ **노체** : 노구, 노 복구, 노저부로 구분
⑤ **장입 측** : 원료를 장입하는 작업 덱(deck)쪽
⑥ **출강 측** : 장입 측의 반대쪽
⑦ **노체의 높이** : 직경의 약 1.3~1.5배
⑧ **전로 내화물** : 돌로마이트

(2) 경동설비

① 노체의 중앙부에 트러니언(Trunnion)이 볼트에 의해 설치 → 경동장치로부터 회전 토크를 전달
② **트러니언 링** : 노체를 지지하는 역할
③ 트러니언과 노체 접합부에 열전달을 방지하기 위한 수랭방식, 이중벽방식
④ **노구** : 취련 중 전도열 및 복사열을 받아 변형이 되기 쉬우므로 냉각방법 및 교체 가능한 구조로 제작
⑤ **전동 구동 방식** : 변속 가능한 직류전동기, 워드레너드 방식 등 사용
　㉠ **직류전동기** : 속도 제어용이, 전원 및 전동기 가격이 고가, 호환성 떨어짐
　㉡ **교류 워드레너드 방식** : 2개의 권선형 교류 전동기 배열한 구동방식

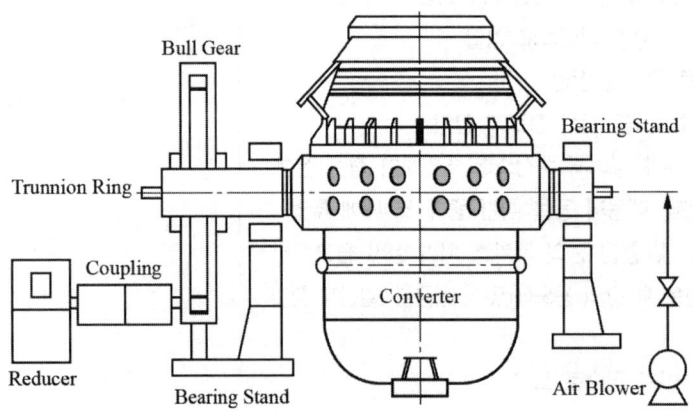

전로 경동 설비

기출문제

전로의 주요 설비에 해당되지 않는 것은?
① 랜스
② 스키머
③ 경동장치
④ 정련 반응로인 노체

정답 ▶ ②

(3) 취입설비(Lance)

① **랜스의 구조** : 3중관 구조
② **랜스 노즐** : 초음속의 산소를 분사시킬 수 있는 드라발 노즐
③ **랜스 노즐의 재질** : 열전도율이 좋은 구리(순동)를 사용
④ **노즐의 구멍** : 초기에 1개, 용량이 커짐에 따라 3~4개의 다공 노즐 사용
⑤ **보조랜스(서브랜스)** : 측온, 샘플링, 탕면측정
⑥ 산소랜스는 취련 효율을 높이기 위해서 다공노즐을 사용한다.
⑦ 탈인 촉진을 위해 LD-AC랜스를 사용하고, 옥시퓨얼 랜스를 사용하면 고철 배합율을 50%까지 할 수 있다.
⑧ **다공 노즐의 장점**
  ㉠ 용강의 교반운동 촉진
  ㉡ 용강 분출이 감소
  ㉢ 제강 회수율 향상
  ㉣ 산소와 반응효율 향상
⑨ **옥시퓨얼 랜스(Oxyfuel lance)의 특징**
  ㉠ 랜스로부터 산소와 연료를 분사하여 열효율 향상
  ㉡ 고철 배합율을 50%까지 증가할 수 있음
⑩ **LD-AC(Linz-Donawitz-ARBED CNRN) 취련법**
  ㉠ 수산화칼슘 가루를 산소와 함께 분사
  ㉡ 탈인을 촉진

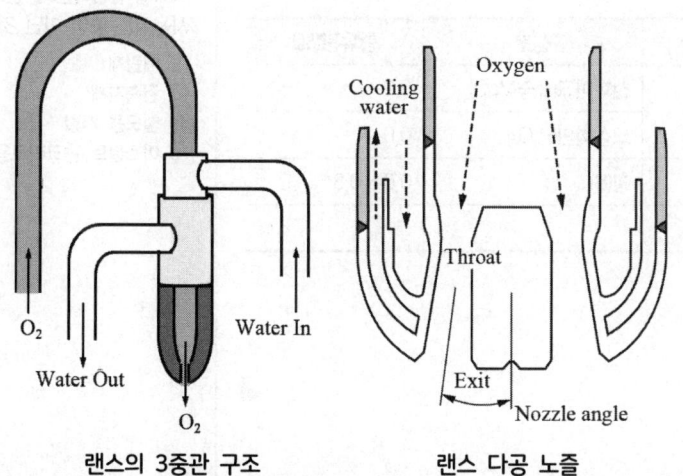

랜스의 3중관 구조 　　 랜스 다공 노즐

기출문제

전로에 사용하는 랜스 노즐(Lance Nozzle)의 재질은?
① 규소강　② 탄소강
③ 순구리　④ 알루미늄

정답 ▶ ③

기출문제

전로 조업에서 랜스(lance)에 관한 설명 중 틀린 것은?
① 선단의 노즐은 순동(Cu)으로 되어 있다.
② 랜스와 선단 노즐은 취련 중에 격심하게 가열된다.
③ 다공 노즐은 산소를 랜스 선단에서 분류하고, 여러 개의 노즐에서 분사시키는 방법이다.
④ 경각은 스피팅 발생억제와 배가스량의 발생량 증대를 위해 화점이 똑같게 형성되도록 각도를 같게 하고 있다.

정답 ▶ ④

기출문제

전로 취련제어 중 서브랜스 (Sublance)법에 의해 측정할 수 없는 것은?
① 용강 온도
② 산소 농도
③ 슬래그 레벨
④ 출강구 레벨

정답 ▶ ④

기출문제

전로조업 중 다공노즐을 사용하는 이유가 아닌 것은?
① 용강교반 촉진
② 출강실수율 향상
③ 용강의 분출량 감소
④ 산소와 반응효율 감소

정답 ▶ ④

(4) 출강구 형상

종류	경사형	원통형
형태		
출강시간편차	출강 초기와 말기의 시간 편차가 적다	출강 초기와 말기의 시간 편차가 크다
출강온도저하	크다	적다
산화도	퍼짐방지로 적다	심하다
슬래그 유입	적다	많다
출강류	곧은 출강	약간 위로 받친다
출강구 마모	적다	심하다

> **기출문제**
> 전로에서 경사형 출강구와 원통형 출강구에 대한 설명으로 옳은 것은?
> ① 원통형은 슬래그 유입정도가 경사형보다 작다.
> ② 원통형은 출강구의 마모가 경사형보다 작다.
> ③ 경사형은 출강 시간의 편차가 원통형보다 작다.
> ④ 경사형은 출강류 퍼짐으로 산화가 원통형보다 크다.
> 정답 ▶ ③

(5) 배재 설비

① **스키머** : 용강과 슬래그를 비중차에 의해 분리하는 장치
② 전로에서 발생하는 슬래그는 100~170kg$_f$/t 정도
③ 고로 또는 소결용의 원료, 자갈 대용, 콘크리트 골재, 매립재료로 사용
④ **처리방법** : 레이들로 받는 식, 방류식
⑤ 노구로부터 분출되는 슬로핑 슬래그는 수강 대차의 스크레이퍼로 처리
⑥ 전로 슬래그의 성분

성분	함유량(%)	성분	함유량(%)
전철(T·Fe)	10~23	산화마그네슘(MgO)	0.9~6
탄화칼슘(CaC)	35~65	오산화인(P_2O_5)	0.6~4
이산화규소(SiO_2)	8~18	황(S)	0.04~0.3
산화망간(MnO)	4~10		

> **기출문제**
> 전로 슬래그는 조강 톤당 100~150kg$_f$ 발생하는데, 전로 슬래그가 사용되는 곳이 아닌 것은?
> ① 매립재
> ② 건축자재
> ③ 철도용 자갈
> ④ 아스팔트 콘크리트용 골재
> 정답 ▶ ②

3. 폐가스 처리설비

(1) 폐가스 냉각설비

① **종류** : 공기 냉각방식, Boiler 방식, 비연소 방식(OG법, IRSID-CAFL법)
② **비연소방식(OG 시스템)**
　㉠ 전로 노구와 연도 사이에 가동식 뚜껑(skirt)을 설치하여 공기의 침입 방지하고 CO가스를 연소시키지 않고 회수

  © CO가스가 연소하지 않으므로 폐가스 온도가 낮고 양도 적음
  © 냉각설비가 소형화
  © 회수 가스는 연료로도 사용

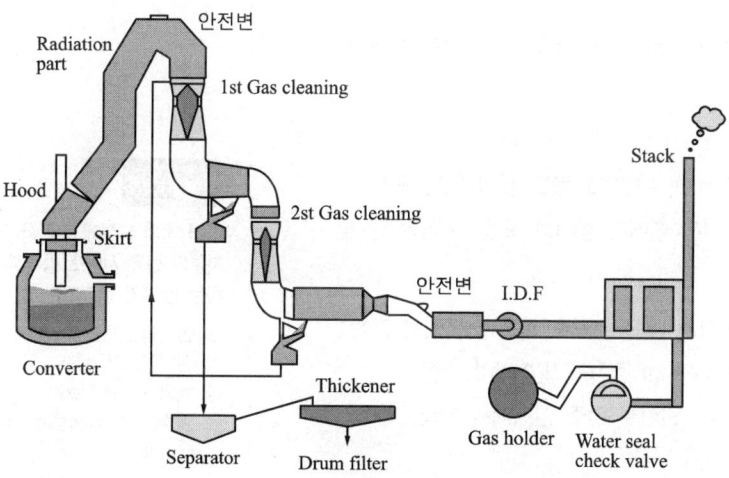

OG 시스템

 ③ 공기 냉각방식
  ☉ 대량의 고온 폐가스를 수랭자켓의 일부에 설치된 연도 안에서 연소, 다시 냉각함으로서 연소 공기량에 수배의 공기를 혼입하는 방법
  © 연도 출구에서 800~1,000℃까지 냉각, 살수 탑에서 100~200℃까지 냉각, 굵은 연진이 포집
  © 설비비용이 저렴, 대형 송풍기와 다량의 공업 용수가 필요하여 사용비용이 많이 들어감

 ④ **Boiler 방식**
  ☉ 전로로상 연도구를 보일러로 하여 폐가스의 열교환으로 가스 냉각과 발생증기를 회수
  © 일반 보일러처럼 복사대, 접촉대, 절탄기를 가지고 있음
  © 보일러 출구에서 가스 온도 : 300~350℃
  © 고압증기는 발전용으로 사용되지만 간헐적으로 발생되므로 축전지(accumulator)를 설치하여 난방용으로 사용

(2) 집진설비
 ① 초기에는 보일러의 연도 가스 속에 함유된 재의 미립자 제거에 사용
 ② 공장 굴뚝에 설치하여 매연, 미립자를 포집
 ③ IDF : 취련 시 발생되는 폐가스를 흡인, 승압하는 장치
 ④ 집진방식 : 중력에 의한 것, 여과한 것, 원심력에 의한 것, 음파를 이용한 것, 세정에 의한 것

다음 중 전로의 폐가스 냉각설비와 가장 거리가 먼 것은?
① 보일러법
② 전기 집진법
③ 비연소식 IC법
④ 비연소식 OG법

정답 ▶ ③

산소전로 제강의 배가스 냉각설비 중 비연소방식은?
① OG법 ② LD법
③ BF법 ④ DL법

정답 ▶ ①

더스트(dust)를 집진하고 폐가스를 적정온도로 냉각시키는 폐가스 냉각 설비가 아닌 것은?
① LDS(Linz Donawitz Stirring) system
② OG(Oxygen Gas Recovery) system
③ LT(Lurgi Thyssen)-Dry system
④ New-OG system

정답 ▶ ①

⑤ 벤추리 스크러버(Venturi scrubber) 방식
  ㉠ 기계식으로 폐가스를 좁은 노즐(벤추리)에 통과시켜 속도가 빨라지게 한 후 고압수를 분무하여 가스 중의 분진을 포집
  ㉡ 장점 : 건설비 저렴
  ㉢ 단점 : 물을 많이 소비, 연진이 슬러지 상태로 포집, 부식이 잘 됨

⑥ 습식 전기집진 방식
  ㉠ 보일러와 조합으로 사용
  ㉡ 수분을 함유한 연진을 전극에 흡수시키고 물로 씻어 내려 포집
  ㉢ 단점 : 물을 많이 소비, 연진이 슬러지 상태로 포집, 부식이 잘 됨

⑦ 건식 전기집진 방식
  ㉠ 폐가스를 전극 사이로 통과시켜 대전시킨 후 집진 전극에서 흡착
  ㉡ 집진된 연진을 해머링(Hammering) 장치로 떨어뜨려 포집
  ㉢ 장점 : 동력비가 적게 들어감, 연진을 건조 상태에서 처리
  ㉣ 단점 : 설비비용이 고가

⑧ 백 필터(Bag filter) 방식
  ㉠ 폐기가스를 수십 개의 자루에 보내 연진을 포집
  ㉡ 최근 많이 사용

(3) 연진의 처리와 재활용
  ① 산화철을 많이 함유하여 제철 원료로 사용
  ② 도료나 산화철 첨가제로 사용
  ③ 연진의 성분

성분	함유량(%)	성분	함유량(%)
전철	64.82	황	0.31
산화제일철	1.70	인	0.16
산화제이철	90.79	망간	1.21
이산화규소	1.08	납	미량
산화 칼륨	1.12	구리	0.08
산화 마그네슘	0.12	아연	0.29

기출문제

여러 개의 자루에 연진을 포집하여 자루의 섬유 사이로 통과시켜 청정하는 방식의 집진기는?
① 전기집진기(습식)
② 전기집진기(건식)
③ 백필터(Bag-filter)
④ 벤투리 스크러버(Venturi scrubber)

정답 ▶ ③

4. 기타 설비

(1) 산소제조 설비
① 전로에서는 50Nm³/t-steel 정도의 순산소 사용
② 산소제조 설비가 필수
③ 공기 중의 산소를 분리하여 회수하는 방법으로 99.5% 이상의 순도를 가진 산소 제조
④ 공기를 액화하여 비등점(산소 -183℃, 질소 -195.8℃) 차이를 이용하여 산소와 질소를 분리
⑤ 분리된 산소는 압송설비를 거쳐 전로 공장으로 압송
⑥ 일시에 대량으로 사용하므로 배관의 중간에 가스 홀더가 설치
⑦ 랜스 통과 압력 : 8~12kgf/cm²

(2) 냉각수 설비
① **용수 사용량** : 제품 톤당 100~400m³
② 전로 공장에서는 단물을 주로 사용
③ 사용한 물의 냉각 및 여과하는 정수 설비를 설치

(3) 원료 장입 설비
① **용선 장입** : 혼선로, 혼선차에서 용선을 옮겨 담은 후 크레인으로 장입
② **기타 원료 장입** : 호퍼(Hopper)에서 수냉된 슈트(Shute)를 통하여 장입
③ 외부 저장 벙커에 있는 원료는 벨트 컨베이어(Belt Conveyor), 버킷 엘리베이터(Bucket Elevator)에 의해 전로 위의 호퍼로 운반
④ **고철의 장입 방법**
  ㉠ 천장 크레인에 의한 방법
  ㉡ 특수 트럭에 의한 방법
  ㉢ 작업장 위를 주행하는 대차에 의한 방법
  ㉣ 장입용 상자를 크레인으로 옮겨 노 앞에서 장입하는 방법

(4) 그 외의 설비
① **기중기** : 용선 수입에서 강괴의 방출까지 폭넓게 사용
② **전기설비** : 전로의 경동, 랜스의 승강 장치는 정전에 대비한 발전기 설치
③ **계장장치** : 전로 조업에 필요한 조정장치
④ **칭량설비** : 전로에 사용되는 원료의 칭량
⑤ **분석설비** : C, S, P 등을 분석할 수 있는 분광분석 장치
⑥ **가이드** : 낙하물에 의한 전로 노체 손상을 방지하고 낙하에 의한 추락 위험을 방지하는 장치

일반적으로 순산소전로에서 사용되는 순산소량을 옳게 나타낸 것은?
① 50Nm³/ton-steel
② 50Nm³/kg-steel
③ 100Nm³/ton-steel
④ 100Nm³/kg-steel

정답 ▶ ①

5. 전로용 내화물

(1) 전로용 내화물이 받는 영향
① 산소 취입에 의한 용강과 슬래그의 강력한 교반
② 노체의 경동 또는 회전
③ 다량의 분진과 가스 발생
④ 짧은 제강 싸이클로 심한 온도 변화
⑤ 높은 조업 온도
⑥ 장입 시의 기계적 충격

(2) 전로용 내화물의 요구조건
① 염기성 슬래그에 대한 화학적인 내식성
② 용강과 슬래그의 교반에 대한 내마멸성
③ 급격한 온도 변화에 대한 내열 스폴링성
④ 장입물에 대한 내충격성

(3) 전로 내장 연와 손상기구
① **화학적 침식** : 슬래그에 의한 용해
② **구조적 Spalling** : 연와 내의 Slag 침투
③ **기계적 마모** : 용강의 교반, 원료의 투입 충격
④ **열적 Spalling** : 간헐조업 및 조업 중의 온도 변화
⑤ **산화 탈탄** : 비취련 시의 Carbon Bond 손실
⑥ **기계적 Spalling** : 승열 시에 생기는 기계적 응력

(4) 내장 연와 수명에 영향을 주는 요인
① **용선 중의 Si** : 용선에 함유되어 있는 Si이 증가하면 노체지속 횟수는 감소한다. 그 원인은 Si에 의한 슬래그의 염기도 저하, 슬래그 양의 증가 및 분출 등이다.
② **염기도** : 슬래그 중의 SiO_2는 연와에 대하여 큰 영향을 미치고 있으며, 염기도가 증가하면 노체지속 횟수도 증가한다.
③ **슬래그 중의 T-Fe** : 슬래그 중의 T-Fe가 높으면 노체지속 횟수는 저하한다. 이것은 T-Fe의 증가에 의한 연와의 침식성이 증가하기 때문이며 특히 노체 초기에 이러한 현상은 두드러진다.
④ **산소 사용량** : 산소 사용량이 많게 되면 노체지속 횟수는 저하한다.
⑤ **재취련** : 재취련률이 높게 되면 노체지속 횟수는 저하하는데 이는 재취련에 의하여 슬래그 중의 T-Fe가 많아지기 때문에 노체에 악영향을 미친다.

기출문제

전로 내화물의 구비 조건으로 틀린 것은?
① 염기성 슬래그에 대해 용해도가 커야 한다.
② 염기성 슬래그에 대한 화학적인 내식성을 가져야 한다.
③ 용강이나 용재의 교반에 대한 내마모성을 가져야 한다.
④ 급격한 온도변화에 대한 내열 스폴링성을 가져야 한다.

정답 ①

기출문제

LD 전로의 로체 수명 향상을 위한 가장 적합한 방법은?
① 용강 중 Si 함유량을 증가시킨다.
② 슬래그 중 MgO 함량을 증가시킨다.
③ 하드블로우(Hard blow)로 취련을 한다.
④ 2중강재(Double slag) 작업을 실시한다.

정답 ②

기출문제

전로의 노체 수명에 미치는 요인과 그에 따른 설명으로 옳은 것은?
① 출강온도가 높을수록 노체 수명이 길어진다.
② 슬래그의 양이 많아지면 노체 수명은 길어진다.
③ 용선 중 Si 양이 증가함에 따라 노체 수명은 짧아진다.
④ 슬래그 중 T-Fe을 가능한 낮게 조절하면 노체 수명이 짧아진다.

정답 ③

기출문제

전로의 노체 수명을 연장하는 방법으로 옳은 것은?
① 형석을 증가시킨다.
② 돌로마이트 사용량을 증가시킨다.
③ 용선 중에 Si 량을 증가시킨다.
④ 용강의 온도를 가능한 높게 한다.

정답 ②

⑥ 종점 온도 : 종점 온도가 높게 되면 슬래그의 유동성이 좋게 되므로 용손은 심하게 된다.
⑦ 용강 중의 C 함유량 : 취련 종점에서 용강 중의 C 함유량이 저하하면 노체 수명은 저하한다.
⑧ 휴지시간 : 휴지시간이 길어지면 노체지속 횟수는 저하한다. 이것은 휴지 시에 분위기가 산성이 되어 온도 저하에 의하여 균열이 발생하여 스폴링(Spalling)이 증대하기 때문이다.
⑨ 형석(CaF_2) 사용량 : 형석을 첨가하면 슬래그의 유동성이 증가하기 때문에 노체지속 횟수는 저하한다.
⑩ 철광석 투입량 : 냉각제로 투입되는 철광석은 격렬한 끓음(Boiling) 반응을 일으키므로 연와는 기계적으로 심하게 손모된다.
⑪ 노보수재 사용량 : 돌로마이트, 타르 돌로마이트 등을 사용하여 내화물 침식 방지로 전로 수명 연장

04 LD 전로 조업 방법

1. 보통 제강 조업법

(1) 취련 방법

① 주원료 장입
  ㉠ 고철과 용선의 순서로 주원료를 장입
  ㉡ 고철의 수분에 의한 폭발방지를 위해 고철을 먼저 장입
  ㉢ 용선 배합률(HMR : Hot Metal Ratio) : 70~90%

② 취련 개시 및 진행
  ㉠ 노체를 바로 세우고 랜스를 내리면서 산소를 취입하는 동시에 부원료인 밀 스케일, 매용제를 투입
  ㉡ 랜스가 일정 높이까지 떨어지면 착화가 시작되어 용선 중의 탄소, 불순물이 산화되기 시작하면 생석회, 철광석, 형석 투입
  ㉢ 랜스 노즐을 일정 높이로 유지하고 산소의 압력도 일정 압력 유지
  ㉣ 취련 시작 후 수분 내에 슬래그가 형성되어 용강 표면을 덮음
  ㉤ 스피팅(Spitting) : 산소 제트에 의해 취련 초기에 미세한 철 입자가 노구로부터 비산하는 현상

기출문제

다음 중 전로 정련 시 사용되는 부원료 중 백운석(Dolomite)이 로의 수명과 관련한 역할은?
① 복류방지
② 탈탄능의 개선
③ 내화물의 침식방지
④ 슬래그의 유동성 향상

정답 ▶ ③

기출문제

고철과 용선을 일정비율로 LD 전로에 장입하여 순산소를 취입하여 취련작업을 할 때 용선배합비를 옳게 표기한 것은?
① SR(Scrap Ratio)
② HSR(Hot Scrap Ratio)
③ HMR(Hot Metal Ratio)
④ CPR(Cold Pig Ratio)

정답 ▶ ③

기출문제

LD 전로에서 강욕과 산소가 충돌하여 미세한 철립이 비산하는 현상은?
① 슬로핑(Slopping)
② 오버 플로우(Over flow)
③ 베렌(Baren)
④ 스피팅(Spitting)

정답 ▶ ④

기출문제

전로에서 강재나 용강이 노외로 비산하지 않고 노구에 도넛형으로 쌓이는 현상은?
① 슬로핑(Slopping)
② 베렌(Baren)
③ 스폴링(Spalling)
④ 스피팅(Spitting)

정답 ▶ ②

기출문제

전로 조업에서 취련 중기 강욕 중 탄소의 연소가 활발해져 용재 및 용강이 노외로 분출하는 현상은?
① 태핑   ② 용락
③ 스피팅   ④ 슬로핑

정답 ▶ ④

- ⓑ 취련 시간이 지나면 탄소의 연소가 활발해지고 노구로부터 불꽃이 밝아짐
- ⓢ **포밍(Foaming)** : 강재(slag)의 거품이 일어나는 현상
- ⓞ **슬로핑(Slopping)** : 취련 중기에 돌발적으로 용융물이 노구로부터 분출하는 현상
- ⓩ **베렌(Baren)** : 용강, 용제가 노외로 비산하지 않고 노구 근방에 도넛 형태로 쌓이는 것(다공 노즐의 랜스를 사용하면 감소)

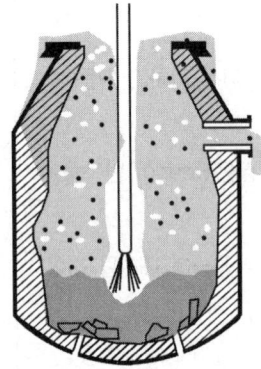

슬로핑 현상

③ **취련 종점**
- ㉠ 취련 말기가 되면 탈탄 반응이 약해지고 불꽃은 짧고 투명해짐
- ㉡ 종류점(End Point) 판정 · 불꽃의 현상, 산소 취입량, 취련 시간 등을 종합하여 결정
- ㉢ 종점이 결정되면 산소 취입을 정지하고 랜스를 올린 후 노의 앞쪽 덱(Deck) 쪽으로 기울여 시료를 채취하고 용강 온도 측정
- ㉣ 시험 결과가 목표에 맞지 않으면 재취련, 승온 취련, 냉각 조치 등의 보충 작업 실시

④ **출강**
- ㉠ 취련 작업 종료 후 합금철을 투입하고 레이들로 출강한 다음 탈산제나 합금철을 첨가하여 정련 작업 완료(출강시간 : 3~6분)
- ㉡ 출강이 끝난 후 노 중에 남아있는 슬래그를 슬래그 포트(Slag Pot)로 배출하여 1회의 제강 작업이 완료되며, 이후 다음 작업을 위해 열간 보수 작업 실시

⑤ **제강시간(Charge to tap)**
- ㉠ 주원료 장입에서 배제완료까지 경과시간
- ㉡ 1회당 30~40분 정도

⑥ **취련순서** : 고철 장입 → 용선 장입 노체직립 → 랜스하강 → 취련개시 → 부원료투입 → 취련 끝 → 랜스상승 → 노체경동 → 시료채취 및 온도측정 → (재취련) → 출강 → 슬래그 배제

기출문제

다음 중 LD 전로조업에 대한 설명으로 옳은 것은?
① 주원료는 고철에 함유된 수분에 의한 폭발을 방지하기 위해 고철보다 용선을 먼저 장입한다.
② 부원료로 투입되는 철광석은 정련 중 분해열에 의한 승온 및 탈산 효과가 있다.
③ 취련 초기에 미세한 철입자가 노구로 비산하는 것을 슬로핑, 취련 중기에 용강과 용재(slag)가 분출하는 것을 스피팅이라 한다.
④ 취련 종점 판정은 산소 사용량, 취련시간, 불꽃 색깔에 의하여 강욕 중의 탄소함량, 강욕온도 등을 추측할 수 있다.

정답 ▶ ④

기출문제

상취 산소전로조업에서 강욕 중의 탄소함량과 강욕온도를 추측할 수 있는 사항이 아닌 것은?
① 취련 시간
② 화염의 관찰
③ 레이들의 사용량
④ 산소의 적산 사용량

정답 ▶ ③

기출문제

산소 전로에서 각종 원료 장입순서가 옳은 것은?
① 고철 → 생석회 → 고철 → 산소분사 → (철광석, 형석)
② 용선 → 고철 → 산소분사 → (생석회, 철광석, 형석)
③ 고철 → 용선 → 산소분사 → (생석회, 철광석, 형석)
④ 용선 → 고철 → (생석회, 철광석) → 산소분사 → 형석

정답 ▶ ③

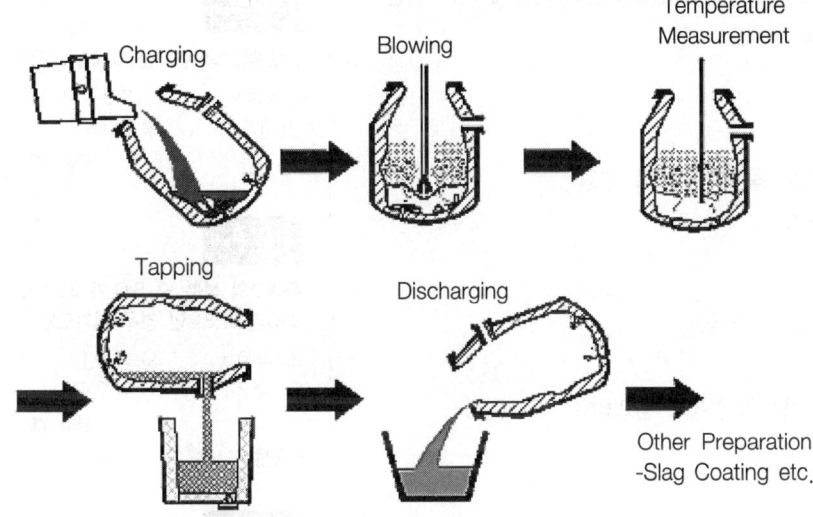

ⓐ **스피팅의 대책** : 형석 등의 매용제 투입으로 강재 형성

⑧ **슬로핑 발생상황**
  ㉠ 용선 배합률이 높은 경우
  ㉡ 고로 슬래그의 혼입이 많은 경우
  ㉢ 형석을 다량 사용한 경우
  ㉣ 장입량이 과다한 경우
  ㉤ 과도한 소프트 블로우일 경우

⑨ **슬로핑의 대책**
  ㉠ 슬래그 진정제를 투입한다.
  ㉡ 랜스를 낮춘다.
  ㉢ 형석, 석회석을 투입한다.
  ㉣ 취련 중기 산소량을 감소한다.
  ㉤ 취련 초기 산소 압력을 증가한다.
  ㉥ 탈탄속도를 낮춘다.

(2) 취련 계획

① **취련 계산을 위한 3요소** : 생석회 배합 계산, 열계산, 산소계산

② **슬래그 염기도**
  ㉠ 슬래그 주요 성분 : CaO, SiO$_2$, Fe$_2$O$_3$, Al$_2$O$_3$
  ㉡ 염기도 = $\dfrac{\text{슬래그 중 CaO 중량}}{\text{슬래그 중 SiO}_2\text{ 중량}}$
  ㉢ 탈인과 탈황에 직접 영향
  ㉣ 적정 염기도 : 3.0~4.5

기출문제

산소전로법에서 스피팅(Spitting) 현상에 대한 응급대책으로 옳은 것은?
① 산소압력을 증가시킨다.
② 탈탄속도를 증가하고 용강온도를 높인다.
③ 생석회와 철광석을 투입하여 슬래그를 염기성으로 한다.
④ 형석 등의 매용제를 투입하여 강재를 속히 형성하도록 한다.

정답 ▶ ④

기출문제

슬로핑이 발생하는 경우에 대한 설명이 아닌 것은?
① 용선 배합률이 낮은 경우
② 고로 슬래그의 혼입이 많은 경우
③ 형석을 대량으로 취련 초기에 사용하는 경우
④ 노내 용적에 비하여 장입량이 과다하게 많은 경우

정답 ▶ ①

기출문제

산소전로법에서 용선배합율을 증가시켰을 때 조업상황으로 옳은 것은?
① 냉각제의 감소
② Slopping 발생 용이
③ 발열량의 감소
④ 슬래그 양의 감소

정답 ▶ ②

기출문제

전로 취련 중 발생하는 슬로핑(slopping)을 억제하기 위한 방안으로 적당하지 않은 것은?
① 철광석 등의 부원료 투입량을 최소화 한다.
② 산소유량을 증대하고 랜스의 높이를 상승시킨다.
③ 슬래그 진정제를 투입하여 슬래그 포밍 현상을 줄인다.
④ 용선중의 Si함량을 낮게 관리하여 슬래그 발생량을 최대한 줄인다.

정답 ▶ ②

    ⑪ 생석회 양은 용선 중의 규소량, 슬래그양, 조괴강의 종류에 따라 결정
    ⑭ 저규소 용선의 경우 규사를 추가로 사용
  ③ 부원료의 기능
    ㉠ 생석회 : 탈인, 탈황 작용
    ㉡ 철광석 : 냉각제, 산소공급원, 용강의 일부로 환원
    ㉢ 형석 : 슬래그의 유동성 향상
  ④ 산소유량과 기능
    ㉠ 랜스 높이 : 1~3m(랜스선단 ~ 강욕면)
    ㉡ 산소압력 : 6~12kg$_f$/cm^3
    ㉢ 취련에 소요되는 산소량 : 용선의 성분과 장입량에 따라 결정
    ㉣ 산소유량
        $Q = \theta_Y \times S \times P$
        여기서 $\theta_Y = 1.06$
        S = 노즐 단면적(cm^2)
        P = 취련 압력(kg/cm^2)
  ⑤ 전로제강에서 밀 스케일이나 소결광 투입의 효과
    ㉠ 냉각제
    ㉡ 산소 공급원
    ㉢ 생석회 슬래그화 촉진(매용제)
    ㉣ 철강 실수율 향상
  ⑥ 염기도와 탈인, 탈황
    ㉠ 염기도가 높을수록 탈인과 탈황이 잘 됨
    ㉡ 고염기도 조업이 필요
    ㉢ 석회석으로 염기도 조정
  ⑦ 전로불꽃 상황을 변화시키는 요인
    ㉠ 노체 사용 횟수
    ㉡ 산소 취부 조건(취련 패턴)
    ㉢ 랜스 사용 횟수
    ㉣ 슬래그량
    ㉤ 강욕의 온도

(3) 취련의 경과
  ① 초기
    ㉠ 규소가 산소와의 친화력이 강하여 가장 먼저 산화, 2~3분만에 대부분 이산화규소(SiO$_2$)로 변화

기출문제

전로 슬래그의 주요 성분이 아닌 것은?
① CaO   ② SiO$_2$
③ ZnS   ④ Fe$_2$O$_3$

정답 ③

기출문제

슬래그의 성분 중 SiO$_2$가 32.2%, CaO가 67.8%인 경우 염기도는?
① 약 0.5   ② 약 1.1
③ 약 2.1   ④ 약 2.4

정답 ③

풀이 67.8/32.2 = 2.1

기출문제

전로 조업 시 철광석의 역할은?
① 유동성을 좋게 한다.
② 탈황반응을 촉진한다.
③ 강중의 수소를 흡수한다.
④ 산화반응의 산소공급원이 된다.

정답 ④

기출문제

강욕에 공급되는 산소유량을 구하는 다음 식에서 "S"가 의미하는 것은? (단, P는 취련압력 [kg$_f$/cm^2]이다)

$Q = \theta_Y \times S \times P (\theta_Y \fallingdotseq 1.06)$

① 노즐 공의 수
② 취련 소요시간
③ 산소공급 속도
④ 노즐의 단면적

정답 ④

기출문제

LD 전로제강에서 산소 취련 시 가장 먼저 산화제거되는 원소는?
① C   ② Si
③ Mn   ④ Cr

정답 ②

    ⓛ 규소가 감소하면 탈탄 반응이 활발해짐
        ⓐ 탈탄 반응 속도 : 취련 초기는 늦다가 중기에 최대가 되고, 말기에 저하
        ⓑ 취련할 때 고속의 제트 흐름이 용강면에 충돌하는 화점(Fire Point)에서의 온도가 2,000℃ 이상의 고온이므로 생석회의 용해가 빨라져 탈인이 촉진
    ⓒ Mn과 P의 산화 반응도 취련 초기부터 빠른 속도로 진행
    ⓔ 형성되는 슬래그는 산화칼슘을 많이 함유한 염기성 슬래그가 형성
    ⓜ 슬래그 유동성이 나쁠 경우 형석 투입하여 유동성 개선

② 중기
    ㉠ 취련 시작 5~6분 후
    ㉡ 취련 중기부터 탈탄 속도가 매우 높아짐
    ㉢ 취입 산소가 거의 탈탄에 사용되어 탈탄 효율이 100%에 가까워짐
    ㉣ 강욕의 온도가 상승하면서 생석회의 슬래그화가 계속 진행
    ㉤ 슬래그 염기도 : 2~3
    ㉥ 염기도 상승과 형석 사용으로 탈인 촉진 및 슬래그 유동성 너무 좋아지면 슬로핑(Slopping) 현상 발생
    ㉦ 슬래그 중의 전체 Fe 성분이 상대적으로 감소함
    ㉧ 복인과 망간 융기(Mn Buckle) 발생
        ⓐ 복인 : 산화반응에 의해 제거된 인(P)이 슬래그로부터 용강으로 되돌아오는 현상(인의 환원)
        ⓑ 망간 융기 : 용선 중 망간은 취련 초기 제거되어 슬래그로 가지만 전로 반응이 진행됨에 따라 MnO가 C에 의해 환원되어 다시 용강 중의 망간 성분이 증가하는 현상
        ⓒ 원인 : 강욕 온도 상승, 전체 철분 감소로 슬래그의 산화 퍼텐셜이 저하되어 발생

③ 말기
    ㉠ 대부분의 탄소가 산화되어 제거되고 취입 산소로 인하여 산화철(FeO) 형성
    ㉡ 산화철이 슬래그 중에 들어가면 전철(T-Fe)이 증가하여 다시 탈인과 탈황 반응 진행
    ㉢ 후반기 투입 석회석
        ⓐ 산화칼슘과 이산화탄소로 분해되며, 흡열반응을 일으킴
        ⓑ 용강의 교반, 냉각 효과, 산화칼슘의 보급
    ㉣ 인의 거동 : 슬래그 염기도, 티탄과 철의 함유량, 온도에 따라 변동
    ㉤ 황의 거동 : 고온에서 탈황이 잘 이루어짐. 염기도, 티탄, 철 등과 관계가 있음
    ㉥ 슬래그양의 영향
        ⓐ 탈인과 탈황을 위해서 슬래그가 많은 것이 좋지만 너무 많으면 철 손실과 열량 손실이 증가

기출문제

LD 전로의 노 내 반응에 대한 설명으로 틀린 것은?

① 용강, 슬래그 교반이 심하고 탈인과 탈탄반응이 동시에 일어나지 않는다.
② 강력한 용강교반에 의하여 용강 중 가스 함유량이 저하한다.
③ 공급 산소의 반응 효율이 높으며 탈탄반응이 매우 빨라 정련시간이 짧다.
④ 취련말기에 용강 탄소농도가 저하하며, 탈탄속도도 저하하기 때문에 목표 탄소농도를 맞추기 용이하다.

정답 ▶ ①

기출문제

전로 노내 주요 반응에서 잘 일어나지 않는 반응은?

① 탈탄(C)
② 탈수소(H)
③ 탈규소(Si)
④ 탈망간(Mn)

정답 ▶ ②

기출문제

LD전로 취련 중기에 망간 융기 (복망간) 현상이 일어나는 이유는?

① (MnO)가 Si에 의하여 환원되어 강욕중 [Mn]이 증가하기 때문이다.
② (MnO)가 P에 의하여 환원되어 강욕중 [Mn]이 증가하기 때문이다.
③ (MnO)가 C에 의하여 환원되어 강욕중 [Mn]이 증가하기 때문이다.
④ (MnO)가 Al에 의하여 환원되어 강욕중 [Mn]이 증가하기 때문이다.

정답 ▶ ③

ⓑ 노체가 너무 낡으면 용강의 깊이가 낮아져 용강 면적이 넓어지므로 탈인 효율이 저하
ⓐ 강욕 중의 망간과 인은 탄소와 함께 떨어져서 목표값에 도달

④ 용강의 온도 변화
㉠ 취련 중에는 완만하게 상승하다가 종점에 가까워지면 갑자기 상승한다. 용선 배합률이 작은 조업을 할 때에는 고철이 완전히 용해되지 않을 수 있으므로 주의해야 함
㉡ 목표 온도와 성분에 맞지 않아 재취련 시 저압 산소를 취입하며, 티탄, 철, 질소, 산소의 급작스러운 증가 발생에 유의

(4) 랜스 높이 조정

① 랜스 높이
㉠ h : Lance높이(Lance 선단 ~ 탕면)
㉡ L : Pool
㉢ L_0 : 용강깊이

② 조업법과 랜스 높이
㉠ 보통 조업 : L/L_0 = 0.7 ~ 0.8로 조업
㉡ 하드 블로(Hard Blow) : L/L_0가 1에 가까울 때(탈탄촉진)
㉢ 소프트 블로(Soft Blow) : L/L_0가 작을 때(탈인촉진)

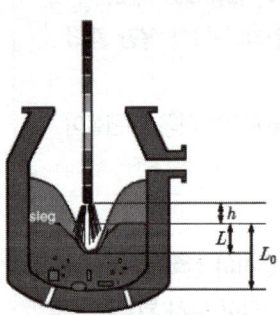

랜스 높이

③ 소프트 블로
㉠ 산소 압력을 낮추어 조업
㉡ 랜스 높이를 높여서 조업
㉢ 산소량을 줄여서 조업
㉣ 탈탄보다 탈인이 주목적

④ 하드 블로
㉠ 탈탄 반응을 촉진
㉡ 산화철(FeO) 생성을 억제

기출문제

다음 산소전로의 취련 후기에 일어 나는 사항을 설명한 것 중 틀린 것은?
① [C] 농도가 낮아진다.
② [O] 농도가 상승한다.
③ 탈탄속도가 빨라진다.
④ 강재 중의 [FeO]가 증가한다.

정답 ▶ ③

기출문제

강욕에 대한 산소제트 에너지를 감소시키기 위해 취련 압력을 낮추 거나 또는 랜스 높이를 보통보다도 높게 하는 취련 방법은?
① Soft Blow법
② Double Slag법
③ Catch Carbon법
④ SLP(Slag Less Process)법

정답 ▶ ①

기출문제

다음 중 Soft Blow법으로 얻을 수 있는 주된 효과로 옳은 것은?
① 탈 P   ② 탈 S
③ 탈 C   ④ 탈 N

정답 ▶ ①

ⓒ 산소 압력을 크게 조업
　　　ⓔ 랜스 거리를 낮추어 조업

(5) 측온, Sampling

① **측온 및 시료채취** : 랜스를 완전히 올린 후 노체를 장입측에 기울여 실시
② **강욕 온도 확인** : 1,580~1,650℃
③ **강욕 성분 확인** : C 함량에 대하여 종점 C 함량은 목적 강종의 규격치 이하로 조정
④ Mn, P, S, O 등의 함량은 종점 C값 및 취련 조건에 따라 결정
⑤ P, S는 가능한 낮은 것이 좋으며 규격치 이하로
⑥ **재취련**
　　ⓐ 종점온도가 낮거나 종점 C함유량이 목표값보다 높을 때는 재취련으로 온도 상승 및 탈탄을 실시
　　ⓑ 온도상승을 목적으로 한 재취련 : C가 필요 이상 저하되지 않도록 산소 압력을 낮추어 취련
　　ⓒ C의 저하를 목표로 할 때는 고압력으로 취련
⑦ **종점온도가 높을 때 조치하는 방법**
　　ⓐ **약간 높을 때** : 노를 2-3회 경동시켜 냉각
　　ⓑ **매우 높을 때** : 냉각제(고철 등)를 투입하여 냉각

(6) 출강

① 일정 온도 및 성분으로 조정된 용강을 노 반대쪽으로 기울여 출강
② 출강 전에 노 내에 약간의 탈산제를 첨가하여 예비탈산
③ 노 내에 산화성 강재가 잔류하여 노 내 탈산은 어려우므로 레이들에서 탈산 실시
④ **출강 중 첨가 가능한 합금철, 탈산제의 최대량** : 출강량의 3% 정도
⑤ 합금철, 탈산제의 양이 증가하면 온도 강하가 커짐
⑥ 첨가 성분의 실수율은 탈산형식 강욕 중 C 함량에 따라 달라짐

(7) 슬래그 코팅

① 출강 종료 후 슬래그를 1/3 정도 남기고 배재
② 남아있는 슬래그에 생석회 돌로마이트 등을 넣고 슬래그로 노체 연와에 코팅
③ 노체 수명 연장 목적
④ 노체를 경동시키는 방법
⑤ **질소 스플래시 코팅하는 방법** : 질소를 산소 랜스로 분사하는 방법으로 코팅 효율 및 노체 수명 연장에 탁월

구분	노체 경동 방식	N_2 스플래시 코팅 방식
코팅 방식	전로 경동에 의한 코팅	고압 질소분사에 의한 코팅
코팅 소요시간	6 ~ 8분	4 ~ 6분
코팅재(백운석)	15.3kgf/T-S	12.0kgf/T-S
코팅 효율	제한적 코팅으로 효율이 낮음	노체 전부위 코팅으로 효율 우수
노체 마모 (m/CH) 입구	0.196	0.148
노체 마모 (m/CH) 출강구	0.209	0.172
노체 마모 (m/CH) 트러니언	0.149	0.100

2. 특수 조업법

(1) 소프트 블로(Soft blow)법

① 일반 LD 전로법에서 고탄소 저인강 제조할 때 또는 고인선 취련 조업 시 탈탄보다 탈인 반응을 촉진해야 함

② **소프트 블로** : 강욕면에 대한 산소의 충돌 에너지를 적게 하기 위하여 취입 산소의 압력을 낮추거나 랜스의 높이를 보통 조업보다 높여 작업하는 방법

③ 특징
  ㉠ 전체 철이 높은 발포성 강재가 형성되어 탈인 반응 촉진
  ㉡ 탈탄 반응이 억제되어 고탄소강의 제조에 효과적
  ㉢ 지나친 소프트 블로우 조업은 슬로핑 현상이 발생
  ㉣ 산화성 슬래그 생성을 촉진하고 고염기성 조업을 하면 탈인, 탈황 동시효과

(2) 하드 블로(Hard blow)법

① 산소의 취입 압력을 크게 하고 랜스 거리를 낮게 하는 방법
② 탈탄 반응을 촉진시키고 산화철의 생성을 억제

(3) 이중 강재(Double slag)법

① **이중 강재법** : 취련을 일단 중단하여 1차로 생성된 슬래그를 제거한 다음 조재제, 매용제를 첨가하여 소프트 블로법으로 2차 슬래그를 형성시키는 방법

기출문제

LD 전로의 소프트 블로우(Soft Blow) 조업에 대한 설명으로 틀린 것은?

① 산소 압력이 낮다.
② 랜스(Lance) 높이가 높다.
③ 탈황(S)에 용이하고 저탄소강 제조에 유리하다.
④ 심한 Soft Blow는 슬로핑(Slopping)을 유발할 수 있다.

정답 ③

② 조업 효과
　㉠ 용강 중의 인과 황 함유량의 저하
　㉡ 고탄소, 저인강의 제조에 적합
　㉢ 취련 말기의 복인 작용의 억제

③ 단점
　㉠ 대형 전로의 보급으로 1차 슬래그 제거가 어려움
　㉡ 두 번에 걸친 슬래그 제거 작업으로 제강 시간이 길어짐

(4) 캐치 카본법과 가탄법
① 캐치 카본법
　㉠ 목표 탄소 농도에 도달하였을 때 취련을 끝내어 출강하는 방법
　㉡ 취련 시간의 단축
　㉢ 취련 산소량의 감소
　㉣ 철분의 재화 손실의 감소
　㉤ 강 중의 산소 용해의 감소
　㉥ 탈인 반응은 불충분함

② 가탄법
　㉠ 강중의 탄소를 목표 값보다 적게 취련하여 인, 황을 목표 값보다 작게 한 다음 가탄제를 첨가하여 성분을 맞추는 방법
　㉡ 용강의 산화 손실과 용해 산소량이 처지는 단점이 있음

(5) 저용선 배합 조업
① 강괴 생산 계획량에 비하여 용선량이 부족한 경우 고철 배합률을 높여서 부족 열량을 보충하는 방법

② 열량을 보충하는 방법
　㉠ 페로실리콘이나 탄화칼슘과 같은 발열제 첨가
　㉡ 취련용 산소와 함께 연료를 첨가
　㉢ 별도 가열로에서 장입 고철을 가열

(6) 합금강의 제조
① LD 전로에서의 합금철 제조
　㉠ 적은 용선에 고압의 산소를 취입하여 보일링(Boilling) 정련으로 고온 정련을 하면 환원 정련이 가능하다는 장점을 활용하여 제조
　㉡ 취련할 때 이중 강재법으로 탈인
　㉢ 출강 전의 용강에 환원성 분위기 부여

기출문제

인(P), 황(S)의 함량이 높은 용선을 사용하여 저인, 저황강을 제조할 때 사용되는 방법이 아닌 것은?
① LD-AC법
② 이중 강재(Double slag)법
③ 소프트 브로우(Soft blow)법
④ 벤추리 스크러버(Venturi scrubber)법

정답 ④

기출문제

전로의 취련작업 중 취련종료 시 탄소함량은 0.04% 정도로 일정하게 취지하여 생산성을 높게 작업하는 취련방법은?
① Double Slag법
② Flat Blowing법
③ Catch Carbon법
④ SLP(Slag Loss Process)법

정답 ③

② 탈산제의 첨가로 강 중의 산소를 충분히 낮추어 탈산 생성물을 부상, 분리
⑩ 복인 작용에 주의

② **합금철 첨가하는 방법**
㉠ 합금철을 전로 내 또는 출강 중의 레이들에 투입
㉡ 합금철을 별도의 전기로에서 용해하여 용융 상태로 투입
㉢ 슬래그를 완전히 제거한 후 페로실리콘과 페로크롬을 동시에 투입
㉣ 탈탄 억제를 위해 저압 취련을 하고, 규소의 발열반응으로 크롬 용해
㉤ Cu, Ni, Mo와 같은 합금원소는 취련 전에 투입

(7) 기타 전로 조업 사항

① **전로 제강에서 철광석, 밀 스케일, 소결광 투입 효과**
㉠ 냉각제
㉡ 산소 공급원
㉢ 생석회 슬래그와 촉진(매용제)
㉣ 철강 실수율 향상

② **분체취입법 장점**
㉠ 용강 중 탈황 효율 향상
㉡ 비금속 개재물 생성 감소
㉢ 불순물 제거 용이

③ **용강 중 전철(T-Fe)%에 영향을 주는 요인**
㉠ 용선 배합률이 높으면 T-Fe 증가
㉡ 용선 온도가 높으면 T-Fe 증가
㉢ 형석 사용량이 많으면 T-Fe 증가
㉣ 용강 중 탄소량이 감소하면 T-Fe 증가

④ **기타 전로법 특징**
㉠ 전로 내화물이 염기성이므로 슬래그 중의 MgO(염기성 산화물)는 내화물에 영향을 주지 않음
㉡ 염기성 전로는 탈인, 탈황이 가능
㉢ 전로 조업에서 종점으로 갈수록 탄소량은 감소하고 산소량은 증가
㉣ 베서머법은 산성 전로법에 해당
㉤ 취련 말기 공기를 유입시키면 공기 중의 질소가 다시 혼입
㉥ 전로가스(LDG) 주성분 : CO
㉦ 전로법은 용선의 현열 및 산소와 불순물 원소 사이의 산화열 이용

기출문제

용강에 Cu, Ni, Mo와 같은 합금원소를 첨가하기 위해서는 산소전로 취련의 어느 시기에 이들의 합금철을 첨가하는 것이 좋은가?
① 산소 취련 전에 첨가한다.
② 출강 중 레이들에 첨가한다.
③ 취련이 끝난 후 전로 내에 첨가한다.
④ 수강 전에 레이들에 미리 첨가하여 놓는다.

정답 ①

기출문제

전로 조업 시 철광석의 역할은?
① 유동성을 좋게 한다.
② 탈황반응을 촉진한다.
③ 산화반응의 산소공급원이 된다.
④ 강 중의 수소를 흡수한다.

정답 ③

기출문제

전로작업에서 T·Fe%에 영향을 미치는 인자에 관한 설명으로 옳은 것은?
① 용선온도가 높으면 T·Fe%는 낮다.
② 용선 배합률이 높으면 T·Fe%는 낮다.
③ 형석을 사용하면 T·Fe%가 낮게 된다.
④ 슬래그 중 T·Fe%은 강 중의 탄소의 감소와 함께 증가한다.

정답 ④

3. 특수 전로법

(1) LD-AC법(OLP법)
① 조재제인 산화칼슘 분말을 산소와 동시에 취입하는 방법
② 산소 본관으로부터 나누어진 2차 산소가 산화칼슘 분말의 반출 장치로 유도되어 필요한 양의 산화칼슘을 산소 랜스에 혼합
③ 고탄소 저인강 제조에 유리
④ LD-AC법 기타 특징
  ㉠ 넓은 성분 범위의 용선을 원료로 사용할 수 있어 고로의 원료 제한이 없음
  ㉡ 반응성이 좋은 슬래그가 급속히 생성되므로 탈인에 효과적
  ㉢ LD전로에 비해 제강시간이 길어지는 단점이 있음

(2) 칼도(Kaldo)법
① 조업법
  ㉠ 고인선을 처리하는 방법
  ㉡ 노체를 기울인 상태에서 고속으로 회전시키면서 취련하는 방법
② 장점
  ㉠ 용강과 슬래그의 반응 면적이 커서 반응 속도가 크므로 초기 탈인 가능
  ㉡ 취련 중에 용강에서 발생하는 CO가스를 노 안에서 연소시키므로 열효율이 좋아 용선 배합률을 50%까지 낮출 수 있음
  ㉢ 폐가스의 열량이 적어 폐가스 설비는 작아도 가능
③ 단점
  ㉠ 취련시간이 길고, 내화물의 소모가 많음
  ㉡ 생산성은 LD 전로보다 매우 낮으므로 대형 설비를 사용해야 함

(3) 로터(Rotor)법
① 고인선 처리를 목적으로 개발된 방법
② 원통형의 전로를 수평 상태에서 저속 회전시키면서 취련하는 방법
③ 노체를 수직으로 기울여 원료를 장입
④ 취련용 랜스에서 순산소를 취입하는 동시에 노 안에서 CO를 연소시키기 위해 보조 랜스를 통하여 저순도의 산소를 취입
⑤ 배기는 랜스 반대쪽의 배기구를 통하여 집진기로 배출
⑥ 로터법의 기타 특징
  ㉠ 노체는 평면 위에서 360° 회전 가능하며 장입, 취련, 출강에 따라 위치를 바꿀 수 있음
  ㉡ 슬래그의 반응성이 좋고 고인선 처리에 적합

기출 문제

LD-AC법에 대한 설명 중 틀린 것은?
① 넓은 성분범위의 용선을 사용할 수 있어 고로 원료에 제한이 적다.
② 고인선의 취련은 제강능률이 매우 높아 보통조업법보다 생산성이 높다.
③ 조재제인 분CaO를 취련용 산소와 함께 강욕면에 취입하는 취련 방식이다.
④ 반응성이 좋은 강재가 급속히 형성되어 탈인 및 탈황이 효과적으로 진행된다.

정답 ▶ ②

ⓒ CO 가스는 100% 연소되므로 열경제적면에서도 유리
ⓓ 칼도법보다 설비가 대규모이며 생산성이 낮음
ⓔ 제강 소요시간이 LD 전로의 3배

4. 복합취련법

(1) 상취 전로의 결점
① 강욕의 교반을 상취 산소 제트의 에너지만으로 일으키기 때문에 저탄소 영역에서 탈탄 반응이 저하함과 동시에 교반이 부족하여 그 결과 철의 산화 손실이 증대하고, 유효 성분인 Mn의 산화 손실도 증대한다.
② 슬래그의 온도가 강욕의 온도보다 높아서 탈인 반응이 억제된다.
③ 강욕 내의 성분, 온도가 불균일하게 된다.

(2) 저취 전로의 특징
① OBM법
  ㉠ 전로의 풍구에 탄화수소의 분해열로 풍구를 냉각 및 보호
  ㉡ 노저 수명이 종래의 50~70회에서 200~300회로 연장
  ㉢ 질소 함량 문제도 해결

② Q-BOP법(순산소 저취 전로법)
  ㉠ OBM법을 저인선에 적용
  ㉡ 노 밑으로 산소를 취입하여 강욕을 교반
  ㉢ 단점 : 노저 내화물 수명, 풍구 보수, 수소량 증가 등의 문제점이 있음
  ㉣ 설비 투자비용이 저렴

③ OBM/Q-BOP법의 장점
  ㉠ 순산소 상취 전로의 랜스 설비가 필요없어 건물 높이를 낮출 수 있어 설비 투자액이 저렴
  ㉡ 고철 배합율을 상취 전로보다 5~7% 높일 수 있음
  ㉢ 강재의 동일 FeO 수준에 대하여 상취 전로보다 탈인, 탈황이 우수
  ㉣ 강욕 중의 C, O 함유량의 관계는 상취 전로보다 낮음
  ㉤ 강재 중의 FeO는 탄소가 0.1%가 될 때까지 5% 수준, 17% 이상은 되지 않으므로 철분 실수율이 약 2% 정도 증가
  ㉥ 상취보다 탈P, 탈S 약간 우수

④ 단점
  ㉠ 노저를 교환하므로 내화물 원단위가 증가
  ㉡ 냉각 가스로 수소를 포함한 가스를 사용하는 경우 강욕 중 수소 함량 증가

기출문제

용선에 산소를 노 바닥으로부터 불어 넣어 제강하는 전로법은?
① 칼도법   ② LD법
③ Q-BOP법 ④ 로터법

정답 ▶ ③

기출문제

저취전로법(Q-BOP법)의 특징을 설명한 것 중 틀린 것은?
① 랜스가 필요없이 건물의 높이를 낮출 수 있다.
② 취련시간이 단축되고, 폐가스의 효율적인 회수가 가능하다.
③ C, O의 값이 평형값에 가까워져 극저탄소강의 제조에 적합하다.
④ 풍구를 통하여 순산소와 가스, 액체연료, 분체석회 등을 노저로부터 동시에 취입할 수 없다.

정답 ▶ ④

기출문제

저취산소전로법(Q-BOP)의 특징을 설명한 것 중 틀린 것은?
① 종점에서의 Mn이 높다.
② 슬로핑과 스피팅이 없어 제강실수율이 높다.
③ 용강 중의 산소, 슬래그 중의 FeO가 높아 Fe의 실수율이 높다.
④ 취련시간이 단축되고 폐가스의 효율적인 회수가 가능하다.

정답 ▶ ③

(3) 복합 취련법

① 상하취 전로법(복합취련법)의 도입
- ㉠ 상취 전로의 저탄소 영역에서의 교반 부족을 해소하기 위하여 상취 전로에 저취 가스를 불어 넣는 방법을 도입
- ㉡ 상취 랜스의 취입하는 산소는 조재 조정, 탈탄 및 교반의 일부분에 기여하게 하고, 교반의 대부분을 저취 가스로 실시하는 프로세스

② 저취 가스의 종류에 따라 분류
- ㉠ 산화성 가스인 산소를 사용하는 방법(강욕 교반, 산화반응 동시)
- ㉡ 불활성 가스인 아르곤 또는 질소를 사용하는 방법(복합취련에 이용)

③ 저취 방법에 따라 분류
- ㉠ 포러스 플러그 사용하는 방법
- ㉡ 관형(단관, 이중관) 풍구를 사용하는 방법

④ 특징
- ㉠ 용강 교반이 균일하여 성분, 온도가 균일화
- ㉡ CO 반응이 활발하여 극저탄소강 제조가 용이
- ㉢ 우수한 교반력에 의해 취련시간 단축
- ㉣ 실수율 향상
- ㉤ 취련시간 단축에 의한 노체수명 연장

⑤ 장점
- ㉠ 실수율 향상
- ㉡ 용강의 교반력 향상
- ㉢ 종점 성분 적중률 향상
- ㉣ 산소 원단위 감소
- ㉤ 극저탄소강 등 청정 강 생산 가능

⑥ 단점
- ㉠ 건설비가 증가
- ㉡ 강중 수소 증가

⑦ 산화성 저취 가스의 문제점
- ㉠ 상취 산소량을 절감 방법
- ㉡ 풍구의 효과적인 냉각 방법
- ㉢ 풍구의 교체 방법

기출 문제

상취산소전로법과 비교한 저취산소전로법의 특징이 아닌 것은?
① 출강 실수율이 높다.
② 극저탄소강 제조에 적합하다.
③ 강재의 동일 FeO 수준에 대하여 탈인과 탈황의 성능이 떨어진다.
④ 냉각가스로서 수소를 포함한 가스를 사용하는 경우 강중 수소 함유량이 증가한다.

정답 ▶ ③

기출 문제

복합 취련법의 특징을 설명한 것 중 틀린 것은?
① 노체 내화재의 수명이 길다.
② 취련시간이 단축되고 용강의 실수율이 높다.
③ 강욕 중의 C, O의 반응이 없어 극저탄소강 등 청정 강 제조에 유리하다.
④ 강욕의 교반이 균일하여 위치에 따른 성분과 온도의 편차가 없다.

정답 ▶ ③

(a) 상취 및 포러스 프러스를 통한 저취식

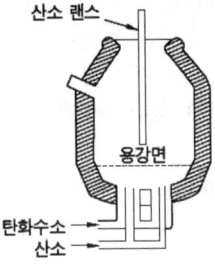
(b) 상취 및 저취식 (탄화수소 및 산소)

(c) 상취 및 저취식 (질소 및 아르곤)

> **기출 문제**
>
> 복합취련법의 특징을 설명한 것 중 틀린 것은?
> ① 취련시간이 단축되고 용강실수율이 높다.
> ② 교반이 매우 강하므로 노체 내화재의 수명이 단축된다.
> ③ 반응이 활발하므로 극저탄소강 등 청정 강 제조에 유리하다.
> ④ 강욕의 교반이 균일하므로 위치에 따른 성분과 온도의 편차가 적다.
>
> 정답 ②

(4) 상취, 저취, 복합취련 전로의 비교

	저취	상취	복합취련
장점	• 우수한 교반력 • 건물높이 낮음 • Spitting, Slopping이 없음 • 높은 Fe 실수율	• 단순한 설비기술 원리 • 우수한 생산성 • 고철 사용비 높음 • Catch Carbon법 적용 용이 • 고탄소강에서 탈인 유리 • 고철 용해 유리	• 우수한 교반력(온도, 성분 균일) • 극저탄소강 제조에 유리 • 청정 강 생산에 유리 • 취련시간 단축, 실수율 향상
단점	• 보호가스 사용, 수소 농도 상승 • 고철사용비 낮음 • Catch Carbon법 적용 불가 • 설비 유지, 관리가 복잡 • 내화물 원단위 증가	• 화점 부근의 국부적인 반응 • 낮은 교반력(온도, 성분 불균일) • Spitting, Slopping 발생 • 탈탄한계(종점온도 적중율 불리) • 낮은 Fe 실수율	• 건설비 고가 • 강중 수소 증가

(5) 향후 극복해야 할 과제

① 저취 가스가 강욕의 교반만을 목적으로 했을 때 상취 제트에 의한 교반과의 복합 현상
② 상취, 저취 가스의 취입량과 상취 랜스의 형상, 저취 풍구의 위치와 방향, 노의 형상과의 관련성
③ 저취 풍구의 수명 연장과 동시에 내화물의 재질, 축조법, 슬래그 코팅 방법, 풍구의 교환 방법
④ 같은 노에서 저탄소강, 중고탄소강, 고인성제강, 저인선제강 등 각종 강종을 제조할 수 있는 기술
⑤ 노 내 2차 연소 방법을 촉진하여 고철 첨가량을 증대시켜 생산성을 향상시키는 방법

⑥ 용선 예비처리 방법, 특히 탈인과 탈규소 처리와 관련된 적절한 방법
⑦ 슬래그리스(Slagless)법과의 연관성
⑧ 복합 취련법의 공정 전산화

(6) 횡취 전로법

① **횡취 전로법** : 노체측면에 설치한 풍구로부터 용선표면 또는 상층에 송풍하는 방법
② **원료** : Cupola에서 나오는 재생 용선 사용
③ **열원** : Si, Mn, C
④ **조업**
  ㉠ 제1기 : 철의 산화가 왕성하여 철분이 많은 산성강재 생성
  ㉡ 제2기 : 강재와 용강사이의 반응이 활발하다, 노 내 온도 상승
  ㉢ 제3기 : FeO에 의한 산화작용, CO가스 발생

5. 전로 조업의 컴퓨터 제어

(1) 취련 과정의 제어 요인

요인	제어대상	종료점		
		C(%)	P(%)	온도
제어 가능	용선량	○	○	○
	냉선량	○	○	○
	고철량			○
	산화칼슘	○	○	○
	석회석	○	○	○
	밀 스케일	○	○	○
	철광석	○		○
	형석	○	○	○
	랜스 높이	○	○	○
	산소 압력	○	○	○
	산소 사용량	○	○	○
제어 불가능	용선 성분(C)	○		
	용선 성분(Si)		○	
	용선 성분(Mn)			○
	용선 성분(P)		○	
	용선 온도			○
	고철의 종류	○		
	노안의 상황	○	○	

(2) 컴퓨터 제어의 주목적

  ① 종점의 적중률 향상
  ② 자료 로깅(Data Logging)
  ③ 생산 관리 기능(생산성, 품질 향상)
  ④ 시퀀스 제어 기능
  ⑤ 작업환경 개선

(3) 자동화 기능

  ① 공정계획 시스템화
  ② 계측의 자동화
  ③ 제어의 자동화
  ④ 제어의 기계화

(4) 컴퓨터 제어의 방법

  ① **스태틱 컨트롤(Static Control)**
    ㉠ 종점 제어 : 취련이 끝날 때까지 데이터 수정이 없이 계산된 자료만 사용하는 작업
    ㉡ 물질의 물질정산, 열정산을 바탕으로 한 수식 모델을 작성
    ㉢ 앞 장입의 조업실적, 보정값을 넣어 원료, 부원료, 취입산소량 계산

  ② **다이나믹 컨트롤(Dynamic Control)**
    ㉠ 스태틱 컨트롤에 의해 취련하는 과정에서 입력된 값을 조정하면서 종점의 적중률을 높이는 방법
    ㉡ 폐가스의 분석, 용강의 온도, 성분 등을 수시로 측정하여 데이터를 조정
    ㉢ 계측기에 따라 적중률이 좌우됨
    ㉣ 서브랜스(Sub-Lance)를 이용한 온도측정 및 성분분석이 가장 많이 이용

(5) 컴퓨터 제어 시스템 기능

기능			내용
생산 관리			중앙 컴퓨터의 지령에 따른 제조 강종, 량, 순서의 지시
프로세스 제어	장입 제어	고철	적입량, Brand 배합의 지시, 평량치 읽음
		용선	장입량 지시, 성분 분석치·온도치 읽음, 제선 관리
		부원료량	종류별 장입량 지시·평량치 읽음, 재고관리
		산소량	Static 모델에 따른 필요 산소량 지시
	취련 제어	랜스높이	설정 패턴에 따른 제어(탕면 계산 포함)
		산소유량	
		부원료투입	분할 투입 패턴에 따른 투입 제어
		OG제어	LDG 회수 개시와 종료 제어
		보조랜스	측정 타이밍·측정 위치 제어, 측정치 읽음
		Dynamic 종점제어	샘플링 측정치 읽음, Dynamic 모델에 의한 냉각재량·산소량 제어
		출강 판정	종점 [%C], 온도에 따른 재취산소량·냉각재 투입량 지시
		합금량	종점 분석치에 따른 최적 합금 명칭·투입량 제어
Data Logging			조업표·각종 통계·기술 데이터의 수집과 인쇄
후공정 Matching			탈가스와 주조 공정과 기동 상황의 상호 연락 취련·출강 지시

기출문제

전로조업의 종료점 제어방법으로 많이 사용되고 있는 컴퓨터 제어 시스템의 구동제어(Dynamic control)에 대한 설명이 아닌 것은?

① 서브랜스 설비를 이용한다.
② 취련 중 용강온도, 성분, 폐가스 정보를 통하여 종료점을 제어한다.
③ 취련 종료점을 판단하는 용강온도, 탄소(C%)를 측정할 수 있다.
④ 전로의 조업을 참고한 물질정산, 열정산에 의해 제어하는 방법이다.

정답 ▶ ④

기출문제

전로조업은 취련제어 프로세스 컴퓨터 및 주변계측 기술의 진보에 따라 Static, Semi-Dynamic, Dynamic Control 방식으로 발전하고 있다. 다음 중 Dynamic Control 방식이 아닌 것은?

① 종점 제어법
② 서브랜스법
③ 폐가스 분석법
④ 노체중량 계측법

정답 ▶ ①

6. 용강의 탈산

(1) 석출 탈산(강제 탈산, 화학 탈산)

① 산소에 대한 친화력이 Fe보다 큰 원소는 탈산제가 될 수 있는데 이러한 탈산제를 용강 중에 투입하면 그 원소의 산화물이 형성되고 FeO가 환원되는 탈산법
② 탈산 생성물은 보통 강욕에 용해되지 않고 용강 중에 섞여서 용강과 불균일 혼합물을 형성
③ 탈산 생성물은 비중의 차에 의하여 시간의 경과에 따라 2가지 층으로 분리되어 탈산이 진행
④ **주요한 탈산 원소** : Mn, Si, Al, Zr, Ce, Ca 등
⑤ **석출 탈산을 효과적으로 하기 위한 조건**
  ㉠ 탈산제가 강욕 중에 신속히 용해할 것
  ㉡ 탈산 원소의 O에 대한 친화력이 강할 것
  ㉢ 탈산 생성물의 부상 속도가 클 것

(2) 석출 탈산 반응

① Mn에 의한 탈산 : [Mn] + [FeO] = (MnO) + [Fe]
② Si에 의한 탈산 : 2[FeO] + [Si] = (SiO$_2$) + 2[Fe]
③ Al에 의한 탈산 : 2[Al] + 3[FeO] = (Al$_2$O$_3$) + 3[Fe]

(3) 확산 탈산

① FeO를 품은 용강을 FeO를 거의 함유하지 않은 슬래그와 접촉시키면 슬래그는 용강에서 FeO를 탈취하여 강 중의 산소를 감소시켜서 탈산이 진행
② 용강-슬래그 간의 산소의 분배를 이용해서 슬래그에 의하여 탈산하는 방법
③ 분배율(배분율) L$_{FeO}$는 특정한 슬래그 및 용강에 대해서 온도가 주어지면 일정한 값을 가지며, 온도가 변화함에 따라서 다음과 같이 변한다.

$$L_{FeO} = \frac{[FeO]}{(FeO)}$$

④ 확산 탈산이 일어나기 위해서 만족해야 할 조건

$$[FeO] > L_{FeO} \cdot (FeO)$$

⑤ 일정한 온도를 유지시켜주면 (FeO)는 점점 많아지고 [FeO]는 점차 적어져 결국 양쪽의 농도 비가 일정하게 되면 평형 상태에 도달하게 될 때까지 탈산이 진행

$$[FeO] = L_{FeO} \cdot T(FeO)$$

⑥ 탈산 속도가 느리고, 탈산 능력은 석출 탈산보다 낮음

(4) 슬래그 커팅 기술

① 출강 시에 슬래그의 유출을 방지하는 기술
② 탈산제 원소의 실수율을 올리고 레이들에서의 복인을 방지
③ 슬래그에 기인하는 개재물의 생성을 억제
④ 기구
   ㉠ Slag ball
   ㉡ Slag stopper
   ㉢ EMLI(Electro Magnetic Level Indicator)

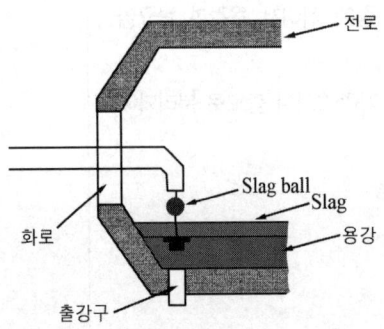

Slag Ball에 의한 Slag Cutting

기출문제

용강과 강재 중에 존재하는 FeO의 비, 즉 배분율은 다음과 같이 표시된다. 확산탈산이 일어나는 경우는?

$$L_{FeO} = \frac{[FeO]}{(FeO)}$$

① [FeO] > L$_{FeO}$ · (FeO)
② [FeO] = L$_{FeO}$ · (FeO)
③ [FeO] < L$_{FeO}$ · (FeO)
④ [FeO] ≤ L$_{FeO}$ · (FeO)

정답 ①

기출문제

다음 중 전로 출강작업 시 슬래그 유출을 방지하는 기구가 아닌 것은?

① Mud Gun
② Slag Ball
③ Pneumalic Slag Stopper
④ Electro Magnetic Level Indicator

정답 ①

05 LD 전로 노내 반응

1. LD 전로의 취련 특성

(1) LD 전로의 특성

① **LD 전로의 주반응**
  ㉠ 산소에 의해 강욕 중의 불순물 원소를 철보다 먼저 산화
  ㉡ $_MM + _NO \rightarrow M_MO_N$

② **LD 전로가 다른 제강법과 다른 점**
  ㉠ 기체 산소를 직접 강욕 위에 수직으로 취입하여 화점을 형성시켜 산화 정련을 진행
  ㉡ 반응의 전체 기간을 통하여 일산화탄소 방향에 의한 격렬한 강욕의 교반 운동을 일으켜 반응 접촉면을 화점 부근의 넓은 범위로 확대
  ㉢ 발생한 일산화탄소에 의해서 환원 분위기적인 영향을 받음

③ **제선반응과 제강반응의 차이**
  ㉠ 제선반응 : 환원반응
  ㉡ 제강반응 : 산화반응

(2) 취련 조건을 결정하는 요인

① 랜스 노즐에서 분사된 산소 제트는 주위의 기체를 흡수하여 부피를 늘리면서 넓어지면서 강욕으로 향함
② 랜스 높이와 산소 충돌 압력
③ **분사된 산소 제트에 의한 강욕 충돌면의 변화와 흐름**
  ㉠ 랜스 높이가 높거나 취입 압력이 낮을 경우 제트가 닿는 면은 커지나 용탕이 패이는 깊이는 얕아짐
  ㉡ 랜스의 높이나 취입 압력뿐만 아니라 노즐의 구멍수, 구멍 경사 각도에 따라 불순물 원소의 산화속도에 영향
  ㉢ 제트 유속이 일정 속도 이상이 되면 강욕면의 패인 부분의 크기, 깊이는 변화가 없이 용강의 뛰어오르는 스플래시(Splash)가 발생
※ 산소 제트 조건은 탈탄 반응을 중심으로 강욕 산화 반응에 영향을 줌

기출문제

순산소 상취 전로의 노 내 반응으로 옳은 것은?
① 비소반응
② 산화반응
③ 환원반응
④ 하소반응

정답 ▶ ②

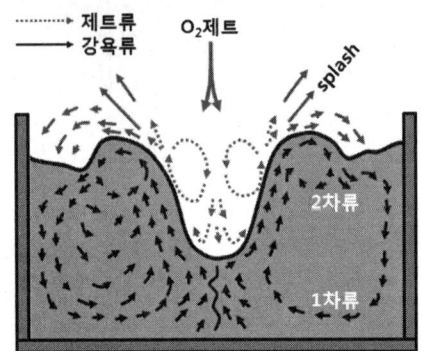

제트 충돌면에서 강욕의 운동

2. 각 원소의 반응

(1) 탈규 반응

① Si는 전로 조업에서 용선의 온도를 올리는데 중요한 원소
② 취련 초기에 가장 먼저 반응하고, 대부분 산화반응하여 탈규가 진행
③ 생석회와 함께 취련 초기 재화가 촉진
④ 탈규 반응식
  ㉠ 기본 반응식 : $Si + O_2 = SiO_2$
  ㉡ 용강에서의 반응식 : $2FeO + Si = 2Fe + SiO_2$
⑤ 용선 중 Si함량이 과다할 경우
  ㉠ 산화반응열이 급증
  ㉡ 이산화규소량이 증가
  ㉢ 강재량이 증가
  ㉣ 출강 실수율이 저하
  ㉤ 내화물 침식 증가

(2) 탈탄 반응

① 탈탄 반응 : $C + O_2 = CO_2$ 또는 $C + \frac{1}{2}O_2 = CO$
② 탈탄 속도의 변화
  ㉠ 제1기 : 취련 초기 탈탄 속도가 증가
  ㉡ 제2기 : 최대가 된 후 반응 속도에 변화가 없음
  ㉢ 제3기 : 탈탄 속도가 저하

기출문제

전로 내 Si 반응을 설명한 것 중 틀린 것은?
① 생석회의 재화는 취련 초기에는 빠르다.
② 전로 내에서 Si의 주반응은 $Si + 2O = SiO_2$이다.
③ 생석회의 재화는 취련 말기에 강재 중 T·Fe의 감소로 느려진다.
④ 전로 내에 첨가된 생석회의 재화는 SiO_2 및 밀 스케일 등의 매용재에 의하여 진행된다.

정답 ▶ ③

기출문제

제강과정에서 Si 또는 FeO 또는 O에 의하여 강재 중으로 들어가며 이때 열을 발생하므로 주요한 열원이 되는데 이때 기본 반응식으로 옳은 것은?
① $Si + 2O = SiO_3$
② $FeO + Si = Fe + SiO_2$
③ $2FeO + Si = 2Fe + SiO_2$
④ $2FeO + 2Si = 2Fe + SiO_2$

정답 ▶ ③

기출문제

LD 전로에서 탈탄 속도가 가장 빠른 시기는?
① 제1기 ② 제2기
③ 제3기 ④ 말기

정답 ▶ ②

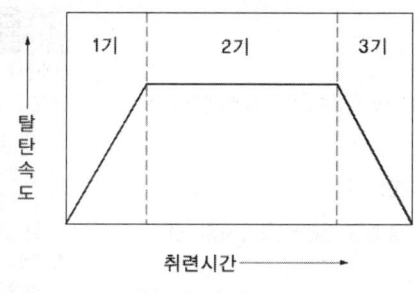

탈탄속도의 변화도

③ **탈탄 속도를 빠르게 하는 경우**
　㉠ 온도가 높을수록
　㉡ 슬래그 유동성이 좋을수록
　㉢ 철광석, 밀 스케일 투입량이 많을수록
　㉣ 슬래그 중에 FeO가 많을수록
　㉤ 용강 및 슬래그의 교반력이 클수록
　㉥ Si, Mn, P 등의 원소가 적을수록
　㉦ 슬래그의 염기도가 높을수록

(3) **탈인 반응**

① **탈인 반응** : $2P + \dfrac{5}{2}O_2 = P_2O_5$

② **탈인 특성**
　㉠ 슬래그 중에 산화칼슘과 산화철의 농도가 클수록 탈인이 우수
　㉡ 용강 온도가 낮을수록 탈인이 우수

③ **탈인의 조건**
　㉠ 강재 중 CaO가 많을 것(염기도가 높음)
　㉡ 강재 중 FeO가 많을 것(산화력이 큼)
　㉢ 용강의 온도가 낮을 것
　㉣ 강재 중 P_2O_5가 낮을 것
　㉤ 강재의 유동성이 좋을 것

④ **탈인을 지배하는 단계**
　㉠ 기계 또는 강재로부터 용철 표면으로 산소의 이동
　㉡ 반응 면으로 산소의 이동
　㉢ 반응 면으로 인의 이동
　㉣ 반응 면으로 강재 중의 산화칼슘의 이동

(4) **탈황 반응**

① **탈황 반응** : $CaO + FeS \rightarrow CaS + FeO$

기출문제

전로 취련 중 탈탄반응은 크게 3기로 나눌 수 있다. 1~3기에 대한 설명으로 틀린 것은?

① 탈탄 1기는 Si, Mn의 우선산화가 진행되며 Si, Mn의 농도가 저하됨에 따라 탈탄속도는 점차 증가한다.
② 탈탄 2기는 Si가 완전히 산화된 시점이며 탈탄속도는 최대가 된다.
③ 탈탄 2기에 공급되는 산소는 전량 탈탄에 기여하며 산소의 공급 속도에 의해 탈탄속도가 결정된다.
④ 탈탄 2기에서 3기로 이동되는 시점의 탄소농도를 탈탄 천이점이라 하며, 용강의 교반력 강화에 관계없이 탈탄 천이점은 일정하다.

정답 ▶ ④

기출문제

다음 중 전로에서 탈탄 속도를 증가시킬 수 있는 조건은?

① 저온 조업실시
② 저염기도 조업실시
③ 용강 및 용재의 교반력 증가
④ 취련 가스 중 질소 함량증가

정답 ▶ ③

기출문제

제강반응 중 탈탄속도에 관한 설명으로 옳은 것은?

① 온도가 낮을수록 탈탄속도가 빨라진다.
② 철광석 투입량이 적을수록 탈탄 속도가 빨라진다.
③ 용재의 유동성이 좋을수록 탈탄 속도가 늦어진다.
④ 염기성강재가 산성강재보다 탈탄 속도가 빨라진다.

정답 ▶ ④

기출문제

일반적으로 전로 조업 시 강욕의 온도가 낮을 때 촉진되는 반응은?

① 탈탄반응　② 탈황반응
③ 탈인반응　④ 탈질소반응

정답 ▶ ③

② 탈황 반응을 촉진시키는 요인
  ㉠ 슬래그의 염기도를 높일 것
  ㉡ 생석회의 슬래그화를 촉진시키기 위하여 소프트 블로(Soft Blow)를 하여 슬래그 중의 전체 Fe를 높게 할 것
  ㉢ 슬래그의 유동성을 높이기 위해 형석을 첨가할 것
  ㉣ 슬래그 중의 황의 농도를 희석시키기 위해 슬래그 양을 증가시킬 것
  ㉤ 용강의 온도를 높일 것
  ㉥ 슬래그의 유동성이 좋을 것

(5) 탈질 반응

① N의 반응 : 시효변형(시효경화) 원인
② 질소의 영향을 방지원소 : Al, Ti, V, B(N와 친화력이 큰 원소)
③ 용강 중에서의 평형 질소 용해도는 Sieverts 법칙 적용

$$[N\%] = k' \sqrt{PN_2}$$

  k' : 0.044
  PN_2 : 평형상태 중의 질소 분압

④ 탈질을 촉진하기 위한 방법
  ㉠ 용선 중 질소량을 하강시키는 것 : 구체적으로 용선 중의 Ti 함유율의 상승, 석회에 의한 용선 예비 처리 등
  ㉡ 탈탄 반응을 강하게 하여 강욕을 강력 교반하는 것 : 구체적으로 용선 배합율의 상승, 하드 블로(Hard Blow) 노즐의 관리 등
  ㉢ 강욕 끓음(Boiling)을 조장하는 것 : 구체적으로 철광석과 석회석을 취련 중에 분할 투입 등
  ㉣ 노구에서의 공기 침입을 방지하는 것 : 구체적으로 노구 축소, 거품형 슬래그(Foaming Slag)의 형성, 재취련 금지 등

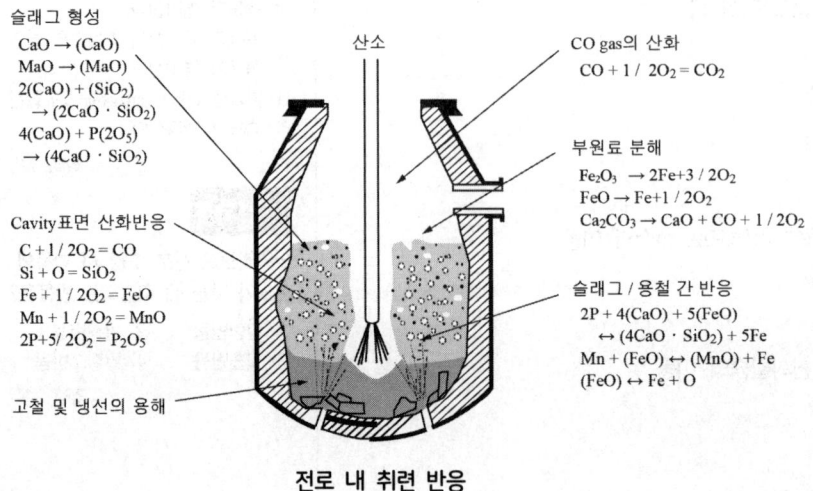

전로 내 취련 반응

기출문제

산소전로 제강 시 탈황반응을 촉진시키기 위한 조건이 아닌 것은?
① 형석의 양을 증량할 것
② 고염기도의 강재를 형성시킬 것
③ 유동성이 좋은 슬래그가 있어야 할 것
④ 황의 흡수력을 높이기 위해 강재량을 줄일 것

정답 ④

기출문제

전로조업 시에 탈인반응과 탈황반응을 촉진시키는 방법은 여러 점에서 유사하나 한쪽 반응은 촉진시키지만 다른쪽 반응은 방해하는 조건은?
① 강재량이 많다.
② 강재의 유동성이 좋다.
③ 강욕의 온도가 높다.
④ 강재의 염기도가 높다.

정답 ③

기출문제

탈황(S)을 유리하게 하는 조건으로 옳은 것은?
① 용재의 염기도는 낮추고 강욕 온도를 높인다.
② S와 친화력이 강한 C, Cr 등의 원소를 용강에 첨가한다.
③ S의 활량을 높이는 C, Si 등을 용철 중에 있게 하여 탈황에 유리하게 한다.
④ 용강 중의 산소는 산소전로에서 적은 것이 기화탈황에 유리하다.

정답 ③

기출문제

산소 전로 제강에서 노내 반응을 설명한 것 중 틀린 것은?
① Mn의 반응식은 Mn + FeO ⇌ MnO + Fe이다.
② 강재 중에 염기도가 낮은 경우 탈인 반응이 잘 된다.
③ 탄소는 강욕 중의 산소와 직접 반응하여 CO 가스로 제거된다.
④ 강욕 중 Si는 취련초기에 급속히 산화하여 SiO_2가 되어 슬래그 중으로 들어간다.

정답 ②

3. 기타 반응

① **Mn의 반응** : Mn + FeO → MnO + Fe
② **N의 반응** : 시효변형(시효경화) 원인
③ **H** : 수소취성, Hair Crack 원인
  ㉠ C, B, N : 수소 활동도 증가 원소
  ㉡ Cr, Mn, Ni : 수소 활동도 감소 원소

4. 혼선로 내의 반응

① 탈황반응
  ㉠ 용선을 오래 보관하거나 수송 중에 요동이나 교반에 의해 탈황 발생
  ㉡ 반응 : FeS+Mn → MnS+Fe
② 탈황제를 사용한 노외 탈황으로 황을 제거
  반응 : Na_2CO_3 → Na_2O+CO_2
  Na_2O+FeS → Na_2S+FeO
③ 탈규소 반응도 진행

06
열정산과 물질정산

1. 열정산

(1) 입열

① 용선의 현열
② C, Fe, Mn, P, S 등의 연소열
③ 강재의 복염 생성열
④ Fe_3C의 분해열
⑤ 고철 및 부원료의 현열
⑥ 순산소의 현열

기출문제

전로의 열정산 시 출열에 해당하는 것은?
① Fe_3C의 분해열
② C, Fe, Si, Mn, P, S 등의 연소열
③ 고철 및 부원료의 현열
④ 용강의 현열

정답 ▶ ④

(2) 출열

　① 용강의 현열
　② 강재의 현열
　③ 철진의 현열
　④ 밀 스케일, 철광석의 분해 흡수열
　⑤ 폐가스 현열
　⑥ CO의 잠열
　⑦ 석회석의 분해 흡수열
　⑧ 냉각수의 지출열
　⑨ 기타 열방산

(3) LD전로의 열정산 특징

　① 입열이 모두 장입물(주로 용선)의 현열과 잠열로 이루어짐
　② 고철이 주원료인 동시에 냉각제 역할
　③ 과잉열은 철광석, 석회석 등의 냉각재로 흡수
　④ 출열 중에서 폐가스의 현열이 차지하는 비율이 큼
　⑤ 폐가스 중의 CO 가스를 회수하여 연료 가스로 사용

(4) 입열을 증가시켜 주는 방법

　① 출열의 약 $\frac{1}{2}$을 차지하는 폐기가스 현열, 잠열 등을 이용하는 방법
　② 코크스, Fe-Si 등의 발열제를 장입하는 방법
　③ 고철의 예열에 의하여 고철의 현열을 증가시키는 방법
　④ 랜스 노즐로부터 순산소와 동시에 연료를 분사 및 취련하는 방법

2. 물질정산

(1) 물질정산(철정산)

　① 장입물량을 정확히 파악하여 물질의 수지정산을 파악
　② **입철** : 용선, 철광석, 합금철, 고철, 밀 스케일
　③ **출철** : 용강, 노구 부착물, 노바닥 분출재, 전로재, 조괴재, 철분진

(2) 출강 실수율

　① **출강 실수율(%)**

　　$\dfrac{\text{출강 용강량}}{\text{전장입량}} \times 100$ 또는 $\dfrac{\text{출강 용강량}}{\text{용선}+\text{고철}} \times 100$

기출문제

다음과 같은 열정산의 입열과 출열 항목을 갖는 250t/ch 전로에서 출열 합계는 몇 kcal/t인가? (단, 다음에 주어진 수치의 단위는 kcal/t이다)

```
용선현열    270,469
연소열      166,576
Fe 연소열    30,086
Fe₃C 분해열  25,261
복염생성열    9,709
CO 잠열     235,213
강재현열     56,596
철광석분해열  42,437
```

① 99,033
② 334,246
③ 737,314
④ 837,314

정답 ▶ ②

풀이

출열 항목 : CO잠열, 강재현열, 철광석 분해열

② 실수율에 미치는 조업 조건의 영향
　㉠ 용선 배합율이 증가하면 출강 실수율 상승
　㉡ 용선 온도가 상승하면 출강 실수율 상승
　㉢ 용선 중 Si 함유량의 상승은 출강 실수율 저하
　㉣ 취련조건 중 Spitting, Slopping의 증가는 출강 실수율 저하

 기출문제

용선량 200톤, 고철량 50톤, 출강량이 220톤일 때 출강 실수율은 몇 %인가?
① 88　　② 90
③ 92　　④ 94

정답 ▶ ①

풀이
$$실수율 = \frac{출강량}{전장입량} \times 100$$
$$= \frac{220}{200+50} \times 100$$
$$= 88\%$$

3. 산소 정산

입물질	출물질
랜스의 순산소 철광석의 산소 밀스케일의 산소 석회석의 산소	C(88%) → CO C(12%) → CO_2 Si → SiO_2 Mn → MnO P → P_2O_5 S, Ti → SO_2, TiO_2 Slag 중 FeO, Fe_2O_3 철진 중 FeO, Fe_2O_3

CHAPTER 03
전기로 제강법

KEYWORD 제선, 제강, 전기로, 고철, 유도로, 용선, 산화정련, 환원정련, 탈황, 탈인, 집진장치, 레이들, 흑연전극

01 전기로 제강법의 특징

1. 전기로의 장단점

(1) 장점
① 아크는 약 3,500℃의 고온을 얻을 수 있으며, 온도 조절이 용이
② 노 내의 분위기를 자유롭게 조절이 가능(산화, 환원) 용강 중에 인과 황과 같은 불순물 원소 제거가 용이
③ 열효율이 좋아 용해 작업 시 열손실을 최소화
④ 사용 원료에 대한 제약이 적고, 모든 강종의 정련에 적합
⑤ 합금철은 직접 용강 속에 넣으므로 실수율이 좋고 분포도 균일
⑥ 설비가 비교적 저렴하고, 장소를 적게 차지하며, 소량 강종 제조에 유리
⑦ 대형화, 대전력화, 설비개량으로 생산성 향상, 특수강 및 보통강 어느 분야에도 널리 이용

(2) 단점
① 전력소비가 많음
② 고철 사용에 따른 불순물 혼입이 많음

기출문제

전기로 제강법의 이점 중 틀린 것은?
① 재료의 제약이 적다.
② 전력, 내화물의 원단위가 전로보다 적다.
③ 유가금속의 회수가 용이하다.
④ 고온이 쉽게 얻어진다.

정답 ▶ ②

기출문제

전기로 제강법의 특징으로 틀린 것은?
① 사용원료에 제약이 많으며, Al 합금강에만 적합하다.
② 열효율이 좋으며, 합금원소의 첨가를 정확하게 할 수 있다.
③ 합금철을 직접 용강 중에 첨가하여 실수율이 높고 분포가 균일하다.
④ 설비비가 저렴하고, 장소를 적게 차지하며 단시간에 설치할 수 있다.

정답 ▶ ①

2. 전기로의 분류

(1) 전기 에너지를 노에 인도하는 방법에 따른 분류

① 아크식 전기로(Electric Arc Furnace)
② 유도식 전기로(Electric Induction Furnace)

아크식	간접아크	간접식 : 스테사노식
		직간접식 : 레너펠트식
	직접아크	비노상가열식 : 에루식
		노상가열식 : 지로드식
유도식		저주파 유도로 : 에이젝스-위야트식
		고주파 유도로 : 에이젝스-노드럽식

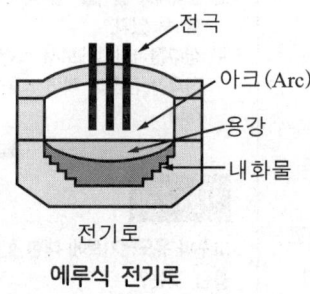

에루식 전기로

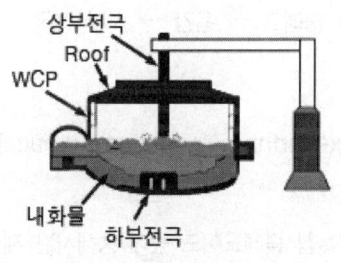

지로드(Girod)식 전기로

(2) 제조하는 강종 또는 전기로의 내화재료에 따른 분류

① **산성로** : 용해목적으로만 할 때
② **염기성로** : 용강의 정련을 충분히 할 때

3. 전기로의 특징

(1) 에루식 전기로(Heroult Arc Furnace)

① **형식**
  ㉠ AC 교류를 이용한 직접 아크로 형태로, 전극에 전류를 통할 때 전극과 고철 사이에 아크를 발생시켜 아크열과 저항열에 의해 용해하는 방식으로, 대부분의 제강로에 사용
  ㉡ 아크 전달 방식 : 한쪽 전극 → 슬래그 → 용강 → 다른 전극
② 원형, 각형 노각의 내부에 산성 또는 염기성 내화벽돌로 라이닝하고, 노의 천장에서 3개의 전극을 수직으로 내려 아크를 발생시켜 용해

기출문제

전기로를 아크식과 유도식으로 분류하는 기준은?
① 전기에너지의 밀도
② 전기에너지의 노내유도 방법
③ 전압과 로의 용량
④ 전기에너지의 발열량

정답 ▶ ②

기출문제

유도식 저주파 전기로에 해당되는 것은?
① 에루(Heroult)로
② 지로드(Girod)로
③ 스타사노(Stassano)로
④ 에이잭스-위야트(Ajax-Wyatt)로

정답 ▶ ④

기출문제

다음 중 유도식 전기로에 해당되는 것은?
① 에루(Heroult)로
② 레나펠트(Rennafelt)로
③ 에이잭스-노드럽(Ajax-Northrup)로
④ 스타사노(Stassano)로

정답 ▶ ③

기출문제

비노상 가열식의 직접 아크로 전기로는?
① Cupole로
② Heroult로
③ Ajax - Wyatt로
④ Ajax - Northrup로

정답 ▶ ②

③ 특징
  ㉠ 전극의 승강 조작이 간편
  ㉡ 강욕의 온도 조절이 용이
  ㉢ 내화재료의 수명 연장
  ㉣ 용해 시 산소 취입, 대전력 제강법, 대형화로 생산성과 경제성 향상
  ㉤ 컴퓨터 제어로 전력 사용 효율화

(2) 지로드식 전기로(Girod Arc Furnace)
  ① DC 전기로 형태로 3상 교류로부터 변환한 직류를 이용하여 양극인 노저 전극과 음극인 상부 전극의 사이에 스크랩 또는 용강을 개입시켜 아크를 발생 시키므로 균일한 용해가 가능
  ② AC 전기로와 비교하여 소음이 적으며 용강의 교반력이 우수
  ③ AC 전기로에 비해서 전력은 10%, 내화 벽돌의 사용량은 30% 감소
  ④ 아크 전달 방식 : 상부 전극 → 슬래그 → 용강 → 하부 전극
  ⑤ 하부 전극에 의해 설비가 복잡

(3) 에이젝스 노드럽식 유도로(Ajax-Northrup Induction Furnace)
  ① 형식
    무철심 고주파유도로 형태로, 무철심 솔레노이드 중에 용해시킬 재료를 넣고 고주파 전류(1~60MHz)를 통하면 재료 중에 2차유도 전류가 발생하여 그 저항열로 재료를 용해하는 방식
  ② 특징
    ㉠ 구조가 간단하고 취급이 용이
    ㉡ 온도 조절이 용이
    ㉢ 고주파 전원을 필요로 하며, 전력 효율을 높이기 위한 축전기 설비 필요하여 설비비가 고가
    ㉣ 고열을 발생할 수 없어 슬래그에 의한 정련을 할 수 없음
    ㉤ 자가 발생 고철의 재용해에 주로 이용
  ③ 고주파 유도로 특징
    ㉠ 조업비가 저렴
    ㉡ 예정성분을 쉽게 용해하고 성분 조절이 용이
    ㉢ 고합금강 제조에 사용
    ㉣ 제강 공장, 주물 공장, 특수강 공장에서 많이 사용
  ④ 고주파 유도로의 종류(전원 설비에 따른 분류)
    ㉠ 진공관 발전기식 : 진공관의 수명과 용량에 제한이 있고, 특수한 소량 금속 용해, 특수 재료의 열처리에 사용

기출문제

직접 아크로 중 노상이 가열되는 형식으로 상부전극, 강재, 용강, 하부 전극의 순으로 전류를 흐르게 하여 강을 제조하는 로는?
① Girod로   ② Stassano로
③ Heroult로 ④ Renner felt로

정답 ①

기출문제

직류 전기로에 대한 설명으로 틀린 것은?
① 교류 전기로에 비해 설비가 단순 하다.
② 노 내 고철을 균일하게 용해할 수 있다.
③ 전력계통 설비를 안정적으로 운영 할 수 있다.
④ 상부전극이 1개로서 소천정과 전극간 공간이 적어 소음발생이 적다.

정답 ①

기출문제

고주파 유도전기로에 대한 설명으로 틀린 것은?
① 고합금강일수록 용해가 용이하다.
② 노 내 용강의 성분, 온도의 제어가 쉽다.
③ 산화성 합금원소의 실수율이 높고 안정하다.
④ 강종면에서 제한이 없으며, 아크로에서는 제조 곤란한 성분의 합금강은 용해할 수 없다.

정답 ④

기출문제

고주파 유도로의 특징을 설명한 것으로 틀린 것은?
① 특수강 용해에 많이 이용된다.
② 고합금강일수록 용해에 유리하다.
③ 노 내 용강의 온도 제어가 쉽지 않다.
④ 산화성 합금원소의 실수율이 높고 안정하다.

정답 ③

- ⓒ 방전 간극식 : 용량이 1~10kgf의 소규모로, 귀금속 용해, 실험용 용해로에 사용
- ⓒ 고주파 발전기식 : 용량 50kgf~7톤, 공업적으로 많이 사용하며, 용강의 온도와 성분 조절을 위해 진공, 분위기 가스에서 조업하는 진공 고주파 유도로를 많이 사용
- ⓔ 3배 주파변환식
- ⓜ 사이리스터(Thyrister) 변환식

⑤ 진공 고주파 유도로의 특징
- ⓐ 정련의 온도, 분위기의 종류와 압력, 시간 등에 영향을 받지 않음
- ⓑ 폭넓은 범위에서 사용 가능
- ⓒ 정련에 유리한 자기 교반 작용이 있음
- ⓓ 성분 조절을 정확하게 할 수 있음
- ⓔ 함유 가스, 함유 비금속 개재물, 유해 원소 등이 쉽게 제거
- ⓕ 순수하고 열간 가공성이 좋은 재질을 얻을 수 있음
- ⓖ 진공 설비에 대한 투자비가 많고, 노의 용량이 작아짐

02 전기로 원료 및 재료

1. 주원료

(1) 사용 원료
① 대부분 고철 사용(장입물 중 약 90% 차지)
② 전기로강의 품질과 가격은 고철의 양과 가격에 의해 좌우
③ 환원철 및 용선을 추가로 사용하기도 함

기출문제
전기로제강에 사용되는 주원료는?
① 매트 ② 배소광
③ 고철 ④ 산화규소
정답 ▶ ③

(2) 원료 전처리
① **재료의 분류** : 구입재료, 발생재료의 각 등급, 각 품질별의 분류 및 장척, 대형괴설의 절단처리
② **재료 배합** : 재료의 장입은 단순한 중량의 관리뿐만 아니라 다음 공정의 각 조업요소를 고려한 재료의 배합이 제강반응과 생산성에도 중요
③ **재료 배합의 의의**
- ⓐ 각 히트에 정해진 장입량으로 배합

ⓒ 장입을 용이하게 배합
　　ⓓ 최소 장입횟수로 나누어 배합
　　ⓔ 용락을 용이하게 배합
　　ⓜ 일정한 용락 회수율
　　ⓗ 산화 정련에 필요한 탄소량의 배합
　　ⓢ 불순물 희석
　　ⓞ 아크 및 장입 시의 기계적 충격으로부터 노벽, 노상, 노개의 보호
　　ⓩ 전극손실의 방지
　　ⓒ 산화기 조재제의 일부배합
　　ⓚ 품질요구에 맞는 최저비용의 성취

(3) 원료 배합

① **일반 원료** : 고철 40~60%, 회수철 10~30%, 프레스 또는 절삭 칩 5~10%
② 특수강에서는 선철을 10~30% 배합
③ 탄소량은 규격 성분보다 0.30~0.40% 높게 배합
④ 탄소량 부족분은 전극, 고철, 코크스 등을 재료와 함께 미리 노 바닥에 장입
⑤ 출강 후 1일 이상 중단할 때는 0.20~0.40% 탈탄 예상
⑥ S, P는 0.05% 이하로 배합(이중 재제법 사용하면 0.02% 이하로 낮출 수 있음)
⑦ 고철 중 니켈은 회수가 불가능하므로 고철의 선별, 보관, 배합에 유의

(4) 환원철 사용

① 철광석을 직접 환원하여 얻은 환원철을 고철 대용으로 이용
② **형상** : ∅10~25mm의 펠릿 또는 구형의 단광
③ 전 철분은 90% 이상, 금속 철분 80% 이상
④ 환원철 장입과 초고전력 조업을 배합시키면 생산 능률을 향상
⑤ 철광석 환원율(Reduction Degree) = $\dfrac{\text{환원으로 제거된 산소량}}{\text{철광석 중의 전 산소량}} \times 100$
⑥ 금속화율(Metallization Percent) = $\dfrac{\text{환원철 중의 금속철}}{\text{환원철 중의 전철분}} \times 100$
⑦ 환원철 사용의 장·단점

장점	단점
㉠ 제강 시간 단축	㉠ 맥석분이 많음
㉡ 생산성이 향상	㉡ 다량의 산화칼슘이 필요
㉢ 모양, 품위가 일정	㉢ 철분의 회수율이 나쁨
㉣ 취급이 용이	㉣ 고철 가격보다 고가
㉤ 전기로의 자동 조작이 용이	

기출문제

전기로 제강법에서 사용하는 철광석의 환원도를 나타내는 환원율의 식이 맞는 것은?
① $\dfrac{\text{환원으로 제거되는 광석량}}{\text{철광석 중의 전 산소량}} \times 100$
② $\dfrac{\text{환원으로 제거되는 산소량}}{\text{철광석 중의 전 산소량}} \times 100$
③ $\dfrac{\text{환원철 중의 전철분}}{\text{환원철 중의 금속분}} \times 100$
④ $\dfrac{\text{환원철 중의 금속분}}{\text{환원철 중의 전철분}} \times 100$

정답 ▶ ②

기출문제

금속화율을 나타내는 식으로 옳은 것은?
① $\dfrac{\text{환원철 중의 금속철}}{\text{환원철 중의 전철분}} \times 100$
② $\dfrac{\text{환원철 중의 전철분}}{\text{환원철 중의 금속철}} \times 100$
③ $\dfrac{\text{환원으로 제거된 산소량}}{\text{철광석 중의 전 산소량}} \times 100$
④ $\dfrac{\text{철광석 중의 전 산소량}}{\text{환원으로 제거된 산소량}} \times 100$

정답 ▶ ①

기출문제

환원철을 전기로에 사용하였을 때 현상으로 틀린 것은?
① 생산성이 향상된다.
② 자동조업이 용이하다.
③ 맥석분이 적어 품질이 좋다.
④ 품위가 일정하여 취급이 용이하다.

정답 ▶ ③

2. 부원료

(1) 용제

① 용제의 목적
- ㉠ 용융성 강재를 만들어 용강 중의 불순물을 산화 제거
- ㉡ 용강의 표면을 덮어 노 내 가스 접촉 방지
- ㉢ 전극으로부터 탄소흡수 방지
- ㉣ 염기성 아크로에서는 염기성 슬래그 생성을 위한 플럭스 사용

② 석회석
- ㉠ 불순물이 적은 것이 유리
- ㉡ 탈인, 탈황에는 산화철(FeO), 알루미나(Al_2O_3), 마그네시아(MgO)가 5% 이하, 이산화규소(SiO_2)가 1% 이하인 것을 사용

③ 생석회(산화칼슘, CaO)
- ㉠ 석회석을 900℃ 이상으로 구워서 만든 것
- ㉡ 강욕 표면의 방열 방지
- ㉢ 탈인, 탈황의 작용
- ㉣ 석회석에 비해 용해하기 쉬우므로 반응속도가 빠르고, 열손실이 작음
- ㉤ 잘 구운 산화칼슘은 이산화탄소가 거의 없지만 슬래그로 녹기 어려움
- ㉥ **사용 시 유의점** : 흡습성이 매우 크므로 흡습 상태의 것을 사용하지 않도록 유의하여 충분히 건조 후 사용

④ 형석
- ㉠ 935℃ 저온에서 용융하여 생석회의 융점을 낮추고 유동성을 향상
- ㉡ 탈인 및 탈황 반응 촉진
- ㉢ 너무 많으면 노의 내화재료에 악영향을 끼침
- ㉣ 형석을 가해서 유동성을 좋게 할 때는 5% 정도의 이산화규소가 함유된 것이 유리
- ㉤ 형석의 조성과 입도

CaF_2	SiO_2	입도
〉70 (%)	〈20 (%)	30~50 m/m

⑤ 기타 용제의 종류
- ㉠ 페로망간(Fe-Mn), 페로실리콘(Fe-Si), 규소망간(Si-Mn), Al가 사용
- ㉡ 탈산제, 탈황제, 첨가제 역할

기출문제

전기로 제강법에서 용제로 사용되는 석회석을 투입 시에 강재의 유동성을 부여할 필요가 있을 때 형석과 함께 5% 정도의 성분을 함유하는 것이 좋은 것은?
① FeO ② P_2O_5
③ MnO ④ SiO_2

정답 ▶ ④

기출문제

전기로 제강의 원료 중에서 용강 중의 불순물을 산화제거하고, 용강의 표면을 덮어 노 내 가스와의 접촉을 방지할 목적으로 사용되는 것은?
① 고철 ② 생석회
③ 용선 ④ 알루미늄

정답 ▶ ②

기출문제

전기로 조업 시 매용제로 사용되는 형석의 역할이 아닌 것은?
① 강재의 용융점을 낮춘다.
② 강재의 유동성을 향상시킨다.
③ 강재의 밀도를 낮춘다.
④ 탈황반응을 촉진한다.

정답 ▶ ③

(2) 산화제

① **산소가스 역할** : 용해 촉진, 산화탈탄, 노 수리용

② **철광석**
  ㉠ 철분의 함유량이 많은 것이 유리
  ㉡ 철분 함유량이 60% 이상 보통
  ㉢ 산화제로 산소를 사용함에 따라 광석의 사용량이 줄어들고 있음

③ **산화제로서의 철광석의 조건**
  ㉠ 적철광, 자철광 등을 주로 사용
  ㉡ P, S의 함유량이 적은 적철광이 유리
  ㉢ 불순물(SiO_2, Al_2O_3) 10% 이하, 입도 10~50mm가 적당
  ㉣ 수분 함량이 적은 것 사용

(3) 가탄제

① 선철, 코크스, 무연탄, 전극설 등 사용
② S, P가 적은 것을 사용
③ 전극이 소모된 것이 가장 양호

(4) 환원제

① 환원제는 산소와 반응하는 물질을 사용하는데 질소는 산소와 거의 반응을 하지 않음
② 코크스, Fe-Si 등을 사용

(5) 합금철

① 제강 과정에서 용강의 탈산 혹은 탈류 등 불순물을 제거하거나 철 이외의 성분 원소 첨가를 목적으로 사용하는 철 합금

② **합금철 구비조건**
  ㉠ 산소와 친화력이 철에 비해 클 것
  ㉡ 용해가 쉽고, 용강에서의 확산 속도가 클 것
  ㉢ 용강에서 탈산 생성물이 용해하지 않고, 부상 분리 속도가 클 것
  ㉣ 용강 중에 잔류 미반응물이 재질에 영향을 주지 않을 것

③ **합금철의 종류**
  ㉠ 제강에서 사용되는 탈산제 : Al, Fe-Si, Fe-Mn, Si-Mn
  ㉡ 강의 성질을 개선하기 위한 성분 첨가용 : Mn-metal, Fe-Nb, Fe-Cr, Fe-Mo, Fe-V, Fe-B, Fe-Ti, Ti-sponge, Fe-Ni 등
  ㉢ 괴탄(코크스) : 주성분이 탄소로 강의 %C 조정 및 전기로 작업에서의 야금학적 효과를 부여하기 위하여 사용

기출문제

전기로 제강법의 원료배합에서 탄소량은 규격성분보다 0.3~0.4% 높게 배합하는데 탄소량이 부족할 경우 부족분을 보정하기 위해 첨가하는 원료는?

① 코크스 ② 형선
③ 철광석 ④ 돌로마이트

정답 ①

기출문제

대부분 전기로에서 제조되며, 2종 이상의 합금원소가 철과 화합한 것으로서 용강 중에 투입되어 강의 화학적, 물리적 성질을 개선할 목적으로 사용되는 합금철이 구비해야 할 조건으로 틀린 것은?

① 쉽게 용해되고 용강 중에서 확산 속도가 클 것
② 생성된 산화물은 쉽게 부상분리 할 수 있을 것
③ 용강 중에 잔류한 미반응물이 재질에 영향을 주지 않을 것
④ 크기 및 형상은 일정하지 않아도 되나, 품위는 일정할 것

정답 ④

3. 전극 재료

(1) 전극 재료의 구비조건

① 전기의 양도체일 것
② 전기 비저항이 작을 것
③ 열팽창계수가 작을 것
④ 용융점이 높을 것
⑤ 과부하에 견딜 수 있는 기계적 강도가 클 것
⑥ 탄성률이 너무 크지 않을 것
⑦ 화학반응에 안정할 것
⑧ 고온 내산화성이 우수할 것
⑨ 열전도도가 낮을 것
⑩ 불순물이 적을 것

(2) 전극의 종류

① **사용 재료**: 전기전도도가 가장 우수한 인조 흑연전극 사용
② **분류**: 초고전력용(UHP), 고전력용(HP), 보통전력용(RP)
③ **고전력 조업에 사용되는 전극의 조건**
  ㉠ 전기 비저항이 작을 것
  ㉡ 열팽창계수가 작을 것
  ㉢ 기계적 강도가 클 것
  ㉣ 탄성률이 너무 크지 않을 것

4. 내화 재료

(1) 노 뚜껑 내화 벽돌

① **노 뚜껑(천정) 벽돌로 요구되는 품질**
  ㉠ 내화도가 높을 것
  ㉡ 내스폴링성이 강할 것
  ㉢ 슬래그에 대한 내식성이 강할 것
  ㉣ 연화되었을 때 점성이 높을 것
  ㉤ 하중 연화점이 높을 것
② **사용 내화물**: 실리카 벽돌
③ **실리카 벽돌의 특징**
  ㉠ 값이 저렴, 내화도가 높고 품질 변동이 적음
  ㉡ 열간 강도가 크므로 천장이나 아치 벽돌에 적합

기출문제

전기로에서 사용되는 전극의 구비조건이 아닌 것은?
① 용융점이 높아야 한다.
② 산화도가 높아야 한다.
③ 전기의 양도체이어야 한다.
④ 낮은 열전도도를 가져야 한다.

정답 ▶ ②

기출문제

전기로 조업에 사용되는 전극의 조건이 아닌 것은?
① 강도가 높을 것
② 전기전도율이 높을 것
③ 연성과 취성이 높을 것
④ 고온에서 산화되지 않을 것

정답 ▶ ③

기출문제

전기전도도가 가장 큰 것은?
① 탄소전극
② 흑연전극
③ Sorder berg 전극
④ 코크스 전극

정답 ▶ ②

기출문제

전기로의 천정내화물재료로써 구비해야 할 특성 중 가장 중요한 것은?
① 내 스폴링성 ② 비중
③ 크기 ④ 친화력

정답 ▶ ①

기출문제

전기 제강로에 사용되는 천정연와에 대한 설명으로 틀린 것은?
① 하중 연화점이 높을 것
② 연화 시 점성이 낮을 것
③ 내화도가 높고 품질의 변동이 적을 것
④ 열간강도가 크고 아치연와에 적합할 것

정답 ▶ ②

ⓒ 산화칼슘이나 산화철에 대해 비교적 강하고, 내화도의 저하가 적음
　　ⓔ 200~300℃ 정도에서 급격한 변태 팽창을 일으켜 스폴링이 발생
　　ⓜ 최고 내화도가 SK 33(1,730℃) 정도이므로 사용 온도에서 침식
　　ⓗ 염기성 노에서 슬래그에서 침식

④ 고알루미나질 내화물
　　㉠ 실리카 벽돌에 비해 용융점이 높고, 슬래그에 대한 저항성, 내스폴링성이 우수
　　㉡ 침식이 심한 집진구멍, 전극 주위에 사용

⑤ 부정형 내화물
　　㉠ 염기성 캐스터블 : 전극 구멍, 집진 구멍 주위
　　㉡ 노 뚜껑 전면에 사용 : 실리카 벽돌의 2배 이상의 수명 연장

(2) 노벽 내화 벽돌

① 내화도가 높고 슬래그의 침식에 대한 저항력이 요구
② 슬래그선(Slag Line) 이상의 노벽으로는 실리카 벽돌, 염기성 벽돌 사용
③ 슬래그선 이하의 노벽에는 마그네시아, 크로마그계 내재성 내화벽돌 사용
④ 노용량 증대, 고전력조업, 산소사용량 증대로 고품위 벽돌 사용
⑤ 국부적으로 용손이 심한 노 바닥 포트(Hearth Pot)에는 주철도 사용
⑥ 염기성 벽돌에 탄소나 산화크롬을 혼합해서 성능을 향상시킨 재질 사용
⑦ 노벽 용손 방지 대책으로 수랭 상자 설치 : 대형로, 고전력 조업에 효과적

(3) 노 바닥 내화물

① 단열 벽돌인 샤모트 벽돌을 쌓은 다음 마그네시아 클링커나 돌로마이트 클링커를 타르나 간수를 혼합하여 스탬프하여 사용(습식 스탬프재)
② 건식 스탬프재가 충전 밀도를 향상시킬 수 있어 사용이 확대
③ 노 바닥의 국부 손상에는 용강을 완전히 제거 후 돌로마이트, 마그네시아 클링커를 발라 수리

(4) 염기성 벽돌 쌓는 방법

① 모르타르는 사용할 수 없음
② 두께 2~6mm의 철판을 끼우거나 벽돌을 철판으로 싸서 스틸 클래드(Steel Clad)로 한 것이 사용
③ 철판이 녹아서 벽돌로 흡수되어 벽돌을 용착시켜 스폴링 방지, 탈락 방지
④ 팽창률, 열전도도가 큰 것에 유의
⑤ 품질이 나쁜 것은 산화철을 흡수하여 버스팅(Bursting) 현상을 일으킴

기출 문제

전기로에 사용되는 내화연와의 특성을 설명한 것 중 틀린 것은?
① 규석연와는 열간강도가 높다.
② 고 알루미나아연와는 내스폴링성이 높다.
③ 염기성 연와는 강재에 대한 저항성은 크나 내스폴링성이 낮다.
④ 염기성 연와는 용융점은 낮으나, 열간강도는 높다.

정답 ▶ ④

03 아크 전기로 설비

1. 노체 설비

(1) 개요

① 설비, 구조, 조업법의 개량 및 발전으로 대형로에 의한 고급강 생산 가능

② 기본 구조
  ㉠ 노체 : 원료를 용해하는 용용기
  ㉡ 전기 설비 : 아크 공급원

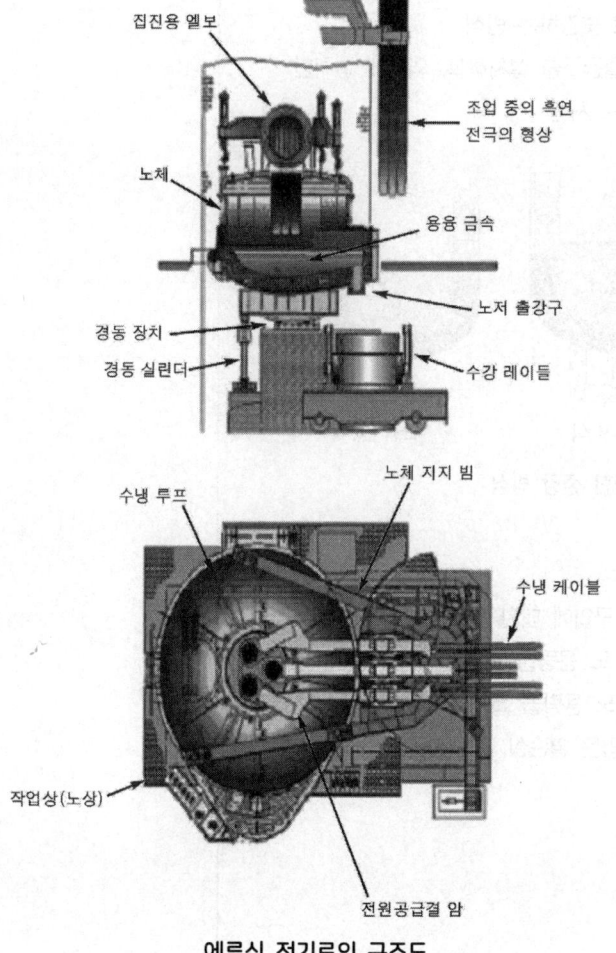

에루식 전기로의 구조도

(2) 본체

① **외벽**
  ㉠ 10~30mm 두께의 철판을 용접, 리벳 이음하여 사용
  ㉡ 고온에 의한 변형이나 휨을 방지하기 위하여 보강용 강을 사용
  ㉢ 수냉 장치가 설치

② **장입구**
  ㉠ 노에 원료 장입, 슬래그 배재, 조업 중 관찰
  ㉡ 소형로는 장입구가 출강구의 반대쪽에 설치
  ㉢ 수동, 압축공기, 전동기로 개폐

③ **출강구** : 출강 작업
  ㉠ Tea Spout 방식 : 노체 측벽에 출강구가 있으며, 출강 시 용강과 슬래그가 함께 배출
  ㉡ CBT 방식 : 노정 중앙에서 하부로 출강하는 방식
  ㉢ EBT 방식 : 측면에 수직 하향의 출강구를 설치하고, 외측에 설치한 스토퍼를 열어서 출강하는 방식(주로 사용)

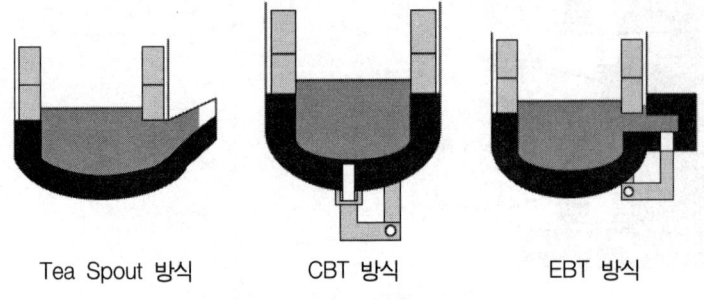

Tea Spout 방식   CBT 방식   EBT 방식

전기로의 다양한 출강 방식

④ **노체의 크기** : 지름과 높이의 관계
  ㉠ 주원료로 사용되는 고철의 품위와 구입에 대한 난이도에 따라 결정
  ㉡ **품질 좋은 고철을 쉽게 구할 때** : 노 용량을 작게, 노곽의 높이도 낮게
  ㉢ **제강량 증가, 고철이 부족할 때** : 노 용량을 크게
  ㉣ 노정 장입 방식의 노에서 추가 장입은 열손실, 용해능력 저하의 원인

⑤ **Slag 도어**
  ㉠ 출강구의 반대쪽에 설치
  ㉡ 슬래그 배출
  ㉢ 측온 작업
  ㉣ 시편 채취

2. 전극 설비

(1) 노용 변압기

① 기본 구조
  ㉠ 전기로에 고전력을 공급하려면 변압설비가 필요
  ㉡ 노 안의 전류가 흘러도 외부 송전선에 충격 전류가 흐르지 않도록 대용량 리엑턴스(Reactance)를 설치
  ㉢ 전압은 용해용, 정련용으로 6단계 이상으로 조정

② 용해용 전압
  ㉠ 일반 사용 전압 : 150~200V
  ㉡ 대형로 사용 전압 : 460~560V

③ 표준투입전력
  ㉠ 40톤 이하 노 : 500~600kW/톤
  ㉡ 50~80톤 노 : 400~500kW/톤
  ㉢ 100톤 이상 노 : 350~400kW/톤

④ 초고전력(UHP)로의 이점
  ㉠ 저전압, 대전류에 의한 저효율에 의한 두껍고 짧은 아크에 의한 조업
  ㉡ 용량 2배 정도의 변압기를 설치해도 변압기 2차 정격 전압은 1.3배 정도
  ㉢ 정격전류는 1.6배 이상
  ㉣ 전력 원단위 절감 및 생산성 향상에 효과적인 조업

⑤ 진상 콘덴서 : 전류 손실을 줄이고 전력효율을 개선하기 위한 장치

⑥ 전극 전류 밀도 : $\dfrac{전류}{전극\ 단면적} = \dfrac{A}{\pi R^2}$

(2) 전극 장치

① 전극 홀딩(Holding) 클램프
  ㉠ 수랭식 러너(Runner)를 넣은 구조
  ㉡ 조작 막대가 에어 실린더로 지완에 설치된 스프링을 원격 조작
  ㉢ 항상 일정한 압력으로 전극을 홀딩할 수 있도록 자동화
  ㉣ 아크 전류와 전압을 검출하여 그 비가 일정하게 유지되도록 자동 승강

② 전극 승강 장치
  ㉠ 유압식 : 유압 실린더의 승강에 따라 전극 지완이 작동하면서 전극을 승강하는 방법
  ㉡ 전동식 : 전극 지완과 받침 기둥을 와이어 로프로 매달고 로프를 전동기 윈치에 의해 승강하는 방법

기출문제

전기로용 변압기에 대용량의 Reactance를 갖추게 하는 가장 큰 이유는?
① 용해를 신속히 하기 위하여
② 전압변동에 대처하기 위하여
③ 큰 전류가 흘러도 외부송전선에 충격전류가 흐르지 않도록 하기 위하여
④ 2차 전압을 높게 하기 위하여

정답 ③

기출문제

UHP 조업의 설명 중 틀린 것은?
① 생산성을 높인다.
② 전력 원단위를 낮춘다.
③ 단위시간당의 투입전력량을 증가시켜 용해 및 승열 시간을 단축한다.
④ 소전압, 소전류의 저력률에 의한 굵고 긴 아크로 조업한다.

정답 ④

기출문제

10톤의 전기로에서 지름 400mm의 전극을 사용하여 12,000A의 전류를 통할 때 전극의 전류밀도는 약 얼마인가?
① 8.63A/cm²
② 9.55A/cm²
③ 12.52A/cm²
④ 15.76A/cm²

정답 ②

풀이 $\dfrac{12,000}{3.14 \times 20^2} = 9.55\text{A/cm}^2$

3. 장입 장치

(1) 노정 장입 방식의 종류
① **노체 이동식** : 노체만 이동하는 방식
② **갠트리(Gantry)식** : 노체는 고정, 전극 지지기구와 천장이 이동하는 방식
③ **스윙(Swing)식**
  ㉠ 전극 지지기구와 천장이 주축을 중심으로 선회하는 방식
  ㉡ 조업이 능률적, 진동이 없으며, 노의 내화물에 손상이 거의 없음
  ㉢ 대형로에서도 적용이 가능하여 대부분 이 방식을 사용

(2) 장입 버킷
① 고철을 노정에서 장입하는 장치
② 2개로 나누어져 있는 밑의 철판을 개폐하는 구조인 클램프 셀(Clamp Cell)형이 주로 사용
③ 용해시간의 단축, 열손실 방지를 위해 스크랩 프레스를 이용하기도 함

(3) 부원료 및 합금철 투입 장치
① **저장 호퍼** : 노체 상부에서 부원료 및 합금철을 저장하는 장치
② **투입구(장입 슈트)** : 노 내 및 레이들에 부원료 및 합금철을 투입하는 장치

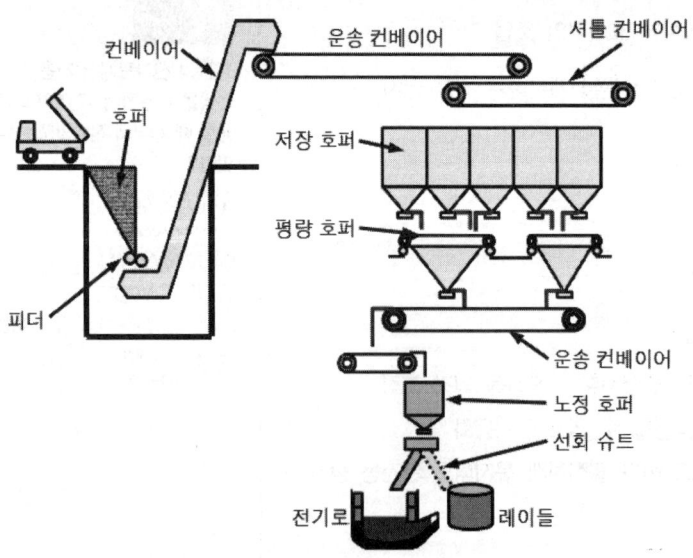

부원료 및 합금철 투입 장치

기출문제

전기로의 재료장입방식에서 노정 장입방식이 아닌 것은?
① 통장입
② 노체이동식
③ 스윙(swing)식
④ 갠트리(gantry)식

정답 ▶ ①

기출문제

전기로 조업 재료장입방식에서 전극 지지기구와 천장이 주축을 중심으로 하여 선회하는 방식은 무엇인가?
① Swing식
② Gantery식
③ 노체이동식
④ Local hood식

정답 ▶ ①

4. 집진 장치

(1) 집진 방식

① **로컬 후드식(Local Hood) 집진 장치**
  ㉠ 노체의 개구부에만 후드를 설치하는 방식
  ㉡ 처리 풍량이 많고 설비비가 많음
  ㉢ 노 안의 분위기에 영향이 없어 소형로에 적당

② **노정 흡인식 집진 장치**
  ㉠ 노 뚜껑에 구멍을 뚫어 직접 흡인하는 방식
  ㉡ 대기의 흡입이 적어 처리 풍량이 비교적 적음
  ㉢ 노 안의 분위기에 주의해야 함
  ㉣ 대형로에 많이 사용

③ **노측 흡인식 집진 장치**
  ㉠ 노체 측면에 배기 구멍을 뚫어 직접 흡입하는 방식
  ㉡ 처리 풍량은 노정 흡인식과 비슷
  ㉢ 흡인관의 배치에 의하여 노의 작업이 다소 불편

(2) 집진기

① 분진 여과 장치로 테프론, 유리섬유 등의 백 필터(Bag filter)식이 많이 사용

② **전기 집진 방식의 특징**
  ㉠ 설비비가 많음
  ㉡ 집진 효과는 우수
  ㉢ 대형로에 적합

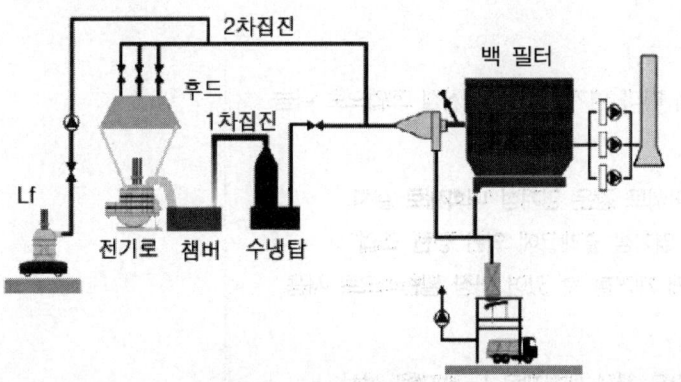

전기로 집진 설비의 구조

기출문제

아크식 전기로 제강법의 집진장치에 대한 설명으로 틀린 것은?
① 로컬 후드식은 후두에서 외기를 흡인하므로 처리 가스량이 많다.
② 노정 흡인식은 외기의 도입이 적으므로 처리가스량이 비교적 적다.
③ 로컬 후드식은 대형로에, 노정 흡인식은 소형로에 적합하다.
④ 노측 흡인식은 노체 측면에 배기공을 만들어 직접 흡인하는 방식이다.

정답 ③

기출문제

여러 개의 자루에 연진을 포집하여 자루의 섬유 사이로 통과시켜 청정하는 방식의 집진기는?
① 전기집진기(습식)
② 전기집진기(건식)
③ 백필터(Bag-filter)
④ 벤투리 스크러버(Venturi scrubber)

정답 ③

5. 기타 본체 설비

① **경동장치** : 전기로 노체를 기울이는 장치

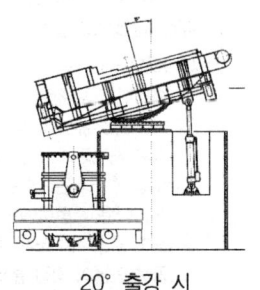 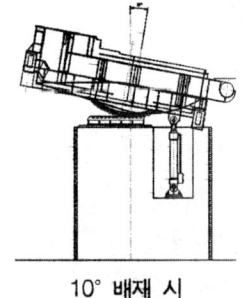

20° 출강 시   10° 배재 시

경동 장치의 경동 각도

② **노상** : 노의 하부에 용융물이 고여있는 곳
③ **산소 취입관** : 산소를 취입하는 설비로 재질은 **스테인리스강**
④ **수강 레이들** : 제강이 완료된 용강을 받는 레이들로 EBT 아래에 위치하며, 수강된 레이들을 2차 정련 설비로 이동

04
아크 전기로 조업 방법

1. 조업 방법의 분류

(1) 내화재의 성질에 따른 조업법

① 전기로 노 바닥 내화재의 성질에 따라 염기성 조업과 산성 조업으로 나눔
② **염기성 조업**
  ㉠ 노 바닥이 마그네시아, 돌로마이트 같은 염기성 **내화재로** 설치
  ㉡ 산화칼슘을 주성분으로 하는 염기성 슬래그에 의한 **정련** 조업
  ㉢ S, P와 같은 유해원소를 쉽게 제거할 수 있어 **가장 일반적으로** 사용
③ **산성 조업**
  ㉠ 규석, 개니스터(ganister)와 같은 산성 내화재로 **노 바닥을** 설치
  ㉡ 이산화규소가 많은 산성 슬래그로 정련을 하는 **조업**
  ㉢ S, P 등을 제거하기 어려워 불순물이 적은 원료를 **사용해야** 함
  ㉣ 원료 품질이 좋을 때는 우수한 품질의 제강이 **가능**
  ㉤ 조업비가 저렴하여 고급강이나 주강에 이용

(2) 장입 원료에 따른 조업법

① 냉재법
  ㉠ 고철이나 냉선 같은 냉재를 장입해서 용해 정련하는 방법
  ㉡ 가장 일반적인 조업법

② 용재법
  ㉠ 고로, 큐폴라(Cupola)에서 얻은 용선을 일부 장입하는 방법
  ㉡ 평로, 전로에 용선을 장입해서 최종 마무리하는 방법
  ㉢ 이중 조업법으로 선강 일관제조 공정에서 사용

(3) 산화 정련 방법에 의한 조업법

① 완전 산화법
  ㉠ 산소, 철광석을 사용해서 원료 중의 탄소, 규소, 망간, 인, 황 등을 산화시켜 제거
  ㉡ 강욕의 비등 정련에 의하여 용강 중의 수소가스를 제거
  ㉢ 고급 전기로 제강에 많이 사용

② 일부 산화법
  ㉠ 산화 정련을 일부만 하고 환원 작업을 하는 방법
  ㉡ 진공 탈가스법과 병행해서 사용

③ 무산화법
  ㉠ 산화 정련을 하지 않고 환원 작업을 하는 방법
  ㉡ 진공 탈가스법과 병행해서 사용

(4) 환원의 정도에 따른 조업법

① 보통법
  ㉠ 2중 강재(double slag)법이라고도 함
  ㉡ 산화정련이 끝난 슬래그를 제거한 다음 환원 슬래그를 노 안에서 만들어 정련하는 것

② 단재법
  ㉠ 산화 정련 종료 후 일부 또는 전부의 슬래그를 제거한 다음 합금원소를 노나 레이들에 첨가하여 성분을 조절하는 방법
  ㉡ 진공 탈가스법, 특수 레이들과 함께 사용하기도 함

기출문제

아크 전기로의 조업별 특징에 대한 설명으로 옳은 것은?
① 염기성 조업법에서 P, S 등의 제거가 불가능하다.
② 장입원료가 냉재(고체)인 경우 용해시간이 짧다.
③ 완전 산화법은 원료 중의 C, Si, P 등을 산화 제거한다.
④ 일부 산화법이나 무산화법은 산화 정련을 실시하여 바로 환원작업을 하는 것이다.

정답 ▶ ③

기출문제

전기로 조업은 원료의 상태, 산화 정련의 정도, 환원정련의 정도 등에 따라 각각 두 가지의 형태가 있다. 일반적으로 채택되고 있는 조업법은 어떤 형태인가?
① 염기성, 냉재, 일부산화법, 1회강재법
② 염기성, 냉재, 일부산화법, 혼재법
③ 염기성, 냉재, 완전산화법, 1회강재법
④ 염기성, 냉재, 완전산화법, 2회강재법

정답 ▶ ④

2. 원료 장입 작업

(1) 원료 배합

① 소정의 배합 기준으로 적절한 품질, 성분, 모양, 무게의 원료 준비
② **원료 배합** : 고철 40~60%, 환원철(재생고철) 10~30%, 절삭 칩 5~10%
③ 예비 처리를 히여 가능힌 1회로 장입하는 것이 열경세석인 면에서 유리

(2) 초 장입

① 노 바닥에 경량물의 일부를 장입(노 바닥 보호)
② 다음에 중량물 장입
③ 그 위에 중간 정도의 것 장입
④ 나머지 경량물 장입(전극 보호)
⑤ 아크에 의한 노벽의 용손 등이 없도록 주의

	선반설등	
일반 고철	무거운 것	
	가벼운 것	
조괴잔량 및 환원고철		
선반설 및 프레스		

초장입 순서

(3) 장입 방법

① **수동 장입법** : 인력에 의해 노문으로 장입
② **노정 장입법** : 버킷에 의해 노의 천장으로부터 장입, 대형 노에서 사용

(4) 장입 시간

① 장입 시간은 조업 능률, 열효율에 영향을 줌
② 적열의 노 중에 빨리 장입하여 노의 열을 유효하게 사용하는 것이 유리
③ **수동 장입법** : 20분~1시간
④ **노정 장입법** : 몇 분 정도

(5) 추가 장입

① 용해가 80% 정도 진행되면 고철을 추가 장입한다.
② 장입방법은 초 장입과 같이 한다.
③ 고철에서 수분이 들어가지 않도록 주의한다.
④ 석회석을 혼합할 때는 폭발에 유의한다.

추가 장입

(6) 장입 전 노 보수 작업
① 노 바닥 및 슬래그 선의 용손 부분을 완전히 보수한다.
② **보수 재료** : 미세한 입자의 생 돌로마이트를 사용
③ 용손이 심한 경우나 다음의 용해가 고온, 장시간을 요하는 경우 미세한 입자의 돌로마이트 크링커 또는 마그네시아 클링커를 사용
④ 보수 작업 결과는 다음 작업에 영향을 주므로 정확하게 해야 함
⑤ 대형로에서는 기계화가 이루어지고 있음

3. 용해기 작업

(1) 의미
※ 철 원료를 용해해서 정련하기 위하여 빠른 시간 내에 효율있게 용해시켜 소정의 용락 성분과 온도를 얻는 작업

(2) 송전
① 제강의 조업 시간, 사용 전력의 대부분을 차지
② 최대전압, 최대전류를 송전하여 단시간 내에 적은 전력량으로 용해
③ **일반 조업** : 역률, 전기 효율이 높은 고전압, 저전류 조업
④ **초고전력(UHP) 조업** : 역률, 전기 효율을 희생하고 전 효율을 높이고, 저전압, 고전류 조업으로 노벽 소모를 경감
⑤ 변압기에는 조업하는 각 용해기에 적절한 전압을 자유롭게 선택할 수 있는 전압전환장치(또는 회전전력제어장치)를 부착
⑥ 송전 초기
  ㉠ 원료와 전극과의 접촉 단락에 의하여 전류의 맥동이 심하므로 회로에 리액턴스를 넣어 두는 것이 일반적
  ㉡ 노 뚜껑 손상, 아크의 불안정을 방지하기 위하여 최고 전압을 사용하지 않고 낮은 전압 사용
  ㉢ 송전 후 약 15~50분 지나 어느 정도 용해된 후 최고 탭(tap)으로 송전
⑦ 비통전 시간을 단축하기 위해 노덮개 작동속도 및 전극 하강속도를 증가

기출 문제

제강공장의 전기로에서 최적의 온도로 신속히 용해되도록 전력을 제어하는 장치는?
① 송풍장치
② 운반장치
③ 회전전력제어장치
④ 승강장치

정답 ▶ ③

기출 문제

다음 중 전기로에서 비통전 시간을 단축하기 위한 가장 효율적인 방법은?
① 로의 대형화
② 내화물 보수시간 증가
③ 수냉 Panel 냉각수량 증대
④ 노덮개 작동속도 및 전극승하강 속도 증가

정답 ▶ ④

(3) 용해
- ① 대부분의 장입물이 용락하면 추가 재료 장입
- ② 노벽에 붙은 재료 떨어뜨리는 작업 실시하여 용해 시간 단축
- ③ 산소를 이용하면 용해 시간 단축
- ④ 중유나 산소 버너가 보조 연소법으로 채용될 수 있음(에너지면, 작업성 고려)
- ⑤ 용선을 장입하는 이중 조업법도 시간 단축 및 전력 절감에 효과적
- ⑥ 용해기 조업 시 용선 장입의 장점
  - ㉠ 추가 장입이 적음
  - ㉡ 최대 부하를 처음부터 안정하게 걸 수 있음
  - ㉢ 시간 단축이 뚜렷함
- ⑦ 산소 부하 조업의 효과
  - ㉠ 용해말기 용해 촉진
  - ㉡ 산화 탈탄(C 제거)
  - ㉢ 산화 정련(Si, P, Mn 등)
  - ㉣ 소비전력 절감
  - ㉤ 적극적 산소 취입에 의한 용강 교반 효과 증대
  - ㉥ 기계화 작업에 의한 작업 안전도 증가
  - ㉦ 슬래그 포밍(Slag Foaming)에 의한 전력 회수율 증대 및 내화물이 보호
  - ㉧ 장입 회수율 저하 방지

(4) 채취
- ① 용해가 완료되고 강욕의 온도 상승을 기다린 후 시료를 채취, 분석해서 성분을 조사
- ② 전압을 내려 노벽이나 천장의 용손을 막고 다음의 산화 정련 작업으로 옮김
- ③ 용락기 : 고전력에 의해 고철이 용해를 시작하여 노저로 흘러내리기 시작하는 시기

(5) 용해 작업 순서별 필요한 사항
- ① **통전** : 장입이 끝나면 문(Door)을 밀폐하고 통전하기 전에 냉각수 노체에 스파크 부분, 누수 부분, 출강통에 이상이 없는가를 확인한 후 통전한다.
- ② **보일링기** : 점호가 끝나면 보일링 속도를 증가하여 고전력을 투입하여 신속히 전극을 하강시키도록 한다.
- ③ **탕류 성형기** : 보일링기가 끝나면 노상에 탕류가 형성된다. 이때는 아크로부터 노상을 보호해야 한다.

④ 주 용해기 : 일단 탕류가 형성되고 나면 주 용해기로 돌입한다. 아크 전력을 최고가 되도록 해야 하므로 설비가 허용하는 최고 전력을 투입하여 신속 균일하게 용해되도록 한다.

⑤ 용해 말기 : 약 80%가 녹은 후부터는 아크로부터 벽의 뜨거운 부분의 국부 손상을 절감하도록 남아 있는 고철이 신속히 용해되도록 해야 한다. 이때 추가 장입을 하도록 하여 추가 장입 후 다시 용해 작업에 들어간다. 용해 말기에 산소로써 커팅(Cutting)을 하여 용해 촉진을 한다.

(6) UHP 조업에서의 역률과 내화물 용손 지수

① 역률 : $\cos\theta = \sqrt{1-\left(\dfrac{I \cdot X}{V}\right)^2}$

② 회로 입력 전력(3상분) : $P = 3 \cdot I \cdot \sqrt{V^2 - I^2 X^2}$

③ 아크 전력(3상분) : $P_a = P - P_L$

④ 손실 전력(3상분) : $P_L = 3 \cdot I^2 \cdot R$

⑤ 아크 전압 : $V_a = V \cdot \cos\theta - IR$

⑥ 내화물 용손 지수 : $R_F \approx \dfrac{P_a \cdot V_a}{L}$

4. 산화 정련기 작업

(1) 산화 정련기의 목적

① 품질이 좋은 강을 만들기 위하여 환원기에서 제거할 수 없는 유해 원소(Si, P, 불순물, 가스, 수소 등)를 산소나 철광석에 의한 산화 정련으로 제거
② 탄소량을 조정
③ 강욕 온도의 균일화 및 온도 상승
④ 환원 조작을 용이하게 할 수 있도록 강욕을 만든 작업

(2) 산화기 반응

① 산화기란?
  ㉠ 산화제를 강욕 중에 첨가 또는 불어넣는 것
  ㉡ 산화기에 철광석과 산소의 사용으로 산화 정련 시간 단축
  ㉢ 고합금강 재생 고철을 많이 배합하여 합금원소 회수 가능
  ㉣ 극저탄소강 제조 가능

② **산화정련** : Si, C, P, Mn, Cr 등의 불순물을 산소와의 산화반응으로 제거

기출문제

전기로 UHP조업에서 내화물침식지수(refractory erosion index) R_E를 구하는 식으로 옳은 것은?

① $\dfrac{P_A}{L \cdot E_A}$ ② $\dfrac{E_A}{L \cdot P_A}$

③ $\dfrac{L}{P_A \cdot E_A}$ ④ $\dfrac{P_A \cdot E_A}{L}$

정답 ▶ ④

기출문제

전기로 조업 중 산화기의 목적이 아닌 것은?

① 탄소량을 조정한다.
② 강욕 온도의 균일화와 상승을 꾀한다.
③ 탈황을 시키는 동시에 강욕성분을 조정한다.
④ P, 수소가스, 비금속 개재물 등을 산소 혹은 철광석으로 정련제거하는 작업이다.

정답 ▶ ③

③ 각 원소의 정련 반응식
  ㉠ Si + O$_2$ → SiO$_2$(슬래그 중으로)
  ㉡ 2Mn + O$_2$ → 2MnO(슬래그 중으로)
  ㉢ 4Cr + 3O$_2$ → 2Cr$_2$O$_3$(슬래그 중으로)
  ㉣ 2P + 5/2O$_2$ → P$_2$O$_5$(슬래그 중으로)
  ㉤ C + O$_2$ → CO$_2$(대기 중으로)

④ 산화기 강욕 중의 원소의 반응 순서 : Si → Mn → Cr → P → C

기출문제

전기로의 산화정련 작업에서 강욕 중 각 원소의 산화반응으로 틀린 것은?
① Si + 2O → SiO$_2$
② Mn + O → MnO
③ 2P + 5O → P$_2$O$_5$
④ 2C + 2O → CO$_2$

정답 ▶ ④

(3) 규소의 제거
① 가장 먼저 산화되어 용락될 때는 이미 0.05% 이하로 떨어짐
② 규소가 많을 때는 이산화규소로 되어 슬래그의 염기도를 저하시키고 탈인 반응을 저해
③ 슬래그의 염기도를 높일 필요가 있을 때는 산화칼슘을 추가

기출문제

전기로 조업 중 산화제를 강욕에 취입 시 산화되는 순서로 옳은 것은?
① C → Cr → P → Si
② Cr → C → Si → P
③ Si → Cr → P → C
④ Cr → P → C → Si

정답 ▶ ③

(4) 망간의 제거
① 이론적으로는 규소가 완전히 산화된 후 망간의 산화가 시작
② 실제 조업에서는 많은 양의 망간이 규소와 함께 제거
③ 강욕 중의 망간 양은 강욕의 비등이 충분히 일어나고, 감욕이 과산화되지 않을 정도로 유지
④ 망간양이 0.15% 이하로 유지되도록 수시로 페로망간 투입
⑤ 온도가 높을 때는 망간의 산화는 약하게 일어나므로 고온 정련 실시

(5) 크롬의 제거
① 크롬 산화는 망간과 같이 온도가 낮을 때 잘 진행
② 크롬을 회수하려면 높은 온도에서 정련
③ 산소 취련은 고온 정련이 가능하므로 스테인리스강 고철의 용해가 가능
④ 크롬 제거를 쉽게 하기 위하여 산화 비등과 동시에 일부 슬래그를 제거하고 산화크롬이 적은 슬래그를 넣어 산화 작업을 반복
⑤ 제품의 크롬 규격이 0.2% 이하의 강에서는 산화말기에 크롬양을 0.1% 이하로 유지해야 함

(6) 인의 제거
① 인은 산화제와 반응하여 P$_2$O$_5$가 되고, 이것이 산화철과 결합하여 3FeO·P$_2$O$_5$가 됨(1,580℃ 전후)
② 산화칼슘과 결합하여 안정한 3CaO·P$_2$O$_5$가 되기도 함
③ 인은 환원기에 복인되므로 산화말기의 인의 양을 0.01% 이하로 유지
④ 1,500~1,600℃ 이상이 되면 분해반응으로 복인이 발생

⑤ 탈인을 유리하게 하는 조건
  ㉠ 비교적 저온도에서 탈인 작용을 할 것
  ㉡ 슬래그 중에 산화제일철(FeO)이 많을 것
  ㉢ 슬래그의 염기도가 클 것
  ㉣ 슬래그 중의 P_2O_5가 적을 것
  ㉤ 슬래그 중의 규소, 망간, 크롬 등과 같은 탈인 저해하는 원소(C, Si, Mn, Cr 등)가 적을 것
  ㉥ 슬래그 중의 형석(플로오르화칼슘)은 탈인을 촉진
  ㉦ 산화제를 강욕 중에 첨가 또는 불어넣을 것

(7) 탄소의 제거
  ① 탄소는 온도가 높을수록 제거가 용이
  ② 규소, 망간, 인 등의 원소가 적을수록 제거가 용이
  ③ 생성물인 CO의 발생에 의한 비등 현상도 활발해짐
  ④ 탄소 제거는 주로 비등 작용을 일으키고, 탈수소 효과를 높임
  ⑤ 산화 말기 탄소량은 규격 하한보다 조금 적은 것이 유리
  ⑥ 탄소량을 너무 적게 하면 환원기에 탄소를 더 투입해야 함
  ⑦ 비등 정련을 받지 않고 가탄제를 환원기에 사용하는 것은 용강 중의 수소, 인 등의 불순물이 증가하고, 환원 시간이 연장될 수 있음

(8) 수소의 제거
  ① 산화기에서 매우 중요한 조작의 하나
  ② 용강 중의 수소 함유량에 따라 재료의 품질에 큰 영향을 끼치기 때문
  ③ 수소는 CO 가스의 산화 비등 작용을 통하여 기계적으로 제거
  ④ 끓음작용은 격렬하고 전체적으로 발생하는 것이 필요
  ⑤ 탈수소를 유리하게 하는 조건
    ㉠ 강욕 온도가 충분히 높을 것
    ㉡ 강욕 중의 규소, 망간, 크롬 등의 탈산 원소를 적게 함유할 것
    ㉢ 적당히 탈가스가 되도록 슬래그의 두께가 두껍지 않을 것
    ㉣ 탈탄 속도가 클 것(비등이 활발할 것)
    ㉤ 산화제와 첨가제에 수분을 함유하지 않을 것
    ㉥ 대기 중의 습도가 낮을 것

(9) 산화기의 조업법
  ① 조업법
    ㉠ 용락 후 산화칼슘 투입으로 슬래그의 염기도를 적정하게 유지
    ㉡ 강욕 온도를 충분히 높인 후 산소를 취입

기출문제

전기로 제강에서 P_2O_5와 결합하여 가장 안정한 형태의 슬래그로 되는 것은?
① $3FeO \cdot P_2O_5$
② $3CaO \cdot P_2O_5$
③ $Mn \cdot P_2O_5$
④ $CaO \cdot P_2O_5 \cdot SiO_2$

정답 ▶ ②

기출문제

다음 중 전기로 조업시 탈인(P)을 유리하게 하는 조건이 아닌 것은?
① 강재의 염기도가 높을 것
② 강재 중의 FeO가 많을 것
③ 강재 중의 P_2O_5가 많을 것
④ 강재 중에 형석분이 많아 유동성이 좋을 것

정답 ▶ ③

기출문제

전기로 제강에서 탈수소를 유리하게 하는 조건이 아닌 것은?
① 비등이 활발하지 않을 것
② 대기 중의 습도가 낮을 것
③ 강욕 온도가 충분히 높을 것
④ 슬래그 층이 너무 두껍지 않을 것

정답 ▶ ①

ⓒ 소정의 탄소량까지 탈탄시키고 산화 정련 실시
ⓓ 산화 반응의 진행에 따라 강욕 온도는 상승하고 비등 현상은 격렬하게 발생(산화기 작업에서 가장 중요)
ⓔ 산화기 슬래그 중의 FeO는 $2FeO \cdot SiO_2$로써 존재하므로 산화력은 약함
ⓕ 강욕 중의 수소는 2ppm 이하로 감소

② 산소 취입 방법
ⓐ 지름 20~32mm, 길이 5~8m의 강관을 사용
ⓑ 전극을 올린 다음 노 안으로 20~30° 각도로 삽입
ⓒ 강욕 중에 약 100mm의 깊이로 삽입

취입압력 (kg_f/cm^2)	취입속도 (m^3/min/t)	취입시간 (min)	취입량 (m^3/t)
5~10	0.5~1.0	5~15	3~16

③ **탈탄 속도** : 0.03~0.08%C/min

④ **산화기 조업 시 강욕 온도가 낮을 경우**
ⓐ 탈탄 반응이 충분하게 진행되지 않으므로 산소 사용량이 증가
ⓑ 과도한 산화철을 용강 중에 남기게 되어 과산화 상태로 되는 문제점 발생
ⓒ 정련 시간의 연장이나 노 바닥의 손상을 가져옴
ⓓ 품질 좋은 강을 얻을 수 없음

⑤ **채취 및 배재**
ⓐ 산소를 취입한 다음에 분석 시료를 채취
ⓑ 강욕의 성분이 판명될 때까지 충분한 고온을 유지하면서 강욕을 진정시킴
ⓒ 10~15분 후에 슬래그 제거 작업 실시

(10) 산화기 시간 및 소요 전력량

① **산화시간**
ⓐ 승온기 : 10~15분
ⓑ 산화 비등기 : 5~15분
ⓒ 진정기 : 수십분
ⓓ 산화기 : 30~40분

② **전력 소요량** : 40~100kWh/톤

5. 슬래그 제거(배재)

① 산화정련한 용강을 환원기로 옮기기 위해 산화재를 제거하는 작업
② 산화정련에 의해 제거되는 불순물은 대부분 산화재에 흡수됨

기출문제

산성 강재의 산화력에 대한 설명으로 옳은 것은?
① 강재에서 대부분의 FeO는 $2FeO \cdot SiO_2$로써 존재하므로 산화력은 약하다.
② 강재에서 대부분의 FeO는 $2FeO \cdot SiO_2$로써 존재하므로 산화력은 강하다.
③ 강재에서 대부분의 FeO는 $2FeO \cdot CaO$로써 존재하므로 산화력은 약하다.
④ 강재에서 대부분의 FeO는 $2FeO \cdot CaO$로써 존재하므로 산화력은 강하다.

정답 ① ①

기출문제

아크식 전기로 제강법에서 환원기 작업순서가 옳게 된 것은?
① 배재 → 탈산 → 성분 및 온도조정 → 가탄
② 성분 및 온도조정 → 가탄 → 탈산 → 배재
③ 배재 → 가탄 → 탈산 → 성분 및 온도조정
④ 탈산 → 가탄 → 배재 → 성분 및 온도조정

정답 ③ ③

③ 산화정련이 완료되면 슬래그는 오염됨
④ 슬래그 오염은 환원정련을 저해하는 요소이므로 80~90%의 배재가 필요

6. 환원기 작업

(1) 작업의 개요

① 목적
  ㉠ 환원기 조업은 염기성 슬래그로 정련
  ㉡ 산화기에 증가된 강욕 중의 산소 제거
  ㉢ 탈황 및 탈산
  ㉣ 성분 조정 및 온도 조정
  ㉤ 가탄에 의한 탄소량 조정

② 환원기 작업 순서
  ㉠ 제재 직후의 가탄
  ㉡ 초기 합금 첨가에 의한 탈산
  ㉢ 환원 슬래그에 의한 탈산
  ㉣ 성분 조정 및 온도 조정

(2) 환원기 탈산법

① 확산탈산법
  ㉠ 환원 슬래그인 화이트 슬래그 또는 카바이드 슬래그에 의해 강욕을 탈산
  ㉡ 탈산이 종료되면 규소를 첨가
  ㉢ 환원 시간이 길어지고, 강욕 성분의 변동도 잘 일어남

② 강제 탈산법
  ㉠ 강욕의 직접 탈산을 주체로 하는 작업
  ㉡ 산화기 슬래그를 제거한 다음 Fe-Si, Fe-Mn, 금속 Al 등을 강욕 중에 직접 첨가
  ㉢ 탈산 생성 부산물을 부상 분리와 동시에 조재제를 투입하여 빠르게 환원 슬래그를 형성하는 환원 정련하는 방법
  ㉣ 강욕 성분의 변동이 작음
  ㉤ 탈산과 탈황 반응이 빠르게 진행되어 환원 시간이 단축

(3) 제재 직후의 탈산 및 가탄

① 탈산
  ㉠ 망간 첨가량은 성분 규격의 최저값으로 투입
  ㉡ 규소는 망간의 1/6~2/3를 첨가

기출문제

전기로에서 환원기 작업의 목적으로 옳지 않은 것은?
① 탈황   ② 탈산
③ 탈인   ④ 강욕성분조정
정답 ▶ ③

기출문제

전기로 조업에서 일반적인 환원기 작업의 순서로 옳은 것은?
① 제재 직후의 가탄 → 초기의 합금 첨가에 의한 탈산 → 성분 조정 및 온도 조정 → 환원강재에 의한 탈산
② 제재 직후의 가탄 → 초기의 합금 첨가에 의한 탈산 → 환원강재에 의한 탈산 → 성분 조정 및 온도 조정
③ 초기의 합금첨가에 의한 탈산 → 제재 직후의 가탄 → 환원강재에 의한 탈산 → 성분 조정 및 온도 조정
④ 초기의 합금첨가에 의한 탈산 → 환원강재에 의한 탈산 → 제재 직후의 가탄 → 성분 조정 및 온도 조정
정답 ▶ ②

기출문제

환원기작업 중 강제탈산법의 장점으로 옳은 것은?
① 환원시간이 길다.
② 탈산, 탈황이 늦다.
③ 강욕성분의 변동이 많다.
④ 환원 강재를 만들기 쉽다.
정답 ▶ ④

기출문제

아크식 전기로 제강법에서 강제탈산법에 관한 설명으로 틀린 것은?
① 강욕성분의 변동이 적다.
② 환원기 강재를 만들기 쉽다.
③ Cu-Sn 및 La 등을 직접 첨가한다.
④ 탈산, 탈황반응이 신속하여 환원 시간이 짧다.
정답 ▶ ③

ⓒ Si-Mn 합금철에 의한 복합 탈산제를 이용하면 상태가 좋아짐
　　　ⓔ Al에 의한 탈산을 함께 하기도 함
　② 가탄
　　　㉠ 가탄이 필요할 때는 제재 직후 강욕의 미세한 전극가루 등을 투입
　　　ⓒ 탈산제를 동시에 투입한 후 송전
　　　ⓒ 조재제를 투입하여 강욕을 보호
　　　ⓔ 사용 합금철의 크기 : 50~100mm
　　　ⓜ 합금철은 투입 전 충분한 가열을 통하여 함유된 수분을 제거

(4) 환원기 슬래그와 탈산 및 탈황
　① 슬래그 조성 : $CaO+SiO_2+FeO$
　　　㉠ 복인 및 복망간이 발생
　　　ⓒ 탈황 및 탈산능 증가
　② 조재제
　　　㉠ 산화칼슘 및 형석
　　　ⓒ 슬래그 환원제 : 석탄가루, Fe-Si 가루
　　　ⓒ 조재제 사용량 : 산화칼슘 20~30kg/t, 형석은 산화칼슘의 20%
　　　ⓔ 조재제 살포하고 7~10분 정도 송전, 교반해서 용융시키고 환원제 살포
　③ 석탄가루
　　　㉠ 석탄가루의 양에 따라 카바이드 슬래그가 화이트 슬래그로 변화
　　　ⓒ 환원 정련과 출강 시 탄소 양이 증가하므로 환원기 후반은 탄소의 사용을 보류
　　　ⓒ 출강 전에 화이트 슬래그 또는 약한 카바이드 슬래그로 유지해야 함
　④ Fe-Si 사용량 : 1.5~2.0kg/t 정도, 수회 나누어 살포
　⑤ 교반
　　　㉠ 슬래그를 빠르고 균일하게 생성
　　　ⓒ 강욕의 탈산, 탈황을 촉진
　⑥ 탈황 촉진법
　　　㉠ 환원제에 의하여 슬래그 중의 FeO의 양을 감소시켜 환원력이 강한 슬래그 생성
　　　ⓒ 강욕 중의 산소를 차례로 감소시켜 슬래그의 염기도를 높임
　　　ⓒ 강욕 중의 규소량 감소
　　　ⓔ 강욕 온도 높게 조정
　　　ⓜ Mn 첨가(Mn은 탈산 및 탈황 효과가 다 있음)

기출 문제

염기성 환원 슬래그의 야금반응 특징으로 틀린 것은?
① 복인이 된다.
② 복망간이 된다.
③ 탈황능력이 강하다.
④ 탈산능력이 약하다.

 정답 ▶ ④

⑦ 환원기 슬래그 표준 성분

산화 칼슘 (CaO)	이산화 규소 (SiO$_2$)	산화 마그네슘 (MgO)	황화 칼슘 (CaS)	탄화 칼슘 (CaC$_2$)	산화 제일철 (FeO)	산화 망간 (MnO)	알루 미나 (Al$_2$O$_3$)
60~65	15~20	5~10	1~2	2 이하	1 이하	1 이하	3 이하

⑧ 환원기 슬래그 유형
  ㉠ 화이트 슬래그
  ㉡ 카바이드 슬래그

⑨ 환원기 제강 작업에서의 슬래그의 역할
  ㉠ 정련 작용(불순물 제거 : P, S 등)
  ㉡ 산소 운반자로서 산화철을 보유
  ㉢ 외부 가스 흡수 방지 및 산화 방지
  ㉣ 보온(열의 방출 차단)

⑩ 형석 사용 효과
  ㉠ 슬래그 유동성 향상
  ㉡ 탈황 효과
  ㉢ 내화물에 악영향

(5) 강욕 성분의 조정
  ① 채취 및 조정 과정
    ㉠ 조재제 투입 후 10~15분 경과 후 화이트 슬래그 또는 약한 카바이드 슬래그가 형성되면 슬래그를 교반 후 시료 채취
    ㉡ 분석 후 첨가 합금량을 계산하고 필요량을 첨가
    ㉢ 첨가 후 용해시킨 후 다시 시료 채취하여 성분 확인
    ㉣ 추가 투입으로 성분 조절
    ㉤ 분석 시료 채취 시 성분의 편석을 방지하기 위하여 충분히 교반 후 채취
  ② 탄소
    ㉠ 카바이드 슬래그에 의해서 증가
    ㉡ Fe-Mn, Fe-Cr 등의 합금철에서도 들어옴
    ㉢ 증가량을 미리 계산에 넣고 목적의 탄소량으로 조정
    ㉣ 부족 시에는 선철, 가탄제 첨가
    ㉤ 많을 때 조치사항
      ⓐ 슬래그 상태 확인
      ⓑ 전극 상태 확인
      ⓒ 산화 말기의 탄소량 조정
      ⓓ 제재 후의 가탄량 조정

③ 황(S)
  ㉠ 유해한 원소이므로 가능한 함유량을 적게 유지(고급강 : 0.015% 이하)
  ㉡ 카바이드 슬래그에 의한 환원이 효과가 있지만 탄소 함유량과의 관계를 고려해야 함
  ㉢ 황이 많은 쾌삭강의 황 첨가는 레이들에서 이루어짐

④ 규소
  ㉠ Fe-Si은 최종 탈산제로 사용, 첨가 후 10~15분 후 출강
  ㉡ 규소 합금강의 경우 다른 원소 조정이 완료된 후 첨가
  ㉢ 용해가 종료되면 빠르게 출강

⑤ 망간
  ㉠ 제재 직후 규격 최저값까지 첨가
  ㉡ 분석 후 부족분을 추가 투입

⑥ 니켈
  ㉠ Fe-Ni, 산화니켈, 전해니켈을 원료와 함께 장입
  ㉡ 산화 말기의 니켈 분석값으로부터 부족분을 추가 투입

⑦ 크롬 : 환원 초기의 분석값을 기초로 적열 탈수소한 Fe-Cr을 투입

⑧ 몰리브덴
  ㉠ Fe-Mo, 산화몰리브덴 상태로 원료와 함께 장입
  ㉡ 산화 말기에 분석값을 기초로 부족분을 투가 투입
  ㉢ 추가 투입 후 30분 이상 유지하고 교반하여 출강

⑨ 텅스텐
  ㉠ 텅스텐은 용융점이 높으므로 10~15mm 크기의 Fe-W을 장입 원료와 함께 전극 바로 밑에 장입
  ㉡ 환원 초기에 투입하는 경우 첨가후 30분 이상 유지하고 교반하여 출강

(6) 가스 함유량
  ① 산소
    ㉠ 환원 초기의 강욕 중에 400~500ppm 산소가 함유
    ㉡ 탄소, 망간, 규소, 알루미늄 등의 탈산제를 사용하여 제거
    ㉢ 슬래그에 의한 확산 탈산을 한 후 규소를 첨가하고 알루미늄에 의한 최종 탈산을 진행
    ㉣ 출강 직전의 산소량 : 10~40ppm
    ㉤ 출강 및 주입 후 산소량 : 약간 증가하여 40~70ppm 정도

  ② 수소
    ㉠ 용락할 때 4~6ppm 함유

ⓒ 산화, 비등, 정련에 의하여 2~3ppm으로 감소
　　ⓒ 환원기에 대기 중, 합금철과 산화칼슘의 첨가제 등을 통하여 침입
　　ⓒ 환원 시간이 길어지면 수소량이 증가하므로 가능한 환원 시간을 짧게
　　ⓒ 첨가제를 투입 전 충분한 가열로 탈수하는 것이 필수
　　ⓑ 출강 전 수소량 : 4~6ppm

(7) 강욕 온도 조정
　① 환원기에 조재제 첨가 후 용해와 제재에 의한 온도 강하를 보충하기 위해 승온 탭을 사용
　② 10~15분 후에 슬래그를 만들고 용강 온도가 회복하면 곧바로 전압을 바꾸어 전류 흐름을 억제하여 출강 온도 조정
　③ 출강온도는 강의 종류, 강괴 크기, 주입 방법, 출강 후 레이들의 온도 강하에 따라 결정
　④ 출강온도가 제강에서 품질을 좌우하는 중요한 인자인데 전기로에서는 정확하게 조절이 가능함
　⑤ **온도 측정** : 이머전(Immersion) 고온계 사용

(8) 환원기 조업에서의 슬래그 포밍(Slag foaming)
　① 슬래그 포밍(Slag formaing)
　　용강/슬래그(Metal/Salg) 반응에 의해 생성된 가스 및 임의적으로 용강 혹은 슬래그 중으로 취입된 가스가 슬래그의 점탄성적인 물성에 의해 기상으로 바로 방출되지 못하고 슬래그 내에 포집되어 슬래그가 거품처럼 부풀어 오르는 현상
　② 슬래그 포밍을 위한 취입 원소와 위치
　　㉠ 산소 : 용강으로 산소 취입
　　㉡ 탄소 : 슬래그로 탄소 취입
　③ 슬래그 포밍의 장점
　　㉠ 열효율이 증가
　　㉡ 아크 소음 감소
　　㉢ 슬래그 중 유가금속(Fe 등) 회수가 증가
　　㉣ 전극 및 내화물 용손 감소에 따른 원단위 절감
　　㉤ 수냉 패널 보호
　④ 슬래그 포밍 발생 기구
　　㉠ 슬래그/메탈 계면에서 미세 가스 생성
　　㉡ 슬래그 내에서 가스 부상
　　㉢ 슬래그 층 상부에 포밍 층 생성

기출문제

전기로 용해말기 환원기 조업에서 Slag foaming을 실시하는 이유가 아닌 것은?
① 내화물의 보호
② 수냉 판넬의 보호
③ 승온 효율의 증대
④ 용강 중의 불순원소 제거

정답 ▶ ④

② 슬래그는 포밍된 상태도 변화
⑩ 직경이 큰 가스가 슬래그/메탈 계면에서 빠른 속도로 슬래그 층 통과

⑤ **슬래그 포밍 발생 인자**
㉠ **슬래그 표면 장력** : 표면장력이 작아야 포밍성 증가
㉡ **슬래그 염기도** : 염기도가 1.3~2.3까지는 포밍성 증가
㉢ **슬래그 중 FeO 농도** : FeO 농도가 슬래그 중 15~20%일 때 포밍성 증가
㉣ **탄소 취입 위치** : 취입 각도가 너무 작거나 너무 크면 포밍성 감소
㉤ **탄소 크기** : 탄소 크기가 0.1~2mm 크기일 때 포밍성 최대

(9) **환원기 소요 시간과 전력량**

① **소요 시간** : 전체적으로 40~60분 소요
㉠ **조제 시간** : 10~15분
㉡ **합금철 첨가에 의한 성분 조정 시간** : 10~15분
㉢ **분석** : 10분
㉣ **온도 및 탈산 조정** : 5~15분
② **전력량** : 80~100kWh/톤
③ 합금 첨가량 증가하면 소요되는 시간만큼 시간 연장, 소요 전력량 증가
④ 최근 조업은 유도 교반 장치를 설치하여 반응이 빨리 이루어지도록 하여 시간을 15~20분 정도 단축

7. 출강 작업과 보수 작업

① 성분과 온도 조정 후 용강 진정 상태를 조사한 다음 출강

② **아크식 전기로 조업 순서**
노보수 → 장입 → 용해기 → 산화기 → 제재 → 환원기 → 출강

③ **슬래그 라인 보수**
대개 노상은 슬래그와 닿는 부분이 많이 침식한다. 그래서 이 부분을 원상태로 도포하여 두는 것을 말한다. 출강 후 백운석을 보수재 투사기로 보수하여 준다.

④ **침식이 심한 경우의 보수**
㉠ 마그네시아 클링커를 간수에 개어서 삽으로 투입
㉡ 일부분이 많이 침식되었을 때는 그 밑부분에 보수재를 투입
㉢ 이때 노를 보수 작업 가능한 한도까지 경동하면서 보수재를 투입하여 실레벨(Seal Level) 부분 보수가 가능한 기초가 되도록 보수재를 투입
㉣ 보수 기초가 끝나면 실레벨 부위를 투사기를 이용하여 보수 실시

05 아크 전기로 조업 신기술

1. 초고전력(UHP : Ultra High Power) 조업

(1) 초고전력 조업(UHP) 조업의 특징
① 단위 시간에 투입되는 전력량을 증가시켜서 장입물의 용해 시간을 단축하여 생산성을 높이는 방법
② 종전의 RP 조업에 비해 2~3배의 큰 전력을 투입하고 저전압, 고전류의 저역률에 의한 굵고 짧은 아크에 의해 조업을 실시

(2) 초고전력 조업의 장점
① 짧은 아크는 장입물의 용락 전후에 노벽의 내화물에 주는 영향이 감소
② 아크가 안정되고 명멸(Flicker) 현상이 감소
③ 용락 이후 용강의 열전달 효율이 증가
④ 아크 부근의 용탕의 교반 운동이 커져 균일한 승온 가능
⑤ 용해 시간이 단축되어 생산성과 열효율이 높아 전력 원단위 감소

(3) 초고전력 조업 시 대책 및 개선점
① 노의 전기 용량 상승은 송전 설비 쪽의 용량도 크게 해야 함
② 높은 전류 밀도에 소모가 적고, 높은 전자력에 강한 전극이 필요(비저항이 낮고, 열팽창 계수가 낮고, 기계적 강도가 우수한 전극)
③ 노벽, 노 뚜껑의 내화물의 개량, 전극 아래에 생기는 화점(Hot Spot)부는 고품질 내화벽돌 및 수냉 상자가 필요
④ 전극 홀더나 모선 용량도 강화

2. 기타 전기로 신기술

(1) 직접 제철법
① 해면철-전기 아크 방식에 의한 철강 생산
② 선철 제조 공정을 거치지 않고 철강 생산
③ **직접 제철법 개발 배경**
  ㉠ 고로 용선용 강점결탄의 부족
  ㉡ 고로법에 비해 투자비가 저렴
  ㉢ 소규모 시장에 알맞은 생산체제

기출문제

초고전력 조업의 특징을 설명한 것 중 틀린 것은?
① UHP 조업이라고도 한다.
② 용해시간을 단축하고 생산성을 향상시킨다.
③ 용락 이후의 용강의 열전달 효율이 높아진다.
④ 고전압, 저전류 조업에 의한 굵고 짧은 아크로 조업한다.

정답 ▶ ④

기출문제

저전압, 대전류 조업에 대한 설명으로 틀린 것은?
① 아크의 안전성이 증가한다.
② 용락 이후의 용강에 열전달효율이 높아진다.
③ 동일전력의 경우 종전보다 flicker 현상이 많아진다.
④ 저전압, 대전류의 짧은 아크가 용락 전·후의 노벽에 미치는 영향이 적다.

정답 ▶ ③

기출문제

UHP(Ultra high power)조업의 문제점에 대한 설명으로 옳은 것은?
① 대전류를 쓰게 되므로 기계적 강도가 크고 열팽창계수가 큰 전극이 사용된다.
② 노의 전기 용량을 크게 하기 위해서는 송전측의 용량도 증강해야 한다.
③ 용탕면보다 가장 위쪽에 있는 화점에는 수냉 상자가 불필요하다.
④ 전류, 전력, 전압의 불평형정도는 고역률 조업일수록 심하다.

정답 ▶ ②

④ **환원철** : 금속화율이 90% 이상, 맥석을 5~10% 함유
⑤ 환원철을 전기로에서 제강하는 경우 소요에너지, 조업기술, 설비 개조면을 고려해야 함
⑥ 전기로 전극과 노벽 사이로 해면철을 연속적으로 장입하는 방법도 있음

(2) 고철 예열 조업(Consteel Process)

① 고철을 연속 장입하여 고철 용해 및 정련을 동시에 할 수 있는 방법
② 고철 장입 전에 예열 시설이 갖추어져 있어 전기로 용해 시 발생하는 폐열을 이용하여 고철을 예열
③ 많은 잔탕과 일정량의 고철 연속 장입으로 용해 초기부터 용락이 형성
④ 고철 장입 시 전기로 루프를 통하지 않기 때문에 공장 내 분진 감소 효과

	Consteel 법	Top Charge 법(기존 방법)
구조		
고철 장입	컨베이어 연속 장입	버켓 장입
전극 사고	거의 없음	가끔 발생
아크 안정성	용해 초기부터 안정	용락 형성 후 안정
노이즈	적음	용락 형성 전까지 큼
공장 내 환경	전기로 루프를 열지 않기 때문에 공장 내 분진 발생이 적음	버켓 장입 시마다 전기로 루프를 열기 때문에 분진 발생이 상대적으로 많음

3. 컴퓨터 제어

(1) 컴퓨터 제어 필요성

① 전기로의 대형화
② 제강 시간의 단축
③ 공정의 복잡화
④ 생산성 향상

(2) 제어 범위

① 용해기의 최적 전력 제어
② 전력 부하를 제어하는 수요 제어
③ 제강 작업의 지시를 주는 오퍼레이터 가이드 방식에 의한 관리

기출문제

전기조업의 진보된 신기술이라고 볼 수 없는 것은?
① 초고전력 조업
② 불순물의 제련
③ 환원철 이용
④ 자동제어

정답 ②

기출문제

전기로 자동제어 방법 중 공장 전체 전력이 일정한 제한량을 넘지 않도록 전력을 감시하고, 각 노(爐)에 일정한 전력을 분배하고 제어하는 것은?
① Eddy 제어
② Demand 제어
③ Linear 제어
④ Starting 제어

정답 ②

CHAPTER 04
기타 제강법과 특수 정련법

KEYWORD 제선, 제강, 유도로, 평로, 2차 정련, 탈가스, 진공 정련, LF, VOD, VAD, AOD, BV, DH, RH, RH-OB, LD, ESR

01 고주파 전기로 제강법

1. 고주파 전기로의 개요

(1) 특수강 용해에 사용하는 이유
① 산화성 합금 원소의 회수율이 높고 안정적이며, 고합금강 용해에 유리
② 용강의 자동교반효과로 인한 노 내의 성분 조정, 온도 조정이 용이
③ 강종의 종류에 제한이 없으므로 아크로에서 제조가 곤란한 성분을 가지는 합금강 제조가 가능

(2) 기타 특징
① 탈탄, 탈인, 탈황 등의 정련이 진행되지 않으므로 조업 시 정련을 하지 않음
② 장입재료의 원료를 절감할 때에는 탄소, 인, 황 등의 양이 규격보다 많지 않도록 주의
③ 장입 재료 중에 생기는 2차 전류는 고주파가 높을수록 표면에 집중되는 표피효과에 의해 고온을 얻기가 용이
④ 재료가 선상이나 박판상으로 가늘수록 저주파에 의한 용해가 어려우므로 더 높은 고주파가 필요

기출문제

고주파 유도로가 특수강의 용해에 사용되는 이유가 아닌 것은?
① 고합금강에 대한 용해가 유리하기 때문
② Ni, Co, Mo 등은 회수가 가능하기 때문
③ 탈탄, 탈인, 탈황 등이 우수하기 때문
④ 노내 용강의 성분 및 온도의 제어가 쉽기 때문

정답 ▶ ③

기출문제

유도로의 조업에서 전류의 침투깊이가 크면 클수록 노 용량을 크게 할 수 있는 현상과 가장 관계가 깊은 효과는?
① 표피효과(Skin effect)
② 질량효과(Mass effect)
③ 중심효과(Center effect)
④ 초음파효과(Ultrasonic wave effect)

정답 ▶ ①

2. 구조 및 설비

(1) 구조

① 무철심형을 가장 많이 사용
② 도가니 외부에 코일을 감아 고주파 전류를 통하여 발생하는 자속에 의해 도가니 안의 장입물을 가열, 용해
③ 장입재료가 전기 도체일 때만 용해가 가능
④ 재료의 재질과 모양, 노의 용량 등 전자기적 요인의 차이에 따라 가열효과가 달라짐
⑤ **사용 주파수** : 60~20,000Hz사용
　㉠ **저용량(수 kg_f) 로** : 20,000Hz
　㉡ **대용량(수십 톤) 로** : 60Hz
　㉢ **일반적인 공업용 로** : 1,000Hz
⑥ 고온용해, 장입재료가 선이나 박판일 경우 고주파로 용해

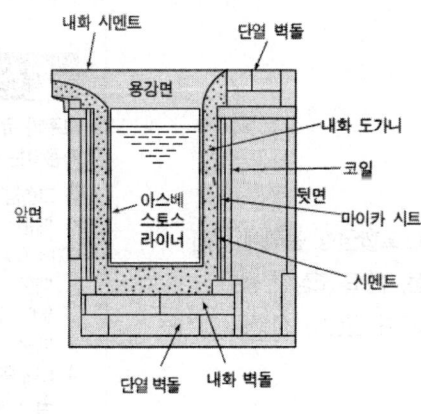

유도로의 구조

(2) 고주파 전원

① **전력의 변환 효율** : 85%
② **발전기** : 3,000rpm의 고속 회전
③ **전압** : 400V, 800V, 1,600V (통상 800V 사용)
④ **MG(Motor Generator)의 종류** : 횡형 연결식, 수직형식, 주파수 변환 방식
　㉠ **횡형 연결식**
　　두 기기의 중심 조정과 이것을 뒷받침하기 위한 튼튼한 기초가 필요
　㉡ **수직형식**
　　상자 속에 MG 2개가 수직으로 들어 있어 부피가 적음
　㉢ **3배 주파수 변환 방식**
　　직류로서 포화된 철심을 가진 반응로를 통해서 파형을 변환하여 상용 주파수의 3배 주파수를 얻는 방법

㉣ 사이리스터(Thyrister) 변환장치
ⓐ 트렌지스터를 이용한 사이리스터를 조합하여 고주파를 얻는 방법
ⓑ 주파수를 임의 변경이 가능
ⓒ 노의 임피던스 전압을 자동적으로 조절이 가능

(3) 진상 콘덴서
① 유도저항은 주파수가 커짐에 따라 증가하므로 전류 위상의 누연을 보호하고 효율 개선하기 위해 진상 콘덴서가 필요
② 유도로의 임피던스는 장입재료의 모양과 용해의 진행에 따라 변화하므로, 콘덴서의 전체 용량 중의 반은 고정시키고, 나머지 반은 가변으로 하여 임피던스를 맞추어 효율이 떨어지는 것을 방지

(4) 노체 설비
① **도가니** : 노체 중앙에 용해를 하는 원통형의 내화물 도가니
② **중공 코일**
  ㉠ 도가니 주위에 중공 코일이 나선 모양으로 감겨있음
  ㉡ 이 코일에 고주파 전류를 흘려보냄
  ㉢ 코일 내부에는 냉각수를 통하게 하여 코일 자체와 도가니 냉각 및 보호 작용
  ㉣ 코일을 절연테이프와 석면으로 감아 코일과 코일 사이를 절연
③ **노체 틀**
  ㉠ 비자성체로 제작
  ㉡ 밑면에 단열 벽돌을 깔고 그 위에 도가니를 설치
④ **스테인리스 상자**
  ㉠ 도가니를 상자에 넣어 고정
  ㉡ 코일의 변형 및 내화물의 신출을 억제
  ㉢ 도가니와 상자 사이에 규소강판을 넣어 자속 누손을 방지
  ㉣ 대형로에 사용
⑤ **출강 장치**
  ㉠ 양쪽 앞쪽에 회전축을 붙여 받쳐 주고, 도가니에는 그 방향으로 출강구를 설치
  ㉡ 종류
    ⓐ 수동 핸들식 호이스트
    ⓑ 지그 크레인에 의한 후단 조상식
    ⓒ 유압 조업식
⑥ **기타**
  ㉠ 전원 설비 하나에 노체를 2기 이상 설치하여 사용

ⓒ 도가니를 라이닝한 벽돌이 손상 및 마멸되면 라이닝을 다시 하여 조업
　　ⓒ 동일 전원에 대하여 용량이 다른 도가니를 사용하여 용해 로드(Lod)의 크기에 맞추어 사용

(5) 사용 내화물

① 산성(SiO_2) 라이닝
　　㉠ 내화도가 낮아 용강 온도를 1,650℃ 이상 올릴 수 없음
　　㉡ 침식이 심하고 보수를 위한 작업 정지 시간이 많음
　　㉢ 제품 중에 규산염계의 불순물이 많아져서 제강에 불리함
　　㉣ 현재의 거의 주철 용해용으로만 사용
　　㉤ 강재의 성분 : 이산화규소
　　㉥ 조재제 : 유리(정련작용이 없음)

② 염기성(MgO) 라이닝
　　㉠ 주성분 : 산화마그네슘(마그네시아 : MgO)
　　㉡ 마그네시아의 용융점이 높고, 용식에 강하고, 산화칼슘(CaO) 강재에 잘 침식되지 않음
　　㉢ 열팽창율이 크므로 큰 균열 발생으로 용탕 유출 염려가 있음(도가니 폐기의 주원인)
　　㉣ 라이닝 방법 중 수명 연장을 목적으로 열팽창율이 작은 다른 내화물질을 마그네시아에 혼합하여 균열 감소 효과를 얻을 수 있음
　　㉤ 산화알루미늄(Al_2O_3)은 내화도가 크고 팽창율이 작으나 산화칼슘에 대한 저항성이 작아 많이 사용하지 않음

③ 라이닝 방법(축로)
　　㉠ 입도 조정을 한 내화물 가루를 사용
　　㉡ 축로법 : 건식과 습식의 스탬프 방식 사용
　　㉢ 건식법 : 내화재를 그대로 사용
　　㉣ 습식법 : 내화재에 3~4% 수분을 첨가하여 혼합(점결재는 물유리, 점토 사용)
　　㉤ 축로 후 1~2일 자연 건조 후 내부에 흑연 전극을 세우고 가열하여 12시간 적열 건조시킨 후 용해를 시작

④ 마그네시아 원료 입도

입도	비율
6.0mm 이상	0.5%
3~6mm(7메시)	20%
1~2mm(15메시)	25%
0.074~1mm(200메시)	30%
0.074mm(200메시 이하)	25%

3. 조업법

(1) 합금 실수율

① 피산화성 합금 원소의 실수율이 높은 이유 : 장입 재료가 용해되는 동안 산화될 기회가 적기 때문
② 아크 전기로보다 회수율이 높아 합금분의 장입비율을 높일 수 있음
③ Ni, Co, Mo 등의 무산화원소의 회수율 100% 수준
④ Mn, Cr, W, V, Nb 등도 조건만 맞으면 거의 100% 회수가능
⑤ Si, Ti, Al 등은 손실이 크므로 대량 첨가할 때 출강 직전에 노중이나 레이들에 투입
⑥ 산성로의 경우
  ㉠ Si의 회수율은 높고, Mn의 손실이 상당히 큼
  ㉡ Ti, Al 등은 규산질 강재와 상호반응에 의해 회수율 감소하여 불안정
  ㉢ Ni, Mo, W, Cr 등은 대부분 초장입에서 투입
  ㉣ 활성이 강한 V, Nb 등은 용락 후 출강시까지 사이에 투입

기출문제

다음 중 고주파 유도로 조업에서 합금 회수율이 가장 높은 원소는?
① Si   ② Ni
③ Ti   ④ Al

정답 ▶ ②

(2) 교반 작용

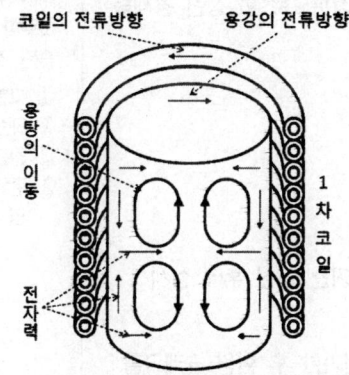

고주파 유도로의 용강 교반 운동

① 교반 운동의 원리
  ㉠ 코일에 의하여 생긴 자속 때문에 코일과 역방향의 전류가 흐름
  ㉡ 이 전류로 인해 용강과 코일 사이에 반발력이 작용
  ㉢ 노 중앙에서는 자속 밀도가 크고, 상부와 하부에는 작음
  ㉣ 도가니 주위의 용강은 인력이 발생
  ㉤ 반발력과 인력이 합성되어 노 내 용강이 회전운동을 일으킴

② 교반 운동의 힘
  ㉠ 투입 전력에 비례하여 커짐
  ㉡ 주어진 전류의 주파수 f에 따라 달라지며 $\sqrt{f}$ 에 반비례

ⓒ 저주파를 사용할수록 교반운동이 강하여 도가니 침식, 강재 면이 분할되어 용강 면이 노출되기도 함
　　ⓔ 1,000Hz 정도에서 교반 작용이 온전하여 불규칙을 일으키는 경우가 거의 없음
　③ 교반 운동의 효과
　　㉠ 교반은 성분, 온도를 균일하게 하는 효과가 있음
　　ⓒ 탈산 반응 촉진 및 첨가 합금의 급속 용해에 큰 도움이 됨
　　ⓒ Fe-W, Fe-Mo 등 아크로에서 노저에 가라앉기 쉬운 합금도 용해 가능

(3) 불순물 정련
　① 정련의 주목적
　　㉠ 유해 반응 물질의 외부로부터 유입을 방지
　　ⓒ 성분 원소의 함유량 변동되지 않도록 유지(반응을 일으키지 않는 것)
　② 고주파유도로 정련의 특징
　　㉠ 일반적인 탈산, 탈인, 탈황은 진행되지 않음
　　ⓒ 장입재료 선별하여 C, P, S 등이 규격보다 높지 않도록 조정이 필요
　③ 탈인, 탈황 조업 : 염기성 라이닝 로에서 석회를 주성분으로 한 정련 강재를 만드는 것이 필수
　④ 탈산, 탈인 조업
　　㉠ 상당한 정도의 산화 용해가 필요
　　ⓒ 장입 시 저탄소, 고규소를 가진 원료를 사용
　　ⓒ 적량의 산화철 첨가
　　ⓔ 산화성의 합금 성분은 많은 손실을 받으므로 첨가는 탈산 후에 실시
　　ⓜ 배재 : 용락 후 강재를 한번 배출
　　ⓗ 필요에 따라 용강에 Si-Al-Mn 등의 탈산제를 첨가한 후 환원 슬래그를 재차 만든다.
　⑤ 강재(Slag) 정련을 진행하기 어려운 이유
　　㉠ 온도가 낮고 유동성이 나쁘기 때문
　　ⓒ 대책 : 형석 등을 용제에 첨가하여 유동성을 향상, 노 뚜껑을 덮어 강재 전체를 고온으로 유지
　⑥ 탈황
　　㉠ 강재를 강하게 환원하여 FeO를 감소시키는 것이 바람직
　　ⓒ 조건이 유리한 아크로보다 효과적이지 못함
　⑦ 출강 시 용강 중의 O, N 등의 가스 성분의 함유량은 아크로와 거의 같으나 H는 강재의 차단 효과 때문에 아크로보다 낮은 값을 가지고 있음

기출문제

고주파 유도로의 용해 조업에 대한 설명으로 틀린 것은?
① 탈탄, 탈인, 탈황이 우수하다.
② 산화성 합금원소의 실수율이 높다.
③ 고합금일수록 용해에 유리하다.
④ 로내 용강의 성분, 온도의 제어가 쉽다.

정답 ▶ ①

기출문제

고주파 유도로의 용해 조업설명으로 틀린 것은?
① 고합금일수록 용해에 유리하다.
② 교반작용은 자연적으로 발생한다.
③ 탈탄, 탈인, 탈황이 우수하다.
④ 무산화 정련 용해법으로 원료규격이 엄격하다.

정답 ▶ ③

(4) 조업 순서

① **순서** : 송전 → 용해 → 용락 → 제재 → 탈산 → 조재 → 시료채취 → 부족 합금첨가 → 온도조정 → 출강
② **제강시간** : 약 3시간
③ **전력원단위** : 평균 750kwt h/T-ingot
④ **용해 감소** : 아크로보다 적은 1~2% 정도

> **기출문제**
> 고주파 전기로의 조업 순서가 옳게 나열된 것은?
> ① 조재 → 탈산 → 용락 → 출강
> ② 용락 → 탈산 → 조재 → 출강
> ③ 탈산 → 용락 → 조재 → 출강
> ④ 탈산 → 조재 → 용락 → 출강
>
> 정답 ▶ ②

02 평로법

1. 개요

(1) 특징

① W. Simens가 고안한 것으로 축열실을 가지고 있는 반사로에서 고철과 선철로부터 강을 제조하는 방법
② 불순물을 산화성 슬래그로 제거
③ 고철 및 선철 사용에 제한이 없어 사용원료의 융통성이 넓음
④ 불순물 제거가 용이
⑤ 광범위한 강종 제조가 가능

(2) 종류

① **노 바닥 연와재질에 따른 분류**
  ㉠ **산성 평로법** : 산성의 내화물로 내장, 대형 주강품, 단강품, 특수강 제조에 적합
  ㉡ **염기성 평로법** : 염기성 내화물로 내장, 경강제조에 적합
② **노체의 구동방식에 따라** : 고정식, 경주식

(3) 평로의 구조 및 설비

① **상부구조** : 용해실, 분출구(Port)
② **하부구조** : 강재실, 축열실, 변환밸브
③ **기타 설비** : 원료적치장, 평로작업장, 조괴장, 슬래그 처리 설비, 폐열 보일러, 집진설비 등
④ **노의 용량** : 1회 조업당 표준강괴 생산톤수

(4) 사용 원료 및 연료

① **주원료** : 선철, 고철

② **부원료의 역할**
- ㉠ 철광석 : 철원, 산화제
- ㉡ Mn : 탈황, 슬래그 조정
- ㉢ CaO, 석회석 : 슬래그 조정
- ㉣ 합금철 : 탈산, 성분추가용
- ㉤ 형석 : 슬래그화 촉진, 슬래그 유동성 향상, 탈황, 열전달효과

③ **연료** : 석탄가스, 발생로가스, 중유, 벙커C유 등

2. 조업

(1) 조업순서

장입 → 용해 → 정련 → 마무리(가탄 또는 탈탄) → 출강 → 노바닥 보수

(2) 장입 및 용해작업

① **전 장입순서** : 석회석(노바닥 침식방지) → 경량의 고철 → 철광석 → 중량의 고철 → 냉선

② **후 장입** : 용선 배합비 냉재가 어느 정도 용해 시 용선 장입

③ **용락(Melt Down)** : 장입물이 완전히 녹아서 흘러내리는 상태

(3) 정련

① **주작업** : 산화촉진을 위한 철광석 추가 장입, 산소취입, 슬래그 조절, 용강 및 슬래그 성분 검사, 온도 검사

② **철광석 투입**
산화반응식 : $3C + Fe_2O_3 \leftrightarrow 2Fe + 3CO$

③ **산소 불어넣기(Bessemerizing)**
- ㉠ 흡열반응 : 산화철(철광석) + C ↔ CO
- ㉡ 발열반응 : $O_2 + C \leftrightarrow CO_2$

④ **슬래그 조절**
- ㉠ 슬래그 성분, 양, 유동성은 탈탄속도, 탈인, 탈황능력을 좌우
- ㉡ 용강의 산화속도, 강욕에의 열전달, 첨가 합금철 회수율과 밀접한 관계
- ㉢ 강종, 정련시기에 따라 슬래그를 적절히 조정

(4) 성분조정과 출강

① 정련 후 용강의 탄소량 조정
② 온도가 적당할 때 마무리 작업 진행 후 출강
③ Blocking : 탈탄 반응을 소정 탄소로 정지하기 위해 잘 건조된 적당량의 선철, Fe-Si, Fe-Mn 등의 탈산제를 용강에 첨가하는 조작법

(5) 평로용 철광석의 구비조건

① 철분이 높을 것
② 산화규소, 인, 황, 구리 등의 불순물이 적을 것
③ 비중이 크고, 괴상일 것
④ 결합수가 적을 것

03 2차 정련법

1. 2차 정련법의 기대 효과

① 강 중의 가스(N, H, O 등), 비금속 개재물 등의 불순물을 제거
② 합금 원소의 성분 범위를 축소시키고, 합금 원소의 실수율을 향상
③ 제강로에서는 용해만 하고, 정련은 노외 정련로에서 하면 제강 능력이 향상되고 제조 원가가 낮아짐

2. 진공 탈가스법

(1) 진공 탈가스법의 효과

① 불순물 가스(N, H, O 등)의 감소
② 비금속 개재물의 감소
③ 유해 원소의 증발 제거
④ 온도와 성분의 균일화

(2) 유적 탈가스법(Stream Droplet Degassing Process, BV법)

① 조업법
   ㉠ 진공실 내에 레이들 또는 주형을 설치하여 진공실 밖에서 실(Seal)을 통해 용강을 떨어뜨리면 진공실의 급격한 압력 저하로 용강 중 가스가 방출

기출문제

전로에서 출강된 용강을 2차 정련하는 목적으로 틀린 것은?
① 온도 및 성분을 미세조정하고 균질화한다.
② 전로 부하를 경감시키고 전로-연주간 완충 역할을 한다.
③ 비금속 개재물을 많게 하여 고청정강을 제조한다.
④ P, S 등의 불순물원소를 제거하고, N, H 등을 탈가스 처리한다.

정답 ③

기출문제

진공 탈가스처리의 주요 목적이 아닌 것은?
① 유해원소의 제거
② 온도 및 성분 균일화
③ 강중 탄소제거 및 승온
④ 강중 가스성분 제거

정답 ③

② 작업조건
  ㉠ 진공도 : 0.7~0.8mmHg
  ㉡ 주입속도 : 2~7톤/분
③ 문제점
  ㉠ 탈가스 처리가 된 용강을 대기중에서 주형에 응고시키면 다시 가스를 재흡수
  ㉡ 진공실 내에 주형을 설치하고 응고시키면 가스의 재흡수가 없으나, 합금 원소의 첨가가 어렵고, 많은 주형에 주입하기에 부적당

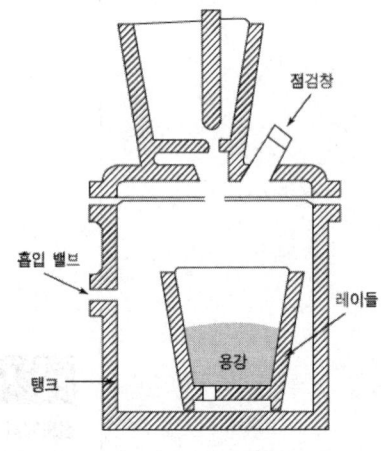

유적 탈가스법(BV법)

(3) 흡인 탈가스법(DH법, DHHU법, 도르트문트법)

① DH법의 특징
  ㉠ 탈산이 잘 이루어짐
  ㉡ 탈탄 반응이 활발하여 극저탄소강 제조가 가능
  ㉢ 탈수소가 잘 이루어짐
  ㉣ 처리 말기 또는 처리 후에 합금원소 첨가가 용이

② 조업법
  ㉠ 진공조 밑에 있는 흡인관을 처리하려는 용강에 담근 후 진공조를 감압하면 레이들에 있는 용강이 1.5m(1기압 상당)까지 비산하면서 진공조 내로 올라감
  ㉡ 진공조를 다시 올리면 그 높이만큼 진공조 내의 용강면은 내려감
  ㉢ 이상과 같이 진공조의 승강 운동을 되풀이하면 레이들 중의 새로운 용강이 진공조에 들어오고, 진공조에서 강중의 가스가 제거
  ㉣ 승강 운동 말기에 필요한 합금 원소를 첨가하여 균일한 성분의 강을 제조
  ㉤ 처리된 용강을 보통의 주형에 주입

기출문제

진공탈가스법의 종류가 아닌 것은?
① 연속탈가스법
② 유적탈가스법
③ 흡인탈가스법
④ 순환탈가스법

정답 ▶ ①

③ 작업 조건
  ㉠ 승강 횟수를 3~4회/분 정도 하면 분당 30~40톤의 강을 처리 가능
  ㉡ 승강 운동은 15~20분간 계속

④ 내화물
  ㉠ 내부 마그-크롬(Mag-Chrome)질 벽돌, 마그네시아질 벽돌 사용
  ㉡ 흡인관 쪽 : 고알루미나질 캐스터블 사용

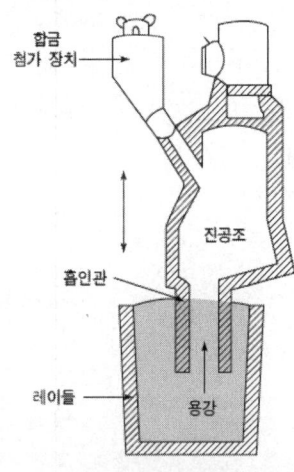

흡인 탈가스법(DH법)

(4) 순환 탈가스법(RH법, 라인스탈법)
  ① 조업법
    ㉠ DH법과 유사한 원리로 작동
    ㉡ 흡인용 관과 배출용 관 2개가 달린 진공조를 1,200~1,500℃로 예열
    ㉢ 두 관을 용강에 담그고 진공조를 감압
    ㉣ 용강은 1.5m(1기압 상당)의 높이까지 진공조로 올라옴
    ㉤ 흡인관(상승관) 쪽으로 Ar 가스를 취입하면 기포를 함유한 상승관의 용강은 비중이 작아지면서 상승
    ㉥ 나머지 쪽의 용강은 상대적으로 비중이 커져 아래로 내려오면서 레이들 내의 용강이 진공조를 통해 순환
    ㉦ 진공 처리 완료되면 합금 원소를 첨가하고 환류 작용 실시
    ㉧ 환류 처리 후 진공조 내에 질소를 취입하여 대기압으로 만든 후 주형에 주입

  ② 작업 조건
    ㉠ 용강의 환류 속도 : 10~40톤/분
    ㉡ 속도 조절은 Ar 가스의 취입량으로 조절
    ㉢ 용강이 진공조를 1회 통과하는 데 소요되는 시간 : 3~5분
    ㉣ RH 처리를 20분간 하면 용강은 3~5회 진공조를 환류할 수 있음

기출문제

진공탈가스법 중 순환탈가스법(RH법)은 용강이 진공조 내에서 상승관을 따라 상승하고 하강관을 따라 하강함으로써 용강 내의 가스를 제거한다. 용강이 상승관을 따라 상승하게 하는 원동력은?

① 모터를 이용한다.
② 열을 가한다.
③ 전자력을 사용한다.
④ 상승관에 가스를 취입 비중을 적게 한다.

정답 ④

기출문제

진공탈가스설비(RH)에서 극저질소강을 제조하기 위한 방법으로 틀린 것은?

① 고진공 처리를 한다.
② 용강과 대기와의 접촉을 방지한다.
③ 용강 중 산소와 황의 농도를 낮게 하여 질소의 물질이동계수를 크게 한다.
④ 아르곤과 같은 불활성 가스를 소량 취입하여 탈질소 계면적을 감소시킨다.

정답 ④

③ 내화물
  ㉠ 용강의 환류작용으로 내화물의 용손이 심함
  ㉡ 고알루미나질의 코란덤계 내화물을 사용
  ㉢ 진공조 벽에 붙은 부분을 용락시키기 위해 진공조를 가열

④ O, H, N 가스가 제거되는 장소
  ㉠ 상승관에 취입된 가스 표면
  ㉡ 상승관, 하강관, 진공조 내부의 내화물 표면
  ㉢ 진공조 내에서 노출된 용강 표면
  ㉣ 취입 가스와 함께 비산하는 splash 표면

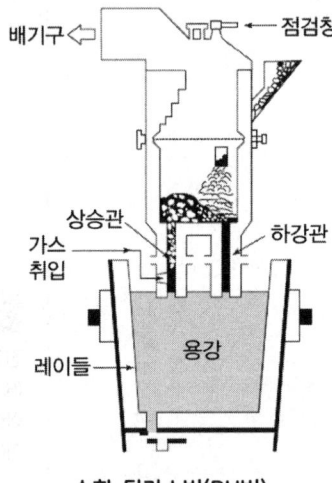

순환 탈가스법(RH법)

기출문제

RH 탈가스법에서 산소, 수소, 질소가 제거되는 장소가 아닌 것은?
① 상승관에 취입된 가스표면
② 상승관 내부의 내화물 표면
③ 진공조 외부의 구조물의 표면
④ 취입가스와 함께 비산하는 splash 표면

정답 ③

(5) 레이들 탈가스법(LD법)

① 대형 진공조 내에 용강의 레이들을 놓고 용강을 교반하면서 용강면을 진공 분위기로 노출시켜 탈가스 처리하는 방법으로 산화성 슬래그 발생

② **용강을 교반하는 방법**
  ㉠ 레이들 바깥쪽에 설치된 저주파 코일로 인한 전자력을 이용하는 방법
  ㉡ 레이들 밑부분의 포러스 플러그를 거쳐 Ar 가스로 교반하는 방법

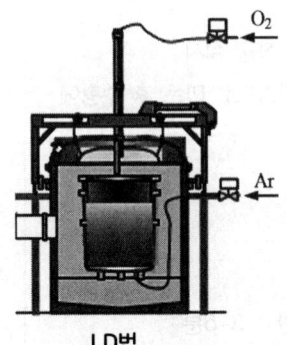

LD법

기출문제

다음 중 산화성 슬래그가 발생되는 정련법은?
① LD법   ② LF법
③ VOD법   ④ AOD법

정답 ①

기출문제

레이들 정련의 효과가 아닌 것은?
① 대기 용제법에 비해 Cr회수율이 크다.
② 전기로 등에서 환원기를 생략할 수 있어 생산성이 향상된다.
③ VOD법, RH-OB법 등을 채용하여 전기로의 내화물 수명이 현저하게 증가된다.
④ 전기로와 VOD법을 조합하면 전기로에서 완전 탈탄 후 VOD에서 환원정련을 실시하여 생산성을 향상시킬 수 있다.

정답 ④

3. 레이들 정련법

(1) 목적
① 품질향상
② 생산성을 높이고 원가 절감
③ 불순물이 적고 성분 범위가 좁은 고품위 합금강 생산
④ 내화물 수명 연장

(2) 효과
① 전기의 산화, 정련, 환원기를 생략하고 레이들 정련과정에서 탈황과 성분 조절이 가능하므로 생산성 향상
② 스테인리스강을 대기 중에서 용해한 후 진공처리(VOD법 등)를 하여 크롬의 회수율을 90~95%로 향상
③ 저탄소 스테인리스강 제조 시 진공처리를 하면 온도는 1,800℃ 정도로 낮아서 내화물의 손상이 적음(내화물 원단위 절감)

(3) 종류

① **ASEA-SKF법**
㉠ 가열장치와 진공장치가 함께 있어 진공처리, 탈가스처리, 탈황처리, 성분조정, 온도조정 등을 동시에 하는 방법
㉡ 용해하는 동안 조재제나 합금철을 첨가

② **VAD법(Finkle-Mohr법)**
㉠ 레이들을 진공실에 넣어 감압한 후 아크로 가열하면서 Ar 가스로 교반하는 방법
㉡ 고진공하에서 가열하면 방전의 위험이 있음

③ **LF법**
㉠ 전기 제강로에서 실시하던 환원 정련을 레이들에 옮겨서 조업하는 방법
㉡ 전기로의 생산 능력을 증대
㉢ 진공 설비가 없고, 용강 위의 슬래그 중에 아크를 발생시켜 정련
㉣ 합성 강재를 첨가하여 Ar 가스에 의한 교반을 하면 레이들을 강환원성 분위기로 유지하여 정련
㉤ 설비의 값이 싸고, 탈산, 탈황, 성분조정 등이 용이
㉥ 전기로, 전로와 복합조업이 가능

기출문제

품질을 향상함과 동시에 생산성을 높이고 원가를 절감하려는 목적으로 발달한 방법인 레이들 정련법이 아닌 것은?
① ASEA-SKF법
② VAD법
③ LF법
④ VFD법

정답 ▶ ④

기출문제

노외 정련 설비의 하나인 LF(Ladle Furnace)설비의 주요 기능에 대한 설명으로 틀린 것은?
① 성분을 조정한다.
② 용강을 탈탄한다.
③ 용강의 온도를 높인다.
④ 서브머지드 아크정련을 한다.

정답 ▶ ②

기출문제

진공설비 없이 레이들의 용강위의 슬래그 중에서 아크를 발생시키는 서브머지드 아크정련법은?
① LF법   ② VAD법
③ VOD법 ④ VTD법

정답 ▶ ①

기출문제

LF(Ladle Furnace)법에 대한 설명으로 틀린 것은?
① 진공설비가 필요하다.
② 강환원성 분위기로 정련한다.
③ 전기로, 전로와의 조합조업도 가능하다.
④ 탈산, 탈황, 성분조정 등이 용이하다.

정답 ▶ ①

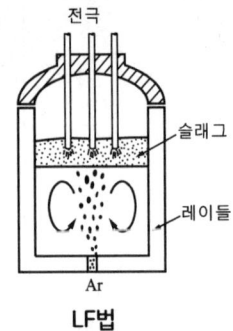
LF법

④ VOD법(진공 탈탄법, witten법)
　㉠ 진공실 상부에 산소 취입용 랜스가 있어 탈탄 반응이 일어나고, 많은 CO 가스가 발생
　㉡ 스테인리스강 제조에 사용
　㉢ 가열장치가 없으므로 전로, 전기로 제강법과 조합하여 사용이 가능
　㉣ Ar 가스를 저취하면서 감압
　㉤ CO가스에 의한 비등현상(Boiling)이 왕성한 초기에 너무 감압하면 용강이 레이들 밖으로 넘쳐 흐름

⑤ RH-OB법
　㉠ 전로 정련을 마친 용강을 RH 진공조에서 산소 취입에 의한 진공 탈탄시키는 방법
　㉡ 스테인리스강 제조에 사용
　㉢ 조업 순서
　　ⓐ 전로에서 탈탄과 탈인을 한 다음 출강
　　ⓑ 슬래그를 제거 후 전로에 고탄소 Fe-Cr을 투입하여 용해, 탈탄
　　ⓒ RH-OB 설비에 옮겨 진공조 측면에 설치된 랜슬로부터 산소를 취입
　　ⓓ Cr의 산화를 억제하면서 탈탄 진행
　　ⓔ 예비처리 → 산화기 → 출강 배재 → 크롬 용해기 → RH 처리
　㉣ 승온 및 온도 조정은 불가능

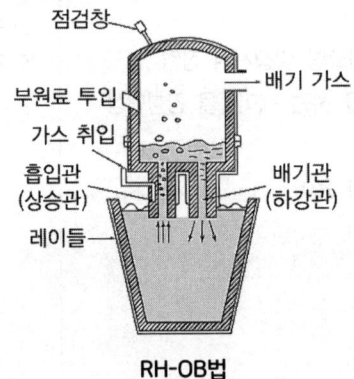
RH-OB법

기출문제

LF(Ladle Furnace)에서 작업이 불가능한 것은?
① 승온작업
② 냉각작업
③ 탈진작업
④ 합금철 미세 조정작업
정답 ▶ ③

기출문제

스테인리스강의 진공탈탄법으로 적합한 것은?
① CAS 법　② LDS 법
③ SAB 법　④ VOD법
정답 ▶ ④

기출문제

다음 레이들 정련법 중 가열장치를 사용하지 않는 것은?
① VOD법　② LF법
③ VAD법　④ ASEA-SKF법
정답 ▶ ①

기출문제

진공실 상부에 산소를 취입하는 랜스가 있고 산소의 탈탄으로 인해 CO가스가 발생하여 배기 능력이 증강되며 스테인리스강의 진공정련법으로 쓰이는 조업법은?
① LF법　② CLU법
③ VOD법　④ VAD법
정답 ▶ ③

기출문제

노외 정련법 중 Arcing에 의한 온도 조정을 할 수 없는 정련법은?
① LF법　② RH-OB법
③ VAD법　④ ASEA-SKF법
정답 ▶ ②

4. AOD법

(1) 원리 및 특징
① 진공설비를 사용하지 않고 Ar 가스와 산소 가스 사용
② 혼합가스 취입에 의해 CO 가스를 희석시켜 CO 가스 분압을 저하시켜 탈탄하는 방법
③ AOD법은 대기 중에 강렬한 교반으로 정련하므로 탈황, 성분 조정에 유리
④ 원료비, 실수율, 생산성이 높음
⑤ 스테인리스강 제조에 사용

(2) 종류
① **AOD법**
  ㉠ 전로와 비슷한 형태로 노저 근방의 측벽에 산소와 Ar 혼합 가스를 취입하는 풍구를 설치
  ㉡ 풍구는 이중관 구조로 내관은 혼합가스, 외관은 냉각용 Ar 가스 취입
  ㉢ 용강의 교반이 심하므로 내화물의 용손이 큼
  ㉣ 마그-크롬 내화벽돌, 돌로마이트 벽돌을 주로 사용

② **CLU법**
  ㉠ AOD법의 Ar에 의한 CO 가스 분합 저하를 값싼 수증기를 이용하는 방법
  ㉡ 노저에서 산소와 수증기의 혼합가스를 취입
  ㉢ 수증기가 용강과 접촉하면 수소와 산소로 분해하고 수소가스가 CO 가스를 희석시키는 역할
  ㉣ 수증기의 분열 반응은 흡열반응이어서 용강의 온도 상승을 억제하여 내화물의 수명을 연장
  ㉤ 온도가 너무 낮으면 크롬 산화가 많아지고 탈탄이 어려움

③ **AOD법과 VOD법의 차이**
  ㉠ AOD법이 대기 중 교반으로 정련하므로 탈황, 성분조정 유리
  ㉡ 수소 함유량, 출강 때의 공기 오염에는 VOD법이 유리
  ㉢ AOD법이 진공설비가 없어 설비비가 저렴(원료비와 실수율이 유리)
  ㉣ AOD법이 고탄소 용강으로부터 신속하게 탈탄, 탈황이 가능(생산성이 높음)
  ㉤ AOD법은 스테인리스 강의 제조에만 이용
  ㉥ VOD법은 탈가스처리를 필요한 모든 강종에 이용

기출문제

진공설비를 사용하지 않고 불활성 가스를 취입하여 CO분압을 낮춤으로써 탄소를 우선적으로 제거하는 정련법은?
① VOD법 ② AOD법
③ RH-OB법 ④ VAD법

정답 ▶ ②

기출문제

AOD법 설명 중 옳지 않은 것은?
① 환원기에는 Ar에 의해 교반이 유효하게 작용하고 탈황(S)은 일어나지 않는다.
② 저탄소 스테인리스강의 정련법이다.
③ 로본체와 주요설비 등이 전로와 유사하다.
④ 개재물의 청정도가 우수하다.

정답 ▶ ①

기출문제

스테인리스강의 2차 정련법인 AOD법에 관한 설명 중 틀린 것은?
① CO 분압을 낮추므로서 탄소를 우선적으로 저하시키는 방법이다.
② 풍구내관으로 아르곤 및 산소의 혼합가스를 취입한다.
③ 내화물로는 규석벽돌이 주로 쓰인다.
④ 모양과 설비가 전로와 비슷하다.

정답 ▶ ③

기출문제

스테인리스강 제조법에서 가장 널리 이용되고 있는 AOD법과 VOD법을 비교한 것으로 옳은 것은?
① VOD법은 탈황 성분조정에 유리하며, AOD법은 정련 후 출강 때 공기오염에 대하여 유리하다.
② AOD법은 진공설비가 있으며, VOD법은 건설비가 AOD법보다 싸다.
③ AOD법은 고탄소 용강으로부터 신속한 탈탄과 탈황이 가능하므로 생산성은 VOD법보다 크다.
④ VOD법은 스테인리스강의 제조에만 이용되나 AOD법은 각종 강종에 적용할 수 있다.

정답 ▶ ③

5. 반응 물질 첨가하는 방법

(1) 분체 취입법(Powder Injection법, TN법)

① 산소와 친화력이 강한 물질이나 함량을 정밀 제어할 필요가 있을 경우 실수율 및 반응 효율 향상을 위한 방법

② 설비와 조작법이 간단하며, 각종 분말 형태의 첨가제를 취입

③ 목적
  ㉠ 용강의 탈산, 탈황, 비금속 개재물의 형상 제어, 강의 청정도 향상
  ㉡ 용선의 예비 처리를 위한 분체 취입까지 각종 분말 형태의 첨가제를 용탕 중에 취입하는 용도로 활용

④ 분체의 종류

목적	물질
탈황	$CaO+(CaCO_3)$, $CaO+Al$, $CaO+CaF_2+Al$, $CaC_2+(CaCO_3)$, $Mg+(MgO, Al_2O_3)$, $CaO+SiO_2+Al_2O_3+(CaF_2)$, Na_2CO_3, $Ca-Si$
탈인	$CaO+CaF_2+FeO(Fe_2O_3)$, Na_2O, $Ca+CaF_2$
탈산, 비금속 개재물 형상제어	Al, $Ca-Si$, $Ca-Si-Ba$, $Ca-Si-Mn-Al$, $CaO+(CaF_2)$, $CaO+Al_2O_3$, $CaO+SiO_2+Al_2O_3$
합금	$Fe-Si$, $CaCN_2$, C, NiO, MoO_2, $Fe-B$, $Fe-Ti$, $Fe-Zr$, $Fe-W$, $Si-Zr$, Pb, $Fe-Se$, Te

⑤ 취입하는 분체의 입도가 미세할 경우의 영향
  ㉠ 반응 계면적이 넓어서 반응 속도가 빠름
  ㉡ 랜스 또는 노즐 막힘 현상(Clogging)
  ㉢ 취입 물질이 불연속적으로 공급되는 맥동 현상 야기
  ㉣ 기포 내부에 포착되어 미 반응 상태로 배출될 가능성이 있음

⑥ 사용하는 입자 크기는 0.1~0.5mm로써 최대한 2mm 미만의 분말로서 분체의 비표면적은 보통 2,000cm^2/g 이하

⑦ 탈황능을 향상하기 위한 조건
  ㉠ 용강의 완전 탈산
  ㉡ 용강의 재산화 방지
  ㉢ 톱 슬래그(Top slag)의 탈황능이 커야 하고 양이 많아야 함
  ㉣ 용강과 탈황제, 용강과 톱 슬래그 간의 강한 교반

기출문제

2차 정련 중 레이들 내에서 정련하는 PI(Powder Injection)방식의 목적이 아닌 것은?
① 탈탄
② 탈황
③ 청정도 향상
④ 개재물 형상제어

정답 ▶ ①

기출문제

PI(Power Injection)처리시 우수한 탈황능을 얻기 위한 조건으로 틀린 것은?
① 용강이 완전하게 탈산되어야 한다.
② 용강의 재산화를 충분하게 방지할 수 있어야 한다.
③ 톱 슬래그의 탈황능이 크고, 그 양이 충분해야 한다.
④ 용강과 탈황제, 용강의 톱 슬래그 간에 교반이 없어야 한다.

정답 ▶ ④

기출문제

TN법에서 탈산제를 랜스를 통하여 레이들에 넣을 때 캐리어 가스(Carrier gas)는 무엇을 가장 많이 사용하는가?
① Ar
② N
③ Ne
④ He

정답 ▶ ①

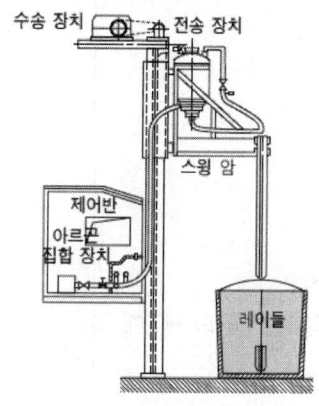

분체 취입법(TN법)

(2) Wire Feeding법(WF법)

① 용강의 [Al] 농도를 미세 조정하기 위하여 개발된 방법
② Al 와이어를 용강 중에 고속으로 공급하여 용강 깊은 곳에서 용해되도록 하는 방법
③ 장점
  ㉠ 공기에 의한 Al의 산화 손실을 억제함으로써 실수율 향상
  ㉡ 용강 중 Al농도를 정확하게 조절 가능
  ㉢ 탈산에 필요한 Al을 전량 이 방법에 의하여 첨가하는 것도 가능

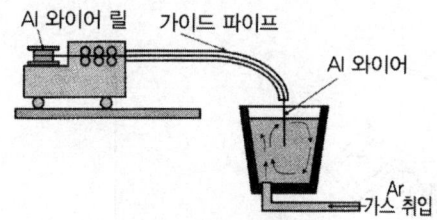

Al Wire Feeding(WF법)

(3) SCAT법

① Ca을 탄형상으로 용강 중에 발사하는 방법
② 실수율이 높고 안정적
③ 어떤 제강 공정에도 적용 가능
④ 청정도가 높은 강을 얻을 수 있음
⑤ 강재의 개재물의 형상이 변화하며 이방성 개선

기출문제

Ca 첨가(SCAT)법에 대한 설명으로 틀린 것은?

① 청정도가 높은 강을 얻을 수 있다.
② 어떠한 제강 공정에도 적용할 수 있다.
③ 강재의 개재물 형상 변화가 없으며, 이방성을 갖는다.
④ Ca을 탄형상으로 용강 중에 발사하므로 실수율이 높고 안정하다.

정답 ▶ ③

04 특수 용해 정련법

1. 개요

① 전로, 전기로, 평로, 유도로 등의 제강 방법 이외의 정련법
② 품질 개선, 대기 용해에 적합하지 않은 활성 금속을 많이 함유한 합금의 제조에 이용
③ 특수 용도강, 고온용 합금, 니켈 합금 등의 제조에 사용
④ 품질에 따라서는 2회 이상의 용해를 조합하는 경우도 있음

2. 종류

(1) 진공 유도 용해법(VIM법)

① 진공 유도로 중에서 장입물을 용해하고 진공하에서 주조를 하는 용해법
② 불순물의 유입이 적고 탈산 효과가 우수
③ 합금 원소의 정확한 성분 조정이 용이
④ 증발하기 쉬운 금속의 첨가가 어렵고, 편석이 우려도 있음

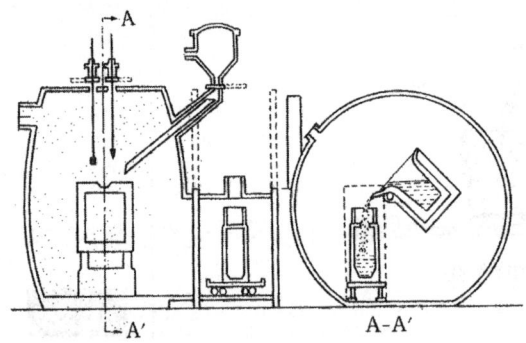

진공 유도 용해법(VIM)

(2) 진공 아크 용해법(VAR법)

① 고진공($10^{-3} \sim 10^{-2}$mmHg)하의 수랭 구리 도가니 속에서 소모 전극을 아크 방전으로 용해하여 떨어뜨려서 도가니 속에서 적층 용해시키는 방법으로, 고융점 금속이나 반응성이 강한 Ti과 같은 금속을 재용해하기 위하여 개발되어 근래에 와서는 철강 용해에도 응용되는 제강법

기출문제

진공 아크 용해법에 대한 설명으로 틀린 것은?
① 공기에 의해 재산화를 방지한다.
② 내화물과 접촉이 되는 진공정련으로 ESR법이라고도 불린다.
③ 활성금속을 많이 함유한 합금을 제조하는데 적합하다.
④ 용융 pool로부터 가스 방출 및 불순물이 부상분리된다.

정답 ▶ ②

② 특징
  ㉠ 개재물 부상 분리, 적층 응고에 의한 재질 개선 효과
  ㉡ 내화물과 접촉하지 않으므로 불순물이 적음
  ㉢ 가스 방출이나 불용성 불순물 분리가 용이
  ㉣ 소모전극은 산소 함유량이 적어야 함

③ 용해법(3단계)
  ㉠ 초기 용해 : 저전류로 시작하여 아크 안정기까지의 시간
  ㉡ 정상 용해 : 전극의 대부분을 용해하는 시간
  ㉢ 핫톱(Hot Top) : 전류를 낮추어 두부에 발생하기 쉬운 수축공을 제거

④ 기계적 성질의 개선 효과
  ㉠ 인성 개선 및 충격값 향상
  ㉡ 천이온도가 저온으로 이동
  ㉢ 방향성 감소
  ㉣ 피로 및 크리프 강도의 향상

기출문제

진공아크용해법(VAR)을 통한 제품의 기계적 성질 변화로 틀린 것은?
① 피로강도가 향상된다.
② 가로세로의 방향성이 감소한다.
③ 연성이 개선되어 연신율, 단면 수축률이 커진다.
④ 충격값은 떨어지나, 천이온도는 상온으로 이동한다.

정답 ▶ ④

기출문제

원래 고융점 금속이나 반응성이 강한 금속을 재용해하기 위하여 개발되어 Ti 용해에 주로 이용되었으나 근래에 와서는 철강 용해에도 응용되기 시작한 공법은?
① VAR(Vaccum arc remelting)
② CAS(Cappef Argon Stirring)
③ EBM(Electron beam melting)
④ PAM(Plasma arc melting)

정답 ▶ ①

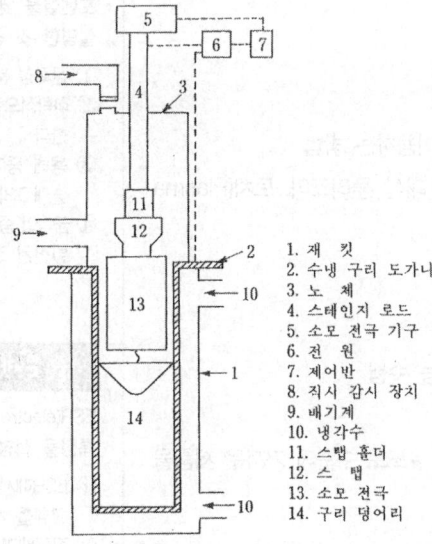

1. 재 킷
2. 수냉 구리 도가니
3. 노 체
4. 스테인지 로드
5. 소 모 전 극 기 구
6. 전 원
7. 제어반
8. 직시 감시 장치
9. 배기계
10. 냉각수
11. 스탭 홀더
12. 스 탭
13. 소 모 전 극
14. 구리 덩어리

진공 아크 용해법

(3) 일렉트로 슬래그 용해법(ESR법)

① 용융 슬래그의 전기 저항열에 의해 소모 전극을 녹여 용융 슬래그 속을 통해 수냉 주형 내에 적층 응고시키는 방법

② 특징
  ㉠ 진공배기 장치가 없어 설비비가 저렴하고, 대기 중의 용해이므로 조업이 용이
  ㉡ 강괴의 표면이 깨끗하고 균질함

기출문제

용융슬래그의 저항열과 소모형 전극에 사용하여 슬래그 내 적하침 강 용강을 수냉몰드에 연속적으로 응고시켜가는 용해법은?
① VAR   ② ESR
③ PAM   ④ PIM

정답 ▶ ②

ⓒ 불순 원소나 비금속 개재물을 효과적으로 감소시켜 재질이 우수함
　　② 직류나 교류 모두 사용가능
　　⑩ 전극의 치수에 제한이 없고, 강괴의 형상이나 크기도 자유로움
　　ⓑ VAR법에 비하여 강괴의 내부 조직이 치밀

③ **전극이 지녀야 할 특성**
　　㉠ 전기적인 저항 발열체이며 용해, 정련의 열공급원으로 작용할 것
　　㉡ 외기와 주형으로부터 용융 금속을 덮어 보호할 것
　　㉢ 용융 금속을 정제 또는 정화할 것
　　㉣ 전기전도도가 작고 온도 의존성이 낮을 것
　　㉤ 융점, 점도가 가능한 낮을 것

④ **슬래그의 산소 포텐셜을 낮게 하기 위한 방법**
　　㉠ 화학적으로 안정한 슬래그 사용
　　㉡ 환원성 분위기 유지
　　㉢ 용해 중 Al 등을 첨가하여 용융 슬래그의 탈산
　　㉣ 전극재는 충분히 탈산된 것을 사용

(4) 플라즈마 아크 용해법(PAM법)
① 플라즈마의 고온에너지를 강의 용해와 정련에 이용하는 방법
② 전기 아크로와 비슷한 구조이지만 흑연 전극 대신 플라즈마 토치(Plasma Torch)를 사용
③ **플라즈마 유도로의 특징**
　　㉠ 보온 효과가 우수
　　㉡ 유도 코일 장치로 인해 가열 및 교반의 기능 수행
　　㉢ 고온을 얻기 용이
　　㉣ Ar 분위기에서 조업하므로 오염이 적어 진공 유도로 수준에 가까운 제품을 얻을 수 있음

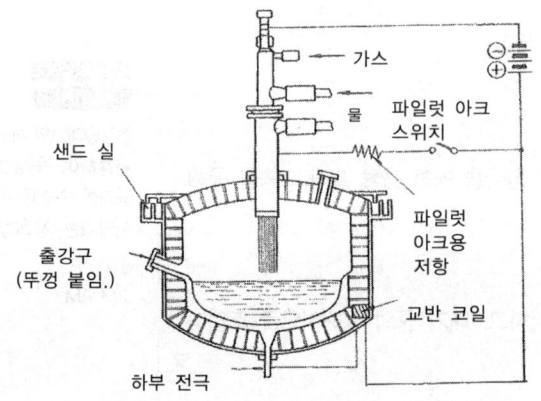

기출문제

ESR(Electro Slag Remelting)법의 특징을 설명한 것 중 틀린 것은?
① 강괴의 표면이 깨끗하고 균질의 것을 얻을 수 있다.
② 전극치수에 제한은 많으나, 강괴의 형상 및 크기에는 제한이 있다.
③ 진공배기 장치가 없어 설비비가 적으며, 대기 중에 용해되므로 조업이 용이하다.
④ 불순원소나 비금속 개재물을 효과적으로 저감할 수 있어 재질이 향상된다.

정답 ▶ ②

기출문제

ESR 용해법에서 슬래그의 산소 포텐셜을 낮게 하기 위한 방법을 설명한 것 중 틀린 것은?
① 산화성 분위기 중에서 용해한다.
② 화학적으로 안정한 슬래그를 사용한다.
③ 용해 중에 Al등을 가하여 용융 슬래그의 탈산을 도모한다.
④ 금속의 종류에 따라 다르나 충분히 탈산된 전극재를 사용한다.

정답 ▶ ①

기출문제

ESR(electro slag remelting)법의 특징을 설명한 것 중 틀린 것은?
① ESR에서는 직류도 쓰지만 주로 교류를 사용한다.
② 진공배기 장치가 있어 진공 중에 조업한다.
③ 강괴의 표면이 깨끗하고 균질의 것을 얻을 수 있다.
④ 불순원소나 비금속 개재물을 효과적으로 저감할 수 있어 재질이 향상된다.

정답 ▶ ②

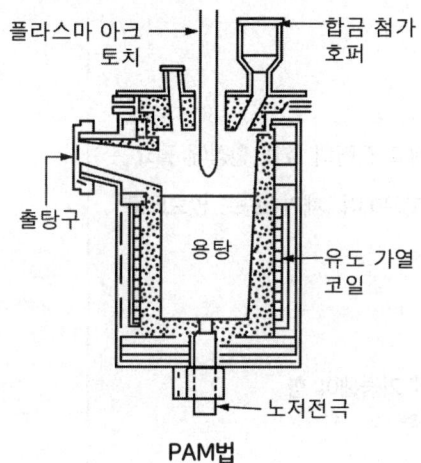

PAM법

(5) 일렉트론 빔 용해법(EBM법)

① 전자 빔을 열원으로 사용하여 용해하는 방법
② 활성 금속, 고용융점 금속(Ti, Zr, Ta, Nb 등), 스테인리스 강, 내열합금에 이용
③ 소모 전극식과 연속식이 있음
④ 소모 전극식은 높은 진공도에서 고온 용해가 이루어지므로 탈가스가 잘 되고 증기압이 높은 불순 원소의 제거가 용이

05
스테인리스강 용해법

1. 스테인리스강 정련 기술의 발달

① 산소제강법의 개발로 극저탄소 스테인리스강의 생산이 가능해지고, 합금성능이 향상
② LD전로법의 고생산성 기술, 진공탈가스 기술의 발달로 탈탄 기술이 향상
③ VOD, RH-OB, AOD법 등의 노외정련기술이 개발
　㉠ 전기로의 생산성 증대
　㉡ 고탄소, 고크롬 용탕의 탈탄조업이 가능
　㉢ 주원료비 절감
　㉣ 극저탄소 스테인리스강, 고순도 스테인리스강, 극저황강 등의 고품질 스테인리스강 제조가 가능

 기출 문제

스테인리스강 제조를 위한 진공탈탄법으로 적합한 것은?

① CAS법
② VOD법
③ LDS법
④ SAB법

정답 ②

2. 전기로에 의한 스테인리스강 제조법

(1) 전기로 설비

① **전기교반장치** : 강욕 성분을 균일화하고, 슬래그 정련의 효율 향상에 필요

② **집진장치** : 산소취련 시 화염이 보통강보다 고온이며, 폐가스량도 많으므로 집진실비가 필수

③ **산소취입장치**
   ㉠ 소모형 랜스 파이프를 직접 강욕에 취입
   ㉡ 원격조작으로 랜스를 이동하는 조절동작이 가능해야 함
   ㉢ 고정식 수랭형 비소모랜스를 사용하기도 함

④ **기타 설비**
   ㉠ 신속분석시스템
   ㉡ 부원료 자동장입장치

(2) 원료

① **장입용 Cr원** : 고탄소, 중탄소 Fe-Cr

② **첨가용 Cr원** : 저탄소 Fe-Cr

③ **Ni원** : Fe-Ni, 금속 Ni, 산화 Ni

④ **고철** : 스테인리스 스크랩, 보통 고철

⑤ **P** : 정련과정에서 거의 제거되지 않으므로 규제해야 함

⑥ **Pb, Sn, Zn, As** : 품질에 나쁜 영향을 주므로 정련기능을 고려하여 규제

⑦ **배합탄소**
   ㉠ 정련부담을 증가시켜 불리
   ㉡ AOD법에서는 별문제가 없으며 2.5%C 정도는 처리 가능
   ㉢ 전로합병법에서는 중요한 열원으로 작용

(3) 조업

① **용해기 : 주원료를 용해**
   ㉠ 주원료와 함께 석회 등의 용제를 초장입하고 통전 용해
   ㉡ Cr일부가 산화하나 그 양은 원료의 조성, 용해시간, 집진기에 의한 노내 공기 유통량 등의 영향을 받음
   ㉢ Si가 높은 배합은 용해기의 Cr 산화방지와 산화기의 급속온도상승에 효과적

② **산화기 : 탈탄반응**
   ㉠ 용락 후 또는 미용해물이 남아 있는 시점에서 강욕 내에 산소를 취입
   ㉡ 산소와 C, Si, Cr, Mn, Fe 등의 산화열로 욕온이 급속히 상승
   ㉢ 강욕온도 산화말기에 1,900℃까지 상승

② C가 낮아질수록 Cr의 산화속도가 증가
⑩ Ni 함량이 많아지면 저탄소역에서의 탈탄이 활발히 일어남

③ 환원기 : 산화된 Cr 회수
  ㉠ 산소 취련 후 냉각제로 스테인리스 스크랩, 추가합금원료를 넣고 환원제로서 Fe-Si 등을 첨가하여 Cr을 환원
  ㉡ CaO, 형석 등의 염기성 조재재를 첨가하면 산화 Cr이 많은 슬래그는 급속히 유동상태가 되어 Cr의 환원이 진행
  ㉢ 환원효율은 강욕의 반작용이 클수록 높아지므로 기계교반, 중성가스 취입, reladling 등 교반을 촉진하는 것이 효율적임
  ㉣ Fe-Si, Si-Cr 등의 환원제는 입도가 작은 것이 유리함
  ㉤ reladling 조업법
    ⓐ 레이들에 일단 출강하여 다시 노 내에 넣는 방법
    ⓑ 교반과 과열된 노체의 냉각이 동시에 이루어짐
    ⓒ 환원시간의 단축, 전력과 노체 원단위의 저감에 효과적
  ㉥ double slag법
    Cr 환원 후 제재하여 새로운 환원 슬래그를 만들어 완성정련하는 방법
  ㉦ single slag법
    제재하지 않고 완성정련하는 방법

④ 완성기 : 탈산과 성분 및 온도 조정
  ㉠ 탈산
    ⓐ Si, Mn로 탈산
    ⓑ 필요에 따라 Al, Ti, Ca, REM 등의 강제탈산제를 사용
    ⓒ Si 탈산에서는 염기도가 높은 편이 탈산력이 강함
  ㉡ 탈황
    ⓐ 주로 완성기 및 출강기에 강욕의 교반, 레이들 내에서의 Ar 취입에 의하여 탈황이 이루어짐
    ⓑ 고염기성, 유동성이 좋은 환원 슬래그가 탈황율을 높일 수 있음
  ㉢ 수소
    ⓐ 탈탄기에는 CO 보일링(Boiling)에 의하여 수소 일부가 제거
    ⓑ 문제점 : 환원기에는 첨가제, 석회, 슬래그, 대기 등에서 강욕 중으로 들어감
    ⓒ 대책 : 석회의 건조, 석회첨가 후의 산소의 재취련, 출강통 내화물 건조, 레이들 내화물 건조, 조괴용 내화물 등의 건조, 환원기 단시간에 종료
  ㉣ 성분조정
    ⓐ reladling, 전자교반 등을 하지 않은 상태에서는 Cr 성분 분석에 오차 발생
    ⓑ Al, Ti 등 활성성분의 첨가는 충분한 사전 탈산이 필요
    ⓒ 실수율은 슬래그 조성, 공기산화의 영향을 많이 받음

           ⓓ 노중 첨가보다는 레이들 첨가법이 실수율이 향상
           ⓔ 슬래그는 CaO-Al_2O_3제가 효과적
           ⓕ 질소와 결합하기 쉬운 Ti, Nb, Zr 등을 첨가할 때는 공기에 의한 오염에 주의
    ㉓ 출강온도
           ⓐ 출강시 레이들 중의 온도지하, 조괴온도, 용해강종의 융점, 노외정련의 경우 적절한 정련개시온도를 고려하여 작업기준을 설정
           ⓑ 레이들 출강시 온도저하는 출강을 요하는 시간, 용강량, 레이들 예열온도 등에 따라 달라짐
           ⓒ 온도저하의 80% 이상이 레이들 내화물에 의한 열흡수가 차지함
           ⓓ 주입온도 : STS300계 1,465~1,515℃, STS400계 1,520~1,540℃, 보통강괴 1,530~1,570℃
    ㉔ 레이들 중의 Ar 교반
           ⓐ 연속주조에서 주입기간의 온도 균일화가 요구
           ⓑ 레이들 중에서 porous plug로부터 Ar을 취입
           ⓒ Ar취입 효과 : 온도 및 성분의 균일화, 개재물의 부상분리, 탈황촉진

3. 기타 스테인리스강 제조법

(1) 전로를 이용한 제조

① **주목적** : 고로용선의 사용에 따른 공정의 일관화, 에너지 절감, 저렴한 Fe-Cr 사용, 고탈탄속도에 따른 높은 생산성

② **제조법**
   ㉠ LAM법 : 고로에서 제조한 고Cr 용선을 사용하여 고Cr강 제조
   ㉡ 큐폴라에서 용선을 받아 전로에서 페라이트계 스테인리스강을 제조하는 방법

③ **LD 전로 단독공정에 의한 스테인리스강 제조의 문제점**
   ㉠ Cr의 대량산화로 실수율이 떨어짐
   ㉡ 점성이 높은 슬래그 생성량이 많음

④ Cr 산화가 적은 고탄소역에서 전로 공정을 적용하고, 탈탄과 완성정련은 진공법 등의 노외정련법 등을 사용

⑤ **최근 조업 기술** : VOD법, RH-OB법(LD-Vac법), AOD법

(2) Elo-Vac법(전기로조업 + VOD법)

① 전기로에서 C 0.30~0.50%까지 예비탈탄하고 탈탄 중에 산화한 Cr을 환원한 후 VOD 공정으로 이동

② **배합 Cr 량** : 규격값까지 배합(추가 Fe-Cr 장입이 없도록 유의)

③ 전기로 조업에서의 과도한 탈탄은 Cr 실수율을 저하시키는 원인
④ 탈황은 VOD 공정에서 내화물 보호관계로 어려우므로 전기로에서 탈황을 실시

(3) 전기로조업 + AOD법

① 전기로에서 예비탈탄을 하지 않음
② Si 함유량은 AOD로 내화물 보호를 위해 0.2~0.4%로 제한
③ **탈Si** : 산소 예비취련으로 탈규 실시(온도 상승 효과도 있음)
④ **Cr 실수율 향상** : 출강 전 소량의 Fe-Si을 첨가하여 산화된 Cr을 환원
⑤ AOD에서 탈황능이 크므로 전기로에서는 탈황을 하지 않으므로 S가 높은 원료(0.4%S 정도)도 사용이 가능

(4) 각 제조법에 따른 품질 비교

① **탈탄한계**
  ㉠ 진공법에서는 탈탄말기의 교반강화, 고진공으로 초저탄소 강을 얻을 수 있음
  ㉡ AOD법에서는 탈탄말기의 Ar/산소 비를 높게 하여 초저탄소 강을 얻을 수 있으나, 환원기의 복탄에 유의(탈탄한계는 진공법보다 높음)

② **탈질한계**
  ㉠ VOD법에서는 초저질소강의 제조 가능
  ㉡ AOD법에서는 출강 시 질소 흡수(한계값이 VOD법보다 높아짐)
  ㉢ 초저탄소-질소 스테인리스강 제조에는 VOD법이 유리함

③ **수소** : 진공탈탄법, AOD법 모두 감압효과, 희석가스 기포효과에 의해 극저수소강을 얻을 수 있음

④ **산소**
  ㉠ **진공법** : 진공 중의 C 탈탄에 의하여 청정성이 좋은 제품을 얻을 수 있음
  ㉡ **AOD법** : 슬래그의 교반 작용으로 산화물의 부상분리가 촉진

⑤ **황**
  ㉠ **AOD법** : 최종공정에서 탈황정련이 매우 우수하여 극저황강 제조에 유리함 슬래그 제어 가능, 교반 능력이 우수, 정련온도가 높은 것 등의 요인
  ㉡ **진공법** : 초기 S강을 규제하지 않으면 극저황강 제조가 곤란

⑥ **미량 불순물**
  ㉠ **보통법** : 원료에서 미량 불순물 등에 의한 품질 저해가 없음
  ㉡ **레이들 정련법** : 증발효과에 의해 Pb이 10ppm 이하 값이 얻어짐
  ㉢ **AOD법** : 전기로 출강 시 Pb이 0.1% 정도 함유되어 있어도 품질에 영향이 없음

CHAPTER 05
조괴법

KEYWORD 제선, 제강, 탈산, 조괴, 상주법, 하주법, 주형, 응고, 킬드강, 림드강, 세미킬드강, 캡드강, 수축공, 기공, 편석, 비금속 개재물, 백점

01 용강의 탈산

1. 탈산의 개요

① 제강 말기에 취입된 산소의 일부가 용강에 남아 개재물로 존재하여 불건전한 강괴 형성의 원인
② 탈산의 목적
  ㉠ 용강의 탈산은 용해된 산소나 산화 개재물을 제거
  ㉡ 개재물의 형태나 분포 조정

2. 탈산법의 종류

(1) 용강 중의 탄소에 의한 탈산

① 산소는 탄소와 결합하여 가스 상태의 CO 가스를 생성하면서 탈산
② 일정 온도, CO 분압에서 용강 중의 탄소량이 많으면 탈산이 잘 이루어짐
③ 철강 재료는 탄소 함유량에 따라 특성이 달라지므로 탄소에 의한 탈산은 사용하지 않음

(2) 확산 탈산

① 슬래그 중의 FeO와 용강 중의 산소와 일정 비율을 유지
② 슬래그 중의 FeO 농도를 감소시키면 슬래그와 접촉하고 있는 용강이 탈산 반응이 일어나며, 일정 비율에 도달할 때까지 진행

기출문제

용강 탈산의 3가지 방법에 해당되지 않는 것은?
① 석출 탈산
② 침적 탈산
③ 확산 탈산
④ 용강 중의 탄소에 의한 탈산

정답 ▶ ②

기출문제

산화정련을 마친 용강의 CO 기포 발생을 감소시키기 위한 탈산 방법이 아닌 것은?
① 탄소에 의한 탈산
② 복합탈산
③ 규소에 의한 탈산
④ 확산탈산

정답 ▶ ①

③ 즉, 용강 중의 산소는 FeO로 되어 슬래그로 확산이 진행
④ 탈산 정도에 제약이 있으므로 거의 사용하지 않음

(3) 탈산제에 의한 석출 탈산(강제 탈산)

① 산소와의 친화력이 Fe보다 큰 원소를 용강 중에 첨가하여 용강 중의 FeO를 환원 탈산하는 방법
② 산화물은 슬래그 중에 부상되어 분리
③ 첨가 원소는 합금, 알루미늄 단괴로 참가
④ **석출 탈산제의 구비조건**
 ㉠ 산소와의 친화력이 Fe보다 클 것
 ㉡ 탈산제의 융점이 낮아 쉽게 용강 중에 용융될 것
 ㉢ 탈산생성물의 부상 속도가 커서 쉽게 슬래그화 될 것
⑤ 두 가지 이상의 탈산제를 첨가하는 복합탈산이 효과적

3. 탈산 방법

(1) TN법

① 초기는 탈황이 목적이었으나 최근에는 탈황, 탈산, 개재물의 형상 조절용으로 사용
② **탈산제** : CaC_2, Ca-Si 화합물, CaO, Mg
③ 0.1~1.0mm 크기의 탈산제를 아르곤 캐리어 가스와 함께 랜스를 통해 레이들에 취입
④ 처리 후 생성물인 황화물, 산화물이 슬래그로 부상하지 못하면 용강 중에 슬래그 이방성이 나타나므로 주의해야 함

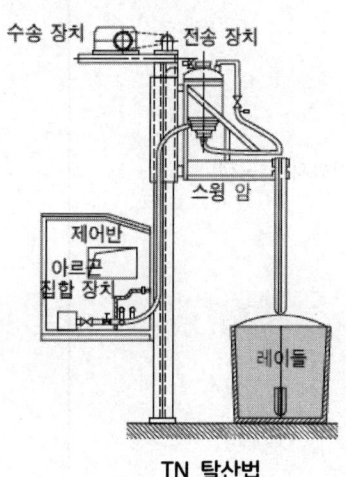

TN 탈산법

기출문제

TN법(injection법)과 가장 관계가 깊은 원소는?
① Al ② B
③ Ca ④ H

정답 ▶ ③

(2) Al탄 발사법(ABS법)

① 탈산제를 탄환 형태로 만들어 용강을 향해 깊숙이 발사하는 방법
② 발사된 탄환은 용강 표면에서 산화되기 전에 용강 깊숙이 투입되고 부상하면서 균일한 탈산작용을 할 수 있음
③ 탈산제나 합금원소의 실수율을 높이고 안정된 탈산도, 용해 알루미늄의 함유량을 줄일 수 있음
④ 탄환의 형상과 발사 속도에 따라 탈산제의 실수율과 용해 알루미늄의 양이 결정
⑤ 탄환의 지름이 클수록 투입이 잘 되지만 부상시간도 짧아짐
⑥ SCAT법 : 알루미늄 대신 Ca-Si 분말탄을 사용하는 방법

(3) Al선 발사법

① Al-Killed steel을 만들 때에 첨가하는 탈산제의 실수율을 높이고 용해 알루미늄의 양을 정확하게 조절
② 10mm 굵기의 알루미늄 선을 핀치 롤(Pinch Roll)에 의해 고속으로 용강 중에 첨가
③ **속도** : 8m/sec
④ 레이들 아래에서는 질소, Ar 가스로 교반하여 첨가된 알루미늄의 균일환 산화를 촉진
⑤ 알루미늄 선의 지름과 첨가속도에 따라 효과가 좌우

(4) CAS법(SAB법, 레이들 내 성분 조정법)

① 레이들 내의 용강에 내화물로 축조된 별도의 작은 용기를 담가서 합금철 첨가하여 탈산시키는 방법
② 레이들 아래에 포러스 플러그를 통해 Ar가스를 취입

4. 탈산 반응

(1) 탈산 속도

① **탈산 속도** : 탈산 생성물이 용강 위쪽으로 떠오르기까지의 공정

② **탈산 반응 기구**
  ㉠ 첨가한 탈산제가 용강 중에 용해 및 혼합
  ㉡ 탈산제가 용강 중의 산소와 화학반응
  ㉢ 탈산 생성물의 핵 생성
  ㉣ 생성된 핵의 성장
  ㉤ 탈산 생성물(비금속 개재물)의 부상 분리

기출문제

용강의 탈산을 목적으로 용강속에 Al탄을 발사하는 Al탄 발사법(ABS법)에서 Al탄의 지름이 커지면 Al탄의 돌입과 부상에 요하는 시간은 어떻게 달라지는가?

① 돌입과 부상시간은 같이 짧아진다.
② 돌입시간은 짧아지고 부상시간은 길어진다.
③ 돌입시간은 길어지고 부상시간은 짧아진다.
④ 돌입시간과 부상시간이 같이 길어진다.

정답 ▶ ①

(2) 탈산 반응 생성물의 핵성장 기구

① 탈산 원소와 산소의 확산에 따른 성장
② 탈산 생성물의 용강 중 Brown 운동에 의한 충돌에 따른 응집 및 성장
③ 부상 속도의 상대적인 차에 의한 충돌에 따른 응집 및 성장(가장 크게 작용)
④ 용강 교반에 의한 충돌에 따른 응집 및 성장

(3) 탈산 속도에 영향을 미치는 조업 인자

① **탈산 속도 저하 요인** : 용강의 재산화
② 용강의 재산화는 탈산 속도 저하 및 산소와 친화력이 강한 원소(Al, Ca)의 산화 손실 요인
③ 용강의 재산화 요인
　㉠ 공기
　㉡ 산소 퍼텐셜이 높은 슬래그
　㉢ 내화물 중의 SiO_2의 환원(용강 중의 Mn, Al 등과 반응)
　㉣ 앞 Charge 조업에서 레이들 벽에 부착된 슬래그
④ 재산화 방지법
　㉠ CAS(Composition Adjustment Process by Sealed Argon Bubbling)
　㉡ CAB(Capped Argon Bubbling)
　㉢ SAB(Sealed Argon Bubbling)
⑤ 슬래그 중의 산소 퍼텐셜을 낮추는 방법 : 슬래그 탈산법(Slag Killing)의 활용

> **기출문제**
> 용강 중에 생성된 핵의 성장 기구로 다음 중 가장 크게 기여하는 것은?
> ① 확산에 의한 성장
> ② Brown 운동에 의한 충돌에 기인하는 응집성장
> ③ 용강의 교반에 의한 충돌에 기인하는 응집성장
> ④ 부상속도의 차에 의한 충돌에 기인하는 응집성장
>
> 정답 ▶ ④

02 조괴 방법

1. 개요

① **조괴** : 전로, 전기로 등의 제강로에서 정련한 용강을 레이들에 받아 이것을 일정한 형상의 주형에 주입, 응고시켜 강괴(Ingot)로 만드는 방법
② **용강의 탈산도에 따른 분류** : 킬드강괴, 세미킬드강괴, 림드강괴, 캡드강괴
③ 강괴의 선택은 강의 조성 사용 목적, 제품의 원가 등을 고려
④ 강괴는 다음 공정에서 분괴(Blooming), 압연(Rolling), 단조(Forging) 등의 과정을 거쳐 제품으로 성형, 가공

2. 조괴 설비

(1) 레이들

① 제강로로부터 출강된 용강을 받는 그릇으로 외부는 철피, 내부는 내화벽돌로 내장된 용강을 받아 담는 용기

② 종류
    ㉠ **경사식** : 레이들을 기울여 용강을 주입하는 방법
    ㉡ **하주식** : 레이들의 밑부분에 있는 구멍(Nozzle)을 통해 주입

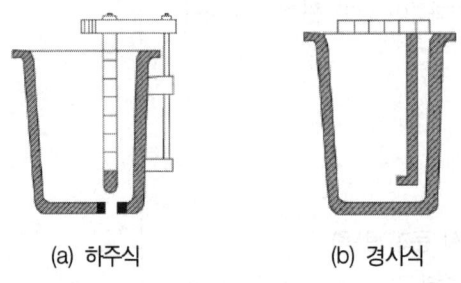

(a) 하주식   (b) 경사식

레이들의 형태

③ 내화재
    ㉠ 샤모트, 지르콘질, 고알루미나질, 마그네시아질 벽돌 사용
    ㉡ 벽돌대신 알갱이를 내화재에 투사(Sand Slinger)하거나 스탬프(Stamp) 법으로 축조

④ 스토퍼(Stopper)
    ㉠ 레버를 조작하여 노즐을 개폐 작동하는 방식
    ㉡ 개폐장치가 레이들 내에 설치

⑤ 노즐 직경에 의해 주입속도 결정

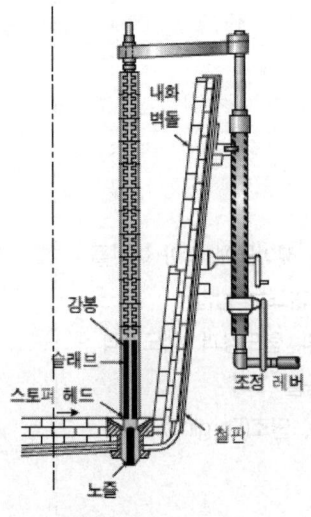

스토퍼 노즐의 구조

기출문제

조괴 조업 시 주입은 출강 후 즉시 주형에 주입하는 것이 보통이며 낮은 온도에서 주입속도를 빠르게 하는 것이 원칙이다. 이때 주입속도는 어느 부분에 의해 주로 결정되는가?

① 헤드   ② 스핀들
③ 바디넥   ④ 노즐 직경

정답 ▶ ④

⑥ 슬라이딩 노즐(Sliding Nozzle)
  ㉠ 레이들 외부에 두 장의 판으로 된 내화물에 노즐을 만들고 개폐 작동 기구를 부착하여 전기나 유압으로 개폐 작동하는 방식
  ㉡ 종류 : 직선왕복식과 회전식

⑦ 슬라이딩 노즐의 장점
  ㉠ 노즐-스토퍼 방식에서는 1회용이지만 이 방법은 5~10회 연속 사용 가능
  ㉡ 주입속도 조절이 용이
  ㉢ 주입사고가 적고 원격 조정이 가능하여 안전 작업이 보장
  ㉣ 유량제어가 정확하고 자동화 가능

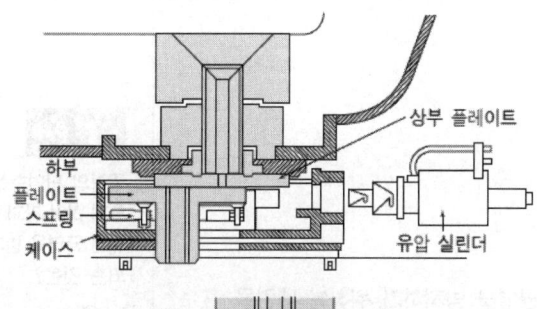
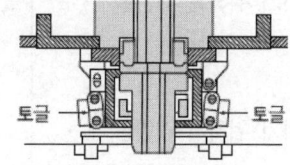

슬라이딩 노즐의 구조

기출문제
레이들 저부에 설치하여 사용하는 슬라이딩 노즐(Sliding nozzle)의 특징으로 틀린 것은?
① 주입속도의 조절이 쉽다.
② 레이들 저부에 요동장치를 사용한다.
③ 노즐 스토퍼 방식보다 주입사고가 자주 발생한다.
④ 노즐 스토퍼 방식에 비해 5~10회 정도의 연속사용이 가능하다.

정답 ▶ ③

기출문제
슬라이딩 노즐(Sliding nozzle)의 장점으로 틀린 것은?
① 주입사고가 적다.
② 주입속도의 조절이 쉽다.
③ 원격조작을 하므로 인건비가 절약된다.
④ 주입량에 따라 노즐재료가 다르다.

정답 ▶ ④

(2) 주형과 정반

① 주형
  ㉠ 강괴를 생산하기 위한 틀
  ㉡ 주형의 재질 : 주철제(4.0~4.3%C)

② 높이 방향에 따른 분류
  ㉠ 상광형
    ⓐ 위가 넓고 밑이 좁은 형태
    ⓑ 킬드강괴에 사용
  ㉡ 하광형
    ⓐ 위가 좁고 밑이 넓은 형태
    ⓑ 림드강괴, 세미킬드강괴에 사용
  ㉢ 캡드형
    ⓐ 하광형에 뚜껑을 덮을 수 있는 것
    ⓑ 캡드강괴에 사용

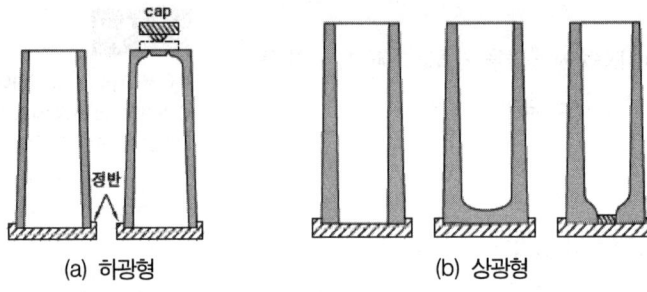

여러 가지 주형의 모양

③ 단면 형상에 따른 분류
  ㉠ 각형(Plain형)
    ⓐ 편평도(장편/단편)가 1인 주형
    ⓑ 분괴용 Billet 등의 형강용
  ㉡ 편평형(Flat형)
    ⓐ 편평도가 1.3~3.0인 주형
    ⓑ 슬래브(Slab)용 등의 강판용
  ㉢ 파형(Corrugate형)
    접촉면을 크게 하여 응고 촉진시킨 균열을 방지하기 위하여 내면을 파형으로 가공한 것
  ㉣ 골피인형(요철형, Flute형)
    접촉면을 크게 하여 응고 촉진시킨 균열을 방지하기 위하여 내면을 요철형으로 가공한 것

(a) 편평형   (b) 볼록형   (c) 파형   (d) 골피인형

주형 단면의 형태

④ 정반(Stool, Bottom Plate)
  ㉠ 주형을 올려놓는 깔판으로 주형과 같은 재질 사용
  ㉡ 상주법일 때는 주형 하나에 정반 1개 사용
  ㉢ 하주법일 때는 하나의 정반에 몇 개의 주형을 사용

⑤ 압탕틀
  ㉠ 응고수축에 의한 손실을 최소화하기 위해 주형 상부에 설치
  ㉡ 강괴의 실수율을 높임
  ㉢ 압탕틀의 종류
    ⓐ 벽돌 압탕틀 : 과거에 많이 사용
    ⓑ 발열성 슬리브 : 현재 주로 사용

기출문제

주형의 단면형상 중 접촉면적을 크게 하여 강괴 표면의 냉각을 빨리 해서 균열을 방지할 목적으로 사용되는 것은?
① Plain   ② Camber
③ Circle   ④ Corrugate

정답 ▶ ④

ⓒ 단열성 슬리브 : 외부로 열방출을 억제
ⓓ 아크 압탕 가열 : 아크열에 의한 응고속도를 줄이는 방법

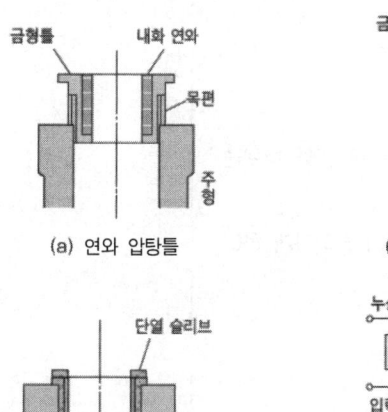
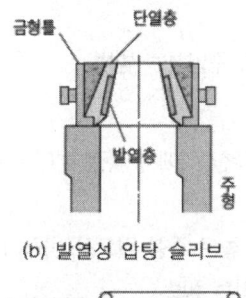
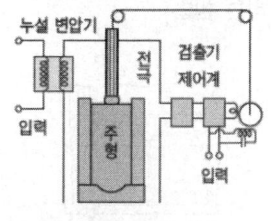

(a) 연와 압탕틀   (b) 발열성 압탕 슬리브
(c) 단열성 압탕 슬리브   (d) 아크 압탕가열

압탕틀의 종류

⑥ 주형 준비 작업
  ㉠ 작업 순서 : 정반연와조립 → 정반장치 → 정반보호철판 및 Splash Can 설치 → 주형 설치(주형 냉각 및 도포 실시)
  ㉡ 정반연와, 정반보호판 사용 목적 : 정반 보호
  ㉢ Splash Can 설치 목적 : Splash 흠 방지
  ㉣ 주형 냉각(100℃) 목적 : 주형 수명 연장
  ㉤ 주형 도포 목적 : 주형과 강괴 부착방지, 주형수명연장, 형발 용이, 주름흠 방지

⑦ 주형 수명에 미치는 영향(수명 연장 조건)
  ㉠ Taper : 크다
  ㉡ 편평도 : 작다
  ㉢ 주입단중 : 적다
  ㉣ 성분 : P, S, As, V 감소
  ㉤ 주입법 : 하주
  ㉥ 주형회전율 : 감소
  ㉦ 주형수리 : 증가

⑧ 만주비(M/I비) : 주형 최고 높이까지 주입할 때의 주형과 강괴 단중과의 비

3. 조괴 방법

(1) 주입 방법

① **주입작업** : 레이들 내 용강을 주형에 주입하는 방법

② **주입법**
　㉠ **상주법**(Top Pouring) : 용강을 주형 위에서 직접 부어 주형 안을 채우는 방법
　㉡ **하주법**(Bottom Pouring) : 세워 놓은 주형 밑으로 용강이 들어가게 하여 점차 주형 안에 용강이 차도록 하는 방법

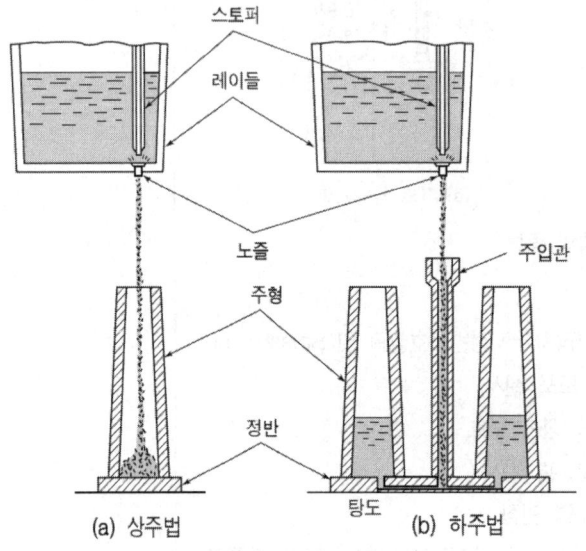

상주법과 하주법의 비교

③ **상주법과 하주법의 장단점 비교**

분류	상주법	하주법
장점	• 생산비가 저렴 • 작업이 간단 • 연와혼입이 적음 • 강괴 회수율이 양호 • 작업환경이 양호 • 고중량, 대량생산에 적합	• Splash가 없어 표면이 양호 • 작은 강괴를 일시에 많이 얻을 수 있음 • 주입속도 및 탈산속도 조정이 양호 • 주입시간 단축 • 고급강 및 표면을 중요시하는 강괴 생산용
단점	• Splash에 의해 표면이 불량 • 본당 주입속도가 빠름 • 용강의 산화에 의한 탈산 생성물이 다량 발생	• 생산비가 높음 • 양피실수율이 불량 • 연와혼입이 많음 • 사고 발생이 많음(용강유출, 일시에 수본 단척발생) • 작업이 복잡하고 작업환경이 불량

기출문제

다음 중 하주법의 특징으로 틀린 것은?
① 주입속도 조절이 쉽다.
② 강괴 표면이 깨끗하다.
③ 정반유출사고가 상주법보다 적다.
④ 작은 강괴를 한 번에 많이 얻을 수 있다.

정답 ▶ ③

기출문제

조괴작업에서 하주법의 특징으로 맞는 것은?
① 주입속도와 탈산조정이 어렵다.
② 조괴량이 좁다.
③ 대량 생산에 적합하다.
④ 강괴 표면이 깨끗하다.

정답 ▶ ④

(2) 주입속도와 주입온도

① **고온, 고속 주입 시** : 강괴표면 양호, Crack 발생, 주형과 강괴 용착
② **저온, 저속 주입 시** : 주름흠, Scab 발생(2중흠 원인)
③ **적정 주입온도** : 응고온도 30~50℃ 높게 유지(고온 정련, 저온 주입이 원칙)
④ **주입 시 유의사항**
  ㉠ 적정 온도·속도 유지
  ㉡ 적정 탈산
  ㉢ 편심 및 갑작스런 주입 방지(Scab, Crack 원인)
⑤ **주입속도 계산** : $V = a \cdot \rho \sqrt{2gh}$
  V : 단위시간당 용강유출량(g/sec)
  a : 노즐 단면적(cm²)
  ρ : 용강비중(g/cm³)
  g : 중력가속도(cm/sec²)
  h : 레이들 내 용강 깊이(cm)
⑥ **용강의 탈산 정도가 부족 시 주입속도**
  ㉠ 탈산제를 첨가하여 보정
  ㉡ 킬드강의 경우 압탕틀까지 올라오면 코크스나 짚의 재같은 보온재로 덮거나, 발열제 투입
  ㉢ 전기 아크로 용해시켜서 응고할 때 수축관 발생에 주의
⑦ **강괴의 종류별 주입속도**
  ㉠ 킬드강은 균열에 대하여 민감하므로 천천히 주입
  ㉡ 림드강은 주입속도를 약간 빨리 하여도 기포가 응력에 대해 완충역할을 하므로 균열이 발생되지 않음
  ㉢ 림드강은 주입속도를 천천히 하면 공기에 의한 산화가 심해져서 결함이 많이 발생하고, 표면이 불량해짐

(3) 용강의 응고

① 응고속도는 처음은 빠르고, 점점 늦어진 후 중간 이후 점차 빨라짐
② 불순물은 최종 응고되는 강괴의 중앙 상부로 응집
③ 불순물은 응고온도를 저하시킴

(4) 조직

① 응고 속도가 빠를수록 조직은 치밀
② **Chill 정**
  ㉠ 주형과 접한 부분으로 급랭된 조직
  ㉡ 극히 미세하고 질이 양호

기출문제

다음 중 단위시간당 용강의 유출량을 구하는 식으로 옳은 것은?

① $a \cdot \rho \sqrt{2 \cdot g \cdot h}$
② $g \cdot h \sqrt{2 \cdot a \cdot \rho}$
③ $\dfrac{a \cdot \rho}{\sqrt{2 \cdot g \cdot h}}$
④ $\dfrac{g \cdot h}{\sqrt{2 \cdot a \cdot \rho}}$

정답 ▶ ①

기출문제

조괴작업 시 주입속도에 대한 설명 중 틀린 것은?

① 킬드강은 일반적으로 균열에 대하여 민감하므로 천천히 주입해야 한다.
② 림드강은 주입속도를 약간 빨리 하여도 기포가 응력에 대해 완충역할을 하므로 균열이 발생되지 않는다.
③ 림드강에서 주입속도를 천천히 하면 강괴표면이 좋아진다.
④ 림드강에서 주입속도를 천천히 하면 공기에 의한 산화도가 많아 결함이 생기기 쉽다.

정답 ▶ ③

③ **주상정**
  ㉠ 응고 진행 방향으로 주형면에 수직하게 발달된 조직
  ㉡ 미세한 편석 및 기포가 존재

④ **입상정**
  ㉠ 강괴 중앙부에서 응고핵이 발생하여 응고된 조직
  ㉡ 다각형의 조대한 조직이 형성
  ㉢ 순질재에 속함

⑤ **침전정**
  ㉠ 용강 중 순질 부분이 침전하여 생성된 조직
  ㉡ 날카로운 입상정 형상

⑥ **수지상정** : 응고점에 도달했을 때 발생된 미결정에 나뭇가지 형상으로 결정이 성장하여 형성된 조직

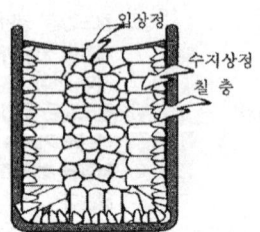 

응고 조직

(5) 형발 작업

① **형발 : 주형과 강괴 분리**
  ㉠ 발취기로 발취작업하는 작업으로 Track Time으로 규제
  ㉡ 강괴가 완전 응고 전에 주형을 움직이면 수축관 등의 상황이 악화
  ㉢ 너무 늦추면 균열로에서 강괴의 균열 시간이 길어짐
  ㉣ 주형의 회전율이 낮아지고 주형 소비량 증가

② **트럭타임(T.T, Track Time)**
  ㉠ 주입완료 후 균열로 장입완료까지 경과시간
  ㉡ **규제목적** : 생산성 향상, 품질 향상, 열경제성 향상, 주형 수명 연장, 주형 회전율 증가
  ㉢ 너무 빠르면 편석 및 수축관 악화, 너무 늦으면 생산성 저하, 주형 회전율 감소

③ **형발시기**
  ㉠ **킬드강(K강)** : 완전 응고 후
  ㉡ **림드강(R강), 세미킬드강(S-K강)** : 40~50% 응고 시

03 강괴의 품질과 결함

1. 강괴의 품질

(1) 킬드강(K강)

① 강중 산소 50PPM 이하
② 완전히 탈산한 강(탈산제 : Al, Fe-Si)
③ 강괴 상부에 Pipe 생성
④ 기포가 없고 내부 균일(CO가스발생 거의 없음), 편석이 거의 없음
⑤ 회수율 불량, 고가
⑥ Pipe(수축공) 경감책
  ㉠ 압탕법(Hot Top) : 주형 상부에 단열제(Sleeve) 부착, 주입 완료 후 탕면에 발열·보온제 투입
  ㉡ 수장법 : 주입 종료 후 수랭
  ㉢ 하주법은 주입직후 탕면 노출 시 탕상 조정제 투입(보온, 산화방지, 윤활)

(2) 세미킬드강(S-K강)

① 강중 산소 150~200PPM
② Rimmed강과 Killed강 중간 정도 탈산한 강(탈산제 : Fe-Si, Fe-Mn)
③ Rimmed강(표면미려)과 Killed(내부균질)강 중간성질 겸비
④ 과탈산 시 Pipe, 약탈산 시 기포흠 발생(S-K강 기포 특징 : 두부(Hot top) 입상 기포)
⑤ 양괴 실수율 양호

(3) 림드강(R강)

① 전혀 탈산을 하지 않거나 약간만 탈산한 강(탈산제 : Fe-Mn)
② CO가스에 의해 리밍액션(R/A : Rimming Action) 생성
  ㉠ R/A 활성화 조건 : 0.06~0.08%C, 강중 Mn·S 저하, 주입온도 및 속도 저하
  ㉡ R/A 활발 시 : 표면층 미려, 내부편석 증가
  ㉢ R/A 불활발 시 : 편석 감소, 표면기포 노출
  ㉣ Rim 층(림드강의 바깥부분) : 40~60mm
③ 편석이 심하고 내부 불균일
④ 표면 미려, 회수율 양호

기출문제

다음 중 편석이 가장 적은 강괴는?
① 림드강   ② 킬드강
③ 캡드강   ④ 세미킬드강
정답 ▶ ②

기출문제

다음 강 중에서 탈산도가 가장 좋은 것은?
① 림드강   ② 킬드강
③ 심드강   ④ 세미킬드강
정답 ▶ ②

기출문제

킬드강의 하주 주입시에 주입 중 탕면의 산화방지, 탕주름의 발생 방지를 위하여 어떤 조치가 가장 적합한가?
① 발열 파우더를 투입한다.
② 탕상 조정제를 투입한다.
③ 환원성 불꽃으로 탕면가열한다.
④ 주형 상부를 철판으로 덮는다.
정답 ▶ ②

기출문제

강의 탈산이 약할 때 표피 바로 아래에 가장 많이 발생하는 결함은?
① 균열   ② 기포
③ 벌징   ④ 탕경
정답 ▶ ②

기출문제

림드강의 교반운동(Rimming action)은 무슨 가스의 영향인가?
① O   ② CO
③ H   ④ N
정답 ▶ ②

⑤ **편석 증가요인**
  ㉠ S, P, C 함유량
  ㉡ R/A 활발 및 R/A시간이 길어질 때
  ㉢ 고중량 및 응고속도 저하(고온)

(4) 캡드강

① 림드강의 일종
② 주입 즉시 뚜껑을 덮어 R/A 강제 정지
③ **Hitting Time(뚜껑치기시간)으로 규제**
  ㉠ 주입완료 후 용강이 상승하여 뚜껑에 닿을 때까지 시간
  ㉡ H/T이 너무 길면 편석 증가, 너무 짧으면 표면흠 발생
  ㉢ 적정 H/T 시간 : 8~12분
④ 림드강보다 편석 감소
⑤ 강괴 중량변경 곤란, 양괴실수율 양호

> **기출문제**
> 용강을 주입 후 뚜껑을 씌워 용강의 비등을 억제시켜 RIM 부분을 얇게 함으로서 내부의 편석을 적게 한 강괴는?
> ① 림드강 ② 킬드강
> ③ 캡드강 ④ 세미킬드강
> **정답 ▶ ③**

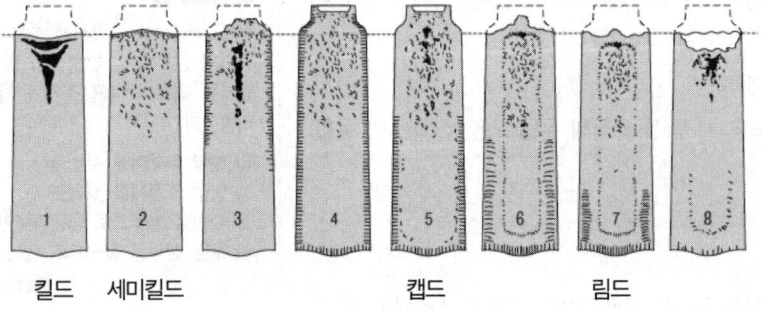

강괴의 종류에 따른 종단면 형상

2. 강괴의 결함

(1) 수축관(Pipe)

① 강이 응고할 때 수축에 의하여 강괴의 윗부분 및 중심축을 따라 발생
② 킬드강에서 주로 발생
③ 세미킬드강은 과탈산되었을 때 발생
④ 림드강은 CO 가스가 과다하게 잔류할 때 발생
⑤ 수축공은 대기에 접하고 있어 표면이 산화되므로 압연해도 압착이 되지 않음
⑥ 강괴의 이용 부분을 증가시키기 위해 압탕 사용

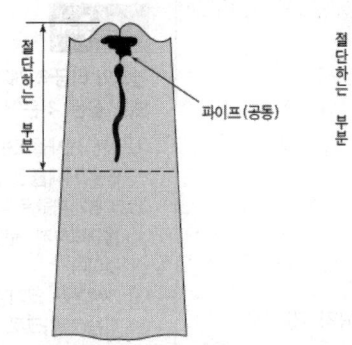

(a) 두부에 단열성 보온재를 사용한 압 탕을 사용하지 않은 경우에는 중앙부에 파이프가 생겨 손실이 많다.

(b) 압탕을 사용하는 경우에는 파이프가 줄어 강괴의 회수율이 증가한다.

수축관(Pipe)의 모양

(2) 기공
① 강괴에는 크기가 다른 기공이 많이 존재
② 킬드강을 제외한 다른 강괴에는 가스 방출에 의하여 표피부에 관상 기포가 생기고 내부에는 입상 기포가 존재
③ 외부에 노출된 기공은 산화되어 있기 때문에 압연과정에서 균열이 발생, 표면이 고르지 못한 흠의 발생원인
④ 내부 기공은 압연 시 압착
⑤ 응고 중 가스 방출을 조절하여 기포가 없는 두꺼운 표피부를 얻어야 기공을 최소화할 수 있음

(3) 편석
① 용질 성분이 불균일하게 존재하는 현상
② 처음에 응고한 부분과 나중에 응고한 부분의 성분이 균일하지 않아 편석 현상 발생
③ **부편석(Negative Segregation)** : 편석도가 적은 부분(먼저 응고한 부분)
④ **정편석(Positive Segregation)** : 편석도가 큰 부분(늦게 응고한 부분)
⑤ **편석 원소** : S > P > C > Mn, Si
⑥ **림드강** : 바깥부분(Rim zone)은 부편석, 중앙부는 정편석
⑦ **킬드강(편석이 가장 적음)** : 아래부분은 부편석, 윗부분은 정편석
⑧ 주형 중의 용강에서 가스가 발생하거나 동요되면 용강이 교반되어 편석이 촉진
⑨ 림드강에서는 교반작용 때문에 조용히 응고하는 킬드강에서보다 편석이 심하게 발생
⑩ 강괴 중량이 커지면 편석이 증가

기출문제
강괴 내부결함인 편석에 대한 설명으로 맞는 것은?
① 강괴 응고 시 주로 중앙저부에 발생한다.
② 주입 중 CO 가스에 의해 용강이 교반될수록 편석은 감소한다.
③ 편석도를 증가시키는 원소순은 Mn > C > P > S 순이다.
④ 강괴가 커질수록 편석은 심해진다.

정답 ④

기출문제
강의 연속주조 시 냉각조건에 따라 편석이 일어나기 쉬운 원소로 이루어진 것은?
① S, P, C, Mn
② C, Si, Cr, Mn
③ Zn, S, Mn, Sn
④ Ag, P, Si, Mo

정답 ①

기출문제
용강이 응고 중에 발생하는 편석을 최소화할 수 있는 방법으로 가장 관계가 먼 것은?
① 다방향응고(多方向凝固)를 시킨다.
② 편석하기 쉬운 유해 성분의 함량을 적게 한다.
③ 고합금강에서는 강괴의 중량을 적게 하여 편석을 줄인다.
④ 편석 성분을 hot top에 모이게 하여 분괴 후에 끊어낸다.

정답 ①

⑪ 방지대책
　㉠ 편석 성분 감소
　㉡ 편석 성분 두부(Hot Top)로 모이게 하여 절단
　㉢ 강괴 중량 감소
　㉣ 연속주조법을 사용하여 빌릿이나 슬래브를 제조

(4) 비금속 개재물
① 산화물, 질화물, 황화물 등의 비금속 화합물이 강괴 중에 들어간 것
② 재료의 강도와 내충격성 저하의 원인
③ 발생 원인
　㉠ 용강 내 각종 반응에 의한 반응 생성물
　㉡ 용강의 공기 산화
　㉢ 내화물의 용식 및 기계적 혼입
④ 비중이 작으므로 떠오르는 시간을 충분하게 유지
⑤ 성분별 개재물의 종류와 특징

종류	그룹 A	그룹 B	그룹 C	그룹 D	그룹 DS
모양					
성분	황화물 종류	알루민산염 종류	규산염 종류	구형 산화물 종류	단일 구형 종류
특징	쉽게 잘 늘어나는 개개의 회색 입자들로서 가로/세로의 비(길이/폭)가 넓은 범위에 걸쳐 있고 그 끝은 보통 둥글게 되어 있다.	변형이 안 되며 모가 나고 흑색이나 푸른색이 도는 많은 수의 입자들(최소한 3개로서 가로/세로의 비가 낮으며(보통 3보다 작다.) 변형 방향으로 정렬되어 있다.	쉽게 잘 늘어나는 개개의 흑색 혹은 진회색 입자들로서 가로/세로의 비가 크며(보통 3 이상) 그 끝은 보통 날카롭다.	변형이 안 되며 모가 나거나 구형으로서 가로/세로의 비가 낮고(보통 3보다 작다) 흑색이거나 푸른색이 돌며 방향성 없이 분포되어 있는 입자들	구형이거나 거의 구형에 가까운 단일 입자로서 지름이 13 mm 이상이다.

⑥ 관찰 가능에 의한 종류
　㉠ 마크로 개재물 : 육안 관찰이 가능한 것
　㉡ 마이크로 개재물 : 현미경으로 관찰이 가능한 것
⑦ 생성시기에 의한 종류
　㉠ 1차 개재물 : 액상 선보다 높은 온도에서 발생한 것
　㉡ 2차 개재물 : 응고구간에서 발생한 것

기출문제

강괴의 비금속 개재물에 대한 설명으로 옳은 것은?
① A계 개재물로는 알루민산염계, B계 개재물은 황화물계라 한다.
② R계 개재물은 접선변형하지 않고 불규칙하게 분산하여 존재하는 것이다.
③ 개재물은 크기별 육안으로 검사 가능한 마크로 개재물, 현미경 하에서 검사 가능한 마이크로 개재물로 나눌 수 있다.
④ 용강의 탈산이나 탈황반응으로 생긴 것으로 1차 개재물은 응고구간에서 생긴 것이며, 2차 개재물을 액상 선보다 높은 온도에서 생긴 것이다.

정답 ▶ ③

기출문제

강괴에서 결함의 원인이 되는 개재물은 주로 대형산화물계이다. 세미킬드강의 Skin 부분에서 발생하는 대형 개재물을 감소시키기 위한 가장 옳은 대책은?
① 석회비등을 촉진시킨다.
② 알루미늄 탈산을 한다.
③ 고온 고속 주입을 한다.
④ 수소 가스를 증가시킨다.

정답 ▶ ②

기출문제

용강의 탈산속도는 개재물의 부상속도와 관계되며 부상속도는 다음과 같이 나타난다. η는 무엇을 나타내는가? (단, g : 중력가속도, ρ_{Fe} : 용강의 밀도, ρ_S : 개재물의 밀도, r : 개재물의 반지름)

$$u = \frac{2g(\rho_{Fe} - \rho_S)r^2}{9\eta}$$

① 용강의 온도
② 용강의 점성 계수
③ 개재물의 함유량
④ 탈산제의 첨가량

정답 ▶ ②

⑧ 세미킬드강 표면부에서 발생하는 대형 개재물 감소하기 위해 알루미늄으로 탈산을 실시
⑨ 개재물의 부상 속도(u)

$$u = \frac{2g(\rho_{Fe} - \rho_S)r^2}{9\eta}$$

(g : 중력가속도, ρ_{Fe} : 용강의 밀도, ρ_S : 개재물의 밀도, r : 개재물의 반지름, η : 용강의 점성 계수)

(5) 백점

① 백점(White Spot) : 파단면이 은회색
② 백점이 발생한 부분은 미세한 균열이 발생(헤어 크랙)
③ 발생원인
 ㉠ 응고 시 방출된 고용 수소가 열간가공 시 잔류된 응력
 ㉡ 응고 시 온도 강하에서 생기는 응력
 ㉢ 변태응력 또는 과포화수소의 발생 압에 의해 생기는 응력
④ 방지책
 ㉠ 용강 중에 수소 활용을 가능하면 억제
 ㉡ 단조 또는 압연 온도에서의 냉각 속도 감소
 ㉢ 외부로부터 수소 침입을 억제

(6) 용강 중의 기체 성분

① 용강의 온도가 낮아져 응고할 때 가스의 용해도가 낮아져 방출
② 일부는 강의 성분, 화합물을 형성하여 품질 저하의 원인
③ 탈가스법을 이용하여 제거

(7) 기타 결함(외부 결함)

① **2중 표피(Double Skin)** : Splash, 킬드강 압탕불량(과압탕, Sleeve 부착불량), 림드강 과산화
② **탕주름(Ripple Surface)** : 저온·저속주입, 하주 시, 주입 중 용강 동요(주로 킬드강)
③ **균열(Crack)** : 고온·고속주입, 고온 주형 사용, 편심 주입, 주형 설계 불량
④ **거북등 표면(Crazing)** : Crazing 주형 사용
⑤ **선상흠** : 림드강, 세미킬드강 약탈산
⑥ **딱지흠(Scab)** : Splash, 주입류 불량, 저온·저속주입, 편심주입
⑦ **이물흠(비금속 개재물)** : 내화물 혼입, Slag 혼입

기출문제

강괴에 나타나는 내부 결함이 아닌 것은?
① 편석
② 개재물
③ 수축관
④ 이중표피

정답 ▶ ④

(8) 결함 발생 원인과 방지책

결함명	원인	방지책
수축관 (Pipe)	• 킬드강 Pipe 부산화 • 세미킬드강 과탈산 • 림드강 가스 과도방출	• 적정탈산 • 내부 Pipe부 외부공기 차단 • Hot Top 설치
2중표피 (Double Skin)	• Splash • 킬드강 과도 압탕 • 림드강 탕면 일시 저하 • 강괴의 파단 • 정반사고	• Splash Can 설치 • 적정압탕 • 적정탈산, 주입속도 유지 • 요철 정반 사용 • 주형 내부 도포
탕주름 (Ripple Surface)	• 저온·저속 주입 • 주입 중 용강의 동요 • 하주 시	• 고온·고속 주입 • 주형도포 • 주형 카바사용
균열 (Crack)	• 고온·고속 주입 • 고온 주형 사용 • 주형 설계 불량 • 조기 형발 • 편심 주입	• 저온·저속 주입 • 하주 • 적정온도의 주형 사용 • 적정 형발 시간 준수
거북등표면 (Crazing) 망상흠	• Crazing된 주형 사용 • 림드강 과탈산 • 리밍액션 불량 • 세미킬드강 약탈산	• 주형교환 • 적정탈산 • 활발한 리밍액션 유지
선상흠	• 림드강, 세미킬드강 약탈산	• 적정탈산 • 활발한 리밍액션 유지
Scab (딱지흠)	• 주입류 불량 • Splash • 저온·저속 주입 • 편심 주입 • 주형 내부 용손, 박리	• 정상주입 • 고온·고속 주입 • 편심주입 억제 • 주형정치 및 도포철저 • 주형수리 또는 교환
이물흠 (비금속 개재물)	• 내화물 혼입 및 부착 • 주형, 탕소 청소불량 • Slag 혼입	• 정치 및 청소철저 • 주형도포
백점 (Flackes)	• 과포화 수소 • 응력	• 수소량 감소 • 적정 냉각속도 유지

기출문제

상주초기에 용강의 비말(Splash)에 의한 각의 형성으로 강괴 하부에 생기는 결함은?

① 탕주름　② 이중표피
③ 해면두부　④ 개재물 혼입

정답 ▶ ②

CHAPTER 06
연속주조법

KEYWORD 제선, 제강, 연속주조, 몰드, 턴디시, 레이들, 주형진동장치, 주형냉각, TCM, 침지노즐, 브레이크 아웃, 턴디시카

01 연속주조의 특징

1. 개요

※ **연속주조(Continueous Casting)** : 조괴, 균열로 및 분괴 압연의 공정을 단일 공정으로 하여 용강으로부터 직접 빌릿(Billet), 슬래브(Slab), 블룸(Bloom)을 생산하는 것

2. 연속주조의 장점

① 실수율 향상
② 생산성 향상
③ 소비 에너지 면에서 우수
④ 자동화, 기계화가 용이
⑤ 공장의 소요 면적의 감소
⑥ 작업 환경의 개선
⑦ 강재의 균질화와 품질 향상
⑧ 인건비의 절약
⑨ 조괴법보다 12.5% 정도 싸게 빌릿을 생산

제조법	실수율	소요시간(h)	에너지소비	
			가스	전기
연주법	85~98	1~2	1.0	1.0
조괴법	75~90	10~20	5~18	1.5~2.0

기출문제

다음 중 연주법에 대한 설명으로 틀린 것은?
① 실수율과 생산능률이 우수하다.
② 분괴 공정을 통한 강괴(Ingot)를 생산한다.
③ 기계화가 용이하고, 공장의 면적이 감소한다.
④ 반응고된 주편으로 주형하부에서 연속적으로 블룸 및 빌렛을 생산하는 것이다.

정답 ▶ ②

3. 연속주조 공정

① 턴디시를 통한 용강의 스트랜드별 공급
② 턴디시로부터 주형 내로의 용강의 배분
③ 수냉 주형 내에서의 응고단면의 형성
④ 더미바를 이용한 주편의 인출
⑤ 주형 직하 2차 냉각대에서의 스프레이에 의한 냉각
⑥ 가스 절단에 의한 더미바의 제거 및 주편의 소정길이 절단
⑦ 공냉, 수냉방식에 의한 주편의 냉각

02
연속주조기 형식과 설비

1. 연속주조기 형식

(1) 연속주조기 기본 설비

① **레이들** : 용강을 담는 용기
② **턴디시** : 용강을 레이들로부터 받아 각 스트랜드에 배분
③ **수냉 주형** : 턴디시 밑의 노즐을 통해 흘러간 용탕을 응고
④ **살수 장치** : 주형 밑에서 나오는 반응고 주편을 냉각
⑤ **가이드 롤** : 주편을 안내
⑥ **주편 절단 장치(TCM)** : 주편을 일정 길이로 절단하는 장치

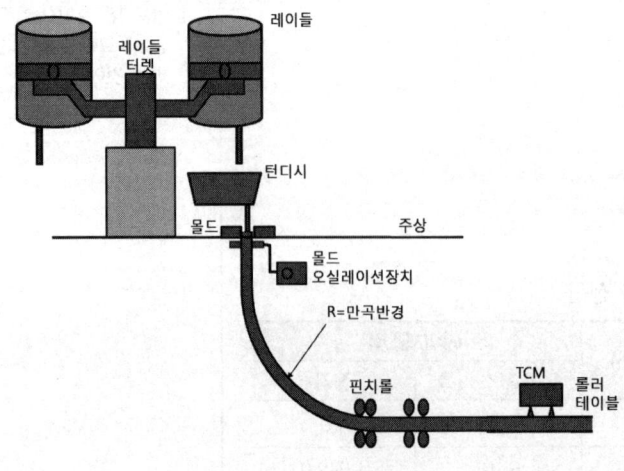

연속주조기의 기본 구조

(2) 형식

① 수직형
- ㉠ 기본적인 연속주조기 형태로 초창기에 주로 사용
- ㉡ 연속주조의 모든 단계가 일직선 위에서 이루어짐
- ㉢ 기계의 설치 높이가 있으며, 일부는 지하에 설치

② 수직 만곡형
- ㉠ 기계의 설치 높이를 줄여 건설비를 절약
- ㉡ 핀치롤(Pinch Roll)까지는 수직형이고, 아래 부분은 주편을 90° 구부려서 수평으로 한 것
- ㉢ 주편의 단면이 클 때에는 완전히 응고시키기 위해 장치의 높이가 어느 정도 높아야 함
- ㉣ 강종에 따라 품질면에서 나쁜 영향이 있음
- ㉤ 현재 대부분 이 형식을 사용

③ 전만곡형
- ㉠ 설비의 높이를 낮추기 위해 원호모양으로 구부러진 주형을 사용
- ㉡ 주편을 원호에 따라 뽑아내면서 2차 냉각하여 응고하는 형식
- ㉢ 1교점형, 다교점형
- ㉣ 공장의 높이는 낮으나 점유 면적이 수직형에 비해 매우 많음
- ㉤ 주형이나 2차 냉각대의 설비가 복잡
- ㉥ 평면 작업이 많으므로 작업이 효율적

④ 수평형
- ㉠ 주편의 응고되는 과정에서 구부리지 않음
- ㉡ 재질에 무리를 주지 않음
- ㉢ 공장의 면적을 많이 차지함
- ㉣ 응고할 때 기술적인 문제점이 있음

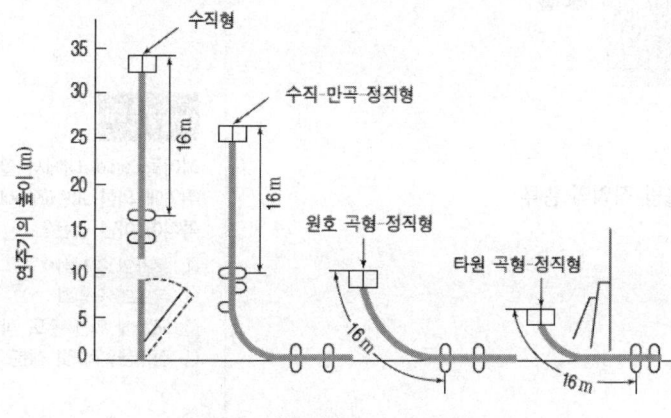

연주기의 형태에 따른 높이의 비교

기출문제

연속주조법(연주법)에 관한 설명 중 틀린 것은?
① 연속주조기술의 발달로 전연속 주조법, 연-연속주조법이 실용화 되고 있다.
② 연주기는 처음에 수평형을 사용 하였으나 차츰 수직형으로 발전 되었다.
③ 생산성과 품질을 향상시키기 위하여 연속주조기에서 응고된 주편을 절단하기 전에 높은 온도 상태에서 조압연을 하는 직송 압연법이 있다.
④ 연주기의 기본설비는 레이들 → 턴디시 → 수냉주형 → 분수장치 → guide roll → pinch roll → 절단 및 반출장치로 구성되어 있다.

정답 ②

기출문제

연속주조설비는 몰드(Mold)와 핀치롤(Pinch Roll)사이의 형상에 따라 연주기를 구분한다. 공장 건물 높이가 가장 높은 연주기의 형식은?
① 수직형 연주기
② 수평형 연주기
③ 만곡형 연주기
④ 수직만곡형 연주기

정답 ①

기출문제

연주기의 형식이 아닌 것은?
① 만곡형   ② 전만곡형
③ 수평만곡형 ④ 수직만곡형

정답 ③

기출문제

연주기 형식 중 만곡형을 채택하는 이유가 아닌 것은?
① 주조 속도 조정이 용이하다.
② 만곡 교정이 가능하기 때문이다.
③ 주편 절단 길이 조정이 쉽기 때문이다.
④ 건물을 높게 하여 품질을 좋게 하기 때문이다.

정답 ④

(3) 스트랜드(Strand)

① 생산량을 높이기 위해 단일 스트랜드보다는 복수 스트랜드(2~8개) 사용
② 용강은 턴디시에서 필요한 수의 스트랜드 수와 같은 주형으로 분류, 주입
③ **스트랜드 수를 결정하는 요소**
  ㉠ 제강로의 기수와 용량
  ㉡ 제강 시간
  ㉢ 목표 강괴의 단면의 크기
  ㉣ 주조 준비 시간

2. 연속주조기 설비

(1) 레이들

① 출강으로부터 연속주조기의 턴디시까지 용강을 옮길 때 사용하는 용기
② 레이들에 용강을 받기 전에 800℃로 예열
③ **버블링(Bubbling) 작업**
  ㉠ 용강을 받은 후 용강 내에 불활성 가스 취입, 교반하는 작업
  ㉡ 사용 가스 : 질소, 아르곤
  ㉢ 가스 취입법 : 상취법, 저취법(포러스 플러그법)
  ㉣ 가스 취입의 이유
    ⓐ 용강의 온도 균일화, 성분의 균일화
    ⓑ 용강 중의 비금속 개재물 부상을 용이하게 하여 용강의 청정도 향상

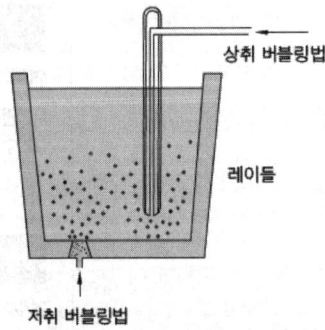

레이들 버블링 작업의 종류

④ **버블링 작업의 목적**
  ㉠ 용강의 온도 균일화
  ㉡ 용강의 성분 균일화
  ㉢ 비금속 개재물 부상분리
  ㉣ 용강의 청정도 향상

기출문제

레이들(Ladle) 내에서 불활성가스 취입에 의한 교반(Bubbling)작업의 목적이 아닌 것은?

① 용강의 청정화
② 온도의 균일화
③ 교반에 의한 온도 상승
④ 성분균일화 및 성분조정

정답 ▶ ③

⑤ 턴디시에 주입하는 방법
　㉠ 경주법
　㉡ 스토퍼-노즐법
　㉢ 슬라이딩 노즐 사용

⑥ 개재물 혼입방지
　㉠ 내화물 개량으로 내화재 탈락 방지
　㉡ 침지노즐 사용
　㉢ 용강의 공기에 의한 재산화 방지
　㉣ 주형 도료(파우더) 사용
　㉤ 탕도, 탕구 등 청소

⑦ 레이들 주입 노즐이 막히는 원인
　㉠ 용강 온도가 낮을 경우
　㉡ 주입 속도가 느릴 경우
　㉢ 석출물의 생성량이 많을 경우
　㉣ 석출물이 노즐에 부착해서 성장하는 경우

⑧ 레이들 터렛 : 레이들 교환 장치

⑨ 레이들 교환 시 유의사항
　㉠ 대기에 의한 재산화 방지
　㉡ 교환에 소요되는 시간 최소화
　㉢ 레이들 슬래그 유출 최소화

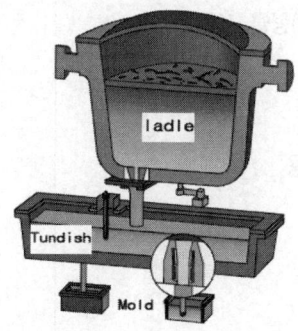

레이들과 턴디시의 구조

(2) 턴디시
① 주형에 용강을 공급하기 위한 중간 장치

② 턴디시의 역할
　㉠ 주입량 조절
　㉡ 주형에 용강 배분
　㉢ 용강 중의 비금속 개재물 부상 분리

기출문제

레이들 주입노즐이 막히는 이유로 가장 거리가 먼 것은?
① 용강온도가 저하되는 경우
② 고온·고속 주입을 하는 경우
③ 석출물의 생성량이 많은 경우
④ 석출물이 노즐에 부착 성장하는 경우

정답 ▶ ②

기출문제

다음 중 레이들 교환 시 주조작업으로 잘못된 것은?
① 대기에 의한 재산화를 억제한다.
② 교환에 소요되는 시간을 최소화 한다.
③ 교환 직전 턴디시 용강량을 최소화 한다.
④ 교환 전 레이들 슬래그 유출을 최소화한다.

정답 ▶ ③

기출문제

연주기 설비에서 턴디시(tundish)의 역할로 틀린 것은?
① 용강으로부터 개재물을 부상 분리시킨다.
② 레이들로부터 용강을 받아 주형으로 분배한다.
③ 주형으로 들어가는 용강의 주입량을 조절한다.
④ 목표 합금성분을 조절하기 위해 턴디시에 부족한 성분을 첨가하여 조절한다.

정답 ▶ ④

기출문제

다음 중 턴디시의 기능과 가장 거리가 먼 것은?
① 주편 인출
② 주입량 조절
③ 주형에 용강 분배
④ 개재물 부상분리

정답 ▶ ①

③ 턴디시에서 주형에 주입하는 방법
  ㉠ 개방 주입법 : 용강류가 대기와 접촉하므로 산화물 발생(개재물로 주형에 혼입)
  ㉡ 침지 노즐법 : 주형에 주입하는 동안 용강이 공기와 접촉하지 않음
④ 레이들에서 용강을 받기 전에 900~1,100℃로 예열
⑤ 개재물과 핀홀 발생 방지 : 레이들과 턴디시의 실링(Sealing)(무산화주조)
  ㉠ 쉬라우드 노즐(Shroud Nozzle) 사용
  ㉡ Ar 실링 쉬라우드 노즐 사용
  ㉢ Ar 실링 커바 사용
  ㉣ Ar 챔버 사용

> **기출문제**
> 연속주조에서 용강류의 산화를 저지하여 개재물의 생성과 핀홀(pin hole)의 발생을 방지하기 위해 사용되는 방법은?
> ① VAR법
> ② VIM법
> ③ 진공탈가스법
> ④ 무산화주조법
>
> 정답 ▶ ④

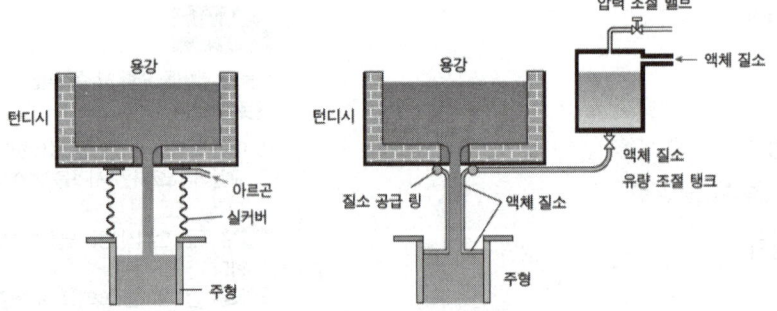

(a) 주름관을 이용한 아르곤 취입법   (b) 액체 질소에 의한 산화 방지법

Ar 가스에 의한 무산화주조법

⑥ 턴디시 내 용강온도 : 1,550℃
⑦ 복수의 스트랜드에 적합한 턴디시의 형태로 보트(Boat)형을 사용
⑧ 턴디시의 재산화 방지법
  ㉠ 턴디시의 밀폐
  ㉡ 침지 노즐(SEN : Submerged Entry Nozzle) 사용
  ㉢ 슬래그 중 FeO, MnO, SiO_2 저감
⑨ 턴디시 내에 댐(Dam)과 위어(Weir) 설치 목적
  ㉠ 턴디시 내 용강류의 제어
  ㉡ 개재물의 부상 분리 촉진

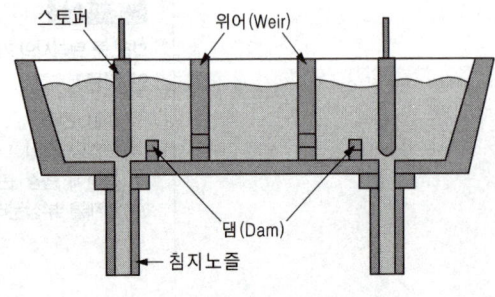

턴디시의 댐과 위어의 설치 형태

⑩ 침지 노즐의 재질 특성
  ㉠ 고수명 파우더 라인부 재질 적용
  ㉡ 강종에 따른 노즐 막힘 억제 재질 적용
  ㉢ 용강 편류를 억제하는 침지 노즐 내공 형상 설계 적용
  ㉣ 재질 : 알루미나(Al$_2$O$_3$), 지르코니아(ZrO$_2$,), 마그네시아(MgO)

(3) 주형
① 턴디시에서 용강을 받아 수냉된 주형에서 주형 단면적 모양으로 1차적으로 응고가 시작

② 주형 재질
  ㉠ 열전도도와 내마멸성이 우수한 재질 사용
  ㉡ 동판 내면에 Cr을 도금

③ 주형의 종류
  ㉠ 관상(Tubular mold)
    ⓐ 작은 단면의 강괴 연주에 사용
    ⓑ 두께 6~12mm의 동관을 주편 크기로 프레스 가공한 것을 지지틀에 넣은 것
    ⓒ 구조가 간단하고 냉각이 우수하여 고속 주조에 적합
  ㉡ 블록상(Block mold)
    ⓐ 구리 덩어리를 절삭 가공하여 사용
    ⓑ 냉각수의 통로를 드릴로 가공하여 사용하므로 냉각능이 떨어짐
    ⓒ 제작비가 많이 소요되지만 변형이 안 되고 수명이 길다.
    ⓓ 단면이 큰 것은 경비면에서 적합하지 않음
  ㉢ 조립식
    ⓐ 대형 슬래브용으로 적합
    ⓑ 4매의 구리판을 조립하여 주형으로 한 것
    ⓒ 사용 중 변형이 일어나 주형의 네 모서리에 틈새가 생기므로 주의

기출문제

다음 중 턴디시의 노즐 재질로 적합하지 않은 것은?
① 규석   ② 지르콘
③ 알루미나 ④ 마그네시아
정답 ▶ ①

기출문제

열전도성과 내마모성이 요구되는 연속주조기의 주형에 가장 적합한 재질은?
① 점토질   ② 구리합금
③ 벤토나이트 ④ 실리코나이트
정답 ▶ ②

기출문제

연속주조 주형의 형식 중 두께 6~12mm의 강관을 강편크기로 프레스 가공한 것을 지지틀에 넣은 것으로 냉각능이 좋고 고속주조에 적합한 주형은?
① block mold
② impeller mold
③ parting mold
④ Tubular mold
정답 ▶ ④

기출문제

연주설비 중 주형(Mold)에 대한 설명으로 틀린 것은?
① 주형재료의 열팽창에 의한 변형율이 큰 것이 좋다.
② 주형의 표면은 주로 Ni-Cr으로 코팅되어 있다.
③ 주형의 재료로서는 일반적으로 열전도율이 좋은 구리가 주로 쓰인다.
④ 주형의 형식은 크게 관상(tube)식, 블록(block)식, 조립식의 3종류로 나눌 수 있다.
정답 ▶ ①

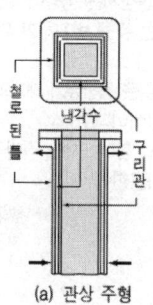
(a) 관상 주형

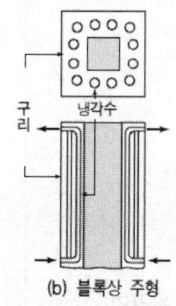
(b) 블록상 주형

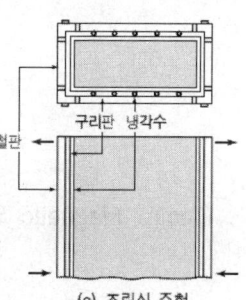
(c) 조립식 주형

연속주조용 주형의 종류

④ 주형 진동(오실레이션)
  ㉠ 주입된 용강이 주형벽에 부착하는 것을 방지
  ㉡ 캠(Cam)을 결합한 기계적 방법 사용(오실레이터)
  ㉢ 진동수 : 고속(100~200cpm), 저속(60~80cpm)
  ㉣ 고속은 짧은 행정(Short stroke), 저속은 긴 행정(Long stroke) 패턴
  ㉤ 진동폭 : 짧은 행정(4~8mm), 긴 행정(10~20mm)
⑤ 침지노즐 : 턴디시에서 주형(몰드)에 주입할 때 용강의 재산화, 스플래시 등을 방지하기 위하여 용강 중에 노즐이 잠기게 하는 노즐

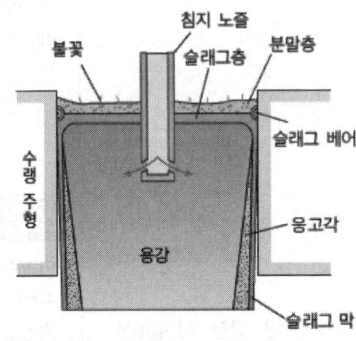

침지노즐

⑥ 주형과 주편의 용착방지 및 대책
  ㉠ 주형 상하 진동
  ㉡ 윤활제 사용 : 채종유 사용
  ㉢ Powder Casting : 합성 슬래그 투입
⑦ 합성 슬래그(몰드 파우더)
  ㉠ 성분 : SiO_2, CaO, Al_2O_3
  ㉡ 염기도 : 0.6~1.2
⑧ 몰드 Powder의 기능
  ㉠ 용강면을 덮어 공기산화 방지, 열방산 방지
  ㉡ 윤활제 역할
  ㉢ 강의 청정도 향상
  ㉣ 부상한 개재물의 용해 흡수
  ㉤ 주형 내 용강의 보호

(4) 연속주조 전자교반 장치(EMS : Electro Magnetic Stirrer)
① 몰드 용강교반장치
  ㉠ 몰드 내에서 전자기력을 이용하여 침지노즐로부터 토출되는 용강의 유동속도를 제어하는 설비
  ㉡ 용도 : 편석방지, 내용물 균일화

기출문제

다음 중 주형진동과 관련이 없는 것은?
① 유압 구동을 한다.
② 정석 진동을 한다.
③ 주형진동을 주기 위한 스윙타워(Swing tower) 설비가 있다.
④ 오실레이션 마크(Oscillation mark)가 발생한다.

정답 ▶ ③

기출문제

연속주조 시 용강의 부착을 방지하기 위한 주형의 상하진동에 관한 설명으로 틀린 것은?
① 오실레이션 마크(Oscillation mark)란 주형의 진동에 의하여 강편의 표면에 횡방향으로 생기는 줄무늬를 말한다.
② 주형의 진동은 일반적으로 고속 긴 행정(Long stroke)또는 저속 짧은 행정(Short stroke) 패턴을 사용한다.
③ 진동수의 크기는 60~80cpm는 저속, 100~120cpm는 고속에 해당한다.
④ 일반적으로 짧은 행정은 4~8mm, 긴 행정은 10~20mm이다.

정답 ▶ ②

기출문제

연속주조 설비와 관련된 설명으로 틀린 것은?
① 턴디시로부터 용강유량 조절에 사용되는 슬라이딩 노즐방식은 고장이 적고 주입량 조절이 쉽다.
② 주형 진동장치는 용강이 주형벽에 부착하는 것을 방지하기 위한 것이다.
③ 침지 노즐은 용강류가 대기와 접촉하는 방식이다.
④ 연주기의 형식에서 수직만곡형을 많이 사용한다.

정답 ▶ ③

② EMS의 사용효과
  ㉠ 편석 방지
  ㉡ 용강 균일화
  ㉢ 개재물 분리부상
  ㉣ 핀홀 저감

③ EMS의 설치 위치와 특징

분류	위치	설치 목적	사용 효과	원리
Mold-EMS	주형	주편 표면 품질 향상	• 핀홀 저감 • 개재물 분리부상 • 표면 크랙 저감	• washing 효과에 의한 개재물의 trap 방지 • 주형 내 용강류 제어
Strand-EMS	2차 냉각대	내부 품질 향상	• 내부 크랙 저감 • 중심 편석 경감 • 중심 수축공 감소	• 수지상정을 파괴하여 등축정 확대
Final-EMS	응고 말기	중심 편석의 분산	• 중심 편석 저감 • 중심 수축공 감소	• 미응고 용강 내의 용질 원소의 분산

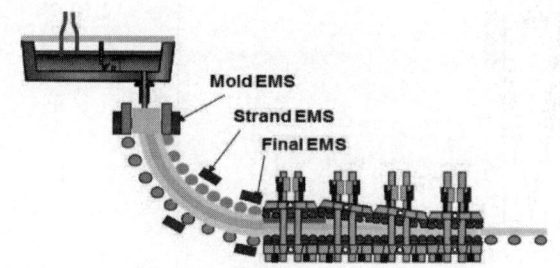

EMS의 위치

(5) 핀치롤

① 주형으로부터 응고된 주편을 인발하는 장치
② 주편 끝은 더미바에 의해 인출 안내됨
③ 2~3쌍의 롤로 구성
④ 한쪽 롤은 고정, 반대쪽 롤은 일정한 압력으로 주편을 압착
⑤ 주편이 변형을 일으키지 않을 정도로 크게 압력을 크게 하지 않음
⑥ 직류 전동기로 구동, 원격조정으로 속도 조절

(6) 더미바

① 주조를 처음 시작할 때 아래쪽을 막는 설비
② 핀치롤까지 주편을 인출
③ 단면은 주형의 단면보다 약간 작게 하고, 주형과의 간격을 석면 등으로 완전 밀폐하여 용강이 새는 것을 방지

기출문제

연속주조 Mold Powder에 대한 설명으로 틀린 것은?

① Powder는 열방산을 방지한다.
② Powder는 용강의 산화방지와 윤활제 역할을 한다.
③ Powder의 주성분은 $CaO-P_2O_5-FeO$계의 합성 슬래그이다.
④ Powder는 용강면에 용융 슬래그가 되어 용강 중의 알루미나 등의 개재물에 흡착되어 청정도를 높인다.

정답 ▶ ③

기출문제

연속주조 조업 중 주형(mold)에서 전자교반 장치(EMS)를 설치하는 주된 목적은?

① 용강 교반을 통하여 탈탄을 촉진한다.
② 응고를 촉진시켜 생산성을 향상시킨다.
③ 온도와 성분을 균일화시켜 안정된 조직을 형성시킨다.
④ 양호한 응고 조직을 만들어 내부 크랙 및 편석을 개선한다.

정답 ▶ ④

기출문제

더미 바(Dummy bar)나 주괴를 잡아 당기기 위한 롤은?

① 아이들롤(idle roll)
② 풋트롤(foot roll)
③ 핀치롤(pinch roll)
④ 가이드롤(guide roll)

정답 ▶ ③

기출문제

연속주조에서 주조 초기에 하부를 막아 용강이 새지 않도록 하고 주편이 핀치롤(Pinch roll)에 이르기까지 인발하는 것은?

① 턴디시(Tundish)
② 스트랜드(Strand)
③ 스트립퍼(Stripper)
④ 더미바(Dummy Bar)

정답 ▶ ④

④ 강편이 응고되어 핀치롤에 이르면 더미바 헤드는 강편으로부터 용이하게 분리될 수 있도록 되어 있음
⑤ **더미바 삽입 방식** : 최근에는 주형 상부에서 삽입하는 방식이 실용화(작업속도 향상, 생산성 향상)
⑥ **방식** : 체인식, 스리드식
⑦ **인출시기** : 용강이 몰드에 250~300mm 채워졌을 때
⑧ **드리븐 롤(Driven Roll)**
  ㉠ 밴더(Bender) 하부에 설치되어 여러 구간으로 나누어진 시그먼트(Segment)에 구동 롤을 상하 1set씩 장착하여 주편과 더미바를 인출
  ㉡ 드리븐 롤은 시그먼트에 가이드 롤(Guide Roll)과 같이 조립되고 핀치 롤과 같은 역할을 수행

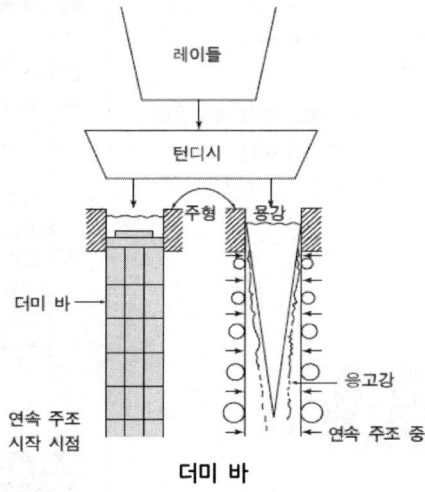

더미 바

> **기출문제**
>
> 더미 바(Dummy bar)의 설명으로 틀린 것은?
> ① 길이는 가이드 롤까지 이른다.
> ② 더미 바 헤드는 주형 단면보다 약간 작다.
> ③ 주조를 처음 시작할 때 주형의 밑을 막는다.
> ④ 더미 바의 윗부분은 주괴와 잘 결합하도록 볼트모양이나 레일 모양으로 되어 있다.
>
> 정답 ▶ ①

(7) **2차 냉각 장치**

① **2차 냉각(직접 냉각)** : 주형에서 나온 주편에 물을 뿌려 냉각, 응고시키는 장치
② 냉각수의 양이 응고속도에 영향을 주어 주조 조직을 변화시킴
③ 같은 양이라도 분사방식, 배치, 냉각대의 길이에 따라 냉각 효과가 달라짐
④ **스프레이 노즐의 종류**
  ㉠ 분극 스프레이 노즐 : 롤러 에이프런의 좁은 틈 사이로 분무가 가능해 가장 많이 사용
  ㉡ 분무상 스프레이 노즐
  ㉢ 원뿔상 스프레이 노즐
⑤ **2차 냉각의 역할**
  ㉠ 주형의 하부에서 응고를 촉진시켜 인발 완료까지의 거리를 단축하고 연주기의 높이를 낮게 조절
  ㉡ 응고 조직을 조절

ⓒ 설비를 냉각함으로써 주편에서의 발열로부터 보호
ⓓ 주편의 크랙 및 벌징 방지

⑥ 롤러 에이프런(Roller Apron)
㉠ 2차 냉각대 수랭 분사 노즐 사이로 롤러 에이프런이 촘촘하게 배열
㉡ 주편이 주조방향으로 똑바로 움직일 수 있도록 하는 기능
㉢ 메니스커스로부터 높이가 낮아짐에 따라 증가하는 용강의 철정압에 의해 주편이 부풀리는 현상(Bulging)을 방지하는 기능

(8) 절단 및 반출 장치

① 절단 장치
㉠ 연속 주조된 주편을 일정한 길이로 절단하는 장치
㉡ 가스 절단(TCM : Torch Cutting Machine)
ⓐ 산소, 아세틸렌, 프로판 가스 등을 사용
ⓑ 대형 연주기에 많이 사용
ⓒ 가격이 저렴한 반면 절단속도가 늦고 실수율이 나쁜 단점이 있음
ⓓ 구성 장치 : 슬래브 절단을 위한 Lifting 장치, Torch 주행 장치, 보조 Clamping 장치, Utility 공급 장치, Water 냉각장치
㉢ 전단기 절단
ⓐ 가스 절단 장치보다 정밀하게 자를 수 있음
ⓑ 소형 연주기에 많이 사용

② 반출 장치
㉠ 수평형은 롤러 콘테이너 위에서 절단하므로 반출 장치가 필요 없음
㉡ 수직형은 절단된 주편이 지하에 있으므로 반출하는 장치가 필요

(9) 설비 관리

① 연속주조에서의 설비는 조업 조건이 수백 도(℃)에 이르는 매우 가혹한 상태에 있으므로 그 관리가 매우 중요
② 가이드 롤(Guide Roll)의 배열 상태(Roll Alignment)는 주편 품질에 직접적인 영향을 미쳐 편석이나 내부 크랙을 야기하는 주요 인자로 작용
③ 벤딩, 마모, 베어링 불량 등의 요인에 의해 가이드 롤의 배열 상태 악화
④ 매 정수마다 배열 상태를 측정하는 롤 갭 측정기(Roll Gap Measuring Device)를 사용하여 측정 및 교정 실시
⑤ 직접 측정 방식 외에 주조 후 설퍼 프린트를 채취하여 내부 크랙 발생 유무를 확인함으로써 설비 내 배열 상태 관리에 응용하는 방법도 있음

기출문제

연속주조에서 2차 냉각수의 목적으로 틀린 것은?
① 기계 냉각
② 윤활 역할
③ 응고 조직 조정
④ 주편 크랙 방지

정답 ▶ ②

기출문제

연속주조 시 2차 냉각대에서 주편이 부풀어 오르는 것을 방지하기 위한 설비는?
① 핀치 롤
② 더미바
③ 롤러 에이프런
④ 인발 롤

정답 ▶ ③

03 연속주조 조업

1. 주조 조업

(1) 조업 순서

① **용강 주입 순서**
  레이들 → 턴디시 → 노즐 → 주형

② **연주 작업 순서**
  레이들에 수강 → 버블링(Bubbling) → 주입탑 위에 거치 → 주형에 냉각수, 윤활유 주입 → 용강 주입 → 핀치롤 작동 → 주형 상하진동 → 2차 냉각 → 주편 인출 → 더미바 제거 → 주편 절단 → 제품(2차 조업 공정으로 이송)

③ **싸이클 타임** : 주조시간(t_c) + 준비시간(t_p) + 대기시간(t_w)

(2) 조업 조건

① **주입조건**
  ㉠ 설비요인 : 연주기 기종, 주편 크기 및 형상, 주형진동 기구, 냉각 기구, 인발 기구
  ㉡ 조업요인 : 주조 온도, 주조 속도, 진동수와 폭, 냉각수, 윤활제 재질

② **주조 온도**
  ㉠ 고온주조 : Break Out 발생
  ㉡ 저온주조 : 턴디시 노즐에 용강부착, 주조 불능 상황에 빠질 수 있음
  ㉢ Break Out : 주편의 일부가 파단되어 내부 용강이 유출되는 현상
  ㉣ 주조온도 관리 시 고려 사항 : 강종, 주조 속도, 주조 처리량(heat size), 냉각

③ **연, 연주법** : 생산능률을 향상시키기 위해 몇 개의 레이들을 계속해서 주조하는 방법

(3) 주형 진동

① **주형 내 구속에 의한 사고**
  ㉠ 주형 직하에서 일어나는 구속성 브레이크 아웃
  ㉡ 설비 내에서 응고의 불균일로 인해 일어나는 브레이크 아웃

② **브레이크 아웃 발생에 따른 손실**
  ㉠ 설비의 휴지에 따른 생산성 감소

기출문제

연주법에서 사이클 타임 (Cycle time)에 대한 식으로 옳은 것은?
① T(Cycle time) = 주조시간 + 준비시간 + 대기시간
② T(Cycle time) = 주조시간 − 준비시간 − 대기시간
③ T(Cycle time) = $\dfrac{주조시간 + 준비시간}{대기시간}$
④ T(Cycle time) = $\dfrac{주조시간}{준비시간 - 대기시간}$

정답 ▶ ①

기출문제

연속주조조업 중 설비요건이 아닌 조업요인이 되는 것은?
① 주조속도 ② 주형형상
③ 주형진동기구 ④ 인발기구

정답 ▶ ①

기출문제

연주조업에서 주조온도의 중점관리 항목에 대한 설명으로 옳은 것은?
① 용강 내에 혼재하는 개재물의 부상에는 저온주조가 유리하다.
② 응고에 따른 마크로(Macro) 편석의 방지에는 고온 주조가 유리하다.
③ 주조온도가 낮으면 노즐 내에 용강이 부착되어 주조 불능의 원인이 된다.
④ 주조온도가 낮으면 응고 Sheel의 발달이 빨라서 Break out의 위험이 커진다.

정답 ▶ ③

기출문제

다음 중 연속주조에서 주조온도 관리 시 고려해야 할 조건으로 가장 거리가 먼 것은?
① 강종
② 주조속도
③ 주형의 재질
④ 주조 처리량(heat size)

정답 ▶ ③

ⓒ 대기시간 발생
　　　ⓓ 주조 중 용강의 비상처리
　③ 주형 진동의 목적
　　　㉠ 주편의 주형 내 구속에 의한 사고를 방지
　　　㉡ 안정된 조업 유지
　④ 진동방법
　　　㉠ 진동 타형 : 사인 커브 사용
　　　㉡ 소진폭, 대싸이클 수 조업
　　　㉢ 진동속도 계산
　　　　　진동속도 = $\dfrac{2fh}{1,000}$
　　　　　　　f : 진동수
　　　　　　　h : 진동폭
　⑤ Ascillation Mark : 주형 진동으로 생긴 강편 표면의 횡방향 줄무늬

(4) 주형 냉각
　① 1차 냉각(간접 냉각, 주형에 의한 냉각)
　　　㉠ 주형에 주입된 용강을 간접 응고
　　　㉡ 주형 외측에 냉각수를 공급하여 동판에 의한 간접 응고
　　　㉢ 표층은 응고 셸, 내부는 미응고 용강
　　　㉣ 냉각속도 ΔT = 냉각수의 출측온도 − 냉각수의 입측온도
　　　㉤ 1차 냉각에서 중요한 인자 : 냉각수 수질
　　　㉥ 사용 냉각수 : 연수, 방식제 : 인산염
　　　㉦ 몰드 내 열전달 순서 : 용강 → 응고층 → 몰드 플럭스 → air gap → 몰드 동판 → 냉각수
　　　㉧ 주형 내 열전달 기구
　　　　　ⓐ 주편과 주형으로의 열전달
　　　　　ⓑ 주편과 주형 사이에 존재하는 에어갭(Air gap)을 통한 열전달
　　　　　ⓒ 주형 냉각관에서 주형과 냉각수와의 열전달
　② 2차 냉각(직접 냉각, 살수에 의한 냉각)
　　　㉠ 주형 내에서 응고된 주편 셸이 주형을 빠져나와 설비 내에서 응고가 진행
　　　㉡ 스프레이 노즐 분무에 의한 직접 냉각
　　　㉢ 2차 냉각 조절 : 비수량(0.5~2.0 L/kg$_f$.Steel)
　③ 매니스커스부(Meniscus Level) : 1차 냉각대에서 응고가 시작되는 지점
　④ 주편 응고길이(Metallurgical Length) : 주형 내 용강 표면으로부터 주편의 core부(내부)가 완전히 응고될 때까지의 길이
　⑤ 주조 속도와 냉각수량 등의 주조 조건은 주형을 빠져나간 응고 각(Shell)이 용강의 철정압을 견딜 수 있도록 설정

기출문제

주형과 주편의 마찰을 경감하고 구리판과의 융착을 방지하여 안정한 주편을 얻을 수 있도록 하는 것은?
① 주형
② 레이들
③ 주형 진동 장치
④ 슬라이딩 노즐

정답 ▶ ③

기출문제

연속주조에서 주형의 진동에 의하여 주편 표면에 횡방향으로 줄무늬가 남게 되는 것은?
① Blow hole
② Oscillation mark
③ Ingot sight
④ Powder castings

정답 ▶ ②

기출문제

연속주조 작업에서 주형에 주입된 용강에 대한 1차 냉각과 2차 냉각 중 1차 냉각에 대한 설명으로 옳은 것은?
① 용강에 직접 물을 뿌리는 것이다.
② 공기 중에서 간접적으로 냉각하는 것이다.
③ 주형 외혹에 냉각수를 공급하여 동판에 의한 간접 냉각이다.
④ 주형을 빠져 나온 주편에 직접 냉각수를 뿌리는 것이다.

정답 ▶ ③

기출문제

연속주조공정 시 주형 내의 열전달 기구라고 볼 수 없는 것은?
① 주형동판에서 열전도
② 응고 셸(Shell)의 열전달
③ 주형냉각관에서 주형과 냉각수와의 열전달
④ 주편과 주형 사이에 존재하는 에어갭(air gap)을 통한 열전도 및 복사

정답 ▶ ②

⑥ **스티킹(Sticking)** : 주형과 주편 사이가 구속되는 현상으로 이를 방지하기 위하여 주형은 수직방향으로 진동

⑦ **벌징** : 철정압이 중력에 의해 아래로 작용하여 미응고 용강이 부풀게 되고 심하면 균열이 발생(벌징의 원인 : 고온 고속 주입하였을 때 발생)

⑧ 주형과 주편 사이의 마찰력을 감소시키기 위하여 오일 또는 몰드 플럭스 (Mold flux)를 사용

(5) 절단 작업에서의 예열

① 대단면 주편에서는 발열량이 부족하여 절단용 예열 실시

② **예열 방식** : 절단 산소 Jet 내에 철분을 공급하여 과잉의 발열량을 얻는 파우더 (Powder) 방식이 널리 사용

③ 최근에는 프로판, 아세틸렌 가스를 절단 버너의 직전에서 연소시키는 가스 예열방식 사용

(6) 주편 스카핑

① **표면 온도에 따른 분류**
  ㉠ **열간 스카핑** : 열간(주편 온도 500℃ 이상) 상태에서 표면 손질 작업
  ㉡ **냉간 스카핑** : 냉간(주편 온도 200℃ 이하) 상태에서 표면 손질 작업
  ㉢ **온간 스카핑** : 주편 온도 200~500℃ 소재의 표면 손질 작업

② **방식에 따른 분류**
  ㉠ 기계 스카핑
  ㉡ 핸드 스카핑
  ㉢ 그라인더 스카핑

2. 연속주조 제품

(1) 제품

① **제품** : 빌릿, 슬래브

② **제품의 장점**
  ㉠ 표면이 매끄러움
  ㉡ 단면의 모양과 치수가 일정
  ㉢ 분괴 과정을 거쳐 만든 강괴보다 표면 손질이 적음

③ **이유** : 구리로 된 주형의 매끈한 내벽을 따라 응고하기 때문

④ **주조 강종** : 킬드강, 세미킬드강

⑤ 림드강은 응고속도가 빨라 리밍액션이 일어나지 않고 표면에 기포 발생 등의 악영향 때문에 연속주조에 거의 사용하지 않음

기출문제

연속주조 설비에서 주형을 빠져나온 주편에 냉각수를 이용하여 냉각응고시키는 2차 냉각에 대한 설명으로 틀린 것은?

① 연주기의 설비를 냉각한다.
② 등축정, 주상정 등의 주조조직을 조절하는 기능을 갖는다.
③ 주형의 하부에서 응고를 촉진시켜 인출 완료까지의 거리를 단축하고 연주기의 높이를 작게 한다.
④ 2차 냉각수량은 응고속도에는 영향을 주지 않으며, 강종 및 폭에 따라 냉각수량을 다르게 제어한다.

정답 ▶ ④

(2) 주편의 매크로 조직

① **표면** : Chill 정
② **중심부** : 등축정(자유정)
③ 표면에서 내부로 갈수록 수지상정이 발달

3. 특수 연속주조법

(1) H형강의 연속 주조기

① H형강, I형강을 연속 주조기의 응고 과정에서 직접 압연하는 연속 주조기
② 단면 형상이 복잡하여 균열, 부풀림(Bulging)이 발생 : 단면 형상, 스프레이대의 균일 냉각, 롤 배치의 조절 등으로 억제

(2) 회전 연속 주조기

① 이음매없는 강관 소재, 강편을 얻기 위하여 원심주조법을 이용한 회전 연속 주조기
② 주형으로부터 절단기까지 설비가 회전

(3) 수평 연속 주조기

① 연속 주조 설비의 높이를 낮추면 건설비가 절감되고 좋은 강편을 얻을 수 있음
② 알루미늄, 주철에서 실용화
③ 강편의 품질이 우수하고 설비도 간단
④ 복잡한 단면의 주편도 주조 가능

04 주편의 정정과 결함

1. 연주 정정

(1) 정정 라인 설비

① **RTC(Roller Transfer Car)** : 연주기의 롤러 이송 테이블(Run Out Roller Table)로부터 슬래브를 받아 정정 HDR 또는 HCR-Line으로 이송

② **Slide Contact System** : RTC가 각 Position에 위치했을 경우에 자동적으로 Air Cylinder에 의해 이송될 때 Position을 검출

③ **절단설 제거기(Deburrer)** : 연주기 TCM에서 슬래브 절단 시 슬래브 하부에 융착된 절단설(Burr)을 제거

④ **Burr Bucket** : Roller Table 하부의 Deburring Area에 위치하며, Deburring 시 절단설과 스케일을 처리하기 위한 설비

⑤ **Spray Marker** : 슬래브 측면 또는 절단면에 슬래브 Number를 Marking

(2) HDR-Line(Hot Direct Rolling)

① **HDR-Line** : 연주 슬래브를 열간압연공정에서 가열하지 않고 바로 압연하는 공정

② 제강공정에서부터 완벽한 스케줄과 품질 확보가 선행되어야 함

③ 연속주조에서는 주편 출편 온도를 860℃ 이상으로 하고 주편 내부의 현열과 복열을 이용하여 표면온도를 1,050℃ 이상으로 유지가 필요

④ 주편 모서리의 과냉을 막기 위해 연주기 내외에 보온 커버를 설치하여 열손실을 억제

⑤ **가열기(Edge Heater)**
　㉠ 압연 직전에 슬래브의 온도가 낮은 모서리부를 가열하여 열을 보상
　㉡ 주요 설비로는 연소장치, Slab 이송장치, 연소 Gas 배출설비, Scale 제거 설비, Piping 및 기타 부품들로 구성

(3) HCR-Line(Hot Charge Rolling)

① **HCR-Line** : 열연 가열로로 이어지는 롤러 테이블(Roller Table)

② **종래 공정의 문제점** : 연주 정정을 끝낸 주편이 냉각 완료된 냉편으로서 후속 공정인 열연공장으로 반출되어 열연공장의 가열로에서 주편의 재가열에 필요한 연료 원단위가 증가

③ HCR은 원료 원단위를 낮추기 위해 연주의 핀치롤을 빠져나온 주편이 함유되고 있는 열량(표면온도 700~900℃)을 이용

④ HCR은 소정의 길이로 절단된 열간 상태의 Slab를 냉각시키지 않고 열편 상태로 짧은 시간 동안 가열로를 거쳐 열간압연을 실시

⑤ HCR을 적용하기 위해서는 무결함 Slab 제조 기술이 선행되어야 하며, 동시에 열간 표면흠 탐상 장치 등의 기계가 설치되어야 함

2. 표면 결함

(1) 면 세로 터짐(표면 세로 크랙)

① **발생상황**
  ㉠ 주조 방향에 따라 주편 표면에 발생
  ㉡ 슬래브의 폭 중앙부에 주로 발생

② **원인**
  ㉠ 몰드 테이퍼, 편평비, 주형 내의 용강류, 오실레이션 등의 영향
  ㉡ 몰드 파우더의 점도가 낮을 경우
  ㉢ 완전 용융시간이 길어질 경우

③ **대책**
  ㉠ 주형의 완냉각
  ㉡ 주편의 장변과 단변의 균일냉각
  ㉢ 몰드 파우더의 용융 특성과 점도 및 결정화 온도의 개량
  ㉣ 정밀한 탕면 제어
  ㉤ 에어 미스트 노즐 사용에 의한 균일하고 완만한 2차 냉각

(2) 코너 세로 터짐

① **발생상황** : 주편의 코너부에 발생

② **원인**
  ㉠ 주형형상의 우각부 4분위 반경이 크면 정점에서 발생, 반경이 작으면 4분원 접전부근에서 발생
  ㉡ 주형 사용회수 증가로 마모가 큰 경우 발생
  ㉢ 1차 냉각 불균일 및 주조온도가 높을 경우 발생

(3) 면 가로 터짐(표면 가로 크랙)

① **발생상황** : 만곡형 연주기에서 슬래브 상면에 오실레이션 마크에 따라 발생
② **원인** : Al, Nb, V, Cu의 첨가, 인장응력에 의해 발생
③ **대책** : 고온취화 온도영역(700~900℃)에서의 교정 금지

(4) 코너 가로 터짐

① **발생상황** : 면 가로 터짐과 유사
② **원인** : 2차 냉각대 과냉, 빌릿의 오실레이션 마크에 의해 발생
③ **대책** : 적정한 파우더 선택, 오실레이션 스트로크의 적정화

기출문제

연속주조 몰드의 테이퍼가 적을 경우 가장 많이 발생되는 결함은?
① 크랙(Crack)
② 파이프(Pipe)
③ 기공흠(Blow Hole)
④ 오실레이션 마크(Oscillation Mark)

정답 ▶ ①

기출문제

만곡형 연주기에서 슬래브 주편 상부에 오실레이션 마크(Oscillation mark)가 발생하여 생기는 결함은?
① 편석
② 중심수축공
③ 표면가로균열
④ 대형 개재물

정답 ▶ ③

(5) 스타 크랙(방사상 균열)

① **발생상황** : 국부적으로 미세한 터짐이 발생
② **원인** : 주편 인발 시 응고 각이 주형 벽내의 Cu를 긁어내어 Cu 분이 주편에 침투되어 발생
③ **대책** : 주형 표면에 Cr 또는 Ni 도금, 몰드 테이퍼를 적절히 조정

> **기출문제**
>
> Star Crack이라고도 하며, 주편을 인발할 때 응고각이 주형 내벽의 Cu를 마모시켜 Cu 분이 주편에 침투되어 국부적으로 발생하는 미세한 균열은?
>
> ① 표면가로균열
> ② 방사상균열
> ③ 모서리세로균열
> ④ 표면세로균열
>
> 정답 ▶ ②

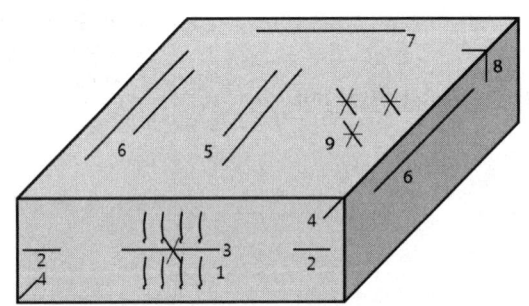

내부 크랙(Internal Crack)
1. Midway
2. Triple-point
3. Centerline
4. Diagonal

표면 크랙(Surface Crack)
5. 면세로 터짐(중심부)
6. 면세로 터짐(코너부)
7. 면가로 터짐(중심부)
8. 면가로 터짐(코너부)
9. 스타 크랙

주편 표면 결함의 종류

3. 표층 결함

(1) 슬래그 스폿(Slag Spot)

① **원인** : 주형 내 급격한 탕면변동에 의한 몰드 파우더나 Scum이 응고각에 부착하여 발생
② **대책** : 파우더 층을 두껍게 하고, 탕면 평형자동제어로 탕면안정

(2) 블로 홀(Blow Hole), 핀 홀(Pin Hole)

① **발생상황** : 약탈산으로 용강 중에 있던 산소, 수소, 질소 등의 기체가 응고 과정에서 가스로 방출함에 따라 생기는 것으로, 강편의 응고 진행 방향에 따라 발생

② **원인**
  ㉠ 탕면의 변동이 심한 경우
  ㉡ 윤활유 중에 수분이 있는 경우
  ㉢ 몰드 파우더에 수분이 많은 경우

③ **대책** : 적정탈산, 기체원소(O, N, H 등)분 감소

4. 내부 결함

(1) 중심편석

① 원인
  ㉠ 고온 주조 시 : 선상, 정상편석 벌징 시 발생
  ㉡ 저온 주조 시 : V상 편석 벌징 시 발생
  ㉢ 편석이 일어나기 쉬운 원소 : C, Mn, P, S

② 대책
  ㉠ 중심부 등축정 확대
  ㉡ 최종 응고부분 벌징 방지

(2) 수소성 결함

① 원인 : 수축공(Porosity)이 많은 주편 중심부의 수소 집적으로 발생

② 대책
  ㉠ 중심편석 경감
  ㉡ 용강의 탈가스 철저
  ㉢ 주편의 서랭

(3) 내부 단면 균열(Crack)

① 발생상황 : 취약한 응고내면의 인장응력으로 발생된 터짐

② 원인
  ㉠ 롤간격, 벌징, 열응력에 의한 내부 인장
  ㉡ 미응고 상태의 인발
  ㉢ 강편 만곡 조건

③ 대책
  ㉠ 롤간격 단축
  ㉡ 핀치롤의 다짐교정
  ㉢ 다단 밴딩
  ㉣ 압하력 조정

(4) 개재물

① 원인 : 파우더 및 탈산 생성물 혼입

② 대책
  ㉠ 레이들 내 용강의 청정 : 레이들 내 버블링 처리로 개재물 분리 부상

기출문제

강의 연속주조 시 냉각조건에 따라 편석이 일어나기 쉬운 원소로 이루어진 것은?

① S, P, C, Mn
② C, Si, Cr, Mn
③ Zn, S, Mn, Sn
④ Ag, P, Si, Mo

정답 ▶ ①

기출문제

연주 슬래브(Slab)에서 나타나는 내부 결함에 해당하는 것은?

① 면세로 crack
② 면가로 crack
③ 탕주름 crack
④ 단면 crack

정답 ▶ ④

- ⓒ 용강 성분의 영향 : 탈산의 제어가 필요
  - ⓐ [C] 성분의 감소로 대형 개재물 증가 : 레이들 및 턴디시 간의 제2차 산화 때문
  - ⓑ [Mn], [Si], [sol Al] 성분의 영향 : 침지노즐 등 내화물의 용손이 진행되기 때문
- ⓒ 턴디시 내 개재물 제거 및 산화방지
  - ⓐ 턴디시 내 개재물의 부상분리를 위해 용강 깊이를 크게 하는 것이 유리
  - ⓑ 레이들에서 턴디시를 거쳐 주형에 이르는 용강류의 2차 산화를 방지하기 위해 질소, 알곤 가스에 의한 실링을 실시
- ⓔ 주조온도와 주조속도
  - ⓐ 주형 내의 응고가 급속히 진행되고 또 하향 주조되므로 주형 내에서의 개재물의 부상제거가 불리
  - ⓑ 주조온도를 높이는 것이 개재물 부상에 유리
  - ⓒ 주입속도가 크게 되면 침지노즐에서 유출되는 용강류의 초기속도가 커서 주형 내로 들어가는 개재물이 하부까지 침입하여 응고 각 중에 들어가는 원인
  - ⓓ 침지노즐의 공경을 확대하거나 다공노즐을 사용하여 유출속도를 늦추거나 유출구 각도를 크게 하여 용강류가 하부까지 침입하지 않도록 함

③ 다크라인(Dark line, Black line)
  - ⓐ 용강 중 개재물이 내부에 잔존하다가 압연 시 어두운 선상 형태로 길게 나오는 선형성 결함
  - ⓑ 원인 : Al_2O_3, 내화물, 슬래그, 몰드 플럭스 등 유입
  - ⓒ 가공 시 터짐이 발생하므로 선별 후 스카핑 실시
  - ⓔ 결함부 성분분석 시 Al, Na, Mg, Si 등의 성분이 검출

(5) 주편의 중심 편석 및 기공 억제법
  ① 중심부 등축정을 확대
  ② 최종 응고부분 벌징 방지
  ③ 미응고 용강의 유동을 억제
  ④ 균일 확산 처리
  ※ 주상정 입계에 용질 성분이 농축되면 편석이 발생한다.

기출문제

연속주조에서 주조된 슬래브의 다크라인(Dark Line) 홈을 방지하기 위한 방법이 아닌 것은?
① 주형 냉각수 증대
② 주편손질(Scarfing) 실시
③ 탈산(성) 개재물 발생억제
④ 연주공장에서 용강재산화 방지

정답 ▶ ①

05 연속주조법의 생산성 향상

1. 연연주 조업

(1) 개요

① **연연주 조업** : 주조 중 레이들의 용강이 주입 완료될 때 새로운 레이들을 주입 위치로 바꾸어 계속적으로 주조를 하는 방식

② **연연주의 기대효과**
  ㉠ 가동율 향상
  ㉡ 주편 실수율의 향상
  ㉢ 준비시간 및 대기시간 생략으로 연주 시간 단축
  ㉣ 작업용 재료의 절감

③ 연연주비 = (주조 레이들 수) / (더미바 삽입 수)

④ 주조 능률(P) = $\dfrac{k \times H}{(k \times t_c + t_p)}$

  k: 레이들 수
  t_c: 주조 시간
  t_p: 준비 시간
  H: heat size

⑤ 주조 속도(Q) = $m \times \nu \times \rho \times S$

  m: 스트랜드 수
  ν: 인발 속도
  ρ: 주편 비중
  S: 주편 단면적

⑥ 주조 속도(t_c)와의 관계

  $t_c = \dfrac{H}{Q}$

(2) 조업 방식

① **턴디시 교환 연연주**
  ㉠ 주편이 설비 내에서 응고를 진행하기 때문에 신속히 교환해야 함
  ㉡ 2대의 턴디시 카를 사용하며, 3분 이내에 완료
  ㉢ 퀵 체인지 형(Quick Change Type) 침지노즐 : 턴디시 교환을 실시하기 전에 턴디시 수명을 최대한 연장하기 위해 침지노즐만을 교환하여 주조하는 방식

기출문제

생산능률을 올리기 위해서는 연주의 사이클 타임(cycle time)을 단축하여야 한다. 이때 사이클 타임(t)을, 주조시간(tc), 준비시간(tp), 대기시간(tw)을 합한 t=tc+tp+tw 표현한다면 연-연주란?

① 주조시간(tc)을 생략한 것이다.
② 준비시간(tp)을 생략한 것이다.
③ 주조시간(tc)과 준비시간(tp)을 생략한 것이다.
④ 준비시간(tp)과 대기시간(tw)을 생략한 것이다.

정답 ▶ ④

② 이강종 연연주
  ㉠ 공정상 제약에 의해 동일 강종 주조가 불가능할 경우 강종이 다른 것끼리 주조를 계속하는 방법
  ㉡ 턴디시를 교환하는 방법과 동일 턴디시로 계속 주조하는 방법이 있음
  ㉢ 동일 턴디시를 사용 : 혼합 부위가 발생하므로 두 가지 성분의 규격 범위가 좁을 경우 또는 동일한 탈산 방식을 택한 경우에 사용
  ㉣ 턴디시 교환 : 전 레이들의 주조분 최종 주편을 더미바로 사용하여 주조를 계속하는 방법
  ㉤ 익스펜디드 메탈(Expanded Metal) : 이강종 연연주 작업 시 턴디시를 교환하는 경우에는 이전 조업에서 레이들에서 주조한 최종 주편의 마지막 부분을 더미바 대용으로 사용하여 주조를 계속하고, 성분의 혼합을 막기 위해 막기 위해 사용하는 것

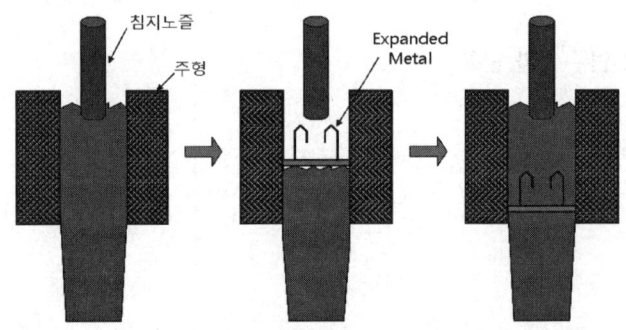

익스펜디드 메탈

③ 주조 중 폭가변 연연주
  ㉠ 주편의 단면을 수동식 또는 자동식으로 주조 중에 이동시켜 연연주를 계속하는 방식
  ㉡ 이동 방법에 따른 분류
    ⓐ 2단 주형법
    ⓑ "L" 가변법
    ⓒ "Y" 가변법
    ⓓ 모의 가변법
  ㉢ 이강종 연연주 방법과 혼합하여 사용하면 주형 수명 연장을 최대로 할 수 있는 지점까지 주조를 계속할 수 있음

④ 시퀀스 주조(Sequence casting) : 주조가 완료된 후 주편의 인발을 중지하여 용강을 완전히 응고시킨 후 더미바 대용으로 하여 용강을 새로 주입하는 방법

⑤ 인라인 리덕션(In line reduction) : 주형의 크기 변경없이 여러 치수의 제품 생산과 절단하기 전에 조압연까지 할 수 있는 방법

⑥ 소프트 리덕션(Soft reduction) : 주편 내부 편석을 제거하기 위해 응고완료 지점에서 경압하를 실시하는 방법

기출문제

연속주조법에서 주조 완료 후 주편의 인발을 중지하여 완전 응고시킨 것을 주조의 더미바 대용으로 하는 주조 방법은?
① 시리즈 캐스팅(Series casting)
② 시퀀스 캐스팅(Sequence casting)
③ 멀티핀치 캐스팅(Multi-pinch casting)
④ 컨티니어스 캐스팅(Continuous casting)

정답 ②

기출문제

연속주조에서 주형의 크기 변경 없이 여러 치수의 제품 생산과 절단하기 전에 조압연까지 할 수 있는 방법은?
① 폭 가변주조법
② 만네스만식 주조
③ 전자교반장치 설치
④ 인라인 리덕션(In line reduction)

정답 ④

2. 고속 주조법

(1) 개요

① 생산성 향상을 위한 중요한 수단

② 일반 주조의 3배 정도 되는 1.6m/min 주속을 유지

③ **고려사항**
  ㉠ 브레이크 아웃 등의 조업상의 문제점 고려
  ㉡ 주편의 표면 및 내부 품질을 고려(균열, 개재물, 편석)

(2) 고속 주조 시 발생하는 현상

① 개재물의 분리부상 시간이 부족하여 개재물 혼입이 이루어진다.

② 응고시간이 부족하여 응고층이 얇아진다.

③ 인발 도중 균열이 발생하여 브레이크 아웃이 발생할 수 있다.

④ 급격한 응고로 중심부 편석이 심하게 된다.

(3) 조업

① **브레이크-아웃(Break Out) 발생 및 대책**
  ㉠ 원인 : 고속화에 수반하여 주형 하단을 빠져나온 주편의 응고 셸(Shell) 두께가 감소하는 것과 응고 셸의 불균일 때문에 발생
  ㉡ 대책
    ⓐ 장주형(Long Mold), 쿨링 플레이트(Cooling Plate), 쿨링 그리드(Cooling Grid) 사용
    ⓑ 응고 셸을 면으로 지지하여 성장시킴으로써 충분한 셸 두께를 만들어 줄 수 있음

② **최종 응고 위치**
  ㉠ 주편 내 미응고 용강이 완전히 응고되는 시점이 길어짐
  ㉡ 응고 위치 구하는 식

  $$L = V \times \left(\frac{D}{2K}\right)^2$$

  - L : 최종 응고 위치(m)
  - V : 주조 속도(m/min)
  - D : 주편의 두께(mm)
  - K : 응고 속도 계수(26~29mm·min$^{-\frac{1}{2}}$)

  ㉢ 고속 주조에 수반하여 미응고 길이가 길어지므로 필연적으로 설비 길이를 길게 할 필요가 있음
  ㉣ 기존의 설비로 고속 주조할 경우 벌징(bulging)에 의한 내부 품질 열화를 초래할 수 있음

기출문제

최근 생산성향상을 목적으로 주조 속도가 증가하는 경향이 있는데 이에 따른 문제점으로 틀린 것은?

① 내부균열의 위험이 있다.
② 중심편석의 위험이 있다.
③ 개재물의 부상분리가 곤란하므로 개재물이 감소한다.
④ 응고각이 얇어지므로 break out의 발생률이 증가한다.

정답 ▶ ③

3. 주조 단면의 변화

(1) 단면의 대형화
① 단면이 커질수록 용강의 1차 및 2차 냉각에서의 응고 과정 중 균일 냉각에 의한 응고셀 생성 및 지지, 인발이 곤란해짐
② **원인** : 주조 누께와 쪽이 커지면 주형의 열변형이 커져 롤(Roll) 간의 벌징(Bulging)도 커지기 때문
③ 최대 두께 350mm, 폭 2,500~3,000mm까지 가능

(2) 배폭 주조
① 열연재 중 소폭재를 2배수 폭으로 하여 후판용 주형에서 주조
② 주조 후 오프라인에서 길이방향으로 절단만 하면 되므로 같은 시간에 2배의 생산성을 향상
③ **중심부 크랙 및 벌징이 없도록 유의**
　㉠ **중심부 크랙** : 절단 시 단면에 크랙이 나타나며 가열로에서 산화되어 제품에 결함이 발생
　㉡ **벌징** : 절단 후 크라운이 발생, 압연 시 휘어져 압연이 불가능

4. Sizing Mill 법의 장점
① 주편의 조직 미세화
② 주편의 품질 개선
③ 생산성 향상
④ 주편 현열 이용으로 열정산에 유리

5. 자동화 및 성에너지

(1) 자동화
① 레이들-턴디시-주형의 주입에서 파우더 투입을 포함한 전 공정이 완전 무인화 가능
② 냉각수, 절단의 제어, 주편 야드관리 등 연주 작업 전체에 응용

(2) 성에너지

① 조괴법에 비해 에너지를 크게 절약할 수 있는 방법이지만 성에너지를 위해 다양한 방법이 실시
② 가장 효과적인 방법
  ㉠ 압연공장에서의 열편직송법이 있음
  ㉡ 주편의 품질이 양호해야 함
  ㉢ 후판재, 냉연용 박판재, 대형 조강재 등에 적용
③ 기타 턴디시 라이닝에 단열보드 채용법으로 턴디시 예열용 연료 절감

06 제강관련 계산식 정리

① 열량 계산 : 열량 = 비열×온도차×무게

예) 비열이 0.6kcal/kgf·℃인 물질 100g을 25℃에서 225℃까지 높이는 데 필요한 열량(kcal)은?

풀이) 비열
물질 1g을 1℃ 올리는 데 필요한 열량이므로
열량 = 온도차×비열×무게
    = (225−25)℃ × 0.6kcal/kg.℃ × 0.1kg
    = 12kcal

② 합금철 투입량 계산

투입량 = 출강량 × 합금성분

예) 출강 중 합금철 투입 시 출강량이 140ton이고, 용강 중에 Mn이 없다고 판단될 때, 목표 Mn이 0.25%라면 Mn의 투입량(kgf)은?

풀이) 투입량 = 출강량 × 합금성분 = 140,000kg × 0.0025 = 350kg

③ 합금철로서의 Mn 투입량 계산

$$Mn\ 투입량 = \frac{(전장입량 \times 철강\ 실수율) \times (목표함량 - 종점함량)}{(Fe-Mn\ 중\ Mn함유량) \times (Mn\ 실수율)}$$

예 다음과 같은 [조업조건]일 때의 전로 출강 중에 투입해야 할 Fe-Mn의 투입량(kgf)은 약 얼마인가?

[조건]
- 용강 중 함유 목표[Mn] 성분 : 1.7%
- 취련종료 후 용강 중 [Mn] 함량 : 0.15%
- Fe-Mn 실수율 : 85%
- Fe-Mn 품위 : 78%
- 전장입량 : 348톤
- 출강실수율(=출강량/전장입량×100) : 95%

풀이
$$Mn투입량 = \frac{(전장입량 \times 출강실수율) \times (목표함량 - 종점함량)}{(Fe-Mn\ 중\ Mn함유량) \times (Mn실수율)}$$
$$= \frac{(348,000 \times 0.95) \times (0.017 - 0.0015)}{(0.78 \times 0.85)} = 7729kg$$

④ 탈규에 필요한 산소량 계산

$$산소사용량 = 규소량 \times \frac{산소원자량}{규소원자량} \times (용선량)$$

예 용선 사용량이 70ton, 고철 사용량이 20ton, 용선 중 Si의 양이 0.5%이었다면 Si와 이론적으로 반응하는 산소의 양은 몇 kg인가? (단, O_2의 분자량은 32, Si의 원자량은 28이다)

풀이 $산소사용량 = 규소량 \times \frac{산소분자량}{규소원자량} \times 용선량 = 0.005 \times \frac{32}{28} \times 70,000 = 400$

예 용선 중에 Si가 300kgf일 때, Si와 결합하는 이론적인 산소량은 약 몇 kgf인가? (단, Si 원자량 : 28, 산소 원자량 : 16이다)

풀이 산소는 O_2로 반응하므로 16×2 = 32로 계산한다.
$Si + O_2 = SiO_2$의 반응이다.
28 : 32 = 300 : x이므로
$x = \frac{32 \times 300}{28} = 342.9$

⑤ 전로 선철 배합률(전선비%) 계산

$$선철배합률 = \frac{용선 + 냉선}{총장입량} \times 100$$

예 용선 245톤, 냉선 15톤, 고철 30톤을 전로에 장입하였을 때 전선비(%)는?

풀이 $전선비 = \frac{용선 + 냉선}{총장입량} \times 100 = \frac{245 + 15}{245 + 15 + 30} \times 100 = 89.7\%$

⑥ 산소제거(환원)량 계산

$$환원도 = \frac{환원으로\ 제거된\ 산소량}{철광석\ 중의\ 전\ 산소량} \times 100$$

⑦ 출강 실수율 계산

$$출강실수율 = \frac{양괴량}{용선량+냉선량+고철량} \times 100 = \frac{출강량}{전장입량} \times 100$$

예 LD 전로 조업 시 용선 95톤, 고철 25톤, 냉선 2톤을 장입했을 때 출강량이 110톤이었다면 출강실수율(%)은 약 얼마인가?

풀이 출강실수율 = $\frac{출강량}{전장입량} \times 100 = \frac{110}{95+25+2} \times 100 = 90.2$

⑧ 염기도 계산

$$염기도 = \frac{CaO}{SiO_2}$$

성분 중 MgO가 있으면 CaO와 같이 합산하여 계산한다.

예 슬래그의 염기도를 2로 조업하려고 한다. SiO_2가 20kgf, Al_2O_3가 5kgf 이라면, $CaCO_3$는 약 몇 kgf이 필요한가? (단, 염기도 = CaO / SiO_2, $CaCO_3$ 중 유효 CaO는 50%로 한다)

풀이 염기도 = $\frac{CaO}{SiO_2} = 2$

∴ CaO = 염기도 × SiO_2 = 2 × 20 = 40

그런데 $CaCO_3$ 중 CaO가 50%이므로

∴ $CaCO_3 = \frac{40}{0.5} = 80kg$ 필요

⑨ Si 성분 계산

SiO_2가 되는 Si = 용선중Si% − 용강중Si%

예 Si가 0.71%의 용선 80톤과 고철을 전로에 장입 취련하면 몇 kgf의 SiO_2가 발생하는가? (단, 취련 종료 시 용강 중 Si는 0.01%가 남아 있고, 화학 반응식은 $Si+O_2 \rightarrow SiO_2$를 이용하며, Si의 원자량은 28, O의 원자량은 16이다)

풀이 SiO_2가 되는 Si = 용선중 Si% − 용강중 Si%
= 0.71 − 0.01 = 0.7%

Si양 = 용선량×Si% = 80,000 × $\frac{0.7}{100}$ = 560kg

Si는 산소와 반응하여 SiO_2로 될 때 원자비는 28 : 60이다.

∴ 28 : 60 = 560 : x에서

$x = \frac{60 \times 560}{28} = 1,200kg$

⑩ 공기량(부피) 계산

$$공기량(무게) = \frac{산소량}{0.21}$$

무게비를 부피비로 바꾸면 산소원자 32는 부피비로 22.4ℓ이다.

∴ 32 : 22.4 = 공기량(무게) : x(부피)

$$x(부피) = \frac{22.4 \times 공기량(무게)}{32}$$

예 순산소 320kgf을 얻으려면 약 몇 Nm^3의 공기가 필요한가? (단, 공기 중의 산소의 함량은 21%이다)

풀이 공기량 $= \frac{산소량}{0.21} = \frac{320}{0.21} = 1,523.8$kg

무게비를 부피비로 바꾸면 산소원자 32는 부피비로 22.4ℓ이다.

∴ 32 : 22.4 = 1,523.8 : x

$x = \frac{22.4 \times 1,523.8}{32} = 1,067 Nm^3$

⑪ 탈탄된 CO_2(부피) 계산

CO_2 분자량은 C가 12, O_2가 32이므로 44

1mol의 부피는 22.4이므로

44 : 22.4 = CO_2(무게) : x

$$x = \frac{22.4 \times CO_2(무게)}{44}$$

예 LD 전로 제강 후 폐가스량을 측정한 결과 CO_2가 1.50kgf이었다면 CO_2 부피는 약 몇 m^3 정도인가? (단, 표준상태이다)

풀이 CO_2 분자량은 C가 12, O_2가 32이므로 44

1mol의 부피는 22.4이므로

44 : 22.4 = 1.5 : x

$x = \frac{22.4 \times 1.5}{44} = 0.76$

⑫ 전류밀도 계산

$$전류밀도 = \frac{전류}{전극단면적}$$

예 10ton의 전기로에 355mm 전극을 사용하여 12,000A의 전류를 통과시켰을 때 전류밀도(A/cm^2)는?

풀이 전류밀도 $= \frac{전류}{전극단면적} = \frac{12,000}{3.14 \times (35.5/2)^2}$

$= 12.12 A/cm^2$

⑬ 출선 용선의 압탕 시 온도 및 성분 계산

$$용선온도 = \frac{1ch출선량 \times 온도 + 2ch출선량 \times 온도}{1ch출선량 + 2ch출선량}$$

성분은 같은 방법으로 온도 대신 대입하면 구할 수 있다.

예 출선된 용선을 합탕 시 평균 용선온도 및 Si%는 각각 얼마인가?

TLC	용선 출선량(Ton)	용선 [Si]%	용선 온도
01	100	0.40	1,350℃
02	150	0.30	1,290℃

풀이
$$용선온도 = \frac{100 \times 1,350 + 150 \times 1,290}{100 + 150} = 1,314℃$$
$$Si\% = \frac{100 \times 0.4 + 150 \times 0.3}{100 + 150} = 0.34\%$$

⑭ 전로의 열효율 계산

$$열효율 = \frac{용강현열 + 강재현열}{전체열} \times 100$$

전체열 중에서 용강과 슬래그 현열은 가지고 나가는 것이지만 나머지는 제강 과정에서 소비되는 에너지이다.

예 [보기]와 같은 LD 전로의 조건에서 열효율(%)은 약 얼마인가?

[보기]
- 용강현열 : 338,397kcal/t
- 강재현열 : 56,596kcal/t
- dust 현열 : 3,026kcal/t
- 철광석분해열 : 42,437kcal/t
- mill scale 분해열 : 10,390kcal/t
- dolomite 분해열 : 2,177kcal/t
- 폐가스 현열 : 42,324kcal/t
- lance 냉각수의 흡수열 : 1,529kcal/t
- CO의 잠열 : 235,213kcal/t
- 기타 : 5,225kcal/t

풀이
$$열효율 = \frac{용강현열 + 강재현열}{전체열} \times 100$$
$$= \frac{338,397 + 56,596}{737,314} \times 100$$
$$= \frac{394,993}{737,314} \times 100 = 53.57 ≒ 54\%$$

⑮ 연속주조법에서 주형 진동 계산

$$진동속도 = \frac{2 \times 진동폭 \times 진동수}{1,000}$$

예 연속주조법에서 주형 진동수가 분당 1,000회, 주형 진동 나비는 1,100mm일 때의 주형 진동 속도는 몇 m/min인가? 진동폭은 계산 시 왕복하는 것을 고려해야 한다.

풀이 $진동속도 = \frac{2 \times 진동폭 \times 진동수}{1,000} = \frac{2 \times 1,000 \times 1.1m}{1,000} = 2.2$

⑯ 3상 전기로 소요전력 계산

$$3상교류사용전력 = \frac{전압 \times 전류 \times \sqrt{3} \times 역률}{장입량}$$

3상 교류에서 전력량은 $\sqrt{3}$을 곱해야 한다.

예 10ton 전기로에 10ton 장입하여 225V, 12,000A의 전류를 3상교류로 통전한다면, 톤당 소요된 전력은 약 몇 kW인가? (단, 역률은 0.85이다)

풀이 $3상교류사용전력 = \frac{225 \times 12,000 \times \sqrt{3} \times 0.85}{10} = 397.5 kWh$

⑰ 탈황

예 LD전로 조업 시 용선 중의 S은 FeS 상태로 존재하며 부원료로 넣은 석회석에 의해 아래의 반응처럼 탈황된다고 한다. 1톤의 용선 중 0.3%의 S을 함유한다면 0.03%까지 S을 줄이기 위해서 첨가해야 할 석회석($CaCO_3$)의 양은 약 몇 kg인가? (단, 원자량 Fe : 55, Ca : 40, S : 32, O : 16, C : 12이다)

$$CaCO_3 = CaO + CO_2$$
$$CaO + FeS = CaS + FeO$$

풀이 제거해야 할 S% : $0.3 - 0.03 = 0.27$

$CaO = 용선량 \times \frac{S\%}{100} \times \frac{CaO분자량}{S분자량} = 1,000 \times \frac{0.27}{100} \times \frac{56}{32} = 4.725$

$CaCO_3 = CaO / \left(\frac{CaO분자량}{CaCO_3분자량}\right) = 4.725 / \left(\frac{56}{100}\right) = 8.44$

⑱ 응고시간 계산

$$응고시간 = \left(\frac{주편두께}{2 \times 응고계수}\right)^2$$

예 연속주조로 생산된 슬래브의 두께가 250mm, 응고계수가 29mm/min 일 때 슬래브 응고에 필요한 시간은 약 몇 분인가?

풀이 $응고시간 = \left(\frac{주편두께}{2 \times 응고계수}\right)^2 = \left(\frac{250}{2 \times 29}\right)^2 = 18.58분$

⑲ 주조 시간(min/CH) 계산

$$주조시간(\min/CH) = \frac{대당출강량(\text{ton/CH})}{단위 m 당 주편량(\text{ton/CH}) \times 주조속도(\text{m/min})}$$

예 출강량 100톤, 주조속도 1.5m/min, 주조크기 200mm×1,000mm, 용강비중 7.3g/cm일 때 주조시간을 산출하시오.

풀이 $주조시간 = \dfrac{100}{0.2 \times 1 \times 1.5 \times 7.3} = 45.67$

⑳ 주조속도(m/CH) 계산

$$주조속도(\text{m/CH}) = \frac{대당출강량(\text{ton/CH})}{\alpha \times 단위 m 당 주편량(\text{ton/CH}) \times 주조시간(\min/CH)}$$

(단, α는 전로 출강 싸이클, 레이들 내 온도 강하, 레이들 내 특수 성분의 변화, 스트랜드 수 등을 감안한 요소이다.)

예 주조시간 35분, 출강량 125톤, 주편 개당 무게가 3톤, 전로 출강 싸이클이 1일 때의 주조속도를 산출하시오.

풀이 $주조속도 = \dfrac{125}{1 \times 35 \times 3} = 1.19$

PART 04

제강기능장 필기 기출문제

01 2002년 32회 시행
02 2003년 34회 시행
03 2004년 36회 시행
04 2005년 38회 시행
05 2010년 47회 시행
06 2011년 50회 시행
07 2012년 51회 시행
08 2012년 52회 시행
09 2013년 53회 시행
10 2014년 55회 시행
11 2014년 56회 시행
12 2015년 57회 시행
13 2016년 60회 시행
14 2017년 61회 시행
15 2018년 63회 시행

2018년 63회이후 CBT시험으로 변경되어 기출문제가 공개되지 않습니다.

필기 기출문제 2002 * 32회

01
제강에서 사용하는 강재의 기능을 설명한 것 중 틀린 것은?

① 로내 분위기로부터 산소, 기타 가스에 의한 오염을 방지한다.
② Fe 등 기타 유용원소의 손실을 크게 하는 역할을 한다.
③ 산소를 운반하는 매개체로부터 산화철을 보유하고 있다.
④ P, S 등 유해원소를 제거해 준다.

해설및용어설명 | 슬래그는 유용원소의 손실을 막아준다.

02
용강에 첨가해서 밀도와 점성을 동시에 낮추는 원소는?

① Mn   ② Cu
③ Co   ④ Ni

03
강재의 성분구성을 구분한 것 중 틀린 것은?

① 염기성 산화물 : Al_2O_3, 양성 산화물 : P_2O_5
② 염기성 산화물 : Na_2O, 산성 산화물 : SiO_2
③ 염기성 산화물 : MnO, 양성 산화물 : Al_2O_3
④ 염기성 산화물 : CaO, 산성 산화물 : SiO_2

해설및용어설명 | P_2O_5는 산성 산화물이다.

04
강재의 산화력을 가장 옳게 설명한 것은?

① 산성 강재에서는 대부분의 FeO는 $2FeO \cdot SiO_2$로써 존재하므로 그 산화력은 약하다.
② 산성 강재에서는 대부분의 FeO는 $2FeO \cdot SiO_2$로써 존재하므로 그 산화력은 강하다.
③ 산성 강재에서는 대부분의 FeO는 $2FeO \cdot CaO$로써 존재하므로 그 산화력은 약하다.
④ 산성 강재에서는 대부분의 FeO는 $2FeO \cdot CaO$로써 존재하므로 그 산화력은 강하다.

05
제철 조업에서 유동성이 가장 좋은 것은?

① 규석   ② 석회석
③ 산화마그네슘   ④ 형석

06
용선에만 사용되고 용강에는 기화하므로 이용할 수 없는 탈황제는?

① Ca   ② Mn
③ Na   ④ Mg

해설및용어설명 | Na은 기화점이 낮으므로 제강과정에서는 사용할 수 없다.

정답 01 ② 02 ① 03 ① 04 ① 05 ④ 06 ③

07
염기성 강재 중 유동성을 가장 저해시키는 성분은?

① P_2O_5
② CaO
③ SiO_2
④ FeO

해설및용어설명 | CaO는 점성이 상당히 커서 유동성을 저해한다.

08
용철에서 질소의 용해도는 질소의 분압(Pn_2)과 질소의 활동도 계수에 미치는 제3원소의 영향($fn^{(J)}$)에 달라진다. 다음의 설명 중 옳게 표현된 것은?

① 용해도는 $\sqrt{Pn_2}$ 에 비례하여 증가하고 용해도를 증가하는 원소들은 $fn^{(J)}$를 높인다.
② 용해도는 Pn_2 에 비례하여 커지고 용해도를 증가하는 원소들은 $fn^{(J)}$를 높인다.
③ 용해도는 $\sqrt{Pn_2}$ 에 비례하여 증가하고 용해도를 감소하는 원소들은 $fn^{(J)}$를 높인다.
④ 용해도는 Pn_2 에 비례하여 커지고 용해도를 감소하는 원소들은 $fn^{(J)}$를 높인다.

09
슬래그에 의한 용철의 탈황반응을 이온적으로 옳게 표시한 것은?

① $O^{2+} + \underline{S} \rightarrow S^{2-} + \underline{O}$
② $Ca^{2+} + S^{2-} \rightarrow CaS$
③ $\underline{O} + S^{2-} \rightarrow \underline{S} + O^{2-}$
④ $S^{2+} + 2O^{2-} \rightarrow SO_2$

10
산소 전로에서 각종 원료 장입순서가 옳은 것은?

① 고철 → 생석회 → 고철 → 산소분사 → (철광석, 형석)
② 용선 → 고철 → 산소분사 → (생석회, 철광석, 형석)
③ 고철 → 용선 → 산소분사 → (생석회, 철광석, 형석)
④ 용선 → 고철 → (생석회, 철광석) → 산소분사 → 형석

11
용강에 Cu, Ni, Mo와 같은 합금원소를 첨가하기 위해서는 산소전로 취련의 어느 시기에 이들의 합금철을 첨가하는 것이 좋은가?

① 산소 취련 전에 첨가한다.
② 취련이 끝난 후 전로 내에 첨가한다.
③ 수강 전의 레이들에 미리 첨가하여 놓는다.
④ 출강 중 레이들에 첨가한다.

해설및용어설명 | 합금원소를 취련 전에 첨가하면 취련 중 교반에 의해 균일하게 합금화가 된다.

12
전로제강법에 대한 설명 중 옳은 것은?

① 주원료로 고철을 70% 이상 사용한다.
② 열원으로 외부에서 공급되는 C, S 등이 사용된다.
③ 정련시간은 노의 용량에 크게 관계하여 일반적으로 60분 정도 걸린다.
④ 산화반응에 의해 용강을 정련한다.

13
산소전로 내의 강재는 어떠한 역할을 하며 염기도는 어느 정도인가?

① 강욕보호, 산화작용, 염기도=1.2~1.5
② 탈산, 탈린, 탈황, 염기도=1.6~2.0
③ 탈산, 탈규소, 탈망간, 탈린, 탈황, 염기도=2.0~2.6
④ 탈인, 탈황, 염기도=3.5~4.6

14
다음 중 진정 강은?

① 캡드강
② 킬드강
③ 공석강
④ 림드강

15
조괴작업에서 하주법의 특징으로 맞는 것은?

① 주입속도와 탈산조정이 어렵다.
② 조괴량이 좁다.
③ 대량 생산에 적합하다.
④ 강괴 표면이 깨끗하다.

16
강괴의 조직을 좋게 하기 위해 단면적은 크게 하고 높이는 낮게 해야 한다. 분괴압연용 대강괴에서 강괴 높이는 두께의 몇 배로 하는 것이 좋은가?

① 1
② 2.5~3.5
③ 5~6
④ 8~10

17
전기전도도가 가장 큰 것은?

① 탄소 전극
② 흑연 전극
③ Sorder Berg 전극
④ 코크스 전극

18
스테인리스강 제조법에서 가장 널리 이용되고 있는 AOD법과 VOD법을 비교한 것 중 맞는 것은?

① VOD법은 탈황 성분조정에 유리하며, AOD법은 정련 후 출강 때 공기오염에 대하여 유리하다.
② AOD법은 진공설비가 있으며, VOD법은 건설비가 AOD법보다 싸다.
③ AOD법은 고탄소 용강으로부터 신속한 탈탄과 탈황이 가능하므로 생산성은 VOD법보다 크다.
④ VOD법은 스테인리스강의 제조에만 이용되나 AOD법은 각종 강종에 적용할 수 있다.

19
전기로 조업은 원료의 상태, 산화정련의 정도, 환원정련의 정도 등에 따라 각각 두 가지의 형태가 있다. 일반적으로 채택되고 있는 조업법은 어떤 형태인가?

① 염기성, 냉재, 일부산화법, 1회강재법
② 염기성, 냉재, 일부산화법, 혼재법
③ 염기성, 냉재, 완전산화법, 1회강재법
④ 염기성, 냉재, 완전산화법, 2회강재법

13 ④ 14 ② 15 ④ 16 ② 17 ② 18 ③ 19 ④

20
연속주조에 있어서 강편의 표면균열 발생에 관한 설명 중 잘못된 것은?

① 표면균열은 슬리브의 경우 넓은 면에 발생한다.
② 각형 빌렛의 경우 표면균열은 빌렛 전표면에 발생한다.
③ 표면균열은 냉간강도가 클수록 발생률이 높다.
④ 테이퍼(Taper) 주형을 사용하면 표면균열 발생률이 낮아진다.

21
연속주조의 Powder Coating에서 많이 쓰이는 파우더의 주성분은?

① $Al_2O_3 - MgO - CaO$
② $Al_2O_3 - SiO_2 - CaO$
③ $Al_2O_3 - FeO - SiO_2$
④ $Al_2O_3 - FeO - CaO$

22
H를 Heat size라 할 때 주조능률 P는
$\dfrac{kH}{(k \times 주조시간 + tp)}$ 로 표현되는 식에서 k와 tp는 각각 무엇에 해당하는가?

① 비례상수, 준비시간
② 테이블의 개수, 대기시간
③ 턴디시의 개수, 대기시간
④ 레이들의 개수, 준비시간

23
진공탈가스법에 의한 탈질소에 관하여 기술한 것 중 잘못된 것은?

① 진공탈가스에 의한 탈질소율은 10~20% 정도이다.
② 미탈산의 경우는 탈질소 효과가 촉진된다.
③ Mn, Cr 등의 존재는 탈질소 효과를 촉진한다.
④ 탈질소 반응속도는 탈수소의 경우보다 낮다.

해설및용어설명 | Mn, Cr은 탈질을 방해한다(Mn은 방해하지만 큰 영향이 없음).

24
탈인반응의 촉진을 저해하는 것은?

① 강재(Slag)의 염기도가 높을 때
② 강욕의 온도가 높을 때
③ 강재 중의 P_2O_5가 낮을 때
④ 강재의 유동성이 좋을 때

해설및용어설명 | 강욕의 온도가 높으면 복인이 일어난다.

25
킬드강에 관한 설명 중 틀린 것은?

① Rimming Action으로 인하여 편석이 적다.
② 강 표면은 비교적 순도가 높다.
③ 가스일부가 강괴표면에 가까운 곳에 집합한다.
④ 판, 봉 등과 같이 표면상태가 우수한 것을 요구하는데 사용한다.

해설및용어설명 | 리밍액션이 일어나면 응고속도가 늦어서 편석이 많이 발생한다.

26

연속주조 설비와 관련된 사항 중 잘못 기술된 것은?

① 턴디시로부터 용강유량 조절에 사용되는 슬라이딩 노즐방식은 고장이 적고 유량 조절이 쉽다.
② 연주기의 형식에는 수평형, 수직형, 만곡형 등이 있다.
③ 침적 노즐을 사용하는 목적은 주조능력을 향상하는 데 있다.
④ 진동 구동장치는 용강이 주형벽에 부착하는 것을 방지하기 위한 것이다.

해설및용어설명 | 침적 노즐은 용강의 재산화방지의 목적이 있다.

27

노외 정련 중 레이들 버블링(Bubbling)의 목적이 아닌 것은?

① 탈수소처리
② 성분균일화
③ 온도균일화
④ 개재물 분리부상

해설및용어설명 | 버블링의 목적
성분 및 온도 균일화, 개재물 분리부상

28

전기로 제강법의 이점 중 틀린 것은?

① 재료의 제약이 적다.
② 전력, 내화물의 원단위가 전로보다 적다.
③ 유가금속의 회수가 용이하다.
④ 고온이 쉽게 얻어진다.

해설및용어설명 | 전기로는 전력비가 많이 들고, 내화물의 손상도 많다.

29

호이슬러 합금의(Heusler's alloy)의 주성분으로 맞는 것은?

① Fe-Ni-Co
② Al-Au-Fe
③ Cu-Mn-Al
④ Sb-Hg-Ag

30

강에 인성을 부여하고 불안정한 조직의 안정을 위한 가장 적합한 열처리 작업은?

① 표준화
② 풀림
③ 담금질
④ 뜨임

해설및용어설명 |
담금질 : 강도 증가
풀림 : 연화
불림 : 조직 표준화, 균일화
뜨임 : 인성 부여

31

강의 성질에 미치는 각 원소의 영향을 기술한 것 중 잘못된 것은?

① C : 일반적으로 C의 함유량이 많을수록 경도와 강도는 높아지고 신장율은 낮아진다.
② Si : 경도와 강도를 크게 하며, Si 1% 증가에 따라 인장강도는 약 $10kg_f/mm^2$ 증가한다.
③ Mn : 강도와 인성을 높이며, S의 해를 방지한다.
④ S : 유익한 원소로써 냉간가공 시 강을 강하게 한다.

해설및용어설명 | S는 유해원소로 열간가공 시 균열을 일으킨다.

32

철에 Cr, Ni을 첨가한 강으로써 페라이트형, 마텐자이트형, 오스테나이트형, 석출경화형이 있는 강의 종류는?

① 베어링강(Bearing steel)
② 자석강(Magnet steel)
③ 내식강(Stainless steel)
④ 내열강(Heat-resisting steel)

33

0.2% 탄소강의 723℃ 선상에서의 초석 α의 오스테나이트량(%)은? (0.025%C는 무시)

① 약 60
② 약 75
③ 약 65
④ 약 90

34

오스테나이트의 안정화 원소는?

① W, Mo
② Ni, Mn
③ Mo, Ni
④ Si, Ti

35

안전사고와 관련 있는 산업심리학의 5대 요소에 속하지 않는 것은?

① 감정
② 개성
③ 활력
④ 습관

해설및용어설명 | 산업심리학 5대 요소
기질, 동기, 습관, 습성, 감정

36

유류화재 발생 시 사용할 수 없는 소화기는?

① 주수 소화기
② ABC 소화기
③ CO_2 소화기
④ 포말 소화기

해설및용어설명 | 주수 소화기는 일반화재 시 적용

37

신 저취전로법(Q-BOP법)의 특징으로 틀린 것은?

① 고철 배합율을 상취전로보다 6% 정도 높일 수 있다.
② 극 저탄소강에서의 탈탄은 상취전로보다 용이하다.
③ 강재의 동일 FeO 수준에 대하여 상취전로보다 탈인이 잘 된다.
④ 랜스설비가 필요하므로 건물 높이를 높게 한다.

해설및용어설명 | 저취전로법은 하부에서 산소를 취입하므로 랜스 설비가 필요없어 건물 높이가 낮아진다.

38

전로의 TTT(Tap to Tap) 시간은 어느 정도인가?

① 40분
② 1시간
③ 12시간
④ 24시간

39

LD전로에서 강욕과 산소가 충돌하여 취련음의 변화와 함께 미세한 철립이 비산하는 현상은?

① 밀스케일(Mill Scale)
② 분출(Over Flow)
③ 연취련(Soft Blow)
④ 스피팅(Spitting)

40
LD전로에서 탈탄 속도가 가장 빠른 시기는?

① 제1기
② 제2기
③ 제3기
④ 말기

41
열처리용 고급강, 기계구조용강, 단조용강 등에 사용되며 편석은 적고 완전 탈산한 것에 해당되는 것은?

① 림드강
② 캡드강
③ 세미킬드강
④ 킬드강

42
용강의 탈산방법에 해당되지 않는 것은?

① 용강 중의 C에 의한 탈산
② 침적 탈산
③ 확산 탈산
④ 석출 탈산

해설및용어설명 | 탈산법
확산 탈산, 석출 탈산(강제 탈산), 용강 중 C에 의한 탈산

43
일반적으로 평형의 조건은 Gibbs의 상률(Phase rule)을 이용한다. 상률을 나타내는 식이 $F = C - P + E$ 라면 F는 무엇을 나타내는가?

① 성분 수
② 상의 수
③ 환경변수(온도, 압력)
④ 자유도

44
염기성 및 산성 산화물의 설명 중 틀린 것은?

① 염기성 산화물은 O^{2-} 이온을 공급하는 것이다.
② 염기성 산화물은 공유결합을 하며 망상 구조를 형성한다.
③ 산성 산화물은 O^{2-} 이온을 받아 배위결합을 하려는 것이다.
④ 이온-산소간 인력값이 큰 산성 산화물은 망상구조를 형성하려 하고, 인력 값이 작은 염기성 산화물은 망상 구조를 파괴한다.

해설및용어설명 | 염기성 산화물은 배위결합을 한다.

45
수소가 강에 미치는 영향 중 가장 많이 나타나는 현상은?

① Flake
② Star Crack
③ 표면미세균열
④ 입계균열

46
페라이트형 스테인리스 강에서 일어나는 취성이 아닌 것은?

① 475℃ 취성
② 150℃ 취성
③ γ 취성
④ 고온 취성

47
제철소 내에서 생산되는 부산물 가스 중 인체에 가장 해롭고 독성이 큰 것은?

① CO_2
② CO
③ H_2
④ CH_4

정답 40 ② 41 ④ 42 ② 43 ④ 44 ② 45 ① 46 ② 47 ②

48
심한 두통 또는 시력장애를 일으키고 의식을 상실하게 하는 온도(℃)는?

① 39　　② 29
③ 24　　④ 18

49
기름을 압력 0에서 200kgf/cm²까지 압축하였을 때 체적은 몇 % 감소하는가? (압축률은 $6.8 \times 10^{-5} \text{cm}^2/\text{kg}_f$)

① 1.25　　② 1.86
③ 2.54　　④ 4.62

50
유압기에서 사용하는 배관용 관으로 열전도율이 크고 내식성이 우수하며 저압용의 배관에 알맞은 배관용 재료는?

① 동 파이프
② 이중 와이어 브레이드 호스
③ 나선 와이어 브레이드 호스
④ 직물 브레이드 호스

51
Auto CAD로 도면작업을 하는 순서 중 가장 먼저 이루어지는 작업은?

① 시스템 부팅　　② 도면크기 결정
③ 도면에 치수기입　　④ 도면저장

52
유압펌프 종류에서 회전식 유압펌프가 아닌 것은?

① Axial piston pump　　② Gear pump
③ Vane pump　　④ Screw pump

53
압력제어변의 종류가 아닌 것은?

① Relief valve　　② Sequence valve
③ Safety valve　　④ Check valve

해설 및 용어설명 | Check valve는 방향제어 밸브이다.

54
안전에 대한 관심과 이해가 인식되고 유지됨으로써 얻을 수 있는 장점이 아닌 것은?

① 직장의 신뢰도를 높인다.
② 이직률을 감소한다.
③ 고유기술이 축적되어 품질이 향상된다.
④ 기업의 투자경비를 증가시킬 수 있다.

해설 및 용어설명 | 안전을 유지하면 투자경비를 절감할 수 있다.

55
공급자에 대한 보호와 구입자에 대한 보증의 정도를 규정해 두고 공급자의 요구와 구입자의 요구 양쪽을 만족하도록 하는 샘플링 검사방식은?

① 규준형 샘플링 검사
② 조정형 샘플링 검사
③ 선별형 샘플링 검사
④ 연속생산형 샘플링 검사

정답 48 ①　49 ②　50 ①　51 ①　52 ①　53 ④　54 ④　55 ①

56

다음 표는 어느 회사의 월별 판매실적을 나타낸 것이다. 5개월 이동평균법으로 6월의 수요를 예측하면?

월	1	2	3	4	5
판매량	100	110	120	130	140

① 150
② 140
③ 130
④ 120

해설및용어설명 | $M_6 = \dfrac{1}{N}\sum_{x=1}^{5} x$

$= \dfrac{1}{5}(100+110+120+130+140) = 120$

57

U관리도의 공식으로 가장 올바른 것은?

① $\bar{u} \pm 3\sqrt{\bar{u}}$
② $\bar{u} \pm \sqrt{\bar{u}}$
③ $\bar{u} \pm 3\sqrt{\dfrac{\bar{u}}{n}}$
④ $\bar{u} \pm \sqrt{\bar{u} \times \bar{u}}$

58

도수분포표를 만드는 목적이 아닌 것은?

① 데이터의 흩어진 모양을 알고 싶을 때
② 많은 데이터로부터 평균치와 표준편차를 구할 때
③ 원 데이터를 규격과 대조하고 싶을 때
④ 결과나 문제점에 대한 계통적 특성치를 구할 때

59

설비의 구식화에 의한 열화는?

① 상대적 열화
② 경제적 열화
③ 기술적 열화
④ 절대적 열화

60

모든 작업을 기본동작으로 분해하고 각 기본동작에 대하여 성질과 조건에 따라 정해놓은 시간치를 적용하여 정미시간을 산정하는 방법은?

① PTS법
② WS법
③ 스톱워치법
④ 실적기록법

정답 56 ④ 57 ③ 58 ④ 59 ① 60 ①

필기 기출문제 2003 * 34회

01
제강반응에서 용강 중에 함유되어 용강의 밀도를 증가하는 원소는?

① Si
② C
③ Mn
④ Ni

02
용융 강재의 주 기능에 해당되는 것은?

① 산소를 운반하는 매개체로 산화철을 보유한다.
② 용강의 과열 촉진과 냉각제의 기능을 나타낸다.
③ P, S 등의 성분을 공급한다.
④ 용강과 부분적으로 혼합하여 불순원소를 공급한다.

03
강재-용강간의 반응에서 $Ks = (Ns)\frac{\partial_0}{\partial_s}$ 에서 (Ks)는?

① 분해상수
② Sulfur capacity
③ 산화철농도
④ 강재 내의 황의 몰(mol)분율

04
산성강재에서 유동성을 가장 저해시키는 성분은?

① CaO
② FeO
③ MnO
④ SiO_2

05
전로조업 중 강재(Slag)에 의해서 가장 먼저 산화제거되는 용선 중의 원소는?

① C
② Si
③ Mn
④ Mg

06
석출탈산을 효과적으로 행하기 위한 탈산제의 구비조건이 아닌 것은?

① 산소에 대한 친화력이 크며 산소와 반응속도가 클 것
② 탈산 원소의 용강 중으로 용해 속도가 빠를 것
③ 탈산 생성물의 부상속도가 크고 탈산 원소가 잔류하여도 강질을 해치지 않을 것
④ 용강에 대한 용해도가 크고 용강 중에서 급속히 용해할 것

해설및용어설명 | 탈산제는 불순물에 대한 용해도가 커야 한다.

정답 01 ④ 02 ① 03 ② 04 ④ 05 ② 06 ④

07

전로 내에 사용되는 석회석의 역할이 아닌 것은?

① 냉각제
② 용강에 탄소부여
③ 조재제
④ 슬로핑(Slopping) 방지

해설및용어설명 | 용강에 탄소부여는 가탄제로 한다.

08

산소전로에서 산소유량(Q Nm³/h)은 다음식과 같은 관계가 있다. 이 관계식에서 P는 취련압력(P kg/cm²)이다. S가 뜻하는 것은? (단, $Q = \theta_T \times S \times P(\theta_T \fallingdotseq 1.06)$)

① 취련 소요시간
② 산소공급 속도
③ 노즐의 단면적
④ 노즐의 공의 수

09

저취산소전로법(Q-BOP법)의 특징이 아닌 것은?

① 고철배합율을 상취전로보다 높일 수 있다.
② 철분 회수율이 상취전로에 비해 높다.
③ 강재의 동일 FeO 수준에 대하여 상취전로보다 탈인과 탈황이 떨어진다.
④ 냉각가스로서 수소를 포함한 가스를 사용하는 경우 강중 수소함유량이 증가한다.

해설및용어설명 | 저취법은 용강교반이 강하므로 탈인, 탈황은 우수하다.

10

강괴에서 탈산생성물로 인한 내생적 개재물에 대한 설명 중 옳은 것은?

① Al, Ti, Zr, W 등 탈산생성물의 개재물은 층상으로 분포된다.
② 림드강괴에서는 SiO_2, Mn-Scale 개재물이 주체이다.
③ Si-Mn 탈산에서는 FeO, MgO, P_2O_5가 개재물의 주체이다.
④ 생성 산화물의 융점이 낮은 경우는 개재물이 구상이다.

11

전기로용 변압기에 대용량의 Reactance를 갖추게 하는 가장 큰 이유는?

① 용해를 신속히 하기 위하여
② 전압변동에 대처하기 위하여
③ 큰 전류가 흘러도 외부송전선에 충격전류가 흐르지 않도록 하기 위하여
④ 2차 전압을 높게 하기 위하여

12

전기로 제강에서 탈수소를 하기 위한 가장 좋은 조건은?

① 대기 중 습도가 낮을 것
② 탈산속도가 작을 것
③ 강욕온도가 낮을 것
④ 슬래그층이 아주 두꺼울 것

13

스테인리스강의 2차 정련법인 AOD법에 관한 설명 중 틀린 것은?

① CO 분압을 낮춤으로서 탄소를 우선적으로 저하시키는 방법이다.
② 풍구내관으로 아르곤 및 산소의 혼합가스를 취입한다.
③ 내화물로는 규석벽돌이 주로 쓰인다.
④ 모양과 설비가 전로와 비슷하다.

해설및용어설명 | AOD에서는 탈황이 진행되므로 내화물을 염기성으로 사용해야 한다. 규석벽돌은 산성이다.

14

탄소강에서 마텐자이트 변태에 관한 설명 중 옳지 않은 것은?

① 마텐자이트 변태는 무확산변태이다.
② 마텐자이트 변태 후 모상에서의 조성변화는 일어나지 않는다.
③ 마텐자이트 변태에서 만들어진 조직은 [C] 농도가 증가함에 따라 BCC에서 BCT로 된다.
④ 마텐자이트 변태는 확산에 의해 임의의 일정온도에서 급작스럽게 시작되고 완료된다.

해설및용어설명 | 강의 마텐자이트 변태는 시작온도와 종료온도가 다르다.

15

제강설비에서 비연소식 폐가스 냉각설비는?

① WJ
② DL
③ OC
④ OG

16

용강의 탈산속도는 개재물의 부상속도와 관계되며 부상속도는 다음과 같이 나타난다. η는 무엇을 나타내는가?
(단, g : 중력가속도, ρFe : 용강의 밀도, ρS : 개재물의 밀도, r : 개재물의 반지름)

$$u = \frac{2g(\rho Fe - \rho S)r^2}{9\eta}$$

① 용강의 온도
② 용강의 점성 계수
③ 개재물의 함유량
④ 탈산제의 첨가량

17

10톤의 전기로에서 지름 400mm의 전극을 사용하여 12,000A의 전류를 통할 때 전극의 전류밀도는 약 얼마인가?

① $8.63 A/cm^2$
② $9.55 A/cm^2$
③ $12.52 A/cm^2$
④ $15.76 A/cm^2$

해설및용어설명 | 전류밀도 = $\dfrac{전류(A)}{단면적(cm^2)}$

$= \dfrac{12,000(A)}{\dfrac{3.14 \times 400(mm)^2}{4}}$

$= 0.0955 A/mm^2 = 9.55 A/cm^2$

18

아크 전기로의 보통전력(RP) 조업에 비하여 초고전력(UHP) 조업이 갖는 특징 중 틀린 것은?

① 저역율이므로 전력 원단위는 높다.
② 생산성이 향상된다.
③ 굵고 짧은 아크로 조업한다.
④ 용락 후의 열전달 효율이 높다.

정답 13 ③ 14 ④ 15 ④ 16 ② 17 ② 18 ①

19

연속주조조업 중 설비요건이 아닌 조업요인이 되는 것은?

① 주조속도
② 주형형상
③ 주형진동기구
④ 인발기구

해설및용어설명 | 주조속도는 조업 중 조절이 가능한 요인이다.

20

킬드강에 대한 설명 중 틀린 것은?

① Fe-Si, Al 등으로 충분히 탈산한다.
② 주형 내에서 조용히 응고한다.
③ 강괴 실수율이 아주 높다.
④ 고급강에 사용할 수 있다.

해설및용어설명 | 킬드강괴는 상부에 수축공이 심하므로 실수율이 떨어진다.

21

연주 슬래브(Slab)에서 나타나는 내부 결함에 해당하는 것은?

① 면세로 Crack
② 면가로 Crack
③ 탕주름 Crack
④ 단면 Crack

22

탄소강의 결정입도 번호가 7일 경우 배율 100배의 현미경 사진 1 in² 내에 들어 있는 결정입자의 수는?

① 8 Grains
② 16 Grains
③ 64 Grains
④ 82 Grains

해설및용어설명 | 결정입자 수 $= 2^{(입도번호-1)} = 2^{(7-1)} = 64$

23

연속주조에서 몰드 파우더의 기능 설명이 틀린 것은?

① 용강면을 덮어서 공기산화를 방지한다.
② 용융한 파우더가 주형벽으로 흘러서 윤활제로 작용한다.
③ 용강의 냉각을 촉진시키고 주조속도를 빨리할 수 있게 한다.
④ 용강 내의 개재물을 흡수하여 강의 청정도를 높인다.

해설및용어설명 | 주편의 냉각은 몰드에 의한 1차 냉각과 살수에 의한 2차 냉각으로 이루어진다.

24

재해발생의 빈도를 찾아보기 위한 도수율의 식이 옳은 것은?

① 도수율 $= \dfrac{재해발생건수}{연총노동시간수} \times 1{,}000{,}000$

② 도수율 $= \dfrac{재해손실일수}{연총노동시간수} \times 1{,}000{,}000$

③ 도수율 $= \dfrac{재해인원수}{연총노동시간수} \times 1{,}000{,}000$

④ 도수율 $= \dfrac{재해손실비}{연총노동시간수} \times 1{,}000{,}000$

25

전로설비의 주요한 설비에 해당되지 않는 것은?

① 정련 반응로인 노체
② 경동장치
③ 본체의 소각설비
④ 산소취입장치

26
전로의 폐가스 냉각설비에 속하지 않는 것은?

① 연소 공냉법
② 보일러법
③ 비연소식 OG회수법
④ 전기 집진법

해설및용어설명 | 전기 집진법은 폐가스의 청정설비이다.

27
LD전로의 염기성 내화물로 사용하지 않는 것은?

① 마그네시아 연와 ② 돌로마이트 연와
③ 돌로마이트 스탬프재 ④ 샤모트 연와

해설및용어설명 | 샤모트 연와는 산성 내화물이다.

28
LD전로에 사용하는 랜스 노즐의 재질은?

① 규소강 ② 알루미늄
③ 순구리 ④ 탄소강

해설및용어설명 | 열전도도가 우수한 순구리를 사용한다.

29
킬드강의 하주 주입 시에 주입 중 탕면의 산화방지, 탕주름의 발생방지를 위하여 어떤 조치가 가장 적합한가?

① 발열 파우더를 투입한다.
② 탕상 조정제를 투입한다.
③ 환원성 불꽃으로 탕면가열한다.
④ 주형 상부를 철판으로 덮는다.

30
림드강의 교반운동(Rimming Action)은 무슨 가스의 영향인가?

① O ② CO
③ H ④ N

31
연속주조기에서 용강을 레이들로부터 받아서 주형에 배분함과 동시에 주입량을 조절하는 것은?

① 가이드롤(Guide Roll)
② 턴디시(Tundish)
③ 핀치롤(Pinch Roll)
④ 레이들(Ladle)

32
진공설비 없이 그림처럼 레이들의 용강위의 슬래그 중에서 아크를 발생시키는 서브머지드(Submerged) 아크 정련을 무엇이라 하는가?

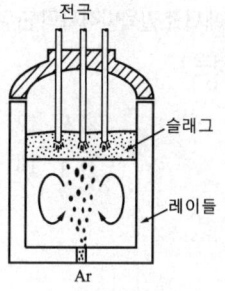

① VAD법 ② ASEA-SKF법
③ LF법 ④ VOD법

해설및용어설명 | LF법은 가열은 가능하지만 진공이 안 된다. 나머지 방법은 진공이 가능한 방법이다.

정답 26 ④ 27 ④ 28 ③ 29 ② 30 ② 31 ② 32 ③

33
전기로 제강법에서 사용하는 철광석의 환원도를 나타내는 환원률의 식이 맞는 것은?

① $\dfrac{\text{환원으로 제거되는 광석량}}{\text{철광석중의 전 산소량}} \times 100$

② $\dfrac{\text{환원으로 제거되는 산소량}}{\text{철광석중의 전 산소량}} \times 100$

③ $\dfrac{\text{환원철중의 전철분}}{\text{환원철중의 금속분}} \times 100$

④ $\dfrac{\text{환원철중의 금속분}}{\text{환원철중의 전철분}} \times 100$

34
전기조업의 진보된 신기술이라고 볼 수 없는 것은?

① 초고전력 조업 ② 불순물의 제련
③ 환원철 이용   ④ 자동제어

해설및용어설명 | 불순물의 제련은 제강의 기본적인 반응이다.

35
금속의 결정구조에서 조밀육방격자의 단위격자 소속원자수와 배위수가 맞는 것은?

① 1, 5   ② 2, 12
③ 3, 9   ④ 4, 16

36
혼선로에서 화학성분 감소 효과가 가장 큰 것은?

① Mn   ② S
③ P   ④ Cr

37
생산현장 작업자들의 안전지식의 기술 및 태도를 바람직한 수준으로 원활하게 추진하기 위하여 적용되는 방법과 관련이 가장 먼 것은?

① 안전작업의 확인 감독 및 관리
② 교육 및 훈련
③ 동기부여
④ 정밀 경진대회의 개최

38
연속주조에서 두께 6~12mm의 강관을 강편 크기로 프레스 가공한 것의 지지틀에 넣은 것으로 고속주조에 적합하며 소형 빌렛 연주기에 사용되는 주형의 형식은?

① Dish Mold   ② Impeller Mold
③ Parting Mold ④ Tubular Mold

39
프로그램 작성에 필요한 프로그램 언어 중 프로그램 메모리에 저장되는 프로그램 언어의 종류가 아닌 것은?

① FORTRAN ② BYTE
③ COBOL   ④ BASIC

40
Auto CAD 도면작업 시 도형을 복사할 수 있는 명령어는?

① COPY   ② ZOOM
③ STRETCH ④ EDIT

41

유압 Symbol 중 흐르는 방향이 일방향으로서 역방향으로 흐를 수 없는 것을 표시한 것은?

①   ②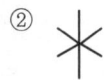

③ 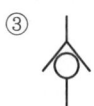 ④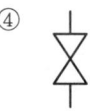

42

LD전로법의 일반적인 특징에 대한 설명이 틀린 것은?

① 장입 주원료는 용선과 고철이다.
② 제강시간은 약 30분 정도이다.
③ 강재의 재질이 균일하고 스테인리스강이 제조된다.
④ 산소를 불어 넣어 정련한다.

해설및용어설명 | LD전로는 저탄소강에는 적합하지만, 미세성분 조정이 어려워 스테인리스강 제조에는 부적합하다.

43

LD전로에서 요구되는 생석회의 성질과 거리가 먼 것은?

① 소성이 잘 되어 반응성이 좋을 것
② 정립되어 반응성이 좋을 것
③ 반응촉진을 하기 위하여 가루가 많을 것
④ S, P, SiO_2 등의 불순물이 적을 것

해설및용어설명 | 생석회분은 취련 가스 압력에 의한 손실이 많다.

44

금속재료의 일반적 특성과 관계가 먼 것은?

① 연성과 전성이 나빠 변형이 어렵다.
② 열과 전기의 전도가 잘 된다.
③ 금속적 광택을 가지고 있다.
④ 수은을 제외하고 고체 상태에서 결정구조를 갖는다.

해설및용어설명 | 금속은 연성과 전성이 좋아서 변형이 잘 된다.

45

생산 현장에서 자동제어를 하므로써 얻을 수 있는 이점이 아닌 것은?

① 인력자원의 다량화   ② 노동조건의 향상
③ 생산속도의 향상   ④ 균일한 제품의 생산

해설및용어설명 | 자동제어를 하면 인력을 감축시킬 수 있다.

46

연속주조에서 주형의 진동에 의하여 주편 표면에 횡방향으로 줄무늬가 남게 되는 것은?

① Ingot Sight   ② Oscillation Mark
③ Powder Casting   ④ Bublling Point

47

한 고상에 융체가 작용하여 다른 고상을 생성하는 반응은?

① 공정반응   ② 포정반응
③ 석출반응   ④ 용해반응

해설및용어설명 | 포정반응 : $S_1 + L \rightarrow S_2$

48
강에서 기계 절삭성을 향상시키기 위하여 첨가하는 원소가 아닌 것은?

① S
② W
③ Sn
④ Pb

해설및용어설명 | 쾌삭강 첨가원소
S, P, Pb, Se, Ca, Sn 등

49
주철에서 응고 시 가장 강력한 흑연화 촉진 원소는?

① V
② S
③ Sn
④ Si

50
수강한 레이들을 진공실 내에 놓고 아르곤 가스를 레이들 저부에서 취련하여 정련하는 방법은?

① ESR법
② RH-OB법
③ VOD법
④ CLU법

51
코일 스프링용 소재로 가장 적합한 것은?

① SCM415
② SM55C
③ STC7
④ SPS8

52
연속주조 주편 응고시 기포가 발생한다. 이러한 기포를 발생시키는 용강 중 용해 원소가 아닌 것은?

① O
② H
③ N
④ C

해설및용어설명 | C는 Fe_3C로 존재하므로 기포를 만들지 않는다.

53
소음의 크기를 나타낸 것 중 옳은 것은?

① 폰(Phon), 파운드(lb), 숀(sone)
② 폰(Phon), 데시벨(dB), 룩스(lux)
③ 폰(Phon), 데시벨(dB), 숀(sone)
④ 폰(Phon), 데시벨(dB), 피에스아이(psi)

54
방진 마스크의 구비조건이 아닌 것은?

① 시야가 좁을 것
② 중량이 가벼울 것
③ 여과효율이 좋을 것
④ 흡기저항이 낮을 것

해설및용어설명 | 마스크는 충분한 시야를 확보해야 한다.

55
어떤 측정법으로 동일 시료를 무한 횟수 측정하였을 때 데이터 분포의 평균치와 참값과의 차를 무엇이라 하는가?

① 신뢰성
② 정확성
③ 정밀도
④ 오차

56

예방보전의 기능에 해당하지 않는 것은?

① 취급되어야 할 대상설비의 결정
② 정비작업에서 점검시기의 결정
③ 대상설비 점검개소의 결정
④ 대상설비의 외주이용도 결정

57

관리 한계선을 구하는데 이항분포를 이용하여 관리선을 구하는 관리도는?

① Pn 관리도
② U 관리도
③ X-R 관리도
④ X 관리도

58

로트(Lot) 수를 가장 올바르게 정의한 것은?

① 1회 생산수량을 의미한다.
② 일정한 제조횟수를 표시하는 개념이다.
③ 생산목표량을 기계대수로 나눈 것이다.
④ 생산목표량을 공정수로 나눈 것이다.

59

공정 도시기호 중 공정계열의 일부를 생략할 경우에 사용되는 보조 도시기호는?

①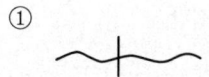
②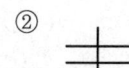
③
④

60

다음의 데이터를 보고 편차 제곱합(S)을 구하면? (단, 소수점 3자리까지 구하시오)

[데이터] : 18.8, 19.1, 18.8, 18.2, 18.4,
18.3, 19.0, 18.6, 19.2

① 0.338
② 1.029
③ 0.114
④ 1.014

해설 및 용어설명 | 평균≒18.7이므로
편차는 0.1, 0.4, 0.1, -0.5, -0.3, -0.4, 0.3, -0.1, 0.5 이다.
편차제곱은 0.01, 0.16, 0.01, 0.25, 0.09, 0.16, 0.09, 0.01, 0.25 이다.
∴ 편차 제곱합은 1.03

정답 56 ④ 57 ① 58 ② 59 ② 60 ②

필기 기출문제 2004 * 36회

01
SCAT의 이점 또는 효과 중 틀린 것은?

① 실수율이 높고 안정하다.
② 제강공장의 적용범위가 크다.
③ 강재의 개재물의 형상이 변화하며 이방성이 개선된다.
④ 청정도가 낮은 강이 생산된다.

해설및용어설명 | SCAT법은 강의 청정도가 우수하다.

02
용강 중에 탄소, 인, 황 및 규소가 같은량 들어 있을 때 질소의 함량을 증가시켜 질소의 용해도를 감소시키는 원소가 아닌 것은?

① 탄소(C)
② 인(P)
③ 황(S)
④ 규소(Si)

해설및용어설명 | 질소 함량을 증가시키는 원소 : C, Si, S

03
산소 전로에서 강재의 주성분은?

① $FeO-CaS-MgO$
② $FeO-SiO_2-CaO$
③ $PbO-MgO-SiO_2$
④ $CaO-CO_2-Al_2O_3$

04
탈산속도를 주로 지배하는 탈탄반응은?

① 용재로부터 용강에의 O의 확산
② 용강 내의 O의 확산
③ 용강 내의 C의 확산
④ 용강으로부터 CO 가스의 생성 탈출

05
강 중의 개재물은 압연 가공 시에 소성변형하여 강재에 이방성을 주는 결점이 있다. 비소성구상 개재물계는?

① $Si-O-S$계
② $Ca-O-S$계
③ $Mn-O-S$계
④ $Al-O-S$계

해설및용어설명 | 그룹A : 황화물, 그룹B : 알루민산염, 그룹C : 규산염, 그룹D : 구형산화물, 그룹D형 개재물은 비소성이다.

06
용강의 탈산을 완전하게 하여 조용히 응고시켜 편석이 적은 강으로 탄소강, 합금강, 단조용강에 쓰이는 강은?

① 림드강
② 반진정강
③ 진정강
④ 주강

정답 01 ④ 02 ② 03 ② 04 ④ 05 ② 06 ③

07
탄소강을 조괴했을 때 용질원소 중 편석의 정도가 가장 낮은 것은?

① S
② P
③ Mn
④ C

08
고주파 유도전기로와 관련된 내용이 틀린 것은?

① 고주파 유도로의 주파수는 로의 용량이 작을수록 많다.
② 합금 회수율이 높다.
③ 유도로에서 나타나는 교반작용의 힘은 투입전력에 반비례한다.
④ 로내 용강의 성분, 온도의 제어가 쉽다.

해설및용어설명 | 교반력은 투입전력에 비례한다.

09
편석(Segregation) 현상과 관계가 없는 것은?

① 처음에 응고한 부분에는 부편석이 생기고 나중에 응고한 부분에는 정편석이 생긴다.
② 편석은 용강의 교반작용에 의해 촉진된다.
③ 응고 중에 용강 중의 S, P, C, Mn 등의 원소가 편석하는 경향은 응고시간과 비례한다.
④ 대강괴는 소강괴보다 편석이 적다.

해설및용어설명 | 대강괴는 응고속도가 느리므로 편석이 심해진다.

10
전기로의 천정내화물 재료로써 구비해야 할 특성 중 가장 중요한 것은?

① 내스폴링성
② 비중
③ 크기
④ 친화력

해설및용어설명 | 천정내화물은 온도급변에 의한 스폴링에 견딜 수 있어야 한다.

11
AOD법 설명 중 옳지 않은 것은?

① 환원기에는 Ar에 의해 교반이 유효하게 작용하고 탈황(S)은 일어나지 않는다.
② 저탄소 스테인리스강의 정련법이다.
③ 로본체와 주요설비 등이 전로와 유사하다.
④ 개재물의 청정도가 우수하다.

해설및용어설명 | AOD에서는 강력한 탈황반응이 동반된다.

12
강의 청정도를 높이기 위해 사용되는 노외정련법 중 스테인리스강을 제조하는 데 쓰이는 방법은?

① LNG
② VOD
③ SDP
④ POG

13
고급 합금강의 제조에 가장 적당한 로는?

① 전로
② 전기로
③ 용선로
④ 고로

14
출강 용강량이 95.44T일 때 출강실수율은 약 얼마인가?
(단, 용선 82.59T, 석회석 0.37T, 철광석 1.49T, 스크랩 15.4T, 밀 스케일 0.47T)

① 99.9% ② 97.4%
③ 94.8% ④ 86.8%

해설및용어설명 | $\frac{95.44}{82.59+15.4} \times 100 = 97.4\%$

15
철 중에 탄소가 고용되어 α철로 될 때 α 고용체의 형태는?

① 침입형 고용체 ② 치환형 고용체
③ 공정형 고용체 ④ 금속간 화합물

해설및용어설명 | 탄소의 원자가 철 원자보다 작으므로 침입형으로 고용체를 이룬다.

16
주철 중에 함유되어 있는 유리탄소란?

① 화합탄소 ② 시멘타이트
③ 전탄소   ④ 흑연

해설및용어설명 | 화합탄소(시멘타이트), 유리탄소(흑연)

17
다음의 합금강을 원소 중 내식성을 부여하기 위해 첨가하는 것으로 가장 적합한 것은?

① Si ② Mo
③ Cr ④ Mn

18
순철의 밀도는 1,550℃에서 약 얼마나 되는가?

① $4.0 g/m^3$ ② $5.62 g/m^3$
③ $7.0 g/m^3$ ④ $9.62 g/m^3$

19
폭발의 우려가 있는 가스, 증기 또는 분진을 발생하는 장소에서 폭발방지조치와 관련이 가장 적은 것은?

① 통풍장치 ② 배수장치
③ 제진장치 ④ 환기장치

20
염기성 환원 슬래그의 야금반응 특징 중 잘못된 것은?

① 탈황능력이 강하다.
② 복인이 된다.
③ 복탄이 된다.
④ 탈산능력이 약하다.

해설및용어설명 | 환원 분위기에서는 탈산이 잘 된다.

21
순산소 상취 전로 조업상 잘못된 것은?

① 생산능률이 높다.
② 선철 성분에 제한이 많다.
③ 강질이 좋다.
④ 산화반응이다.

해설및용어설명 | 선철 중 불순원소는 산화반응에 의해 거의 제거되므로 성분에 제한이 없다.

정답 14 ② 15 ① 16 ④ 17 ③ 18 ③ 19 ② 20 ④ 21 ②

22
전기로 제강에서 P_2O_5와 결합하여 가장 안정한 형태의 슬래그로 되는 것은?

① $3FeO \cdot P_2O_5$
② $3CaO \cdot P_2O_5$
③ $Mn \cdot P_2O_5$
④ $CaO \cdot P_2O_5 \cdot SiO_2$

23
TN법에서 탈산제를 랜스를 통하여 레이들에 넣을 때 캐리어 가스(Carrier Gas)는 무엇을 가장 많이 사용하는가?

① Ar
② N
③ Ne
④ He

24
전로의 열정산 시 출열에 해당하는 것은?

① Fe_3C의 분해열
② C, Fe, Si, Mn, P, S 등의 연소열
③ 고철 및 부원료의 현열
④ 용강의 현열

25
전로에서 사용될 수 없는 내화물은?

① 마그네사이트(Magnesite)
② 돌로마이트(Dolomite)
③ 번실리카(Burned Silica)
④ 타르-돌로마이트(Tar-Dolomite)

해설 및 용어설명 | 번 실리카는 산성 내화물이므로 전로에서는 사용할 수 없다.

26
전로에서 강재나 용강이 노외로 비산하지 않고 노구에 도너츠 형으로 쌓이는 현상은?

① Spitting
② Baren
③ Spalling
④ Slopping

27
레이들 정련법에서 VAD법을 설명한 것은?

① 진공장치와 가열장치가 있어 진공처리와 함께 탈황, 성분조정, 온도조정 등을 할 수 있다.
② 레이들을 진공실 내에 넣고 배기와 동시에 아크 가열을 하면서 Ar 가스를 취입하여 용강을 교반한다.
③ 불활성 가스 분위기에서 용강 위의 슬래그 중에 아크를 발생시켜 Submerged-Arc 정련을 한다.
④ 진공실 상부에 산소를 취입하는 랜스가 있고, 진공 탈탄을 행하기 때문에 배기능력이 증가되었다.

28
용강을 주입 후 뚜껑을 씌워 용강의 비등을 억제시켜 RIM 부분을 얇게 함으로서 내부의 편석을 적게 한 강괴는?

① 림드강
② 킬드강
③ 캡드강
④ 세미킬드강

정답 22 ② 23 ① 24 ④ 25 ③ 26 ② 27 ② 28 ③

29

순산소 상취 전로에 대한 특징으로 틀린 것은?

① 전로의 능력은 1회당 정련 용강량을 말하며 주 원료로 용선과 고철을 사용한다.
② 생산성이 우수하며 특히 저탄소강 생산에 적합하다.
③ 산소 취입 설비인 랜스노즐은 용강 교반력 향상을 위해 다공노즐을 많이 사용한다.
④ 정련 중 발생된 폐가스를 좁은 관을 통과시켜 그곳에 수분을 분무함으로써 집진하는 것을 백필터라 한다.

해설및용어설명 | ④는 벤추리 스크러버에 대한 설명이다.

30

연속주조 조업 중 주형에서 실시하는 전자교반장치(EMS)의 설치 목적은?

① 응고를 촉진시켜 생산성을 향상시킨다.
② 용강 교반을 통하여 비금속 개재물의 부상 분리를 쉽게 한다.
③ 온도와 성분을 균일화시켜 안정된 조직을 형성시킨다.
④ 양호한 응고조직을 만들어 내부 크랙 및 편석을 개선한다.

31

안지름이 10cm이고, 피스톤의 속도가 4m/sec일 때 필요한 유량은 분당 약 몇 L인가? ($Q = A \cdot V = \dfrac{\pi D^2}{4} V$)

① 31.4
② 41.4
③ 51.4
④ 61.4

해설및용어설명 | $Q = \dfrac{\pi D^2}{4} V = \dfrac{3.14 \times 10^2}{4} \times 4 = 31.4$

32

제강공장의 전기로에서 최적의 온도로 신속히 용해되도록 전력을 제어하는 장치는?

① 송풍장치
② 운반장치
③ 최적전력제어장치
④ 승강장치

33

압력제어변의 종류가 아닌 것은?

① Relif Valve
② Sequence Valve
③ Safety Valve
④ Check Valve

해설및용어설명 | Check valve는 방향제어 밸브이다.

34

컴퓨터를 이용하여 어떤 형상이나 도면을 설계하는 통합적인 시스템은?

① CAD
② CAE
③ CAT
④ CIM

35

비철금속 재료의 설명이 잘못된 것은?

① 구리는 면심입방격자이고 용융점은 약 1,083℃이다.
② 알루미늄 비중은 2.7이고 전기전도도는 구리의 약 65% 수준이다.
③ 니켈의 비중은 2.9이고 용융점은 150℃이다.
④ 인바는 표준자, 시계추 등에 사용된다.

해설및용어설명 | 니켈은 비중 8.9, 용융점 1,455℃이다.

정답 29 ④ 30 ④ 31 ① 32 ③ 33 ④ 34 ① 35 ③

36
LD전로의 호칭이 아닌 것은?

① BOF(Basic Oxygen Furnace)
② Converter
③ LF(Ladle furnace)
④ 전로

해설및용어설명 | LF는 2차 정련용이다.

37
인간은 집단사회를 이루는 일종의 사회를 구성하여 생활하게 되며, 어떤 단위에서도 일정한 규범(질서)이 있다. 바르게 연결되지 않은 것은?

① 친구, 연인 – 관행, 습관
② 가정생활 – 가훈, 부모의 권위
③ 직장생활 – 노동관계법, 직장사규
④ 사회생활(국가) – 형법, 민법

38
산소용기를 사용할 때 관련이 가장 적은 것은?

① 사용 전 반드시 누설검사를 한다.
② 용기 제조자 명칭 및 그 상호를 확인한다.
③ 화기로부터 4m 떨어지게 한다.
④ 사용이 끝난 용기는 빈병이라고 표시하고, 설명과 구분 보관한다.

해설및용어설명 | 용기 제조자 및 상호는 중요하지 않다.

39
직류전동기의 주요 구성부분이 아닌 것은?

① 계자 부분
② 전기자 부분
③ 회전자 부분
④ 정류자 부분

해설및용어설명 | 직류전동기 주요 구성
주 프레임(End Bell, 계자극), 전기자, 정류자

40
용선로의 주요 기능이 아닌 것은?

① 용선의 균일화
② 용선의 저장
③ 보온
④ 탈산 및 탈인

해설및용어설명 | 용선로에서는 탈산, 탈인은 가급적 하지 않는다.

41
강괴에서 결함의 원인이 되는 개재물은 주로 대형산화물계이다. 세미킬드강의 Skin 부분에서 발생하는 대형 개재물을 감소시키기 위한 가장 옳은 대책은?

① 석회비등을 촉진시킨다.
② 알루미늄 탈산을 한다.
③ 고온·고속 주입을 한다.
④ 수소 가스를 증가시킨다.

42
전기로 조업 시 매용제로 사용되는 형석의 역할이 아닌 것은?

① 강재의 용융점을 낮춘다.
② 강재의 유동성을 향상시킨다.
③ 강재의 밀도를 낮춘다.
④ 탈황반응을 촉진한다.

정답 36 ③ 37 ① 38 ② 39 ③ 40 ④ 41 ② 42 ③

43
전기로 제강 조업 시 산소를 취입하면 용강보다 불순원소들이 더 먼저 산화되어 제거된다. 산화되어 제거되는 순서를 올바르게 기술한 것은?

① Mn-Si-Cr-C
② Si-Mn-Cr-C
③ C-Cr-Mn-Si
④ Cr-Mn-Si-C

44
자동생산라인의 성능을 헤아리는 중요한 척도인 평균생산율의 표현으로 적합한 것은?

① $\dfrac{1}{T_c}$ (T_c = 이론적사이클타임)
② $\dfrac{1}{T_p}$ (T_n = 평균생산시간)
③ $\dfrac{1}{T_d}$ (T_d = 평균고장시간)
④ $\dfrac{1}{(T_p + T_c)}$

45
킬드강에서 잉곳 표면에 크랙이 발생하였을 때 방지하기 위한 대책으로 가장 적당한 것은?

① 노즐경(dia)의 확대
② 주입용강에 Al 투입
③ 저속주입
④ 고온의 주형사용

46
Carbide 슬래그에 대한 설명 중 적당하지 못한 것은?

① 색채는 담흑색에서 흑회색이다.
② 용강으로 수소 흡수 위험이 있다.
③ 용강으로 질소 흡수를 방지한다.
④ 용강으로 탄소가 흡수된다.

47
방진 마스크를 사용하지 않아도 되는 작업은?

① 전기아크 용접
② 염소가스탱크 내 작업
③ 분상의 광물선별 작업
④ 주물사 작업

48
전로와 전기로의 가장 큰 차이점은?

① 제조강종
② 분원료의 종류
③ 열원
④ 용제의 첨가

49
연속주조에서 용강류의 산화를 저지하여 개재물의 생성과 핀홀(Pin Hole)의 발생을 방지하기 위하여 사용되는 방법은?

① VAR법
② VIM법
③ 진공탈가스법
④ 무산화주조법

50
연속주조에서 턴디시의 가장 주된 역할은?

① 개재물의 생성
② 용강온도 조절
③ 주형에의 주입량 조절
④ 불활성가스피막 형성

51
전기로 용해작업 중 착용해야 할 안전도구가 아닌 것은?

① 안전모 ② 면장갑
③ 보안경 ④ 보호의

52
염기성 성분이 아닌 것은?

① SiO_2 ② CaO
③ MnO ④ Na_2O

해설및용어설명 | SiO_2는 산성이다.

53
철광석 구비조건에 적합하지 않은 것은?

① 철 함유량이 높고 Al_2O_3, SiO_2 성분이 높을 것
② P, S, As 성분이 적을 것
③ 피환원성이 좋을 것
④ 장입에 견디는 강도와 환원분화성이 적을 것

해설및용어설명 | Al_2O_3, SiO_2는 낮아야 한다.

54
LD전로 작업 중 산소취입 개시 후 30~40분 후에 노를 기울여 출강할때 성분조절과 탈산을 위하여 첨가하는 것이 아닌 것은?

① 페로망간(Fe-Mn)
② 알루미늄(Al)
③ 페로실리콘(Fe-Si)
④ 용제(Flux)

해설및용어설명 | 용제는 불순물 제거용으로 첨가한다.

55
미리 정해진 일정 단위중에 포함된 부적합(결점) 수에 의거 공정을 관리할 때 사용하는 관리도는?

① p관리도 ② nP 관리도
③ c관리도 ④ u관리도

56
도수분포표에서 도수가 최대인 곳의 대표치를 말하는 것은?

① 중위수 ② 비대칭도
③ 모우드(Mode) ④ 첨도

57
로트수가 10이고 준비작업 시간이 20분이며 로트별 정미 작업시간이 60분이라면 1로트당 작업시간은?

① 90분 ② 62분
③ 26분 ④ 13분

해설및용어설명 |
로트별 작업시간 = $\dfrac{\text{정미작업시간} + \text{준비작업시간}}{\text{로트수}}$
$= \dfrac{(60 \times 10) + 20}{10} = 62\text{분}$

58

더미활동(Dummy Activity)에 대한 설명 중 가장 적합한 것은?

① 가장 긴 작업시간이 예상되는 공정을 말한다.
② 공정의 시작에서 그 단계에 이르는 공정별 소요시간들 중 가장 큰 값이다.
③ 실제활동은 아니며, 활동의 선행조건을 네트워크에 명확히 표현하기 위한 활동이다.
④ 각 활동별 소요시간이 베타분포를 따른다고 가정할 때의 활동이다.

59

단순지수평활법을 이용하여 금월의 수요를 예측하려고 한다면 이때 필요한 자료는 무엇인가?

① 일정기간의 평균값, 가중값, 지수평활계수
② 추세선, 최소자승법, 매개변수
③ 전월의 예측치와 실제치, 지수평활계수
④ 추세변동, 순환변동, 우연변동

60

다음 중 검사항목에 의한 분류가 아닌 것은?

① 자주검사
② 수량검사
③ 중량검사
④ 성능검사

필기 기출문제　　2005 * 38회

01
탈황을 촉진하는 방법으로 틀린 것은?

① 고염기도의 강재를 형성한다.
② 강재의 유동성을 높여서 탈황속도를 촉진하기 위하여 형석을 감소시킨다.
③ 석회의 재화를 촉진하기 위하여 Soft Blow하여 (T-Fe)를 증가시킨다.
④ 황의 흡수능력을 높이기 위하여 강재량을 증가한다.

해설및용어설명 | 형석은 강재의 유동성을 높여서 탈황을 촉진한다.

02
자경성(Self-Hardening Steel)은?

① 고탄소강
② 고텅스텐강
③ 고몰리브덴강
④ 고크롬강

03
연속주조 속도를 증가시키기 위한 방법으로 틀린 것은?

① Roll Pitch의 확대
② Spray 냉각 강화
③ 다점 교정
④ 압축주조

해설및용어설명 | Roll Pitch를 축소해야 한다.

04
유압장치의 단점으로 작동유의 온도에 따라서 기계속도가 변화하는 것을 들 수 있다. 일반적으로 기름의 온도가 상승하면 점도는 (①), 온도가 내려가면 점도는 (②). ( )의 내용으로 옳은 것은?

① ①일정하고, ②높아진다.
② ①낮아지고, ②높아진다.
③ ①높아지고, ②낮아진다.
④ ①높아지고, ②변화없다.

05
진공탈가스법 중 순환탈가스법(RH법)은 용강이 진공조 내에서 상승관을 따라 상승하고 하강관을 따라 하강함으로서 용강 내의 가스를 제거한다. 용강이 상승관을 따라 상승하게 하는 원동력은?

① 모터를 이용한다.
② 열을 가한다.
③ 전자력을 사용한다.
④ 상승관에 가스를 취입 비중을 적게 한다.

정답 01 ② 02 ④ 03 ① 04 ② 05 ④

06

슬래그의 역할로 틀린 것은?

① 가스 흡수방지
② 정련작용을 한다.
③ 열의 방출작용을 한다.
④ 용강의 산화방지

해설및용어설명 | 슬래그는 열의 방산을 방지한다.

07

강재의 주성분과 기능에 관한 설명 중 틀린 것은?

① 염기성 제강 강재는 $FeO-MnO-(MgO)-SiO_2$가, 산성 제강 강재는 $FeO-CaO-(MgO)-SiO_2$가 주성분이다.
② 강재는 P, S 등 유해불순물을 제거하고 유용원소의 손실을 적게 하는 역할을 한다.
③ 강재는 산소를 운반하는 매개자로서의 역할을 한다.
④ 강재는 노내분위기로부터 용강을 격리하여 수소, 질소 등의 가스 흡수를 방지한다.

해설및용어설명 | 염기성 강재 CaO, 산성 강재 SiO_2

08

LD전로 취련중기에 망간 용기(복망간) 현상이 일어나는 이유는?

① (MnO)가 Si에 의하여 환원되어 강욕 중 [Mn]이 증가하기 때문이다.
② (MnO)가 P에 의하여 환원되어 강욕 중 [Mn]이 증가하기 때문이다.
③ (MnO)가 C에 의하여 환원되어 강욕 중 [Mn]이 증가하기 때문이다.
④ (MnO)가 Al에 의하여 환원되어 강욕 중 [Mn]이 증가하기 때문이다.

09

연속주조에서 2차 냉각수의 목적으로 틀린 것은?

① 윤활역할
② 응고촉진
③ 벌징(Bulging) 방지
④ 기계냉각

해설및용어설명 | 윤활역할은 합성 파우더로 한다.

10

컴퓨터에서 통신속도의 단위는?

① DIP
② DPI
③ BPS
④ BPI

11

순금속의 응고과정 순서로 맞는 것은?

① 결정핵 발생 - 결정경계 형성 - 결정핵 성장
② 결정핵 발생 - 결정핵 성장 - 결정경계 형성
③ 수상정 발생 - 결정의 성장 - 결정경계 형성
④ 결정경계 형성 - 결정핵 발생 - 결정핵 성장

12

LD전로가 대형화되면서 고로에서 출선된 용선을 제강공장에서 운반하는 용기로 가장 적합한 것은?

① 혼선로(Mixer)
② OL(Open Ladle)
③ 수강레이들(Teeming Ladle)
④ TLC(Torpedo Ladle Car)

13
다음에서 레이들 정련법의 목적이 아닌 것은?

① 품질 향상
② 생산성 향상
③ 설비비 절감
④ 원가 절감

해설및용어설명 | 레이들 정련하면 설비는 복잡해진다.

14
슬라이딩 노즐(Sliding Nozzle)의 장점으로 틀린 것은?

① 주입사고가 적다.
② 주입속도의 조절이 쉽다.
③ 원격조작을 하므로 인건비가 절약된다.
④ 주입량에 따라 노즐재료가 다르다.

15
다음 노외탈황법 중 기계적 교반법에 해당되지 않는 것은?

① Demag-Ostberg법
② Siphon-Ladle법
③ Rheinstabl법
④ Kanbare Reacter법

해설및용어설명 | Siphon-Ladle법은 특수주조나 정련에서 사용한다.

16
용강에 Cu, Ni, Mo와 같은 합금원소를 첨가하기 위해서는 산소전로 취련의 어느 시기에 이들의 합금철을 첨가하는 것이 좋은가?

① 산소 취련 전에 첨가한다.
② 취련이 끝난 후 전로 내에 첨가한다.
③ 수강 전의 레이들에 미리 첨가하여 놓는다.
④ 출강 중 레이들에 첨가한다.

17
Mo계 고속도강이 W계 고속도강보다 우수한 점으로 틀린 것은?

① 비중이 적고 염가이다.
② 인성이 높다.
③ 소입온도가 낮다.
④ 열전율이 낮다.

해설및용어설명 | Mo이 W보다 열전도도가 좋다.

18
열기전력을 이용하여 온도를 측정하는 온도계는?

① 바이메탈 온도계
② 열전대
③ 저항온도계
④ 방사고온계

19
전기사고가 발생하였다. 가장 먼저해야 할 조치 사항은?

① 병원으로 운반한다.
② 응급조치를 한다.
③ 물을 붓는다.
④ 전원을 차단한다.

정답 13 ③ 14 ④ 15 ② 16 ① 17 ④ 18 ② 19 ④

20

용강의 탈산을 목적으로 용강속에 Al탄을 발사하는 Al탄 발사법(ABS법)에서 Al탄의 지름이 커지면 Al탄의 돌입과 부상에 요하는 시간은 어떻게 달라지는가?

① 돌입과 부상시간은 같이 짧아진다.
② 돌입시간은 짧아지고 부상시간은 길어진다.
③ 돌입시간은 길어지고 부상시간은 짧아진다.
④ 돌입시간과 부상시간이 같이 길어진다.

21

다음 중에서 내화물의 침식지수의 식이 맞는 것은? (단, 아크전력 = P_A, 아크전압 = E_A, 전극과 측벽과의 거리 = L, 내화물의 침식지수 = RE)

① $RE = \dfrac{1}{P_A + E_A}$ ② $RE = \dfrac{1}{P_A \times E_A}$

③ $RE = \dfrac{P_A + E_A}{L}$ ④ $RE = \dfrac{P_A \times E_A}{L}$

22

전기로 제강의 원료 중에서 용강 중의 불순물을 산화제거 하고, 용강의 표면을 덮어 노내 가스와의 접촉을 방지할 목적으로 사용되는 것은?

① 고철   ② 생석회
③ 용선   ④ 알루미늄

23

다음 중 경도가 가장 높은 조직은?

① Pearlite   ② Sorbite
③ Martensite ④ Austenite

해설 및 용어설명 | Martensite 〉 Sorbite 〉 Pearlite 〉 Austenite

24

안전관리 활동은 안전관리 조건이 충족될 때, 4개의 각 단계에 따라 진행된다. 안전관리의 4-사이클 중에서 실시(do) 다음에 실시해야 할 단계는?

① 검토(Chech)   ② 계획(Plan)
③ 준비(Prepare)   ④ 설계(Design)

25

$C(s) + CO_2(g) = 2CO(g)$인 Boudouard 반응 중 일정 온도에서 압력을 증가한 경우 반응의 평형은 어느 방향으로 움직이는가?

① 오른쪽으로 진행
② 왼쪽으로 진행
③ 평형으로 움직이지 않음
④ 왼쪽으로 진행하다가 오른쪽으로 진행

26

제강로에서 출강된 용강은 레이들 내에서 전처리로서 통상 불활성가스 취입에 의한 교반처리나 진공탈가스처리가 행하여진다. 이때 레이들 내 용강온도의 균일화와 적정화, 용강의 청정화 및 성분조정 등의 목적을 위해 상취입 및 저취입으로 실시하는 처리는?

① 포밍(Formming)
② 시즈닝(Seasoning)
③ 버블링(Bubbling)
④ 인젝팅(Injecting)

27
전로의 취련작업 중 취련종료 시 탄소함량은 0.04% 정도로 일정하게 취지하여 생산성을 높게 작업하는 취련방법은?

① Double Slag법
② Flat Blowing법
③ Catch Carbon법
④ SLP(Slag Loss Process)법

28
다음 중 주형진동과 관련이 없는 것은?

① 오실레이션 마크(Oscillation Mark)
② Negative Strip Time
③ 유압구동
④ 벌징(Bulging)

해설및용어설명 | 벌징은 주편이 부푸는 것이므로 롤러에이프런이나 냉각수로 제어한다.

29
아크식 전기로의 환원철 사용의 장점은?

① 다량의 산화칼슘이 필요하다.
② 철분의 회수가 불량하다.
③ 맥석분이 많다.
④ 제강 시간을 단축할 수 있다.

30
철광석을 처리하여 철품위를 높이고 P, S, Cu 등의 유해성분을 제거하는 것은?

① 선광
② 소결법
③ 철광석 제조
④ 원료의 배합

31
탈인촉진이 아닌 것은?

① 강재 중의 P_2O_5가 낮을 것
② 강재의 산화력과 염기도가 높을 것
③ 강재의 유동성이 좋을 것
④ 강욕의 온도가 높을 것

해설및용어설명 | 탈인은 온도가 낮아야 한다.

32
복합취련 전로법의 특징으로 틀린 것은?

① 취련시간이 단축되고 용강실수율이 높다.
② 상·하 취련으로 노의 수명이 감소한다.
③ 강욕교반이 균일하여 온도, 성분의 미세조정이 가능하다.
④ 극저탄소강과 청정강 생산에 유리하다.

해설및용어설명 | 취련시간이 단축되므로 노 수명은 연장된다.

33
재해발생환경과, 재해원인, 피해상황, 사후처리에 대해서 시행되는 것이나 안전관리 측면에서 재해발생의 원인을 해명하고 안전을 이룩하기 위한 것으로 가장 필요한 것은?

① 재해계획
② 재해촉구
③ 재해조사
④ 재해행위

정답 27 ③ 28 ④ 29 ④ 30 ① 31 ④ 32 ② 33 ③

34
진공탈가스의 효과와 관계가 없는 것은?

① 비금속 개재물의 저감
② 기계적 성질의 향상
③ 유해 원소의 증발제거
④ 온도 및 성분의 균일화

해설및용어설명 | 기계적 성질 향상과는 거의 관련이 없다.

35
고로에서 출선된 용선을 전로에 장입하기 전에 전로의 부하를 줄여주기 위하여 예비처리하는 기술이 현재 널리 보급되어 산업현장에서 크게 활용하고 있다. 이때 예비처리로 제거하는 원소가 아닌 것은?

① 탈탄소 [C]
② 탈인 [P]
③ 탈규소 [Si]
④ 탈유황 [S]

해설및용어설명 | 탄소는 전로에서 거의 모두 제거된다.

36
유압제어밸브 중 두 개 이상의 분기회로로 작동순서를 회로의 압력 등에 따라 제어하는 밸브는?

① 릴리이프 밸브
② 시퀀스 밸브
③ 감압 밸브
④ 카운터 밸런스 밸브

37
빛을 받은 면의 밝기를 무엇이라 하는가?

① 진동
② 채광
③ 차음
④ 조도

38
작업장에서 작업을 진행하는 작업순서로서 바람직하지 않은 것은?

① 요구되는 조건에 충분히 적합하고 또 실행할 수 있는 것이어야 한다.
② 추상적 표현은 금물이며, 수치로 표현할 수 있는 것은 수치로 표현하는 것이 좋다.
③ 단위 작업을 상세하게 분해하여 방대하게 제시한다.
④ 과거의 사고 등 체험에서 발생을 예상할 수 있는 이상에 관한 조치에 대해서도 제시되어야 한다.

39
다음은 $Fe-Fe_3C$의 평형상태도에서 일부 영역을 나타낸 것이다. 자유도가 0이 되지 않는 영역은?

① Acm 선상
② 포정반응선상
③ 공석반응선상
④ 공정반응선상

해설및용어설명 | Acm 선상의 자유도(F) : 성분 2, 상 2 이므로 F=2+1-2=1이 된다.

40
수십 개의 자루에 보내 연진을 포집, 자루의 섬유 사이로 통과시켜 청정하는 방식의 집진기는?

① Venturi Scrubber
② Bag-Filter
③ 전기집진기(건식)
④ 전기집진기(습식)

41
전기로를 아크식과 유도식으로 분류하는 기준은?

① 전기에너지의 밀도
② 전기에너지의 노내유도 방법
③ 전압과 로의 용량
④ 전기에너지의 발열량

42
공구강의 구비조건으로 틀린 것은?

① 상온 및 고온에서 경도가 클 것
② 내마모성이 클 것
③ 연신 및 충격성이 우수할 것
④ 가공 및 열처리성이 양호할 것

해설 및 용어설명 | 내충격성이 우수해야 한다.

43
전로법의 열원은 무엇인가?

① 전기　　　　② LNG
③ 용선의 현열　④ LPG

44
강괴 내부결함인 편석에 대한 설명으로 맞는 것은?

① 강괴 응고 시 주로 중앙저부에 발생한다.
② 주입 중 CO 가스에 의해 용강이 교반될수록 편석은 감소한다.
③ 편석도를 증가시키는 원소 순은 Mn > C > P > S 순이다.
④ 강괴가 커질수록 편석은 심해진다.

45
구리에 아연을 첨가함에 따라 어느 것과는 달리 아연과 구리 성질의 평균치 이하로 급격히 떨어지는 성질은?

① 밀도　　　② 인장강도
③ 전기전도도　④ 비등점

46
실용금속 중에서 가장 가볍고 비강도가 우수하여 항공기, 자동차부품, 광학기계 등에 이용되는 합금은?

① 알코아　　② 라우탈
③ 다우메탈　④ 두랄루민

47
탈산제의 구비조건으로 맞는 것은?

① 가격이 비싸고 대량으로 사용할 것
② 산소와의 친화력이 작을 것
③ 용강 중에 천천히 용해할 것
④ 탈산 생성물의 부상속도가 클 것

48
고주파 유도로의 용해 조업설명으로 틀린 것은?

① 고합금일수록 용해에 유리하다.
② 교반작용은 자연적으로 발생한다.
③ 탈탄, 탈인, 탈황이 우수하다.
④ 무산화 정련 용해법으로 원료규격이 엄격하다.

해설 및 용어설명 | 고주파 유도로는 탈인, 탈황 등의 정련은 안 된다.

정답 41 ② 42 ③ 43 ③ 44 ④ 45 ③ 46 ④ 47 ④ 48 ③

49
전로용 내화물의 요구 조건으로 틀린 것은?

① 염기성 슬래그에 대한 화학적인 내식성
② 용강이나 용제의 교반에 대한 내마모성이 없어야 한다.
③ 급격한 온도 변화에 대한 내열 Spalling성
④ 장입물의 충격에 대한 내충격성

해설및용어설명 | 용강 등의 교반에 의한 내마모성이 있어야 한다.

50
조괴작업 시 주입속도에 대한 설명 중 틀린 것은?

① 킬드강은 일반적으로 균열에 대하여 민감하므로 천천히 주입해야 한다.
② 림드강은 주입속도를 약간 빨리하여도 기포가 응력에 대해 완충역할을 하므로 균열이 발생되지 않는다.
③ 림드강에서 주입속도를 천천히 하면 강괴표면이 좋아진다.
④ 림드강에서 주입속도를 천천히 하면 공기에 의한 산화도가 많아 결함이 생기기 쉽다.

해설및용어설명 | 림드강은 주입속도가 느리면 공기에 의한 산화 및 결함 발생이 많고, 표면이 불량해진다.

51
다음 중 직류전기로의 장점으로 틀린 것은?

① 상부전극이 1개로서 소천정과 전극간 공간이 적어 소음 발생이 적다.
② 전력계통 설비가 안정적으로 운영이 가능하다.
③ 설비가 단순하다.
④ 노내 고철을 균일하게 용해할 수 있다.

해설및용어설명 | 하부 전극에 의해 설비가 복잡하다.

52
유압유가 구비해야 할 조건으로서 틀린 것은?

① 유체 및 증기상태에서 독성이 적을 것
② 비중이 높을 것
③ 넓은 온도 변화에 걸쳐 점도변화가 적을 것
④ 열, 물, 산화에 대한 안전성이 클 것

해설및용어설명 | 유압유는 비중이 작아야 한다.

53
최근에 진보된 제강방법 중 연속주조법이 발전된 근본적인 이유와 관련이 가장 적은 것은?

① 경제성의 신뢰도
② 기술의 신뢰도
③ 대량생산과 단위공정수의 증가
④ 생산 적용가능 강종의 확대

해설및용어설명 | 연속주조법은 조괴법과는 달리 분괴 공정을 생략할 수 있다.

54
제강 슬래그의 산화력은 어느 온도에 비례하는가?

① 유리 [FeO]
② 유리 [SiO_2]
③ 유리 [CaO]
④ 유리 [MgO]

55
다음 중 로트별 검사에 대한 AQL 지표형 샘플링검사 방식은 어느 것인가?

① KS A ISO 2859-0
② KS A ISO 2859-1
③ KS A ISO 2859-2
④ KS A ISO 2859-3

56
다음 데이터로부터 통계량을 계산한 것 중 틀린 것은?

데이터 : 21.5, 23.7, 24.3, 27.2, 29.1

① 중앙값(Me) = 24.3
② 제곱합(S) = 7.59
③ 시료분산(s2) = 8.988
④ 범위(R) = 7.6

해설및용어설명 | 제곱합 = $\sum x_i^2 - \dfrac{(\sum x_i)^2}{n}$

$= 3,201.08 - \dfrac{125.8}{5} = 35.952$

57
생산보전(PM : Productive Maintence)의 내용에 속하지 않는 것은?

① 사후보전
② 안전보전
③ 예방보전
④ 개량보전

해설및용어설명 | 생산보전
보전예방, 예방보전, 개량보전, 사후보전

58
다음 중 계량치 관리도는 어느 것인가?

① R 관리도
② nP 관리도
③ C 관리도
④ U 관리도

59
다음 중에서 작업자에 대한 심리적 영향을 가장 많이 주는 작업측정의 기법은?

① PTS법
② 워크샘플링법
③ WF법
④ 스톱워치법

60
여력을 나타내는 식으로 가장 올바른 것은?

① 여력 = 1일 실동시간 × 1개월 실동시간 × 가동대수
② 여력 = (능력 − 부하) × $\dfrac{1}{100}$
③ 여력 = $\dfrac{능력 − 부하}{능력} \times 100$
④ 여력 = $\dfrac{능력 − 부하}{부하} \times 100$

정답 55 ② 56 ② 57 ② 58 ① 59 ④ 60 ③

필기 기출문제 2010 * 47회

01
직접 아크로 중 노상이 가열되는 형식으로 상부전극, 강재, 용강, 하부전극의 순으로 전류를 흐르게 하여 강을 제조하는 로는?

① Girod로 ② Stassano로
③ Heroult로 ④ Renner felt로

02
산소전로 조업에 있어서 슬로핑(Slopping) 발생에 대한 방지대책으로 틀린 것은?

① 취련 중기의 탈탄속도를 증가시킨다.
② 취련 초기의 산소의 압력을 증가시킨다.
③ 취련 초기의 강욕의 온도를 상승시킨다.
④ 취련 중기에 석회석을 투입하여 용재상황을 조정한다.

해설및용어설명 | 탈탄속도가 증가되면 CO가스가 많이 발생하여 슬로핑이 심해진다.

03
다음 중 자동화 5대 요소가 아닌 것은?

① 센서 ② 프로세서
③ 액추에이터 ④ 최종제어요소

04
인(P), 황(S)의 함량이 높은 용선을 사용하여 저인, 저황강을 제조할 때 사용되는 방법이 아닌 것은?

① LD-AC법
② 소프트 블로우(Soft Blow)법
③ 더블 슬래그(Double Slag)법
④ 벤추리 스크러버(Venturi Scrubber)법

해설및용어설명 | 벤추리 스크러버는 집진설비이다.

05
연속주조에서 용강류의 산화를 저지하여 개재물의 생성과 핀홀(pin hole)의 발생을 방지하기 위해 사용하는 방법은?

① VAR법 ② 진공탈가스법
③ VIM법 ④ 무산화주조법

06
복합취련법(Combined Blowing)에 대한 설명으로 틀린 것은?

① 로체 내화재의 수명이 길어진다.
② 취련 시간은 단축되나 용강의 실수율은 낮다.
③ 강욕의 교반이 균일화하므로 위치에 따른 성분과 온도의 편차가 없다.
④ 강욕 중의 탄소와 산소의 반응이 활발해지므로 극저탄소강 등 청정강 용해에 유리하다.

해설및용어설명 | 복합취련은 용강 실수율이 높아진다.

정답 01 ① 02 ① 03 ④ 04 ④ 05 ④ 06 ②

07
강괴에 편석하는 성분 중 거의 편석이 없는 것은?

① P
② S
③ Ni
④ Mo

08
RH 진공탈가스 설비에서 침지관 및 하부조에 부착형 내화물을 이용하여 보수작업을 할 때 사용하는 작업은?

① 용사 보수작업
② 폐연와 보수작업
③ 슬리브(Sleeve) 보수작업
④ 니더(Kneader)재 보수작업

09
연속주조설비 중 레이들과 주형의 중간에서 용강을 일단 받아 주형으로 분해하는 것은?

① 스토퍼
② 노즐
③ 턴디시
④ 몰드

10
LF법을 사용하는 전기로에서 출강작업 시 용강을 약 10-20% 남기는 주된 이유로 옳은 것은?

① 출강량이 많아 조절작업을 하여 전기로작업을 용이하게 하기 위하여
② 잔류용강의 출열을 이용하여 상온의 고철용해를 돕기 위하여
③ 전기로의 노저부 내화물을 보호하여 전기로 수명을 연장시키기 위하여
④ 로내의 슬래그가 레이들에 유출되는 것을 방지하기 위하여

11
역율과 전기효율을 희생하면서까지 노벽의 소모를 적게 하는 저전압 대전류 조업을 하여 단위 시간당의 투입전력량을 증가시켜 용해와 승열시간을 단축시키기 위해 취해지는 조업방법은?

① RP 조업
② ID 조업
③ UHP 조업
④ OLP 조업

12
유압의 장점을 설명한 것으로 틀린 것은?

① 원격조작이 가능하다.
② 사용온도에 민감하지 않다.
③ 작동기구에 비해 큰 힘을 전달한다.
④ 무단변속이 간단하고 작동이 원활하다.

해설및용어설명 | 유압은 온도에 민감하다.

13
다음 중 전로 출강작업 시 슬래그 유출을 방지하는 기구가 아닌 것은?

① Mud Gun
② Slag Ball
③ Pneumalic Slag Stopper
④ Electro Magnetic Level Indicator

해설및용어설명 | Mud Gun은 고로에서 출선구를 막는 장치이다.

정답 07 ③ 08 ① 09 ③ 10 ④ 11 ③ 12 ② 13 ①

14
용강에 대한 설명으로 옳은 것은?

① 용강의 밀도는 C량의 증가에 따라 감소한다.
② 용강 중의 산소용해도는 산소분압의 제곱근에 반비례한다.
③ 용강 중의 수소용해도는 Sieverts의 법칙을 따르지 않는다.
④ 용강 중의 C, P, S, Ni는 질소의 함량을 감소시킨다.

15
LD전로에 사용하는 랜스 노즐의 재질은?

① 규소강 ② 탄소강
③ 순구리 ④ 알루미늄

16
스피팅에 대한 설명으로 옳은 것은?

① 전장입량이 적으면 발생되기 쉽다.
② 산소압력이 약하면 슬래그 형성이 지연되어 발생되기 쉽다.
③ 취련 초기 재화형성이 지연되면 발생하기 쉽다.
④ 취련 중기 매용제 첨가에 의해 방지할 수 있다.

17
Fe-C의 상태도에서 나타나는 불변반응이 아닌 것은?

① 포정반응 ② 공정반응
③ 편정반응 ④ 공석반응

해설및용어설명 | Fe-C 상태도에서는 포정, 공정, 공석의 반응이 있다.

18
전로조업의 종료점 제어방법으로 많이 사용되고 있는 컴퓨터 제어시스템의 구동제어(Dynamic Control)에 대한 설명이 아닌 것은?

① 서브랜스 설비를 이용한다.
② 취련 중 용강온도, 성분, 폐가스 정보를 통하여 종료점을 제어한다.
③ 취련 종료점을 판단하는 용강온도, 탄소(C%)를 측정할 수 있다.
④ 전로의 조업을 참고한 물질정산, 열정산에 의해 제어하는 방법이다.

19
전로상 내화물로써 요구되는 성질이 아닌 것은?

① 장입물의 충격에 대한 내충격성이 좋아야 한다.
② 급격한 온도변화에 대한 스폴링성이 좋아야 한다.
③ 염기성 슬래그에 대한 화학적 내식성이 좋아야 한다.
④ 용강이나 용재의 교반에 대한 내마모성이 좋아야 한다.

해설및용어설명 | 온도급변에 대한 내열 스폴링성이 좋아야 한다.

20
다음 중 고주파 유도로 조업에서 합금회수율이 가장 높은 원소는?

① Si ② Ni
③ Ti ④ Al

21
전기로에서 사용되는 전극의 구비조건이 아닌 것은?

① 용융점이 높아야 한다.
② 산화도가 높아야 한다.
③ 전기의 양도체이어야 한다.
④ 낮은 열전도를 가져야 한다.

해설및용어설명 | 전극은 산화도가 낮아야 한다.

22
다음 중 로의 탈황(S) 시 사용되는 환원제는?

① Al_2O_3
② CaO
③ P_2O_5
④ SiO_2

23
산소전로 제강의 배가스 냉각설비 중 비연소방식은?

① OG법
② LD법
③ BF법
④ DL법

24
고철과 용선을 일정비율로 LD전로에 장입하여 순산소를 취입하여 취련작업을 할 때 용선배합비를 옳게 표기한 것은?

① SR(Scrap Ratio)
② HSR(Hot Scrap Ratio)
③ HMR(Hot Metal Ratio)
④ CPR(Cold Pig Ratio)

25
다음 중 레이들 교환 시 주조작업으로 잘못된 것은?

① 대기에 의한 재산화를 억제한다.
② 교환에 소요되는 시간을 최소화한다.
③ 교환 직전 턴디시 용강량을 최소화한다.
④ 교환 전 레이들 슬래그 유출을 최소화한다.

26
대형 연주기에서 침적노즐을 많이 사용할 때는 합성 슬래그를 윤활제로 사용하는 주조법이 실시된다. 이때 합성 슬래그의 종류와 염기도로 옳은 것은?

① $MnO-CaS-SiO_2$계, 염기도 = 1.6~2.2
② $CaO-MgO-CaF_2$계, 염기도 = 0.6~1.2
③ $CaO-Fe_2O_3-CaF_2$계, 염기도 = 1.6~2.2
④ $Al_2O_3-SiO_2-CaO$계, 염기도 = 0.6~1.2

27
전로에서 출강된 용강을 2차 정련하는 목적으로 틀린 것은?

① 온도 및 성분을 미세조정하고 균질화한다.
② 전로 부하를 경감시키고 전로-연주간 완충 역할을 한다.
③ 비금속 개재물을 많게 하여 고청정강을 제조한다.
④ P, S 등의 불순물원소를 제거하고, N, H 등을 탈가스 처리한다.

해설및용어설명 | 2차 정련은 비금속 개재물을 제거한다.

28

다음은 물질의 분류기준 및 유해그림에 관한 것이다. 폭발성 물질에 해당하는 유해그림으로 옳은 것은?

①
②
③
④

29

LD전로에서 탈인이 잘 진행되기 위한 조건이 아닌 것은?

① 강재의 산화력이 클 것
② 강욕의 온도가 높을 것
③ 강재의 염기도가 높을 것
④ 강재의 유동성이 좋을 것

해설및용어설명 | 탈인은 온도가 낮아야 한다.

30

연속주조에서 주조된 슬래브의 다크라인(Dark Line) 홈을 방지하기 위한 방법이 아닌 것은?

① 주형 냉각수 증대
② 주편손질(Scarfing) 실시
③ 탈산(성) 개재물 발생억제
④ 연주공장에서 용강재산화 방지

해설및용어설명 | 다크라인은 개재물에 의해 발생하므로 냉각과는 관련이 없다.

31

수소가 강에 미치는 영향 중 가장 많이 나타나는 결함은?

① 백점
② 탕주름
③ 크레디온
④ 입계균열

32

철강의 5대 구성원소 중 철(Fe)과 결합하여 고온취성을 일으키는 원소는?

① S
② P
③ Mn
④ Si

해설및용어설명 | S 고온취성, P 저온취성, Mn 고온취성방지

33

전로 취련 중 탈탄 반응을 크게 3가지로 나누어지는데 이에 대한 설명으로 틀린 것은?

① 탈탄 1기는 Si, Mn의 우선 산화가 진행되며 Si, Mn의 농도가 저하됨에 따라 탈탄속도는 점차 증가한다.
② 탈탄 2기는 Si가 완전히 산화된 시점이며 탈탄속도는 최대가 된다.
③ 탈탄 2기는 공급되는 산소가 전량 탈탄에 기여하며 산소의 공급속도에 의해 탈탄속도가 결정된다.
④ 탈탄 2기에서 3기로 이동되는 시점의 탄소농도를 탈탄천이점이라고 하며, 용강의 교반력 강화에 관계없이 탈탄천이점은 일정하다.

해설및용어설명 | 용강 교반력이 커지면 탈탄천이점이 내려간다.

34
용강이 응고 중에 발생하는 편석을 최소화할 수 있는 방법으로 가장 관계가 먼 것은?

① 일방향응고를 시킨다.
② 편석 성분을 Hot Top에 모이게 하여 분괴 후에 끊어낸다.
③ 편석하기 쉬운 유해 성분의 함량을 적게 한다.
④ 고합금강에서는 강괴의 중량을 무겁게 하여 편석을 줄인다.

해설및용어설명 | 강괴 중량이 커지면 편석이 더 심해진다.

35
다음 중 고체산소가 함유되어 있지 않은 부원료는?

① 철광석　　　② 생석회
③ 소결광　　　④ 밀스케일

해설및용어설명 | 생석회(CaO)는 산소가 이온결합으로 강하게 결합되어 있다.

36
다음 중 열전도도가 가장 좋은 원소는?

① Fe　　　② Ag
③ Au　　　④ Mg

37
다음 중 오스테나이트 조직으로 결정구조는 FCC이고, 산화성 산에 잘 견디며, 입간부식이 잘 일어나는 금속은?

① 공구강　　　② 18-8스테인리스강
③ 몰리브덴강　　　④ 하드필드강

38
전기로를 아크식과 유도식으로 분류하는 기준은?

① 전압과 로의 용량
② 전기에너지의 밀도
③ 전기에너지의 발열량
④ 전기에너지의 로내유도 발생

39
순산소 상취 전로의 로내 반응으로 옳은 것은?

① 비소반응　　　② 산화반응
③ 환원반응　　　④ 하소반응

40
다음 중 점검시기에 의한 안전점검의 분류에 해당하지 않는 것은?

① 정기점검　　　② 성능점검
③ 임시점검　　　④ 특별점검

해설및용어설명 | 성능점검은 설비점검 사항이다.

41
시스템의 중력을 입력단에 되돌려 기준입력을 비교하여 그 오차가 감소되도록 동작시키는 방식은?

① 플랜트(Plant)
② 서보시스템(Servo system)
③ 개루프제어(Open loop control)
④ 되먹임제어(Feedback control)

정답 34 ④　35 ②　36 ②　37 ②　38 ④　39 ②　40 ②　41 ④

42
다음 중 고주파 유도로에 대한 설명으로 틀린 것은?

① 노내 온도의 제어가 쉽다.
② 노내 용강의 성분 제어가 쉽다.
③ 강종면에서 제한이 많이 따른다.
④ 산화성 합금원소의 실수율이 높고 안정하다.

해설및용어설명 | 고주파 유도로는 다양한 강종에 적용할 수 있다.

43
전기로 제강의 환원기 작업과 관련이 없는 것은?

① 탈황이 진행된다.
② 탈인이 진행된다.
③ 강욕의 성분과 온도를 조정한다.
④ 산화기에 부화된 강욕 중의 산소를 제거한다.

해설및용어설명 | 탈인은 산화기에 진행된다.

44
특수정련법 중 AOD법에 대한 설명으로 옳은 것은?

① 내화물의 주성분은 산성이다.
② CO분압을 낮추어 탄소[C]를 우선적으로 저하시키는 방법이다.
③ 전기로와 모양과 설비가 유사하며 열원은 전기이다.
④ 용강과 강재의 교반이 심하지 않으므로 내화물 손상이 적다.

45
제강로에서 레이들로 받은 용강은 노즐로부터 유출된다. 이때 단위시간당 용강량을 구하는 식으로 옳은 것은? (단, a : 노즐의 단면적, ρ : 용강의 비중, h : 레이들 내 용강의 높이, g : 중력가속도)

① $\sqrt{\dfrac{a\rho}{2gh}}$
② $\dfrac{1}{2}\sqrt{\dfrac{a\rho}{gh}}$
③ $2\sqrt{\dfrac{a\rho}{gh}}$
④ $a\rho\sqrt{2gh}$

46
전로적열 시 주원료를 장입할 때 고철을 장입하고 용선을 장입해야 하는 주된 이유는?

① 교반증대
② 내화물보호
③ 폭발방지
④ 취련시간 단축

47
상시근로자가 1,500명인 사업장에서 1년에 8시간의 재해로 인하여 10명의 사상자가 발생하였을 경우 이 사업장의 연천인율은 약 얼마인가?

① 2.22
② 2.78
③ 5.33
④ 6.67

해설및용어설명 | 연천인율 $= \dfrac{\text{사고건수}}{\text{근로자수}} \times 1{,}000$
$= \dfrac{10}{1{,}500} \times 1{,}000 = 6.67$

48
고로에서 출선된 용선의 성분 중 열원이 되는 성분이 아닌 것은?

① 인[P]
② 탄소[C]
③ 망간[Mn]
④ 실리콘[Si]

해설및용어설명 | 탈인(P)은 CaO와 FeO의 복합반응이므로 직접적으로 열원으로 기여하지 않는다.

49
산소전로법에서 노내 반응에 대한 설명으로 틀린 것은?

① 강욕 중 Si는 취련 초기에 급속히 산화하여 SiO_2가 되어서 용재 중으로 들어간다.
② 노내반응 후기에는 산소의 농도가 낮아져 탈탄속도가 저하한다.
③ 강욕 중의 C는 화점에서 생성된 강욕 중의 산소와 반응하고 생성된 CO는 로구로부터 배출된다.
④ 노내반응 전기에는 강욕의 온도가 높아 탈탄반응이 활성화되어 천천히 탈탄속도가 감소하는 시기이다.

해설및용어설명 | 반응 전기에는 온도가 낮고 탈탄속도가 증가하는 시기이고, 후기에는 탈탄속도가 감소한다.

50
용선량 200톤, 고철량 50톤, 출강량 220톤일 때 출강 회수율은 몇 %인가?

① 88
② 90
③ 92
④ 94

해설및용어설명 | 회수율 = $\frac{220}{200+50} \times 100 = 88\%$

51
주조초기에 하부를 막아 용강이 차지 않도록 하고 주편이 핀치롤에 이르기까지 인발하는 것은?

① 스키머
② 더미바
③ 더스트캐쳐
④ 머드건

52
Ni-Cr계 합금에 대한 설명으로 틀린 것은?

① 전기저항이 대단히 적다.
② 내식성이 크고 산화도가 적다.
③ Fe 및 Cu에 대한 열전 효과가 크다.
④ 내열성이 크고 고온에서 경도 및 강도의 저하가 작다.

해설및용어설명 | Ni-Cr계는 전기저항이 매우 커서 전열기에 이용한다.

53
전기로제강에 사용되는 주원료는?

① 매트
② 배소광
③ 고철
④ 산화규소

54
연주법에서 주조능률을 나타내는 $\frac{kH}{kt_c - t_p}$ 에서 k와 t_p는 각각 무엇을 의미하는가? (단, H는 heat size, t_c는 주조시간이다)

① 비례상수, 준비시간
② 레이들의 개수, 대기시간
③ 턴디시의 개수, 대기시간
④ 레이들의 개수, 준비시간

55

다음 중 인위적 조절이 필요한 상황에 사용될 수 있는 워크팩터(Work Factor)의 기호가 아닌 것은?

① D
② K
③ P
④ S

56

어떤 회사가 매출액이 80,000원, 고정비가 15,000원, 변동비가 40,000원일 때 손익분기점 매출액은 얼마인가?

① 25,000원
② 30,000원
③ 40,000원
④ 55,000원

해설및용어설명 | 손익분기점 $= \dfrac{고정비}{(1-\dfrac{변동비}{매출액})}$

$= \dfrac{15,000}{(1-\dfrac{40,000}{80,000})} = 30,000$

57

예방보전(Preventive Maintenance)의 효과로 보기에 가장 거리가 먼 것은?

① 기계의 수리비용이 감소된다.
② 생산시스템의 신뢰도가 향상된다.
③ 고장으로 인한 중단시간이 감소한다.
④ 예비기계를 보유해야 할 필요성이 증가한다.

해설및용어설명 | 예방보전을 잘 하면 예비기계를 보유할 필요성이 감소한다.

58

계수 규준형 샘플링 검사의 OC 곡선에서 좋은 로트를 합격시키는 확률을 뜻하는 것은? (단, α는 제1종 과오, β는 제2종 과오이다)

① α
② β
③ $1-\alpha$
④ $1-\beta$

59

다음 중 통계량의 기호에 속하지 않는 것은?

① υ
② R
③ s
④ $\bar{x}$

60

관리도의 관리한계선을 구하는 식으로 옳은 것은?

① $\bar{u} \pm \sqrt{\bar{u}}$
② $\bar{u} \pm 3\sqrt{\bar{u}}$
③ $\bar{u} \pm 3\sqrt{n\bar{u}}$
④ $\bar{u} \pm 3\sqrt{\dfrac{\bar{u}}{n}}$

필기 기출문제   2011 * 50회

01
0.2% 탄소강의 723℃ 선상에서 펄라이트(Pearlite)의 양(%)은? (단, 공석점의 C 함유량은 0.8%이며, 0.025%C는 무시한다)

① 약 15 ② 약 25
③ 약 35 ④ 약 45

해설및용어설명 | $\frac{0.2-0.025}{0.8-0.025}$ 인데 0.025는 무시하므로

$\frac{0.2}{0.8} \times 100 = 25\%$

02
산업피로의 예방 및 대책에 대한 설명으로 틀린 것은?

① 불필요한 동작을 피하고 에너지 소모를 줄인다.
② 작업시간 전후, 작업 도중에 체조 또는 오락시간을 갖는다.
③ 힘든 노동은 가능한 한 기계화하여 육체적 부담을 줄인다.
④ 계속되는 정적인 작업은 피로가 덜하므로 지속적으로 정적 작업을 한다.

해설및용어설명 | 정적인 작업도 피로도를 크게 하므로 휴식과 운동이 필요하다.

03
파우더 캐스팅(Powder Casting)에 대한 설명으로 틀린 것은?

① 용강면을 덮어 열방산을 방지한다.
② 용강면을 덮어 산화 및 환원작용을 촉진시킨다.
③ 용융된 파우더가 주형 벽으로 흘러서 윤활제로서 작용한다.
④ 파우더가 용융 슬래그가 되어 용강 중의 알루미나를 용해하여 청정도를 높인다.

해설및용어설명 | 용강면을 덮으면 산화반응을 억제할 수 있다.

04
마텐자이트 변태에 대한 설명으로 옳은 것은?

① 마텐자이트 변태는 무확산 변태이다.
② 마텐자이트 결정 내에는 격자결함이 없다.
③ 마텐자이트 변태를 하면 표면기복이 없어진다.
④ 마텐자이트 결정은 오스테나이트 결정에 대하여 일정한 방위관계가 없다.

05
스테인리스강에서 오스테나이트 조직의 안정화를 위한 원소로만 짝지어진 것은?

① W, Mo   ② Ni, Mn
③ Mo, Ni ④ Si, Ti

정답 01 ② 02 ④ 03 ② 04 ① 05 ②

06

저전압, 대전류 조업에 대한 설명으로 틀린 것은?

① 아크의 안정성이 증가한다.
② 용락 이후의 용강에 열전달효율이 높아진다.
③ 동일전력의 경우 종전보다 Flicker 현상이 많아진다.
④ 저전압, 대전류의 짧은 아크가 용락 전·후의 노벽에 미치는 영향이 적다.

해설및용어설명 | 명멸현상은 전력이 부족할 때 발생하므로 대전류로 조업하면 그 현상은 감소한다.

07

다음 중 단위시간당 용강의 유출량을 구하는 식으로 옳은 것은?

① $a \cdot \rho \sqrt{2 \cdot g \cdot h}$
② $g \cdot h \sqrt{2 \cdot a \cdot \rho}$
③ $\dfrac{a \cdot \rho}{\sqrt{2 \cdot g \cdot h}}$
④ $\dfrac{g \cdot h}{\sqrt{2 \cdot a \cdot \rho}}$

08

유압장치는 어떤 원리를 기초로 하여 작동하는가?

① 뉴톤 원리
② 파스칼 원리
③ 플라톤 원리
④ 아르키메데스 원리

09

염기성 강재에서 어떠한 성분이 증가할수록 유동성을 저해시키는가?

① P_2O_5
② CaO
③ SiO_2
④ FeO

해설및용어설명 | CaO는 점성이 커서 유동성을 떨어뜨린다.

10

특수강 중에 각종 원소를 첨가하였을 때의 효과에 대한 설명으로 틀린 것은?

① Ni는 탄소와의 친화력이 낮고, 페라이트에 고용된다.
② Cr은 담금질성을 악화시키는 효과가 Ni보다 우수하다.
③ Mo를 첨가한 강은 400℃ 부근까지 고온강도를 개선한다.
④ Mn의 첨가량이 1.0% 이상이 되면 결정입자를 조대화하고 취성이 증대된다.

해설및용어설명 | Cr은 강의 담금질성을 좋게 한다.

11

산소 전로강의 특징 중 옳은 것은?

① 강중에 N, O, H 등의 함유 가스량이 적다.
② 고탄소강의 제조에 적합하다.
③ 고철 사용량의 제한이 없다.
④ 탈황과 탈인이 곤란하다.

12

LD전로의 소프트 블로우(Soft Blow) 조업에 대한 설명으로 틀린 것은?

① 랜스(Lance) 높이가 높거나 산소압력이 낮다.
② 탈황(S)에 용이하고 저탄소강 제조에 유리하다.
③ Soft Blow의 반대 개념을 Hard Blow라고 한다.
④ 심한 Soft Blow는 슬로핑(Slopping)을 유발할 수 있다.

해설및용어설명 | Hard Blow가 탈탄이 왕성해져 저탄소강 제조에 유리하다.

13
전로의 노체수명에 대한 설명으로 옳은 것은?

① 휴지시간이 적으면 노체수명은 저하한다.
② 산소의 사용량이 많으면 노체수명을 증가시킨다.
③ 형석 사용량의 증가는 노체수명을 증가시킨다.
④ 용선 중에 함유된 Si 량이 증가하면 노체수명은 감소한다.

14
연주법에서 주형의 진동때문에 주편표면에 횡방향의 줄무늬가 남는 것은?

① 롤 마크(Roll Mark)
② 릴 마크(Reel Mark)
③ 앨리게이터링(Alligatoring)
④ 오실레이션 마크(Oscillation Mark)

15
전기로 용해 말기 환원기 조업에서 Slag Foaming 을 실시하는 이유가 아닌 것은?

① 내화물의 보호
② 수냉 판넬의 보호
③ 승온 효율의 증대
④ 용강 중의 불순원소 제거

해설및용어설명 | 불순원소는 산화기에 거의 제거가 된다.

16
조괴작업 후 제출강량이 285.5ton 발생되었고 출강실수율이 95%일 때의 전장입량(ton)은?
(단, 전장입량은 용선량 + 냉선량 + 고철량이다)

① 3.05
② 33.53
③ 300.53
④ 330.53

해설및용어설명 | 전장입량= $\frac{출강량}{실수율}$ = $\frac{285.5}{0.95}$ = 300.53

17
소음의 정도를 나타내는 단위는?

① Sv
② PM
③ EA
④ dB

18
전로제강법을 조업방법에 따라 구별할 때 저취전로법에 해당되는 것은?

① Kaldo법
② Rotor법
③ LD-AC법
④ Q-BOP법

19
슬로핑이 발생하는 경우에 대한 설명이 아닌 것은?

① 용선 배합율이 낮은 경우
② 고로 슬래그의 혼입이 많은 경우
③ 형석을 대량으로 취련 초기에 사용하는 경우
④ 노내 용적에 비하여 장입량이 과다하게 많은 경우

해설및용어설명 | 용선 배합율이 높을수록 슬로핑이 잘 일어난다.

정답 13 ④ 14 ④ 15 ④ 16 ③ 17 ④ 18 ④ 19 ①

20

연속주조 설비에서 2차 냉각은 주형을 빠져나온 주편에 냉각수를 스프레이하여 냉각응고 시키는데, 이러한 2차 냉각의 역할로 타당하지 않은 것은?

① 연주기의 설비를 냉각한다.
② 등축정, 주상정 등의 주조조직을 조절하는 기능을 갖는다.
③ 주형의 하부에서 응고를 촉진시켜 인출 완료까지의 거리를 단축하고 연주기의 높이를 적게 한다.
④ 2차 냉각수량은 응고속도에는 영향을 주지 않으며, 강종 및 폭에 따라 냉각수량을 다르게 제어한다.

해설및용어설명 | 2차 냉각수량이 응고속도에 직접적으로 영향을 준다.

21

환원철을 전기로에 사용할 때의 장점으로 틀린 것은?

① 생산성 향상
② 자동조업 용이
③ 석회사용량 감소
④ 제강시간 단축

22

용선의 예비처리의 주목적으로 옳은 것은?

① 탈황
② 침탄
③ 전해
④ 냉각

23

전자강판(규소강판)에 요구되는 특성으로 옳은 것은?

① 철손(鐵損)이 클 것
② 투자율이 높고 포화자속밀도가 낮을 것
③ 사용 중에 자기시효 변화가 적을 것
④ 박판을 적층하여 사용할 때 층간 저항이 낮을 것

24

청동의 주조 시 편석이 많이 일어나는 경우가 아닌 것은?

① 개재물이 적을수록
② 냉각속도가 빠를수록
③ 확산속도가 느릴수록
④ 응고구간이 확장될수록

해설및용어설명 | 편석은 개재물에 의해 발생하므로 개재물이 적으면 편석도 적다.

25

유압펌프 작동유에 수분이 혼입될 때의 영향으로 틀린 것은?

① 작동유의 윤활성을 저하시킨다.
② 작동유의 방청성을 저하시킨다.
③ 캐비테이션의 발생을 억제한다.
④ 작동유의 산화 및 열화를 촉진시킨다.

해설및용어설명 | 수분이 기화되면서 캐비테이션이 발생된다.

26

전로에서 경사형 출강구와 원통형 출강구에 대한 설명으로 옳은 것은?

① 원통형은 슬래그 유입정도가 경사형보다 작다.
② 원통형은 출강구의 마모가 경사형보다 작다.
③ 경사형은 출강 시간의 편차가 원통형보다 작다.
④ 경사형은 출강류 퍼짐으로 산화가 원통형보다 크다.

27

전로조업에서 탈탄반응 속도는 전, 중, 후기의 3단계로 구분할 수 있다. 이에 대한 설명으로 틀린 것은?

① 후기에 탈탄반응을 촉진시키려면 강욕의 강한 교반이 필요하다.
② 중기에는 강욕 온도가 상승하여 공급 산소량에 따라 탈탄 속도가 최고가 되는 시기이다.
③ 전기에는 탄소함량이 높아 산소 공급 속도에 따라 탈탄이 왕성하게 일어나는 시기이다.
④ 후기에는 탄소의 농도가 저하함에 따라 공급 산소 중에 탈탄에 기여하지 않는 산소의 증가로 산소효율이 감소되어 강재 중 FeO가 증가한다.

해설및용어설명 | 전기는 탈탄이 점차적으로 증가하고, 중기에 왕성하다.

28

버블링(Bubbling)의 목적 중 틀린 것은?

① 보온
② 용강의 청정
③ 성분의 균일화
④ 개재물의 부상분리 촉진

해설및용어설명 | 버블링으로 보온은 되지 않는다.

29

전기로 제강에서 탈수소를 유리하게 하는 조건이 아닌 것은?

① 비등이 활발하지 않을 것
② 대기 중의 습도가 낮을 것
③ 강욕 온도가 충분히 높을 것
④ 슬래그 층이 너무 두껍지 않을 것

해설및용어설명 | 비등이 활발해야 수소가 잘 제거된다.

30

연속주조에서 주형의 크기 변경없이 여러 치수의 제품생산과 절단하기 전에 조압연까지 할 수 있는 방법은?

① 전자교반장치 설치
② 폭 가변주조법
③ 만네스만식 주조
④ 인라인 리덕션(In Line Reduction)

31

LF(Ladle Furnace)의 기능이 아닌 것은?

① 승온
② 탈황
③ 탈가스
④ 합금성분 조정

해설및용어설명 | 탈가스는 진공정련 등으로 별도로 진행한다.

32

생산 현장에서 자동제어를 사용함으로써 얻을 수 있는 장점이 아닌 것은?

① 품질을 균일화시킬 수 있다.
② 생산량을 증대시킬 수 있다.
③ 생산품의 용도가 다양해진다.
④ 작업환경을 향상시킬 수 있다.

해설및용어설명 | 생산품의 용도는 제품자체의 역할이다.

정답 27 ③ 28 ① 29 ① 30 ④ 31 ③ 32 ③

33

참모형 안전조직의 특징이 아닌 것은?

① 안전을 전담하는 부서가 있다.
② 100명 이하의 기업에 적합하다.
③ 생산부분은 안전에 대한 책임과 권한이 없다.
④ 생산라인과의 견해 차이로 안전지시가 용이하지 않으며, 안전과 생산을 별개로 취급하기 쉽다.

해설및용어설명 | 참모형 조직은 100명 이상의 기업에 적합하다.

34

ESR(Electro Slag Remelting)법의 특징을 설명한 것 중 틀린 것은?

① ESR에서는 직류도 쓰지만 주로 교류를 사용한다.
② 진공배기장치가 있어 진공 중에 조업한다.
③ 강괴의 표면이 깨끗하고 균질의 것을 얻을 수 있다.
④ 불순원소나 비금속 개재물을 효과적으로 저감할 수 있어 재질이 향상된다.

해설및용어설명 | ESR법은 진공배기장치가 없어 설비가 간단하다.

35

LD전로 조업에서 조업의 순서로 옳은 것은?

① 장입(고철, 용선) → 출강 → 배재 → 취련
② 장입(고철, 용선) → 취련 → 출강 → 배재
③ 배재 → 취련 → 출강 → 장입(고철, 용선)
④ 배재 → 장입(고철, 용선) → 출강 → 취련

36

진공실 상부에 산소를 취입하는 랜스가 있고 산소의 탈탄으로 인해 CO가스가 발생하여 배기 능력이 증강되며 스테인리스강의 진공탈탄법으로 쓰이는 정련법은?

① LF법
② CLU법
③ VOD법
④ VAD법

37

용선의 제강 예비처리 공정에서 탈황제로 적합하지 않은 것은?

① CaO
② NaOH
③ Fe_2O_3
④ Na_2CO_3

해설및용어설명 | 탈황제 성분 : Ca, Na, Mn, Mg

38

레이들 저부에 설치하여 사용하는 슬라이딩 노즐(Sliding Nozzle)의 특징으로 틀린 것은?

① 주입속도의 조절이 쉽다.
② 레이들 저부에 요동장치를 사용한다.
③ 노즐 스토퍼 방식보다 주입 사고가 자주 발생한다.
④ 노즐 스토퍼 방식에 비해 5~10회 정도의 연속사용이 가능하다.

해설및용어설명 | 슬라이딩 노즐은 주입 사고를 억제할 수 있다.

정답 33 ② 34 ② 35 ② 36 ③ 37 ③ 38 ③

39

전로에서 사용하는 주원료에 대한 설명으로 틀린 것은?

① 용선은 주열원으로 냉선은 보조열원으로 사용된다.
② 중량 고철 장입 시 충격력이 커서 연와수명을 단축시킨다.
③ 중량 고철량이 증가하면 출강량의 변동이나 노내 온도, 성분 불균일의 원인이 된다.
④ 경량 고철을 다량 사용하면 취련개시 시 착화와 융해가 빨라 효율적인 취련작업이 된다.

해설및용어설명 | 경량 고철이 많으면 취련 초기에 용강 표면부를 덮어서 착화가 잘 안 된다.

40

이온-산소간의 인력(Ion Oxygen Attraction Parameter)값이 큰 망상구조를 형성하려는 경향이 있는 산화물이 아닌 것은?

① Na_2O
② SiO_2
③ P_2O_3
④ Al_2O_3

해설및용어설명 | Na_2O는 결합력이 작아서 쉽게 분해된다.

41

전기 회로 중 AND회로에 대한 설명으로 옳은 것은?

① 입력이 여러 개 있을 때 그 입력 접점의 신호 어느 하나만 들어오면 출력 측이 동작하게 되는 회로
② 입력이 여러 개 있을 때 그 여러 개의 입력 접점 신호가 모두 들어와야만 출력이 나타나는 회로
③ 입력 측에 전압이 가해지면 바로 출력 측에 신호가 나타나지 않고, 일정시간이 지나야 출력 신호가 나타나는 회로
④ 출력과 입력이 서로 반대되는 회로로 입력이 ON이면 출력은 OFF, 입력이 OFF이면 출력은 ON이 되는 부정 회로

42

연속주조 공정에서 생산제품인 주편의 규격을 결정하는 설비는?

① 몰드(Mold)
② 레이들(Ladle)
③ 턴디시(Tundish)
④ 더미바(Dummy Bar)

43

Ca 첨가(SCAT)법에 대한 설명으로 틀린 것은?

① 청정도가 높은 강을 얻을 수 있다.
② 어떠한 제강 공정에도 적용할 수 있다.
③ 강재의 개재물 형상 변화가 없으며, 이방성을 갖는다.
④ Ca을 탄형상으로 용강 중에 발사하므로 실수율이 높고 안정하다.

해설및용어설명 | SCAT법은 개재물 형상이 변화되고 이방성을 개선한다.

44

조괴 조업 시 주입은 출강 후 즉시 주형에 주입하는 것이 보통이며 낮은 온도에서 주입속도를 빠르게 하는 것이 원칙이다. 이때 주입속도는 어느 부분에 의해 주로 결정되는가?

① 헤드
② 스핀들
③ 바디넥
④ 노즐 직경

정답 39 ④ 40 ① 41 ② 42 ① 43 ③ 44 ④

45

매용제의 종류에 따른 사용목적을 설명한 것 중 틀린 것은?

① 소결광은 슬래그의 반응성을 좋게 한다.
② 철광석은 냉각제로서 온도조정을 한다.
③ 형석은 탈인, 탈황을 위한 염기성 슬래그를 만든다.
④ 밀스케일은 산화반응을 위한 산화제로서 이용된다.

해설및용어설명 | 형석은 탈인에는 효과가 없다.

46

주형의 단면형상 중 접촉면적을 크게 하여 강괴 표면의 냉각을 빨리 해서 균열을 방지할 목적으로 사용되는 것은?

① Plain
② Camber
③ Circle
④ Corrugate

47

전기로 UHP조업에서 내화물침식지수(Refractory Erosion Index) R_E를 구하는 식으로 옳은 것은?

① $\dfrac{P_A}{L \cdot E_A}$
② $\dfrac{E_A}{L \cdot P_A}$
③ $\dfrac{L}{P_A \cdot E_A}$
④ $\dfrac{P_A \cdot E_A}{L}$

48

연속주조법(연주법)에 관한 설명 중 틀린 것은?

① 연속주조기술의 발달로 전연속주조법, 연-연속 주조법이 실용화되고 있다.
② 연주기는 처음에는 수평형을 사용하였으나 차츰 수직형으로 발전되었다.
③ 생산성과 품질을 향상시키기 위하여 연속주조기에서 응고된 주편을 전달하기 전에 높은 온도 상태에서 조압연을 하는 직송 압연법이 있다.
④ 연주기의 기본설비는 레이들 → 턴디시 → 수냉주형 → 분수장치 → Guide Roll → Pinch Roll → 절단 및 반출장치로 구성되어 있다.

해설및용어설명 | 초기에 수직형을 사용하였다.

49

산소 전로 제강에서 노내 반응을 설명한 것 중 틀린 것은?

① Mn의 반응식은 Mn + FeO ⇌ MnO + Fe이다.
② 강재 중에 염기도가 낮은 경우 탈인 반응이 잘 된다.
③ 탄소는 강욕 중의 산소와 직접 반응하여 CO 가스로 제거된다.
④ 강욕 중 Si는 취련초기에 급속히 산화하여 SiO_2가 되어 슬래그 중으로 들어간다.

해설및용어설명 | 슬래그 염기도가 높아야 탈인이 촉진된다.

50

전기로의 장입방식에서 전극지지기구와 천장이 주축을 중심으로 하여 선회하는 방식은 무엇인가?

① Swing식
② Gantry식
③ 노체이동식
④ Local Hood식

51

아크식 전기로에서 사용하는 전극의 구비조건으로 틀린 것은?

① 강도가 높을 것
② 전기전도율이 높을 것
③ 고온 내산화성이 좋을 것
④ 고온 마모성이 좋을 것

해설및용어설명 | 고온에서 내마모성이 좋아야 한다.

52

용강이 응고 중에 발생하는 편석을 최소화할 수 있는 방법으로 가장 관계가 먼 것은?

① 일방향응고(一方向凝固)를 시킨다.
② 편석하기 쉬운 유해 성분의 함량을 적게 한다.
③ 편석 성분을 Hot Top에 모이게 하여 분괴 후에 끊어낸다.
④ 고합금강에서는 강괴의 중량을 무겁게 하여 편석을 줄인다.

해설및용어설명 | 강괴 중량이 커지면 편석이 더 심해진다.

53

위험예지훈련에서 활용하는 브레인스토밍(Brain Storming)의 4원칙이 아닌 것은?

① 비판 금지   ② 대량발언
③ 수정발언 금지   ④ 자유분방한 발언

해설및용어설명 | 브레인스토밍 4원칙
비판금지, 대량발언, 수정발언, 자유분방

54

혼선로를 설치하여 용선을 저장하는 이유에 대한 설명으로 틀린 것은?

① 용선의 열방산을 촉진시킨다.
② 용선을 필요 온도로 가열한다.
③ 용선의 성분 및 온도를 균일화한다.
④ 제강로에서 용선을 필요로 할 때 수시로 공급할 수 있다.

해설및용어설명 | 혼선로에서는 열방산을 억제한다.

55

어떤 측정법으로 동일 시료를 무한 회 측정하였을 때 데이터 분포의 평균치와 참값과의 차를 무엇이라 하는가?

① 재현성   ② 안정성
③ 반복성   ④ 정확성

56

도수분포표를 작성하는 목적으로 볼 수 없는 것은?

① 로트의 분포를 알고 싶을 때
② 로트의 평균치와 표준편차를 알고 싶을 때
③ 규격과 비교하여 부적합품률을 알고 싶을 때
④ 주요 품질항목 중 개선의 우선순위를 알고 싶을 때

57

관리도에서 측정한 값을 차례로 타점했을 때 점이 순차적으로 상승하거나 하강하는 것을 무엇이라 하는가?

① 연(Run)
② 주기(Cycle)
③ 경향(Trend)
④ 산포(Dispersion)

58

정상소요기간이 5일이고, 이때의 비용이 20,000원이며 특급소요기간이 3일이고, 이때의 비용이 30,000원이라면 비용구배는 얼마인가?

① 4,000원/일
② 5,000원/일
③ 7,000원/일
④ 10,000원/일

해설및용어설명 | 비용구배 $= \dfrac{\text{급속비용} - \text{정상비용}}{\text{정상소요기간} - \text{급속소요기간}}$

$= \dfrac{30,000 - 20,000}{5 - 3} = 5,000$원/일

59

"무결점 운동"으로 불리는 것으로 미국의 항공사인 마틴사에서 시작된 품질개선을 위한 동기부여 프로그램은 무엇인가?

① ZD
② 6 시그마
③ TPM
④ ISO 9001

60

컨베이어 작업과 같이 단조로운 작업은 작업자에게 무력감과 구속감을 주고 생산량에 대한 책임감을 저하시키는 등 폐단이 있다. 다음 중 이러한 단조로운 작업의 결함을 제거하기 위해 채택되는 직무설계방법으로서 가장 거리가 먼 것은?

① 자율 경영팀 활동을 권장한다.
② 하나의 연속 작업시간을 길게 한다.
③ 작업자 스스로가 직무를 설계하도록 한다.
④ 직무확대, 직무충실화 등의 방법을 활용한다.

해설및용어설명 | 하나의 연속작업시간은 짧게 하고, 여러 개의 작업시간을 배정한다.

필기 기출문제 2012 * 51회

01
전기로에서 환원기 작업의 목적으로 옳지 않은 것은?

① 탈인
② 탈황
③ 탈산
④ 강욕성분 조정

해설및용어설명 | 탈인은 산화기에 이루어진다.

02
용선 사용량이 70ton, 고철 사용량이 20ton, 용선 중 Si의 양이 0.5%이었다면 Si와 이론적으로 반응하는 산소의 양은 몇 kg_f인가?

① 200
② 306
③ 400
④ 457

해설및용어설명 |

산소사용량 = 규소량 × $\dfrac{산소원자량}{규소원자량}$ × 용선량

$= 0.005 \times \dfrac{32}{28} \times 70,000 = 400 kg_f$

03
진공아크용해법(VAR)을 통한 제품의 기계적 성질 변화로 틀린 것은?

① 피로강도가 향상된다.
② 가로세로의 방향성이 감소한다.
③ 연성이 개선되어 연신율, 단면수축률이 커진다.
④ 충격값은 떨어지나, 천이온도는 상온으로 이동한다.

해설및용어설명 | 충격값이 상승하고, 연취성 천이온도가 상온이하로 내려간다.

04
용강의 탈산속도에 영향을 주는 인자로서 용강의 재산화를 들 수 있다. 용강의 재산화는 탈산속도를 저하시킬 뿐 아니라 용강청정성에도 직접적으로 악영향을 준다. 이러한 용강의 재산화를 방지하는 방법으로 타당하지 않은 것은?

① 전로 출강 시 슬래그의 유출량을 최소화한다.
② 대기 중에서 강 버블링(Bubbling)을 실시한다.
③ 슬래그 탈산법을 실시하여 슬래그 중 FeO + MnO 의 농도를 낮춘다.
④ 버블링 시 대기의 유입을 방지하기 위해 불활성 가스 로 대기의 유입을 차단한다.

해설및용어설명 | 대기 중에서 강하게 버블링하면 오히려 용강의 재산화가 촉진된다.

정답 01 ① 02 ③ 03 ④ 04 ②

05

PI(Power Injection)처리 시 우수한 탈황능을 얻기 위한 조건으로 틀린 것은?

① 용강이 완전하게 탈산되어야 한다.
② 용강의 재산화를 충분하게 방지할 수 있어야 한다.
③ 톱 슬래그의 탈황능이 크고, 그 양이 충분해야 한다.
④ 용강과 탈황제, 용강의 톱 슬래그 간에 교반이 없어야 한다.

해설및용어설명 | 용강, 탈황제, 슬래그 간의 활발한 교반이 있어야 탈황이 잘 되고 복황도 억제할 수 있다.

06

유도로의 조업에서 전류의 침투깊이가 크면 클수록 로 용량을 크게 할 수 있는 현상과 가장 관계가 깊은 효과는?

① 표피효과(Skin Effect)
② 초음파효과(Ultra Effect)
③ 질량효과(Mass Effect)
④ 중심효과(Center Effect)

07

아크식 전기로 제강법에서 환원기 작업순서가 옳게 된 것은?

① 배재 → 탈산 → 성분 및 온도조정 → 가탄
② 성분 및 온도조정 → 가탄 → 탈산 → 배재
③ 배재 → 가탄 → 탈산 → 성분 및 온도조정
④ 탈산 → 가탄 → 배재 → 성분 및 온도조정

08

조괴작업에서 주입온도와 주입속도에 관한 설명으로 틀린 것은?

① 주입온도가 너무 높으면 탕주름 등의 결함이 발생한다.
② 주입온도가 너무 높으면 정반에 용착되기 쉽다.
③ 주입속도는 단위시간당 주입된 용강량으로 관리할 수 있다.
④ 림드강에서 주입속도가 빠르면 용강 압력이 증가하여 교반반응(Rimming Action)이 나쁘게 된다.

해설및용어설명 | 주입온도가 높으면 응고속도가 느리게 되므로 탕주름 등의 표면결함은 억제된다.

09

다음 레이들 정련법 중 가열장치를 사용하지 않는 것은?

① VOD법
② LF법
③ VAD법
④ ASEA-SKF법

해설및용어설명 |
VOD : 진공 가능
LF : 가열 가능
VAD, ASEA-SKF : 진공, 가열 가능

10

전로 내 Si 반응을 설명한 것 중 틀린 것은?

① 생석회의 재화는 취련 초기에는 빠르다.
② 전로 내에서 Si의 반응은 $Si + 2O = SiO_2$가 된다.
③ 노내에 첨가된 생석회의 재화는 밀스케일 등의 매용제에 의하여 진행된다.
④ 생석회의 재화는 취련 말기에 강재 중 T·Fe의 감소로 느려진다.

해설및용어설명 | 말기 T·Fe가 증가하면 재화가 촉진된다.

11
LD 전로에서 강욕과 산소가 충돌하여 미세한 철립이 비산하는 현상은?

① 슬로핑(Slopping)
② 오버 플로우(Over Flow)
③ 베렌(Baren)
④ 스피팅(Spitting)

12
연주법에서 사이클 타임(Cycle time)에 대한 식으로 옳은 것은?

① T(Cycle time) = 주조시간 + 준비시간 + 대기시간
② T(Cycle time) = 주조시간 − 준비시간 − 대기시간
③ T(Cycle time) = $\dfrac{주조시간 + 준비시간}{대기시간}$
④ T(Cycle time) = $\dfrac{주조시간}{준비시간 - 대기시간}$

13
대형 연주기에 사용되는 몰드 파우더(Mold Powder)의 주요 기능이 아닌 것은?

① 용강의 재산화 방지
② 대기로의 빠른 열방산 촉진
③ 용강과 주형간의 윤활제 역할
④ 용강중의 비금속 산화물의 흡수로 청정성 향상

해설및용어설명 | 파우더가 용강면을 덮어서 열방산을 방지한다.

14
유체 속에 온도차가 생기면 밀도의 차가 생겨 순환운동이 일어날 때 이 운동에 의해 열이 이동하는 현상은?

① 복사 ② 대류
③ 전도 ④ 전달

15
제강에서 강재의 기능을 설명한 것 중 가장 거리가 먼 것은?

① 편석을 제거하는 역할을 한다.
② P, S 등의 유해성분을 제거한다.
③ 산소를 운반하는 매개자로서 산화철을 보유한다.
④ 노내 분위기로부터 산소, 기타 가스에 의한 오염을 방지한다.

해설및용어설명 | 편석은 용강 내에서 응고 중에 성분의 불균일로 발생한다.

16
연속주조로 생산된 슬래브의 두께가 250mm, 응고계수가 29mm/min일 때 슬래브 응고에 필요한 시간은 약 몇 분인가?

① 12 ② 19
③ 22 ④ 29

해설및용어설명 | 응고시간 = $\left(\dfrac{주편두께}{2 \times 응고계수}\right)^2$
$= \left(\dfrac{250}{2 \times 29}\right)^2 = 18.58분$

17

다음 중 연주법에 대한 설명으로 틀린 것은?

① 실수율과 생산능률이 우수하다.
② 분괴 공정을 통한 강괴(Ingot)를 생산한다.
③ 기계화가 용이하고, 공장의 면적이 감소한다.
④ 반응고된 주편으로 주형하부에서 연속적으로 블룸 및 빌렛을 생산하는 것이다.

해설및용어설명 | 연주법에서는 분괴 공정을 생략하고 강괴를 생산한다.

18

전로작업에서 T·Fe%에 영향을 미치는 인자에 관한 설명으로 옳은 것은?

① 용선 온도가 높으면 T·Fe%는 낮다.
② 용선 배합률이 높으면 T·Fe%는 낮다.
③ 형석을 사용하면 T·Fe%가 낮게 된다.
④ 슬래그 중 T·Fe%은 강 중의 탄소의 감소와 함께 증가한다.

19

전로의 주요 설비에 해당되지 않는 것은?

① 랜스
② 경동장치
③ 스키머
④ 정련 반응로인 노체

해설및용어설명 | 스키머는 슬래그 제거용으로 부대설비에 속한다.

20

다음 산소전로의 취련 후기에 일어나는 사항을 설명한 것 중 틀린 것은?

① [C] 농도가 낮아진다.
② [O] 농도가 상승한다.
③ 탈탄속도가 빨라진다.
④ 강재 중의 [FeO]가 증가한다.

해설및용어설명 | 후기에는 탈탄속도가 감소한다.

21

전기로에 사용되는 내화연와의 특성을 설명한 것 중 틀린 것은?

① 규석연와는 열간강도가 높다.
② 고 알루미나연와는 내스폴링성이 높다.
③ 염기성 연와는 용융점은 낮으나, 열간강도는 높다.
④ 염기성 연와는 강재에 대한 저항성은 크나 내스폴링성이 낮다.

해설및용어설명 | 염기성 연와는 용융점이 높아 내화도는 높지만, 열간강도가 떨어진다.

22

전로의 노체 수명을 연장하는 방법으로 옳은 것은?

① 형석을 첨가한다.
② 돌로마이트 사용량을 증가시킨다.
③ 용선 중에 SiO_2 량을 증가시킨다.
④ 용강의 온도를 가능한 한 높게 한다.

23
노외 탈황법 중 내화 물질로 둘러싼 랜스가 용선차의 노구를 통하여 용선 중에 깊숙이 침지시키고 탈황제와 캐리어 가스를 분사시키는 탈황법은?

① 교반법
② 치주법
③ 인젝션법
④ 요동 레이들법

24
다음 중 유도식 전기로에 해당되는 것은?

① 에우(Heroult)로
② 레나펠트(Rennafelt)로
③ 에이잭스-노드럽(Ajax-Northrup)로
④ 스타사노(Stassano)로

25
전기로의 산화기 정련 작업 중 제거되는 성분에 대한 반응이 아닌 것은?

① $Si + 2O \rightarrow SiO_2$
② $Mn + O \rightarrow MnO$
③ $C + 2O \rightarrow CO_2$
④ $2P + 5O \rightarrow P_2O_5$

해설및용어설명 | $2C + O_2 \rightarrow 2CO$

26
전로 슬래그는 조강 톤당 100~150kgf 발생하는데, 전로 슬래그가 사용되는 곳이 아닌 것은?

① 매립재
② 건축자재
③ 철도용 자갈
④ 아스팔트 콘크리트용 골재

27
강괴의 비금속 개재물에 대한 설명으로 옳은 것은?

① A계 개재물로는 알루민산염계, B계 개재물은 황화물계라 한다.
② B계 개재물은 점성변형하지 않고 불규칙하게 분산하여 존재하는 것이다.
③ 개재물은 크기별 육안으로 검사 가능한 마크로 개재물, 현미경하에서 검사 가능한 마이크로 개재물로 나눌 수 있다.
④ 용강의 탈산이나 탈황반응으로 생긴 것으로 1차 개재물은 응고구간에서 생긴 것이며, 2차 개재물을 액상 선보다 높은 온도에서 생긴 것이다.

28
진공 아크 용해법에 대한 설명으로 틀린 것은?

① 공기에 의해 재산화를 방지한다.
② 내화물과 접촉이 되는 진공정련으로 ESR법이라고도 불리운다.
③ 활성금속을 많이 함유한 합금을 제조하는데 적합하다.
④ 용융 Pool로부터 가스 방출 및 불순물이 부상분리 된다.

해설및용어설명 | 진공 아크 용해법
VAR법으로 수랭 구리 도가니를 사용한다.

29
전로용 내화물에 요구되는 성질이 아닌 것은?

① 염기성 슬래그에 대한 화학적 반응성이 양호할 것
② 용강이나 용제의 교반에 대한 내마모성이 양호할 것
③ 급격한 온도 변화에 대한 내열성이 양호할 것
④ 장입물의 충격에 대한 내충격성이 양호할 것

해설및용어설명 | 염기성 슬래그와 반응을 하지 않는 염기성 내화물을 사용한다.

30
용강 탈산의 3가지 방법에 해당되지 않는 것은?

① 석출 탈산
② 침적 탈산
③ 확산 탈산
④ 용강 중의 탄소에 의한 탈산

해설및용어설명 | 탈산법
확산 탈산, 석출 탈산(강제 탈산), 용강 중 C에 의한 탈산

31
철광석이 산화제로 이용되기 위하여 갖추어야 할 조건을 설명한 것 중 틀린 것은?

① 단단하고 치밀할 것
② 결합수가 높을 것
③ 괴광으로서 분광의 혼입이 적을 것
④ 산성성분 SiO_2, Al_2O_3, TiO_2가 낮을 것

해설및용어설명 | 결합수분이 적어야 한다.

32
LF 조업 및 설비에 관한 설명으로 틀린 것은?

① 래들 상부에 노 뚜껑을 덮는다.
② 온도의 상승이 용이함으로 탈인이 가능하다.
③ 가스 버블링에 의한 용강온도, 성분을 균일화하여 반응을 촉진시킨다.
④ 정련효율을 좋게하기 위하여 아크로 출강 시에 래들 내에 유입된 산화제는 제거할 필요가 없다.

해설및용어설명 | LF 기능
탈산, 탈황, 성분조정

33
탈산원소가 용강 중에 한 종류만 첨가된 경우 탈산력이 가장 큰 원소는?

① Mn
② Si
③ Zr
④ Cr

34
연주작업에서 턴디시(Tundish)의 역할이 아닌 것은?

① 용강의 응고속도 조절
② 주형에의 주입량 조절
③ 용탕을 각 Strand로 분배하는 역할
④ 용탕에 개재물이 부상분리될 수 있는 시간 부여

해설및용어설명 | 용강의 응고속도는 2차 냉각수로 조정한다.

35
연속주조 작업 시 노즐 막힘의 원인이 아닌 것은?

① 용강온도 저하에 따라 용강이 응고하기 때문
② 석출물이 용강 중에 섞여 노즐이 좁아지기 때문
③ 용강으로부터 석출물이 노즐에 부착하기 때문
④ 불활성 가스피막에 의한 알루미나의 석출을 저하시키기 때문

해설및용어설명 | 알루미나가 석출이 많아지면 용강 중 개재물이 되어 노즐 막힘의 원인이 된다.

36
연속주조 시 2차 냉각대에서 주편이 부풀어 오르는 것을 방지하기 위한 설비는?

① 핀치 롤
② 더미바
③ 롤러 에이프런
④ 인발 롤

37
전로 산소 취입용 랜스로 내식성 및 열전도가 우수하여 가장 많이 이용되는 것은?

① 원형 ② 순철제
③ 순동제 ④ 스테인레스제

38
연속주조설비의 형식이 아닌 것은?

① 원형 ② 만곡형
③ 수평형 ④ 수직곡형

39
저취산소전로법(Q-BOP)의 특징을 설명한 것 중 틀린 것은?

① 탈황과 탈인이 잘 된다.
② 슬로핑과 스피팅이 없어 제강실수율이 높다.
③ 용강 중의 산소, 슬래그 중의 FeO가 높아 Fe의 실수율이 높다.
④ 취련시간이 단축되고 폐가스의 효율적인 회수가 가능하다.

해설및용어설명 | 슬래그 중의 FeO가 17%를 넘지 않으므로 철분 실수율이 증가한다.

40
저압취련법(Soft Blow)법에 대한 설명으로 틀린 것은?

① 강욕과 랜스 선단과의 거리가 멀다.
② 고탄소강의 용제(溶劑)에 효과적이다.
③ 산소압력을 낮게 한다.
④ T·Fe이 낮다.

해설및용어설명 | Soft blow하면 T·Fe 농도가 증가한다.

41
진공설비를 사용하지 않고 불활성가스를 취입하여 CO분압을 낮춤으로써 탄소를 우선적으로 제거하는 정련법은?

① VOD법 ② AOD법
③ RH-OB법 ④ VAD법

42
염기성 강재의 탈인의 기본 화학식이 다음과 같을 때 ( ) 안에 들어갈 내용으로 옳은 것은?

$$2P + 5FeO + 3CaO = (\quad) \cdot P_2O_5 + 5Fe$$

① CaO ② 2CaO
③ 3CaO ④ 4CaO

43
여유시간이 5분, 정미시간이 40분일 경우 내경법으로 여유율을 구하면 약 몇 %인가?

① 6.33 ② 9.05
③ 11.11 ④ 12.50

해설및용어설명 | 여유율 $= \dfrac{여유시간}{여유시간 + 정미시간} \times 100$

$= \dfrac{5}{5+40} \times 100 = 11.11\%$

44
로트에서 랜덤하게 시료를 추출하여 검사한 후 그 결과에 따라 로트의 합격, 불합격을 판정하는 검사방법을 무엇이라 하는가?

① 자주검사
② 간접검사
③ 전수검사
④ 샘플링검사

45
다음과 같은 [데이터]에서 5개월 이동평균법에 의하여 8월의 수요를 예측한 값은 얼마인가?

월	1	2	3	4	5	6	7
판매실적	100	90	110	100	115	110	100

① 103
② 105
③ 107
④ 109

해설및용어설명 | $M_s = \dfrac{1}{N}\sum_{x=1}^{5} x$
$= \dfrac{1}{5}(110+100+115+110+100) = 107$

∵ 8월의 수요예측이므로 직전 5개월 값만 계산한다.

46
관리 사이클의 순서를 가장 적절하게 표시한 것은? (단, A는 조치(Act), C는 체크(Check), D는 실시(Do), P는 계획(Plan) 이다)

① P → D → C → A
② A → D → C → P
③ P → A → C → D
④ P → C → A → D

47
다음 중 계량값 관리도만으로 짝지어진 것은?

① c 관리도, u 관리도
② x – RS 관리도, P 관리도
③ $\bar{x}$ – R 관리도, nP 관리도
④ Me–R 관리도, $\bar{x}$ – R 관리도

48
다음 중 모집단의 중심적 경향을 나타낸 측도에 해당하는 것은?

① 범위(Range)
② 최빈값(Mode)
③ 분산(Variance)
④ 변동계수(Cofficient of Variation)

49
가공용 황동의 대표적인 것으로 Cartridge Brass라 하며, 판·봉·관·선 등을 만들어 사용하며, 자동차용 방열기 부품, 소켓, 체결구, 탄피, 장식품 등으로 사용하는 합금의 조성으로 옳은 것은?

① 95%Cu – 5%Zn 합금
② 85%Cu – 15%Sn 합금
③ 70%Cu – 30%Zn 합금
④ 60%Cu – 40%Sn 합금

50

특수강에 첨가되어 오스테나이트 결정입자 성장을 방지하는 원소로만 짝지어진 것은?

① Ni, Mo, Si, Al
② Al, V, Ti, Zr
③ W, Cr, Mo, Si
④ Ni, W, Mn Ti

51

순철의 상태도에서 α와 γ의 결정격자로 옳은 것은?

① α : 체심입방격자, γ : 면심입방격자
② α : 면심입방격자, γ : 체심입방격자
③ α : 면심입방격자, γ : 조밀육방격자
④ α : 조밀육방격자, γ : 면심입방격자

52

0.2% 탄소강의 723℃ 직상에서의 초석 α와 오스테나이트 γ의 양은 각각 몇 %인가?

① α = 77, γ = 23
② α = 23, γ = 77
③ α = 67, γ = 33
④ α = 33, γ = 67

53

Bravais 격자 모형에서 정방정계의 축 길이와 각을 나타낸 것으로 옳은 것은?

① $a = b = c$, $\alpha = \beta = \gamma = 90°$
② $a \neq b \neq c$, $\alpha = \beta = \gamma = 90°$
③ $a = b \neq c$, $\alpha = \beta = \gamma = 90°$
④ $a \neq b \neq c$, $\alpha \neq \beta \neq \gamma \neq 90°$

54

주조용 Mg합금에 관한 설명으로 틀린 것은?

① Mg희토류계 합금 희토류 원소는 미시메탈(Misch Metal)로 첨가된다.
② Mg-Al계 합금에 소량의 Co를 첨가한 것을 엘렉트론(Electron)합금이라 한다.
③ Mg-Th계 합금에서 토륨은 Mg의 크리프 강도를 향상시킨다.
④ Mg-Zr계 합금에서 지르코늄을 첨가하면 결정입자를 미세화한다.

해설및용어설명 | 엘렉트론
Mg - Zn - Al계 내식용 합금

55

다음의 강 중에 탄소 함유량이 가장 많이 포함될 수 있는 강종은?

① 레일강
② 스프링강
③ 탄소공구강
④ 기계구조용 탄소강

56

화재의 종류에 따른 색상표시가 옳게 짝지어진 것은?

① 일반화재 : 황색
② 유류화재 : 백색
③ 전기화재 : 청색
④ 금속화재 : 녹색

정답 50 ② 51 ① 52 ① 53 ③ 54 ② 55 ③ 56 ③

57

안전관리 조직 편성의 목적과 거리가 먼 것은?

① 조직적인 사고예방 활동을 할 수 있다.
② 조직계층의 유대가 약화된다.
③ 기업의 손실을 근본적으로 방지할 수 있다.
④ 조직계층간 신속한 정보처리를 할 수 있다.

해설및용어설명 | 조직 편성이 잘 되면 조직의 유대가 강화된다.

58

유압회로 중 속도제어 회로에 해당되지 않는 것은?

① 로킹 회로
② 미터 아웃 회로
③ 블리드 오프 회로
④ 카운터 밸런스 회로

59

한방향으로 흐름을 허용하고 역류를 방지하는 밸브는?

① 셔틀밸브
② 체크밸브
③ 2압밸브
④ 조합밸브

60

동력전달 방식 중 에너지 변환 효율이 좋은 순서대로 나열된 것은?

① 전기식 - 유압식 - 공압식
② 전기식 - 공압식 - 유압식
③ 공압식 - 유압식 - 전기식
④ 유압식 - 전기식 - 공압식

필기 기출문제 2012 * 52회

01
더미 바(Dummy Bar)나 주괴를 잡아 당기기 위한 롤은?

① 아이들롤(Idle Roll)
② 풋트롤(Foot Roll)
③ 핀치롤(Pinch Roll)
④ 가이드롤(Guide Roll)

02
연속주조작업에서 Al 킬드강에 나타나는 노즐 막힘 사고를 방지하기 위하여 불활성 가스피막으로 알루미나의 석출을 방지하는 방법이 아닌 것은?

① 슬라이딩 노즐(Sliding Nozzle)
② 포러스 노즐(Porous Nozzle)
③ 가스 슬리브 노즐(Gas Sleeve Nozzle)
④ 가스 취입 스토퍼(Gas Bubbling Stopper)

03
더미 바(Dummy Bar)의 설명으로 틀린 것은?

① 길이는 가이드 롤까지 이른다.
② 더미 바 헤드는 주형 단면보다 약간 작다.
③ 주조를 처음 시작할 때 주형의 밑을 막는다.
④ 더미바의 윗부분은 주괴와 잘 결합하도록 볼트모양이나 레일 모양으로 되어 있다.

해설및용어설명 | 더미바 길이는 핀치롤까지의 거리에 해당한다.

04
강 제조 시에 탈산제를 첨가하지 않거나 소량 첨가해서 주입하므로 응고 중에 CO 가스가 발생하여 강괴 내에 많은 기포를 함유하며 강괴 두부에 수축관이 없어 강괴 전부를 사용하는 강은?

① 림드강
② 킬드강
③ 캡드강
④ 세미킬드강

05
전로 조업 시 철광석의 역할은?

① 유동성을 좋게 한다.
② 탈황반응을 촉진한다.
③ 산화반응의 산소공급원이 된다.
④ 강중의 수소를 흡수한다.

06
ESR 용해법에서 슬래그의 산소 포텐셜을 낮게 하기 위한 방법을 설명한 것 중 틀린 것은?

① 산화성 분위기 중에서 용해한다.
② 화학적으로 안정한 슬래그를 사용한다.
③ 용해 중에 Al등을 가하여 용융 슬래그의 탈산을 도모한다.
④ 금속의 종류에 따라 다르나 충분히 탈산된 전극재를 사용한다.

해설및용어설명 | ESR법은 환원성 분위기를 유지한다.

정답 01 ③ 02 ① 03 ① 04 ① 05 ③ 06 ①

07
강의 탈산이 약할 때 표피 바로 아래에 가장 많이 발생하는 결함은?

① 균열
② 기포
③ 벌징
④ 탕경

08
용강이나 용재가 노 밖으로 비산하지 않고 노구 부근에 도넛형으로 쌓이는 현상은?

① 스피팅(Spitting)
② 덤핑(Dumping)
③ 슬로핑(Slopping)
④ 베렌(Baren)

09
진공탈가스법의 처리 효과가 아닌 것은?

① 내화물 수명연장
② 유해원소의 증발제거
③ 비금속 개재물의 저감
④ 온도 및 성분의 균일화

해설및용어설명 | 진공탈가스 효과
불순물가스 감소, 비금속 개재물 감소, 유해원소의 증발, 온도와 성분 균일화

10
LD 전로에서 탈인이 잘 진행되기 위한 조건이 아닌 것은?

① 강재의 산화력이 클 것
② 강재 중에 P_2O_5가 많을 것
③ 강재의 염기도가 높을 것
④ 강재의 유동성이 좋을 것

해설및용어설명 | 슬래그 중의 P_2O_5 성분이 적어야 한다.

11
전로조업은 취련제어 프로세스 컴퓨터 및 주변계측 기술의 진보에 따라 Static, Semi-Dynamic, Dynamic Control 방식으로 발전하고 있다. 다음 중 Dynamic Control 방식이 아닌 것은?

① 종점 제어법
② 서브랜스법
③ 폐가스 분석법
④ 노체중량 계측법

해설및용어설명 | 종점제어법은 스태틱 컨트롤에 해당한다.

12
탈산제의 조건으로 틀린 것은?

① 탈산제의 비중이 클 것
② 탈산생성물의 부상속도가 클 것
③ 산소와 친화력이 Fe보다 클 것
④ 탈산제가 용강 중에 급속히 용해될 것

해설및용어설명 | 탈산제의 비중이 작아야 한다.

13
염기성 슬래그의 특징으로 틀린 것은?

① 강한 산화성을 갖는다.
② 탈 P, 탈 S에 유리하다.
③ 슬래그 중에 존재하는 FeO는 유리상태에 있다고 할 수 있다.
④ 염기성 슬래그의 유동성은 염기성 물질(CaO)의 증가와 함께 개선된다.

해설및용어설명 | CaO는 점성이 커서 유동성을 저해한다.

14
고주파 유도로의 용해 조업에 대한 설명으로 틀린 것은?

① 탈탄, 탈인, 탈황이 우수하다.
② 산화성 합금원소의 실수율이 높다.
③ 고합금일수록 용해에 유리하다.
④ 노내 용강의 성분, 온도의 제어가 쉽다.

해설및용어설명 | 유도로는 정련기능이 없어 탈인, 탈황이 안 된다.

15
전기로 자동제어 방법 중 공장 전체 전력이 일정한 제한량을 넘지 않도록 전력을 감시하고, 각 노(爐)에 일정한 전력을 분배하고 제어하는 것은?

① Eddy 제어
② Demand 제어
③ Linear 제어
④ Starting 제어

16
다음 중 용강의 점성을 증가시키는 원소는?

① Mn
② Si
③ W
④ Al

17
상주초기에 용강의 비말(splash)에 의한 각의 형성으로 강괴 하부에 생기는 결함은?

① 탕주름
② 이중표피
③ 해면두부
④ 개재물 혼입

18
아크식 전기로에서 환원철을 사용한 경우에 대한 설명으로 틀린 것은?

① 맥석성분이 많다.
② 제강 시간이 단축된다.
③ 철분을 회수하기 좋다.
④ 다량의 산화칼슘이 필요하다.

해설및용어설명 | 환원철을 사용하면 철분 회수율이 낮다.

19
전로조업에서 사용되는 부원료 중 조재제와 냉각제로 모두 사용되는 재료는?

① 형석
② 석회석
③ 철광석
④ 생석회

20
직류(DC)식 전기로에 대한 설명으로 옳은 것은?

① 전원 용량의 확대로 생산성이 향상된다.
② 전극 수의 증가로 전극 소모가 많아 전극 원단위가 증가한다.
③ 편열에 의한 고열 부위가 발생하여 내화물 원단위가 증가한다.
④ 용해 특성은 향상되나 전원 전압의 변동이 심하여 전력 사용량이 증가한다.

정답 14 ① 15 ② 16 ③ 17 ② 18 ③ 19 ② 20 ①

21

전로 취련 중 발생하는 슬로핑(Slopping)을 억제하기 위한 방안으로 적당하지 않은 것은?

① 철광석 등의 부원료 투입량을 최소화한다.
② 산소유량을 증대하고 랜스의 높이를 상승시킨다.
③ 슬래그 진정제를 투입하여 슬래그 포밍 현상을 줄인다.
④ 용선중의 Si함량을 낮게 관리하여 슬래그 발생량을 최대한 줄인다.

해설및용어설명 | 산소유량을 증대하면 슬로핑이 심해진다.

22

전로 슬래그의 주요 성분이 아닌 것은?

① CaO
② SiO_2
③ ZnS
④ Fe_2O_3

해설및용어설명 | 슬래그 주성분 : SiO_2, CaO, Al_2O_3, Fe_2O_3

23

UHP 조업의 설명 중 틀린 것은?

① 생산성을 높인다.
② 전력 원단위를 낮춘다.
③ 단위시간당의 투입전력량을 증가시켜 용해 및 승열시간을 단축한다.
④ 대전압, 소전류의 저력률(低力率)에 의한 굵고 긴 아크로 조업한다.

해설및용어설명 | UHP 조업은 저전압, 대전류의 고역률에 의한 굵고 짧은 아크로 조업한다.

24

용강 중에 생성된 핵의 성장 기구로 다음 중 가장 크게 기여하는 것은?

① 확산에 의한 성장
② Brown 운동에 의한 충돌에 기인하는 응집성장
③ 용강의 교반에 의한 충돌에 기인하는 응집성장
④ 부상속도의 차에 의한 충돌에 기인하는 응집성장

25

연속주조에서 주조된 슬래브의 다크라인(Dark Line) 흠을 방지하기 위한 방법이 아닌 것은?

① 주형 냉각수 증대
② 주편손질(Scarfing) 실시
③ 탈산(성) 개재물 발생억제
④ 연주공정에서 용강재산화 방지

해설및용어설명 | 다크라인은 개재물에 의해 발생하므로 냉각과는 관련이 없다.

26

전기로 조업에서 일반적인 환원기 작업의 순서로 옳은 것은?

① 제재 직후의 가탄 → 초기의 합금첨가에 의한 탈산 → 성분 조정 및 온도 조정 → 환원강재에 의한 탈산
② 제재 직후의 가탄 → 초기의 합금첨가에 의한 탈산 → 환원강재에 의한 탈산 → 성분 조정 및 온도 조정
③ 초기의 합금첨가에 의한 탈산 → 제재 직후의 가탄 → 환원강재에 의한 탈산 → 성분 조정 및 온도 조정
④ 초기의 합금첨가에 의한 탈산 → 환원강재에 의한 탈산 → 제재 직후의 가탄 → 성분 조정 및 온도 조정

정답 21 ② 22 ③ 23 ④ 24 ④ 25 ① 26 ②

27
전기로 제강 조업 시 강욕 중에 산소를 취입하였을 때 산화 제거 순서를 옳게 나열한 것은?

① Mn → Si → Cr → C
② Cr → C → Si → Mn
③ C → Mn → Cr → Si
④ Si → Mn → Cr → C

28
스테인리스강의 진공탈탄법으로 적합한 것은?

① CAS 법　　② LDS 법
③ SAB 법　　④ VOD 법

29
LD-AC법에 대한 설명 중 틀린 것은?

① 넓은 성분 범위의 용선을 사용할 수 있어 고로 원료에 제한이 적다.
② 고인선의 취련은 제강능률이 매우 높아 보통조업법보다 생산성이 높다.
③ 조재제인 분CaO를 취련용 산소와 함께 강욕면에 취입하는 취련방식이다.
④ 반응성이 좋은 강재가 급속히 형성되어 탈인 및 탈황이 효과적으로 진행된다.

해설및용어설명 | LD-AC법은 고탄소 저인강 제조에 유리하다.

30
전로에서 취련 전체 기간 동안 강재에 의한 탈황을 나타내는 반응식으로 옳은 것은?

① $[S] + 2[O] = SO_2$
② $(CaSO_4) = (CaO) + SO_2 + \frac{1}{2}O_2$
③ $(CaO) + [FeS] = (CaS) + (FeO)$
④ $(CaSO_4) + 2(FeO) = (CaO \cdot Fe_2O_3) + SO_2$

31
레이들 정련의 효과가 아닌 것은?

① 대기 용제법에 비해 Cr회수율이 크다.
② 전기로 등에서 환원기를 생략할 수 있어 생산성이 향상된다.
③ VOD법, RH-OB법 등을 채용하여 전기로의 내화물 수명이 현저하게 증가된다.
④ 전기로와 VOD법을 조합하면 전기로에서 완전 탈탄 후 VOD에서 환원정련을 실시하여 생산성을 향상시킬 수 있다.

해설및용어설명 | VOD에서는 산소 취입용 랜스가 있어 탈탄반응이 활발하게 일어나므로 전기로에서 탈탄을 하지 않아도 된다.

32
노외 탈황법에서 탈황제를 용선표면에 첨가하여 놓고 용선 중에 가스를 취입하여 기포의 상승에 따라 용선의 교반 운동을 이용하는 방법은?

① 포러스 플러그법
② 요동 레이들법
③ 기계 교반법
④ 치주법

33

전로 노내 주요 반응에서 잘 일어나지 않는 반응은?

① 탈탄(C)
② 탈수소(H)
③ 탈규소(Si)
④ 탈망간(Mn)

해설및용어설명 | 탈수소는 탈가스처리에서 제거할 수 있다.

34

노외 정련 설비의 하나인 LF(Ladle Furnace)설비의 주요 기능에 대한 설명으로 틀린 것은?

① 성분을 조정한다.
② 용강을 탈탄한다.
③ 용강의 온도를 높인다.
④ 서브머지드 아크정련을 한다.

해설및용어설명 | LF에서는 탈산, 탈황은 이루어지지만 탈탄은 하지 않는다.

35

주형의 진동으로 인하여 주편표면에 횡방향으로 줄무늬가 남게 되는 결함은?

① Lamination
② Blow Hole
③ Non-Metallic
④ Oscillation Mark

36

복합 취련법의 특징을 설명한 것 중 틀린 것은?

① 노체 내화재의 수명이 길다.
② 취련시간이 단축되고 용강의 실수율이 높다.
③ 강욕 중의 C, O의 반응이 없어 극저탄소강 등 청정강 제조에 유리하다.
④ 강욕의 교반이 균일하여 위치에 따른 성분과 온도의 편차가 없다.

해설및용어설명 | 복합취련은 C와 O의 반응이 활발하게 일어난다.

37

전로의 노체 수명과 관련한 설명 중 옳은 것은?

① 산소의 사용량이 많으면 노체 수명은 감소한다.
② 휴지시간을 감소시키면 노체 수명은 감소한다.
③ 용선 중에 Si 함량이 증가하면 노체 수명은 증가한다.
④ 일반적으로 취련 종점에 있어 강욕 중의 C함량이 낮게 된 만큼 노체 수명은 증가한다.

38

만곡형 연주기의 특징을 설명한 것 중 틀린 것은?

① 설비 높이가 수직형의 1/2 정도이다.
② 용강정압이 작아 롤 간의 벌징량이 적다.
③ 주편 인사이드부에 개재물이 편재하는 경향이 있다.
④ 주형에서 가까운 부분에 교정점이 존재하지 않아 내부크랙의 발생이 없다.

해설및용어설명 | 만곡형은 한쪽 면은 인장응력, 다른쪽 면은 압축응력이 작용하므로 교정점이 있어야 한다.

정답 33 ② 34 ② 35 ④ 36 ③ 37 ① 38 ④

39
LD전로의 노내 반응에 대한 설명으로 틀린 것은?

① 용강, 슬래그의 교반이 심하고 탈인과 탈탄반응이 동시에 일어나지 않는다.
② 강력한 용강교반에 의하여 용강 중 가스 함유량이 저하한다.
③ 공급 산소의 반응 효율이 높으며 탈탄반응이 매우 빨라 정련시간이 짧다.
④ 취련말기에 용강 탄소농도가 저하하며, 탈탄속도도 저하하기 때문에 목표 탄소농도를 맞추기 용이하다.

해설및용어설명 | 전로에서는 탈인과 탈탄이 동시에 진행된다.

40
전로용 내화물로써 요구되는 성질이 아닌 것은?

① 장입물의 충격에 대한 내충격성이 좋아야 한다.
② 급격한 온도변화에 대한 스폴링성이 좋아야 한다.
③ 염기성 슬래그에 대한 화학적 내식성이 좋아야 한다.
④ 용강이나 용재의 교반에 대한 내마모성이 좋아야 한다.

해설및용어설명 | 온도 급변에 대한 내열 스폴링성이 좋아야 한다.

41
연속주조설비 중 레이들(Ladle)과 주형의 중간에서 용강을 받아 주형으로 분배하는 것은?

① 스토퍼
② 노즐
③ 턴디시
④ 몰드

42
산소전로강의 특징이 아닌 것은?

① 강 중에 N, O, H 등 함유가스량이 적다.
② 극저탄소강의 제조에 특히 적합하다.
③ 고철사용량이 많아 Ni, Cr, Mo, Cu, Sn등의 Tramp Element가 많다.
④ P, S함량이 낮은 강을 얻기 위해 더블 슬래그법 등 특수한 조업방법이 필요하다.

해설및용어설명 | 전로에서는 고철 사용량이 30% 이내이다.

43
축의 완성지름, 철사의 인장강도, 아스피린 순도와 같은 데이터를 관리하는 가장 대표적인 관리도는?

① c 관리도
② nP 관리도
③ u 관리도
④ $\bar{x}$ –R 관리도

44
로트의 크기가 시료에 비해 10배 이상 클 때, 시료의 크기와 합격판정개수를 일정하게 하고 로트의 크기를 증가시킬 경우 검사특성곡선의 모양 변화에 대한 설명으로 가장 적절한 것은?

① 무한대로 커진다.
② 별로 영향을 미치지 않는다.
③ 샘플링 검사의 판별 능력이 매우 좋아진다.
④ 검사특성곡선의 기울기 경사가 급해진다.

45
작업시간 측정방법 중 직접측정법은?

① PTS법　　　　② 경험견적법
③ 표준자료법　　④ 스톱워치법

46
준비작업시간 100분, 개당 정미작업시간 15분, 로트 크기 20일 때 1개당 소요작업시간(분)은 얼마인가?

① 15　　　　　② 20
③ 35　　　　　④ 45

해설및용어설명 |
로트별 작업시간 = $\dfrac{\text{정미작업시간} + \text{준비작업시간}}{\text{로트수}}$
$= \dfrac{(15 \times 20) + 100}{20} = 20$

47
소비자가 요구하는 품질로서 설계와 판매정책에 반영되는 품질을 의미하는 것은?

① 시장품질　　② 설계품질
③ 제조품질　　④ 규격품질

48
다음 중 샘플링 검사보다 전수검사를 실시하는 것이 유리한 경우는?

① 검사항목이 많은 경우
② 파괴검사를 해야 하는 경우
③ 품질특성치가 치명적인 결점을 포함하는 경우
④ 다수 다량의 것으로 어느 정도 부적합품이 섞여도 괜찮을 경우

49
다음 중 분말야금에 대한 설명으로 틀린 것은?

① 고용도의 제한이 없기 때문에 다양한 합금설계가 가능하다.
② 생산할 수 있는 제품의 크기와 형상에는 제한이 없다.
③ 최종제품의 형상으로 가공할 수 있어 절삭가공의 생략이 가능하다.
④ 용융점이 높은 재료의 경우에도 용융하지 않고 제품을 제조할 수 있다.

해설및용어설명 | 분말에 고압력을 가해야 하므로 크기와 형상에 제한이 있다.

50
구상화주철의 용해 시 생기는 페이딩(Fading)현상과 관련된 내용으로 틀린 것은?

① fading 현상은 구상흑연수를 감소시킨다.
② 용탕의 온도가 높을수록 fading현상은 빨라진다.
③ 슬래그를 빨리 제거할수록 fading현상은 빨라진다.
④ 구상흑연 제조 시 마그네슘이 과다인 경우 fading 현상이 조기에 일어난다.

해설및용어설명 | 페이딩 현상은 시간이 지남에 따라 구상흑연주철 내의 구상흑연이 편상흑연으로 바뀌는 현상이다.

51
다음 중 Ni-Fe 합금이 아닌 것은?

① 엘렉트론(Elektron)
② 니칼로이(Nicalloy)
③ 퍼멀로이(Permalloy)
④ 플래티나이트(Platinite)

52

헤드필드(Hadfield) 강에 대한 설명으로 틀린 것은?

① 마텐자이트 조직을 가진 강이다.
② 고온에서 서랭하면 결정립계에 M_3C가 석출한다.
③ 고온에서 서랭하면 오스테나이트가 마텐자이트로 변태한다.
④ 열전도성이 나쁘고, 팽창계수도 커서 열변형을 일으킨다.

해설및용어설명 | 헤드필드강은 조직이 오스테나이트이다.

53

브리넬 경도가 다음과 같이 표현되었을 때 이에 따른 설명으로 틀린 것은?

HB S (10/3000) 341

① HB : 압입자의 종류
② 10 : 압입자의 직경(mm)
③ 3000 : 시험하중(kg_f)
④ 341 : 브리넬 경도값

54

2종 이상의 금속원자가 간단한 원자비로 결합되어 본래의 물질과 전혀 다른 결정격자를 형성한 물질을 무엇이라 하는가?

① 고용체
② 금속간 화합물
③ 편석
④ 불규칙 변태

55

7:3 황동에 Fe 2%와 소량의 Sn, Al을 첨가한 합금은?

① German Silver
② Muntz Metal
③ Tin Bronze
④ Durana Metal

56

안전교육의 방법 중 토의법을 적용하는 경우가 아닌 것은?

① 수업의 초기단계에 적용한다.
② 팀워크가 필요로 하는 경우에 적용한다.
③ 알고 있는 지식을 심화하기 위해 적용한다.
④ 어떠한 자료에 대해 보다 명료한 생각을 갖게 하는 경우에 적용한다.

해설및용어설명 | 수업 초기단계에는 강의법이 효과적이다.

57

다음 중 안전점검의 가장 주된 목적은?

① 위험을 사전에 발견하여 개선하는 데 있다.
② 법 및 기준에 적합여부를 점검하는 데 있다.
③ 안전사고의 통계율을 점검하는 데 있다.
④ 장비의 설계를 하기 위함이다.

58

다음 중 유연생산시스템(FMS)의 대한 설명으로 틀린 것은?

① 새로운 공작물의 생산 준비 기간이 길어진다.
② 기계의 이용률이 높아지고 임금이 절약된다.
③ 생산 기술자가 적극적으로 참여한다.
④ 생산 기간의 단축과 납기가 단축된다.

해설및용어설명 | FMS를 적용하면 생산준비기간이 짧아진다.

정답 52 ① 53 ① 54 ② 55 ④ 56 ① 57 ① 58 ①

59

유압의 제일 기본 원리인 파스칼(Pascal)의 원리에 대한 설명 중 틀린 것은?

① 액체의 압력은 수평으로 작용한다.
② 액체의 압력은 각 면에 직각으로 작용한다.
③ 각 점의 압력은 모든 방향에 동일하게 작용한다.
④ 밀폐된 용기 내 액체에 가해진 압력은 동일한 크기로 각 부에 전달된다.

해설및용어설명 | 액체의 압력은 모든 방향으로 균일하게 작용한다.

60

다음 중 공압장치에 대한 설명으로 틀린 것은?

① 인화의 위험이 없다.
② 에너지 축적이 용이하다.
③ 압축공기의 에너지를 쉽게 얻을 수 있다.
④ 정확한 위치결정 및 중간정지가 가능하다.

해설및용어설명 | 공압은 압축성 때문에 엑추에이터의 위치제어가 어렵고, 작동에 시간차가 발생하여 중간정지가 어렵다.

필기 기출문제 2013 * 53회

01
아크식 전기로 제강법에서 탈수소에 유리한 조건은?

① 탈탄 속도가 작을 것
② 비등이 활발할 것
③ 강욕의 온도가 낮을 것
④ 대기 중의 습도가 높을 것

02
전기로 조업 중 산화기의 목적이 아닌 것은?

① 탄소량을 조정한다.
② 강욕 온도의 균일화와 상승을 꾀한다.
③ 탈황을 시키는 동시에 강욕성분을 조정한다.
④ P, 수소가스, 비금속 개재물 등을 산소 혹은 철광석으로 정련제거하는 작업이다.

해설및용어설명 | 탈인은 산화기, 탈황은 환원기에 일어난다.

03
탈인 반응이 잘 진행하기 위한 조건이 아닌 것은?

① 강재의 산화력이 클 때
② 강욕의 온도가 높을 때
③ 강재의 염기도가 높을 때
④ 강재 중에 P_2O_5분이 낮을 때

해설및용어설명 | 강욕의 온도가 낮아야 한다.

04
연속 주조 시 주조속도에 관한 설명으로 틀린 것은?

① 주조속도를 증가시키면 중심편석, 내부균열의 위험이 있다.
② 주조속도를 증가시키면 개재물의 부상분리가 곤란하므로 개재물이 증가한다.
③ 주조속도를 증가시키면 품질면에서 주조온도가 낮은 것과 동일한 영향을 미친다.
④ 주조속도를 증가시키면 응고각이 얇아지므로 Break Out의 발생률이 높아진다.

해설및용어설명 | 고속주조 시 편석, 개재물 혼입 등의 영향으로 주편 품질이 떨어진다.

05
전기로 제강법의 특징으로 틀린 것은?

① 사용원료에 제약이 많으며, Al 합금강에만 적합하다.
② 열효율이 좋으며, 합금원소의 첨가를 정확하게 할 수 있다.
③ 합금철을 직접 용강 중에 첨가하여 실수율이 높고 분포가 균일하다.
④ 설비비가 저렴하고, 장소를 적게 차지하며 단시간에 설치할 수 있다.

해설및용어설명 | 전기로는 사용원료가 제한이 없고, 다양한 강종에 적용이 가능하다.

정답 01 ② 02 ③ 03 ② 04 ③ 05 ①

06
수소가 강에 미치는 영향 중 가장 많이 나타나는 결함은?

① 주름
② 백점
③ 크레디온
④ 입계균일

07
연속주조에서 용강류의 산화를 저지하여 개재물의 생성과 핀홀(Pin Hole)의 발생을 방지하기 위해 사용되는 방법은?

① VAR법
② 진공탈가스법
③ VIM법
④ 무산화주조법

08
연속주조를 처음 시작할 때 주형의 밑을 막아주고 핀치롤(Pinch Roll)까지 주편을 인출하는 설비는?

① 턴디쉬(Tundish)
② 더미바(Dummy Bar)
③ 가이드 롤(Guide Roll)
④ 오실레이션(Oscillation)

09
전기로 제강법에서 용제로 사용되는 석회석을 투입 시에 강재의 유동성을 부여할 필요가 있을 때 형석과 함께 5% 정도의 성분을 함유하는 것이 좋은 것은?

① FeO
② P_2O_5
③ MnO
④ SiO_2

해설및용어설명 | SiO_2는 CaO와 결합하여 슬래그의 융점을 낮춘다.

10
LD 전로 제강에서 사용하는 주원료가 아닌 것은?

① 용선
② 고철
③ 냉선
④ 철광석

해설및용어설명 | 제강에서 철광석은 부원료에 속한다.

11
다음 중 연속주조에서 사용되는 파우더 캐스팅(Powder Casting)의 설명으로 옳은 것은?

① 공기접촉에 의한 용강의 산화와 열방산을 방지한다.
② CuO – FeO – MgO 계의 슬래그를 많이 사용한다.
③ 알루미나 등의 개재물이 존재하므로 청정도가 낮아진다.
④ 융점과 점성이 높은 슬래그를 사용하여 윤활작용과 표면을 깨끗하게 한다.

12
전로 제강의 일반적인 작업순서로 옳은 것은?

① 용선 장입 → 배재 → 출강 → 산소 취련
② 용선 장입 → 산소 취련 → 출강 → 배재
③ 산소 취련 → 용선 장입 → 출강 → 배재
④ 산소 취련 → 배재 → 출강 → 용선 장입

13
림드강에 대한 설명 중 옳은 것은?

① 강괴 제조 시 CO 가스가 발생하지 않는다.
② 완전 탈산시킨 강으로 편석이 발생하지 않는다.
③ 가스방출에 따른 용강의 교반운동을 일으킨다.
④ 양호한 표면을 요하는 곳에 사용하지 못하며, 저탄소 림드강은 점인성이 나쁘다.

정답 06 ② 07 ④ 08 ② 09 ④ 10 ④ 11 ① 12 ② 13 ③

14
제강조업에서 용융강재의 기능을 설명한 것 중 가장 거리가 먼 것은?

① 편석을 제거하는 역할을 한다.
② P, S 등의 유해성분을 제거한다.
③ 산소를 운반하는 매개자로서 산화철을 보유한다.
④ 로내 분위기로부터 산소, 기타 가스에 의한 오염을 방지한다.

해설및용어설명 | 편석은 용강 내에서 응고 중에 성분의 불균일로 발생한다.

15
용선의 예비처리에 있어서 CaC_2에 의한 탈황과 관련된 설명 중 옳은 것은?

① CaC_2에 의한 탈황은 발열 반응이다.
② CaC_2에 의한 탈황에서 Si량의 변화가 심하다.
③ CaC_2에 의한 탈황은 용선온도가 높을수록 탈황률이 낮다.
④ 생성한 CaS는 화학적으로 불안정하여 복황(復黃)을 일으킨다.

16
전로작업 중 로체 수명에 대한 설명으로 옳은 것은?

① 용강의 온도가 높게 되면 로체 수명이 길어진다.
② 산소의 사용량이 적으면 로체 수명이 감소한다.
③ 용선 중에 Si 양이 증가하면 로체 수명은 감소한다.
④ 형석의 사용량이 증가함에 따라 로체 수명이 길어진다.

17
연주설비 중 주형(Mold)에 대한 설명으로 틀린 것은?

① 주형재료의 열팽창에 의한 변형율이 큰 것이 좋다.
② 주형의 표면은 주로 Ni-Cr으로 코팅되어 있다.
③ 주형의 재료로서는 일반적으로 열전도율이 좋은 구리가 주로 쓰인다.
④ 주형의 형식은 크게 관상(Tube)식, 블록(Block)식, 조립식의 3종류로 나눌 수 있다.

해설및용어설명 | 주형은 열팽창에 의한 변형률이 작아야 한다.

18
다음 중 혼선로의 기능이 아닌 것은?

① 용선을 균질화한다.
② 슬래그층에서 탈인반응이 일어난다.
③ Mn 성분에 의해 탈황반응이 일어난다.
④ 온도강하가 적어 보온기능을 갖는다.

해설및용어설명 | 탈인은 전로에서 실시하므로 혼선로에서 실시하지 않는다.

19
용강의 점성을 증가시키는 원소로만 짝지어진 것은?

① Si, Mn
② P, S
③ Ni, Cr
④ W, V

정답 14 ① 15 ① 16 ③ 17 ① 18 ② 19 ④

20

다음과 같은 [조업조건]일 때의 전로 출강 중에 투입해야 할 Fe-Mn의 투입량(kg$_f$)은 약 얼마인가?

[조건]
- 용강 중 함유 목표[Mn] 성분 : 1.7%
- 취련종료 후 용강 중 [Mn] 함량 : 0.15%
- Fe-Mn 실수율 : 85%
- Fe-Mn 품위 : 78%
- 전장입량 : 348톤
- 출강실수율(=출강량/전장입량×100) : 95%

① 6,729
② 7,729
③ 8,729
④ 9,729

해설및용어설명 |
$$Mn투입량 = \frac{(전장입량 \times 출강실수율) \times (목표함량 - 종점함량)}{(Fe-Mn중 Mn함유량) \times (Mn실수율)}$$
$$= \frac{(348,000 \times 0.95) \times (0.017 - 0.0015)}{(0.78 \times 0.85)} = 7,729 \text{kg}_f$$

21

환원철을 전기로에 사용하였을 때 현상으로 틀린 것은?

① 생산성이 향상된다.
② 자동조업이 용이하다.
③ 맥석분이 적어 품질이 좋다.
④ 품위가 일정하여 취급이 용이하다.

해설및용어설명 | 환원철은 맥석성분이 많아 슬래그양이 증가한다.

22

부원료 중 전로에서 탈인, 탈규의 목적으로 투입하여 염기성 슬래그를 형성하는 생석회(CaO)의 품질요구 특성이 아닌 것은?

① 연소하여 반응성이 좋을 것
② 세립, 정립이고 분이 적을 것
③ 수분을 많이 함유하고 있을 것
④ 수송, 저장 중에 풍화 현상이 적을 것

해설및용어설명 | 수분이 많으면 장입 시 폭발의 위험이 있다.

23

상취 산소전로조업에서 강욕 중의 탄소함량과 강욕온도를 추측할 수 있는 사항이 아닌 것은?

① 취련 시간
② 화염의 관찰
③ 레이들의 사용량
④ 산소의 적산 사용량

해설및용어설명 | 레이들의 사용량은 처리용량과 관련이 있다.

24

전로용 내화물이 갖추어야 할 구비조건이 아닌 것은?

① 용강의 교반에 대한 내마모성
② 장입물의 충격에 대한 내충격성
③ 염기성 슬래그에 대한 화학적인 내식성
④ 급격한 온도변화에 대한 고열 스폴링성

해설및용어설명 | 온도 급변에 의한 내열 스폴링성이 있어야 한다.

25

레이들내 용강의 연속주조 전처리로서 행하는 작업인 버블링(Bubbling) 작업의 목적 중 틀린 것은?

① 보온
② 용강의 청정
③ 성분의 균일화
④ 개재물의 부상분리 촉진

해설및용어설명 | 보온은 합성 파우더나 왕겨 등으로 한다.

26

다음 중 고주파 유도로 조업에서 합금회수율이 가장 높은 원소는?

① Si
② Ni
③ Ti
④ Al

27

출선된 용선을 합탕시 평균 용선온도 및 Si%는 각각 얼마인가?

TLC	용선 출선량(Ton)	용선 [Si]%	용선 온도
01	100	0.40	1,350℃
02	150	0.30	1,290℃

① 1,214℃, 0.24%
② 1,250℃, 0.25%
③ 1,314℃, 0.34%
④ 1,320℃, 0.35%

해설및용어설명 |

$$용선온도 = \frac{100 \times 1,350 + 150 \times 1,290}{100 + 150} = 1,314℃$$

$$Si\% = \frac{100 \times 0.4 + 150 \times 0.3}{100 + 150} = 0.34\%$$

28

전기로 조업 중 초고전력조업(UHP)에 대한 설명으로 틀린 것은?

① 고전압-저전류의 고역률(高力率)로 조업한다.
② 용락 이후 용강의 열전달 효율이 RP 조업 시보다 높다.
③ 동일 로 용량에 대하여 RP조업의 2~3배 전력을 투입한다.
④ 아크의 안정성이 증가하고 RP조업 시보다 용탕이 균일 승온된다.

해설및용어설명 | UHP조업
저전압-대전류의 고역률 조업

29

전로 조업에서 랜스(Lance)에 관한 설명 중 틀린 것은?

① 선단의 노즐은 순동(Cu)으로 되어 있다.
② 랜스와 선단 노즐은 취련 중에 격심하게 가열된다.
③ 다공 노즐은 산소를 랜스 선단에서 분류하고, 여러 개의 노즐에서 분사시키는 방법이다.
④ 경각은 스피팅 발생억제와 배가스량의 발생량 증대를 위해 화점이 똑같게 형성되도록 각도를 같게 하고 있다.

30

염기성 내화물로 사용하지 않는 것은?

① 마그네시아 연와
② 돌로마이트 연와
③ 포스터라이트 연와
④ 샤모트 연와

해설및용어설명 | 샤모트 연와는 산성 내화물이다.

정답 25 ① 26 ② 27 ③ 28 ① 29 ④ 30 ④

31

용강 속에 들어있는 기체 성분을 제거하는 방법이 아닌 것은?

① 유적 탈가스법
② 순환 탈가스법
③ 주형 탈가스법
④ 소프트 블로우법

해설및용어설명 | 소프트 블로우는 전로에서의 정련법이다.

32

RH 탈가스법에서 산소, 수소, 질소가 제거되는 장소가 아닌 것은?

① 상승관에 취입된 가스표면
② 상승관 내부의 내화물 표면
③ 진공조 외부의 구조물의 표면
④ 취입가스와 함께 비산하는 Splash 표면

해설및용어설명 | 진공조 내부에서 노출된 용강 표면에서 제거

33

ESR(Electro Slag Remelting)법의 특징을 설명한 것 중 틀린 것은?

① 진공배기 장치가 없고 대기 중에 조업한다.
② 강괴의 표면은 깨끗하나 균질하지 못하다.
③ ESR에서는 직류도 쓰지만 주로 교류를 사용한다.
④ 불순원소나 비금속 개재물을 효과적으로 저감할 수 있어 재질이 향상된다.

해설및용어설명 | 강괴 표면이 깨끗하고 균질하다.

34

용강법 중 용선의 현열과 불순물의 연소열을 열원으로 이용하는 노는?

① 평로법
② 전기로법
③ 전로법
④ 유도로법

35

노외 탈황법에서 탈황제를 레이들에 미리 넣어놓고 용선을 주입하여 탈황하는 방법은?

① KR법
② 치주법
③ Turbulator법
④ 요동 레이들법

36

생산능률을 올리기 위해서는 연주의 사이클 타임(Cycle Time)을 단축하여야 한다. 이때 사이클 타임(t)을, 주조시간(tc), 준비시간(tp), 대기시간(tw)을 합한 t=tc+tp+tw으로 표현한다면 연-연주란?

① 주조시간(tc)을 생략한 것이다.
② 준비시간(tp)을 생략한 것이다.
③ 주조시간(tc)과 준비시간(tp)을 생략한 것이다.
④ 준비시간(tp)과 대기시간(tw)을 생략한 것이다.

해설및용어설명 | 연연주란 준비시간과 대기시간을 생략하고 이어서 연속해서 주조하는 공정이다.

정답 31 ④ 32 ③ 33 ② 34 ③ 35 ② 36 ④

37
연속주조 주형의 형식 중 두께 6~12mm의 강관을 강편크기로 프레스 가공한 것을 지지틀에 넣은 것으로 냉각능이 좋고 고속주조에 적합한 주형은?

① Block Mold
② Impeller Mold
③ Parting Mold
④ Tubular Mold

38
다음 중 턴디시의 노즐 재질로 적합하지 않은 것은?

① 규석
② 지르콘
③ 알루미나
④ 마그네시아

해설및용어설명 | 규석은 내화도가 낮은 산성내화물이므로 노즐 재질로 부적합하다.

39
용강이 응고 중에 발생하는 편석을 최소화할 수 있는 방법으로 가장 관계가 먼 것은?

① 다방향응고(多防向應固)를 시킨다.
② 편석하기 쉬운 유해 성분의 함량을 적게 한다.
③ 편석 성분을 Hot Top에 모이게 하여 분괴 후에 끊어낸다.
④ 고합금강에서는 강괴의 중량을 적게 하여 편석을 줄인다.

해설및용어설명 | 일방향응고시켜야 편석을 억제할 수 있다.

40
연속주조에서 2차 냉각수의 목적으로 틀린 것은?

① 기계 냉각
② 윤활 역할
③ 응고 조직 조정
④ 주편 크랙 방지

해설및용어설명 | 윤활역할은 합성 파우더가 한다.

41
저취산소전로법(Q-BOP)의 특징을 설명한 것 중 틀린 것은?

① 종점에서의 Mn이 높다.
② 슬로핑과 스피팅이 없어 제강실수율이 높다.
③ 용강 중의 산소, 슬래그 중의 FeO가 높아 Fe의 실수율이 높다.
④ 취련시간이 단축되고 폐가스의 효율적인 회수가 가능하다.

해설및용어설명 | 슬래그 중의 FeO 5% 수준으로 낮아서 실수율이 높다.

42
전기로 조업 재료장입방식에서 전극지지기구와 천장이 주축을 중심으로 하여 선회하는 방식은 무엇인가?

① Swing식
② Gantery식
③ 노체이동식
④ Local Hood식

43
검사의 분류 방법 중 검사가 행해지는 공정에 의한 분류에 속하는 것은?

① 관리 샘플링검사
② 로트별 샘플링검사
③ 전수검사
④ 출하검사

44

다음 중 브레인스토밍(Brain storming)과 가장 관계가 깊은 것은?

① 파레토도 ② 히스토그램
③ 회귀분석 ④ 특성요인도

45

단계여유(Slack)의 표시로 옳은 것은? (단, TE는 가장 이른 예정일, TL은 가장 늦은 예정일, TF는 총 여유시간, FF는 자유여유시간이다)

① TE − TL ② TL − TE
③ FF − TF ④ TE − TF

46

c관리도에서 k=20인 군의 총 부적합수 합계는 58이었다. 이 관리도의 UCL, LCL을 계산하면 약 얼마인가?

① UCL = 2.90, LCL = 고려하지 않음
② UCL = 5.90, LCL = 고려하지 않음
③ UCL = 6.92, LCL = 고려하지 않음
④ UCL = 8.01, LCL = 고려하지 않음

해설및용어설명 |

$$\bar{c} = \frac{\sum c}{k} = \frac{총부적합수}{군의수} = \frac{58}{20} = 2.9$$

$$UCL = \bar{c} + 3\sqrt{\bar{c}} = 2.9 + 3\sqrt{2.9} = 8.01$$

$$LCL = \bar{c} - 3\sqrt{\bar{c}} = 2.9 - 3\sqrt{2.9} = -2.21$$

LCL은 (−)값이므로 고려하지 않는다

47

테일러(F.W. Taylor)에 의해 처음 도입된 방법으로 작업시간을 직접 관측하여 표준시간을 설정하는 표준시간 설정기법은?

① PTS법 ② 실적자료법
③ 표준자료법 ④ 스톱워치법

48

공정 중에 발생하는 모든 작업, 검사, 운반, 저장, 정체 등의 도식화 된 것이며 또한 분석에 필요하다고 생각되는 소요시간, 운반거리 등의 정보가 기재된 것은?

① 작업분석(Operation Analysis)
② 다중활동분석표(Multiple Activity Chart)
③ 사무공정분석(Form Process Chart)
④ 유통공정도(Flow Process Chart)

49

형상기억효과의 종류 중 전방위 형상기억에 대한 설명으로 옳은 것은?

① 일반적인 일방향 형상기억합금이며, 오스테나이트상의 형상만을 기억하는 현상이다.
② 오스테나이트의 형상과 더불어 마텐자이트상이 변형되었을 때의 형상도 기억하는 현상이다.
③ 열탄성 마텐자이트 변태에 기인하며 초탄성에 의한 형상기억 효과는 응력부하온도에 의존하는 현상으로 응력유기 마텐자이트가 외부응력이 제거되면서 오스테나이트로 변태함으로 생기는 현상이다.
④ 변형상태에서 시효시키면 나타나는 현상으로 온도에 따라 오스테나이트상으로부터 중간상을 거쳐 저온상으로 변태하며 이때 마텐자이트 변태도 동반되는 현상이다.

50
탄소강에서 Mn의 영향이 아닌 것은?

① 경화능을 크게 한다.
② 편석을 일으키며, 상온 취성의 원인이 된다.
③ 고온에서 결정립의 성장을 억제한다.
④ 강의 점성을 증가시키고 고온 가공을 쉽게 한다.

해설및용어설명 | Mn은 황에 의한 고온취성을 방지한다.

51
순철의 자기 변태점에 대한 설명으로 옳은 것은?

① 가열에 의해 BCC 격자가 FCC 격자로 변한다.
② A_2 변태라 하며 약 768℃에서 일어난다.
③ A_3 변태라 하며 약 910℃에서 일어난다.
④ A_4 변태라 하며 약 1,200℃에서 일어난다.

52
다음 중 면심입방격자의 원자수와 충전율은?

① 원자수 : 2, 충전율 : 68%
② 원자수 : 2, 충전율 : 74%
③ 원자수 : 4, 충전율 : 68%
④ 원자수 : 4, 충전율 : 74%

53
강에서 저온 취성의 원인이 되는 주 원소는?

① Ai
② Mo
③ P
④ S

54
Al에 6% 이하의 Mg을 첨가하여 바닷물과 알칼리성에 대한 내식성이 강하고 용접성이 우수하므로, 선박용 및 화학장치용 부품 등에 사용하는 Al합금은?

① 알클래드(Alclad)
② 하이드로날륨(Hydronalium)
③ 알민(Almin)
④ 알드리(Aldrey)

55
피아노 선재에 관한 설명 중 틀린 것은?

① 피아노선의 탄소함유량은 0.25~0.45%이다.
② 소르바이트 조직으로 만든 것이다.
③ P, S 등 불순물이 적은 강재이다.
④ 탄성한도나 피로강도가 높다.

해설및용어설명 | 피아노 선재는 0.6%C 이상의 고탄소강을 사용한다.

56
안전교육 등을 시키기 위한 동기유발의 방법 중 내적동기 유발에 해당하는 것은?

① 경쟁심을 이용하는 것
② 적절한 상과 벌에 의한 학습의욕을 환기시킬 것
③ 학습자의 요구수준에 맞는 적절한 교재를 제시할 것
④ 학습의 결과를 알게 하고 만족감이나 성공감을 갖게 할 것

정답 50 ② 51 ② 52 ④ 53 ③ 54 ② 55 ① 56 ③

57

안전작업을 하기 위해 보호구 사용 시 유의사항으로 옳은 것은?

① 방전용 보호장갑은 고무 플라스틱의 재료를 사용한다.
② 드릴링 작업 시에는 항상 목장갑을 착용하도록 한다.
③ 화기를 사용하는 작업장에서는 방염성, 가연성 작업복을 사용한다.
④ 작업복은 연령, 성별, 크기에 관계없이 항상 통일되어야 한다.

58

시간에 따라 예측할 수 없는 방법으로 공정변화가 일어나는 기본적인 이유 중 틀린 것은?

① 환경의 변화
② 제한의 변화
③ 부분품의 고장
④ 원자재의 변화

59

유연자동화(Flexible Automation)의 특징이 아닌 것은?

① 뱃치 생산에 가장 적합한 방식이다.
② 제품설계변화를 처리할 수 있는 유연성이 있다.
③ 다양한 제품 조합에 대한 연속생산을 한다.
④ 특별히 주문제작되는 시스템에 대한 높은 투자비가 든다.

해설및용어설명 | 유연자동화는 연속적인 자동화생산에 적합하다.

60

다음 중 전원 차단 시 내용이 지워지는 메모리는?

① RAM
② ROM
③ EPROM
④ EAROM

필기 기출문제 2014 * 55회

01
산소전로법에서 용선배합률을 증가시켰을 때 조업상황으로 옳은 것은?

① 냉각제의 감소
② Slopping 발생 용이
③ 발열량의 감소
④ 슬래그 양의 감소

02
LD전로에 사용되는 내화물의 요구사항으로 틀린 것은?

① 내충격성이 좋아야 한다.
② 내마모성이 좋아야 한다.
③ 연화 시 점성이 높아야 한다.
④ 스폴링(Spalling)성이 좋아야 한다.

해설및용어설명 | 내열 스폴링성이 좋아야 한다.

03
전로에서 강재나 용강이 로외로 비산하지 않고 로구에 도너츠 형으로 쌓이는 현상은?

① Slopping
② Båren
③ Spalling
④ Levellering

04
다음 중 LD 전로조업에 대한 설명으로 옳은 것은?

① 주원료는 고철에 함유된 수분에 의한 폭발을 방지하기 위해 고철보다 용선을 먼저 장입한다.
② 부원료로 투입되는 철광석은 정련 중 분해열에 의한 승온 및 탈산 효과가 있다.
③ 취련초기에 미세한 철입자가 로구로 비산하는 것을 슬로핑, 취련 중기에 용강과 용재(Slag)가 분출하는 것을 스피팅이라 한다.
④ 취련 종점 판정은 산소 사용량, 취련시간, 불꽃 색깔에 의하여 강욕 중의 탄소함량, 강욕온도 등을 추측할 수 있다.

05
탈산제로서 필요한 성질이 아닌 것은?

① 산소와 친화력이 Fe보다 강해야 한다.
② 탈산생성물은 신속히 강중에 흡수해야 하며 비중이 커야 한다.
③ 미반응의 탈산제가 강중에 잔류하여도 강질에 영향을 미치지 말아야 한다.
④ 탈산제는 가격이 저렴하고 강중 용해속도가 커야 한다.

해설및용어설명 | 탈산 생성물은 용강 중에 흡수되지 않아야 하고, 비중이 가벼워서 용강과 분리부상되어야 한다.

정답 01 ② 02 ④ 03 ② 04 ④ 05 ②

06

LD 전로에서 탈인 반응을 촉진시키는 조건으로 틀린 것은?

① 강욕의 온도가 낮아야 한다.
② 강재의 염기도가 높아야 한다.
③ 슬래그 중 P_2O_5가 적어야 한다.
④ 슬래그 중 FeO가 적어야 한다.

해설및용어설명 | 탈인은 슬래그 중의 FeO가 많을 때 잘 일어난다.

07

다음과 같은 LD 전로의 조건에서 열효율(%)은 약 얼마인가?

- 용강현열 : 338,397kcal/t
- 강재현열 : 56,596kcal/t
- dust 현열 : 326kcal/t
- 철광석분해열 : 42,437kcal/t
- mill scale 분해열 : 1,390kcal/t
- dolomite 분해열 : 2,177kcal/t
- 폐가스 현열 : 42,324kcal/t
- lance 냉각수의 흡수열 : 1,529kcal/t
- CO의 잠열 : 235,213kcal/t
- 기타 : 5,225kcal/t

① 33
② 43
③ 54
④ 64

해설및용어설명 |

$$열효율 = \frac{용강현열 + 강재현열}{전체열} \times 100$$
$$= \frac{338,397 + 56,596}{737,314} \times 100$$
$$= \frac{394,993}{737,314} \times 100 = 53.57 ≒ 54\%$$

08

철광석이 부원료로 사용되어 취련 개시 및 취련 도중에 분해하여 투입할 때의 역할로 틀린 것은?

① 냉각제로서의 역할을 한다.
② 환원된 철(Fe)이 제품 용강의 일부가 된다.
③ 철광석은 용선 중의 C에 의하여 환원되어 Fe이 되고, 동시에 다량의 열을 방출한다.
④ 철광석은 로내에 산화반응을 일으켜 산소공급원이 된다.

해설및용어설명 | 철광석의 분해열은 흡열반응이다.

09

다음 중 산성강재의 유동성을 가장 저해시키는 성분은?

① SiO_2
② FeO
③ MnO
④ CaO

10

산소전로법에서 스피팅(Spitting) 현상에 대한 응급대책으로 옳은 것은?

① 산소압력을 증가시킨다.
② 탈탄속도를 증가하고 용강온도를 높인다.
③ 생석회와 철광석을 투입하여 슬래그를 염기성으로 한다.
④ 형석 등의 매용제를 투입하여 강재를 속히 형성하도록 한다.

11
연주공정에서 몰드 파우더(Mold Powder)의 기능이 아닌 것은?

① 몰드에 용강 주입량 조절
② 몰드와 용강면 사이의 윤활제 역할
③ 산화물의 부상분리로 강의 청정도 향상
④ 용강면을 덮어 공기산화 및 열방산 방지

해설및용어설명 | 주입량 조절은 EMS로 한다.

12
LD 전로에서 냉각제로 사용되는 것은?

① 석회석
② 규사
③ 알루미나
④ 연와설

해설및용어설명 | 석회석은 전로 내에서 분해반응을 하며 CaO와 CO_2로 되는데 이 반응은 흡열반응이므로 노내 온도가 내려간다.

13
연주법에서 주형의 진동 때문에 주편표면에 횡방향의 줄무늬가 남는 것은?

① 롤 마크(Roll Mark)
② 릴 마크(Reel Mark)
③ 엘리게이터링(Alligatoring)
④ 오실레이션 마크(Oscillation Mark)

14
제강 전로작업에서 Sub-Lance로 측정하기 가장 어려운 것은?

① 강 중의 탄소함량(%)
② 강 중의 온도(℃)
③ 강 중의 산소함량(%)
④ 강 중의 질소함량(%)

15
아크(Arc)로 제강법에 대한 설명으로 옳은 것은?

① 장애물은 될 수 있는 한 서서히 용해한다.
② 내화물을 손상시키지 않는 저전압으로 조업한다.
③ 환원정련 시 Al을 사용하여 신속히 백색슬래그를 만들 수 있다.
④ 장애물 중 P의 함유율이 낮은 경우 완전 산화법을 적용한다.

16
슬로핑이 발생하는 경우에 대한 설명이 아닌 것은?

① 용선 배합률이 낮은 경우
② 고로 슬래그의 혼입이 많은 경우
③ 형석을 대량으로 취련초기에 사용하는 경우
④ 노내 용적에 비하여 장입량이 과다하게 많은 경우

해설및용어설명 | 용선 배합률이 낮으면 슬로핑이 억제된다.

17
고주파 전기로의 조업 순서가 옳게 나열된 것은?

① 조재 → 탈산 → 용락 → 출강
② 용락 → 탈산 → 조재 → 출강
③ 탈산 → 용락 → 조재 → 출강
④ 탈산 → 조재 → 용락 → 출강

정답 11 ① 12 ① 13 ④ 14 ④ 15 ③ 16 ① 17 ②

18

연속주조 설비에서 주형을 빠져나온 주편에 냉각수를 이용하여 냉각응고 시키는 2차 냉각에 대한 설명으로 틀린 것은?

① 연주기의 설비를 냉각한다.
② 등축정, 주상정 등의 주조조직을 조절하는 기능을 갖는다.
③ 주형의 하부에서 응고를 촉진시켜 인출 완료까지의 거리를 단축하고 연주기의 높이를 작게 한다.
④ 2차 냉각수량은 응고속도에는 영향을 주지 않으며, 강종 및 폭에 따라 냉각수량을 다르게 제어한다.

해설및용어설명 | 주편의 응고속도는 2차 냉각수량이 직접적인 영향을 준다.

19

노외 정련법 중 Arcing에 의한 온도조정을 할 수 없는 정련법은?

① LF법
② RH-OB법
③ VAD법
④ ASEA-SKF법

해설및용어설명 | RH-OB법은 가열기능이 없다.

20

LF(Ladle Furnace)에서 작업이 불가능한 것은?

① 승온작업
② 냉각작업
③ 탈질작업
④ 합금철 미세 조정작업

해설및용어설명 | 탈질은 탈가스 공정에서 할 수 있다.

21

전기로 조업에 사용되는 전극의 조건이 아닌 것은?

① 강도가 높을 것
② 전기전도율이 높을 것
③ 연성과 취성이 높을 것
④ 고온에서 산화되지 않을 것

해설및용어설명 | 전극은 차손에 견디기 위해서 취성이 낮아야 한다.

22

다음 중 탈 P을 강화시키기 위해 행해지는 특수조업법으로 짝지어진 것은?

① Soft Blow법, Oxy-Fuel법
② Double Slag법, 냉재예열법
③ Double Slag법, Soft Blow법
④ Double Slag법, Oxy-Fuel법

23

전로의 폐가스 냉각설비에 속하지 않는 것은?

① 보일러법
② 전기집진법
③ 비연소식 OG회수법
④ 벤추리 스트러버법

해설및용어설명 | 전기집진법은 폐가스 청정설비이다.

24

대부분 전기로에서 제조되며, 2종 이상의 합금원소가 철과 화합한 것으로 용강중에 투입되어 강의 화학적, 물리적 성질을 개선할 목적으로 사용되는 합금철이 구비해야 할 조건으로 틀린 것은?

① 쉽게 용해되고 용강중에서 확산속도가 클 것
② 생성된 산화물은 쉽게 부상분리 할 수 있을 것
③ 용강 중에 잔류한 미반응물이 재질에 영향을 주지 않을 것
④ 크기 및 형상은 일정하지 않아도 되나, 품위는 일정 할 것

해설및용어설명 | 크기와 형상이 일정해야 반응성이 좋다.

25

다음 중 유도식 전기로에 해당되는 것은?

① 에우(Heroult)로
② 스타사노(Stassano)로
③ 레나펠트(Rennafelt)로
④ 에이잭스 - 노드럽(Ajax - Northrup)로

26

저전압, 대전류 조업에 대한 설명으로 틀린 것은?

① 아크의 안전성이 증가한다.
② 용락 이후의 용강에 열전달효율이 높아진다.
③ 동일전력의 경우 종전보다 Flicker 현상이 많아진다.
④ 저전압, 대전류의 짧은 아크가 용락 전·후의 노벽에 미치는 영향이 적다.

해설및용어설명 | 명멸현상은 전력이 부족할 때 발생하므로 대전류로 조업하면 그 현상은 감소한다.

27

제강법에서 철광석의 금속화율을 나타내는 식으로 옳은 것은?

① $\dfrac{\text{환원으로 제거된 산소량}}{\text{철광석 중 전산소량}} \times 100$

② $\dfrac{\text{환원철 중 금속철}}{\text{환원철 중 전철분}} \times 100$

③ $\dfrac{\text{철광석 중 전산소량}}{\text{환원으로 제거된 산소량}} \times 100$

④ $\dfrac{\text{환원철 중 전철분}}{\text{환원철 중 금속분}} \times 100$

28

산소전로 제강 시 탈황반응을 촉진시키기 위한 조건이 아닌 것은?

① 형석의 양을 증량할 것
② 고염기도의 강재를 형성시킬 것
③ 유동성이 좋은 슬래그가 있어야 할 것
④ 황의 흡수력을 높이기 위해 강재량을 줄일 것

해설및용어설명 | 슬래그 양이 많아야 황의 흡수력이 높아진다.

29

연속주조에서 주형의 크기 변경 없이 여러 치수의 제품 생산과 절단하기 전에 조압연까지 할 수 있는 방법은?

① 폭 가변주조법
② 만네스만식 주조
③ 전자교반장치 설치
④ 인라인 리덕션(In line Reduction)

30

연속주조 Mold Powder에 대한 설명으로 틀린 것은?

① Powder는 열방산을 방지한다.
② Powder는 용강의 산화방지와 윤활제 역할을 한다.
③ Powder는 용강면에 용융 슬래그가 되어 용강 중의 알루미나 등의 개재물에 흡착되어 청정도를 낮춘다.
④ Powder의 주성분은 Al_2O_3-SiO_2-CaO계의 합성 슬래그이다.

해설및용어설명 | 합성파우더는 개재물을 흡착하여 청정도를 향상시킨다.

31

VOD법과 비교한 AOD법에 대한 설명으로 틀린 것은?

① AOD법은 진공설비가 있어 건설비가 비싸며 원료비와 실수율은 VOD법보다 불리하다.
② AOD법은 대기중에서 강렬한 교반을 수반하는 정련을 하므로 탈황, 성분조정에서는 유리하나 수소함량, 정련후의 출강 시 공기오염에 대해서는 VOD법보다 불리하다.
③ AOD법은 상당히 높은 고탄소 용강으로부터의 신속한 탈탄과 탈황이 가능하므로 VOD법보다 생산성이 높다.
④ 일반적으로 AOD법은 스테인리스강의 제조에 이용되나 VOD법은 탈가스장치로 이용할 수 있어 각종 강종에 적용할 수 있다.

해설및용어설명 | AOD는 진공설비를 사용하지 않고 Ar과 O가스를 사용하므로 실수율, 원료비, 생산성이 높다.

32

최근 생산성향상을 목적으로 주조 속도가 증가하는 경향이 있는데 이에 따른 문제점으로 틀린 것은?

① 내부균열의 위험이 있다.
② 중심편석의 위험이 있다.
③ 개재물의 부상분리가 곤란하므로 개재물이 감소한다.
④ 응고각이 엷어지므로 Break Out의 발생률이 증가한다.

해설및용어설명 | 고속주조하면 개재물의 부상분리가 어려우므로 용강 내 개재물이 증가한다.

33

제강방법 중 연속주조법이 발전된 근본적인 이유와 관련이 가장 적은 것은?

① 기술의 신뢰도
② 경제성의 신뢰도
③ 생산 적용가능 강종의 확대
④ 대량 생산과 단위공정수의 증가

해설및용어설명 | 연속주조는 분괴 공정을 생략할 수 있다.

34

Star Crack이라고도 하며, 주편을 인발할 때 응고각이 주형 내벽의 Cu를 마모시켜 Cu 분이 주편에 침투되어 국부적으로 발생하는 미세한 균열은?

① 표면가로균열
② 방사상균열
③ 모서리세로균열
④ 표면세로균열

35
탈인반응을 촉진시키기 위하여 높아야 되는 것은?

① 강재의 점성
② 강욕온도
③ 강재의 산화력
④ 강재중 P_2O_5 함량

36
연속주조법에서 주형 진동수가 분당 1,000회, 주형 진동 나비는 1,100mm일 때의 주형 진동 속도는 몇 m/min인가?

① 1.1
② 2.2
③ 3.3
④ 4.4

해설및용어설명 |
$$진동속도 = \frac{2 \times 진동수 \times 진동폭}{1,000} = \frac{2 \times 1,000 \times 1.1}{1,000} = 2.2$$

37
다음 중 전기로에서 비통전 시간을 단축하기 위한 가장 효율적인 방법은?

① 로의 대형화
② 내화물 보수시간 증가
③ 수냉 Panel 냉각수량 증대
④ 노덮개 작동속도 및 전극승하강 속도 증가

38
용선에 산소를 노 바닥으로부터 불어 넣어 제강하는 전로법은?

① 칼도법
② LD법
③ Q-BOP법
④ 로터법

39
산성 강재의 산화력에 대한 설명으로 옳은 것은?

① 강재에서 대부분의 FeO는 $2FeO \cdot SiO_2$로써 존재하므로 산화력은 약하다.
② 강재에서 대부분의 FeO는 $2FeO \cdot SiO_2$로써 존재하므로 산화력은 강하다.
③ 강재에서 대부분의 FeO는 $2FeO \cdot CaO$로써 존재하므로 산화력은 약하다.
④ 강재에서 대부분의 FeO는 $2FeO \cdot CaO$로써 존재하므로 산화력은 강하다.

40
TN법(Injection법)과 가장 관계가 깊은 원소는?

① Al
② B
③ Ca
④ H

41
LD 전로의 로체 수명 향상을 위한 가장 적합한 방법은?

① 용강 중 Si 함유량을 증가시킨다.
② 슬래그 중 MgO 함량을 증가시킨다.
③ 하드블로우(Hard Blow)로 취련을 한다.
④ 2중강재(Double Slag) 작업을 실시한다.

42
산화정련을 마친 용강의 CO 기포 발생을 감소시키기 위한 탈산 방법이 아닌 것은?

① 탄소에 의한 탈산
② 복합탈산
③ 규소에 의한 탈산
④ 확산탈산

해설및용어설명 | 탄소에 의한 탈탄에 의해 CO가스가 더 많이 발생한다.

정답 35 ③ 36 ② 37 ④ 38 ③ 39 ① 40 ③ 41 ② 42 ①

43

도수분포표에서 도수가 최대인 계급의 대표값을 정확히 표현한 통계량은?

① 중위수
② 시료평균
③ 최빈수
④ 미드-레인지(Mid-Range)

44

근래 인간공학이 여러 분야에서 크게 기여하고 있다. 다음 중 어느 단계에서 인간공학적 지식이 고려됨으로써 기업에 가장 큰 이익을 줄 수 있는가?

① 제품의 개발단계
② 제품의 구매단계
③ 제품의 사용단계
④ 작업자의 채용단계

45

다음 [표]를 참조하여 5개월 단순이동평균법으로 7월의 수요를 예측하면 몇 개인가?

[단위 : 개]

월	1	2	3	4	5	6
실적	48	50	53	60	64	68

① 55
② 57
③ 58
④ 59

해설및용어설명 |

$M_s = \dfrac{1}{N}\sum_{x=1}^{5} x$

$= \dfrac{1}{5}(50+53+60+64+68) = 59$

∵ 7월의 수요예측이므로 직전 5개월 값만 계산한다.

46

다음 중 두 관리도가 모두 포아송 분포를 따르는 것은?

① $\bar{x}$ 관리도, R 관리도
② c 관리도, u 관리도
③ np 관리도, p 관리도
④ c 관리도, p 관리도

47

전수검사와 샘플링검사에 관한 설명으로 가장 올바른 것은?

① 파괴검사의 경우에는 전수검사를 적용한다.
② 전수검사가 일반적으로 샘플링검사보다 품질향상에 자극을 더 준다.
③ 검사항목이 많을 경우 전수검사보다 샘플링검사가 유리하다.
④ 샘플링검사는 부적합품이 섞여 들어가서는 안 되는 경우에 적용한다.

48

다음 중 반즈(Ralph M. Barnes)가 제시한 동작경제원칙에 해당되지 않는 것은?

① 표준작업의 원칙
② 신체의 사용에 관한 원칙
③ 작업장의 배치에 관한 원칙
④ 공구 및 설비의 디자인에 관한 원칙

정답 43 ③ 44 ① 45 ④ 46 ② 47 ③ 48 ①

49

연신율이 25%이고 늘어난 길이가 60mm이었다면 원래의 길이(mm)는?

① 41
② 45
③ 48
④ 52

해설및용어설명 | 원래길이 $= \dfrac{늘어난길이}{1+연신율} = \dfrac{60}{1+0.25} = 48$

50

은의 성질로 틀린 것은?

① 전성이 좋다.
② 전기전도도가 금속 중에서 가장 크다.
③ 염산이나 질산 등에 침식되지 않는다.
④ 7.5~10% Cu를 첨가하여 화폐로 사용한다.

해설및용어설명 | 은(Ag)은 염산이나 질산에 침식된다.

51

주철의 일반적인 조직에 관한 설명 중 틀린 것은?

① 백주철과 회주철의 혼합조직을 반주철이라 한다.
② 흑연이 많으면 파단면에 시멘타이트가 많이 존재한다.
③ 주철 등의 탄소는 유리탄소와 화합탄소 형태로 존재한다.
④ 주철 조직과 성질에 C와 Si가 가장 중요한 영향을 미친다.

해설및용어설명 | 흑연이 많으면 파단면에 흑연으로 그대로 존재하여 파면이 회색이다.

52

Al 및 Al 합금의 특징을 설명한 것 중 옳은 것은?

① 하이드로날륨은 Al에 Si을 첨가한 합금이다.
② 표면에 발생한 산화피막에 의해 내식성이 향상된다.
③ Si, Fe, Cu, Ti, Mn 등을 첨가하면 도전율이 상승한다.
④ Cu, Mg, Si, Zn, Ni 등의 원소를 넣어 합금한 고강도 Al은 순 Al보다 기계적 성질이 떨어진다.

53

실용되고 있는 형상기억 합금계가 아닌 것은?

① Ti-Ni
② Co-Mn
③ Cu-Al-Ni
④ Cu-Zn-Al

54

알루미늄, 마그네슘 및 그 합금의 질별 기호를 옳게 나타낸 것은?

① O : 어닐링한 것
② W : 제조한 그대로의 것
③ H2 : 용체화 처리한 것
④ H1 : 고온 가공에서 냉각 후 자연 시효시킨 것

55

철강의 충격 특성에 대한 설명으로 옳은 것은?

① 결정립이 미세하면 천이온도는 올라간다.
② 인장강도가 증가할수록 충격치는 낮아진다.
③ 탄소량이 증가하면 천이온도는 낮아진다.
④ 압연재는 압연방향(L방향)의 충격치가 가장 낮다.

정답 49 ③ 50 ③ 51 ② 52 ② 53 ② 54 ① 55 ②

56

공업용 고압가스 용기와 색상 기준의 연결이 틀린 것은?

① 산소 – 녹색 ② 질소 – 자색
③ 아세틸렌 – 황색 ④ 수소 – 주황색

해설및용어설명 | 질소 - 회색

57

참모형 안전조직의 특징이 아닌 것은?

① 안전을 전담하는 부서가 있다.
② 100명 이하의 기업에 적합하다.
③ 생산 부분은 안전에 대한 책임과 권한이 없다.
④ 생산라인과의 견해 차이로 안전지시가 용이하지 않으며, 안전과 생산을 별개로 취급하기 쉽다.

해설및용어설명 | 참모형 조직은 100명 이상의 기업에 적합하다.

58

공정의 변화에 의해 영향을 받는 기본적인 3가지 형태에 해당되지 않는 것은?

① 제한의 변화 ② 원자재의 변화
③ 모델계수의 변화 ④ 모델의 구조적인 변화

59

자동화를 하여 얻어지는 효과가 아닌 것은?

① 생산성이 향상된다.
② 원자재 비용이 감소된다.
③ 노무비가 감소된다.
④ 노동인력이 많아진다.

해설및용어설명 | 자동화는 노동인력을 감소할 수 있다.

60

시퀀스 제어의 요소 중 회로를 개폐하여 시퀀스 회로의 상태를 결정히는 기구는?

① 입력기구 ② 출력기구
③ 보조기구 ④ 접점기구

필기 기출문제   2014 * 56회

01
용선 245톤, 냉선 15톤, 고철 30톤을 전로에 장입하였을 때 전선비(%)는?

① 84.5   ② 89.7
③ 94.8   ④ 95.5

해설및용어설명 | 전선비 $= \dfrac{용선+냉선}{총장입량} \times 100$
$= \dfrac{245+15}{245+15+30} \times 100 = 89.7\%$

02
철강을 생산 시 탈산을 목적으로 사용되는 원소가 아닌 것은?

① S   ② Mn
③ Al   ④ Si

해설및용어설명 | 황(S)은 적열취성의 원인이 되는 유해원소이다.

03
제강과정에서 Si 또는 FeO는 O에 의하여 강재 중으로 들어가며 이때 열을 발생하므로 주요한 열원이 되는데 이때 기본 반응식으로 옳은 것은?

① $Si + 2O = SiO_3$
② $FeO + Si = Fe + SiO_2$
③ $2FeO + Si = 2Fe + SiO_2$
④ $2FeO + 2Si = 2Fe + SiO_2$

04
전기 제강로에 사용되는 천정연와에 대한 설명으로 틀린 것은?

① 하중 연화점이 높을 것
② 연화 시 점성이 낮을 것
③ 내화도가 높고 품질의 변동이 적을 것
④ 열간강도가 크고 아치연와에 적합할 것

해설및용어설명 | 연화 시 점성이 높아야 잘 허물어지지 않는다.

05
고주파 유도로가 특수강의 용해에 사용되는 이유가 아닌 것은?

① 고합금강에 대한 용해가 유리하기 때문
② Ni, Co, Mo 등은 회수가 가능하기 때문
③ 탈탄, 탈인, 탈황 등이 우수하기 때문
④ 노내 용강의 성분 및 온도의 제어가 쉽기 때문

해설및용어설명 | 고주파 유도로는 탈인, 탈황 등 정련이 안 된다.

06
슬래그의 성분이 SiO_2 34.8%, CaO 48.6%, Al_2O_3 16.6%인 경우 염기도는 약 얼마인가?

① 0.7   ② 1.4
③ 2.4   ④ 3.4

해설및용어설명 | 염기도 $= \dfrac{CaO}{SiO_2} = \dfrac{48.6}{34.8} = 1.4$

정답   01 ②   02 ①   03 ③   04 ②   05 ③   06 ②

07

저취전로법(Q-BOP법)의 특징을 설명한 것 중 틀린 것은?

① 랜스가 필요없어 건물의 높이를 낮출 수 있다.
② 취련시간이 단축되고, 폐가스의 효율적인 회수가 가능하다.
③ C, O의 값이 평형값에 가까워져 극저탄소강의 제조에 적합하다.
④ 풍구를 통하여 순산소와 가스, 액체연료, 분체석회 등을 로저로부터 동시에 취입할 수 없다.

해설및용어설명 | 저취 풍구로 연료 및 분체를 동시에 취입한다.

08

슬로핑(Slopping)이 일어나는 경우가 아닌 것은?

① 용선 배합률이 낮은 경우
② 용광로 슬래그의 혼입이 많은 경우
③ 슬래그 배재를 충분히 하지 않은 경우
④ 내용적에 비하여 장입량이 과다하게 많은 경우

해설및용어설명 | 용선 배합률이 높을 때 슬로핑이 잘 일어난다.

09

전로 취련제어 중 서브랜스(Sublance)법에 의해 측정할 수 없는 것은?

① 용강 온도
② 산소 농도
③ 슬래그 레벨
④ 출강구 레벨

해설및용어설명 | 출강구는 별도로 설치되어 있어 레벨은 측정하지 않는다.

10

품질을 향상함과 동시에 생산성을 높이고 원가를 절감하려는 목적으로 발달한 방법인 레이들 정련법이 아닌 것은?

① ASEA-SKF법
② VAD법
③ LF법
④ VFD법

해설및용어설명 | VFD법은 없다.

11

전기로의 산화정련 작업에서 강욕 중 각 원소의 산화반응으로 틀린 것은?

① $Si + 2O \rightarrow SiO_2$
② $Mn + O \rightarrow MnO$
③ $2P + 5O \rightarrow P_2O_5$
④ $2C + 2O \rightarrow CO_2$

해설및용어설명 | $C + O \rightarrow CO$ 또는 $C + 2O \rightarrow CO_2$

12

LD전로제강에서 산소 취련 시 가장 먼저 산화제거되는 원소는?

① C
② Si
③ Mn
④ Cr

13

더스트(Dust)를 집진하고 폐가스를 적정온도로 냉각시키는 폐가스 냉각설비가 아닌 것은?

① LDS(Linz Donawitz Stirring) System
② OG(Oxygen Gas Recovery) System
③ LT(Lurgi Thyssen)-Dry System
④ New-OG System

해설및용어설명 | LDS법은 교반법의 한 가지이다.

14

탈황(S)을 유리하게 하는 조건으로 옳은 것은?

① 용재의 염기도는 낮추고 강욕 온도를 높인다.
② S와 친화력이 강한 C, Cr 등의 원소를 용강에 첨가한다.
③ S의 활량을 높이는 C, Si 등을 용철 중에 있게 하여 탈황을 유리하게 한다.
④ 용강 중의 산소는 산소전로에서 적은 것이 기화탈황에 유리하다.

15

다음과 같은 열정산의 입열과 출열 항목을 갖는 250t/ch 전로에서 출열 합계는 몇 kcal/t 인가? (단, 다음에 주어진 수치의 단위는 kcal/t이다)

```
용선현열 27,469, 연소열 166,576
Fe연소열 3,086, Fe₃C 분해열 25,261
복염생성열 9,709, CO 잠열 235,213
강재현열 56,596, 철광석분해열 42,437
```

① 9,933
② 334,246
③ 737,314
④ 837,314

해설및용어설명 | 출열항목 : CO 잠열, 강재현열, 철광석 분해열
235,213+56,596+42,437=334,246

16

턴디시에 관한 설명으로 틀린 것은?

① 주형으로 용강을 분배한다.
② 용강 응고를 촉진하는 역할을 한다.
③ 용강을 일시 저장하는 역할을 한다.
④ 개재물의 부상분리를 하는 역할을 한다.

해설및용어설명 | 응고 촉진은 1, 2차 냉각에 의해 이루어진다.

17

용융철 합금에서 질소의 활량계수를 높이는 원소가 아닌 것은?

① Cr
② Si
③ Ni
④ C

해설및용어설명 | 질소 활량을 감소시키는 원소 : Ti, V, Cr, Mn
질소 활량을 증가시키는 원소 : C, Si, S, Ni
※ 질소의 활량이 증가하면 용해도를 감소시켜 탈질을 촉진한다.

18

전로조업 시에 탈인반응과 탈황반응을 촉진시키는 방법은 여러 점에서 유사하나 한쪽 반응은 촉진시키지만 다른쪽 반응은 방해하는 조건은?

① 강재량이 많다.
② 강재의 유동성이 좋다.
③ 강욕의 온도가 높다.
④ 강재의 염기도가 높다.

19

전로조업의 특징을 설명한 것으로 틀린 것은?

① 제강시간이 빠르다.
② 장입원료는 용선이다.
③ 산화반응열을 이용한다.
④ 반드시 연료가 필요하다.

해설및용어설명 | 전로는 용선의 현열과 산화열을 이용하므로 별도의 열원인 연료가 필요없다.

정답 14 ③ 15 ② 16 ② 17 ① 18 ③ 19 ④

20

대형 연주기에서 용강을 주형으로 주입할 경우 침지 노즐을 사용할 때 파우더(Powder)를 이용하여 파우더 캐스팅을 행하게 되는 경우의 설명 중 틀린 것은?

① 파우더는 $Al_2O_3 - SiO_2 - CaO$계의 합성 슬래그이다.
② 용강면을 덮어 공기산화와 열방산을 방지한다.
③ 용융한 파우더가 주형벽으로 흘러서 윤활제로서 작용한다.
④ 용융한 파우더가 용강 중에 함유된 알루미나와 결합하여 강의 청정도를 낮춘다.

해설및용어설명 | 파우더가 알루미나와 결합하여 강의 청정도를 향상시킨다.

21

연속주조 작업에서 주형에 주입된 용강에 대한 1차 냉각과 2차 냉각 중 1차 냉각에 대한 설명으로 옳은 것은?

① 용강에 직접 물을 뿌리는 것이다.
② 공기 중에서 간접적으로 냉각하는 것이다.
③ 주형 외혹에 냉각수를 공급하여 동판에 의한 간접 냉각이다.
④ 주형을 빠져 나온 주편에 직접 냉각수를 뿌리는 것이다.

22

레이들(Ladle) 내에서 불활성가스 취입에 의한 교반(Bubbling) 작업의 목적이 아닌 것은?

① 용강의 청정화
② 온도의 균일화
③ 교반에 의한 온도 상승
④ 성분균일화 및 성분조정

해설및용어설명 | 버블링은 온도가 상승되지 않고, 온도가 하강한다.

23

강욕의 탈탄과정에서 슬래그가 가스상으로 부터 흡수한 산소를 강욕면까지 운반하는 속도는 어느 것에 영향을 받는가?

① 강재의 유동성과 교반
② 강재의 산화력과 교반
③ 강재의 염기도와 환원력
④ 강재의 염기도와 산화력

24

전기로 조업에서 탈수소를 유리하게 하는 조건이 아닌 것은?

① 탈탄 속도가 클 것
② 대기 중의 습도가 높을 것
③ 용강 온도가 충분히 높을 것
④ 용강 중의 규소, 망간 등 탈산 원소를 과하게 함유하지 않을 것

해설및용어설명 | 대기 중 습도가 높으면 확산속도가 느려져서 탈수소가 잘 안 된다.

25

용선을 제강로 장입 전 혼선차(Torpedo Car)에서 용선을 예비처리하는 목적이 아닌 것은?

① 제강시간을 단축할 수 있다.
② 저황(S)강의 제조가 용이하다.
③ 용선 중 탈 P, 탈 S 할 수 있다.
④ 탈탄(C) 작업으로 취련 시간을 단축한다.

해설및용어설명 | 탈탄은 전로에서 한다.

26
연속주조에서 주형의 진동에 의하여 주편 표면에 횡방향으로 줄무늬가 남게 되는 것은?

① Blow Hole
② Oscillation Mark
③ Ingot Sight
④ Powder Castings

27
직류 전기로에 대한 설명으로 틀린 것은?

① 교류 전기로에 비해 설비가 단순하다.
② 로 내 고철을 균일하게 용해할 수 있다.
③ 전력계통 설비를 안정적으로 운영할 수 있다.
④ 상부전극이 1개로서 소천정과 전극간 공간이 적어 소음발생이 적다.

해설및용어설명 | 하부 전극이 있으므로 설비가 복잡해진다.

28
주형과 주편의 마찰을 경감하고 구리판과의 융착을 방지하여 안정한 주편을 얻을 수 있도록 하는 것은?

① 주형
② 레이들
③ 주형 진동 장치
④ 슬라이딩 노즐

29
강의 연속주조 시 냉각조건에 따라 편석이 일어나기 쉬운 원소로 이루어진 것은?

① S, P, C, Mn
② C, Si, Cr, Mn
③ Zn, S, Mn, Sn
④ Ag, P, Si, Mo

30
복합취련법의 특징을 설명한 것 중 틀린 것은?

① 취련시간이 단축되고 용강의 실수율이 높다.
② 상, 하 취련을 하므로 노체 내화재의 수명이 짧아진다.
③ 강욕 중의 C와 O의 반응이 활발해지므로 저탄소강 제조가 가능하다.
④ 강욕의 교반이 균일화하므로 위치에 따른 성분과 온도의 편차가 없다.

해설및용어설명 | 취련시간 단축으로 내화물의 수명은 연장된다.

31
진공실 상부에 산소를 취입하는 랜스가 있고 산소의 탈탄으로 인해 CO가스가 발생하여 배기 능력이 증강되며 스테인리스강의 진공정련법으로 쓰이는 조업법은?

① LF법
② CLU법
③ VOD법
④ VAD법

32
진공탈가스법의 종류가 아닌 것은?

① 연속탈가스법
② 유적탈가스법
③ 흡인탈가스법
④ 순환탈가스법

해설및용어설명 | 진공탈가스법
유적탈가스(BV), 흡인탈가스(DH), 순환탈가스(RH), 레이들탈가스(LD)

33
제강반응 중 탈탄속도에 관한 설명으로 옳은 것은?

① 온도가 낮을수록 탈탄속도가 빨라진다.
② 철광석 투입량이 적을수록 탈탄속도가 빨라진다.
③ 용재의 유동성이 좋을수록 탈탄속도가 늦어진다.
④ 염기성강재가 산성강재보다 탈탄속도가 빨라진다.

34
용강에 Cu, Ni, Mo과 같은 합금원소를 첨가하기 위해서는 산소전로 취련의 어느 시기에 이들의 합금철을 첨가하는 것이 좋은가?

① 산소 취련 전에 첨가한다.
② 출강 중 레이들에 첨가한다.
③ 취련이 끝난 후 전로 내에 첨가한다.
④ 수강 전의 레이들에 미리 첨가하여 놓는다.

35
초고전력 조업의 특징을 설명한 것 중 틀린 것은?

① UHP 조업이라고도 한다.
② 용해시간을 단축하고 생산성을 향상시킨다.
③ 용락 이후의 용강의 열전달 효율이 높아진다.
④ 고전압, 저전류 조업에 의한 굵고 짧은 아크로 조업한다.

해설및용어설명 | UHP조업
저전압, 대전류의 고역률에 의한 조업

36
유도식 저주파 전기로에 해당되는 것은?

① 에루(Heroult)로
② 지로드(Girod)로
③ 스타사노(Stassano)로
④ 에이잭스-위야트(Ajax-Wyatt)로

37
연속주조공정 시 주형 내의 열전달기구라고 볼 수 없는 것은?

① 주형동판에서 열전도
② 응고 셸(Shell)의 열전달
③ 주형냉각관에서 주형과 냉각수와의 열전달
④ 주편과 주형 사이에 존재하는 에어 갭(Air Gap)을 통한 열전도 및 복사

해설및용어설명 | 응고셸의 열전달은 주편 내에서의 열전달이다.

38
연속주조설비는 몰드(Mold)와 핀치롤(Pinch Roll) 사이의 형상에 따라 연주기를 구분한다. 공장 건물 높이가 가장 높은 연주기의 형식은?

① 수직형 연주기
② 수평형 연주기
③ 만곡형 연주기
④ 수직만곡형 연주기

39
전로용 내화물의 요구조건이 아닌 것은?

① 염기성 슬래그에 대한 화학적인 내식성
② 용강이나 용재의 교반에 대한 내마모성
③ 급격한 온도변화에 대한 스폴링성
④ 장입물 충격에 대한 내충격성

해설및용어설명 | 온도 급변에 의한 내열 스폴링성이 있어야 한다.

40

고주파 유도전기로에 대한 설명으로 틀린 것은?

① 고합금강일수록 용해가 용이하다.
② 로내 용강의 성분, 온도의 제어가 쉽다.
③ 산화성 합금원소의 실수율이 높고 안정하다.
④ 강종면에서 제한이 없으며, 아크로에서는 제조 곤란한 성분의 합금강은 용해할 수 없다.

해설 및 용어설명 | 유도로에서는 자동교반효과로 전기로에서 제조가 곤란한 합금강도 제조가 가능하다.

41

연속주조 조업 중 주형(Mold)에서 전자교반 장치(EMS)를 설치하는 주된 목적은?

① 용강 교반을 통하여 탈탄을 촉진한다.
② 응고를 촉진시켜 생산성을 향상시킨다.
③ 온도와 성분을 균일화시켜 안정된 조직을 형성시킨다.
④ 양호한 응고조직을 만들어 내부 크랙 및 편석을 개선한다.

42

다음 중 전기로 조업 시 탈인(P)을 유리하게 하는 조건이 아닌 것은?

① 강재의 염기도가 높을 것
② 강재 중의 FeO가 많을 것
③ 강재 중의 P_2O_5가 많을 것
④ 강재 중에 형석분이 많아 유동성이 좋을 것

해설 및 용어설명 | 강재 중 P_2O_5가 많으면 탈인속도가 느려진다.

43

그림의 OC곡선을 보고 가장 올바른 내용을 나타낸 것은?

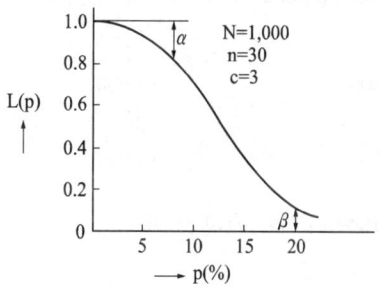

① α : 소비자 위험
② L(P) : 로트가 합격할 확률
③ β : 생산자 위험
④ 부적합품률 : 0.03

44

미국의 마틴 마리에타사(Martin Marietta Corp.)에서 시작된 품질개선을 위한 동기부여 프로그램으로, 모든 작업자가 무결점을 목표로 설정하고, 처음부터 작업을 올바르게 수행함으로써 품질비용을 줄이기 위한 프로그램은 무엇인가?

① TPM 활동   ② 6 시그마 운동
③ ZD 운동   ④ ISO 901인증

45

다음 중 단속생산 시스템과 비교한 연속생산 시스템의 특징으로 옳은 것은?

① 단위당 생산원가가 낮다.
② 다품종 소량생산에 적합하다.
③ 생산방식은 주문생산방식이다.
④ 생산설비는 범용설비를 사용한다.

46

MTM(Method Time Measurement)법에서 사용되는 1 TMU(Time Measurement Unit)는 몇 시간인가?

① $\dfrac{1}{100,000}$ ② $\dfrac{1}{10,000}$

③ $\dfrac{6}{10,000}$ ④ $\dfrac{36}{1,000}$

해설및용어설명 | 1TMU : 1/100,000시간

47

np관리도에서 시료군마다 시료수(n)는 100이고, 시료군의 수(k)는 20, ∑np = 77이다. 이때 np관리도의 관리상한선(UCL)을 구하면 약 얼마인가?

① 8.94 ② 3.85
③ 5.77 ④ 9.62

해설및용어설명 |

$\overline{np} = \dfrac{\sum np}{k} = \dfrac{77}{20} = 3.85$

$\bar{p} = \dfrac{\sum np}{\sum n} = \dfrac{77}{100 \times 20} = 0.0385$

$\therefore UCL = \overline{np} + 3\sqrt{\overline{np}(1-\bar{p})}$
$= 3.85 + 3\sqrt{3.85 \times (1-0.0385)} = 9.62$

48

일정 통계를 할 때 1일당 그 작업을 단축하는 데 소요되는 비용의 증가를 의미하는 것은?

① 정상소요시간(Normal Duration Time)
② 비용견적(Cost Estimation)
③ 비용구배(Cost Slope)
④ 총비용(Total Cost)

49

36%Ni-Fe 합금으로 열팽창계수가 가장 적은 것은?

① 백동 ② 인바
③ 모넬메탈 ④ 퍼멀로이

50

Fe-C 상태도에서 A_3점은 약 몇 ℃인가?

① 210 ② 768
③ 910 ④ 1,400

해설및용어설명 | A_0 : 200℃, A_1 : 723, A_2 : 768℃, A_3 : 910℃, A_4 : 1,400℃

51

철강의 일반적인 물리적 성질을 나타낸 내용으로 틀린 것은?

① 합금강에서 전기저항은 합금원소의 증가에 따라 커진다.
② 탄소강의 비열, 전기전도도는 탄소량의 증가에 따라 감소한다.
③ 합금강에서 오스테나이트강은 페라이트강보다 팽창계수는 크고 열전도도는 작다.
④ 탄소강의 비중, 팽창계수, 열전도도는 탄소량의 증가에 따라 감소한다.

해설및용어설명 | 탄소량이 증가할수록 비열, 전기저항, 강도, 경도 등은 증가한다.

52
다음의 격자결함 중 선결함에 해당되는 것은?

① 공공(Vacancy)
② 전위(Dislocation)
③ 결정립계(Grain Boundary)
④ 침입형 원자(Interstitial Atom)

53
쾌삭강에서 피삭성 향상에 기여하지 않는 원소는?

① W
② S
③ Pb
④ Ca

해설및용어설명 | 쾌삭강 첨가원소
 S, P, Pb, Se, Ca, Sn 등

54
원자 충전율이 74%인 면심입방격자(FCC)는 근접원자간 거리는? (단, a는 격자상수이다)

① $\frac{1}{2}a$
② $\frac{1}{\sqrt{2}}a$
③ $\frac{1}{\sqrt{3}}a$
④ $\frac{4}{3}a$

55
고압가스용기를 취급 또는 운반 시 잘못된 것은?

① 운반용 기구를 사용한다.
② 반드시 캡을 씌워서 운반한다.
③ 지면 바닥에 쓰러뜨려 조심스럽게 굴려서 운반한다.
④ 트럭으로 운반 시에는 로프 등으로 단단히 묶는다.

해설및용어설명 | 고압용기는 세워서 운반한다.

56
마텐자이트(Martensite) 변태를 설명한 것 중 틀린 것은?

① 마텐자이트 변태를 하면 표면기복이 생긴다.
② 마텐자이트는 단일상이 아닌 금속간 화합물이다.
③ M_s점에서 마텐자이트 변태를 개시하여 M_f에서 완료한다.
④ 오스테나이트에서 마텐자이트로 변태하는 무확산 변태이다.

해설및용어설명 | 마텐자이트 변태는 단일상인 고용체가 변태하는 것이다.

57
산업현장에서 발생한 재해를 조사하는 목적에 해당하지 않는 것은?

① 재해의 원인규명
② 재해방지 대책수립
③ 관계자의 책임 추궁
④ 동종재해 발생 방지

58
다음 중 공장 작업 공정에서 레이아웃의 기본조건이 아닌 것은?

① 운반의 합리성을 고려한다.
② 재료 및 제품의 연속적 이동을 고려한다.
③ 미래의 변경에 대한 융통성을 부여한다.
④ 공간 이용 시 입체화는 고려하지 않는다.

정답 52 ② 53 ① 54 ② 55 ③ 56 ② 57 ③ 58 ④

59

시간에 따라 예측할 수 없는 방법으로 공정의 변화가 발생하는 이유 중 틀린 것은?

① 환경의 변화
② 원자재의 변화
③ 부분품의 마모
④ 모델 계수의 변화

60

자동제어에서 계측 - 목표값과 비교 - 판단 - 조작 - 계측과 같이 결과로부터 원인의 수정으로 순환해서 끊임없이 동작하는 것은?

① 출력
② 응답
③ 시퀀스
④ 피드백

필기 기출문제 2015 * 57회

01
전기로에서 환원기 작업의 목적으로 옳지 않은 것은?

① 탈황 ② 탈산
③ 탈인 ④ 강욕성분조정

해설및용어설명 | 탈인은 산화기에 이루어진다.

02
전기로 제강법의 원료배합에서 탄소량은 규격성분보다 0.3~0.4% 높게 배합하는데 탄소량이 부족할 경우 부족분을 보정하기 위해 첨가하는 원료는?

① 코크스 ② 형선
③ 철광석 ④ 돌로마이트

03
연속주조법에서 주조 완료 후 주편의 인발을 중지하여 완전 응고시킨 것을 주조의 더미바 대용으로 하는 주조 방법은?

① 시리즈 캐스팅(Series casting)
② 시퀀스 캐스팅(Sequence casting)
③ 멀티핀치 캐스팅(Multi-pinch casting)
④ 컨티뉴어스 캐스팅(Continuous casting)

04
연속주조에서 주조 초기에 하부를 막아 용강이 새지 않도록 하고 주편이 핀치롤(Pinch roll)에 이르기까지 인발하는 것은?

① 턴디시(Tundish) ② 스트랜드(Strand)
③ 스트립퍼(Stripper) ④ 더미바(Dummy Bar)

05
LD전로 조업법의 특징을 설명한 것으로 틀린 것은?

① 신속정련이 가능하다.
② 외부의 고체연료를 필요로 하지 않는다.
③ 주원료로 용선과 고철을 적당한 비율로 배합하여 사용한다.
④ 강종 생산의 범위는 저탄소강에서 고탄소강까지 가능하고 N_2 함유량이 높다.

해설및용어설명 | 전로조업에서는 탈질반응이 활발하게 일어난다.

06
연속주조공정에 적용되는 일반적인 주형의 조건이 아닌 것은?

① 우수한 마모성
② 적정한 냉각 능력
③ 주형 주위방향으로의 균일 냉각
④ 동판의 변형 및 균열이 발생하지 않을 것

해설및용어설명 | 우수한 내마모성이 있어야 한다.

정답 01 ③ 02 ① 03 ② 04 ④ 05 ④ 06 ①

07
연속주조의 파우더캐스팅(Powder Casting)에서 많이 쓰이는 파우더(Powder)의 주성분은?

① $Al_2O_3 - MgO - CaO$
② $Al_2O_3 - SiO_2 - CaO$
③ $Al_2O_3 - FeO - SiO_2$
④ $Al_2O_3 - FeO - MgO$

08
전기로에 사용되는 내화연와의 특성을 설명한 것 중 틀린 것은?

① 규석연와는 열간강도가 높다.
② 고 알루미나연와는 내스폴링성이 높다.
③ 염기성연와는 강재에 대한 저항성은 크나 내스폴링성이 낮다.
④ 염기성연와는 용융점은 낮으나, 열간강도는 높다.

해설및용어설명 | 염기성연와는 용융점이 높고, 열간강도는 낮다.

09
청정강 고급강 생산을 위하여 실시하는 진공 탈가스법 중 순환 탈가스법(RH법)의 탈가스가 일어나는 장소가 아닌 것은?

① 상승관, 하강관의 내화물 표면
② 진공조 내에 노출된 용강 표면
③ 진공조 외부의 레이들 내 용강 표면
④ 취입가스에 의해 비산되는 스플레쉬(Splash) 표면

해설및용어설명 | 진공조 내부의 내화물 표면에서 제거된다.

10
LD전로 조업 시 강욕 중의 탈인을 촉진시키는 경우가 아닌 것은?

① 산화력이 클 때
② 강재 중에 P_2O_5가 낮을 때
③ 강욕의 온도가 높을 때
④ 강재의 염기도가 높을 때

해설및용어설명 | 강욕의 온도가 낮아야 한다.

11
일반적으로 전로 조업 시 강욕의 온도가 낮을 때 촉진되는 반응은?

① 탈탄반응
② 탈황반응
③ 탈인반응
④ 탈질소반응

12
전기로 용해말기 환원기 조업에서 Slag Foaming을 실시하는 이유가 아닌 것은?

① 내화물의 보호
② 수랭 판넬의 보호
③ 승온 효율의 증대
④ 용강 중의 불순원소 제거

해설및용어설명 | 불순물 원소는 산화기에서 거의 제거된다.

13
아크식 전기로 제강법에서 강제탈산법에 관한 설명으로 틀린 것은?

① 강욕성분의 변동이 적다.
② 환원기 강재를 만들기 쉽다.
③ Cu-Sn 및 La 등을 직접 첨가한다.
④ 탈산, 탈황반응이 신속하여 환원시간이 짧다.

해설및용어설명 | Fe-Si, Fe-Mn, 금속 Al 등을 직접 첨가한다.

14
전기로 조업에서 산화제를 강욕에 첨가할 때 강욕 중의 물질이 반응하는 순서를 옳게 나열한 것은?

① Si → Mn → Cr → C
② Mn → Si → Cr → C
③ Cr → C → Mn → Si
④ C → Si → Cr → Mn

15
유도로의 조업에서 전류의 침투깊이가 크면 클수록 로 용량을 크게 할 수 있는 현상과 가장 관계가 깊은 효과는?

① 표피효과(Skin Effect)
② 질량효과(Mass Effect)
③ 중심효과(Center Effect)
④ 초음파효과(Ultrasonic Wave Effect)

16
연주조업에서 주조온도의 중점관리 항목에 대한 설명으로 옳은 것은?

① 용강 내에 혼재하는 개재물의 부상에는 저온주조가 유리하다.
② 응고에 따른 마크로(Macro) 편석의 방지에는 고온주조가 유리하다.
③ 주조온도가 낮으면 노즐 내에 용강이 부착되어 주조 불능의 원인이 된다.
④ 주조온도가 낮으면 응고 Sheel의 발달이 빨라서 Break Out의 위험이 커진다.

17
LD전로 조업의 원료 중 부원료가 아닌 것은?

① 조재제
② 용선
③ 냉각제
④ 매용제

해설및용어설명 | 용선은 주원료이다.

18
연속주조에서 턴디시(Tundish)의 주된 역할은?

① 개재물의 생성
② 용강온도의 조절
③ 불활성가스피막 형성
④ 주형에의 주입량 조절

19
슬래그의 성분이 SiO_2 32.3%, MgO 3.2%, CaO 41.8%, Al_2O_3 22.4%인 경우 염기도는?

① 약 1.2
② 약 1.4
③ 약 2.3
④ 약 2.4

해설및용어설명 | 염기도 = $\dfrac{CaO+MgO}{SiO_2} = \dfrac{41.8+3.2}{32.3} ≒ 1.4$

20
진공탈가스설비(RH)에서 극저질소강을 제조하기 위한 방법으로 틀린 것은?

① 고진공 처리를 한다.
② 용강과 대기와의 접촉을 방지한다.
③ 용강 중 산소와 황의 농도를 낮게 하여 질소의 물질이동계수를 크게 한다.
④ 아르곤과 같은 불활성 가스를 소량 취입하여 탈질소 계면적을 감소시킨다.

해설및용어설명 | 불활성가스를 취입하면 탈질 계면적이 증가한다.

정답 14 ① 15 ① 16 ③ 17 ② 18 ④ 19 ② 20 ④

21

산소전로법에서 부원료로 사용하는 것 중 냉각제로 사용되지 않는 것은?

① 철광석　　② 생석회
③ 소결광　　④ 밀스케일

해설및용어설명 | 석회석을 냉각제로 사용한다.

22

LD전로가 대형화되면서 고로에서 출선된 용선을 제강공정에서 운반하는 용기로 가장 적합한 것은?

① 혼선로(Mixer)
② OL(Open Ladle)
③ TLC(Torpedo Ladle Car)
④ 수강레이들(Teeming Ladle)

23

여러 개의 자루에 연진을 포집하여 자루의 섬유 사이로 통과시켜 청정하는 방식의 집진기는?

① 전기집진기(습식)
② 전기집진기(건식)
③ 백필터(Bag-filter)
④ 벤투리스크러버(Venturi scrubber)

24

LD전로 조업 시 용선 중의 S은 FeS 상태로 존재하며 부원료로 넣은 석회석에 의해 아래의 반응처럼 탈황된다고 한다. 1톤의 용선 중 0.3%의 S을 함유한다면 0.03%까지 S을 줄이기 위해서 첨가해야 할 석회석($CaCO_3$)의 양은 약 몇 kg인가? (단, 원자량 Fe : 55, Ca : 40, S : 32, O : 16, C : 12이다)

$$CaCO_3 = CaO + CO_2$$
$$CaO + FeS = CaS + FeO$$

① 4.73　　② 7.34
③ 8.44　　④ 13.1

25

다음 중 주형 내 용강의 유동을 제어하는 설비로 보기에 가장 거리가 먼 것은?

① ECLM(Eddy Current Level Meter)
② EMS(Electro Magnetic Stirrer)
③ EMBR(Electron Magnetic Braker)
④ FC Mold(Flow Control Mold)

해설및용어설명 | ECLM은 와전류 레벨을 측정하는 측정기이다.

26

제강공정의 산화정련 반응에 기초하여 불순물이 제거되는 메커니즘이 다른 것은?

① CO(g)　　② (MnO)
③ (CaS)　　④ (SiO_2)

해설및용어설명 | CO는 가스로 제거되고, 다른 원소는 슬래그로 제거된다.

27
전로용 내화물의 요구 조건으로 틀린 것은?

① 장입물의 충격에 대한 내충격성이 있어야 한다.
② 용강이나 용재의 교반에 대한 내마모성이 있어야 한다.
③ 염기성 슬래그에 대한 화학적인 내식성이 있어야 한다.
④ 온도를 일정하게 유지하는 Spalling성이 있어야 한다.

해설및용어설명 | 온도급변에 따른 내스폴링성이 있어야 한다.

28
인(P), 황(S)의 함량이 높은 용선을 사용하여 저인, 저황강을 제조할 때 사용되는 방법이 아닌 것은?

① LD-AC법
② 이중강재(Double Slag)법
③ 소프트 브로우(Soft Blow)법
④ 벤추리스크러버(Venturi Scrubber)법

해설및용어설명 | 벤추리스크러버는 집진설비이다.

29
ESR(Electro Slag Remelting)의 특징을 설명한 것으로 틀린 것은?

① 전극치수와 강괴의 형상, 크기에 제한을 받는다.
② 진공배기장치가 없고 대기용해이므로 조업이 용이하다.
③ 불순원소나 비금속 개재물을 효과적으로 감소할 수 있다.
④ 강괴의 표면이 깨끗하여 균질한 강을 얻을 수 있다.

해설및용어설명 | ESR법은 전극의 치수 제한이 없고, 강괴의 형상이나 크기도 자유롭다.

30
정련 용강의 슬래그 중에 FeO+MnO의 함량이 많아지면 용강 중에 산소공급원으로 작용하여 용강의 청정성을 악화시킨다. 슬래그 중에 FeO+MnO를 감소시키기 위한 방법으로 옳은 것은?

① 용강의 온도를 높게 한다.
② 슬래그의 염기도를 낮춘다.
③ 용강 중에 Al 농도를 증대시킨다.
④ 슬래그 중에 Al과 같은 강 탈산제를 투입하여 슬래그 탈산을 한다.

31
일반적으로 순산소전로에서 사용되는 순산소량을 옳게 나타낸 것은?

① $50Nm^3$/ton-steel
② $50Nm^3$/kg-steel
③ $100Nm^3$/ton-steel
④ $100Nm^3$/kg-steel

32
전로의 주요 설비에 해당되지 않는 것은?

① 랜스
② 스키머
③ 경동장치
④ 정련 반응로인 노체

해설및용어설명 | 스키머는 출강구에서 슬래그를 분리하는 부대설비이다.

33
다음 중 용강의 점성을 높이는 원소는?

① W
② Si
③ Mn
④ Al

34
용선로(혼선로)의 기능이 아닌 것은?

① 보온
② 용선의 저장
③ 용선의 균질화
④ 탈탄 및 탈인

해설및용어설명 | 탈인은 전로에서 한다.

35
다음 중 LD전로의 호칭이 아닌 것은?

① Converter
② 전로(轉爐)
③ LF(Ladle Furnace)
④ BOF(Basic Oxygen Furnace)

해설및용어설명 | LF는 노외 정련용 노이다.

36
3상 교류를 사용하여 노내에 장입된 원료와 전극 사이에 아크를 발생시켜 아크에 의한 고온으로 원료를 용해하는 제강용 아크로의 특징으로 옳은 것은?

① 열효율이 나쁘다.
② 용강의 온도조절이 용이하다.
③ 사용원료의 제약이 적고, 특수강에서만 정련에 적합하다.
④ 노내의 분위기를 산화 및 환원 상태로 자유롭게 조절하기 어렵다.

37
대형 연주기에서 윤활제로 사용하는 파우더의 기능이 아닌 것은?

① 용강면을 덮어서 공기에 의한 산화를 방지한다.
② 용강의 냉각을 촉진시켜 주조속도를 빠르게 한다.
③ 용융한 파우더가 주형벽으로 흘러서 윤활제 작용을 한다.
④ 용강 내의 개재물을 흡수하여 강의 청정도를 높인다.

해설및용어설명 | 냉각 촉진은 2차냉각수에 의해 결정된다.

38
진공탈가스법의 효과로 틀린 것은?

① 기계적 성질의 감소
② 유해원소의 증발 제거
③ 비금속 개재물의 저감
④ 가스성분 감소(H, N, O 등)

해설및용어설명 | 탈가스처리에 의해 기계적 성질이 향상된다.

39
연속주조 시 용강의 부착을 방지하기 위한 주형의 상하진동에 관한 설명으로 틀린 것은?

① 오실레이션 마크(Oscillation Mark)란 주형의 진동에 의하여 강편의 표면에 횡방향으로 생기는 줄무늬를 말한다.
② 주형의 진동은 일반적으로 고속-긴 행정(Long Stroke)또는 저속 짧은 행정(Short Stroke) 패턴을 사용한다.
③ 진동수의 크기는 60~80cpm는 저속, 100~120cpm는 고속에 해당한다.
④ 일반적으로 짧은 행정은 4~8mm, 긴 행정은 10~20mm이다.

해설및용어설명 | 고속은 짧은 행정, 저속은 긴 행정 패턴을 사용한다.

정답 34 ④ 35 ③ 36 ② 37 ② 38 ① 39 ②

40
다음 중 염기성 슬래그만으로 나열한 것은?

① CaO, MnO, MgO
② MnO, SiO_2, Fe_2O_3
③ Al_2O_3, P_2O_5, SiO_2
④ P_2O_5, TiO_2, FeO

41
전로 제강에 쓰이는 선철 중에 포함된 5대 성분이 아닌 것은?

① 망간(Mn)   ② 규소(Si)
③ 인(P)   ④ 티타늄(Ti)

해설및용어설명 | 불순물 5대 원소
C, Si, Mn, P, S

42
LD전로 조업 중 취련(정련) 후에 로를 기울여 출강할 때 성분 조절과 탈산을 위하여 첨가하는 것이 아닌 것은?

① 알루미늄(Al)
② 페로망간(Fe-Mn)
③ 페로실리콘(Fe-Si)
④ 밀스케일(Mill Scale)

43
관리도에서 측정한 값을 차례로 타점했을 때 점이 순차적으로 상승하거나 하강하는 것을 무엇이라 하는가?

① 연(Run)   ② 주기(Cycle)
③ 경향(Trend)   ④ 산포(Dispersion)

44
품질특성을 나타내는 데이터 중 계수치 데이터에 속하는 것은?

① 무게   ② 길이
③ 인장강도   ④ 부적합품률

45
모든 작업을 기본동작으로 분해하고, 각 기본 동작에 대하여 성질과 조건에 따라 미리 정해 놓은 시간치를 적용하여 정미시간을 산정하는 방법은?

① PTS법   ② Work Sampling법
③ 스톱위치법   ④ 실적자료법

46
어떤 공장에서 작업을 하는데 있어서 소요되는 기간과 비용이 다음 표와 같을 때 비용구배는? (단, 활동시간의 단위는 일(日)로 계산한다)

정상작업		특급작업	
기간	비용	기간	비용
15일	150만원	10일	200만원

① 50,000원   ② 100,000원
③ 200,000원   ④ 500,000원

해설및용어설명 |
$$비용구배 = \frac{급속비용 - 정상비용}{정상소요기간 - 급속소요기간}$$
$$= \frac{2,000,000 - 1,500,000}{15 - 10} = 100,000원/일$$

47
생산보전(PM : Productive Maintenance)의 내용에 속하지 않는 것은?

① 보전예방
② 안전보전
③ 예방보전
④ 개량보전

해설및용어설명 | 생산보전
보전 예방, 예방 보전, 개량 보전, 사후 보전

48
200개 들이 상자가 15개 있을 때 각 상자로부터 제품을 랜덤하게 10개씩 샘플링 할 경우 이러한 샘플링 방법을 무엇이라 하는가?

① 층별 샘플링
② 계통 샘플링
③ 취락 샘플링
④ 2단계 샘플링

49
구리의 특성에 대한 설명 중 틀린 것은?

① 용융점은 약 1,083℃이다.
② 비중은 약 6.96이다.
③ 전기 열의 양도체이다.
④ 전연성이 좋아 가공이 용이하다.

해설및용어설명 | 구리 비중 : 8.9

50
주철의 성장 원인이 아닌 것은?

① 불균일한 가열에 의한 팽창
② 시멘타이트의 흑연화에 의한 팽창
③ 방출된 가스에 의한 팽창
④ 고용 원소인 Si의 산화에 의한 팽창

해설및용어설명 | 고온에서 가스 흡수에 의한 팽창이 발생한다.

51
어떤 순금속의 평행상태도에서 Gibbs의 상률에 의한 3중점에서의 자유도는? (단, 압력은 일정하다)

① 0
② 1
③ 2
④ 3

해설및용어설명 | F=N-P+2에서 성분(N)은 1, 상(P)은 3
F=1-3+2=0

52
강에서 원자 배열의 변화는 없고 자기의 강도만 변하는 변태는?

① A_1 변태
② A_2 변태
③ A_3 변태
④ A_4 변태

해설및용어설명 | 자기변태 : A_0변태, A_2변태

53
체심입방격자(BCC)의 금속이 아닌 것은?

① Fe
② Cr
③ Au
④ Mo

해설및용어설명 | Au(금) : FCC

54
공정합금으로 금속나트륨, 불화알칼리로 개량처리하여 만든 강력한 기계부품 합금으로 적당한 것은?

① Al-Cu 합금
② Al-Si 합금
③ Al-Mg 합금
④ Al-Cu-Si 합금

55

오스테나이트형 스테인리스강의 입계부식을 방지하는 방법이 아닌 것은?

① 탄소 함유량을 낮게 한다.
② Ti을 첨가하여 TiC로 안정화시킨다.
③ Cr, C의 함유량을 증가시켜 미리 안정한 크롬 탄화물을 형성한다.
④ 고온으로 가열하여 탄화물을 오스테나이트 중에 고용시켜 급랭한다.

해설및용어설명 | Cr 함량은 증가시키지만, C의 함유량은 낮게 해야한다.

56

사고예방원리 5단계 중 제4단계에 해당되는 것은?

① 조직
② 평가 분석
③ 사실의 발견
④ 시정책의 선정

57

안전에 대한 관심과 이해가 인식되고 유지됨으로써 얻을 수 있는 것이 아닌 것은?

① 이직률이 감소한다.
② 직장의 신뢰도를 높여준다.
③ 고유기술이 축적되어 품질이 향상된다.
④ 기업의 투자경비를 증가시킬 수 있다.

해설및용어설명 | 철저한 안전관리는 기업의 투자경비를 절감시킬 수 있다.

58

유압의 제일 기본 원리인 파스칼(Pascal)의 원리에 대한 설명 중 틀린 것은?

① 액체의 압력은 수평으로 작용한다.
② 액체의 압력은 각 면에 직각으로 작용한다.
③ 각 점의 압력은 모든 방향에 동일하게 작용한다.
④ 밀폐된 용기 내 액체에 가해진 압력은 동일한 크기로 각 부에 전달된다.

해설및용어설명 | 액체는 모든 방향에서 수직으로 동일하게 작용한다.

59

사람의 감각기관과 센서를 비교했을 때 센서에서 사람의 신경에 해당되는 것은?

① 수신장치
② 트랜스 듀서
③ 신호전송기
④ 정보처리장치

60

생산 현장에서 자동제어를 사용함으로써 얻을 수 있는 이점이 아닌 것은?

① 품질을 균일화시킬 수 있다.
② 생산량을 증대시킬 수 있다.
③ 생산품의 용도가 다양해진다.
④ 작업환경을 향상시킬 수 있다.

필기 기출문제   2016 * 60회

01
혼선로를 설치하여 용선을 저장하는 이유에 대한 설명으로 틀린 것은?

① 용선의 열 방산을 촉진시킨다.
② 용선을 필요 온도로 가열한다.
③ 용선의 성분 및 온도를 균일화한다.
④ 제강로에서 용선을 필요로 할 때 수시로 공급할 수 있다.

해설및용어설명 | 혼선로는 열 방산을 방지하는 보온 기능이 있다.

02
전로 작업 시 주원료를 장입할 때 고철을 장입하고 용선을 장입해야 하는 주된 이유는?

① 교반증대
② 내화물보호
③ 폭발방지
④ 취련시간 단축

03
상주초기에 용강의 비말(Splash)에 의한 각의 형성으로 강괴 하부에 생기는 결함은?

① 탕주름
② 이중표피
③ 해면두부
④ 개재물 혼입

04
전로에서 생석회(CaO) 사용 조건으로 적합한 것은?

① 저장 시 풍화가 용이할 것
② 반응성이 양호하여 쉽게 용해될 것
③ 입도가 크고 고온에서 장시간 원형을 유지할 것
④ CaO 이외 불순원소를 많이 함유하여 용해성이 좋을 것

05
LD 전로에서 내화물의 구비 조건으로 틀린 것은?

① 연화되었을 때 점성이 낮아야 한다.
② 염기성 슬래그에 대한 화학적인 내식성을 가져야 한다.
③ 용강이나 용재의 교반에 대한 내마모성을 가져야 한다.
④ 급격한 온도변화에 대한 내열 스폴링성을 가져야 한다.

해설및용어설명 | 연화되었을 때 점성이 커야 한다.

06
전기로제강에 사용되는 주원료는?

① 매트
② 배소광
③ 고철
④ 산화규소

정답 01 ① 02 ③ 03 ② 04 ② 05 ① 06 ③

07

더미 바(Dummy Bar)의 설명으로 틀린 것은?

① 길이는 가이드 롤까지 이른다.
② 더미 바 헤드는 주형 단면보다 약간 작다.
③ 주조를 처음 시작할 때 주형의 밑을 막는다.
④ 더미 바의 윗부분은 주괴와 잘 결합하도록 볼트 모양이나 레일 모양으로 되어 있다.

해설및용어설명 | 더미바 길이는 핀치롤까지의 거리에 해당한다.

08

파우더 캐스팅(Powder Casting)에 대한 설명으로 틀린 것은?

① 용강면을 덮어 열방산을 방지한다.
② 용강면을 덮어 산화 및 환원작용을 촉진시킨다.
③ 용융된 파우더가 주형벽으로 흘러서 윤활제로서 작용한다.
④ 파우더가 용융슬래그가 되어 용강 중의 알루미나를 용해하여 청정도를 높인다.

해설및용어설명 | 용강면을 덮으면 산화반응을 억제할 수 있다.

09

용강이 응고 중에 발생하는 편석을 최소화할 수 있는 방법으로 가장 관계가 먼 것은?

① 다방향응고(多方向凝固)를 시킨다.
② 편석하기 쉬운 유해 성분의 함량을 적게 한다.
③ 고합금강에서는 강괴의 중량을 적게 하여 편석을 줄인다.
④ 편석 성분을 Hot Top에 모이게 하여 분괴 후에 끊어낸다.

해설및용어설명 | 일방향응고를 시켜야 편석을 적게 할 수 있다.

10

연속주조 몰드의 테이퍼가 적을 경우 가장 많이 발생되는 결함은?

① 크랙(Crack)
② 파이프(Pipe)
③ 기공흠(Blow Hole)
④ 오실레이션마크(Oscillation Mark)

11

강욕에 대한 산소제트 에너지를 감소시키기 위해 취련 압력을 낮추거나 또는 랜스 높이를 보통보다도 높게 하는 취련 방법은?

① Soft Blow법
② Double Slag법
③ Catch Carbon법
④ SLP(Slag Less Process)법

12

대부분 전기로에서 제조되며, 2종 이상의 합금원소가 철과 화합한 것으로서 용강 중에 투입되어 강의 화학적, 물리적 성질을 개선할 목적으로 사용되는 합금철이 구비해야 할 조건으로 틀린 것은?

① 쉽게 용해되고 용강 중에서 확산속도가 클 것
② 생성된 산화물은 쉽게 부상분리할 수 있을 것
③ 용강 중에 잔류한 미반응물이 재질에 영향을 주지 않을 것
④ 크기 및 형상은 일정하지 않아도 되나, 품위는 일정할 것

해설및용어설명 | 크기와 형상이 일정해야 반응성이 좋다.

정답 07 ① 08 ② 09 ① 10 ① 11 ① 12 ④

13

노체 수명에 대한 설명으로 틀린 것은?

① 출강량이 증가하면 노체 수명은 저하한다.
② 산소의 사용량이 많으면 노체 수명은 저하한다.
③ 용선 중에 함유한 Si량이 증가하면 노체 수명은 증가한다.
④ 용강온도가 높으면 내화물은 CaO, MnO 등과의 반응이 격심하게 되어 노체 수명을 저하시킨다.

해설및용어설명 | Si함유량이 증가하면 슬래그가 많아져서 노체 수명이 저하한다.

14

전로에서 경사형 출강구와 원통형 출강구에 대한 설명으로 옳은 것은?

① 원통형은 슬래그 유입정도가 경사형보다 작다.
② 원통형은 출강구의 마모가 경사형보다 작다.
③ 경사형은 출강 시간의 편차가 원통형보다 작다.
④ 경사형은 출강류 퍼짐으로 산화가 원통형보다 크다.

15

제강에서 사용되는 강재(Slag)의 기능으로 틀린 것은?

① P, S 등 유해성분을 제거해 준다.
② 산소를 운반하는 매개체로 산화철을 보유하고 있다.
③ Fe 등 기타 유용원소 손실을 크게 하는 역할을 한다.
④ 로내 분위기로부터 산소, 기타 가스에 의한 오염을 방지한다.

해설및용어설명 | 슬래그는 유용원소의 손실을 막아준다.

16

다음 중 전로 정련 시 사용되는 부원료 중 백운석(Dolomite)이 로의 수명과 관련한 역할은?

① 복류방지
② 탈탄능의 개선
③ 내화물의 침식방지
④ 슬래그의 유동성 향상

17

주입 노즐로 많이 사용하는 슬라이딩 노즐의 특징으로 틀린 것은?

① 레이들 내 용강체류 시간이 짧아 탈가스처리는 곤란하다.
② 용강 주입량 조절이 용이하고 자동화가 가능하다.
③ 장시간의 주조 작업을 안전하게 할 수 있다.
④ 내화물의 원단위가 감소한다.

해설및용어설명 | 탈가스처리는 레이들에서 행하므로 주입에 영향이 없다.

18

탈인 효율을 향상시키기 위한 조건으로 틀린 것은?

① 온도가 낮아야 한다.
② 슬래그 양이 많아야 한다.
③ 슬래그의 염기도가 높아야 한다.
④ 강재 중의 P_2O_5가 높아야 한다.

해설및용어설명 | 슬래그 중의 P_2O_5가 적어야 탈인이 촉진된다.

정답 13 ③ 14 ③ 15 ③ 16 ③ 17 ① 18 ④

19

ESR(Electro Slag Remelting)법의 특징을 설명한 것 중 틀린 것은?

① 진공배기장치가 필요하며, 진공으로 조업한다.
② 강괴의 표면은 깨끗하며 균질의 것을 얻을 수 있다.
③ ESR에서는 직류도 쓰지만 주로 교류를 사용한다.
④ 불순원소나 비금속 개재물을 효과적으로 저감할 수 있어 재질이 향상된다.

해설및용어설명 | ESR법은 진공장치가 없다.

20

전로조업은 취련제어 프로세스 컴퓨터 및 주변계측 기술의 진보에 따라 Static, Semi-Dynamic, Dynamic Control 방식으로 발전하고 있다. 다음 중 Dynamic Control 방식이 아닌 것은?

① 종점 제어법
② 서브 랜스법
③ 폐가스 분석법
④ 노체중량 계측법

해설및용어설명 | 종점제어법은 스태틱 컨트롤에 해당한다.

21

LF(Ladle Furnace)법에 대한 설명으로 틀린 것은?

① 진공설비가 필요하다.
② 강환원성 분위기로 정련한다.
③ 전기로, 전로와의 조합조업도 가능하다.
④ 탈산, 탈황, 성분조정 등이 용이하다.

해설및용어설명 | LF법은 진공설비가 없다.

22

열전도성과 내마모성이 요구되는 연속주조기의 주형에 가장 적합한 재질은?

① 점토질
② 구리합금
③ 벤토나이트
④ 실리코나이트

23

로외 탈황법에서 탈황제를 용선 표면에 첨가하여 놓고 용선 중에 가스를 취입하여 기포의 상승에 따라 용선의 교반 운동을 이용하는 방법은?

① 치주법
② 기계 교반법
③ 요동 레이들법
④ 포로스 플러그법

24

전기로 조업 중 산화제를 강욕에 취입 시 산화되는 순서로 옳은 것은?

① C → Cr → P → Si
② Cr → C → Si → P
③ Si → Cr → P → C
④ Cr → P → C → Si

25

슬로핑이 발생하는 경우에 대한 설명이 아닌 것은?

① 용선 배합률이 낮은 경우
② 고로 슬래그의 혼입이 많은 경우
③ 형석을 대량으로 취련 초기에 사용하는 경우
④ 노내 용적에 비하여 장입량이 과다하게 많은 경우

해설및용어설명 | 용선 배합률이 높으면 용선 중 불순물이 많으므로 슬래그 양이 증가하여 슬로핑이 많아진다.

정답 19 ① 20 ① 21 ① 22 ② 23 ④ 24 ③ 25 ①

26

고로에서 출선된 용선을 전로에 장입하기 전에 전로의 부하를 줄여주기 위하여 예비처리하는 기술이 현재 널리 보급되어 산업현장에서 크게 활용되고 있다. 이때 예비처리로 제거하는 원소가 아닌 것은?

① 탈인[P]
② 탈탄소[C]
③ 탈규소[Si]
④ 탈류황[S]

해설및용어설명 | 탄소는 전로에서 거의 모두 제거된다.

27

전로 조업 시 철광석의 역할은?

① 유동성을 좋게 한다.
② 탈황반응을 촉진한다.
③ 강중의 수소를 흡수한다.
④ 산화반응의 산소공급원이 된다.

28

다음 중 노외 탈황(S) 시 사용되는 환원제로 부적합한 것은?

① CaO
② SiO_2
③ CaC_2
④ $CaCO_3$

해설및용어설명 | SiO_2는 산성 산화물이므로 탈황을 저해한다.

29

연속주조에서 용강류의 산화를 저지하여 개재물의 생성과 핀홀(Pin Hole)의 발생을 방지하기 위해 사용되는 방법은?

① VAR법
② VIM법
③ 진공탈가스법
④ 무산화주조법

30

용선 사용량이 70ton, 고철 사용량이 20ton, 용선 중 Si의 양이 0.5%이었다면 Si와 이론적으로 반응하는 산소의 양은 몇 kg인가? (단, O_2의 분자량은 32, Si의 원자량은 28이다)

① 200
② 306
③ 400
④ 457

해설및용어설명 | 산소사용량 = 규소량 × $\frac{산소분자량}{규소원자량}$ × 용선량
= $0.005 \times \frac{32}{28} \times 70,000 = 400$

31

연주기 설비에서 턴디시(Tundish)의 역할로 틀린 것은?

① 용강으로부터 개재물을 부상 분리시킨다.
② 레이들로부터 용강을 받아 주형으로 분배한다.
③ 주형으로 들어가는 용강의 주입량을 조절한다.
④ 목표 합금성분을 조절하기 위해 턴디시에 부족한 성분을 첨가하여 조절한다.

해설및용어설명 | 합금성분첨가는 연주공정에 들어오기 전 2차정련에서 완료된다.

32

전기로 제강에서 탈수소를 유리하게 하는 조건이 아닌 것은?

① 비등이 활발하지 않을 것
② 대기 중의 습도가 낮을 것
③ 강욕 온도가 충분히 높을 것
④ 슬래그 층이 너무 두껍지 않을 것

해설및용어설명 | 비등이 활발해야 수소가 잘 제거된다.

33
용융점이 높은 금속의 순서로 나열된 것은?

① W > Zn > Cu > Al > Fe
② W > Cu > Fe > Al > Zn
③ W > Cu > Fe > Zn > Al
④ W > Fe > Cu > Al > Zn

34
온도 측정 장치 중 가장 높은 온도를 측정할 수 있는 열전쌍의 종류 기호로 옳은 것은?

① R형(PR)
② J형(IC)
③ T형(CC)
④ K형(CA)

35
열간가공과 냉간가공을 나눌 때 열간가공의 특징이 아닌 것은?

① 강괴 중의 기공이 압착된다.
② 재결정 온도 이상에서의 가공작업을 말한다.
③ 가공 전의 가열과 가공 중의 고온유지로 편석이 증가한다.
④ 비금속 개재물이 가공방향으로 늘어나 섬유상조직이 된다.

해설및용어설명 | 열간가공하면 편석은 압착되어 소멸된다.

36
고융점 재료의 특성을 설명한 것 중 틀린 것은?

① 증기압이 낮다.
② 고온강도가 크다.
③ W, Mo은 열전도율과 탄성률이 낮다.
④ Ta, Nb은 습식부식에 대한 내식성이 우수하다.

해설및용어설명 | W, Mo의 탄성률은 높다.

37
담금질성을 개선시키는 원소로 영향력이 큰 것부터 작은 순서로 옳은 것은?

① Mn > B > Cu > Cr > P
② B > Mo > P > Cr > Co
③ Cu > Ni > Mo > Si > B
④ Cu > Ni > Si > Cr > P

38
충격시험은 재료의 어떠한 성질을 알기 위한 시험인가?

① 경도
② 인장강도
③ 굽힘강도
④ 인성과 취성

39
다음 강 중에서 탈산도가 가장 좋은 것은?

① 림드강
② 킬드강
③ 캡드강
④ 세미킬드강

40
46%Ni - Fe의 합금으로 열팽창계수 및 내식성에 있어서 백금의 대용이 되어 전구봉입선 등에 사용되는 것은?

① 문쯔메탈(Muntz Metal)
② 플래티나이트(Platinite)
③ 모넬 메탈(Monel Metal)
④ 콘스탄탄(Constantan)

정답 33 ④ 34 ① 35 ③ 36 ③ 37 ② 38 ④ 39 ② 40 ②

41

흑심가단 주철에서 제1단계 흑연화 즉, 유리시멘타이트의 분리가 일어나는 유지 온도(℃)는?

① 380~520
② 680~720
③ 850~950
④ 150~1,250

42

칠드주물에서 칠(Chill)의 길이를 증가시키는 원소는?

① Mn
② Al
③ C
④ Si

43

표준시간 설정 시 미리 정해진 표를 활용하여 작업자의 동작에 대해 시간을 산정하는 시간연구법에 해당되는 것은?

① PTS법
② 스톱워치법
③ 워크샘플링법
④ 실적자료법

44

샘플링에 관한 설명으로 틀린 것은?

① 취락 샘플링에서는 취락 간의 차는 작게, 취락 내의 차는 크게 한다.
② 제조공정의 품질특성에 주기적인 변동이 있는 경우 샘플링을 적용하는 것이 좋다.
③ 시간적 또는 공간적으로 일정 간격을 두고 샘플링 하는 방법을 계통 샘플링이라고 한다.
④ 모집단을 몇 개의 층으로 나누어 각 층마다 랜덤하게 시료를 추출하는 것을 층별 샘플링이라고 한다.

해설및용어설명 | 품질의 변동이 있으면 전수검사를 한다.

45

이항분포(Binomial Distribution)에서 매회 A가 일어나는 확률이 일정한 값 P일 때, n회의 독립시행 중 사상 A가 x회 일어날 확률 $P(x)$를 구하는 식은? (단, N은 로트의 크기, n은 시료의 크기, P는 로트의 모부적합품률이다)

① $P(x) = \dfrac{n!}{x!(n-x)!}$

② $P(x) = e^{-x} \cdot \dfrac{(nP)^x}{x!}$

③ $P(x) = \dfrac{\binom{NP}{x}\binom{N-NP}{n-x}}{\binom{N}{n}}$

④ $P(x) = \binom{n}{x}P^x(1-P)^{n-x}$

46

다음은 관리도의 사용 절차를 나타낸 것이다. 관리도의 사용 절차를 순서대로 나열한 것은?

> ㉠ 관리하여야 할 항목의 선정
> ㉡ 관리도의 선정
> ㉢ 관리하려는 제품이나 종류 선정
> ㉣ 시료를 채취하고 측정하여 관리도를 작성

① ㉠ → ㉡ → ㉢ → ㉣
② ㉠ → ㉢ → ㉣ → ㉡
③ ㉢ → ㉠ → ㉡ → ㉣
④ ㉢ → ㉡ → ㉠ → ㉡

47

다음 내용은 설비보전조직에 대한 설명이다. 어떤 조직의 형태에 대한 설명인가?

> 보전작업자는 조직상 각 제조부문의 감독자 밑에 둔다.
> - 단점 : 생비우선에 의한 보전작업 경시, 보전기술 향상의 곤란성
> - 장점 : 운전자와 일체감 및 현장감독의 용이성

① 집중보전 ② 지역보전
③ 부문보전 ④ 절충보전

48

다음 표는 어느 자동차 영업소의 월별 판매실적을 나타낸 것이다. 5개월 단순이동평균법으로 6월의 수요를 예측하면 몇 대인가?

월	1월	2월	3월	4월	5월
판매량	100대	110대	120대	130대	140대

① 120 ② 130
③ 140 ④ 150

해설및용어설명 | $M_s = \dfrac{1}{N}\sum_{x=1}^{5} x$
$= \dfrac{1}{5}(100+110+120+130+140) = 120$

49

쾌삭강(Free Cutting Steel)의 피삭성을 증가시키는 합금원소로만 이루어진 것은?

① Sb, Cr, N   ② Cr, Mg, Na
③ S, Pb, Se   ④ Mn, P, Sb

해설및용어설명 | 쾌삭강 첨가원소
S, P, Pb, Ca, Se, Sn 등

50

Ni-Cr계 합금에 대한 설명으로 틀린 것은?

① 전기저항이 대단히 작다.
② 내식성이 크고 산화도가 작다.
③ Fe 및 Cu에 대한 열전 효과가 크다.
④ 내열성이 크고 고온에서 경도 및 강도의 저하가 작다.

해설및용어설명 | Ni-Cr계는 전기저항이 매우 커서 전열기에 이용한다.

51

철강 표면에 Al을 침투시키는 금속 침투법은?

① 세라다이징   ② 크로마이징
③ 칼로라이징   ④ 고주파 담금질

해설및용어설명 | Al침투 → 칼로라이징, Zn침투 → 세라다이징
Cr침투 → 크로마이징, Si침투 → 실리코나이징

52

분말상 Cu에 약 10%Sn 분말과 2%흑연 분말을 혼합하고, 윤활제 또는 휘발성 물질을 가한 후 가압 성형하여 소결한 베어링 합금은?

① 켈밋 메탈   ② 배빗 메탈
③ 앤티프릭션 메탈 ④ 오일리스 베어링

53

일반적으로 평형의 조건은 Gibbs의 상률을 이용한다. Fe - C 평형상태도에서 상률을 나타내는 식이 F = C - P + 1이라면 F는 무엇을 나타내는가?

① 성분수   ② 상의수
③ 자유도   ④ 환경변수(온도, 압력)

54
주조성이 양호하며 내식성이 우수하여 화폐, 종, 동상 등 미술공예품으로 많이 사용되는 청동은?

① Cu+Zn ② Cu+Sn
③ Cu+Al ④ Cu+P

55
다음 중 면심입방격자(FCC)를 갖는 금속이 아닌 것은?

① Ag ② Au
③ Ni ④ Mo

해설및용어설명 | Mo : BCC

56
안전관리 활동은 안전관리 조건이 충족될 때, 4개의 각 단계에 따라 진행된다. 안전관리의 4-사이클 중에서 실시(do) 다음에 해야 할 단계는?

① 검토(Check) ② 계획(Plan)
③ 준비(Prepare) ④ 설계(Design)

57
제어 시스템에서 동기 제어계(Synchronous Control System)를 옳게 설명한 것은?

① 실제의 시간과 관계된 신호에 의하여 제어가 이루어지는 것
② 시간과는 관계없이 입력신호의 변화에 의해서만 제어가 이루어지는 것
③ 제어프로그램에 의해 미리 결정된 순서대로 신호가 출력되어 제어되는 것
④ 요구되는 입력조건이 만족되면 그에 상응하는 신호가 출력되어 제어되는 것

58
다량의 고열물체를 취급하는 장소나 매우 뜨거운 장소에 필요한 사항이 아닌 것은?

① 체온을 급격히 내릴 수 있는 시설을 마련한다.
② 출입이 금지된 장소에 사업주의 허락없이 출입해서는 안 된다.
③ 근로자가 작업 중 땀을 많이 흘리게 되는 장소에 소금과 깨끗한 음료수를 비치한다.
④ 작업 중 근로자의 작업복이 심하게 젖게 되는 작업장에서는 탈의시설, 목욕시설, 세탁시설 및 작업복을 말릴 수 있는 시설을 설치한다.

해설및용어설명 | 체온이 급격히 떨어지면 저체온증에 의한 쇼크가 나타난다.

59
근접 센서에 대한 설명으로 틀린 것은?

① 산업 자동화에 적합하다.
② 수명이 길고, 신뢰성이 높다.
③ 접촉감지 동작으로 기계적 마모가 심하다.
④ 무접점 반도체 소자로 빠른 동작 특징을 갖는다.

해설및용어설명 | 근접센서는 물리적 접촉없이 감지한다.

60
정보자동화에서 MRP(Material Requirement Panning)란 어떤 의미인가?

① 분산 처리망 ② 근거리 통신망
③ 환형 구조 설계 ④ 자재 소요량 계획

정답: 54 ② 55 ④ 56 ① 57 ① 58 ① 59 ③ 60 ④

필기 기출문제 — 2017 * 61회

01
아크식 전기로 제강법의 집진장치에 대한 설명으로 틀린 것은?

① 로컬 후드식은 후드에서 외기를 흡인하므로 처리 가스량이 많다.
② 노정 흡인식은 외기의 도입이 적으므로 처리가스량이 비교적 적다.
③ 로컬 후드식은 대형로에, 노정 흡인식은 소형로에 적합하다.
④ 노측 흡인식은 노체 측면에 배기공을 만들어 직접 흡인하는 방식이다.

해설및용어설명 | 로컬 후드식은 소형로, 노정 흡인식은 대형로에 적합하다.

02
염기성 환원 슬래그의 야금반응 특징으로 틀린 것은?

① 복인이 된다.
② 복망간이 된다.
③ 탈황능력이 강하다.
④ 탈산능력이 약하다.

해설및용어설명 | 염기성 슬래그는 탈황 및 탈산 능력이 우수하다.

03
전로조업 중 다공노즐을 사용하는 이유가 아닌 것은?

① 용강교반 촉진
② 출강실수율 향상
③ 용강의 분출량 감소
④ 산소와 반응효율 감소

해설및용어설명 | 다공노즐을 사용하면 산소와 반응효율이 증가한다.

04
복합취련법의 특징을 설명한 것 중 틀린 것은?

① 취련시간이 단축되고 용강실수율이 높다.
② 교반이 매우 강하므로 노체 내화재의 수명이 단축된다.
③ 반응이 활발하므로 극저탄소강 등 청정강 제조에 유리하다.
④ 강욕의 교반이 균일하므로 위치에 따른 성분과 온도의 편차가 적다.

해설및용어설명 | 취련시간 단축으로 노체수명은 연장된다.

정답 01 ③ 02 ④ 03 ④ 04 ②

05

원래 고융점 금속이나 반응성이 강한 금속을 재용해하기 위하여 개발되어 Ti 용해에 주로 이용되었으나 근래에 와서는 철강 용해에도 응용되기 시작한 공법은?

① VAR(Vaccum Arc Remelting)
② CAS(Cappef Argon Stirring)
③ EBM(Electron Beam Melting)
④ PAM(Plasma Arc Melting)

06

전로조업 중 탈인 반응이 원활하게 이루어지기 위한 조건이 아닌 것은?

① 슬래그의 염기도가 높아야 한다.
② 슬래그의 유동성이 좋아야 한다.
③ 슬래그 중 FeO 함량이 높아 산화력이 커야 한다.
④ 강욕의 온도가 높아 화학반응 속도가 빨라야 한다.

해설및용어설명 | 탈인은 온도가 낮아야 한다.

07

1kWh는 약 몇 kcal인가?

① 660
② 860
③ 6,600
④ 8,600

해설및용어설명 | 1kWh = 0.860×10^6 cal = 860kcal

08

연속주조법(연주법)에 관한 설명 중 틀린 것은?

① 연속주조기술의 발달로 전연속주조법, 연-연속주조법이 실용화되고 있다.
② 연주기는 처음에 수평형을 사용하였으나 차츰 수직형으로 발전되었다.
③ 생산성과 품질을 향상시키기 위하여 연속주조기에서 응고된 주편을 절단하기 전에 높은 온도 상태에서 조압연을 하는 직송 압연법이 있다.
④ 연주기의 기본설비는 레이들→턴디시→수냉주형→분수장치→Guide Roll→Pinch Roll→절단 및 반출장치로 구성되어 있다.

해설및용어설명 | 초기에 수직형을 사용하였다.

09

전로의 노체 수명을 연장하는 방법으로 옳은 것은?

① 형석을 증가시킨다.
② 돌로마이트 사용량을 증가시킨다.
③ 용선 중에 Si량을 증가시킨다.
④ 용강의 온도를 가능한 한 높게 한다.

해설및용어설명 | 돌로마이트는 염기성 내화재이므로 노체수명연장 및 노 보수에 이용한다.

10

순산소 상취 전로 조업에 대한 설명으로 틀린 것은?

① 탈인이 잘 된다.
② 산화 반응이다.
③ 생산 능률이 높다.
④ 선철 성분에 제한이 많다.

해설및용어설명 | 불순물이 거의 산화 제거되므로 성분에 제한이 거의 없다.

11
만곡형 연주기에서 슬래브 주편 상부에 오실레이션 마크(Oscillation Mark)가 발생하여 생기는 결함은?

① 편석
② 중심수축공
③ 표면가로균열
④ 대형개재물

12
고체산소가 함유되어 있지 않은 부원료는?

① 철광석
② 생석회
③ 소결광
④ 밀스케일

해설및용어설명 | 생석회(CaO)는 산소가 이온결합으로 강하게 결합되어 있다.

13
다음 정련법에 주열원이 다른 것은?

① 전기로
② VOD
③ 전로
④ AOD

해설및용어설명 | 전로는 불순물의 용선의 현열 및 불순물의 산화열을 이용한다.

14
LD 전로 제강에서 사용하는 주원료가 아닌 것은?

① 용선
② 고철
③ 냉선
④ 철광석

해설및용어설명 | 제강에서 철광석은 부원료로 사용한다.

15
연주기의 형식이 아닌 것은?

① 만곡형
② 전만곡형
③ 수평만곡형
④ 수직만곡형

해설및용어설명 | 수평형이 사용된다.

16
전로용 내화물이 갖추어야 할 구비 조건이 아닌 것은?

① 용강의 교반에 대한 내마모성
② 장입물의 충격에 대한 내충격성
③ 염기성 슬래그에 대한 화학적인 내식성
④ 급격한 온도변화에 대한 고열 스폴링성

해설및용어설명 | 온도 급변에 의한 내열 스폴링성이 있어야 한다.

17
용강과 강재 중에 존재하는 FeO의 비, 즉 배분율은 다음과 같이 표시된다. 확산탈산이 일어나는 경우는?

$$L_{FeO} = \frac{[FeO]}{(FeO)}$$

① $[FeO] > L_{FeO} \cdot (FeO)$
② $[FeO] = L_{FeO} \cdot (FeO)$
③ $[FeO] < L_{FeO} \cdot (FeO)$
④ $[FeO] \leq L_{FeO} \cdot (FeO)$

정답 11 ③ 12 ② 13 ③ 14 ④ 15 ③ 16 ④ 17 ①

18
연속주조 Mold Powder에 대한 설명으로 틀린 것은?

① Powder는 열방산을 방지한다.
② Powder는 용강의 산화방지와 윤활제 역할을 한다.
③ Powder의 주성분은 $CaO - P_2O_5 - FeO$계의 합성 슬래그이다.
④ Powder는 용강면에 용융 슬래그가 되어 용강 중의 알루미나 등의 개재물에 흡착되어 청정도를 높인다.

해설및용어설명 | 파우더는 $Al_2O_3 - SiO_2 - CaO$계의 합성 슬래그이다.

19
LD 전로의 소프트 블로우(Soft Blow) 조업에 대한 설명으로 틀린 것은?

① 산소 압력이 낮다.
② 랜스(Lance) 높이가 높다.
③ 탈황(S)에 용이하고 저탄소강 제조에 유리하다.
④ 심한 Soft Blow는 슬로핑(Slopping)을 유발할 수 있다.

해설및용어설명 | 탈탄 반응은 억제되어 고탄소강 제조에 유리하다.

20
연속주조 조업 중 주형(Mold)에서 전자교반 장치(EMS)를 설치하는 주된 목적은?

① 용강 교반을 통하여 탈탄을 촉진한다.
② 응고를 촉진시켜 생산성을 향상시킨다.
③ 온도와 성분을 균일화시켜 안정된 조직을 형성시킨다.
④ 양호한 응고 조직을 만들어 내부 크랙 및 편석을 개선한다.

21
용강에 Cu, Ni, Mo와 같은 합금원소를 첨가하기 위해서는 산소전로 취련의 어느 시기에 이들의 합금철을 첨가하는 것이 좋은가?

① 산소 취련 전에 첨가한다.
② 출강 중 레이들에 첨가한다.
③ 취련이 끝난 후 전로 내에 첨가한다.
④ 수강 전에 레이들에 미리 첨가하여 놓는다.

22
용선에서만 사용되고 용강에는 기화하므로 사용할 수 없는 탈황제는?

① Ca
② Mn
③ Na
④ Mg

23
ESR(Electro Slag Remelting)법의 특징을 설명한 것 중 틀린 것은?

① 강괴의 표면이 깨끗하고 균질의 것을 얻을 수 있다.
② 전극치수에 제한은 많으나, 강괴의 형상 및 크기에는 제한이 있다.
③ 진공배기 장치가 없어 설비비가 적으며, 대기 중에 용해되므로 조업이 용이하다.
④ 불순원소나 비금속 개재물을 효과적으로 저감할 수 있어 재질이 향상된다.

해설및용어설명 | 전극의 치수에 제한이 없고, 강괴의 형상이나 크기도 자유롭다.

정답 18 ③ 19 ③ 20 ④ 21 ① 22 ③ 23 ②

24

아크 전기로의 조업별 특징에 대한 설명으로 옳은 것은?

① 염기성 조업법에서 P, S 등의 제거가 불가능하다.
② 장입원료가 냉재(고체)인 경우 용해시간이 짧다.
③ 완전 산화법은 원료 중의 C, Si, P 등을 산화 제거한다.
④ 일부 산화법이나 무산화법은 산화정련을 실시하여 바로 환원작업을 하는 것이다.

25

다음 중 주형진동과 관련이 없는 것은?

① 유압 구동을 한다.
② 정석 진동을 한다.
③ 주형진동을 주기 위한 스윙타워(Swing Tower) 설비가 있다.
④ 오실레이션 마크(Oscillation Mark)가 발생한다.

해설및용어설명 | 주형진동을 하기 위해 오실레이터가 설치되어 있다.

26

용강 생산 시 탈산을 목적으로 사용되는 원소가 아닌 것은?

① S   ② Mn
③ Al   ④ Si

해설및용어설명 | S는 Fe와 친화력이 O보다 높아서 탈산반응을 일으키지 않는다.

27

레이들 주입노즐이 막히는 이유로 가장 거리가 먼 것은?

① 용강온도가 저하되는 경우
② 고온·고속 주입을 하는 경우
③ 석출물의 생성량이 많은 경우
④ 석출물이 노즐에 부착 성장하는 경우

해설및용어설명 | 저온·저속 주입할 경우 노즐이 막힐 수 있다.

28

다음 중 환원 반응에 해당되는 것은?

① $C + O \rightarrow CO$ ② $Mn + O \rightarrow MnO$
③ $Si + 2O \rightarrow SiO_2$ ④ $FeO + C \rightarrow Fe + CO$

해설및용어설명 | 산화반응은 산화와 결합하는 것이고, 환원반응은 산소를 잃어버리는 반응이다.

29

비노상 가열식의 직접 아크로 전기로는?

① Cupole로   ② Heroult로
③ Ajax – Wyatt로 ④ Ajax – Northrup로

30

연속주조 설비와 관련된 설명으로 틀린 것은?

① 턴디시로부터 용강유량 조절에 사용되는 슬라이딩 노즐방식은 고장이 적고 주입량 조절이 쉽다.
② 주형 진동장치는 용강이 주형벽에 부착하는 것을 방지하기 위한 것이다.
③ 침지 노즐은 용강류가 대기와 접촉하는 방식이다.
④ 연주기의 형식에서 수직만곡형을 많이 사용한다.

해설및용어설명 | 침지노즐은 용강이 대기와 접촉을 막아주는 방식이다.

31
스테인리스강 제조법에서 가장 널리 이용되고 있는 AOD법과 VOD법을 비교한 것으로 옳은 것은?

① VOD법은 탈황 성분조정에 유리하며, AOD법은 정련 후 출강 때 공기오염에 대하여 유리하다.
② AOD법은 진공설비가 있으며, VOD법은 건설비가 AOD법보다 싸다.
③ AOD법은 고탄소 용강으로부터 신속한 탈탄과 탈황이 가능하므로 생산성은 VOD법보다 크다.
④ VOD법은 스테인리스강의 제조에만 이용되나 AOD법은 각종 강종에 적용할 수 있다.

32
2차 정련 중 레이들 내에서 정련하는 PI(Powder Injection) 방식의 목적이 아닌 것은?

① 탈탄
② 탈황
③ 청정도 향상
④ 개재물 형상제어

해설및용어설명 | PI 목적
탈산, 탈황, 비금속 개재물 제어, 청정도 향상

33
UHP(Ultra High Power)조업의 문제점에 대한 설명으로 옳은 것은?

① 대전류를 쓰게 되므로 기계적 강도가 크고 열팽창 계수가 큰 전극이 사용된다.
② 노의 전기 용량을 크게 하기 위해서는 송전측의 용량도 증강해야 한다.
③ 용탕면보다 가장 위쪽에 있는 화점에는 수랭 상자가 불필요하다.
④ 전류, 전력, 전압의 불평형정도는 고역률 조업일수록 심하다.

34
매용제의 종류에 따른 사용목적을 설명한 것 중 틀린 것은?

① 소결광은 슬래그의 반응성을 좋게 한다.
② 철광석은 냉각제로서 온도조정을 한다.
③ 형석은 탈인, 탈황을 위한 유동성이 낮은 슬래그를 만든다.
④ 밀스케일은 산화반응을 위한 산화재로서 이용된다.

해설및용어설명 | 형석은 슬래그의 유동성을 좋게 하여 탈황을 촉진한다.

35
산성 강재에 어떤 성분을 첨가할수록 유동성이 나쁘게 되는가?

① MnO
② FeO
③ CaO
④ SiO_2

36
순수한 적철광(Fe_2O_3) 중 이론적 철의 함량은 약 얼마인가? (단, Fe의 원자량 55.8, O의 원자량 16)

① 70%
② 75%
③ 80%
④ 85%

해설및용어설명 | 철함유량 = $\dfrac{철\ 원자량}{전체\ 원자량} \times 100$
= $\dfrac{55.8 \times 2}{55.8 \times 2 + 16 \times 3} \times 100 ≒ 70\%$

37
다음 중 산화성 슬래그가 발생되는 정련법은?

① LD법
② LF법
③ VOD법
④ AOD법

38

진공 탈가스처리의 주요 목적이 아닌 것은?

① 유해원소의 제거
② 온도 및 성분 균일화
③ 강중 탄소제거 및 승온
④ 강중 가스성분 제거

해설및용어설명 | 탈가스처리에서 탈탄 반응은 일어나지 않으며 승온 기능은 없다.

39

전로 취련 중 탈탄반응은 크게 3기로 나눌 수 있다. 1~3기에 대한 설명으로 틀린 것은?

① 탈탄 1기는 Si, Mn의 우선 산화가 진행되며 Si, Mn의 농도가 저하됨에 따라 탈탄속도는 점차 증가한다.
② 탈탄 2기는 Si가 완전히 산화된 시점이며 탈탄속도는 최대가 된다.
③ 탈탄 2기에 공급되는 산소는 전량 탈탄에 기여하며 산소의 공급 속도에 의해 탈탄속도가 결정된다.
④ 탈탄 2기에서 3기로 이동되는 시점의 탄소농도를 탈탄 천이점이라 하며, 용강의 교반력 강화에 관계없이 탈탄 천이점은 일정하다.

해설및용어설명 | 탈탄 천이점(임계탄소농도, CB)는 0.3~1.0%로 일정하지 않다.

40

전로에서 강재나 용강이 노외로 비산하지 않고 노구에 도넛형으로 쌓이는 현상은?

① 슬로핑(Slopping)   ② 베렌(Baren)
③ 스폴링(Spalling)   ④ 스피팅(Spitting)

41

금속화율을 나타내는 식으로 옳은 것은?

① $\dfrac{\text{환원철 중의 금속철}}{\text{환원철 중의 전 철분}} \times 100\%$

② $\dfrac{\text{환원철 중의 전 철분}}{\text{환원철 중의 금속철}} \times 100\%$

③ $\dfrac{\text{환원으로 제거된 산소량}}{\text{철광석 중의 전 산소량}} \times 100\%$

④ $\dfrac{\text{철광석 중의 전 산소량}}{\text{환원으로 제거된 산소량}} \times 100\%$

42

강괴의 결함 중에서 1차 파이프(Pipe)는 응고의 최종위치에 발생하며, 이에 따른 대형 수축공은 압탕이 없는 킬드(Killed)강에서 나타난다. 이에 대한 대책으로 가장 적정한 것은?

① 탈산을 강화시킨다.
② S 함량을 낮춘다.
③ 개재물을 첨가한다.
④ 모서리각의 반경을 축소한다.

43

부적합품률이 20%인 공정에서 생산되는 제품을 매시간 10개씩 샘플링 검사하여 공정을 관리하려고 한다. 이때 측정되는 시료의 부적합품 수에 대한 기댓값과 분산은 약 얼마인가?

① 기댓값 : 1.6, 분산 : 1.3
② 기댓값 : 1.6, 분산 : 1.6
③ 기댓값 : 2.0, 분산 : 1.3
④ 기댓값 : 2.0, 분산 : 1.6

해설및용어설명 |
기댓값 $= nP = 10 \times 0.2 = 2.0$
분산 $= nP(1-P) = 10 \times 0.2 \times (1-0.2) = 1.6$

44
검사의 종류 중 검사공정에 의한 분류에 해당되지 않는 것은?

① 수입검사 ② 출하검사
③ 출장검사 ④ 공정검사

해설및용어설명 | 검사공정에 의한 검사방법
수입검사, 초도품검사, 공정검사, 최종검사, 출하검사

45
설비배치 및 개선의 목적을 설명한 내용으로 가장 관계가 먼 것은?

① 재공품의 증가
② 설비투자 최소화
③ 이동거리의 감소
④ 작업자의 부하 평준화

해설및용어설명 | 설비배치 및 개선은 재공품을 감소시킨다.

46
설비보전조직 중 지역보전(Area Maintenance)의 장·단점에 해당하지 않는 것은?

① 현장 왕복 시간이 증가한다.
② 조업요원과 지역보전요원과의 관계가 밀접해진다.
③ 보전요원이 현장에 있으므로 생산 본위가 되며 생산 의욕을 가진다.
④ 같은 사람이 같은 설비를 담당하므로 설비를 잘 알며 충분한 서비스를 할 수 있다.

해설및용어설명 | 지역보전은 작업장 이동시간을 절약할 수 있다.

47
워크 샘플링에 관한 설명 중 틀린 것은?

① 워크 샘플링은 일명 스냅리딩(Snap Reading)이라 불린다.
② 워크 샘플링은 스톱워치를 사용하여 관측대상을 순간적으로 관측하는 것이다.
③ 워크 샘플링은 영국의 통계학자 L.H.C Tippet가 가동률 조사를 위해 창안한 것이다.
④ 워크 샘플링은 사람의 상태나 기계의 가동상태 및 작업의 종류 등을 순간적으로 관측하는 것이다.

해설및용어설명 | 워크 샘플링법은 비 반복적요소가 많거나, 싸이클 타임이 긴 작업에 적용하며, 반복적이고 싸이클타임이 작은 작업은 PTS나 스톱워치법을 적용한다.

48
3σ 법의 $\bar{X}$ 관리도에서 공정이 관리상태에 있는데도 불구하고 관리상태가 아니라고 판정하는 제1종 과오는 약 몇 % 인가?

① 0.27 ② 0.54
③ 1.0   ④ 1.2

해설및용어설명 | 슈하르트의 3σ 법칙
제1종 과오 0.27% 허용

49
탄소강에 함유된 H_2 가스가 강에 미치는 영향으로 옳은 것은?

① 페라이트 중에 고용되고 적열취성의 원인이 된다.
② 실온에서 충격치를 저하시켜 상온취성의 원인이 된다.
③ 페라이트 중에 고용되고 석출하여 강도, 경도를 증가시킨다.
④ 강을 여리게 하고 산이나 알칼리에 약하며, 백점 (Flakes)이나 헤어 크랙(Hair Crack)의 원인이 된다.

정답 44 ③ 45 ① 46 ① 47 ② 48 ① 49 ④

50
0.3% 탄소강의 723℃ 직상에서 초석 α의 양과 펄라이트 양은 각각 약 몇 %인가? (단, 공석점은 0.8%C, α의 C 고용한계는 0.025%이다)

① α = 64.5, 펄라이트 = 35.5
② α = 35.5, 펄라이트 = 64.5
③ α = 77, 펄라이트 = 23
④ α = 23, 펄라이트 = 77

해설및용어설명 | $\alpha = \dfrac{0.8 - 0.3}{0.8 - 0.025} \times 100 = 64.5\%$
펄라이트 $= 100 - 64.5 = 35.5\%$

51
다음의 금속 중 비중이 가장 작은 것은?

① Mg   ② Sn
③ Ni   ④ Au

해설및용어설명 | Mg : 비중이 1.74로 비강도가 우수한 경금속

52
다음 중 순철에 대한 설명으로 틀린 것은?

① 순철의 종류로는 전해철, 카보닐철, 암코철 등이 있다.
② 순철은 전연성이 풍부하며, 전기재료로도 사용된다.
③ 순철의 변태는 동소변태(A_3, A_4)와 약 210℃ 부근의 자기변태(A_0)가 있다.
④ 순철의 동소체로는 α-철(체심입방격자), γ-철(면심입방격자), δ-철(체심입방격자)이 있다.

해설및용어설명 | 순철의 자기변태 A_2 768℃

53
면심입방격자(FCC)를 갖는 금속이 아닌 것은?

① Cr   ② Ag
③ Ni   ④ Al

해설및용어설명 | Cr : BCC

54
황동에서 자연균열을 방지하기 위한 대책으로 옳은 것은?

① 수은 및 그 화합물과 함께 보관한다.
② 암모니아 탄산가스 분위기에서 보관한다.
③ 가공재를 185~260℃에서 응력제거 풀림한다.
④ α+β 황동 및 β 황동에 Mn 또는 Cr 등을 첨가한다.

해설및용어설명 | 자연균열 방지법
도료, 아연 도금, 180~260℃로 응력제거풀림

55
열탄성계수가 좋아 고급시계, 정밀저울 등의 스프링 및 정밀기계부품에 사용되는 불변강은?

① 엘린바   ② 두랄루민
③ 고망간강   ④ 하이드로날륨

56
위험 예지훈련에서 활용하는 브레인스토밍(Brain Storming)의 4원칙이 아닌 것은?

① 비판 금지   ② 대량발언
③ 수정발언 금지   ④ 자유분방한 발언

해설및용어설명 | 브레인스토밍 4원칙
비판금지, 대량발언, 수정발언, 자유분방

57

사업주가 상시 분진 작업에 관련된 업무에 근로자를 종사하도록 하는 경우 알려야 하는 사항이 아닌 것은?

① 작업장 및 개인위생 관리
② 분진의 입자크기와 연소범위
③ 호흡용 보호구의 사용방법
④ 분진의 발산 방지와 작업장의 환기방법

58

자동제어계의 요소에 일정 진폭이 사인 파상으로 변화하는 입력을 넣고, 이에 대한 출력의 진폭과 위상의 편차를 조사함으로써 요소의 성질을 알 수 있는 방법은?

① 상태공간법
② 위상평면법
③ 주파수응답법
④ 공정속도분석법

59

시스템의 출력을 입력단에 되돌려 기준압력과 비교하여 그 오차가 감소되도록 동작시키는 방식은?

① 플랜트(Plant)
② 서보 시스템(Servo System)
③ 개루프 제어(Open Loop Control)
④ 되먹임 제어(Feedback Control)

60

전기 회로 중 AND회로에 대한 설명으로 옳은 것은?

① 입력이 여러 개 있을 때, 입력접점의 신호 어느 하나만 들어오면 출력측이 동작하게 되는 회로
② 입력이 여러 개 있을 때, 여러 개의 입력접점 신호가 모두 들어와야만 출력이 나타나는 회로
③ 입력측에 전압이 가해지면 바로 출력측에 신호가 나타나지 않고, 일정시간이 지나야 출력 신호가 나타나는 회로
④ 출력과 입력이 서로 반대되는 회로로 입력이 ON이면 출력은 OFF, 입력이 OFF이면 출력은 ON이 되는 부정회로

필기 기출문제 2018 * 63회

01
전로 내화물의 구비 조건으로 틀린 것은?

① 염기성 슬래그에 대해 용해도가 커야 한다.
② 염기성 슬래그에 대한 화학적인 내식성을 가져야 한다.
③ 용강이나 용재의 교반에 대한 내마모성을 가져야 한다.
④ 급격한 온도변화에 대한 내열 스폴링성을 가져야 한다.

해설및용어설명 | 슬래그에 대한 용해도가 작아야 한다.

02
전로 제강의 일반적인 작업순서로 옳은 것은?

① 용선 장입 → 배재 → 출강 → 산소 취련
② 용선 장입 → 산소 취련 → 출강 → 배재
③ 산소 취련 → 용선 장입 → 출강 → 배재
④ 산소 취련 → 배재 → 출강 → 용선 장입

03
상취산소전로법과 비교한 저취산소전로법의 특징이 아닌 것은?

① 출강 실수율이 높다.
② 극저탄소강 제조에 적합하다.
③ 강재의 동일 FeO 수준에 대하여 탈인과 탈황의 성능이 떨어진다.
④ 냉각가스로서 수소를 포함한 가스를 사용하는 경우 강중 수소함유량이 증가한다.

해설및용어설명 | 저취법은 교반력이 우수하여 탈인, 탈황이 우수하다.

04
다음 중 제강 용융강재의 기능과 가장 거리가 먼 것은?

① 인(P)과 같은 유해성분을 제거한다.
② Fe 및 기타 유용원소의 손실을 촉진한다.
③ 강 중으로 산소를 운반하는 매개체 역할을 한다.
④ 용강과 대기와의 접촉을 방지하여 용강산화를 감소시킨다.

해설및용어설명 | 유용원소의 손실은 막아주고 불순원소는 제거한다.

05
다음 중 Soft Blow법으로 얻을 수 있는 주된 효과로 옳은 것은?

① 탈 P   ② 탈 S
③ 탈 C   ④ 탈 N

06
전로 조업에서 취련 중기 강욕 중 탄소의 연소가 활발해져 용재 및 용강이 노외로 분출하는 현상은?

① 태핑   ② 용락
③ 스피팅   ④ 슬로핑

정답 01 ① 02 ② 03 ③ 04 ② 05 ① 06 ④

07

전로 제강조업에서 탈인을 촉진하는 조건으로 틀린 것은?

① 강욕 온도가 낮을 것
② 고염기도 슬래그일 것
③ 강재의 산화력이 높을 것
④ 슬래그 중의 P_2O_5 분이 높을 것

해설및용어설명 | 슬래그 중의 P_2O_5가 낮아야 탈인이 잘 된다.

08

전로 조업에서 용선 성분 중 열원이 되지 않는 것은?

① S
② C
③ Si
④ Mn

해설및용어설명 | S는 산화반응을 하지 않으므로 열원이 되지 않는다.

09

노외 탈황법 중 내화 물질로 둘러싼 랜스를 용선차의 노구를 통하여 용선 중에 깊숙이 침지시키고 탈황제와 캐리어 가스를 분사시키는 탈황법은?

① 교반법
② 치주법
③ 인젝션법
④ 요동 레이들법

10

다음 중 염기성 강재의 유동성을 나쁘게 하는 것은?

① P_2O_5
② FeO
③ CaO
④ MnO

11

용선량 200톤, 고철량 50톤, 출강량이 220톤일 때 출강 실수율은 몇 %인가?

① 88
② 90
③ 92
④ 94

해설및용어설명 | 실수율 = $\dfrac{출강량}{전장입량} \times 100$
$= \dfrac{220}{200+50} \times 100 = 88\%$

12

강욕에 공급되는 산소유량을 구하는 다음 식에서 "S"가 의미하는 것은? (단, P는 취련압력 [kg$_f$/cm^2]이다)

$$Q = \theta_Y \times S \times P (\theta_Y ≒ 1.06)$$

① 노즐 공의 수
② 취련 소요시간
③ 산소공급 속도
④ 노즐의 단면적

13

전로에 사용하는 랜스 노즐(Lance Nozzle)의 재질은?

① 규소강
② 탄소강
③ 순구리
④ 알루미늄

14

전로의 노체 수명에 미치는 요인과 그에 따른 설명으로 옳은 것은?

① 출강온도가 높을수록 노체 수명이 길어진다.
② 슬래그의 양이 많아지면 노체 수명은 길어진다.
③ 용선 중 Si 양이 증가함에 따라 노체 수명은 짧아진다.
④ 슬래그 중 T-Fe을 가능한 한 낮게 조절하면 노체 수명이 짧아진다.

15

슬래그의 성분 중 SiO_2가 32.2%, CaO가 67.8%인 경우 염기도는?

① 약 0.5
② 약 1.1
③ 약 2.1
④ 약 2.4

해설및용어설명 | 염기도 $= \dfrac{CaO}{SiO_2} = \dfrac{67.8}{32.2} = 2.1$

16

다음 중 전로에서 탈탄 속도를 증가시킬 수 있는 조건은?

① 저온 조업실시
② 저염기도 조업실시
③ 용강 및 용재의 교반력 증가
④ 취련 가스 중 질소 함량 증가

17

다음 중 전로에서 사용되는 냉각제와 가장 거리가 먼 것은?

① FeO
② SiO_2
③ Fe_2O_3
④ $CaCO_3$

해설및용어설명 | SiO_2는 환원반응을 하지 않으므로 냉각효과가 없다(환원반응은 흡열반응이다).

18

다음 중 전로의 폐가스 냉각설비와 가장 거리가 먼 것은?

① 보일러법
② 전기 집진법
③ 비연소식 IC법
④ 비연소식 OG법

해설및용어설명 | 전기집진기는 폐가스 중 연진처리설비이다.

19

전로 내 Si 반응을 설명한 것 중 틀린 것은?

① 생석회의 재화는 취련 초기에는 빠르다.
② 전로 내에서 Si의 주반응은 $Si + 2O = SiO_2$이다.
③ 생석회의 재화는 취련 말기에 강재 중 T·Fe의 감소로 느려진다.
④ 전로 내에 첨가된 생석회의 재화는 SiO_2 및 밀스케일 등의 매용재에 의하여 진행된다.

해설및용어설명 | 말기 T·Fe는 증가한다.

20

다음 중 혼선로에서의 탈황반응에 가장 큰 영향을 미치는 원소는?

① P
② C
③ Mn
④ Cu

정답 14 ③ 15 ③ 16 ③ 17 ② 18 ② 19 ③ 20 ③

21

용융슬래그의 저항열과 소모형 전극에 사용하여 슬래그 내 적하침강 용강을 수냉몰드에 연속적으로 응고시켜가는 용해법은?

① VAR ② ESR
③ PAM ④ PIM

22

전기로의 재료장입방식에서 노정장입방식이 아닌 것은?

① 통장입   ② 노체이동식
③ 스윙(Swing)식 ④ 겐트리(Gantry)식

23

고주파 유도로의 특징을 설명한 것으로 틀린 것은?

① 특수강 용해에 많이 이용된다.
② 고합금강일수록 용해에 유리하다.
③ 로내 용강의 온도 제어가 쉽지 않다.
④ 산화성 합금원소의 실수율이 높고 안정하다.

해설및용어설명 | 유도로는 미세한 온도조정이 유리하다.

24

환원기작업 중 강재탈산법의 장점으로 옳은 것은?

① 환원시간이 길다.
② 탈산, 탈황이 늦다.
③ 강욕성분의 변동이 많다.
④ 환원기 강재를 만들기 쉽다.

25

10ton 전기로에 10ton 장입하여 225V, 12,000A의 전류를 3상교류로 통전한다면, 톤당 소요된 전력은 약 몇 kW인가? (단, 역률은 0.85이다)

① 263.1 ② 381.0
③ 397.5 ④ 426.5

해설및용어설명 |

$$3상교류사용전력 = \frac{전압 \times 전류 \times \sqrt{3} \times 역률}{장입량}$$
$$= \frac{225 \times 12{,}000 \times \sqrt{3} \times 0.85}{10} = 397.5 \text{kWh}$$

26

전기로에서 사용되는 전극의 구비조건이 아닌 것은?

① 용융점이 높아야 한다.
② 산화도가 높아야 한다.
③ 전기의 양도체이어야 한다.
④ 낮은 열전도도를 가져야 한다.

해설및용어설명 | 고온에서 산화도가 낮아야 한다.

27

UHP 조업의 설명 중 틀린 것은?

① 생산성을 높인다.
② 전력 원단위를 낮춘다.
③ 단위시간당의 투입전력량을 증가시켜 용해 및 승열 시간을 단축한다.
④ 소전압, 소전류의 저력률에 의한 굵고 긴 아크로 조업한다.

해설및용어설명 | UHP조업은 저전압, 대전류의 고역률 조업이다.

28
환원철을 전기로에 사용하였을 때 현상으로 틀린 것은?

① 생산성이 향상된다.
② 자동조업이 용이하다.
③ 맥석분이 적어 품질이 좋다.
④ 품위가 일정하여 취급이 용이하다.

해설및용어설명 | 환원철에는 맥석성분이 많이 존재한다.

29
다음 중 편석이 가장 적은 강괴는?

① 림드강   ② 킬드강
③ 캡드강   ④ 세미킬드강

30
강괴에 나타나는 내부 결함이 아닌 것은?

① 편석   ② 개재물
③ 수축관   ④ 이중표피

해설및용어설명 | 이중표피는 표면결함이다.

31
다음 중 연속주조에서 주조온도 관리 시 고려해야 할 조건으로 가장 거리가 먼 것은?

① 강종   ② 주조속도
③ 주형의 재질   ④ 주조 처리량(Heat Size)

해설및용어설명 | 주형의 재질은 순동으로 사용하므로 고려사항이 아니다.

32
스테인리스강 제조를 위한 진공탈탄법으로 적합한 것은?

① CAS법   ② VOD법
③ LDS법   ④ SAB법

33
다음 중 연속주조에서 몰드 파우더의 기능과 가장 거리가 먼 것은?

① 주편표면의 산화를 방지한다.
② 주형 내 용강온도를 보온한다.
③ 주형과 주편과의 융착을 방지한다.
④ 용강 중 비금속 개재물 형성을 촉진한다.

해설및용어설명 | 몰드파우더는 비금속 개재물 제어 기능이 있다.

34
연주기 형식 중 만곡형을 채택하는 이유가 아닌 것은?

① 주조 속도 조정이 용이하다.
② 만곡 교정이 가능하기 때문이다.
③ 주편 절단 길이 조정이 쉽기 때문이다.
④ 건물을 높게 하여 품질을 좋게 하기 때문이다.

해설및용어설명 | 만곡형은 설비가 구부러져 있으므로 수직형에 비해 건물의 높이를 낮게 할 수 있다.

정답 28 ③ 29 ② 30 ④ 31 ③ 32 ② 33 ④ 34 ④

35
RH 탈가스법에서 산소, 수소, 질소가 제거되는 장소가 아닌 것은?

① 상승관에 취입된 가스표면
② 상승관 내부의 내화물 표면
③ 진공조 외부의 구조물의 표면
④ 취입가스와 함께 비산하는 Splash 표면

해설및용어설명 | 진공조 내부의 내화물 표면에서 제거된다.

36
다음 중 용강의 질소, 수소의 용해도와 가장 관계 깊은 법칙은?

① Henry의 법칙
② Rault의 법칙
③ Sieverts의 법칙
④ Le Chatelier의 법칙

37
다음 용강에 존재하는 비금속 개재물 중 가장 응집하기 쉬운 개재물은?

① Al_2O_3
② SiO_2
③ MgO
④ ZrO_2

38
탈산제가 갖추어야 할 조건으로 옳은 것은?

① 탈산생성물의 비중이 작아야 한다.
② 용강 중에 서서히 용해하여야 한다.
③ 탈산생성물의 부상속도가 늦어야 한다.
④ 산소와의 친화력이 Fe보다 작아야 한다.

39
진공설비없이 그림처럼 레이들의 용강 위의 슬래그 중에서 아크를 발생시키는 서브머지드 아크정련법은?

① LF법
② VAD법
③ VOD법
④ VTD법

40
레이들 중의 용선에 편심회전을 주어 그때 일어나는 특이한 파동을 반응물질의 혼합 교반에 이용하는 노외탈황법은?

① 교반법
② 인젝션법
③ 레이들 탈황법
④ 요동 레이들법

41
다음 중 턴디시의 기능과 가장 거리가 먼 것은?

① 주편 인출
② 주입량 조절
③ 주형에 용강 분배
④ 개재물 부상분리

해설및용어설명 | 주편 인출은 더미바와 핀치롤에 의해 이루어진다.

42

다음 중 하주법의 특징으로 틀린 것은?

① 주입속도 조절이 쉽다.
② 강괴 표면이 깨끗하다.
③ 정반유출사고가 상주법보다 적다.
④ 작은 강괴를 한 번에 많이 얻을 수 있다.

해설및용어설명 | 하주법은 용탕이 아래에서부터 채워지므로 정반 유출사고가 많이 발생한다.

43

어떤 회사의 매출액이 80,000원, 고정비가 15,000원, 변동비가 40,000원일 때 손익분기점 매출액은 얼마인가?

① 25,000원
② 30,000원
③ 40,000원
④ 55,000원

해설및용어설명 | 손익분기점 $= \dfrac{\text{고정비}}{\left(1-\dfrac{\text{변동비}}{\text{매출액}}\right)} = \dfrac{15,000}{\left(1-\dfrac{40,000}{80,000}\right)} = 30,000$원

44

Ralph M. Barnes교수가 제시한 동작경제의 원칙 중 작업장 배치에 관한 원칙(Arrangement of the Workplace)에 해당되지 않는 것은?

① 가급적이면 낙하식 운반방법을 이용한다.
② 모든 공구나 재료는 지정된 위치에 있도록 한다.
③ 적절한 조명을 하여 작업자가 잘 보면서 작업할 수 있도록 한다.
④ 가급적 용이하고 자연스런 리듬을 타고 일할 수 있도록 작업을 구성하여야 한다.

45

다음 데이터의 편차 제곱합(Sum of Squares)은 약 얼마인가?

[데이터]
18.8 19.1 18.8 18.2 18.4
18.3 19.0 18.6 19.2

① 0.129
② 0.338
③ 0.359
④ 1.029

해설및용어설명 | 평균≒18.7 이므로
편차는 0.1, 0.4, 0.1, -0.5, -0.3,
-0.4, 0.3, -0.1, 0.5 이다.
편차제곱은 0.01, 0.16, 0.01, 0.25, 0.09
0.16, 0.09, 0.01, 0.25 이다.
∴ 편차제곱합은 1.029

46

직물, 금속 유리 등의 일정 단위 중 나타나는 흠의 수, 핀홀수 등 부적합수에 관한 관리도를 작성하려면 가장 적합한 관리도는?

① c 관리도
② np 관리도
③ p 관리도
④ $\overline{X}-R$ 관리도

47

전수검사와 샘플링검사에 관한 설명으로 맞는 것은?

① 파괴검사의 경우에는 전수검사를 적용한다.
② 검사항목이 많을 경우 전수검사보다 샘플링검사가 유리하다.
③ 샘플링검사는 부적합품이 섞여 들어가서는 안 되는 경우에 적용한다.
④ 생산자에게 품질향상의 자극을 주고 싶을 경우 전수검사가 샘플링검사보다 더 효과적이다.

48
국제 표준화의 의의를 지적한 설명 중 직접적인 효과로 보기 어려운 것은?

① 국제간 규격통일로 상호 이익도모
② KS 표시품 수출 시 상대국에서 품질인증
③ 개발도상국에 대한 기술개발의 촉진을 유도
④ 국가 간의 규격상이로 인한 무역장벽의 제거

49
다음의 청동 중 석출경화성이 있으며, 동합금 중에서 가장 높은 강도와 경도를 얻을 수 있는 청동으로 옳은 것은?

① 길딩 청동
② 베릴륨 청동
③ 네이벌 청동
④ 에드미럴티 청동

50
마텐자이트(Martensite) 변태를 설명한 것 중 틀린 것은?

① 마텐자이트 변태를 하면 표면기복이 생긴다.
② 마텐자이트는 단일상이 아닌 금속간 화합물이다.
③ M_s 점에서 마텐자이트 변태를 개시하여 M_f 에서 완료한다.
④ 오스테나이트에서 마텐자이트로 변태하는 무확산 변태이다.

해설및용어설명 | 마텐자이트는 α 상의 단일상으로 결정구조만 다르다.

51
쾌삭강에서 피삭성 향상에 기여하지 않는 원소는?

① W
② S
③ Pb
④ Ca

해설및용어설명 | 쾌삭강 첨가원소 : S, P, Pb, Se, Ca, Sn 등

52
주철에 대한 설명으로 옳은 것은?

① 주철은 탄소함량이 약 4.3% 이상이다.
② 백주철은 마텐자이트와 펄라이트를 탈탄시켜 주철에 가단성을 부여한 것이다.
③ 고급주철이란 편상흑연 주철 중에서 인장강도가 약 250MPa 정도 이상인 주철이다.
④ 칠드주철은 저탄소, 저규소의 백주철을 풀림 상자 속에서 열처리하여 시멘타이트를 분해시켜 흑연을 입상으로 석출시킨 것이다.

53
다음의 격자결함 중 선결함에 해당되는 것은?

① 공공(Vacancy)
② 전위(Dislocation)
③ 결정립계(Grain Boundary)
④ 침입형 원자(Interstitial Atom)

해설및용어설명 | 점결함 : 공공, 침입형원자
면결함 : 결정립계

54
Fe-C 평형상태도에 관한 설명으로 틀린 것은?

① 강은 탄소함유량 0.8%를 기준으로 하여 아공석강과 과공석강으로 분류된다.
② Fe_3C는 시멘타이트라고 하며, 탄소의 최대 고용한도는 약 6.67%까지 이다.
③ A_3 변태점은 약 910℃이며, $\alpha \rightleftarrows \gamma$가 된다.
④ A_1 변태점은 약 210℃에서 일어나며 Fe의 자기 변태점이라고 한다.

해설및용어설명 | A_1변태점은 723℃에서 일어나며 공석변태라 한다.

55

탄소강에서 탄소함량이 0.2%에서 0.8%로 증가할 때 감소하는 기계적 성질은?

① 충격치
② 경도
③ 항복점
④ 인장강도

56

사업장의 무재해운동의 기대효과가 아닌 것은?

① 원가 상승
② 기업의 번영
③ 생산성 향상
④ 노사화합 형성

해설및용어설명 | 무재해운동에 의해 원가를 절감할 수 있다.

57

산업안전보건기준에 관한 규칙 중 허가대상 유해물질을 제조하거나 사용하는 작업장에서는 보기 쉬운 장소에 해당 내용을 게시하도록 하고 있다. 게시되는 내용이 아닌 것은?

① 인가대상 유해물질의 성분
② 인체에 미치는 영향
③ 취급상의 주의사항
④ 응급처치와 긴급 방재 요령

해설및용어설명 | 관리대상 유해물질의 명칭을 게시하도록 되어 있다.

58

프로세스 모델(Process model)을 작성하는 방법 중 실적 데이터를 분류해서 활용하는 패턴(Pattern)법에 대한 설명으로 틀린 것은?

① Modeling이 쉽다.
② 실용화가 빠르다.
③ 식이 단순하고 계산이 쉽다.
④ Data file이 작아진다.

59

공정의 변화에 의해 영향을 받는 기본적인 3가지 형태에 해당되지 않는 것은?

① 제한의 변화
② 원자재의 변화
③ 모델계수의 변화
④ 모델의 구조적인 변화

60

자동화를 하여 얻어지는 효과가 아닌 것은?

① 생산성이 향상된다.
② 원자재 비용이 감소된다.
③ 노무비가 감소된다.
④ 노동인력이 많아진다.

해설및용어설명 | 자동화에 의해 인력을 감소할 수 있다.

PART 05

제강기능장 실기 필답형 예상문제

01 LD전로 실기 예상문제
02 전기로 실기 예상문제
03 2차정련법 실기 예상문제
04 조괴법 실기 예상문제
05 연속주조 실기 예상문제

LD전로 실기 예상문제 01

01
취련 작업 시 석회석을 취련 개시 전 투입과 개시 후 투입에 대해 각각의 영향을 쓰시오.

1. 취련 개시 전 : 착화를 어렵게 한다.
2. 취련 개시 후 : Slopping 방지

02
Spot Blow법에서 Lance를 높이는 조업상의 이유를 쓰시오.

1. 탈인반응 촉진
2. 랜스 보호
3. 스피팅 방지
4. 조재촉진

03
전로 Slag 배재 후 노내 Slag와 용강 중 O_2가 잔류해 있다면 장입 중 어떠한 현상이 발생하는가?

심한 폭발현상

04
고탄소, 저유황, 저인강 제조 시 출강 중 레이들에서의 복인 방지를 위한 조치사항을 쓰시오.

1. Slag 중 T·Fe를 많게 한다.
2. 염기도를 높게 한다.
3. CaO투입
4. 출강구 관리 철저

05
취련 초기 사용되는 밀 스케일의 조업상 효과를 쓰시오.

1. Slag화 촉진제
2. 냉각제
3. Slag 중 T·Fe상승

06

노전 용강 Sampling 시 Spoon을 Slag Coating시키는 이유를 쓰시오.

1. Sample Spoon 용손방지
2. 표준시료를 얻는다.
3. 용강의 산화방지

07

다음은 LD전로의 계통도이다. (　)에 옳은 것을 넣으시오.

| 노구 → (　) → 하부 Hood → (　　) → (　) → (　) → 상방변 → (　) → Holder |

노구 → (Skirt) → 하부 Hood → (상부 Hood) → (복사복) → (IDF) → 상방변 → (회송변) → Holder

08

Skirt 역할을 쓰시오.

1. 외부공기 침입방지
2. Hood 내 압력조정
3. CO Gas희박방지

09

취련 중 노구로부터 화염이 많이 유출될 때 Hood Fe Control은 어떻게 하여야 하며 이때 확인해야 할 계기는?

1. Hood Fe Control : Hood압을 낮춘다.
2. 확인해야 할 계기 : IDF Demper, PA Damper, Skirt조작

10

전로 트로니온링 중심에는 공기 및 물의 통로가 있다. 각각의 역할을 쓰시오.

1. 공기 : Turnning Ring부 냉각
2. 물 : 노구냉각

11

LD전로의 가스회수 설비 중 수봉변의 기능을 쓰시오.

전로가스 비 회수시 물을 채워 Gas역류 방지

12
혼선로의 기능을 쓰시오.

1. 혼선
2. 저선
3. 보온
4. 탈유

13
냉선의 종류를 쓰시오.

1. 형선
2. 황선
3. 고선

14
용선보다 고철을 먼저 장입하는 이유를 쓰시오.

수분에 의한 폭발방지

15
스피팅(Spitting)이 발생되었을 때의 조치사항을 쓰시오.

형석, Mill Scale투입에 의한 조제촉진, Lance를 높인다.

16
Slopping 발생원인과 대책을 쓰시오.

1. 원인
   Slag량이 많을 때, Slag 이상 산화, Si가 높을 때, 경량고철이 많을 때
2. 대책
   진정제 투입, 랜스를 낮춘다, 석회석 투입, 산소량 감소

17
Hood의 기능을 쓰시오.

1. 폐가스 냉각
2. 노내 압력조정

18
다공 노즐 사용 시 효과를 쓰시오.

1. 회수율 향상
2. 취련 작업개선
3. Slopping감소

19
불꽃 상황을 변화시키는 요인을 쓰시오.

1. 노체 사용횟수
2. 산소 취부조건
3. 랜스사용 횟수
4. Slag량
5. 강욕의 온도

20
재취련을 해야 할 경우 그 이유를 쓰시오.

1. 종점C가 높을 때
2. 종점 온도가 낮을 때
3. 취련 중 사고 발생 시

21
종점온도가 목표치보다 10℃정도 높았을 때의 조치사항을 쓰시오.

노를 경동시킨다.

22
용선90Ton, 고철20Ton, 용선(Si)0.6%, 염기도가 4일 경우 아래 물음에 답하시오.

1. 산소 취입 시의 용선 중의 P와 산소의 반응식은?
2. 용선 중(Si)량은 몇 kg_f인가?

1. $2P + 5O \rightarrow P_2O_5$
2. 90톤 × 0.006 = 540kg_f

23
Scrap의 냉각 효과는 용선 1ton당 1kg_f을 투입하면 몇 ℃가 저하하는가?

약 25℃

24
탕면 측정 작업은 무엇을 하는 작업인가?

노 내 장입된 용선의 높이를 측정하는 작업

25
탕면 측정 시 필요한 도구를 쓰시오.

1. 측정통
2. 망치
3. 쐐기
4. 철자
5. 보호장구

26
노구 지금 제거 작업이란 무엇인가?

취련 중 Slopping이나 Spitting에 의한 노구부에 부착된 지금 제거 작업

27
출강구 침식이 심하면 출강구를 교환해야 한다. 그 이유를 쓰시오.

1. 용강의 비산으로 설비사고 우려
2. 불량강괴 원인
3. 철피침식 우려

28
전로 경동조건은 다음 사항에 대해 그 위치를 쓰시오.

1. Lance : N점
2. Skirt : 상한위치
3. Hood 이동대차 : 중앙

29
취련 종점 판정기준을 쓰시오.

1. 산소 사용량
2. 취련시간
3. 불꽃판정

30
산소 사용량의 오차 원인을 쓰시오.

1. 주, 부원료 영향오차
2. 용선성분 분석오차
3. 고철과 냉선의 성분변동

31
3방변의 역할을 쓰시오.

폐가스 회수

32
N₂ Purge의 목적을 쓰시오.

OG설비보호

33
Mouth ring의 기능을 쓰시오.

노구부 축조연와 및 노구부 보호

34
Lance 구조는 3중관으로 되어있다. 각 관의 기능을 쓰시오. (좌측에서 내측으로)

1. 배수
2. 급수
3. 산소

35
탈황조건을 쓰시오.

1. 고온조업
2. 고 염기도 조업
3. 환원성 분위기 조업

36
Nozzle을 순동으로 하는 이유를 쓰시오.

열전도율 양호

37
전로 내장연와로 가장 많이 사용되는 연와는?

Tar Dolomite

38
Trunnion Ring의 기능을 쓰시오.

1. 노체지지
2. 노의 회전력 전달
3. 고철 장입 시 충격변형 방지
4. 열변형 방지

39
Lance 사용 횟수가 많아지면 Lance 높이를 높게 하는 이유를 쓰시오.

1. 노저부 보호
2. 교반촉진

40
합금철의 투입 시기와 장소는?

1. 시기
   출강 시 Ladle 높이의 1/3~2/3 사이
2. 장소
   전로 내 또는 출강 중 레이들에 투입

41
합금철을 출강 시 2/3이상 시점에서 투입했다면 어떠한 현상이 일어나는가?

1. Blowing현상
2. 용강 온도저하
3. 성분 불균일

42
Baren의 발생원인과 대책은?

1. 원인
   노즐의 영향
2. 대책
   다공 노즐사용

43
시료의 (C)%는 불꽃으로 판정한다. 판정요인을 쓰시오.

1. 수량
2. 색깔
3. 형태

44
청색 불꽃이 노외에 발생 시 노 운전자가 노를 어떻게 해야 하는가?

노 경동 금지

45
다음 사항에 대한 출강 실수율을 구하시오. (소수점 이하 1단위까지)

용선 장입량 295Ton, 고철 장입량 15Ton, 양괴량 297Ton, 레이들 지금 1Ton, 기타 지금 0.5Ton, Slag량 1.5Ton, 잔괴 4.5Ton

출강실수율
$$= \frac{출강량}{전장입량} \times 100$$
$$= \frac{297+1+0.5+4.5}{295+15} \times 100$$
$$= \frac{303}{310} \times 100 = 97.7\%$$

46
제강작업의 4단계를 쓰시오.

장입 → 취련 → 출강 → 배재

47
복인 현상 방지법을 쓰시오.

1. 저온조업
2. 고 염기도 조업
3. 출강 중 생석회 투입
4. Slag 과다 혼입방지
5. 유동성 양호

48
가탄법이란?

탄소함유량이 목표치보다 낮게 취련한 경우 목표 탄소량까지 탄소를 첨가하는 것

49
Lance 높이는 무엇을 말하는가?

강욕 표면에서 랜스 선단까지의 거리

50

LD전로 조업에서 다음 용어를 쓰시오.

가. 제강시간(T.T.T) :

나. 종점성분 :

가. 제강시간
주원료 장입개시부터 배재 종료까지의 경과시간에서 장애시간 휴지시간을 뺀 시간

나. 종점성분
취련 종료 후 전로를 경동시켜 채취한 용강시료의 분석치

51

다음의 경우 Fe-Mn의 투입량을 계산하시오.

> 전입량 : 90Ton, 출강실수율 : 95%, 목표[Mn]% : 0.35%,
> 종점[Mn]% : 0.12%, Fe-Mn중 [Mn]% : 75%, Mn실수율 : 70%

$Fe - Mn$ 투입량
$= \dfrac{(\text{장입량} \times \text{실수율}) \times (\text{목표\%} - \text{종점\%})}{(\text{Mn\%}) \times (\text{Mn실수율})}$
$= \dfrac{(90,000 \times 95) \times (0.35 - 0.12)}{(75 \times 70)} = 374.6 kg_f$

52

Mill Scale 분해에 의해 발생하는 산소량은 100kg$_f$당 몇 Nm인가?

$100 : x = 72 : 11.2$
$x = \dfrac{100 \times 11.2}{72} = 15.5$

53

탄소와 산소에서 CO가 발생하는 반응은 C+1/2O$_2$ → CO이다. 여기서 산소 67.2 ℓ 와 반응하는 탄소는 몇 g인가?

$67.2 : x = 11.2 : 12$
$x = \dfrac{67.2 \times 12}{11.2} = 72g$

54

취련 후반에 노내로 투입되는 석회석의 역할을 쓰시오.

탈황, 냉각

55

취련 초기 산소제트에 의해 미세한 철입자가 노구로부터 비산하는 현상을 무엇이라 하는가?

스피팅

56
탄소 1kg$_f$을 태우는 데 필요한 산소량은 몇 Nm가 필요한가?

분자량을 가지고 계산
C : 12(기준)
O$_2$: 16×2 = 32, 부피일 경우 22.4
(1기압에서의 산소당량)로 계산
따라서
C : O = 12 : 32 = 1 : 2.667(무게비)
C : O = 12 : 22.4 = 1 : 1.867(부피비)
∴ C 1kg → O 2.667kg(무게)
　　C 1kg → O 1.867Nm^3(부피)
한편 공기 중에서는 산소(O)가 21%
차지하므로
$$\therefore \frac{1.867}{0.21} = 8.89$$

57
출강구 교환 작업 시 필요한 도구를 쓰시오.

1. Air Hose
2. Air Breaker
3. 출강구금물 및 Sleeve
4. Mortar
5. 대형헤머
6. 정

58
전로 취련 후의 온도 측정방법을 쓰시오.

1. Sub Lance
2. Immersion

59
전로작업에서 노구 지금을 제거하는 이유를 쓰시오.

1. 설비사고 방지(노구 지금 탈락)
2. 정확한 불꽃판정
3. 재해방지

60
고철과 냉선을 마그네틱 크레일이나 덤프트럭으로 슈트 내로 덤핑시키는 작업공정을 순서대로 나열하시오.

제강1호 고철, 사내발생 고철, 형설, 분괴크롬

사내발생 고철 → 형설 → 분괴크롬 → 제강1호 고철

61
스택사이드(Stack Side) 변의 기능을 쓰시오.

취련 중 비 회수 시 배가스

62
LD전로의 산소랜스 설비 중 다공노즐이 단공노즐보다 유리한 점을 쓰시오.

1. Slopping 감소
2. 출강 실수율 향상
3. 취련 작업개선

63
전로 내화물 축조 부위 중 노복부(장입측)를 가장 두껍게 하는 이유를 쓰시오.

용선, 고철 장입 시 내충격, 내마모성 요구

64
LD전로의 제강시간(T.T.T)은 어느 정도가 이상적인지 쓰시오.

30~45분

65
탕면 측정을 실시하는 이유를 쓰시오.

정확한 취련 패턴유지

66
전로 배가스 설비 중 I.D.F의 기능을 쓰시오.

전로 배가스를 승압, 유인하여 배풍한다.

67
우천 시 고철 장입 후 노를 2~3회 경동시켜주는 이유를 쓰시오.

습기에 의한 폭발방지

68

출강완료 시점에서 강과 Slag의 구별 방법을 쓰시오.

1. Slag Check Ball
2. Ladle Cutting
3. 색깔

69

부원료 수송 작업 시 Tripper의 역할을 쓰시오.

각 부원료 별로 노상 Hopper에 분류 저장

70

용선100톤, 고철20톤을 사용하여 취련했을 때의 HMR을 구하시오.

$$HMR = \frac{용선량}{전장입량} \times 100$$
$$= \frac{100}{120} \times 100 = 83.3\%$$

71

용선 100톤, 고철20톤, 냉선5톤을 장입하여 105톤의 강괴를 얻었다. 그 중 7톤이 불량 강괴였다면 양괴 실수율은 몇 %인가?

$$양괴실수율 = \frac{양괴량}{전장입량} \times 100$$
$$= \frac{105-7}{100+20+5} \times 100$$
$$= 78.4\%$$

72

By Pass변의 기능을 쓰시오.

1. 삼방변 이상으로 배가스 불능 시
2. CO가스가 규정치 이하일 때

73

냉각제 종류를 쓰시오.

1. 철광석
2. 석회석
3. Mill Scale
4. 소결광

74

조재제 종류를 쓰시오.

1. 생석회
2. 석회석
3. 규사
4. 연와조각

75

Slag의 역할을 쓰시오.

1. 불순물 제거
2. 용강의 산화방지
3. 가스 흡수방지
4. 열손실방지

76

고철과 용선 장입 시 필요한 인원 3명의 역할을 쓰시오.

1. 노경동자
2. 신호자
3. Crane 운전공

77

취련 중에 투입되는 형석의 역할을 쓰시오.

1. Slag 유동성 향상
2. Forming 좋은 Slag 형성

78

출강구에 사용되는 연와가 구비해야 할 조건을 쓰시오.

내마모성, 내 Spalling성

79

내화물의 수명에 영향을 주는 요인에 대한 설명이다. 수명을 연장시키려면 다음 조건에 대해 어떻게 해야 하는가? (증가, 감소로 표기)

가. 용강 중 [Si] :
나. 염기도 증가 :
다. Slag 중의 T-Fe :
라. 산소사용량 :

가. 감소
나. 증가
다. 감소
라. 감소

80

상취법에 대해 복합 취련의 특징에 대한 다음 조건에 따른 옳은 표기는?
(높다, 낮다로 표시)

가. 실수율 :
나. 용강 교반력 :
다. O₂원단위 :
라. 건설비 :

가. 높다
나. 높다
다. 낮다
라. 낮다

81

불꽃색이 붉은 것과 흰 것 중 어느 쪽이 강욕 온도가 높은가?

흰 것(고온 : 백색, 저온 : 적색)

82

화력이 센 것과 약한 것은 어느 쪽이 [C]%가 높겠는가?

약한 것

83

연와 보호 방법을 쓰시오.

1. Slag Coating
2. 노복부 Kneader 재보강
3. Spray실시
4. 재취련 억제

84

고철을 사용할 경우를 쓰시오.

1. 용선 부족 시
2. 냉각 시

85

분출 발생으로 제강에 어떠한 영향이 미치는가?

1. Track Time이 길어진다.
2. 실수율 저하

86
출강구가 넓어졌을 때 발생되는 현상을 품질과 관련지어 쓰시오.

Slag 유출로 복P, 복S로 강의 품질저하

87
석회석을 1회에 다량으로 투입하면 노내 강욕은 어떠한 변화가 일어나는가?

와류현상

88
전로재의 용강을 완전히 출강시키지 않은 상태에서 고철을 장입하면 어떠한 현상이 일어나는가?

폭발

89
순산소 상취전로용 용선 예비처리 시 인젝션법으로 탈황을 실시할 경우 다음 조건에 대한 사용원료와 탈황반응식을 쓰시오.

- 사용원료
  1. 탈황제 : CaC_2
  2. 탈황촉진제 : $CaCO_3$
  3. 캐리어(Carrier Gas)가스 : N_2
- 탈황반응식
  $CaC_2 + S = CaS + 2C$

90
LD전로 제강 시 탈인을 촉진시키는 특수제강법을 쓰시오.

1. LD-AC법
2. Double Slag법
3. KALDO법
4. ROTOR법
5. Soft Blow법

91
LD전로 산소랜스 중 단공노즐에 비하여 다공노즐 사용의 이점을 쓰시오.

1. 용강의 교반운동 촉진으로 실수율 향상
2. Spalling에 의한 분출량 감소로 실수율 향상
3. 취련작업성의 개선으로 내장연와의 손실이 감소

92

LD전로 OG 폐가스처리 장치 중 다음 설비에 대한 기능을 쓰시오.

가. 스커트 :
나. 후드 :
다. 바이패스변 :

가. Hood 내 압력조정, 외부공기 혼입 방지(2차연소 및 폭발방지), CO 가스 희박 방지
나. 폐가스를 Gas Holder로 유도, 노내 압력 조정
다. 삼방변 고장으로 방산측이 열리지 않을 때, CO가스가 규정치 이하일 때 배풍

93

LD전로내화물의 수명을 감소시키는 요인에 대하여 각 항목에 적합한 것을 보기에서 골라 쓰시오. (많다/적다/높다/낮다로 표기)

가. 염기도 :
나. 용선 중 Si :
다. 용선배합률 :
라. 출강횟수 :

가. 낮다
나. 많다
다. 높다
라. 많다

94

전용선 조업을 해야 하는 경우를 쓰시오.

1. 신로 축조 시
2. 탕면 측정 시
3. 고철크레인 고장 시
4. 영구연와 돌출 시

95

전로 슬래그의 기본 성분계를 쓰시오.

1. CaO
2. FeO
3. SiO_2

96

전로조업용으로 사용하는 철광석의 용도와 구비조건을 쓰시오.

- 용도
  1. 냉각제 2. 매용제 3. 산화
- 구비조건
  1. P, S가 적을 것
  2. SiO_2가 10% 이하일 것
  3. 입도가 10~50mm 정도일 것
  4. 수분이 적을 것
  5. 철분이 많을 것

97

석출탈산 시 탈산 Fe-Si 사용 시(가스-용강간 반응)의 반응식을 쓰고 탈산제 구비 조건을 쓰시오.

- 반응식
  $Si + 2O = SiO_2$
- 구비조건
  1. 산소와 친화력이 크며 반응속도가 클 것
  2. 탈산원소가 용강 중 용해속도가 빠를 것
  3. 미반응 탈산원소가 잔류해도 강질을 해치지 않을 것
  4. 저가이며 소량만 사용할 것
  5. 탈산생성물 부상 분리가 쉬울 것

98

전로 1기로서 하루 30Heats를 다음과 같이 생산했다. 평균 제강시간은 얼마인가? (단, 설비휴지내역은 용선대기 50분, 설비점검 40분, 설비수리 30분)

평균제강시간
$$= \frac{1일조업시간 - 휴지시간}{\text{Heats수}}$$
$$= \frac{24 \times 60분 - (50 + 40 + 30)분}{30}$$
$$= \frac{1,440분 - 120분}{30} = 44분$$

(1일 24시간이므로 시간당 60분 계산하면 1,440분)

99

주편두께가 400mm인 경우 완전응고에 소요되는 시간을 식을 세워 계산하시오. (단, 소수점 이하 반올림, 응고율 상수 : 28)

$D = k\sqrt{t}$
D: 주편두께, t: 응고시간
k: 응고상수
$$t = \left(\frac{D}{k}\right)^2 = \left(\frac{200}{28}\right)^2 = 51분$$

(주편두께는 중심선을 기준하므로 실 두께의 1/2로 계산)

100

전로에서 사용되는 Sub-Lance의 기능을 쓰시오.

1. 온도측정
2. 성분측정(특히 C)
3. 탕면측정

101

LD전로 산소 Lance에 지금이 부착되는 원인을 쓰시오.

1. 슬로핑
2. 용선 중 Si 과다
3. 신로 축조 시

102

LD전로 조업 시 다음 조건의 경우 하드블로우와 소프트블로우 어디에 해당되는지 옳은 답을 쓰시오.

가. 슬로핑 방지 :
나. 탈인 반응 촉진 :
다. 랜스 높이 상승 :
라. 온도 상승 :
마. 조제 촉진 :

가. 하드 블로우
나. 소프트 블로우
다. 소프트 블로우
라. 하드 블로우
마. 소프트 블로우

103

전로 종점 판정 시 불꽃투명도가 증가하고 있다. 강 중 탄소함유량과 용강온도를 높다, 낮다로 표기하시오.

- 강 중 탄소함유량 : 낮다
- 용강온도 : 높다

104

용강온도가 1,600℃일 경우 5대원소와 산소와 친화력을 순서대로 쓰시오.

- 5대원소
  C > Si > Mn > P > S
- 산소와 친화력
  Si > Mn > C > P > S

105

전로내 반응식으로 다음 각 원소가 산소와 직접 반응하는 화학식을 쓰시오.
가. C :
나. Mn :
다. P :

가. $C + O = CO$
나. $Mn + O = MnO$
다. $2P + 5O = P_2O_5$

106

전로 내 인(P)이 다량 함유되었을 때의 예상되는 품질상의 결함과 탈인 촉진조건을 쓰시오.

- 예상결함 : 상온취성, 편석
- 탈인 조건
  1. 슬래그 염기도가 높을 때
  2. 산화력이 클 때
  3. 용강온도가 낮을 때
  4. 강재 중에 P_2O_5가 낮을 때
  5. 강재량이 많을 때
  6. 강재의 유동성이 좋을 때

107

복합취련 전로법의 원리를 설명하고 LD전로법에 비하여 장점을 쓰시오.

- 원리
  전로 상부로부터 산소, 저부에 불활성 가스(Ar, N_2)를 취입하여 용강의 교반을 촉진시켜 정련효율을 높이기 위한 전로법)
- 장점
  1. 용강교반이 균일하여 성분과 온도가 균일하다.
  2. CO반응이 활발하여 극저탄소강 등 청정강 제조에 유리하다.
  3. 취련시간이 단축되고 실수율이 높다.
  4. 내화물 수명이 연장된다.

108

전로 취련 시 비교해야 할 Charge의 선정조건을 쓰시오.

1. 가까운 차지일 것, 취련패턴이 같을 것
2. 목표 C가 비슷할 것
3. 예상 종점온도가 같을 것
4. 주·부원료 장입량이 비슷할 것

109

취련 중 배가스 분석, 강욕 온도 성분을 연속적으로 측정한 정보에 의해 종점 온도 및 성분 추정하는 종점 제어방법을 무엇이라 하는가?

다이나믹 컨트롤

110

용선의 비열이 0.25kcal/kg$_f$일 때, 12t의 용선을 1,650℃에서 1,640℃로 하강시킬 때 발생하는 열량(kcal)를 구하시오.

발열량
= 비열×용선량×온도차
= 0.25×12,000×(1,650-1,640)
= 30,000

111

LD전로 조업 시 용선 중의 Si함유량이 과다 함유했을 때 예상되는 조업 및 품질의 영향을 쓰시오.

1. 온도가 과도히 상승(냉각제 투입량 증가, 내화물 수명감소)
2. 염기도 저하(탈황, 탈인 불리)
3. 슬로핑 증가(실수율 저하)

112

슬로핑은 무엇을 의미하며 그 발생 원인에 대하여 쓰시오.

- 슬로핑
  취련중기 슬래그량 증가로 슬래그와 용강이 노외로 분출되는 현상
- 발생원인
  1. 노 용적에 비하여 장입물이 과다 할 때
  2. 잔류 Slag가 과다할 때
  3. 용선 중 Si함유량이 많을 때
  4. Soft Blow 시
  5. Slag점성이 증가할 때
  6. 용선 배합률이 높을 때

113

재취련을 해야 할 경우의 성분과 온도와의 관계를 쓰시오.

- 성분
  강중 C성분이 목표치보다 높을 때
- 온도
  용강 온도가 목표치보다 낮을 때

114

전로 종점 판단 시 다음 조건에 대해 용강온도가 높다고 판단되는 기준을 쓰시오.

- 랜스 선단 상태 : 노출
- 슬래그 유동성 : 양호(잔잔할 때)

115

다음 사항에서의 취련 중 발생하는 Si 산화열을 구하시오. (단, Si 산화열 8,000kcal/kg$_f$)
[전장입량 : 100톤, HMR 80%(Si% 0.5%), 냉선사용량 : 10톤(Si% 0.5%)]

산화열 = ((용선량 × 용선중Si%) + (냉선량 × 냉선중Si%)) × 발열량

Si량
$= (80,000 \times \frac{0.5}{100}) + (10,000 \times \frac{0.5}{100})$
$= 450 kg_f$
산화열
$= Si량 \times 발열량 = 450 \times 8,000$
$= 3,600,000 kcal$

116

용선180톤 냉선20톤 고철20톤을 장입하여 200톤을 출강하였다. 탈황률은?
(단, 용선냉선의 [S]% : 0.05%이고 종점의[S]% : 0.01%이다)

탈황률(%)
$= \left[1 - \frac{종점S\% \times 출강량}{용선S\% \times 선철량}\right] \times 100$
$= \left[1 - \left(\frac{0.01 \times 200}{0.05 \times 200}\right)\right] \times 100 = 80\%$

117

LD전로제강에서 용강 800kg$_f$, 냉선 200kg$_f$을 장입하여 965kg$_f$의 강을 출강했다. 물음에 답하시오.

1. 출강 실수율은 얼마인가?
2. 용선과 냉선에서 P함량이 0.05%이고 취련 후 종점 P함유량이 0.01%가 되었을 때 탈 P율은?

1. 실수율 $= \frac{965}{1,000} \times 100 = 96.5\%$

2. $\left[1 - \frac{0.01 \times 965}{0.05 \times (800+200)}\right] \times 100$
$= 80.7\%$

118

아래 조건에 의한 염기도를 구하시오. (소수점 둘째자리 반올림)

용선	용선Si	생석회	생석회품위	석회석	석회석품위
90톤	0.6%	5,500kg$_f$	90%	1,500kg$_f$	50%

염기도 = 염기성 성분의 총합/산성 성분의 총합
$= (CaO/SiO_2)$
염기도
$= \frac{5,500 \times 0.9 + 1,500 \times 0.5}{90,000 \times (0.6/100) \times (60/28)}$
$= \frac{4,950 + 750}{1,157} = 4.93$

119

다음 조건하에서 Slag량을 구하시오.

- CaO사용량 : 5,000kg$_f$(순도 90%)
- 석회석사용량 : 1,000kg$_f$(CaO 50%)
- 노체용손량 : 100kg
- 내화물 중 CaO량 : 50%
- Slag 중 CaO : 50%

슬래그량
$$= \frac{(CaO량 + 석회석량 + 노체용손량) 중의 순수 CaO량}{슬래그중 CaO\%}$$

슬래그량
$$= \frac{(5000 \times (90/100) + 1000 \times (50/100) + 100 \times (50/100))}{(50/100)}$$

$$= 10,100 kg_f$$

120

용선 85톤을 장입하여 메인 랜스를 이용하여 탕면을 측정한 결과 디지털상 높이 8,200mm이며, 이때 측정봉은 랜스 선단에서 1,000mm위치에 표시되었다면 전정입량 100톤(HMR 85%)일 때 디지털상 랜스 높이(mm)는 얼마로 해야 되는가? (단, 취련 패턴상 랜스 높이는 1,500mm, 보정계수는 톤당 15mm임)

(조작실 디지털상 높이-측정봉 높이)
+고철계수+취련패턴상 Lance높이)
(8,200-1,000)+(15×15)+1,500
= 8,925mm

121

용선 100kg$_f$ 중 Si가 0.7% 들어 있다. 이것을 100% 산화시키는 데 필요한 산소량은? (산소 분자량은 32, Si의 원자량은 28)

산소량
$$= 용선량 \times Si\% \times \frac{산소분자량}{규소원자량}$$

$$= 100 \times \frac{0.7}{100} \times \frac{32}{28} = 0.8 kg_f$$

122

전로나 혼선로가 경동작업 중 정전이 되더라도 비상복귀가 가능한 이유는?

회전중심이 노체무게 중심보다 아래 위치에 있기 때문

123

다음과 같은 경우 생석회 투입량을 구하시오.

> 염기도 3.5, 용선 100톤, 용선 중 Si 0.8%, 생석회순도 90%

생석회량

$$= \frac{(염기도 \times 용선량 \times 용선중 Si\% \times \frac{SiO_2분자량}{Si분자량})}{si순도}$$

$$= \frac{3.5 \times 100,000 \times (\frac{0.8}{100}) \times (\frac{60}{28})}{\frac{90}{100}}$$

$$= 6,666.7 kg_f$$

124

전로의 트러니언링을 중심으로 공기 및 물은 각각 노의 어느 부분을 냉각시켜 주는가?

- 노복부
- 냉각수 홀더 슬래그 카바

125

LD전로 조업 시 노체경동조건을 쓰시오.

1. Lance와 HiC가 동일 안전지점에 있을 때
2. Hood 내 이동대차가 중앙에 있을 때
3. 경동전동기가 운전 중에 있을 때
4. Skrit가 상한 위치에 있을 것
5. 전로 경동 비상정지 장치가 동작하고 있을 것

126

LD전로 노체 경동력 전달순서이다. ( ) 안에 알맞은 말을 쓰시오.

> Moter → ( ) → ( ) → ( ) → T/R → 노경동

Moter → 주감속기 → Bull Gear → 트러니언 샤프트 → T/R → 노경동

127

전로에 사용되는 랜스 노즐의 재질은 무엇이며 그 재료를 사용하는 이유는?

1. 재질 : Cu
2. 사용하는 이유 : 열전도도가 우수, 물에 산화되지 않음

128
전로경동의 Inter-Lock 조건을 쓰시오.

1. 랜스가 자동 시 일단정지점 이상일 것
2. Skrit가 상한 위치에 있을 것
3. Hood 이동대치가 취련규정 위치에 있을 것
4. 전로 경동 장치와 비상정지 장치가 작동하지 않을 것
5. 경동전동기가 운전 중에 있을 것

129
전로 본랜스 설비는 주로 어떠한 장치로 구성되어 있는지 쓰시오.

1. 승강장치
2. 교환장치
3. 랜스본체
4. 프랙시블 호-스

130
O_2 Lance는 3중관으로 되어 있다. 외측으로부터 순서대로 쓰시오..

배수 → 급수 → 산소

131
전로에서 Probe를 이용한 Sub-Lance System의 역할을 쓰시오.

1. 용강의 온도측정
2. 용강의 성분측정
3. Sampling
4. 탕면측정

132
전로 내 용강탕면 측정 시 탕면높이 결정은 통상 다음식에 의해 결정하는데, 이때 K는 무엇인가?

$A = L - K$ (A : 탕면높이, L : 랜스 선단, K : 랜스 선단과 탕면과의 거리)

133

LD전로 취련 조업 시 Lance에 지금이 많이 부착되는 경우를 쓰시오.

1. 신로를 축조하여 조업을 행할 때
2. 고로 용선 중[Si]가 높을 때
3. Slopping이 많을 때

134

전로작업에서 출강구 설치 목적을 쓰시오.

1. 생산능률이 높다.
2. 탈산 변동이 적어지고 품질이 향상
3. Slag의 염기도 조정이 용이함
4. 조업 안정에 따른 회수율 향상

135

출강구 보강 작업 시 준비해야 할 부정형 내화물은?

1. Stampe재
2. kneader(니더)재

136

LD조업 시 Slag나 지금이 노외로 넘쳐 도넛 형태로 쌓이는 것을 무엇이라 하는가?

베렌(노구부착지금)

137

LD전로조업에서 노구 지금 제거작업을 하는 이유를 쓰시오.

1. Sampling 또는 측온 중의 낙하로 인명피해우려
2. 취련 종료 시 불꽃판정 불확실
3. 노구지금이 출강 중 낙하할 때 수강대차와 수강 Ladle에 떨어져 설비사고의 위험성 초래

138

산소 사용량의 오차를 쓰시오.

1. 주원료 및 부원료 평량오차
2. 고철 및 냉선의 성분변동
3. 용선성분의 분석오차
4. 조업변화에 의한 산소효율의 변화

139

전로제강시간에서 비취련 시간에 해당하는 것을 쓰시오.

1. 주원료 장입시간
2. 온도측정시간
3. 시료채취시간
4. 출강시간
5. 배재시간

140

전로작업시간의 체계로서 장애시간에 속하는 시간을 쓰시오.

1. 공장 내 대기시간
2. 공장의 대기시간
3. 준비시간
4. 고장 및 수리시간

141

전로조업에서 스피팅 현상에 의한 응급대책으로 첨가하는 매용제를 쓰시오.

1. 형석
2. 밀 스케일

142

철광석, 소결광이 갖추어야 할 조건을 쓰시오.

1. 철분이 많을 것
2. 산성성분인 SiO_2, Al_2O_3, TiO_2 낮을 것
3. P, S가 낮을 것
4. 결합수, 부착수분이 적을 것
5. 괴상으로서 분상이 적을 것
6. 딱딱하고 치밀한 것

143

전로에서 사용하는 합금철의 구비조건을 쓰시오.

1. 산소와 친화력이 철에 비해 클 것
2. 용강 중에서 확산속도가 클 것
3. 용강 중에서 탈산생성물이 용해하지 않을 것
4. 용강 중에서 탈산생성물이 용이하게 분리할 것
5. 다량 첨가 시에도 용강 중의 잔류한 미반응이 강질을 해치지 않을 것
6. 회수율이 좋고 값이 싸야 한다.
7. 불순물(P, S)과 분광이 적어야 한다.

144
LD전로 조업 시 2종이상의 원소로 복합 탈산하는 이유를 쓰시오.

1. 강력한 탈산효과
2. 탈산성분의 부상분리 용이

145
철강 중 Ladle 내 합금철 투입 시 유의사항에 대한 작업상의 주의할 점을 쓰시오.

1. **투입시기**
   전체 출강량의 1/3~2/30내의 전량 투입할 것
2. **투입위치**
   출강류의 직하 또는 되도록 가까운 근처에 투입되는 곳에 합금철이 떨어지도록 할 것

146
LD전로작업에서 유동성과 반응성을 좋게 하기 위해 소량 투입하는 것은?

형석

147
조업 중 용제에 의해 생성된 Slag의 역할을 쓰시오.

1. 정련작용
2. 열손실 방지
3. 용강의 표면을 덮어 용강의 산화와 가스흡수방지

148
Slag의 구비조건을 쓰시오.

1. 용융점이 낮을 것
2. 유동성이 좋을 것
3. 비중이 낮을 것
4. 용강과 잘 분리할 것
5. 제련 및 정련작업을 잘 수행할 것

149
Slag Coating하는 이유를 쓰시오.

노체의 수명을 연장하여 장기사용을 목적으로 함

150

다음은 보통제강에서 Slag를 주성분으로 하는 산화물이다. 염기성, 약염기성, 산성, 약산성으로 구분하시오.

> CaO, FeO, Al_2O_3, P_2O_5, MgO, MnO, Fe_2O_3, SiO_2

1. 염기성 : CaO, MgO
2. 약염기성 : MnO, FeO
3. 약산성 : Al_2O_3, Fe_2O_3
4. 산성 : SiO_2, P_2O_5

151

전로내장연와의 수명감소의 요인을 쓰시오.

1. 용선 중 [Si]가 높을 때
2. Slag의 T-Fe가 높을 때
3. 염기도가 낮을 때
4. 산소사용량이 많을 때
5. 재취련 횟수가 많을 때
6. 종점온도가 높을 때
7. 용강 중 C의 함량이 저하할 때
8. 휴지시간이 증가할 때

152

전로 출강 작업 시 사용되는 Slag Check Ball의 사용목적을 쓰시오.

1. 출강 시 Slag 유출 억제
2. Slag 유출억제로 각 합금 탈산제 회수율 향상
3. Slag 유출억제로 [P], [S]적은 양질의 강 제조

153

전로에 사용되는 부정형 내화물을 쓰시오.

Knender재, Stamp재, Mortar재, Spray재, Costobe재

154

LD 전로조업상의 요인에 의해 침식되는 노체내장연와의 수명연장대책을 쓰시오.

1. 용선 중의 [Si]%증가억제
2. Slag 중의 T-Fe증가 억제
3. 취련횟수가 적을 것
4. 적정 종점 온도일 것
5. 산소, 형석 및 석회석 사용량이 많지 않을 것
6. 장입측 노복부는 석회석 또는 Dolomite 등으로 Slag Coating실시
7. 용강 중 C의 함유량이 저하되지 않을 것

155

다음은 전로내화물의 수명에 미치는 조업의 영향을 나타낸 것이다. 조업요인에 열거된 항목들이 증가(많음)할 경우 내화물의 수명이 연장되는 요인이면 "연장", 감소되는 요인이면 "감소"를 기입하시오.

조업요인	영향도	조업요인	영향도
용선중 [Si]%	(감소)	슬래그 염기도	(연장)
용선중 [Mn]%	(연장)	형석 사용량	(감소)
용선 배합율	(감소)	백운석 사용량	(연장)
슬래그 T·Fe량	(감소)	취련 시간	(감소)

156

Mixer의 역할을 쓰시오.

저장, 혼선, 보온, 탈류

157

혼선차가 혼선로보다 좋은 점을 쓰시오.

1. 건설비가 저렴하다.
2. 온도강하가 적다.
3. FeO의 손실이 적다.
4. 제재작업이 간단하다.

158

TDS탈류에서 탈류촉진제를 쓰시오.

탈유제 : CaC_2,
탈류촉진제 : $CaCO_3$

159

회전하는 Impeller에 의해 용선을 교반시켜 와류(Vorex)를 발생시키며 CaC_2를 투입시켜 용선 내의 S를 제거하는 탈유법은 무엇이며, CaC_2에 의한 탈S 반응식을 쓰시오.

1. KR법
2. $CaC_2 + [S] \rightarrow CaS + 2C$

160

다음은 제강로의 산화반응식이다. ( )를 성립시키시오.

1. $2FeO + Si \rightarrow ($ $) + Fe$
2. $FeO + Mn \rightarrow ($ $) + Fe$
3. $3FeO + 2Al \rightarrow ($ $) + 3Fe$

> 1. $2FeO + Si \rightarrow (SiO_2) + Fe$
> 2. $FeO + Mn \rightarrow (MnO) + Fe$
> 3. $3FeO + 2Al \rightarrow (Al_2O_3) + 3Fe$

161

다음 물음에 답하시오.

> CaF_2, CaC_2, Na_2CO_3, CaO, $NaOH$, KOH, NaF, $NaCl$, CaN_2

1. 탈황효과가 큰 순서대로 쓰시오.
2. 용강의 온도가 1,400℃에서 융체인 것은?

> 1. $CaC_2 \rightarrow Na_2CO_3 \rightarrow NaOH \rightarrow KOH$
> 2. Na_2CO_3, $NaCl$, $NaOH$, NaF, KOH

162

다음 표는 LD전로에는 사용되는 부원료를 용도별로 표시한 도표이다. 생석회의 예와 같이 서로 관계가 있는 것끼리 ○표하시오.

구분	생석회	철광석	형석	밀스케일	Fe-Mn	Al
매용제	○					
냉각제						
합금철						
탈산제						

구분	생석회	철광석	형석	밀스케일	Fe-Mn	Al
매용제	○		○	○		
냉각제		○				
합금철					○	
탈산제						○

163

소석회가 LD전로에 요구되는 성질을 쓰시오.

> 1. 연소하므로 반응성이 양호할 것
> 2. 입자가 20~50mm일 것
> 3. 수송 저장 중 풍화현상이 적을 것
> 4. 불순물이 적을 것

164

전로취련 작업 시 생석회는 취련 개시 전에 장입하지 않고 주로 착화 후부터 분할 투입을 한다. 취련 개시 전에 장입했을 때 영향과 착화 후의 분할 투입했을 때의 효과를 쓰시오.

1. 냉각효과
2. 조재효과
3. Slopping 방지효과

165

전로의 노구 금물(Mouth Ring)의 기능과 재질을 쓰시오.

- **기능**
  전로분출물에 의한 노구부 및 주조연와의 훼손방지
- **재질**
  회주철 or 구상흑연주철

166

전로 작업 요소별 순서이다. ( ) 안에 맞은 작업 요소명을 쓰시오.

고철장입 → 용선장입 → ( ) → 착화 → 기기동작 제어 → Skirt상승 → 취련 끝 → 측온, 시료채취 → ( ) → Slag배재

고철장입 → 용선장입 → (취련개시) → 착화 → 기기동작 제어 → Skirt상승 → 취련 끝 → 측온, 시료채취 → (출강) → Slag배재

167

전로 조업 중 Lance Wire가 절단되었을 때 대책을 쓰시오.

비상 정지시키고 Lance 교체

168

내화물 부식 원인 중 슬랙킹(Slaking)이란 무엇인가?

내화물이 산화되어 분말상태로 변하는 현상

169

부원료 장입 Belt Conveyor 출강구 Gate의 문제점이 다음과 같을 때 조치방법을 쓰시오.

1. 변형이 있을 때 : 수리 또는 교체
2. 녹이 생겼을 때 : 녹 제거
3. Dust Coating이 되었을 때 : 긁어낸다.

170

복합취련에서 탈탄반응속도를 결정짓는 요인을 쓰시오.

1. 산소사용량증가
2. 취련압력증가
3. 교반촉진

171

탈 P작업 시 다량의 CaO을 투입했을 때 발생되는 문제점을 쓰시오.

1. 유동성 저하
2. 실수율 저하
3. 불꽃판정 불량
4. 성분 불안정

172

다음 전로 부위별 내화물의 구비조건을 쓰시오.

가. 노정 :
나. Slag Line :
다. 출강구 :

가. 내스폴링성, 내화성, 내산성
나. 내식성, 내마모성
다. 내마모성, 내열성, 내스폴링성

173

다음에서 용강의 점성과 밀도를 감소시키고 유동성을 좋게 해주는 원소를 모두 고르시오.

Cr, C, Mn, W, Si, V

C, Mn, Si

174
전로 열정산 시 입열과 출열에 해당하는 것을 쓰시오.

- **입열**
  용선 현열, 용선 중 원소 반응열, Fe 연소열, 고철, 조재제, 매용제, 순산소 현열
- **출열**
  용강 현열, 강재 현열, 철광석, 돌로마이트, 밀스케일 분해열, 폐가스 현열

175
조괴에서 발생되기 쉬운 Crack 발생원인을 쓰시오.

1. 고속주입
2. 고온주입
3. 편심주입
4. 우각주형사용
5. 고온주형사용

176
림드강에서 리밍액션을 활성화시키기 위한 조건을 쓰시오.

1. 저속주입
2. 저온주입
3. 강중 C 0.06~0.08%
4. 강중 Mn, Si, S량 감소

177
베세머 전로에서 조업 시 탈황, 탈인이 안 되는 이유를 쓰시오.

산성 내화물사용으로 슬래그 분위기를 산성으로 해야 하므로 탈인, 탈황이 안 된다.

178
혼선차(TLC)가 혼선로에 비하여 유리한 점을 쓰시오.

용선 레이들, 용선수입크레인 불필요 원단위 감소, 온도강하가 적음(개구부가 작음), 지금부착에 의한 철손실 감소
- **불리한 점**
  토페도카마다 온도, 성분 차로 조업 불안정 원인, 수송선로 곡률반지름이 크다.

179
서브랜스에 의한 측온, 샘플링 방법이 종래의 Immersion방식에 비해 조업상의 이점을 쓰시오.

제강시간단축(생산성향상), 노동경감, 자동화에 유리

180
진공형 발광분석법에 의해 분석하는 것은?

용선, 용강 중 성분
* 슬래그는 형광 X선법 이용

181
용선 중의 Si가 너무 적었을 경우 조업에 미치는 영향을 쓰시오.

용강온도 저하, 유동성 감소, 염기도 저하
* 0.5~0.8%가 적당

182
형석을 사용하는 이유와 과도히 사용했을 때 설비 및 조업에 미치는 영향을 쓰시오.

1. **형석사용 이유**
   슬래그 유동성 개선, 탈인, 탈황반응 촉진
2. **미치는 영향**
   내화물 침식, 슬로핑 발생

183
생석회 조기 용해를 촉진시키기 위하여 투입되는 부원료를 쓰시오.

형석, 밀스케일

184
경소 돌로마이트 사용목적을 쓰시오.

노체수명연장, 탈인, 탈황

185
합금철과 탈산제를 다량으로 사용했을 경우 어떠한 문제가 예상되는가?

온도강하, 복인, 비금속 개재물 증가

186
마그네시아 연와의 슬래그 침투성과 스폴링성을 개선하기 위하여 연와 중 탄소량을 증가시켜 세라믹 결합을 탄소결합으로 개선시킨 내화물 명칭을 쓰시오.

MgO – C 연와

187
LD전로에서의 취련 작업 시 산화반응에 영향을 미치는 요인을 쓰시오.

랜스 노즐의 형상, 산소제트의 거동, 강욕 운동

188
LD전로에서의 산소제트에 영향을 미치는 요인을 쓰시오.

산소압력, 노즐 각도와 형상, 노즐 최소 단면적과 노즐과 강욕면간 높이
※ 라발노즐 : 안정한 초음속제트를 얻기 위해 노즐 선단을 일단 좁힌 후 유로를 서서히 확대시킨 노즐

189
LD전로에서의 탈질 촉진조건을 쓰시오.

1. 용선 중 질소량 저하
2. 강욕 교반촉진(용선배합률 상승, 하드블로우)
3. 강욕 보일링(철광석, 석회석 투입)
4. 노구 공기침입 방지(노구축소, Foaming Slag 형성, 재취련 금지)

190
LD전로에서 취련 설계 시 계산하여야 할 항목을 쓰시오.

1. 용선량 계산
2. 석회량 계산
3. 열 계산
4. 산소량 계산
5. 랜스높이 계산

191
전로조업 중 철광석을 지속적으로 분할 투입하는 이유를 쓰시오.

분해열을 흡수하면서 강욕과 슬래그의 온도가 급격히 상승하는 것 방지

192
전로조업에서 캐치카본법의 정의와 이점을 쓰시오.

캐치 카본법
목표로 하는 탄소성분에서 취련을 종료하는 방법
• 이점
1. 취련시간 단축
2. 산소 사용량 감소
3. 철분 재화방지
4. 강중 산소 감소

193
전로조업에서 확산탈산은 용강 중의 산소[FeO]와 슬래그 중의 산소(FeO)간의 분배의 법칙에 따라 양 농도가 평형상태가 되면 탈산이 종료된다. 분배율 L_{FeO}의 조건식을 쓰시오.

$L_{FeO} = [FeO]/(FeO)$

194
전로 계산기 제어 방법인 스태틱 컨트롤과 다이나믹 컨트롤에 대해 그 특징을 쓰시오.

1. **스태틱 컨트롤**
  열수지, 물질수지를 경험적으로 간단한 형으로 수식화하여 수식중의 계수는 과거 차지의 데이터의 통계적 방법에 의해 제어하는 것으로 취련 적중율이 50% 정도이다.
2. **다이나믹 컨트롤**
  • 취련조건제어방식 : 취련전기에 걸쳐 제어, 조작하는데 따라 슬래그 생성을 제어하여 용강 온도, 성분 추정
  • 궤도수정방식 : 스태틱 컨트롤에 의한 문제점을 보완하기 위하여 개발한 것으로 스태틱 컨트롤에 의해 조업을 하다가 취지 수분 전에 서브랜스에 의해 용강의 온도와 성분을 측정하여 종점목표로 궤도를 수정하는 방법

195

전로 출강시간이 길었을 때의 장·단점을 쓰시오.

- **장점**
  슬래그제거 유리, 레이들 내 슬래그량 감소, 첨가제 실수율 향상, 복P 감소
- **단점**
  작업능률 저하, 노체수명 감소, 용강 온도 저하

196

용선 75톤, 고선 5톤, 황선 5톤, 고철 20톤, 형선 5톤을 장입하여 조업한 결과 양괴 86톤, 불량강괴 5톤, 레이들 지금이 2톤, 슬래그 2톤이 생산되었을 때 용선 배합률, 전선 배합률, 출강 실수율을 각각 구하시오. (단, 소수점 1자리 이하 반올림, 용선 중 슬래그 2톤, 조업 중 고철 3톤 투입)

1. 용선배합률

$$= \frac{용선량}{전장입량} \times 100$$

$$= \frac{75-2}{(75-2)+5+5+20+5+3} \times 100$$

$$= 65.8\%$$

2. 전선배합률

$$= \frac{전선량}{전장입량} \times 100$$

$$= \frac{(75-2)+5+5+5}{(75-2)+5+5+20+5+3} \times 100$$

$$= 79.3\%$$

3. 출강실수율

$$= \frac{출강량}{전장입량} \times 100$$

$$= \frac{86+5+2}{(75-2)+5+5+20+5+3} \times 100$$

$$= 63.8\%$$

197

다음의 경우 Al 첨가량을 구하시오.

전장입량 10,000kg$_f$, 출강실수율 94%, 목표 Al 0.03%, Al실수율 30%

Al첨가량

$$= \frac{장입량 \times 출강실수율 \times 목표Al\%}{Al실수율}$$

$$= \frac{10,000 \times 0.94 \times (0.03/100)}{(30/100)}$$

$$= 9.4\text{kg}_f$$

198

전로 폐가스를 회수하는 방식 중 OG법의 장점을 쓰시오.

1. 연소 공기가 없으므로 가스량이 적다.
2. 설비의 소형화가 가능하다.
3. 구조가 간단하여 건설비가 저렴하다.
4. 회수한 연료를 연소용으로 사용한다.

199

전로 조업 열정산에서 입열 항목과 출열 항목을 다음에서 골라 구분하여 쓰시오.

- 용선의 현열
- 용강의 현열
- 폐가스의 현열
- 석회석의 분해 흡수열
- 슬래그의 현열
- CO의 잠열
- 복염 생성열
- 철광석의 분해 흡수열
- 순산소의 현열
- C, Si, Mn 등의 연소열

1. 입열 항목
   용선의 현열, CO의 잠열,
   복염 생성열, 순산소의 현열,
   C, Si, Mn 등의 연소열
2. 출열 항목
   용강의 현열, 폐가스의 현열,
   석회석의 분해 흡수열,
   슬래그의 현열,
   철광석의 분해 흡수열

200

전로 조업의 순서를 다음에서 골라 순서대로 쓰시오.

용선 장입, 산화기, 출강, 환원기, 측온(샘플링), 고철 장입, 배재, 취련조정기

고철 장입 → 용선 장입 → 산화기 → 환원기 → 취련조정기 → 측온(샘플링) → 출강 → 배재

201

다음 그림은 노즐에서 분출되는 산소 Jet의 구조를 나타낸 것이다. 물음에 답하시오.

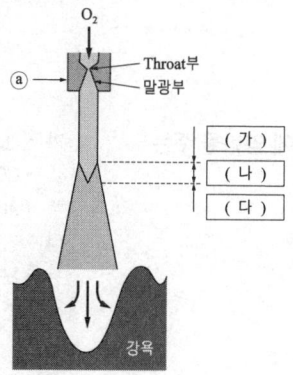

가. 그림에서 ⓐ가 표시하는 노즐의 형태와 작용을 쓰시오.
나. 그림에서 (가), (나), (다) 부분에 해당하는 용어를 쓰시오.
다. 그림에서 고압 산소에 의해 산소제트와 강욕과의 충돌면은?
라. 산소제트가 강욕면에 충돌할 때 침투 깊이가 깊을 때의 조업 상황과 특징을 쓰시오.
마. 화점 면적이 좁을 경우 조업 상황과 특징을 쓰시오.

가. • 형태 : 라발 노즐(Laval Nozzle)
   • 역할 : 강욕면에 적당한 충돌 에너지를 주기 위해 초음속으로 산소를 분사시키는 역할
나. • 가 : 초음속역
   • 나 : 천이역
   • 다 : 아음속역
다. 화점
라. • 상황 : 하드 블로우(Hard Blow)
   • 특징 : 탈탄촉진
마. • 상황 : 소프트 블로우(Soft Blow)
   • 특징 : 슬로핑 방지

202

다음 그림은 전로에서 랜스와 용강의 관계를 나타낸 것이다. L_0는 강욕의 깊이이고, L은 취입 오목 깊이이다.

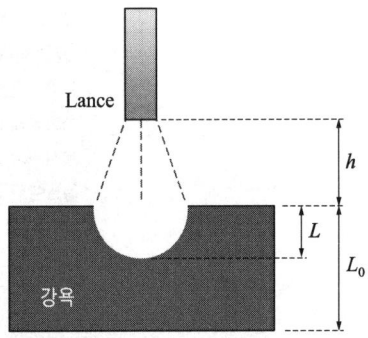

가. (h) 부분을 무엇이라 하는가?
나. L/L_0가 1에 가까울 때의 조업법은?
다. L/L_0가 0에 가까울 때의 조업법은?

가. 랜스 높이(랜스 선단에서 강욕까지의 거리)
나. 하드블로우(Hard Blow)
다. 소프트 블로우(Soft Blow)

203

전로 조업에서 격렬한 강욕의 교반에 작용하는 원인 및 반응 기구에 영향을 주는 인자를 각각 3가지 쓰시오.

가. 강욕의 교반 작용에 작용하는 원인
나. 반응 기구에 영향을 주는 인자

가. • 산소 제트의 운동량
  • CO 가스의 부상
  • 화점을 중심으로 한 열대류
나. • 강욕의 형상
  • 노즐에 의한 산소 제트
  • 전로 노체

204

전로 조업에서 산화철계 부원료(밀 스케일 등) 투입량과 소프트 블로우(Soft Blow) 상황에서 일어나는 현상을 간단히 설명하시오.

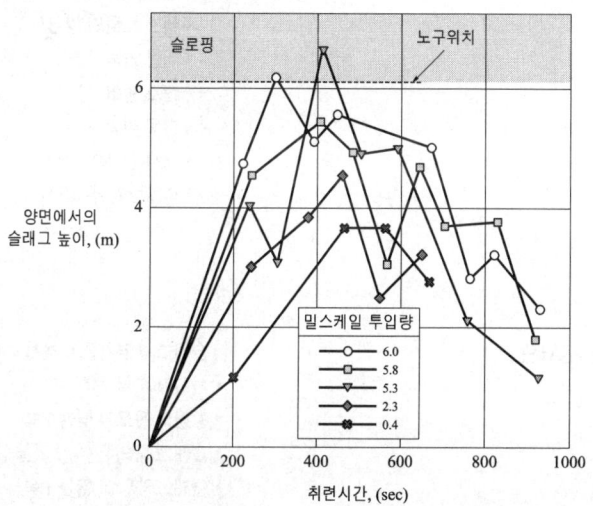

가. 슬래그 층이 취련 중기에 높이가 높아지는 이유를 간단히 설명하시오.
나. 밀 스케일 투입량이 증가할 때 슬로핑이 발생하는 이유를 간단히 설명하시오.

가. CO 가스에 의한 거품화(Foaming) 때문
나. 슬래그 중 FeO가 증가하여 슬래그-메탈 계면에서 CO 반응이 활발해서 거품화(Foaming)가 일어나고, 슬래그가 노구 레벨에 접근하면서 슬로핑이 발생한다.

205

다음 그림은 전로에서 어떤 원소의 산화반응 속도를 나타낸 것이다. 물음에 답하시오.

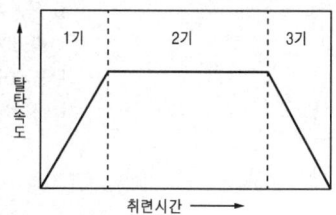

가. 반응 원소는?
나. 1기에서 3기까지를 간단히 설명하시오.
다. 1기에는 어떤 원소들이 우선 산화되는 시기인가?
라. 2기에는 슬래그-메탈 반응에 의해 용강으로 되돌아오는 원소와 현상은?

가. 탄소(C)
나. • 1기 : 탈탄 속도가 증가하는 시기로 탈규와 함께 진행
　　• 2기 : 탈규반응이 끝나고 탈탄 속도가 최대로 진행되는 시기
　　• 3기 : 탈탄 속도가 낮아짐에 따라 탄소량이 급격히 감소하는 시기
다. Si(가장 먼저 산화), Mn, P
라. Mn : Mn 융기(복망간)
　　P : P 융기(복인)

206

전로 조업에서 탈탄 반응이 일어나는 위치 및 탈탄 반응 기구에 미치는 조건을 3가지 쓰시오.

가. 탈탄 반응 위치
나. 반응 기구에 미치는 조건

가. 산소 가스와 강욕과의 접촉 계면에서
나. • 산소 공급 속도
• 랜스 노즐의 형상
• 취련 압력
• 랜스 높이
• 강욕 형성
• 용선 성분의 영향
• 슬래그의 부피(양)

207

전로 정련에서 탈인을 촉진하기 위한 조건을 3가지 쓰시오.

• 슬래그의 염기도가 높을수록
• 산화력이 클수록
• 용강의 온도가 낮을수록
• 슬래그 중의 P_2O_5가 낮을수록
• 슬래그의 양이 많을수록
• 슬래그의 유동성이 좋을수록

208

다음 그림은 전로의 구조이다. 물음에 답하시오.

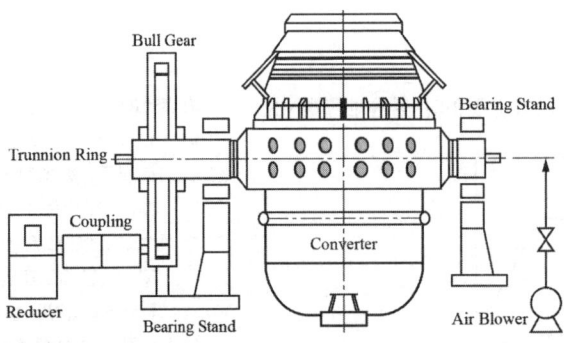

가. (가) 부분의 명칭과 기능을 쓰시오.
나. (나) 부분의 명칭과 기능을 쓰시오.
다. 전로 본체(Converter)의 무게 중심이 트러니언 링의 하부에 있는 이유를 쓰시오.
라. 트러니언에 고정된 기어로서 경동력을 전달하는 것을 쓰시오.
마. (가) 부분 외부에 설치되어 주변 설비의 열화를 방지하는 설비의 명칭을 쓰시오.

가. • 명칭 : 스커트(Skirt)
• 기능 : 외부공기 차단, 용강비산 방지, 후드 압력 유지
나. • 명칭 : 트러니언 링(Trunnion Ring)
• 기능 : 노체지지 및 경동하는 회전력을 전달
다. 전원 차단에 의한 비상 시 자동 복귀가 가능하다.
라. 불기어
마. 냉각링(Cooling Ring)

209

전로의 형식 중 비대칭형 노의 조업상 특징을 3가지 쓰시오.

- 슬로핑(Slopping)에 의한 분출 방향이 정해져 있어서 대부분 노하의 슬래그 팬(Slag Pan)에 떨어진다.
- 출강 시 노구의 위치가 높기 때문에 노구로부터 슬래그가 넘치는 일이 적고 신호나 조업 실수에 의한 재해를 방지할 수 있다.
- 노구로부터 나오는 폐가스가 노상에 높게 올라가지 않아 연도를 낮게 할 수 있다.
- 내장 연와의 크기가 달라야 한다.
- 장입, 출강을 동일측에서 실시해야 한다.

210

전로의 출강량이 같을 경우 노경이 클 때와 작을 때 영향을 각각 쓰시오.

- **노경이 클 때**
  강욕이 낮아져 강욕의 교반이 불균일하고 노저의 손상이 심하다.
- **노경이 작을 때**
  강욕이 깊어져 분출이 일어나기 쉽다.

211

다음 그림은 전로 산소 랜스 구조를 나타낸 것이다.

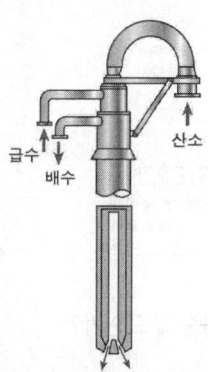

가. 랜스의 구조는?
나. 랜스의 재질은 무엇이며 사용하는 이유는?
다. 탈인을 촉진하기 위하여 산화칼슘 분말을 산소와 동시에 취입하는 방법은?
라. 랜스 승강기의 승강방식을 쓰시오.

가. 3중관 구조(내측부터 산소관, 급소관, 배수관 순으로 배열)
나. • 재질 : (구리(순동))
　　• 이유 : 열전도율이 우수, 내식성이 우수
다. LD-AC법
라. 드럼 권양기 방식

212

다음 그림과 같은 노즐을 사용하였을 때의 장점을 3가지 쓰시오.

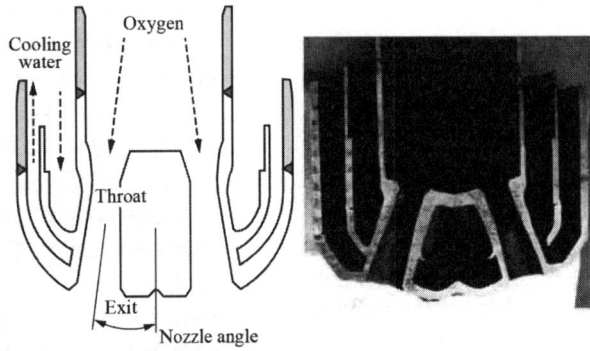

- 취련 중 용강 교반 효과 증가
- 용강의 분출 감소
- 출강 실수율 향상
- 취련 작업성의 개선
- 용강 운동의 변화

213

다음 그림은 배열회수장치를 나타낸 것이다. 물음에 답하시오.

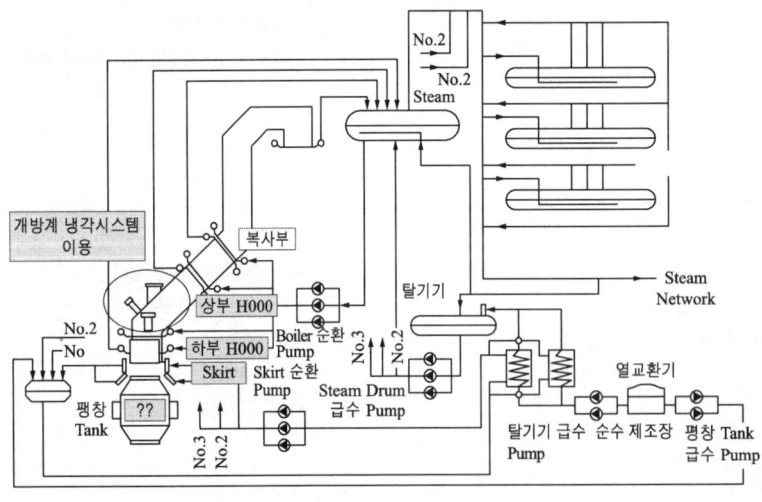

가. 그림과 같은 밀폐형 배열 보일러 설비에서 발생된 증기의 온도는 대략 몇 도인가?

나. 회수 과정을 간단히 설명하시오.

다. 배열 보일러 설비의 3대 설비를 쓰시오.

가. 255℃
나. 스팀 드럼(Steam Drum)으로 회수하여 축열기(Accumulator)를 저장한 후 조업용 및 난방용 등으로 공급
다. • 보일러 튜브 장치
 • 증기 회수 장치
 • 수처리 장치

214

다음 그림은 폐가스처리 설비를 나타낸 것이다. 물음에 답하시오.

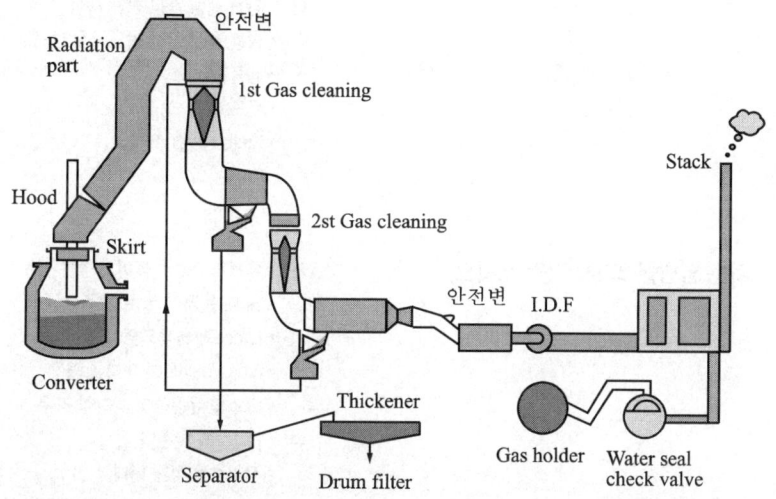

가. 그림과 같이 전로 폐가스를 비연소 CO가스로 회수하는 방법의 명칭을 쓰시오.
나. 그림에서 회수되는 CO가스를 연소용 원료로 사용하는데 그 명칭을 쓰시오.
다. 그림과 같은 방식의 장점을 3가지 쓰시오.
라. 노상에서 폐가스를 흡인하는 장치의 명칭을 쓰시오.
마. 배가스 집진 방식 2가지를 쓰시오.
바. 그림에서 IDF의 기능을 쓰시오.
사. 수봉변의 기능을 쓰시오.
아. 전체적인 조업 순서를 다음에서 골라 배열하시오.

> 스커트, IDF, 삼방변, 후드, 노구, 하부후드, 상부후드, 홀더와 스태커, 복사부

자. 집진기에서 청정된 전로 가스를 회수, 방산 라인으로 전환하여 주는 설비는?

가. OG 시스템
나. LDG
다. • 연소 공기가 없으므로 가스량이 적다.
　• 설비의 소형화가 가능하다.
　• 구조가 간단하여 건설비가 저렴하다.
　• 회수한 연료를 연소용으로 사용한다.
라. 후드(Hood)
마. 벤투리 스크러버(Venturi Scrubber), 전기 집진기
바. 폐가스를 승압하고 유인하는 장치
사. 물을 채워 회수 가스의 역류방지
아. 노구 스커트 → 하부후드 → 상부후드 → 복사부 → IDF → 삼방변 → 홀더와 스태커
자. 삼방변
　(3-Way Damper Switch Over)

215

전로 설비 중 랜스가 2개 설치되어 있는데, 각각의 용도를 쓰시오.

가. 주랜스(Main Lance)

나. 서브랜스(Sub Lance)

가. 산소 취련
나. • 강욕 레벨 측정(탕면 측정)
  • 성분 측정(탄소 농도, 산소 농도)
  • 샘플링
  • 온도 측정
  • 슬래그 레벨 측정

216

슬로핑의 원인, 조치사항 및 취련작업에 미치는 영향을 3가지 각각 쓰시오.

가. 원인
나. 조치사항
다. 취련작업에 미치는 영향

가. • 탕면과 Lance 높이가 높은 경우
  • 노 내 용적이 적은 경우
  • Lance가 노후되었을 경우
  • Slag Volume이 과다할 경우
  • Slag의 유동성이 과다할 경우
나. • Lance를 낮춘다.
  • 장입량을 적게 한다.
  • 새로운 Lance로 교체하여 취련한다.
  • 산소량을 줄여 미치는 영향
다. • 종점 [C] 및 온도제어가 불안정하다.
  • 노 밑에 철입자가 떨어져 청소 실시
  • 출강 실수율 저하
  • 노구에 지금이 부착된다.
  • 작업능률이 저하한다.

217

다음은 합금철의 특징에 대한 설명이다. 해당하는 합금철을 쓰시오.

가. 탈산, 탈황 작용을 하고, 강의 조직을 미세하게 하여 기계적 성질을 양호하게 한다.

나. 탈산력이 Mn의 5배이며, 소량으로 큰 탈산 효과가 있으며, 림드강용으로는 사용하지 않는다.

다. 용강 중 Si 및 Mn 조정 및 탈산제로 이용한다.

라. 용융점이 1,110℃ 이하이고, 탈산 및 탈황을 겸하고 충강전 또는 레이들에 첨가한다.

마. 탈산력이 Mn의 90배이며, 강의 결정입자를 미세화하고 균일하게 한다.

바. 전로에서 목표 C를 얻기 위해 가탄제로 사용한다.

가. Fe-Mn
나. Fe-Si
다. Si-Mn
라. Ca-Si
마. Al
바. 분 코크스, 전극설, 흑연

218

전로 조업에서 석출 탈산과 확산 탈산을 구분하여 설명하고, 석출 탈산을 효과적으로 하기 위한 조건을 3가지 쓰시오.

가. 확산 탈산
나. 석출 탈산(강제 탈산, 화학 탈산)
다. 석출 탈산을 효과적으로 하기 위한 조건

가. 용강과 슬래그의 반응에 의한 탈산
나. 탈산제(Fe-Si, Fe-Mn, Si-Mn, Al) 등을 사용한 탈산
다. • 탈산제가 강욕 중에 신속히 용해할 것
  • 탈산 원소의 O에 대한 친화력이 강할 것
  • 탈산 생성물의 부상 속도가 클 것

219

다음을 보고 산화와의 친화력이 큰 순서대로 나열하시오.

| Ti, Mn, Zr, V, Si, Al, Cr |

Zr → Al → Ti → Si → V → Cr → Mn

220

다음 그림은 전로 출강 시 슬래그 커팅법을 나타낸 것이다. 물음에 답하시오.

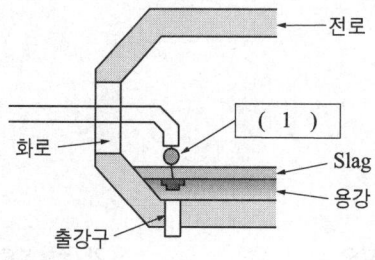

가. 그림과 같은 방법의 명칭과 기능을 쓰시오.
나. (1)에 해당하는 설비의 명칭을 쓰시오.
다. 그림과 같은 방법의 장점을 2가지 쓰시오.

가. • 명칭 : 슬래그 커팅법 (Slag Cutting 법)
  • 기능 : 전로 출강 시 슬래그 유출 방지
나. Slag Ball(슬래그 볼)
다. • 레이들에서의 복인 방지
  • 슬래그에 기인하는 개재물의 생성을 억제
  • 탈산제 원소의 실수율 향상

221

전로 조업에서 출강 시간이 길어질 때의 장단점을 각각 3가지씩 쓰시오.

가. 장점
나. 단점

가. • 슬래그 커팅(Slag Cutting)이 잘 된다.
  • 레이들 내 슬래그 두께가 얇아 진다.
  • 첨가제의 실수율이 향상된다.
  • 복인량이 감소된다.
나. • 작업 능률이 저하된다.
  • 노체 연와 용손이 심하다.
  • 용강 온도가 떨어진다.

222

전로 제강에서 샘플링 및 측온 후 성분 및 온도가 맞지 않을 때 조치사항을 쓰시오.

가. 온도가 너무 낮을 때
나. 온도가 너무 높을 때
다. 탄소 성분이 너무 높을 때
라. 탄소 성분이 너무 낮을 때

가. 재취련
나. 냉각제 투입
다. 재취련
라. 가탄제 투입
  (가탄제 종류 : 분코크스, 전극설)

223

합금철 및 탈산제를 투입하고 출강할 때 슬래그가 레이들에 들어갈 경우 문제점을 3가지 쓰시오.

복인, 복망간, 레이들 용손

224

배재 후 슬래그를 1/3 정도 노내에 남긴다. 다음 물음에 답하시오.

가. 남기는 이유는?
나. 첨가되는 내화재는?
다. 코팅 방법 2가지는?
라. 질소 스플래시 코팅 기술의 장점은?

가. 노체 보호를 위해 슬래그 코팅을 한다.
나. 생석회, 경소 돌로마이트
다. • 노를 경동한다.
  • 질소 가스를 취입한다.
라. • 코팅 효율 향상
  • 코팅 시간의 단축
  • 노체 수명 연장

225

전로 조업에서 취련을 일시 중지하고 1차 생성된 슬래그를 제거한 다음 조재제를 첨가하여 2차 슬래그를 형성시키는 방법의 명칭을 쓰고, 이 방법의 조업상 효과를 2가지 쓰시오.

가. 명칭
나. 조업상 효과

가. 이중 강재법(Double Slag 법)
나. • 용강 중 인과 황 함유량 저하
　　• 고탄소, 저인강 제조에 적합
　　• 취련 말기 복인 작용 억제

226

종점온도가 목표온도의 상한치를 초과할 경우 냉각방법을 쓰시오.

가. 상한온도보다 10℃ 높을 경우
나. 상한온도보다 20~30℃ 높을 경우
다. 상한온도보다 40~50℃ 높을 경우

가. 노체를 2-3회 경동한다.
나. 석회석, 생석회를 투입한다.
다. 고철을 투입한다.

227

Sampling 전에 Spoon 표면을 Slag로 Coating 하는 이유를 2가지 쓰시오.

• Sample Spoon의 용손방지
• Spoon 내에서의 용강 Boiling 방지로 Sample 성분 이상 방지

228

취련종점 판정 시 산소사용량의 오차가 발생하는 원인을 3가지 쓰시오.

• 주원료 및 부원료 평량오차
• 용선성분의 분석오차
• 고철과 냉선의 성분변동

229

취련종점 판정 시 불꽃판정을 변화시키는 요인을 3가지 쓰시오.

• 노체의 사용횟수
• 산소의 취입조건(취련 패턴)
• 강욕온도 및 슬래그량 상태
• 랜스 사용횟수

230

재취련 하는 경우를 3가지 쓰시오.

- TNB: 종점의 온도가 목표온도보다 낮을 때
- CNB: 종점의 [C]%가 목표보다 많을 때
- [P], [S]NB: 종점의 [P]%, [S]%가 목표보다 높을 때
- SNB: Slag의 상태가 불량하여 측온 및 Sample 채취가 곤란할 때

231

다음 그림을 보고 물음에 답하시오.

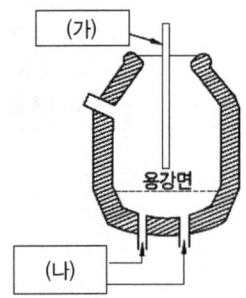

가. 그림과 같은 전로 유형의 명칭을 쓰시오.
나. (가) 및 (나)에 취입하는 불활성 가스를 쓰시오.
다. (나)로 취입하는 가스의 작용을 쓰시오.

가. 복합취련 전로
나. • 가 : 산소
 • 나 : 질소, 아르곤
다. 용강의 교반력 강화

232

전로 조업 중 부원료인 생석회(CaO), 형석(CaF2), 밀스케일(Mill scale)을 투입하는 시기를 쓰시오.

가. 석회석(CaO)
나. 형석(CaF$_2$)
다. 밀스케일

가. 착화 후
나. 취련 개시 후 착화 전
다. 취련 개시와 동시

233

백운석의 주성분, 용도, 투입시기를 각각 쓰시오.

가. 성분
나. 용도
다. 투입시기

가. $CaCO_3$, $MgCO_3$
나. 염기성 강재 형성 및 노내 연와 용손을 줄이기 위해
다. 착화 후 1분에서 8분 사이에 500g 단위로 분할 투입

234

전로용 부원료로 사용되는 생석회의 구비조건을 3가지 쓰시오.

- 연소되어 반응성이 양호할 것
- 입자의 크기는 5~35m/m 정도일 것
- 가루가 적고 운반 중 부서지지 말 것
- 수송, 저장 중 풍화현상이 적을 것
- P, S, SiO_2 등의 불순물이 적을 것

235

전로 조업에 사용하는 석회석의 용도를 3가지 쓰시오.

- 탈인, 탈황의 목적으로 염기성 슬래그 형성(조재 효과)
- 냉각제로서 냉각 효과
- 스피팅(Spitting) 방지

236

다음 그림은 전로 조업 시 고철 장입을 위한 슈트 적치 방법을 나타낸 것이다. 물음에 답하시오.

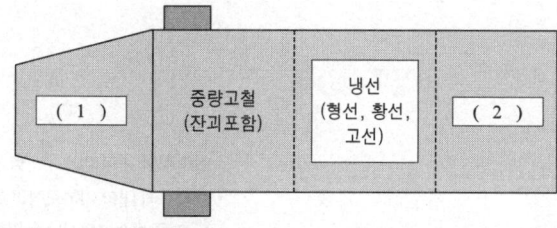

가. (1)과 (2)에 공통으로 들어갈 고철의 명칭을 쓰시오.
나. 형선, 황선, 고선에 대하여 각각 설명하시오.
다. 고철을 용선보다 먼저 장입하는 이유는?

가. 경량고철
나. • 형선 : 고로 주선기에서 처리하여 일정한 형으로 제조된 것
  • 황선 : 고로 탕도에 부착된 것, 용선 레이들과 TLC 등에 부착된 것
  • 고선 : 폐주형, 폐정반 파쇄품, 기계품으로 가공된 후 파손 및 노후로 사용 못하는 것
다. 고철 중 수분으로 인하여 폭발할 수 있으므로

237

전로 조업에서 전용선조업을 실시하는 경우를 3가지 쓰시오.

- 탕면 측정 시
- 신로 축조 후 첫 Ch 작업 시
- 고청 장입 크레인 고장 시
- 영구장 연와가 돌출되어 보수가 필요할 경우

238

전로 조업에서 저용선조업의 의미와 문제점 및 대책을 쓰시오.

가. 저용선조업
나. 문제점
다. 대책

가. 용선 부족 시 용선 배합률을 평상시 조업치보다 저하시켜 조업을 하는 것
나. 열원에 대한 보상책이 필요
다.
- 발열제(Fe-Si, Si-C, 코크스, 흑연, Al 등) 첨가
  - 현열(용선온도) 증가
  - 고철온도 상승
  - 형선의 이용

239

다음에 설명하는 부원료 수송에 사용하는 설비의 명칭을 쓰시오.

가. 부원료를 지상에 임시 저장하는 장치
나. 저장된 부원료를 절출하는 장치
다. 로상까지 수송하는 장치
라. 이송된 부원료를 로상 호퍼에 저장하는 장치
마. 노상 호퍼에 설치되어 원료 중의 큰 덩어리나 이물질의 혼입을 방지하는 장치

가. 호퍼(Hopper)
나. 수동 Gate 및 진동 피더(Vibrator Feeder)
다. 컨베이어(Conveyor)
라. 트리퍼카(Tripper Car)
마. 스크린(Screen)

240

LD 전로의 내화물에 요구되는 성질을 3가지만 쓰시오.

- 화학적인 내식성이 우수할 것
- 용강류에 대한 내마모성이 우수할 것
- 온도 급변에 따른 내스폴링성이 우수할 것
- 장입 및 출강에 따른 내충격성이 우수할 것

241

다음에 설명하는 내화재의 종류를 쓰시오.

가. 주성분이 MgO, CaO이고, 환원성 분위기에서 강한 슬래그 내식성이 있으며, 내스폴링성이 좋지만 내소화성이 약해서 공기 중에서 풍화되고, 열간강도가 약해서 기계적 충격에 약한 내화물은?

나. 돌로마이트 클링커에 클링커를 분쇄한 미분이나 마그네시아 분말을 혼합한 것에 바인더(Binder)를 첨가하여 가압 성형하여 소성한 것으로 슬래그에 대한 내식성이 불소성 연와보다 크고, 열간강도가 크지만, 내스폴링성이 떨어지는 내화물은?

다. 소화성이 거의 없어 제조가 용이하고, 내화도가 높고, 염기성 슬래그에 대한 내식성이 강하지만, 고온강도가 약하고 온도의 급변 및 수증기에 약한 단점이 있는 내화물은?

라. 돌로마이트 연와와 같으며 부정형 내화재로써 연와 축조 시 연와 사용이 불가능한 곳이나 레벨 조정 시 사용하는 내화물은?

마. 연와를 축조할 때, 연와 사이에 생기는 틈을 메울 때, 레벨을 조정할 때 사용하는 분말 내화재는?

바. 열간 보수재로써 Kneader재로 보수할 수 없는 곳에 사용하며, 스프레이 머신을 이용하여 전로 노벽에 부착시켜 사용하는 내화재는?

가. 타르 돌로마이트(Tar Dolomite) 또는 소성 돌로마이트
나. 소성 돌로마이트 연와
다. 타르 마그네시아(Tar Magnesia)
라. 스템프(Stamp)재
마. 모르타르(Mortar)
바. 스프레이(Spray)재

242

전로 내장연와의 손상기구에 대한 원인을 쓰시오.

가. 화학적 침식
나. 구조적 스폴링
다. 기계적 스폴링
라. 열적 스폴링
마. 기계적 마모
바. 산화탈탄

가. 슬래그에 의한 용해
나. 연와 내의 슬래그 침투
다. 승열 시에 생기는 기계적 응력
라. 간헐조업 및 조업 중의 온도변화
마. 용강의 교반, 원료의 투입 충격
바. 비취련 시의 카본 본드(Carbon Bond) 손실

243
전로 내화물의 수명을 감소시키는 데 영향을 주는 제요인을 설명하시오.

- 용선 중의 Si가 높을 때
- 염기도가 낮을 때
- 슬래그 중의 전철(T-Fe)이 높을 때
- 산소 사용량이 많을 때
- 재취련 횟수가 많을 때
- 형석(CaF_2) 사용량이 증가할 때
- 종점온도가 높을 때
- 용강 중의 탄소 함유량이 저하할 때
- 휴지시간이 증가할 때
- 냉각제로 사용되는 철광석의 투입량이 많을 때

244
노구에 지금이 부착되는 원인과 조업에 미치는 영향을 각각 쓰시오.

가. 원인

나. 영향

가. 취련 중 슬로핑이나 스피팅에 의해 노구에 용강이 부착

나. 출강 중 낙하로 설비 사고, 샘플링이나 측온 시 사고, 취련종료 시 불꽃판정 불확실

245
다음 그림은 전로 조업에서 슬래그 코팅 기술을 나타낸 것이다. 이 방식의 명칭 및 장점 3가지를 쓰시오.

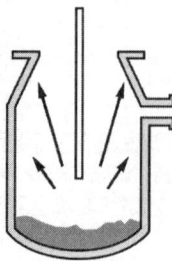

가. 방식

나. 장점

가. 질소 스플래시 코팅 방식

나. 코팅 효율 향상, 코팅 시간 단축, 노체 수명 연장

246

전로에 사용되는 레이들에 대한 설명이다. 각각이 설명하는 레이들의 명칭을 쓰시오.

가. 고로에서 출선된 용선을 다음 제조공정인 제강 또는 주선기(냉선처리)로 운반하는 레이들
나. 혼선로 및 혼선차에서 탈류처리 된 용선을 전로에 운반 또는 장입시켜주는 레이들
다. 전로에서 취련완료 된 용강을 조괴 또는 연주공정으로 운반시켜 주는 레이들

가. 용선 Ladle(Pig Iron Ladle)
나. 장입 Ladle(Charging Ladle)
다. 수강 Ladle(Teeming Ladle)

247

전로 조업에서 사용하는 수강 레이들의 내화물 특성 및 사용 연와 재질에 대하여 각각 2가지씩 쓰고, 염기성 내화물을 사용하지 않는 이유를 쓰시오.

가. 내화물 특성
나. 연와 재질
다. 염기성 내화물 사용하지 않는 이유

가. • 급열 및 급랭에 견딜 것
　　• 슬래그에 대한 내침식성이 있을 것
나. • 샤모트(Chamotte)질
　　• 지르콘(Zircon)질
　　• 알루미나(Alumina)질
다. 내침식성은 강하지만 급열 및 급랭에 약하기 때문

248

다음 레이들의 구조를 나타낸 것이다. (가)의 명칭과 내화물 설계 시 반영되어야 할 사항을 쓰시오.

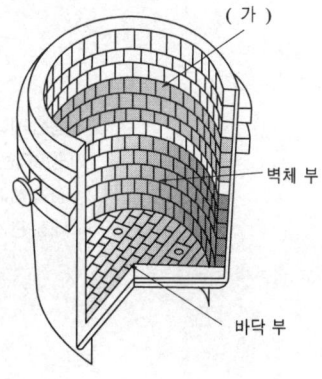

• 명칭 : 슬래그 라인
• 반영사항 : 슬래그 탈산에 의해 내화물 용손에 견디어야 한다.

249

용강 수강 레이들의 예열 온도, 시간, 이유를 각각 쓰시오.

- 예열온도 : 1,100~1,200℃
- 예열시간 : 10시간
- 예열이유 : 출강된 용강의 온도 강하 방지

250

전로 조업에서 사용하는 레이들 노즐 필러재의 용도와 성분을 쓰시오.

- 용도 : 노즐부를 고온의 용강으로부터 보호하기 위하여
- 성분 : SiO_2, Al_2O_3

251

전로 수강 레이들의 사용 중 및 보수 시 점검사항을 각각 3가지 쓰시오.

가. 사용 중

나. 보수 시 점검사항

가. • 목지(Joint)의 침식 정도
  - 국부 용손부위
  - 연와의 탈락
  - 영구장 노출
나. • 목지(Joint)의 침식
  - 국부 용손
  - 잔존치수를 부위별로 체크

252

레이들의 사용중지 판정 기준을 2가지 쓰시오.

- 노즐 연와 교체 시 두께 10mm 이하일 때
- 바닥이 50mm 정도의 잔존일 때
- 노벽 준영구장 노출 시

253

용선 레이들과 장입 레이들의 수리 기준을 각각 쓰시오.

- 용선 레이들 : 소수리는 60ch, 중수리는 400ch
- 장입 레이들 : 소수리는 160ch, 내장 전면수리 200ch

전기로 실기 예상문제　02

01
전기로에 장입되는 주원료를 쓰시오.

> 고철 또는 합금강 제조 시는 고철, 냉선, Fe-Cr, Fe-Ni 등

02
주, 부원료의 장입방법을 쓰시오.

> 주원료 → 장입 바스켓을 이용한 노정 장입
> 부원료 → 컨베이어 벨트를 이용하여 전기로 및 레이들로 장입, Bag으로 장입
> ※ 문 장입법, 노정 장입법(손장입법, 기계장입법)

03
고철을 장입하는 설비를 쓰시오.

> 장입 바스켓, 장입 기중기, 고철 장입 슈트, 장입 크레인

04
전기로 장입물 중 부도체가 있을때 아크 소리는 어떻게 되는가?

> 부도체가 있을 경우 아크 소리는 발생되지 않으며 전극절손 위험이 높다.

05
원료를 2회 분할하여 장입 시 1차 장입물이 60%용해되었을 때 2차 장입을 실시하였다. 2차 장입 시 미용해 고철을 남기는 이유를 쓰시오.

> 2차 장입 시 장입물 낙하에 의한 노내 내화물 파손 예방, 용강 및 강재의 비산 방지, 에너지 손실 최소화

06

경고철과 중고철을 장입하는 장입순서를 쓰시오.

바닥부터(경량물 → 중량물 → 중간 정도의 것 → 경량물)

07

고철 장입 시 경고철을 바스켓 제일 밑에 넣는 이유를 쓰시오.

바스켓(노바닥)바닥을 보호하기 위해

08

고철 중에 밀폐된 통은 선별을 철저히 하여 제거하여야 한다. 선별 작업종류와 방법 및 이유를 쓰시오.

1. **선별작업**
   수작업에 의한 선별, 고철장입 크레인에 의한 선별
2. **선별이유**
   과열 시 폭발하여 수랭 판넬 및 전장 내화물 파손, 안전사고 위험이 높다.

09

전기로의 조업에 맞는 원료의 배합비를 쓰시오.

고철(40~60%), 회수철(10~30%), 프레스 또는 절삭칩(5~10%)
※ 특수강 제조 시는 선철 10~30% 배합하는 경우도 있음

10

전기로 작업 중 경량 고철의 과량 장입으로 고철이 노 밖으로 나왔을 때 조치방법을 쓰시오.

장입 바스켓이나 대형 중량물을 이용하여 크레인으로 평탄작업을 실시한다.

11

전기로에 장입하기 위하여 장입물을 운반하는 설비를 쓰시오.

장입 바스켓, 고철 장입 슈트, Belt Conveyor 등

12
열원을 투입하는 곳은 어디인가?

1. 주열원 → 트랜스포머(변압기)에서 전류를 공급하여 Arc(아크)를 발생
2. 보조열원 → 산소를 공급해 주는 제트 버너와 수랭 랜스 부분

13
산소를 취입하는 곳은 어디인가?

1. 전기로에 있는 Slag Door를 통하여 용탕에 취입
2. 노벽 수랭 랜스를 통하여 취입

14
용해 온도측정은 어디에서 무엇으로 하는가?

노 앞에서(보상도선) 소모형 열전대로 측정

15
전기로의 용해온도는 몇 ℃가 되겠는가? (육안측정)

1. 일반 강일 때 : 연주대기에 의한 온도 하락을 감안하여 1,600~1,620℃ 정도
2. 스테인리스강일 때 : 약 1,700℃

16
전기로에서 탈인 반응을 촉진시키고자 한다. 조업상 조치사항을 쓰시오.

1. 저온도 조업
2. 산화성 분위기 조업
3. 고염기도 조업
4. 슬래그 중 오산화인(P_2O_5)이 적어야 한다.
5. 슬래그 중에 탈인 저해원소(Si, Mn, Cr)가 적어야 한다.

17
전기로의 합금철 투입 시기를 쓰시오.

1. 산화되기 어려운(Mn, Cr, Ni, Cu) 것은 산화성 강재 제거한 후 첨가
2. 산화하기 쉬운(V, Si, Al, Ti, Cd) 것은 (환원기) 출강 전 20~30분에 첨가

18
고철 용해 말기에 저전압, 고전류 조업을 하는 이유를 쓰시오.

1. 노벽 소모를 경감하고 전력효율을 높이기 위해
2. 노벽과 열점의 국부적 손상을 줄이고 남은 고철을 신속히 녹이기 위해

19
용해작업 중 고철 용락 장입 시 "점호기"를 설명하시오.

전압과 전류를 중간으로 하고 목적은 아크로부터 노천장 보호, 아크의 안정, 전극을 고철 중에 신속 침투를 용이하게 함

20
용해 작업에서 전력 투입 시 아크 길이를 바르게 조정하는 방법을 쓰시오.

전압이 높으면 아크길이를 길게, 낮으면 짧게 조정한다.

21
전기로 작업에서 노벽의 침식을 방지하기 위해서 전압과 전류를 바르게 조정하는 방법을 쓰시오.

전압은 낮게, 전류를 높게(저전압 고전류)

22
전기로 조업 중 전압을 높이거나, 낮출 때 노 내에 미치는 영향을 쓰시오.

아크열의 변화에 의해 노 내화물 침식 증가

23
전기로 조업 중 전류가 높으면 아크는 어떻게 조정하는가?

전류가 높으면 아크 굵기는 굵게 된다.

24
전기로의 용해 작업공정을 쓰시오.

원료준비작업 → 원료투입 → 용해작업 → 산화정련 → 배재 → 환원 → 정련 → 출강

25
전력이 가장 많이 투입되는 시기는 언제인가?

용해기

26
전기로 용해 작업 중 물이 새어 나왔을 때 즉각 조치사항을 쓰시오.

노전에서 Roop 및 Panel을 점검하고 누수시는 조업을 중단하고 냉각수 밸브를 차단

27
전기로에 장입하는 부원료를 쓰시오.

생석회, 석회석, 돌로마이트, 전극가루, 형석, 합금철(Si-Mn, Fe-Si 등)

28
조재제의 종류와 역할을 쓰시오.

석회석(탈인, 탈황), 생석회(탈인, 탈황), 형석(탈황, 슬래그 유동성 개선), 흑연(가탄효과)

29
정련 도중 산화 및 환원시기를 결정하고 이들의 조업방법을 쓰시오.

1. **산화기**
   장입물 용해로부터 산화성 강재 배출까지이며 산소나 철광석 등을 투입하여 불순물(C, P, S, Mn, H_2)을 산화 제거
2. **환원기**
   산화기 강재 제거 후부터 출강까지이며 합금철 등을 투입하여 용강의 성분 조정, 온도 조절하고 탈산, 탈황한다.

30
제재작업은 어디에서 하는가?

노전에서 노를 경사지게 하여 실시한다.

31
수랭식 산소 송풍 랜스의 각 관(3중관)의 기능을 쓰시오.

냉각수를 외측으로부터 배수, 급수하고 중앙관으로 산소를 공급한다.

32
수랭식 산소 송풍 랜스 노즐을 순동으로 하는 이유는 무엇인가?

열전도율이 우수하고, 산화 스케일이 생기지 않는다.

33
무게 측정하는 장치는 어느 것인가?

로드셀

34
지금 부착을 방지하기 위하여 용강 레이들 바닥에 투입하는 것은 무엇인가?

생석회

35
정련 공정을 순서대로 쓰시오.

노보수 → 장입 → 용해기 → 산화기 → 제재 → 환원기 → 출강

36
산화 정련기에서 작업하는 과정을 쓰시오.

산소나 철광석등의 산화제를 투입하여 불순물(C, P, Mn, Si)을 산화 제거

37
슬래그 포트에 과산화가 발생했을 때 조치사항을 쓰시오.

슬래그 포트에 진정제를 투입하여 슬래그의 넘침을 방지

38
탄소를 투입하였을 때 얻어지는 조업상 효과를 쓰시오.

1. 발열반응에 의한 전력 절감
2. 탈산작용에 의한 블로홀 방지
3. 가스 발생에 의한 버블링 효과로 용강 탈수소

39
슬래그를 만들기 위해 투입되는 조재제를 쓰시오.

석회석, 생석회, 형석, 흑연

40
정련 작업에서 탈인 작업이 가능한 시기를 쓰시오.

산화 정련기

41
환원 정련에서 슬래그의 유동성을 향상시키기 위해 투입되는 광석을 쓰시오.

형석

42
환원 정련에서 만들어지는 슬래그를 쓰시오.

화이트 슬래그, 카바이트 슬래그

43
탈황작업을 하기 위한 조업 요령을 쓰시오.

고 온도 조업, 고 염기도 조업, 환원성 분위기 조업, Mn 첨가 조업

44
클리닝 조업 시 노내 지금 부착이 많아진다. 아크 길이 조정방법을 쓰시오.

아크 길이를 길게 하여 부착 지금을 녹여서 떨어뜨린다.

45
출탕한 용강을 버블링하는 곳은 어디인가?

레이들에서 실시
(VOD에서 실시하기도 함)

46
출강완료 후 탈수소, 탈질소, 탈탄, 탈산 목적으로 처리하는 곳은 어디인가?

레이들 진공탱크

47
노저의 출강 요령을 쓰시오.

출강온도에 도달되면 레이들을 준비하고 노저 게이트를 열어 출강한다.

48
출강 후 레이들에 투입되는 보온재를 쓰시오.

왕겨, 탄화왕겨

49
출강직전 인(P)이 목표성분이 높게 포함될 우려가 있다. 산화제로 정련 작업을 하기 위하여 첨가되는 것을 쓰시오.

순산소, 철광석, 밀스케일

50
강 중에 불순물 양이 많은 강종일수록 출강온도는 어떻게 되는가?

낮아진다.

51
출탕 시 각도를 너무 크게 하면 안 된다. 어떤 설비와의 접촉 방지를 위한 것인가?

WCP(냉각장치 또는 냉각 판넬)와 접촉방지

52
슬래그 라인 하부 용탕이 있는 곳은 어디인가?

노상

53
스테인리스강 제조 시 용강과 강재를 동시에 출탕하는 이유를 쓰시오.

공기 중 질소의 혼입을 최소화하기 위해서, 합금철의 회수율을 높이기 위해서

54
출탕 성분 중 탄소량이 목표치에 미달되었을 때 투입되는 부원료를 예를 들고, 조치사항을 쓰시오.

1. **부원료**
   분 코크스, 전극가루
2. **조치사항**
   가탄제를 투입하여 버블링 실시

55
출탕 시 출탕구 점검항목을 쓰시오.

출강구의 형상, 지금 부착여부

56
출강 온도가 높을 때와 낮을 때 어떠한 조치를 해야 하는가?

1. 높을 때 : 냉각제 투입
2. 낮을 때 : 보온제 투입

57
출강구에 사용되는 연와를 예를 들고, 구비조건을 쓰시오.

1. **사용재료**
   돌로마이트
2. **구비조건**
   내마멸성이 클 것, 내열성이 높을 것, 내식성이 좋을 것

58
원활한 장입물 용해를 위한 전극 연결 요령을 쓰시오.

전극 소켓에 니플을 끼워 조립

59
전기로 조업 전 설비 점검 중 전극 절손 시는 어떠한 조치를 해야 하는가?

전원을 즉시 차단하고 전극을 들어내고 새로 연결 후 통전 개시한다.

60
노 보수를 위한 보수기기와 보수재를 쓰시오.

1. **보수기기**
   보수재 투사기, 보수재 믹서, 삽, 바아, 로테이터
2. **보수재**
   마그네시아 클링커, 백운석, 건닝재

61
연와 충격 방지, 간헐 조업 수축방지를 위하여 전기로 노상에 사용하는 연와를 쓰시오.

분말 스탬프제

62
전극 연결 시 상하 전극 사이에 틈이 발생하면 용해 작업 중 어떠한 현상이 발생할 수 있겠는가?

전극 절손 사고 발생

63
노상 보수에서 건식 방법에 알맞은 보수재를 예를 들고, 사용방법을 쓰시오.

고마그네시아 재질의 건식 보수제를 노상에 골고루 뿌려 치밀하게 충전시킨다.

64
용해 작업 중 전극 길이 조정(노 천정 위에서)의 적정한 시점은 언제로 하여야 하며, 이유를 쓰시오.

1. **시점**
   통전 후 2~3분 후가 적당
2. **이유**
   전극 소모방지

65
열간 보수기 사용 시 보수재가 막히는 것을 방지하기 위해서는 어떠한 조치를 해야 하는가?

산소를 불어 완전히 제거하거나 로테이터나 분사기를 이용함

66
전기로에서 산성 내화물을 사용하지 못하는 이유를 쓰시오.

염기성 슬래그에 의한 내화물 용손이 심하므로

67
새로운 로의 축조 후, 고철 장입 전, 노상 보호를 위한 사전 작업을 쓰시오.

노상위에 생석회를 편 다음 경량고철 장입(노상에 철판을 편 다음 경량고철 장입)

68
전극지지 장치 중 홀더의 안전상 점검사항은 무엇인가?

절연상태 확인

69
흑연과 니플을 보관하는 곳은 어느 것인가?

먼지가 적고 습기가 없는 전극창고(포장 상태로 보관할 것)

70
전극의 재질 불량이나 고전류로 인하여 전극 끝에 금이 가고, 떨어져 나가는 상태를 무엇이라고 하는가?

박리현상(스폴링)

71
전극의 지름을 필요 이상으로 크게 하면 전극에 어떠한 영향이 미치겠는가?

산화소모가 커진다.

72
전기로 조업에서 1차 용해 완료 후 전극의 위치는 어느 것인가?

상한위치(최고 상층 위치)

73
인조흑연 전극을 많이 사용하는 이유를 쓰시오.

1. 전기전도가 좋다.
2. 산화 손실이 적다. 전극의 강도가 높다.
3. 접합 부분의 열손실 및 전류 손실이 적다.

74
전극의 교환은 전극 하부가 어느 정도 마모되었을 때 교환하는가?

2/3 정도 마모 시

75
무연탄, 피치, 코크스, 오일 등을 혼합하여 제조한 전극을 쓰시오.

인조흑연 전극

76
전극봉이 절손되어 전기로 내부 용강에 낙하되었을 때에 어떠한 조치를 하여야 하는가?

전극 포집기를 이용하여 낙하된 전극을 끌어올린다.

77
편심 바닥 출강구 하부 지금 부착 시 반드시 제거하는 이유를 쓰시오.

지금 낙하로 인한 인명사고, 설비사고 방지 및 출강을 원활히 하기 위해

78
노상연와 국부 소손 발생 시 어떠한 조치 사항이 필요한가?

노상 보수재를 투입한다.

79
출강 중 용강이 레이들에서 끓어 넘치고 있을 때 진정시키기 위해 투입되는 합금철을 쓰시오.

Al, Fe-Si, Fe-Mn

80
슬래그 라인의 침식이 과다하게 발생할 경우 어떠한 조치를 해야 하는가?

출강 후 침식이 심한 부위에 열간 보수를 실시하고, 차후 조업 시 조재제 투입량을 조정하여 슬래그에 의한 침식을 방지한다.

81
산화정련에 탄소를 떨어뜨리기 위해 용강 중에 산소를 투입하는 과정에서 노내 용강이 밖으로 넘치는 경우 어떻게 조치해야 하는가?

산소투입을 중지시킨 후 보온재나 진정제 투입

82
전기로 내에서 산소 취입 시 산소랜스가 휘어진 상태로 인입되면 노내에 어떠한 영향을 주며, 어떠한 조치를 하여야 하는가?

1. **영향**
   국부적 연와 침식을 가속화시킨다.
2. **조치사항**
   작업을 중단하고 휘어진 부분을 절단하고 교체한다, 휨을 교정한다.

83
용해 작업 중 용탕이 과다하게 끓고 있다. 원인과 대책을 쓰시오.

1. **원인**
   노상 내화물 국부적인 과다 용손 및 대형 고철의 미용해로 발생
2. **대책**
   장입량을 축소하여 출강 후 노상을 확인 보수한다.

84
용해시간이 지나치게 길어질 경우 어떠한 조치를 해야 하는가?

전력 손실을 막기 위해 고열재를 장입하여 신속히 용해한다.

85
환원기 강재인 화이트 슬래그는 어떠한 탈산제를 투입했을 때 발생되는가?

Fe-Si

86
제재 작업하는 설비 명칭은 무엇인가?

스키머(Skimmer)

87
레이들 진공탱크 처리의 기능을 쓰시오.

용강 중에 탈수소, 탈질소, 탈산을 한다.

88
노저 출강 방법을 채택하고 있는 이유는 무엇인가?

용강 상부의 슬래그 유입을 방지할 수 있어 고급강 생산에 유리하다.

89
보온재로 왕겨, 탄화왕겨를 사용하는 이유는 무엇인가?

용강 온도 보호(용강 온도 유지)

90
출강직전 인의 목표성분이 높게 나올 때 조치사항은 무엇인가?

순산소, 철광석, 밀스케일 투입

91
화이트 슬래그의 성분 비율을 쓰시오.

석회, 형석, 탄소의 비가 "12 : 2 : 1"인 것

92
주원료에 불순물이 혼재되어 있다고 가정할 때 점검할 수 있는 기구들을 쓰시오.

마그네틱 크레인(자석에 달라붙는 고철을 분리하여 이동, 남은 재료는 나무, 시멘트, 플라스틱, 유리 등)

93
주원료를 장입하는 구동설비를 쓰시오.

1. **노체 이동식**
   노체만을 잡아당기는 방식
2. **갠트리(Gantry)식**
   노체는 고정시키고 전극 받침 기구와 천장이 함께 궤도 위를 수평이동
3. **스윙(Swing)식**
   전극 받침기구와 천장이 주축을 중심으로 선회

94
전기로의 장입 설비에 대한 기능을 쓰시오.

1. **고철장 크레인**
   여러 종류의 고철을 배합비에 맞춰 버킷에 장입
2. **웨잉 장치**
   장입할 고철의 정확한 중량 확인
3. **장입 대차**
   장입물(고철 및 부원료)을 운반하는 차
4. **장입 크레인**
   장입 버킷에 장입된 고철을 전기로 내부로 투입
5. **천정 선회장치**
   전기로 천정을 이동시켜 장입 버킷이 전기로 상부를 열어주는 장치

95
전기로 조업에서 고철 용해 시간을 단축하기 위하여 첨가하여야 할 장입물을 쓰시오.

1. **산소**
   고철 중 불순원소와 산화반응열에 의한 고철 용해 시간 단축
2. **가탄제(괴탄, 분탄)**
   산소와 반응하여 발열반응을 일으킴

96
전기로 조업 중 전류가 낮으면 아크의 굵기는 어떻게 조정하여야 하는가?

전류가 낮으면 아크 굵기는 가늘게 한다.

97
전기로의 통전의 순서를 쓰시오.

통전준비작업 → 실내조작 → 전압 및 전류설정 → 통전 → 조작판감시 → 전극 길이조정 → 전압과 전류조정 → 용락

98
전기로 제강에서 환원기 작업 중 환원 슬래그를 사용하여 탈산하는 방법은 무엇인가?

확산탈산법, 강제탈산법(석출탈산)

99
용강 탈산제의 종류와 용도를 쓰시오.

1. Al
   강 탈산용으로 사용
2. Fe-Si
   잔괴 및 강괴 탈산용

100
전기로 조업 중 성분분석 후 전압을 낮추어 노벽이나 천정의 용손을 방지하면서 산화정련작업에 들어가는 시기를 무엇이라 하는가?

용락(Melt Down)

101
용융 슬래그의 중요한 기능을 쓰시오.

1. P, S 등의 유해성분 제거
2. 산소를 운반하는 매개자로서 산화철을 보유
3. 노내 분위기로부터 산소, 기타 가스에 의한 오염 방지

102
배재구의 역할을 쓰시오.

용강의 측온 및 샘플링을 실시하고, 슬래그를 제거하기 위한 작업구

103

고온계를 사용하여 용탕의 온도를 측정하는 방법을 쓰시오.

1. 측온은 소모형 열전대를 이용하여 측정
2. 홀더를 소모형 열전대에 끼운다.
3. 도어를 300~400mm 연다.
4. 홀더를 노 중심으로 45° 각도로 용탕에 삽입
5. 열전대의 80~90% 정도까지 침적
6. 측온 시간은 8초 이내로 한다.

104

용해 말기 산소 컷팅 작업의 요령을 쓰시오.

미용해 고철 하단부에 산소를 취정하여 고철 붕괴를 촉진

105

용해작업에서 각 시기별 전압, 전류에 대하여 쓰시오.

구분	전압	전류	특징
점호기	중간 전압	중간 전류	노천정 보호
보링기	약간 고전압	고전류	신속히 노저까지 뚫고 들어가기 위해
탕류 형성기	고전압	중전류	롱아크 조업 (노상을 아크로부터 보호)
주 용해기	최고 전압	최고 전류	롱아크 조업 (신속용해 목적)
용해 말기	전압 낮춤	고전류	노벽 과열점의 국부적 손상 줄임

106

용강의 성분 또는 온도 조정은 어느 시기에 하는가?

정련기

107

용강의 성분 및 온도를 조정하기 위하여 투입하는 것은 무엇인가?

합금철

108
냉각수 배관에서 냉각수 온도 확인용 열전대 부착 위치와 기능을 쓰시오.

1. **위치**
   냉각수 배수 배관에 설치
2. **기능**
   냉각라인을 순환하여 나온 냉각수의 온도를 측정

109
정련 공정에서 산화기의 주목적은 무엇인가?

용강의 불순물 제거, 비금속 개재물 분리 부상

110
정련 공정에서 환원기의 주목적은 무엇인가?

탈황과 탈인

111
슬래그 유출방지나 노상연와 보호를 위해 설치된 장비는 무엇인가?

WCP

112
산화정련 후 알루미늄이 괴상태일 때 적정 투입 요령을 쓰시오.

전기로 작업구 및 부원료 투입장치를 이용하여 노내 투입

113
출강 중 냉각수가 단수되었다. 점검할 설비는 무엇이며, 어떠한 조치를 해야 하는가?

1. **확인**
   노내 수랭 판넬의 손상여부를 확인
2. **조치**
   출강량을 늘려 노내 용탕 잔량을 줄여 수랭 판넬 및 천정의 손상을 최소화

114

전기로의 전극의 종류를 쓰시오.

초고전력용(UHP), 고전력용(HP), 보통전력용(RP)

115

제강에서의 탈산제의 구비조건을 쓰시오.

1. 산소친화력이 클 것
2. 부상분리가 용이할 것
3. 용강 속에서 확산 속도가 클 것
4. 가격이 저렴할 것
5. 미반응량이 강질을 해치지 않을 것

116

제강작업에서 노외정련 목적을 쓰시오.

1. Bubbling
   성분균일, 비금속 개재물 분리
2. PI(Powder Injection)
   성분균일, S구상화
3. RH-OB
   탈가스, 탈탄, 냉각, 승온
4. LF
   승온, 탈황, 냉각

117

합금철 Fe-Mn 투입량 계산식에서 괄호에 알맞은 용어를 쓰시오.

$$투입량 = \frac{출강량 \times () - 노내(Mn)\%}{품위 \times 페로망간실수율}$$

출강목표(Mn%)

118

전기로 제강법의 특징을 쓰시오.

1. 용강의 온도조절 용이
2. 노내 분위기를 산화, 환원 어느 상태로도 조절이 가능하여 P, S 등 불순원소 제거 용이
3. 열효율 향상
4. 사용원료의 제약이 적어 모든 강종 정련에 적합
5. 합금철을 직접 용강 중에 첨가할 수 있어 실수율이 좋고 그 분포도 균일
6. 설비비가 싸고 장소면적도 적으며 건설이 빠름

119

아아크식 전기로의 직접아아크로 대표적인 비노상 가열방식은 (가)식이며, 노상 가열식은 (나)식이다.

1. 가 : 에로우
2. 나 : 지로우

120

전기로에서 사용하는 원료 중 가탄제의 종류를 쓰시오.

선철, Coke, 무연탄, 전극가루

121

전기로의 재료 장입방식을 쓰시오.

통장입, 기계장입, 노정장입

122

전기로에서 공해방지를 위하여 외부로 방출되는 집진을 포집하기 위하여 설치하는 집진장치를 쓰고 설명하시오.

1. **Local Hood식**
   Hood에 외기를 흡인하므로 처리 가스량이 많아 설비비가 높기는 하나 노내분위기에 영향이 없음
2. **노정흡인식**
   외기의 유입이 적으므로 처리 가스량이 비교적 적으나 노내 분위기에 영향을 미침
3. **노측흡인식**
   흡인 Duct의 배치상 작업이 약간 불편한 단점

123

전기로에서 Scrap Pre-Heater 설치 시 이점을 쓰시오.

1. 에너지 절감
2. 용해 시간 단축
3. 수분 제거로 노내 폭발방지 및 강욕 내 수소증가 방지

124

전기로 산화기의 목적은 환원기에서 제거하지 못하는 유해원소(P 등), 불순물 및 개재물 등을 산소나 철광석에 의한 산화정련에 의해 제거를 하는데 산소의 취입에 의해 산화기에 반응하는 원소의 순서 및 반응식을 쓰시오.

1. 순서
   $Si \rightarrow Mn \rightarrow Cr \rightarrow P \rightarrow C$
2. 반응식
   $Si + O_2 \rightarrow SiO_2$
   $2Mn + O_2 \rightarrow 2MnO$
   $4Cr + 3O_2 \rightarrow 2Cr_2O_3$
   $4P + 5O_2 \rightarrow 2P_2O_5$
   $2C + O_2 \rightarrow 2CO$

125

전기로 천정내화물의 구비조건을 쓰시오.

1. 고내화도일 것
2. 내Spalling성이 높을 것
3. 내강재성이 높을 것
4. 연화 시의 점성이 높을 것
5. 하중 연화점이 높을 것

126

강제 탈산법은 석출 탈산법이라고도 하며 강욕 중에 직접 Al 및 Si을 직접 첨가하여 생긴 탈산 생성물을 부상 분리함과 동시에 조재제를 투입하여 신속하게 환원 강재를 만들어 환원정련을 진행시키는 방법이다. 이 탈산법의 장점을 쓰시오.

1. 환원기 강재를 만들기 쉽다.
2. 강욕 성분의 변동이 적다.
3. 탈산, 탈황이 신속하여 환원시간이 짧다.

127

전기로 환원기의 강재는 염기도는 (가)이며, 강재비(Slag Ratio)는 (나)%이며 두께는 20~30mm이고, 유동성이 좋아야 한다.

1. 가 : 2.5~3.0
2. 나 : 2~3

128

용융 강재의 중요한 기능을 쓰시오.

1. P, S등의 유해성분 제거
2. 산소를 운반하는 매개자로서 산화철을 보유한다.
3. 노내 분위기로부터 산소, 기타 가스에 의한 오염을 방지한다.

129

UHP조업에서 역률, 전기효율을 희생하면서까지 저전압, 대전류 조업을 하는 이유를 쓰시오.

1. 저전압, 대전류의 짧은 아크가 용락 전후 노벽에 미치는 영향이 적다.
2. 아크의 안정성이 증가하고 동일전력의 경우 종전보다 Flicker현상이 적어진다.
3. 용락 이후의 용강에의 열전달 효율이 높아진다.
4. 아크 부근의 용탕의 움직임이 활발해지고 균일 승온이 된다.
5. 용해시간 단축, 생산성 향상, 전력 원단위 저하 등

130

전기로 조업에서의 환원철(FeO) 사용의 장, 단점을 쓰시오.

1. 장점
  가. 제강시간 단축
  나. 생산성 향상
  다. 취급 용이
  라. 자동조업 용이
2. 단점
  가. 맥석분이 많다.
  나. 다량의 CaO 필요
  다. 철분회수 불량
  라. 가격이 비싸다.

131

탈인(P) 조건을 쓰시오.

1. 강재 중 CaO가 많을 것(염기도가 높다)
2. 강재 중 FeO가 많을 것(산화력이 크다)
3. 온도가 낮을 것
4. 강재 중 P_2O_5가 낮을 것
5. 강재의 유동성이 좋을 것

132

전기로 전극의 구비조건을 쓰시오.

1. 고온에서 산화되지 말 것
2. 전기전도율 및 강도가 높을 것
3. 전기비저항과 열팽창계수가 적을 것
4. 탄성율은 낮을 것

133
전기로용 변압기에 대용량의 Reactance를 갖추게 하는 가장 큰 이유는?

큰 전류가 흘러도 외부 송전선에 충격 전류가 흐르지 않도록 하기 위하여

134
전기로에서 순철 1.5톤을 용해하는 데 필요한 열량을 계산하시오(단, 순철은 20℃~1,600℃까지의 평균 비열은 0.16kcal/kg$_f$, 강의 용해 잠열은 65kcal/kg$_f$).

현열
$= 0.16 \times (1,600-20) \times 1,500$
$= 379,200$ kcal

잠열
$= 65 \times 1,500 = 97,500$

용해열량 = 현열 + 잠열
$= 97,500 + 379,200$ kcal
$= 476,700$ kcal

열량을 kWh로 환산하려면
1kcal = 860kWh이므로
$$\therefore \frac{476,700}{860} = 554.3 \text{kWh}$$

135
UHP조업의 종점 RP조업과의 다른 특징을 쓰시오.

1. 종전의 2~3배의 대전력 투입
2. 저전압 대전류의 저역률에 의한 굵고 짧은 아크

136
전기로에서 Cr첨가 스테인레스강 제조 시 화학 및 명칭에 따른 종류를 쓰시오.

1. 13Cr계 - 마르텐사이트계
2. 18Cr계 - 페라이트계
3. 18Cr - 8Ni계 - 오스테나이트계
4. 16Cr - 7Ni - 1Al - 석출경화형

137
염기도(CaO/SiO$_2$)가 1.5인 슬래그를 중화시키는데 SiO$_2$ 20kg일 때 CaCO$_3$ 사용량은 얼마인가? (단, CaO 함유량 55%)

염기도
$$= \frac{\text{CaO}}{\text{SiO}_2} = \frac{\text{CaCO}_3 \text{중 CaO량}}{\text{SiO}_2} \text{에서}$$

$$1.5 = \frac{X \times \frac{55}{100}}{20\text{kg}_f} = \frac{X \times 0.55}{20\text{kg}_f} \text{이므로}$$

따라서 $X = \frac{1.5 \times 20}{0.55} = 54.5$ kg

138

장입Si량이 600kgf인 용강의 염기도 목표가 3.5이고, 품위가 60%인 $CaCO_3$을 2,000kgf을 첨가한 상태에서 요구되는 CaO량은 얼마인가? (단, CaO의 품위는 90%)

$$CaO량 = \frac{Si량 \times Si산화비(2.14) \times 염기도}{CaO품위}$$

$$= \frac{600 \times 2.14 \times 3.5}{0.9} ≒ 5,000 kg_f$$

$CaCO_3$ 중의 CaO의 량
$= 2,000 kg \times 0.6 = 1,200 kg$ 이므로
∴ $5,000 kg_f - 1,200 kg_f = 3,800 kg_f$

139

UHP(Ultra High Power : 초 고전력) 제강 작업 시 대책을 쓰시오.

1. 노의 전기용량을 크게 하기 위하여 송전 측의 용량도 증가하여야 한다.
2. 고전류 밀도의 통전에도 소모가 적고 또 전류의 제곱에 비례하여 증가하는 전자력에 잘 견딜 수 있는 강도를 지닌 전극이 필요하다.
3. 노벽, 천정용의 내화물에 문제가 있다. Hot Spot부에는 고품질 연와나 수냉 Box를 설치한다.
4. 전선 용량에 문제가 생기므로 이것들을 강화하여야 한다.
5. 용해 중 진동 Arc 발생을 최소하기 위하여 절연을 잘 하여야 한다.

140

전기로 Hot Spot 원인과 방지법에 대하여 쓰시오.

1. **원인**
   전기로 내부 용강 탕면 Slag Line 국부적인 용손에 의하여 철피가 적열되는 원인
2. **대책**
   연와 축조 시 연와두께 및 높이 조정과 출강 후 주기적인 내화물 Spray 실시

141

90ton전기로에서 지름이 600mm의 전극을 사용하여 65kA의 전류를 통할 때 전류밀도는 얼마인가?

$$전류밀도 = \frac{65,000A}{30 \times 30 \times 3.14} = 23 A/cm^2$$

142

전기로 제강 조업에서 산성 전기로와 염기성 전기로 조업을 비교하여 쓰시오.

1. 산성전기로
  가. 규석 같은 산성 내화재로 바닥을 만들고 이산화규소가 많은 산성 Slag로 정련을 하는 방법
  나. 사용원료의 품질이 좋을 때에는 우수한 품질의 제품이 가능하고 조업비도 싸서 고급강이나 주강에 이용
  다. 인이나 황의 제거가 곤란하여 불순물이 적은 원료를 사용하므로 그 이용 예가 적음

2. 염기성 전기로
  가. 마그네시아, 돌로마이트 같은 염기성 내화재로 노바닥을 만들고 산화칼슘을 주성분으로 하는 염기성 Slag에 의해 정련 조작 하는 방법
  나. 인, 황 같은 유해성분을 쉽게 없앨 수 있으므로 일반적으로 사용

143

전기로에서 Long Arc조업과 Short Arc조업의 장단점을 쓰시오.

구분	Short Arc	Long Arc
전력 방식	UHP	RP
특징	저전압 대전류	고전압 저전류
아크 형태	짧고 굵다.	길고 짧다.
장점	제강시간 짧다. 생산성 향상 전력원단위 절감 노체수명향상	역률 우수 전력손실 감소
단점	전력효율 저하 (역률 하락)	제강시간 길고, 노체 수명이 짧다.

144

전기로 노체 보수 및 수명 향상 방법을 쓰시오.

1. 출강완료 후 Spray를 실시한다.
2. Slag Coating을 실시한다.
3. 전기로 냉각 판넬 누수를 방지한다.
4. MgO 성분을 높인다.

145

전기로 합금철을 (Fe-Mn)출강 중 레이들에 투입 시 Mn 실수율을 구하시오.

> 출강량 : 100톤, 노내 용강 Mn량 : 0.01%, 목표 Mn량 : 0.31%,
> Fe-Mn 중 Mn성분 : 70%, Fe-Mn 투입량 : 600kg$_f$

투입량

$= 출강량 \times \dfrac{(목표Mn\% - 노내Mn\%)}{(Mn성분\% \times 실수율)}$

$600kg_f = 100t \times \dfrac{(0.31 - 0.01)}{(70 \times X)}$

X(실수율)

$= \dfrac{100t \times (0.31 - 0.01)}{70 \times 600kg}$

$= 0.714 \times 100 = 71.4\%$

146

전기로 탈수소 조건을 쓰시오.

1. 강욕 온도가 충분히 높을 것
2. 탈산성 원소를 과도히 함유하지 않을 것
3. 슬래그 층이 너무 두껍지 않을 것
4. 탈산 속도가 클 것(비등이 활발할 것)
5. 탈산제나 첨가제에 수분을 포함하지 않을 것
6. 대기 중의 습도가 낮을 것

147

에로우식 전기로의 특징을 쓰시오.

1. 산성, 염기성 내화재료 내장한 노의 천정에서 3개의 전극을 넣어 용해 재료를 통해서 Arc를 발생시켜 그 아크열과 저항열로 용해한다.
2. 전극의 승강 작용이 용이하다.
3. 온도조절이 용이하다.
4. 내화재료 수명이 길다.

148

탈산제로서 Ti을 사용하는 목적을 쓰시오.

용강 중의 질소와 화합해서 질소를 고정시킨다.

149

전기로 제강 시 산소를 사용함으로써 나타나는 효과를 쓰시오.

1. 정련시간단축
2. 강욕 중에 생성한 가스의 방출을 쉽게 한다.
3. 온도 상승이 빠르다.

150
전기로 제강에서 주원료 장입 시 유의사항을 쓰시오.

1. 고무, 흙 등은 강을 오염시키므로 모두 제거한 후 장입한다.
2. 나무는 타버린 후 가탄효과를 주기 때문에 함께 장입하는 것이 좋다.
3. 부도체를 선별하지 않으면 전극 절손 사고가 발생한다.

151
고주파 유도로의 특징을 쓰시오.

1. 설비비 저렴
2. 구조가 간단
3. 온도조절 용이
4. 자동교반에 의한 성분조정 용이
5. 전기로에서 제강하기 어려운 고합금강 용해에 적합

152
전기로 천정(노정)연와에는 일반적으로 염기성로나 산성로나 모두 규석연와를 사용하여 왔는데 그 이유를 쓰시오.

1. 가격이 저렴하다.
2. 비교적 내화도가 높고 품질의 변동이 적다.
3. 열간 강도가 크므로 천정이나 아치연와에 적합하다.
4. 석회나 산화철에 대하여도 비교적 강하고 내화도의 저하가 적다.

153
전기로 제강에서 환원기 작업 중 환원 슬래그를 사용하여 탈산하는 방법을 쓰시오.

1. **확산 탈산법**
   환원 강재인 White Slag 또는 Carbide Slag로 탈산하는 방법으로 즉, [FeO]를 함유한 용강을 (FeO)를 함유하지 않은 슬래그와 접촉시키면 용강 중의 [FeO]는 슬래그 중으로 확산해서 [FeO]가 감소
2. **강제탈산법**
   강욕의 직접탈산을 주체로 하는 것으로 산화기 강재를 제거한 후 산소와 친화력이 Fe보다 큰 원소를 용강 중에 첨가하여 [FeO]를 환원 탈산하고 탈산생성물을 부상 분리함과 동시에 조재제를 투입하여 신속하게 환원강재를 만들어 환원 정련하는 방법

154

강제 탈산법의 특징을 쓰시오.

1. 환원기 강재를 만들기 쉽다.
2. 강욕 성분의 변동이 적다.
3. 탈산, 탈황이 신속하여 환원 시간이 짧다.

155

전기로 작업에서 산화기 탈탄반응 촉진 조건을 쓰시오.

1. 노내 온도가 높을 것
2. Si, Mn, P 등 산화성 원소가 적을 것
3. FeO가 많을 것

156

전기로 노체보수 방법 및 수명 향상 방법을 쓰시오.

1. 출강완료 후 Spray를 실시한다.
2. 조업 중에 발생하는 노상의 국부 손상 시 잔용강을 완전히 제거한 후 Dolomite Clinker 또는 Magnesia Clinker로 보수한다.
3. 노벽의 용손 방지책으로 수랭함을 설치한다.
4. 경소 돌로마이트를 사용하여 강재 중에 MgO농도를 높인다.
5. Slag Coating을 실시한다.
6. 전기로 냉각 판넬 누수를 방지한다.

157

전기로 조업에서 전극이 부러졌을 때 조치사항을 쓰시오.

1. 전극봉 전원을 "OFF"한다.
2. Master(Cylinder)를 상승시킨다.
3. 노외에 있으면 제거하고 노내에 있으면 취외 가능 시 Wire Rope를 이용하여 취외시키고, 불가능하면 용해시킨다.
4. 전극봉을 접속시킨다.
5. 전극봉의 전원을 "ON" 시킨다.

158

다음과 같은 전기로의 전력량을 계산하시오.

> 고철 10Ton을 20℃에서 1,620℃까지 용해, 비열은 0.14kcal/kg$_f$, 잠열은 60kcal/Kg$_f$, 1kWh 발열량은 860kcal

전력량

$= \dfrac{(비열 + 잠열)}{860}$

$= \dfrac{(10,000 \times (1,620-20) \times 0.14) + (10,000 \times 60)}{860}$

$= 3,302 \text{kWh}$

159

전기로에서 순철 1.5Ton을 용해하는데 필요한 열량은? (순철 20℃~1,600℃까지의 평균 비열은 0.16kcal, 용강의 용해 잠열은 65kcal/Kg$_f$)

필요열량 = 비열 + 잠열

$= (1,500 \times (1,600-20) \times 0.16) + (1,500 \times 65)$

$= 476,700 \text{kcal}$

160

전기로 환원기의 강재는 염기도는 (㉮)이며, 강재비(Slag Ratio)는 (㉯)이며, 두께는 (㉰)이고, 유동성이 좋아야 한다.

㉮ 2.5~3.0
㉯ 2~3%
㉰ 20~30mm

161

전기로 조업에서 산소부화 조업의 효과를 쓰시오.

1. 용해말기 조업구를 통해 노벽 부착 고철 커팅 시부터 사용하며, 산소 사용량 증대 및 산화반응 속도 증대에 의한 생산성이 향상된다.
2. 적극적 산소 취입에 의한 용강 교반 효과가 증대된다.
3. 기계화 작업에 의한 작업 안전도 증가한다.
4. 슬래그 포밍(Slag Foaming)에 의한 전력 회수율 증대 및 내화물이 보호된다.
5. 장입 회수율 저하 방지가 된다.
6. 용존 산소량 제어에 의한 작업 안정도 증가한다.

162

일반적으로 용강 / 슬래그 반응에 의해 생성된 가스 및 임의적으로 용강 혹은 슬래그 중으로 취입된 가스가 슬래그의 점탄성적인 물성에 의해 기상으로 바로 방출되지 못하고 슬래그 내에 포집되어 슬래그가 거품처럼 부풀어 오르는 현상을 무엇이라 하는가?

슬래그 포밍(Slag Foaming)

163

슬래그 포밍 조업의 장점을 쓰시오.

1. 열효율이 증가
2. 아크 소음 감소
3. 슬래그 중 유가금속(Fe) 회수 증가로 실수율 향상
4. 전극 및 내화물의 용손 감소로 원단위 절감

164

슬래그 포밍 조업 시 산소 및 탄소의 취입에 대하여 설명하시오.

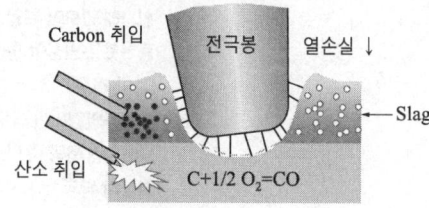

1. 용강으로 산소를 취입
2. 슬래그 내로 탄소를 취입하여 금속 산화물과 반응에 의해 CO가스 발생에 의해 슬래그 두께가 아크 길이의 2~3배로 형성

165

슬래그 포밍 발생 기구를 순서대로 설명하시오.

1. 슬래그/메탈 계면에서의 미세 가스 발생
2. 슬래그 내에서 가스의 부상
3. 슬래그 층 상부에 Foam층 형성
4. 슬래그는 포밍된 상태로 변함
5. 직경이 큰 가스가 스래그/메탈계면에서 빠른 속도로 슬래그 층 통과

166

슬래그 포밍 조업에서 슬래그 포밍 발생 인자에 대하여 설명하시오.

1. **슬래그 표면 장력**
   표면장력이 작으면 미세 기포가 슬래그 층을 뚫지 못하여 기포가 증가하여 슬래그 포밍이 증가
2. **슬래그 염기도**
   1.3~2.3일 때 포밍성이 증가
3. **슬래그 중 FeO 농도**
   15~20% 정도일 때 포밍 높이가 최대
4. **탄소 취입 위치**
   슬래그와 용탕 계면 부근으로 취입해야 포밍성 향상
5. **탄소 크기**
   0.1~2mm일 때 포밍성 증가

167

다음 그림은 슬래그 포밍 조업에서 탄소의 취입 위치를 나타낸 것이다. 위치별로 취입 시 슬래그 포밍에 미치는 영향을 설명하시오.

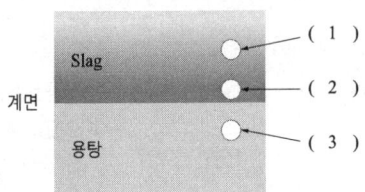

(1)의 경우
취입관이 슬래그층 상부에 위치할 경우 슬래그 내 가스체류 시간이 짧아서 슬래그 포밍성이 떨어지고, 집진 로스(Loss) 증가 및 작업구로 화염발생이 증가한다.
(2)의 경우
취입관이 슬래그와 용탕 계면 부근에 위치해 있으면 취입 가스의 체류 시간 증가로 포밍성이 향상된다.
(3)의 경우
취입관의 깊이가 너무 깊어 용탕 중으로 들어가면 용탕 중 탄소의 픽업(Pick-Up) 현상이 발생한다.

168

다음 그림은 슬래그 포밍 조업에서 탄소 Injection 시 취입관의 각도를 나타낸 것이다. 각각의 각도에서 슬래그 포밍에 미치는 영향을 설명하시오.

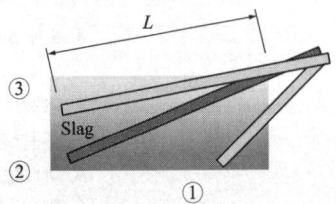

①의 경우
각도가 너무 크면 취입관의 끝이 용탕 깊이 들어가므로 이것을 방지하기 위해 취입관의 길이를 짧게 해야 하므로 취입관의 위치제어가 곤란하다.
②의 경우
위치제어가 용이하고 슬래그 포밍성이 향상된다.
③의 경우
각도가 너무 작으면 취입관 끝이 슬래그 중에 위치하므로 가스의 슬래그 체류 시간이 짧아지므로 포밍성이 떨어진다.

2차정련법 실기 예상문제 03

01
노외정련의 목적은?

1. 강중의 가스(O, N, H 등), 비금속 개재물 등의 불순물이 감소하고 성분범위의 축소와 안정을 얻을 수 있다.
2. 제강로에서는 용해만 하고 이 용강을 노외정련하면 제강능률이 향상되고 제조원가가 절감된다.

02
노외정련법의 종류를 쓰시오.

1. 진공탈가스법
2. 레이들정련법
3. AOD법

03
진공탈가스의 처리 효과는?

1. 가스성분의 감소(H, N, O등)
2. 비금속 개재물의 저감
3. 유해원소의 증발제거
4. 온도 및 성분의 균일화
5. 기계적 성질의 향상

04
순환 탈가스법에서 산소, 수소, 질소 가스가 제거되는 장소는?

1. 상승관에 취입된 가스표면
2. 상승관, 하강관, 진공조 내부의 내화물 표면
3. 진공조 내에서 노출된 용강 표면
4. 취입가스와 함께 비산하는 Splash 표면

05
순환 탈가스법(RH-OB법)에서 진공조를 지지하는 방식은?

1. 진공조 상하 및 선회가동방식
2. 진공조 상하방식
3. 진공조 고정방식

06

레이들 정련의 효과는 무엇인가?

1. 생산성의 향상
2. 내화물의 수명연장
3. Cr 회수율의 향상

07

AOD법과 VOD법을 비교하시오.

1. AOD법은 대기 중에서 강렬한 교반을 수반하는 정련을 하므로 탈황, 성분 조정에는 유리하나 수소함량, 정련 후의 출강 때의 공기오염에 대해서는 VOD법이 유리하다.
2. AOD법은 진공설비가 없으므로 건설비는 싸나 조업비의 약 80%는 Ar가스와 내화재가 차지하므로 이것들의 가격에 좌우된다. 그러나 원료비와 실수율은 VOD법보다 유리하다.
3. AOD법에서는 상당히 높은 고탄소 용강으로부터 신속한 탈탄과 탈황이 가능하므로 생산성은 VOD법보다 크다.
4. AOD법은 스테인레스강의 제조에만 이용되나 VOD법은 탈가스 장치로서도 이용할 수 있어 각종 강종에 적용할 수 있다.

08

제강작업에서 노외정련의 목적을 쓰시오.

1. 화학성분 조정 및 합금철 첨가
2. 슬래그 또는 반응물질 첨가에 의한 불순원소 저감
3. 용강 가스성분 제거
4. 용강의 승온 및 온도조정
5. 성분 및 온도의 균일화
6. 청정도 향상을 위한 비금속 개재물 제거 및 형상 제어
7. 출강과 주조 사이에 조업시간 조정 등의 완충효과

09
진공 탈가스의 장점을 쓰시오.

1. 용강 내의 가스제거
2. 강욕의 온도 및 성분 균일화
3. 비금속 개재물의 부상 분리
4. 진공탈산 및 탈탄 용이
5. 처리시간이 짧음

10
레이들 정련의 기능을 쓰시오.

탈수소, 탈산, 탈탄, 탈황, 비금속 개재물의 형상제어, 성분조정, 온도 미세조정, 탈질 등 거의 모든 분야의 야금학적 기술 적용이 가능하다.

11
프로브 샘플러의 종류와 특징을 설명하시오.

1. **Disk 샘플러**
   용강의 성분 제어를 위해 사용되는 샘플러이다.
2. **Pin 샘플러**
   용강 중 질소와 T.[O]를 분석하기 위해 측정하는 샘플러로 NO분석기에서 질소와 산소 동시 분석이 가능하다.

12
합금철 및 부원료 투입방법 및 목적을 설명하시오.

1. **투입방법**
   진공상태에서 투입하는 방법과 대기 중에 있는 부원료를 진공조건을 만든 이후에 투입하는 방법이 있다.
2. **투입목적**
   - 합금철 : 용강 중 성분을 재질에 요구되는 목표성분에 맞추기 위해서 투입
   - 부원료 : 용강의 청정성 확보를 위해서 Slag조성 목적으로 사용

13
진공 정련에서 탈탄 반응 영역을 설명하시오.

1. 진공조 내에서 진공도에 따른 용강의 표면 탈탄
2. 취입된 Ar 기포의 부상 중 기포 탈탄
3. 용강 내부로부터 CO가스가 발생하는 내부 탈탄

14

레이들 정련의 종류에서 가열 기능은 있고 진공 기능은 없는 방법을 쓰시오.

LF법, PLF법, NK-AP법, CAS법

15

레이들 정련의 종류에서 가열 기능은 없고 진공 기능은 있는 방법을 쓰시오.

VOD법, RH-OB법

16

레이들 정련의 종류에서 가열 기능과 진공 기능이 모두 가능한 방법을 쓰시오.

VAD법, ASEA-SKF법

17

RH 정련에서 탈탄 반응 위치에 따른 반응 기구를 설명하시오.

1. 표면 반응 : 용강 표면
2. 기포 반응 : Ar 가스(Lift 가스) 표면
3. 내부 반응 : 용강 내부

18

RH 법에 적용되는 기술을 설명하시오.

1. 진공조 내로 Ar Gas 취입
2. 진공조 내 용강에 산소가스 상취
3. 철광석 분체의 상취
4. 수소가스의 취입

19

탈가스 작업에서 제거되는 원소를 쓰시오.

산소(O), 수소(H), 질소(N)

20

진공 정련에서 탈수소나 탈질소를 어렵게 하는 원소를 쓰시오.

크롬(Cr), 티탄(Ti), 바나듐(V)

21
저수소강을 제조하기 위한 방법을 설명하시오.

1. 기상-Slag, Slag-용강계면에서의 수소의 이동속도를 정량화
2. 흡수소 속도를 적게 하기 위해서는 수증기 분압, Slag 및 화학조성 최적화

22
RH탈가스 설비의 진공조 구조를 4가지 쓰시오.

1. 침적관
2. 하부조
3. 상부조
4. HOT(Hot Off Take)

23
2차 정련에서 사용하는 냉각재의 특성을 설명하시오.

1. 석회석을 대신하여 냉각 효과의 폭을 줄이기 위해 40~50mm의 강판을 잘라 정련 온도가 높은 경우 진공조 내에 냉각제로 투입한다.
2. 냉각제 : 철광석, 석회석

24
전기로에서 미리 환원 슬래그를 만들고 Ladle에 용강과 함께 출강하여 Arc 가열함으로써 전기로의 환원기를 생략하는 Ladle 정련법은?

LF 정련

25
LF 정련의 주요기능을 쓰시오.

1. 승온
2. 탈황, 탈산
3. 청정강 제조(개재물 제어)
4. 온도, 성분 미세조정
5. 합금철 용해
6. 일반강 대량생산 공정

26
LF 정련의 슬래그는 어떤 분위기인가?

강환원성

27

다음 그림은 LF 정련의 개략도를 나타낸 것이다. (가), (나)에 해당하는 설비명을 쓰고, (다)로 취입되는 가스를 쓰시오.

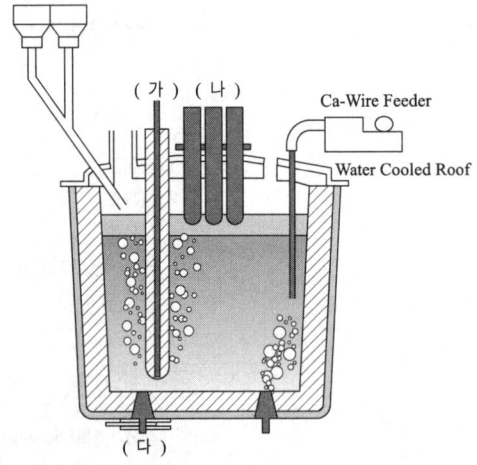

가. Top Lance
나. 전극봉
다. 아르곤, 질소

28

LF 정련에서 개재물을 두 가지로 분류하고, 각각의 생성 원인을 쓰시오.

1. **내성(Endogenous) 개재물**
   탈산과정에서 발생
2. **외성(Exogenous) 개재물**
   슬래그 가둠, 내화물의 파괴, 공기에 의한 재산화에 의해 발생

29

LF 정련에서 개재물이 존재할 때 문제점을 2가지 쓰시오.

1. 연주 노즐 막힘의 주 원인
2. 최종제품 가공 시 각종 크랙의 원인

30

개재물의 부상 분리에 의한 제거 순서를 3단계로 쓰시오.

1. **1단계**
   개재물의 슬래그/메탈 표면으로 이동
2. **2단계**
   계면으로의 개재물 분리
3. **3단계**
   개재물로부터의 용해에 의한 개재물의 제거

31
LF 정련에서 보온재의 투입 목적을 3가지 쓰시오.

1. 용강 보온
2. 재산화 방지
3. 비금속 개재물 흡수

32
고규산질 플러스(Flux)의 주성분과 특징을 쓰시오.

1. 주성분 : SiO_2
2. 왕겨가 대표적
3. 보온성은 우수하나 재산화 방지 및 개재물 흡수능은 없음

33
고염기성 플럭스(Flux)의 주성분과 특징을 쓰시오.

1. 주성분 : CaO
2. 보온 작용은 없으나, 용강의 재산화 방지, 개재물 흡수능이 우수
3. 고청정성이 요구되는 강종에 주로 사용

34
고규산질 플럭스의 제조 공정을 쓰시오.

왕겨 → 소각로 → 혼합기 → 성형기 → 건조로 → 냉각시설 → 포장시설

35
A-Flux 및 B-Flux의 주요 성분 2가지를 쓰시오.

1. A-Flux : CaO, SiO_2
2. B-Flux : CaO, Al_2O_3

36
LF에서 사용되는 합금철을 Storage Hopper로 이송하기 위해 지상에 저장하는 설비의 명칭을 쓰시오.

합금철 수입 호퍼
(Under Receiving Hopper)

37

LF 정련 제강공정에서 사용되는 합금철의 요구 특성을 3가지 쓰시오.

1. 쉽게 용해되고 빠른 확산이 필요하다.
2. 합금철 내 불순물이 적어야 한다.
3. 형상, 가격 등 사용성이 확보되어야 한다.

38

LF 정련에 사용하는 부원료 중 Al의 용도를 쓰시오.

1. 용강 및 슬래그 탈산
2. 합금철 성분으로 S-Al 확보

39

Al에 의한 탈산에 의한 생성물을 쓰고, 제거과정, 제거가 되지 않았을 때의 문제점 및 그에 대한 대책을 쓰시오.

1. **생성물**
   Al_2O_3
2. **제거과정**
   Al_2O_3 개재물이 슬래그 층으로 부상 분리된다.
3. **문제점**
   부상하지 않은 Al_2O_3 개재물이 노즐의 막힘을 유발한다.
4. **대책**
   버블링(Bubbling)을 통하여 충분히 분리 부상시킨다.

40

탈산 시 생석회(CaO)의 용도를 쓰시오.

1. 탈산 생성물인 Al_2O_3 개재물과 합쳐 저융점의 슬래그를 형성
2. 탈황능 향상

41

탈산 슬래그의 C/A의 상태에 따른 탈황능을 설명하시오.

1. **C/A가 1.3~1.7일 경우**
   가장 저온의 슬래그 상태를 만들며, 높을수록 탈황능이 좋다.
2. **C/A가 1.3~1.7을 벗어날 경우**
   고융점 슬래그 상태를 만들어 재화 불량 및 탈황능 저하된다.

42

Ca 와이어(Wire)의 사용상 특징을 쓰시오.

1. Al 탈산 생성물인 Al_2O_3를 저융점화 시킨다.
2. 산소와 가장 반응성이 우수하므로, 가장 늦게 투입한다.
3. Ca 성분으로 탈황능은 우수하나, 가격이 비싸 비효율적이다.
4. CaS에 의한 노즐 막힘 가능성이 있다.

43

다음은 주요 합금철이 강에 미치는 영향을 기술한 것이다. 해당하는 원소를 쓰시오.

원소	영향
①	용강의 탈산 및 Austenite 입도 미세화를 통한 강도 및 항복점을 상승시키고 질소[N]가 고정되어 시효성이 감소, 저온에서 가공성이 나빠진다.
②	강의 Austenite 영역을 확대하고 인성을 증가시키며 특히 저온에서 인성을 향상시킨다.
③	개재물의 부상분리 및 중심편석을 억제한다.
④	강의 인장 성질 및 내마모성을 향상시킨다.
⑤	상온 및 고온에서 강도를 증가시키며, 특히 항복점을 증가시킨다.
⑥	Cu 석출에 의하여 시효경화를 부여하고, 일반적으로 인장강도, 경도, 항복점은 Cu 함유량과 함께 상승하고, 연신율과 단면감소율은 감소한다.

① : Al, ② : Ni, ③ : Ca, ④ : Cr
⑤ : Nb, ⑥ : Cu

44

LF 설비의 목적을 3가지 쓰시오.

1. 전로 출강온도 다운(Down)
2. 합금철 실수율 증대
3. 인(P)의 Reblowing율 감소
4. 아크에 의한 용강 온도 상승

45

LF 설비에서 3개의 전극봉을 슬래그에 침적시키고, 유압에 의해 용강과 일정한 거리를 유지하게 하는 장치의 명칭을 쓰시오.

암(Arm)과 마스트(Mast)

46

LF 설비에서 전극봉 승강장치는 3가지로 구성되어 있다. 각각의 명칭을 쓰시오.

1. 전극봉 리프팅 기구
2. 지주 가이드 롤러(Column Guide Roller)
3. 전극봉 리프팅 실린더

47

LF 설비에서 전극 설비인 암(Arm)의 재질을 쓰시오.

알루미늄

48

LF 설비에서 전극봉 서포트 부분은 고온 및 전기 아크로부터 보호하기 위해 무엇으로 코팅을 하였는가?

세라믹

49

LF 설비에서 수랭 커버의 역할을 쓰시오.

용강과 공기가 접촉하지 못하게 한다.

50

LF에서 전극봉을 이용하여 용강 가열을 하는 경우는 언제인가?

연속주조를 실시하기 어려울 정도로 용강 온도가 낮을 때

51

LF에서 탄소 전극봉의 침지 위치를 쓰시오.

슬래그에 침지

52
LF에서 슬래그의 역할을 2가지 쓰시오.

1. 아크열의 대기 방산 방지
2. 불순성분의 제거

53
LF에서 슬래그 층을 형성하기 위한 조업상의 특징을 쓰시오.

1. 적정 슬래그 층 확보가 필요
2. 굵고 짧은 아크가 열효율이 우수
3. 저전압 대전류형성이 필요
4. 대용량의 변압기가 필요

54
LF에서 아크 발열의 기본 순서를 쓰시오.

고전압 전류 변압기 → 저전압 고전류로 변환 → 수랭 케이블과 흑연 전극봉에 전달 → 슬래그 층에서 전극봉의 전류가 용강 층으로 전도 → 전극 상호 간의 극성에 의해 아크 발생 → 용강 표면 및 슬래그층 가열

55
아크 기둥 내에서 분자가 원자로 해리되고 전이한 상태로 고체→액체→기체의 전이와는 다른 상태의 물질로 제4의 상태라고 불리는 것은?

플라즈마

56
LF에 사용하는 전극봉의 재질과 제조순서를 쓰시오.

1. 재질 : 인조흑연
2. 원료 → 파쇄 → 배합 → 압출 → 성형 → 소성 → 함침 → 흑연화 → 가공 → 제품

57
LF에서 전극봉 소모의 5가지 요소를 쓰시오.

1. 산화(Oxidation)
2. 승화(Sublimation)
3. 흡수(Absorption)
4. 스폴링(Spalling)
5. 파손(Breakage)

58

LF에서 전극봉 소모의 5가지 요소 중 연속적 소모에 해당하는 것을 4가지 쓰시오.

1. 산화(Oxidation)
2. 승화(Sublimation)
3. 흡수(Absorption)
4. 스폴링(Spalling)

59

다음은 연속적 소모의 요소를 설명한 것이다. 각각에 해당하는 것을 쓰시오.

가. 흑연이 일산화탄소 또는 이산화탄소가 되기 위하여 산소와 반응하기 때문에 쉽게 고온에서 소모되는 것을 무엇이라 하는가?
나. 고온에서 흑연은 증발하므로 전극봉 상부에서 가동 중에 승화작용이 일어나서 소모되는 것을 무엇이라 하는가?
다. 흑연이 쇳물에 의해 쉽게 녹는 성질에 의해 소모되는 것을 무엇이라 하는가?
라. 열의 압력에 의해 열 방출이 확대됨에 따라 압력이 증가하여 소모되는 것을 무엇이라 하는가?

가. 산화에 의한 소모
나. 승화에 의한 소모
다. 흡수에 의한 소모
라. 스폴링에 의한 소모

60

전극봉의 산화에 의한 소모를 감소시키기 위한 방법을 쓰시오.

흑연 전극봉에 직접 물로 쿨링을 실시하면 5~15% 소모율 감소

61

전극봉의 승화에 의한 소모의 원인을 쓰시오.

과도한 전류

62

전극봉의 흡수에 의한 소모의 원인을 쓰시오.

짧은 아크(Short Arc) 가동이 진행되거나 전극봉을 담갔을 때

63
전극봉의 스폴링에 의한 소모의 원인을 쓰시오.

과도한 전류, 짧은 아크

64
LF에서 용강 중 f[O]가 존재할 때의 문제점을 쓰시오.

1. 성분조정 시 합금철의 실수율 저하
2. 연속주조 시 주편 품질 열위(균열, 표면결함, 내식성 저하)

65
탈산 전 산소가 380ppm이고, 보정량을 145kg으로 할 때 Al투입량을 계산하시오.

Al 투입량 = 탈산 전 산소(ppm)×0.5+보정량
= 380×0.5+145 = 335kg

66
버블링(Bubbling) 작업의 목적을 쓰시오.

1. 불순물(비금속 개재물)을 부상 분리
2. 용강온도 균일화
3. 용강성분 균질화
4. 용강과 슬래그간의 반응 효율 향상 (탈인, 탈황)

67
용강의 버블링 작업에 사용되는 가스를 쓰시오.

아르곤(Ar)

68
버블링 가스의 취입 방법을 2가지 쓰시오.

1. Top Bubbling(레이들 상부로부터 가스 취입)
2. Bottom Bubbling(레이들 하부로부터 가스 취입)

69
버블링에 의한 개재물의 제거에 적용되는 법칙을 쓰시오.

스토크 법칙(Stokes' Law)

70
버블링 가스의 취입 시기를 4가지 쓰시오.

1. 전 버블링(LF 도착 직후 실시)
2. 조정 버블링(부원료, 합금철 투입 후 실시)
3. 후 버블링(정련말기 실시)
4. 린스(Ca처리 후 LF 출발 직전)

71
버블링에 의한 개재물의 제거 기구를 쓰시오.

1. 개재물과 용강의 비중차에 의한 부상분리
2. 개재물의 합체에 의한 부상분리
3. 버블에 의한 부상분리
4. 레이들 내화물에 의한 개재물 제거

72
버블링에 의해 강 교반이 발생되는 조건을 3가지 쓰시오.

1. 가스 유량이 클수록
2. 용강온도가 높을수록
3. 취입(Injection) 깊이가 깊을수록

73
2차정련 후 턴디시 목표온도 구하는 식을 쓰시오.

턴디시 목표 온도 = 용강 이론 응고온도 + 용강 과열도

74
정련출발 목표온도 구하는 식을 쓰시오.

정련출발 목표온도 = 턴디시 목표온도 + 이송시간 보정온도 + 기타보정

75
정련출발 목표온도에서 이송시간 보정온도란 무엇을 의미하는지 쓰시오.

정치시간에 따른 보정 온도

76
정련출발 목표온도에서 기타 보정에 해당하는 경우를 3가지 쓰시오.

1. 연연주 순서
2. 레이들 상태
3. 주조 시간

조괴법 실기 예상문제 04

01
조괴 작업 시 상주법의 대표적인 품질상의 결함을 쓰시오.

1. Scab(Splash영향)
2. Crack(균열, 터짐)

02
조괴 주입 시 온도가 과도하게 높았을 때와 낮았을 때 각각의 예상되는 가장 큰 품질 결함 명칭을 쓰시오.

1. 고온 주입 시 : Crack
2. 저온 주입 시 : 주름흠, Scab (2중흠 원인)

03
킬드강의 수축공 결함을 경감하는 방법을 사용한 주형형상(상광, 하광형)과 응고 속도를 지연시키는 방법 명칭을 쓰시오.

1. 주형형상 : 상광형 주형
2. 명칭 : 압탕법(Hot Top)

04
산소함유량에 따른 강종을 탈산정도가 큰 것부터 차례대로 쓰시오. (단, 캡드강은 제외)

킬드강 > 세미킬드강 > 림드강

05
림드강의 리밍액션이 활발할수록 다음 사항은 어떻게 되겠는가?

가. 강괴표면 :
나. 내부편석 :
다. 기포흠 :

가. 미려하다.
나. 심해진다.
다. 감소한다.

06

세미킬드강은 탈산이 가장 중요하다. 탈산이 과도했을 때와 약했을 때 어떠한 품질상의 문제가 예상되는가?

1. 강탈산 : 파이프(수축공)
2. 약탈산 : 표면기포흠(선상흠)

07

조괴작업에서 트랙 타임 관리를 하는 이유를 쓰시오.

생산성향상, 품질향상, 열경제성 향상, 주형수명 연장

08

5대원소가 편석발생에 미치는 영향이 큰 것부터 순서대로 쓰시오.

S 〉 P 〉 C 〉 Mn 〉 Si

09

주편두께 : 400mm, 응고율상수 : 28mm/min일 때 응고에 소요되는 시간은?
(단, D = K$\sqrt{t}$ [D : 응고두께(mm), K : 응고율상수(28-30mm/min), t : 응고시간(분)])

$\frac{400}{2} = 28\sqrt{t}$ 에서
$t = (\frac{200}{28})^2 = 51$분

10

Semi-Killed강 20톤을 3분에 주입하려고 한다. Ladle Nozzle경은 얼마로 해야 하는가?
(단, Semi-Killed강 비중 7.0, $\sqrt{2gh}$ =900)

- 주입속도 : V = a.ρ . $\sqrt{2gh}$
  [V : 단위시간당 용강유출량(g/sec), a : 노즐단면적(cm^2), ρ : 용강비중 (g/cm^3), 2gh(g : 중력가속도 cm/sec^2, h : 레이들 내 용강 깊이 cm)]

$V = a \times \rho \times \sqrt{2gh}$
$= \frac{V}{\rho \times \sqrt{2gh}}$

노즐단면적(a)
$= \frac{20,000,000g/(60\times 3)\text{sec}}{7 \times 900}$
$= 17.64\text{cm}^2$

한편
단면적(a) = $\pi \times r^2$ 에서
$r = \sqrt{\frac{a}{\pi}} = \sqrt{\frac{17.64}{3.14}} = 2.4\text{cm}$
직경(D) = $2r = 2 \times 2.4$
$= 4.8\text{cm} = 48\text{mm}$

11
Sliding Nozzle의 장점을 쓰시오.

1. 노즐-스토퍼 방식에서는 1회밖에 못 쓰는데 이 방법에서는 5~10회의 연속 사용이 가능하므로 인건비가 절약된다.
2. 주입 사고가 적어지고 원격조작을 하므로 작업이 안전하다.
3. 주입속도의 조절이 쉽다.

12
주형의 단면형상을 쓰시오.

1. 각형(plain)
2. 편평형(camber)
3. 파형(corrugate)
4. flute

13
주형의 종류 중 파형의 목적을 쓰시오.

접촉면을 크게 하여 강괴 표면의 냉각을 빨리 해서 균열을 방지하기 위함

14
주형의 재질을 쓰시오.

주철(4.0~4.3%C)
[고로선 또는 Cupola 선]

15
조괴에서 주입할 때에 유의하여야 할 점을 쓰시오.

1. 주입온도와 주입속도
2. 강종에 따른 탈산조정
3. 산란이 없는 주입류를 얻을 것
4. 주형 중심에 주입할 것

16
조괴에서 주입 중 탕주름의 원인과 대책을 쓰시오.

1. **원인**
 저온 또는 저속주입, 주입 중 용강면의 동요
2. **대책**
 고온·고속 주입, 주형에 도료 사용, 주형 카바 사용

17

주입온도와 주입속도의 문제점을 쓰시오.

1. **고온 주입 시**
   강괴에 균열이 생기고 정반에 융착하기 쉽다.
2. **저온 주입 시**
   탕주름, 2중표피
3. **고속 주입 시**
   강괴의 균열을 일으키고 림드강에서는 급속히 용강정압이 증가하여 리밍액션이 나쁘다.
4. **저속 주입 시**
   주입류가 공기 중에 노출되는 시간이 길어져 산화에 의한 결함이 생긴다.

18

Rotary 노즐에 의해 주입작업을 할 때 미끄럼 면에서 용강이 유출되는 원인은 무엇인가?

연와용손, 습동면(미끄럼면) 지금 혼입

19

용강이 퍼져 비산되지 않게 주입을 하려면 주입 노즐은 어떻게 하는 것이 좋은가?

1. 노즐 길이 : 길게
2. 노즐 지름 : 크게

20

림드강에서 주형 높이가 높을수록 관상기포 발생권의 길이는 어떻게 되며, 그 이유는 무엇인가?

1. 길어진다.
2. **원인**
   용강의 정압이 크므로 부상하기 위한 기포성장보다 응고가 빨리 일어나 기포가 강괴 내에 남기 때문

21

림드강의 편석을 줄이기 위해서는 어떻게 하는 것이 좋은가?

1. 강중 P% : 적게 유지
2. 리밍액션 지속시간 : 짧게
3. 주형의 크기 : 작게

22
주형도포의 목적을 쓰시오.

1. 형발용이
2. 강괴 표면 흠 방지 : Splash 및 주형 크랙에 의한 표면 결함
3. 주형 수명연장
4. 주형과 용강과의 마찰방지 : Lap 흠 방지

23
슬래브 생산용 주형을 설계할 때 분괴 회수율이 90%이고 슬래브 단중이 22.5톤인 주형을 설계하려면 주형의 중량은 몇 톤이 되어야 하는가?

강괴단중
$= \dfrac{\text{Slab단중}}{\text{분괴회수율}} = \dfrac{22.5}{0.9} = 25$톤

24
다음 그림은 강괴의 응고 조직을 나타낸 것이다 각 부분의 결정 조직명을 쓰시오.

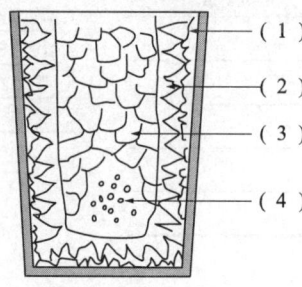

1. Chill정
2. 주상정
3. 입상정
4. 침전정

25
Track Time을 규제하는 이유를 쓰시오.

1. 생산성 향상
2. 열 경제성 유리
3. 품질 향상

26
킬드강에서 파이프를 줄이고자 압탕을 실시하는데 과도한 압탕이 이루어지면 어떠한 결함이 발생되는가?

이중괴

27

주형의 노후로 인하여 주형벽이 그물같이 갈라졌다. 이런 주형에 주입을 하면 어떠한 결함이 발생하는가?

Crazing

28

조괴에서 주입 온도가 과도히 낮을 때 예상되는 결함을 쓰시오.

1. 주름흠
2. Scab 증가
3. 비금속 개재물 증가

29

다음 표는 상주법과 하주법을 비교한 것이다. 각각에 해당하는 곳에 ○표시 쓰시오.

항목	상주법	하주법
1. 대형 킬드강 및 림드강		
2. 크랙 위험도가 높은 강		
3. 표면이 중요한 강		
4. 대량생산에 적합한 방법		
5. 양괴 회수율이 양호		

항목	상주법	하주법
1. 대형 킬드강 및 림드강	○	
2. 크랙 위험도가 높은 강		○
3. 표면이 중요한 강		○
4. 대량생산에 적합한 방법	○	
5. 양괴 회수율이 양호	○	

30

Corrugate 및 Flute 주형을 사용하면 어떠한 효과를 기대할 수 있는가?

접촉면을 크게 하여 Chill 부분을 두껍게 해주어서 크랙을 방지

31

하주 주입 시 주입구와 정반 사이에서 용강이 유출되었다. 이때의 조치사항을 쓰시오.

1. 주입자 : 저속주입, 조입주입
2. 보조자 : 스케일 및 모래를 유출부에 투입

32

강괴의 응고과정에서 수지상정 사이에 불순물이 존재하여 발생한 편석은 무엇인가?

마이크로 편석(국부편석)

33

림드강 또는 캡드강을 주입 시 급격히 탕면이 저하될 경우의 원인과 방지책을 쓰시오.

1. **원인**
   과산화, 고속주입
2. **방지책**
   가. 주입 초부터 탈산제 균등분할 투입
   나. 적정 주입속도 유지

34

리밍액션을 가장 활발하게 하기 위한 C%의 범위는 얼마이며, C% 농도가 증가하면 미반응 C가 잔류해서 어떤 가스를 발생시키고, 잔류하는 C%량은 어떻게 되는가?

1. C% 범위 : 0.06-0.03%
2. 발생가스 : CO
3. 잔류 C% : 증가함

35

다음 그림은 정반 준비 작업에서 흑연연와를 조립한 상태이다. 각 부분의 명칭을 쓰시오.

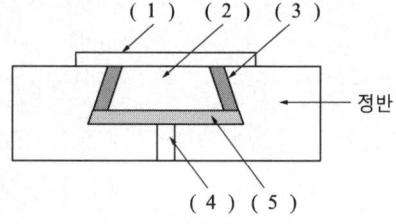

1. 정반보호철판
2. 흑연연와
3. 캐스터블
4. 수증기 구멍
5. 모래

36

킬드강을 하주로 주입하고 있다. 탕면 상태를 보고 탕상 조정제를 투입해야 하는데 투입시기와 목적을 쓰시오.

1. **투입시기**
   용강의 탕면이 노출될 때
2. **투입목적**
   탕면응고 방지, 산화방지

37

림드강 주입작업 중 생성된 슬래그는 제거해야 하는데, 슬래그 제거 목적과 제거 방법을 쓰시오.

1. **제거 목적**
   편석방지, 비금속 개재물 혼입방지
2. **제거 방법**
   판자 이용

38

주입을 하기 위해서는 주입 예정 대차의 주형을 점검해야 하는데 주로 어떠한 것을 확인해야 하는지 쓰시오.

1. 주형종류
2. 주형본수
3. 주형청소상태
4. 주형보유온도

39

출강 중에 정전으로 인하여 일시 출강이 중단되었다. 그때의 조치사항을 쓰시오.

1. **정전의 시간이 짧을 때**
   그대로 대기한 후 출강계속
2. **정전의 시간이 길 때**
   출강된 용강 위에 석회나 가마니를 투입하여 보온유지

40

캡드강을 주입 시 뚜껑을 덮어 Hitting이 완료되면 뚜껑 수랭을 실시하는데 그 이유를 쓰시오.

1. 뚜껑의 분리를 용이하게 하기 위해
2. 뚜껑의 수명연장을 위해

41

세미킬드강을 주형 높이가 2,500mm인 주형에 높이가 400mm까지 주입이 되었을 때의 중량을 구하시오. (단, 비중 : 7.0, 주형 저부 면적 : $2m^2$, 주형 상부 단면적 : $1m^2$)

$V = \dfrac{1}{3}h(S_1 + S_2 + \sqrt{S_1 S_2})$

$= \dfrac{1}{3} \times 2.1(2 + 1 + \sqrt{2})$

$= 3.08 m^2$

$W = V \times 비중 = 3.08 \times 7.0$

$= 21.56$톤

42

킬드강을 상주로 주입하는 것보다 하주로 주입하는 경우에 발생 위험이 높은 결함을 쓰시오.

1. 주름흠(Ripping)
2. 이물흠
3. 비금속 개재물 혼입

43

상주에 의해 주입하고 있다. 이때 어느 주형에 주입개시 후 폭발을 했거나 내부 용강이 심하게 요동을 했다면 주형 내에 어떤 이상을 예상할 수 있는가?

1. 주형 내 습기 존재
2. 정반 건조 불량
3. 캐스터블 건조 불량

44

다음 탈산제는 조괴 작업에서 사용하는 것이다. 각각의 용도를 쓰시오.

1. Bar Al
   Al Capping, 세미킬드강 Bleeding 발생 시 진정작용
2. Shot Al
   주입 탈산용(양괴 생산용)
3. Fe-Si
   잔괴 주형 탈산용

45

주입 중 레이들 내의 용강 중 O% 성분을 알려면 어떠한 Sampler을 사용해야 하는가?

Pin Sampler

46

주입조건은 양호하였는데, 강괴를 압연해 보니 크랙이 다량 발생하였다면 주입자가 어떠한 잘못을 하였는가?

편심주입

47

캡드강을 주입 중 주입자의 실수로 뚜껑을 덮고 핀을 꽂지 않았다. 어떠한 사고가 발생되겠는가?

Bleeding

48

캡드강을 주입하였을 때 뚜껑을 열어보니 Hitting되지 않았다. 주입자가 어떠한 잘못을 하였으며, 강괴의 결함에 미치는 영향을 쓰시오.

편석, 2중흠

49

세미킬드강에서 전로의 적정 탈산 중복으로 강중에 O의 함량이 과다할 때 주입완료 후 어떠한 현상이 발생하겠는가?

1. 두부가 과도하게 팽창
2. Bleeding 발생

50

캡드강 주입 후 Scum 또는 용강이 주형 상부로부터 분출해서 완전히 Hitting이 불가능하다고 판단되는 경우 주형은 어떠한 수리를 해야 하는가?

상면 철판 붙임

51

레이들의 노즐 시스템에서 Rotary 노즐 구동장치의 작동 순서를 쓰시오.

전동 Motor → 감속기 → Rotor

52

비금속 개재물의 증감 사항을 다음 항목에 따라 어떻게 변하는지 쓰시오.

가. 리밍 액션 정도 :

나. 리밍 액션 시간 :

가. 리밍 액션이 활발했다가 감소한다.
나. 리밍 액션(R/A) 지속시간이 길어졌다가 증가한다.

53

림드강에서 슬래그 제거를 난폭하게 하면 어떠한 결함이 발생하는가?

이중흠

54
강괴의 내부 조직을 양호하게 하기 위해서는 어떠한 주형이 좋은가?

1. 단면적 : 크게 한다.
2. 높이 : 낮게 한다.

55
킬드강의 편석 사항을 위에서부터 차례로 쓰시오.

정편석 → ∨편석 → ∧편석 → 부편석
(침전정)

56
주형의 테이퍼를 주는 목적과 너무 과도한 테이퍼를 주었을 때 킬드강에서 나타나는 결함은 무엇인가?

1. 목적 : 형방을 용이하게 하기 위하여
2. 결함 : Pipe가 길어진다.

57
림드강 주입작업에서 탈산제 투입량을 결정하는 요소를 쓰시오.

1. 리밍 액션
2. Hitting Time
3. 두부팽창정도

58
주형 설계를 할 때 너무 두껍게 하는 경우와 얇게 하는 경우 어떠한 현상이 발생하겠는가?

1. **두꺼울 때**
   주형 원단위가 증가한다.
2. **얇을 때**
   주형과 강괴가 부착된다.

59
다음 Sampler의 용도로써 어떠한 성분요소를 분석할 수 있는가?

1. **Spoon Sampler**
   C, P, S, Si, Mn
2. **Disk Sampler**
   C, P, S, Si, Mn, Si-Al
3. **Pin Sampler**
   O_2

60

주입 중 주입온도를 측정해야 한다. 이때 열전대의 끝(선단)을 어디에 대야 하는가?

주입류

61

한 Heat를 주입하고 있다. 주입온도의 변화를 다음 그래프에 표시하시오.

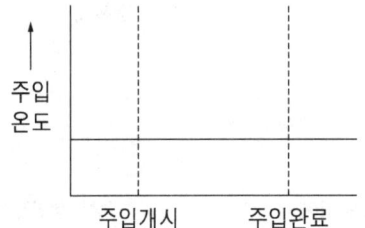

62

Hitting Time의 정의와 Rimming Action(R/A)과의 관계를 쓰시오.

1. **Hitting Time**
   주입 완료 후 용강이 팽창하여 뚜껑을 닿을 때까지의 경과시간
2. **R/A와의 관계**
   리밍액션이 활발할수록 늦어진다.

63

림드강과 킬드강의 단점을 쓰시오.

1. 림드강 : 편석 발생
2. 킬드강 : Pipe 발생

64

S(%) 편석 농도를 측정한 결과 불합격이 되었다. 어떠한 수정 작업을 해야 하는가?

1. **림드강**
   Hitting Time, 리밍액션, 온도, 용선 중 S 농도
2. **킬드강**
   압탕비, 주형형상, 주입온도, 용선 중 S 농도

65

세미킬드강과 킬드강의 정치시간을 각각 몇% 응고되었을 때까지 해야 하는가?

1. 세미킬드강 : 40~50%
2. 킬드강 : 100%

66

캡드강 제조 시 Hitting Time이 20분이었다. 강괴에 발생될 수 있는 가장 큰 결함은 무엇인가?

편석

67

림드강 제조 시 적정 탈산 후 응고층 60~80mm 형성 시점에서 뚜껑을 덮었으나 Bleeding이 심하게 일어났다. 어떠한 작업을 소홀히 했는가?

슬래그 제거 작업

68

림드강 주입을 하고 있다. 전 Heat보다 Scum 발생이 더 많을 경우 어느 편이 리밍 액션이 활발한가?

주입 중 Heat

69

세미킬드강 주입 후 Sparking 진정시간이 30초였다. 다음 주형에서 Shot-Al을 100g 투입하였다면 Sparking 진정시간은 어떻게 되는가?

짧아진다.

70

킬드강을 주입 시 림드강보다 노즐 경이 큰 것을 사용하는 이유는 무엇인가?

Al-Clogging 현상으로 노즐경이 좁아짐

71
강괴 단면이 900×1,200mm와 700×1,400mm의 강괴 중에 어느 편이 완전응고 할 때까지 걸리는 시간이 길어지는가?

강괴 용량이 900×1,200mm가 더 많으므로 응고시간도 길어짐

72
세미킬드강을 균열로에 도립 장입하는 이유는 무엇인가?

1. 내부조직 균일화
2. 산화방지

73
Sol-Al 성분을 분석하기 위해 사용하는 Sampler는 무엇인가?

Disk Sampler

74
캡드강 제조 시 Hitting Time이 과도하게 빠를 경우 예상되는 결함은 무엇인가?

1. 크랙
2. 표면 기포흠

75
하주 킬드강 주입 시 필요한 탕상 조정제의 사용목적을 쓰시오.

1. 탕면조정
2. 산화방지
3. 보온
4. 윤활

76
Rotary 노즐에서 Bottom Plate와 Slide Plate 사이에 용강이 유출하였다. 이때 노즐은 어떤 상태로 유지되어야 하는가?

완전개방

77
다음 주형에 킬드강을 만주하였을 때의 강괴의 중량을 구하시오.

$S_1 : 1m^2, S_2 : 2m^2, H : 2.5m,$ 킬드강 비중 : 7.2

$$V = \frac{1}{3}h(S_1 + S_2 + \sqrt{S_1 S_2})$$
$$= \frac{1}{3} \times 2.5(1 + 2 + \sqrt{2})$$
$$= 3.7m^2$$
$W = V \times 비중 = 3.7 \times 7.2$
$\quad = 26.64톤$

78
정반연와의 재질과 사용 목적을 쓰시오.

1. 재질 : 흑연
2. 사용 목적 : 정반보호

79
하주보다 상주에서 발생하기 쉬운 결함을 쓰시오.

1. 크랙 Scap
2. Splash

80
주형의 모서리를 둥글게 하는 이유를 쓰시오.

약선(크랙) 방지

81
주입 후 레이들 저부에 지금이 부착되었다. 점검사항을 쓰시오.

1. 신레이들, 냉레이들 여부
2. 전 Heat 지금 부착 여부
3. 레이들 싸이클
4. 전로 출강 온도

82
주형과 정반 사이에 용강이 유출되었을 때의 조치사항을 쓰시오.

1. 유출부분에 스케일 및 모래 투입
2. 수랭

83
림드강 주입 시 과산화로 용강이 끓어오르는 듯한 거품현상이 일어날 때의 조치사항을 쓰시오.

1. 저속주입
2. 탈산제를 소량씩 균등 분할 투입

84
주형의 노후화로 내면에 균열이 일어났다. 수리방법을 쓰시오.

설가공(균열부를 I자 모양으로 파내어 볼트를 끼워 용접)

85
레이들 내의 노즐에 Filler를 투입하는 목적을 쓰시오.

1. 용강 응고방지
2. 용강 유출방지

86
슬래브 선상홈의 발생 원인을 강종별로 쓰시오.

1. 림드강 : 약탈산
2. 세미킬드강 : 과탈산

87
하주 킬드강 작업 시 발열 보온제를 조용히 투입하는 이유를 쓰시오.

1. 비금속 개재물 침전 방지
2. Pipe 약화방지
3. 편석 약화방지

88
레이들 건조 COG 버너 점화순서를 쓰시오.

점화봉을 가스 분출구에 댄다 → 가스밸브를 연다 → 에어밸브를 연다 → 화명상태를 보며 연소공기량을 조정한다

89

킬드강 주입 시 용강이 Sleeve에 도달했을 때 심하게 끓는 현상이 일어나는 원인은 무엇인가?

Sleeve 부착불량

90

Double Skin 형상을 다음 조건에 따라 발생 상태를 그리시오.

1. 고속고온 주입으로 응고각 파단
2. 주입 초 용강 비산(Splash)에 의한 용강이 주형 벽에 부착

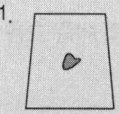

91

림드강에서 Al-Capping을 해야 할 경우를 쓰시오.

1. 탕부족 발생 시
2. Over 주입으로 뚜껑을 덮을 수 없다고 판단될 때

92

잔괴주형 주입 후 사용하는 탈산제는 무엇인가?

Fe-Mn

93

20톤 강괴를 1분 40초에 주입할 수 있는 노즐의 단면적을 구하시오.

용강비중 : 7.0, $\sqrt{2gh} = 800 \text{cm/sec}$

$V = \dfrac{20톤}{100초} = 200,000 \text{g/sec}$

$V = a\rho\sqrt{2gh}$ 에서

단면적 $a = \dfrac{V}{\rho\sqrt{2gh}}$

$= \dfrac{200,000}{7.0 \times 800}$

$= 35.71 \text{mm}^2$

94

강괴의 응고 두께가 652mm이고 응고율 상수가 28mm/min일 때 응고에 소요되는 시간을 구하시오.

$D = K\sqrt{t}$

$\therefore t = \left(\dfrac{652/2}{28}\right)^2$

$= 135$분

95

다음은 일반 제철소의 제품 흐름도를 나타낸 것이다. (　) 안에 공정별 생산품을 쓰시오.

고로　→　LD전로　→　주입장　→　분괴　→　강편　→　선재
(　)　　(　)　　(　)　　(　)　　(　)　　(　)

고로 → LD전로 → 주입장 → 분괴
(용선) 　(용강) 　(강괴) 　(Bloom)

→ 강편 → 선재
　(강편) 　(선재)

96

상주 주입 준비 작업에서 주형 점검 시 착안사항을 쓰시오.

1. 주형종류
2. 주형청소상태
3. 도포상태
4. 주형온도
5. 주형정치상태
6. 보호판 S/Can 정치상태

97

캡드강 뚜껑치기(Hitting)의 판정은 불꽃색이 어느 색에서 어느 색으로 변할 때를 기준으로 하는가?

적색에서 청색으로 변할 때

98

킬드강의 실수율을 향상시키기 위해 주형 상단에 압탕을 하게 되는데 주형에 부착시키는 것을 무엇이라 하는가?

단열보온 Sleeve

99

다음 ( ) 안에 알맞은 말을 쓰시오.

전로에서 출강된 용강을 주형에 소정의 주입높이까지 주입된 강괴로서 분괴 전단 Line을 통과하여 정정 Line으로 빠져나간 강괴를 (1)라 하며 전단 이전에는 스크랩된 강괴를 (2)라 한다. 또한 주입 중 용강부족에 의해 소정의 주입 높이까지 주입하지 못하여 압연 불가한 강괴를 (3)라 하며, 주입 완료 후 레이들 처리한 용강을 (4)라 한다. 기타 주입 중 비산 용강 및 레이들 저부에 응고한 용강 등은 (5)라 한다.

1. 양괴
2. 불량강괴
3. 단척강괴
4. 잔괴
5. 지금(기타지금)

100

강괴 크랙을 감소하기 위해서 주형 평면도를 어떻게 하는 것이 좋은가?

크게 한다.

101

Sliding 노즐 시스템을 구성하는 내화물의 명칭을 쓰시오.

1. 상노즐(Top 노즐)
2. 고정단 연와(Bottom Plate)
3. 미끄럼판 연와(Slide Plate)
4. 하노즐(Collector 노즐)

102

다음은 킬드강 하주 준비작업 공정이다. ( ) 안에 해당하는 공정명을 쓰시오.

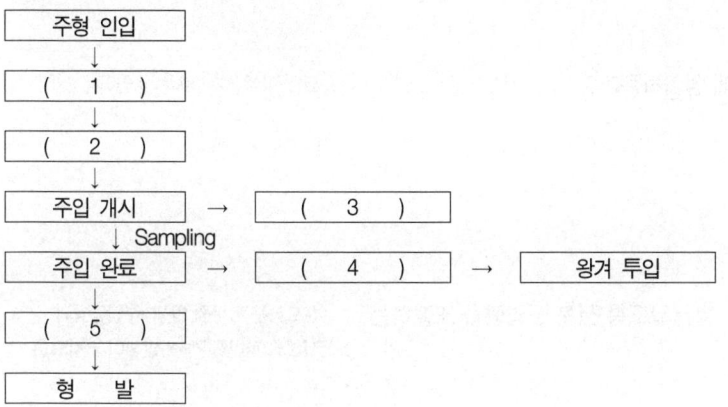

1. 단열 Sleeve 부착
2. 탕상 조정제 설치
3. 탕상 조정제 투입
4. 발열 보온제 투입
5. 주형정치

103

림드강 주입 중 Shot Al을 50g씩 10회에 투입해야 하는데 250g씩 2회에 투입했다면 강괴 표면에 발생이 예상되는 표면 결함은 무엇인가?

2중괴(Double Skin)

104

전로에 용선 270톤, 냉선 20톤, 고철 30톤을 장입하여 25톤 강괴 12본을 만들고 잔괴 4톤이 발생하였다. 출강 실수율과 양괴 실수율을 구하시오.

1. 출강 실수율 :
2. 양괴 실수율 :

1. 출강 실수율
$$= \frac{25 \times 12 + 4}{270 + 20 + 30} \times 100 = 95\%$$

2. 양괴 실수율
$$= \frac{25 \times 12}{270 + 20 + 30} \times 100 = 93.75\%$$

105

조괴 주입법 중 상주법과 하주법을 비교한 것이다. 표를 완성하시오.

항목	상주법	하주법
림드층 두께	얇다.	두껍다.
강괴 크랙	많다.	작다.
비금속개재물	적다.	많다.
대표적인 적용강종	세미킬드강	킬드강
분괴 회수율	많다.	적다.
강괴 표면상태	거칠다.	미려하다.
생산성	많다.	적다.

106

하주 킬드강 작업 시 탕상 조정제는 어느 위치에 설치하는가?

탕구 직상 200~300mm 높이

107

킬드강은 림드, 세미킬드강보다 잔괴량이 많이 발생되도록 전로 장입량을 조절하는 이유는 무엇인가?

킬드강은 탕부족 발생 시 압탕효과 저하로 파이프(Pipe) 발생이 커지므로

108

다음은 림드강 작업공정이다. ( ) 안에 해당되는 작업명을 쓰시오.

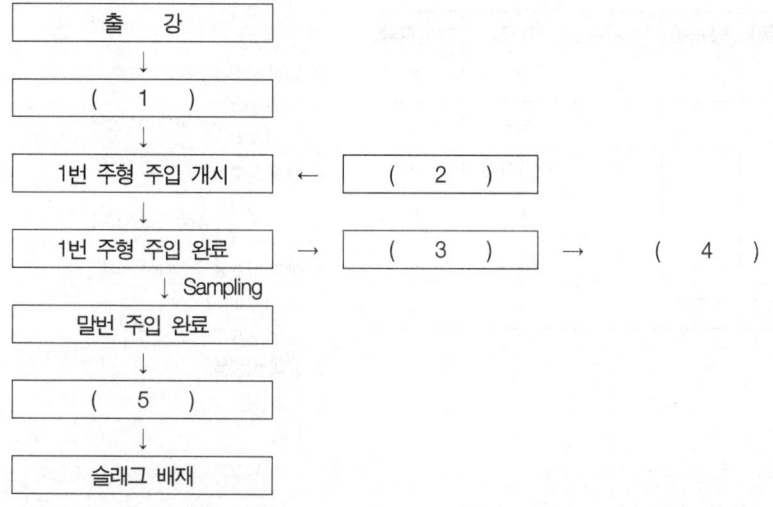

1. Filler 제거
2. 탈산작업
3. 뚜껑덮기
4. 뚜껑수냉
5. 잔괴주입

109

LD 전로 제강법에서 출강 시 주입자가 출강 입회를 해야 한다. 관찰사항을 쓰시오.

1. 출강 온도
2. 슬래그 혼입 유무
3. 출강류 상태
4. 용강유출 유무
5. 출강 시간
6. 부원료 투입여부 및 시기

110

20톤 주형에 세미킬드강을 주입된 강괴와 15톤 주형에 킬드강을 주입한 강괴의 정치시간은 어느 쪽이 길겠는가?

15톤 킬드강

111

예정 양괴량 315톤, 출강 실수율 94%, 목표 잔괴율 4톤/ch일 때 전 장입량은 얼마로 해야 하는가?

전장입량 = $\dfrac{315}{0.94} + 4 = 339.11$톤

112

다음의 표를 보고 계산하시오.

No	강번	강종	전장입량	출강량	양괴량	LD지금	잔괴량	기타지금
1	S10001	R07040C					4	2
2	S10002	S19075D					0탕-2	
3	S10003	K20065B				2	12.5잔-5	0.5
4	S10004	C06035A					6	1
5	S10005	S21085C				1	0탕-3	1
			1,721	1,617	1,587	3	22.5	4.5

1. 위 Heat의 평균 출강 실수율은?
2. 위 Heat의 평균 양괴 실수율은?
3. 위 Heat의 평균 강괴 실수율은?
4. 위 Heat의 평균 잔괴 실수율은?
5. 위 Heat의 평균 잔괴 발생량은?

1. 출강 실수율
$$= \frac{1,617}{1,721} \times 100 = 93.96\%$$
2. 양괴 실수율
$$= \frac{1,587}{1,721} \times 100 = 93.22\%$$
3. 강괴 실수율
$$= \frac{1,587}{1,617} \times 100 = 98.15\%$$
4. 잔괴 실수율
$$= \frac{3+4.5}{5ch} = 1.5톤/ch$$
5. 잔괴 발생량
= 22.5톤

113

킬드강에서 Sleeve와 주형벽이 밀착이 되지 않을 경우 용강 침투로 발생되는 결함은 무엇인가?

이중괴(Double Skin)

연속주조 실기 예상문제   05

01
턴디시 준비 작업 시 점검할 항목을 쓰시오.

> 1. 턴디시 노즐 수의 센터링이 정확한지 확인
> 2. 턴디시 내의 예열 상태가 균일하게 되어있는지 확인

02
턴디시에 침지 노즐을 부착할 때 확인할 사항을 쓰시오.

> 1. 침지 노즐이 턴디시 노즐 수에 제대로 부착되었는지 확인
> 2. 침지 노즐 센터링이 제대로 되었는지 확인

03
연속주조 작업 중 침지노즐 막힘의 원인과 대책을 쓰시오.

> 1. **원인** : 용강 온도 저하에 따른 용강의 응고
>   **대책** : 첫 Charge 레이들 출강 온도를 높여주어 턴디시에서 용강온도 저하를 방지하여 용강의 응고를 방지
> 2. **원인** : 석출물이 용강 중에 섞여 노즐이 좁아지고 막히게 되는 경우
>   **대책** : 주로 알루미늄 킬드강에서 많이 발생하는데 용강의 탈인, 탈황, 탈산이 잘 되도록 하여 알루미나 및 비금속 개재물에 의한 노즐 막힘을 방지, 또한 주입 중에 재산화를 방지함으로서 노즐 막힘을 방지

04

몰드 오버 플로우(Over Flow)의 발생 원인과 대책을 쓰시오.

1. **원인**
   노즐 확대 또는 하부 인발기 고장
2. **대책**
   노즐 확대기는 탕유입량을 조정하거나 인발속도를 빠르게 한다.
   하부 인발기 고장 시는 신속히 주입을 중지한다.

05

더미바 삽입 방식 중 상부 삽입 방식을 활용하는 이유를 쓰시오.

작업속도 향상, 생산성 향상
종류 - 체인식(링크식), 스리드식

06

더미바 설비 점검 시 중요한 점검사항을 쓰시오.

1. 머리(윗)부분 손상 정도 확인
2. 굴곡은 정상 작동되는가 확인
3. 고착 또는 반대방향으로 너무 휘어지는지 확인
4. Pin 이완은 없는지 확인

07

더미바의 설비 중 각 요소별 명칭을 쓰시오.

1. **명칭**
   헤드부, 링크부, 몸체부, Pin부, 꼬리부
2. **기능**
   주조 처음 시작할 때 주형 밑을 막아줌

08

캡핑(Capping) 작업을 실시하는 이유는 무엇인지 쓰시오.

차후 주조 작업이 용이하도록 하기 위해
(주조 작업 완료 후 Mold에서 시행하며 주조 속도 감소, 파우더 용융)

09

연속주조 작업의 주편 냉각방법을 쓰시오.

후레이트형, 홀콘형, 스퀘어링형

10
연속주조에서 사용되는 냉각수를 쓰시오.

연수, 해수, 간수, 담수 등

11
주형 냉각수 온도가 급격히 상승한 상태에서 주조 작업을 계속하면 어떠한 현상이 생기는가?

Tube(주형) 배선에 물이 끓는 현상이 발생하여 냉각불량이 일어나 Break Out의 원인이 된다.

12
에어 갭(Air Gap)이 발생하는 이유를 쓰시오.

Tube(주형)과 Billet 표면과의 사이에 공간이 발생하는 것으로 응고 속도가 너무 빠르거나 주형이 손상되었을 때 발생

13
1차 냉각이란 무엇인지 쓰시오.

주형에서 냉각을 말하며 주형에 냉각수를 보내어 용강의 열을 빼앗아 셀(Sell)을 형성시키는 것

14
기계 냉각이란 무엇인지 쓰시오.

1. 살수 냉각수에 의해 기계 설비가 냉각 되는 것
2. 주편이 기계와 접촉에 의해 냉각 하는 것

15
최소 냉각수량이란 무엇이며, 언제 공급되어 지는지 쓰시오.

주형 또는 스프레이에 최소수량으로 공급해야 되는 양으로, 주입속도가 낮았을 때 제일 적게 공급함

16
2차 냉각수란 무엇인지 쓰시오.

냉각수 스프레이로 Billet에 직접 뿌리는 것으로 하부 손으로 갈수록 수량을 줄인다.

17
레이들 내에서 용강의 버블링(Bubbling)을 하는 이유를 쓰시오.

용강 온도 균일화, 용강 성분 균일화, 비금속 개재물 부상분리(용강 청정화)
작업요령 : Top(상부) 버블링, 적부(하부) 버블링

18
생산 현장에서 일반적인 작업 중 턴디시 용강류의 실링작업 방법을 쓰시오.

Ar 가스 실링, 질소 가스 실링, 롱노즐 취부, 침지노즐 취입

19
주조 작업에 사용되는 몰드 플럭스(파우더)의 기능을 쓰시오.

용강 산화 방지, 열 손실 방지, 개재물 부상, 윤활 작용

20
벌징(Bulging)의 원인과 대책을 쓰시오.

- 원인
  고온·고속주입으로 인하여 세그먼트 로 간격이 벌어지는 것
- 대책
  저속주입

21
주조 작업 도중 침지 노즐의 슬래그 라인(Slag Line)을 변경하는 이유를 쓰시오.

노 내화물 집중 용손을 방지하여 수명 연장을 위해

22
턴디시 내 용강의 측온 작업을 실시하여 기준온도보다 높을 때는 어떠한 조치 사항이 필요한지 쓰시오.

높으면 저속주입, 낮으면 고속주입

23
주조 작업 완료 후 주형에 캡핑할 때 직접 살수를 금지하는 이유를 쓰시오.

폭발사고 방지

24
주조 작업 중 면세로 균열이 발생하였을 때의 조치사항을 쓰시오.

고온·고속으로 주입 시 생성되므로 저속 주입한다.

25
초기 주조 작업 시 스틱(Stick)을 사용하여 주형 내의 용강부를 확인하는 이유를 쓰시오.

주조 작업을 용이하게 하기 위해

26
주조 작업을 위한 사용 레이들 확인 시 점검 항목을 쓰시오.

레이들 연와 손상정도, 노즐 냉각수 상태, 예열 상태, 슬라이딩 노즐 마모 및 작동 상태

27
최근 생산 현장에서 채택하는 무산화 주조의 작업을 쓰시오.

Air Sealing, 쉬라우드 노즐 사용, 롱 노즐 사용, 칠정 노즐 사용, Cover 사용

28
면가로 터짐의 원인과 대책을 쓰시오.

1. 원인
오실레이션 마크에 의함, 주형 진동 조건, 롤 얼라이먼트, 몰드 얼라이먼트, 2차 냉각대의 부적당, 화학적 조성 불량

2. 대책
질소 30ppm 이하, 오실레이션 스트로크 작게, 사이클 up, 2차 냉각대의 적정화

29
전자교반 장치 기능을 쓰시오.

용강 교반장치(EMS)이며 용강을 회전시켜 편석을 방지하여 내용물을 균일화

30
스카핑 작업 요령을 쓰시오.

크랙, 핀홀, 미찰 흠 등을 토치로 제거하는 방법

31
오실레이션 마크를 체크하고 발생 원인을 쓰시오.

1. 오실레이션 상승 시 몰드 파우더가 밀려들고 내려갈때 막아져 오실레이션 마크가 발생
2. 스트로크가 길면 심하고 좌, 우 흔들림이 있어도 불균일

32
주조 중 침지 노즐이 막히는 원인과 대책을 쓰시오.

1. 원인
Al_2O_3 등 개재물에 의한 막힘, 저온에 의한 막힘

2. 대책
버블링 등으로 개재물 제거, 용강의 온도를 적정온도까지 높인다.

33
중심 편석의 결함을 방지하기 위하여 연주기 내에 설치하는 설비의 명칭을 쓰시오.

용강 교반장치(EMS)

34
용강의 공급량 등을 조정하는 설비는 무엇인가?

텅디시

35
턴디시 예열용 버너를 점화시키는 것은 어느 것인가?

턴디시 카에 턴디시를 정치한 후 LPG 가스 토치에 의해 점화

36
턴디시 내에 산소 유입을 막기 위해 사용하는 물질은 무엇인가?

왕겨, 염기성 플럭스

37
연주 수처리에서 사용하는 약품 4가지를 쓰시오.

방식제, 미생물 살균제, PH 조정제, 응집제

38
몰드 내 용강이 헌팅될 때 항상 일정하게 유지시켜 주는 곳은?

슬라이드 게이트

39
주입 전 턴디시(T/D) 내부 이물질이 있어 청소를 안했을 경우 발생하는 연주 사고는 무엇인가?

노즐 크로스(Nozzle Close)

40
T/D 노즐이 수직으로 조립되지 않은 경우 발생되는 사고는?

Break Out, 주편 품질불량

41
T/D 내화물 조립 상태가 불량할 때 발생하는 사고는? | 용강 유출 사고 발생

42
주형의 재질은 열전도도가 좋아야 냉각효과가 크기 때문에 주로 어떠한 금속을 사용하는가? | 구리(Cu)

43
주형 냉각수 온도는 최저 ℃ 이상으로 공급하는가? | 15℃

44
주형 냉각수의 사용온도 범위는 몇 ℃인가? | 15~30℃

45
레이들 노즐에는 두 가지가 있는데 연속주조에서 많이 사용하는 노즐은? | 슬라이드 노즐, 스토퍼 노즐

46
버블링 작업에 주로 사용하는 불활성 기체를 쓰시오. | Ar, 질소

47
연속주조에 의해 주로 생산되는 강종은 무엇인가? | 킬드강(Killed Steel)

48
용강의 온도가 기준보다 높을 때와 낮을 때 조치사항을 각각 쓰시오.

1. **높을 때**
   턴디시에 냉재 투입, 주입속도를 낮춘다.
2. **낮을 때**
   턴디시에 보온재 투입, 주입속도를 높인다.

49
Mold Sealing 작업에 대하여 쓰시오.

Mold 하단에 더미바 헤드를 삽입하고 몰드와의 틈을 봉하며 냉각제를 투입, 정리하는 작업

50
연주기 형태별 종류를 쓰시오.

1. 수직형
2. 전만곡형
3. 수직만곡형
4. 수평형

51
연속주조 작업을 순서대로 쓰시오.

Ladle → Tundish → Tundish Stopper → 침지 노즐 → 몰드

52
연연속 주조법의 종류를 쓰시오.

1. Ladle 교환법
2. Tundish 교환법

53
연주기에서 몰드 상단부터 마지막 Pinch Roll 상단까지의 길이를 무엇이라 하는가?

설비 응고길이

54
주형 내에서 급냉하여 주편 표면을 형성하는 강의 조직은 미세하고 치밀한데 이 조직명은 무엇인가?

Chill 정

55
Tundish의 기능을 쓰시오.

1. 주입량 조절
2. 주형에 용강분해
3. 개재물 분리 부상 기회 제공

56
Mold의 기능을 쓰시오.

철정압에 견딜 수 있는 초기 응고각을 형성하여 최종 제품의 형태 결정

57
Mold Guide의 기능을 쓰시오.

Mold Oscillation 시 Mold가 수직 운동을 하도록 한다.

58
다음 그림은 연주기의 개략도를 나타낸 것이다. 각 부분의 명칭을 쓰시오.

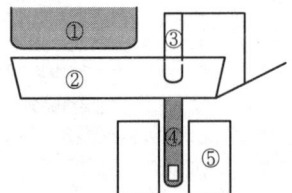

① Ladle
② Tundish
③ Stopper
④ 침지 Nozzle
⑤ Mold

59
Mold 진동의 기능을 쓰시오.

1. Mold 동판과 응고층과의 부착방지
2. 주편인발 속도조절

60
측면지지 Roll의 기능을 쓰시오.

1. 약한 응고각의 부품음(Bulging) 방지
2. 철정압에 견디게 한다.

61
급지에는 무엇이 사용되는가?

그리스(Grease)

62
몰드 내 용강주입은 주형 상단으로부터 몇 mm가 적당한가?

50mm 하단

63
유압 Oil에는 무엇을 사용하는가?

불연소성 인산에테르 계통유

64
Dummy Bar를 Sealing할 때 90mm 수직형 몰드에서는 하단으로부터 몇 mm 정도 삽입하여 Sealing 하는가?

300mm

65
Mold 하단과 더미바 헤드와의 간격은 몇 mm가 적당한가?

10mm 이하

66
연속주조에서 용강온도의 기준점은 어디가 적당한가?

Tundish 내

67 Hot Tundish의 예열온도는 얼마인가? — 1,000~1,100℃

68 Mold Sealing 시의 Chip의 두께는 어느 정도가 적당한가? — 20~30mm

69 몰드는 상단과 하단의 폭이 다른데 이것을 무엇이라 하는가? — Taper

70 더미바(Dummy Bar)의 역할을 쓰시오.
1. 주조 전 Mold 밑바닥 역할
2. 주편인발

71 TCM(Torch Cutter Machine)의 기능을 쓰시오.
주편을 일정한 길이로 절단

72 Mold의 사용기준에 대하여 쓰시오.
1. 동판의 평탄도
2. 동판의 틈
3. Taper 장치
4. Spray Beam의 분사각도

73 Mold Powder의 사용목적을 쓰시오.
1. 용강 산화방지
2. 보온
3. 윤활작용
4. 부상한 탈산 개재물 용해 흡수

74
연주기에서 1차 냉각의 위치와 냉각방법을 쓰시오.

1. 냉각위치 : Mold
2. 냉각방법 : 간접냉각

75
주형의 Wide Side와 Small Side에 작은 틈이 생겼을 때 실시하는 작업을 무엇이라 하는가?

Hammering

76
주조 중 침지 노즐이 막히는 가장 큰 원인은 무엇인가?

저온주조

77
핀치롤(Pinch Roll)의 주 기능을 쓰시오.

1. 더비바 Holding
2. 더미바와 주편일발
3. 더미바를 주형까지 삽입
4. 주편 shell 지지

78
주형을 교환해야 할 경우는 언제인가?

1. 주형 동판의 표면 홈
2. 주형 동판의 마모
3. 슬래브 폭이 Over할 경우

79
주형에 주로 사용되는 윤활유를 쓰시오.

채종유

80
주편을 인발하는 데 필요한 Roll은 무엇인가?

핀치롤(Pinch Roll)

81
Steam Exhaust란 무엇인가?

연주기에서 발생된 Steam을 챔버(Chamber) 내에서 뽑아내는 설비

82
주형 내 용강 표면으로부터 주편의 Core 부가 완전 응고될 때까지의 길이를 무엇이라 하는가?

주편응고길이

83
연속주조 작업에서 주조시간의 정의는 무엇인가?

Tundish Stopper의 주입개시 개방부터 주입원료 폐쇄 시까지 경과시간

84
두께 게이지, 후레시, 수직자 등은 무엇을 하는데 사용하는 공구인가?

주형 준비 작업 시 사용

85
주조 작업 중 Finishing 처리 작업은 무슨 작업인가?

슬래그 Bear 제거 작업

86
연속주조에서 미처리 발생 사항을 쓰시오.

1. 용강온도 부적정
2. 레이들 노즐 개공 불능
3. 설비이상
4. 출강 Cycle 부적당(연연주 시)

87
Deslagging 작업이란 무엇인가?

주조종료 직전 주편 Tail부에 슬래그 혼입을 방지하고 Capping을 위한 슬래그 배재작업

88
Boiler Feed Water는 어느 부위의 냉각수인가?

Mold 내

89
주입완료 후 주편 마지막 부분을 잡용수나 분말 철립으로 완전 응고시키는 작업을 무엇이라 하는가?

Capping 작업

90
연연주의 장점을 쓰시오.

1. 실수율 향상
2. 가동률 증가

91
2차 냉각수의 목적을 쓰시오.

1. 응고촉진
2. 기계 냉각
3. Bulging 방지

92
Torch Cutter에서 사용되는 가스는 무엇인가?

산소, 부탄

93
주조속도 변경이 불가피할 때는 어느 경우인지 쓰시오.

1. 침지 노즐 폐쇄
2. Stopper Running
3. 절단 불량 시

94

Pinch Roll 최종단 이후에 미응고 부분이 존재하면 용강정압에 의해 무슨 위험이 발생하는가?

Break Out

95

주조속도가 지나치게 빠르면 어떠한 결함이 발생할 우려가 있는가?

Break Out

96

Slab에 주편인발 방향과 동일한 방향으로 길게 표면이 갈라진 것을 무슨 흠이라 하는가?

면세로 터짐

97

설비응고 길이 이내에서 완전 응고하지 못한 주편이 이 부분을 벗어나 변형되는 것을 무엇이라 하는가?

부품 흠(Bulging)

98

미탈산 용강을 주입 시 주편에 발생되는 결함을 쓰시오.

블로우홀(Blow Hole), 핀홀(Pin Hole)

99

Slab 단면 중심부에 폭 방향으로 갈라진 흠을 무엇이라 하는가?

중앙단면크랙

100
Camber란 무엇을 말하는가?

주편이 측면으로 휜 것

101
Mold Over Flow의 발생원인을 쓰시오.

1. Stopper Running
2. Tundish 예열불량
3. Ladle 온도저하

102
주편 정체 사고의 원인은 무엇인가?

1. 정전 시
2. 두부의 Bleeding
3. Capping 불량 시

103
미완주 발생사항을 쓰시오.

1. 턴디시 노즐 폐쇄
2. 용강 미탈산
3. Break Out 발생
4. Mold Over Flow
5. Tundish Stopper Running
6. 노즐 블록 사이로 용강 유출
7. 주형 내 슬래그 혼입
8. Tundish Flow가 심할 때

104
턴디시 교환은 5연주 후 실시를 하는데 그 이유를 쓰시오.

1. 턴디시 내화물 용손
2. 침지 노즐 용손
3. 턴디시 스토퍼 용손

105
다음 그림과 같은 주편은 어떠한 조업 방식으로 하였을 때 발생하는가?

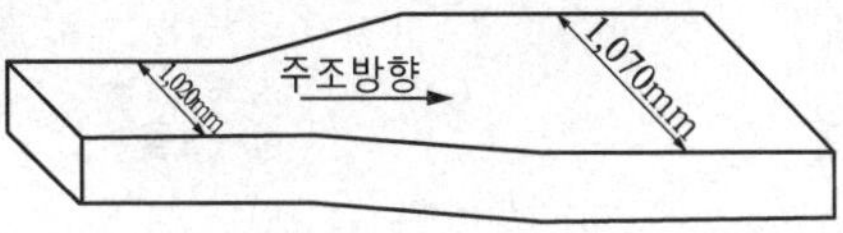

증폭 주조 가변법

106

다음 그림에서 결함의 명칭을 쓰시오.

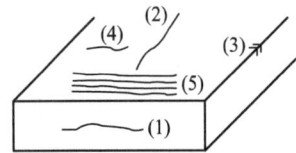

1. 중앙 단면 크랙
2. 면 세로 크랙
3. 코너 크랙
4. 면 가로 크랙
5. 오실레이션 마크(Oscillation Mark)

107

고속주조를 저해하는 요인을 쓰시오.

1. 조업의 불안정
2. 표면 품질 일부 열화
3. 내부 품질 연화

108

연속주조에서 발생되는 대표적인 조업 사고를 쓰시오.

1. Mold Over Flow
2. 주편 정체
3. Break Out

109

레이들 Bubbling 가스를 쓰시오.

질소(N), 아르곤(Ar)

110

연주주형에 테이퍼를 주는 이유를 쓰시오.

응고 시의 체적 수축을 감안하여

111

턴디시에서 주형이 주입될 때 사용되는 노즐의 명칭을 쓰시오.

침지 노즐

112
침지 노즐을 사용하는 이유를 쓰시오.

1. 비금속 개재물 감소
2. 용강의 산화 방지

113
2차 냉각 패턴이 부적절한 경우 발생하는 사항을 쓰시오.

1. 내부 크랙 발생
2. 단면 크랙 발생
3. 표면 크랙 발생
4. 설비 열화 촉진

114
턴디시 이동대차에 사용되는 유압 모터의 장점을 쓰시오.

1. 속도 제어가 용이
2. 정확한 이동 위치

115
Tail Crop을 절단하는 이유를 쓰시오.

내부에 파이프(Pipe)가 존재하기 때문에

116
Break Out 발생 요인을 쓰시오.

1. 턴디시 용강 온도가 높을 때
2. 몰드 Powder가 부적절할 때
3. 몰드 테이퍼가 변형되었을 때
4. 주조속도가 지나치게 빠를 때
5. 냉각이 불량할 때

117
Bulging의 발생 요인을 쓰시오.

철정압

118
롤 정렬(Roll Alignment)이 불량한 경우 발생되는 결함을 쓰시오.

Star 크랙

119
주조 파우더의 최초 투입시기를 쓰시오.

침지 노즐 하단에 용강이 닿을 때

120
무산화 주조를 위해 레이들과 턴디시 사이에 설치하는 것을 쓰시오.

레이들 Shroud

121
몰드 테이퍼가 0.8% 이하인 경우는 어떠한 결함이 발생할 수 있는지 쓰시오.

Break Out

122
턴디시 탕면이 현저히 낮을 경우에 발생되는 결함을 쓰시오.

1. 슬래그의 혼입
2. 비금속 개재물의 혼입

123
주조 완료 후 주편의 응고가 불충분하였을 경우 대책을 쓰시오.

주편을 정체시켜 수랭

124
Capping 시 응고각을 손상시켰을 때의 예상되는 사고를 쓰시오.

폭발

125
주편의 Tail부가 주형을 벗어나면 주형진동을 중단시키는 이유를 쓰시오.

몰드 동판 손상을 방지하기 위해

126
주형에 슬래그가 유입되었을 때의 조치사항을 쓰시오.

주조 중단 후 슬래그 제거

127
주조 개시한 후 용강상태를 살펴보니 림드강이 있다. 이때의 조치사항을 쓰시오.

주조를 중단하고 즉시 회송한다.

128
정상 주입 중 Over Flow 현상이 발생하는 경우를 쓰시오.

1. 턴디시 스토퍼 이탈 시
2. 턴디시 스토퍼 용손 시
3. 침지 노즐 용손 시
4. 정전 시

129
레이들 및 턴디시에 용강의 온도 강하 방지를 목적으로 투입하는 것을 쓰시오.

발열 또는 단열 파우더(Powder)

130
주조 말기 두부작업(Capping)이 불충분하였을 때 어떤 위험이 발생할 수 있는지 쓰시오.

두부 용강 유출(Bleeding) 발생

131
주형의 기울기가 기준보다 작으면 어떠한 현상이 발생하는지 쓰시오.

Break Out

132
RH 처리 후 연주를 하면 강재의 재질이 우수해지는 이유를 쓰시오.

1. 강의 성분이 청정해지기 때문
2. 강의 온도 및 성분이 일정해지기 때문

133
주편의 응고층(Shell)이 탕면 위로 노출되었을 때의 발생상황과 조치사항을 쓰시오.

1. **발생상황**
   Break Out이 발생
2. **조치사항**
   주조 중단

134
턴디시의 용탕온도는 이론응고온도보다 몇 ℃ 정도 높게 설정하는지 쓰시오.

15~20℃

135
연주 작업 시 턴디시 온도가 적정 상한값보다 10℃ 이상 높을 때의 조치사항을 쓰시오.

1. 냉각수량을 증가시킨다.
2. 주조 속도를 낮춘다.

136
레이들 슬라이딩 노즐 작동 불량 시 조치사항을 쓰시오.

회송조치 한다.

137
주조량이 40톤이고 이때 사용된 2차 냉각수량이 30ℓ일 때의 비수량(ℓ/kgf)은 얼마인가?

비수량 $= \dfrac{냉각수량}{주조량} \times 100$

$= \dfrac{30}{40,000} \times 100 = 0.075$

138
주편 m당 중량 환산 공식을 쓰시오.

폭(dm)×두께(dm)×비중×10(dm)

139
정정 실수율의 계산식을 쓰시오.

$\dfrac{제품량}{주편량} \times 100(\%)$

140
320톤의 용강으로 308톤의 주편을 생산하였다. 연주 실수율은?

연주 실수율
$= \dfrac{주편생산량}{투입용강량} \times 100$
$= \dfrac{308}{320} \times 100 = 96.25\%$

141
주편 인출 시간 계산식을 쓰시오.

인출 시간(min)
$= \dfrac{설비상의\ 주편응고길이(m)}{주편인출속도(m/min)}$

142
몰드 하단 폭(주조 폭)을 1,923mm로 하고, 테이퍼를 1.0%로 하였을 때 한 단면의 테이퍼량을 계산하시오.

$\dfrac{1{,}923 \times 0.01}{2} = 9.615\text{mm}$

※ 한쪽 단면당 9.615mm씩 양쪽은 19.23mm

143
연주의 1차 냉각과 2차 냉각에 대하여 쓰시오.

1. 1차 냉각 : 주형, 간접냉각
2. 2차 냉각 : 살수냉각, 직접냉각

144
연주에서 냉각수의 급수 온도는 일반적으로 몇 ℃ 정도로 관리해야 하는가?

40℃

145
Tundish 예열에 대하여 쓰시오.

1. 온도 : 1,000~1,100℃
2. 소요시간 : 1.5 시간
3. 비고 : 초기엔 Gas 건조

146
강의 연주가 Cu, Al, Pb 등의 비철금속보다 훨씬 어려운 점을 쓰시오.

1. 고 용융점이고 주조 온도가 높으므로 온도 및 용강 흐름의 제어 곤란
2. 열전도도가 낮으므로 응고 시간이 길고 주조장치 복잡
3. 고온의 용강이 내개의 재료참식에 따라서 여기에 알맞은 내화물 선택이 어려움

147
Mold 사용 중 불량으로 Mold 교체기를 판정하는 기준을 쓰시오.

1. 200~250회 사용 후
2. 동판 표면 결함, 마모
3. 제품(Slab) 폭 변경 시

148
연주기에서 Mold 조립 시 Foot Roller조립 간격은 Mold 내면보다 좁게 하는 이유를 쓰시오.

조괴의 Bulging을 방지해 주기 위해 Broad Side에서 주편 Shell이 주형을 빠져나올 때 지지하기 위하여

149
Roller Apron의 기능을 쓰시오.

Bending 장치를 통과한 주편을 지지하고 안내한다.

150

Roller Apron을 지난 주편을 똑바르게 하여 유지해 주는 기능을 하는 것을 쓰시오.

Straightening Device

151

강재 표면 손질을 위한 Scarfing 시 표면 가열온도를 쓰시오.

1,350~1,400℃

152

연주 주입 중 주편 표면에 Pin Hole 혹은 Blow Hole 등이 발생하여 주편 불량을 초래할 경우가 있다. Pin Hole과 Blow Hole이 발생하는 원인을 쓰시오.

1. 탕면의 변동이 심할 때
2. 윤활유 중에 수분이 있을 때
3. Powder 수분 과다 시
4. Chip 및 냉각 철편의 수분 과다 시

153

인출시간 계산공식을 쓰시오.

인출시간(min)=설비상의 주편응고 길이(m)/주편인출속도(m/min)

154

주편응고 길이(Metallurgical Length)란?

주편의 용융Core 부가 완전히 응고하기까지의 길이

155

측면 지지롤(Lateral Stand Guide Roll)의 기능을 쓰시오.

Slab의 연주 시 주편이 주형을 통과할 때 Narrow Side에서 응고된 주편 표면의 Bulging을 방지하면서 정압을 견디도록 한다.

156
주편표면 냉각수로 발생된 Steam을 Chamber 내에서 외기로 뽑아내는 설비는?

Steam Exhaust

157
주편을 일정 범위 내에서 임의의 길이로 절단하는 기능을 가진 것은?

T.C.M(Torch Cutting Machine)

158
주형의 진동 목적을 쓰시오.

응고층이 주형 동판에 부착되지 않고 원활한 인발이 되도록 하기 위해

159
Submerged Nozzle(침적노즐) 사용목적을 쓰시오.

1. Tundish로부터 주형에 용강류 주입 시 산화방지
2. Splash를 방지하여 더블스킨 방지
3. 용강면을 Slag로 Cover하여 Powder Casting법이 가능하도록 함

160
현재 가동 중인 연주기의 특징을 쓰시오.

1. 주형의 진동
2. 주형 윤활제의 사용
3. 수냉 주형의 사용

161
Mold 용강주입 시 주형 상단으로부터의 이상적인 길이는?

250mm

162
주조 종료직전에 주편 종료부의 Slag 혼입을 방지하기 위하여 실시하는 Slag 배재 작업을 무엇이라 하는가?

Deslagging

163
주조완료 후 주조속도를 감소시킨 후 주편 마지막 부분을 응고시키는 작업을 무엇이라 하는가?

Capping

164
Boiler Feed Water는 연주 냉각 중 어느 부위의 냉각수인가?

주형(Mold) 1차 냉각

165
C.O.G 배관 청소작업 방법은?

1. N_2 Gas Purging
2. CO Gas 검지(50ppm 이하)
3. Steam Flushing
4. N_2 Gas Purging
5. COG 통기

166
주형의 냉각수는 무엇을 이용하는가?

1차 냉각수(Boiler Feed Water)

167
Spray Nozzle이 막힐 경우 발생할 수 있는 표면흠은?

면세로 터짐

168
주형 하단과 Dummy Bar 사이의 틈은 몇 mm 이내가 적당한가?

10mm

169
연주에서의 2차 냉각을 대별하여 쓰시오.

1. 주편의 직접 냉각
2. 기계냉각

170
Oscillation Drive의 기능을 쓰시오.

주형 진동장치는 주편 동판에서 응고층이 Stricking을 방지하기 위하여 Sin Curve 방식으로 진동하도록 설계되어 있으며 수직으로 진동할 때 필요한 것으로 Stroke와 진동수의 변화로 주조 속도를 조절할 수 있다.

171
연주작업에서 주입시간은 어떻게 정리되는가?

Tundish Stopper의 주입개시부터 완료까지

172
Blow Hole 및 Pin Hole은 어떠한 작업공정을 거치면 방지 가능한가?

RH처리(진공 탈가스법)을 거쳐 미탈산을 방지한 후 연속주조 작업을 하면 가능하다.

173
Scarfing(용삭) 방향에 대하여 쓰시오.

주조방향으로 하는 것을 원칙으로 하며 손질부위는 평활하게 마무리 되어야 한다(용삭 후 마무리가 잘 안될 경우 용삭층으로 남는다).

174

다음 그림을 보고 결함의 이름을 쓰시오.

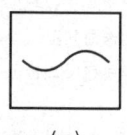 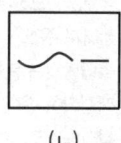 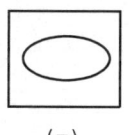 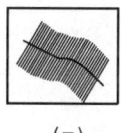 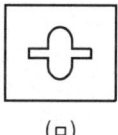

(ㄱ)　　　(ㄴ)　　　(ㄷ)　　　(ㄹ)　　　(ㅁ)

1. 중앙 단면 Crack
2. 단부 단면 Crack
3. 표층부 Crack
4. 중심 Crack
5. Bulging

175

Capping 작업의 정의에 대하여 쓰시오.

주조 종료직전 Hot Strand의 마지막 주편 Tail부(Mold) 내에 잔존하는 용강이 Mold를 빠져나가기 전에 그의 끝부분을 완전히 응고시키는 작업을 말하며 Deslagging과 병행한다.

176

Deslagging의 목적을 쓰시오.

주편 종료부에 Slag가 혼입되면 응고 Shell에 장애를 일으켜 용강 유출의 위험이 따르므로 이를 방지하기 위함

177

Deslagging의 개시는 어느 때가 좋은가?

Tundish Stopper 폐쇄, 주조 종료 3분 전이 좋다.

178

주형 진동속도와 주편 인발속도의 상관관계와 속도식을 쓰시오.

1. 주형진동속도(Vm)은 주편 인발속도의 1.3~1.6배가 되어 Negative Strip이 되도록 진동수와 진동폭 설정
2. Vm = 2fh/1,000(m/min)
   단, f : 주형 진동수(c/min)
   　　h : 주형 진동폭

179
새로 축조한 Tundish 및 침적노즐에서 예열이 불충분할 때 일어나는 사항을 쓰시오.

1. 예열되지 않은 상태에서 용강과 접촉 시 잠열을 과도하게 흡수하여 용강응고가 빨라져 주조가 불가능해짐
2. 상당량의 수분을 함유한 내화물이 팽창되어 손상
3. 침적노즐은 내면에 Scale을 형성하여 노즐 막힘현상 발생

180
주입류에서 샘플을 채취하여 응고 변화 결과 두부가 부풀어 올랐다. 어떠한 상태인가?

강중에 산소(O_2) 다량 존재(미탈산)

181
주입 시 Tundish 내의 용강 온도가 높을 경우 조치사항을 쓰시오.

1. 냉각수 증량
2. 주입 속도 하강
3. 냉각수 온도 하강

182
주입 중 용강의 온도가 너무 높아 조업이 불안정할 때 조치사항을 쓰시오.

1. 주입 중 냉각수 증량
2. 주입 속도 하강
3. 냉각수 온도 하강

183
주입 전 Guide Apron에서 점검해야 할 사항을 쓰시오.

1. Roll 상태 점검
2. 노즐 Spray 분사형태
3. 각도
4. 노즐 막힘
5. Grease 급유상태
6. 분배변 작동상태

184
Tundish Nozzle의 재질이 Zr일 경우 노즐 폐쇄현상을 쓰시오.

Al_2O_3 개재물 막힘

185

용강의 Bubbling작업을 하려고 한다. 작업과정을 순서대로 쓰시오.

N₂ Valve를 열어 Gas 압력조절 → Lance 하강 → 회전 → Lance 삽입

186

축조 및 보수가 끝난 Tundish를 운반 가열하기 전에 본체에서 점검해야 할 사항을 쓰시오.

연와축조상태, Coating 상태, 침적노즐 받침 상태, 침적노즐 조립 상태, Stopper 조립상태, Stopper 작동상태

187

연주 주입 중 주편 표면에 Pin Hole, Blow Hole 등이 다량 발생하여 주편 불량을 초래할 경우가 있다. 이것들의 발생 원인을 쓰시오.

1. 탈산부족
2. 탈가스 부족으로 수소가 많을 때
3. 습기가 많을 시

188

C의 범위가 0.17~0.20%인 용강을 연속주조할 경우 용강이 응고할 때 포정반응으로 주편의 내, 외부에 미치는 일반적인 사항을 쓰시오.

1. 내부 Crack 발생
2. 외부 Crack 발생

189

주입 중 윤활유가 다량 유입 시 발생상황을 쓰시오.

1. Slag 층이 생긴다.
2. 윤활 불량

190

연속주조에서 Open Nozzle을 사용했을 때보다 침적노즐을 사용함으로써 얻어지는 이점을 쓰시오.

1. 산화방지
2. Splash 방지
3. 품질우수

191

주조 작업 중 인발되어 나오는 주편의 표면이 시커멓게 나오는 경우 조치사항을 쓰시오.

1. 냉각수량 감량
2. 주조 속도를 빠르게 함

192

용강의 비 탈산 시 주편 표면에 나타나는 결함을 쓰시오.

1. Pin Hole
2. Blow Hole

193

Break Out은 조업 시 조업자가 어떻게 판명하는지 쓰시오.

Mold 내 용강이 유출하면서 화염이 심하게 난다.

194

Scarfing 방향에 대하여 쓰시오.

주조방향으로 하는 것을 원칙으로 하며 손질부위는 평활하게 마무리 되어야 한다(용삭 후 마무리가 잘 안될 경우 용삭층으로 남는다).

195

Mold Powder의 주목적을 쓰시오.

1. 윤활작용
2. 산화방지
3. 보온
4. 분리 부상된 개재물의 흡수

196

Mold Powder는 일명 (1)라 하며 주조 중에 투입하여 용강의 온도 (2) 방지, 용강의 (3) 방지 및 (4)의 부상제거와 (5)을 돕는다.

1. Casting Powder, Mold Powder
2. 저하
3. 과산화
4. 산화생성물(비금속 개재물)
5. 윤활작용

197

Scarfing의 종류에 대한 방법과 요령을 쓰시오.

Code	용삭 방법	요령
A	상온 전면	표면, 이면, 전면손질, 양측면의 흠손질, 용삭제 제거
B	상온 부분	표면, 이면, 부분손질, 양측면의 흠손질, 용삭제 제거
C	고온 전면	표면온도 300℃ 이상에서 전면손질
D	고온 부분	표면온도 300℃ 이상에서 부분손질
E	Grinder 손질	표면, 이면 Grinder 손질

198

보온재의 주된 목적은 (1)에 있으며 Ladle용 단열 보온재는 사용위치가 Ladle 내 용강 표면이며, Tundish용 단열 보온재의 사용위치는 Tundish 내 용강 표면이다. 또, 이들 보온재의 특성으로는 (2)을 지니고 있다.

1. 열의 손실방지
2. 난 용융성, 난 연소성, 단열성, 확산성, 팽창성

199

강이 Mold에서 열전도가 되는 순서를 쓰시오.

용강 → 응고층 → Slag Film → 주형 동판 → 냉각수

200

주형을 일정한 진폭과 주파수를 갖는 (1)이 되도록 상하로 움직여 주는 것을 (2)이라 한다.

1. Negative Strip
2. 주형진동(Mold Oscillation)

201

주형 Side는 Slab Size에 (1), (2), (3) 등에 의한 채적의 감소를 감안한 크기이다.

1. Scarfing Loss
2. 주형 압하량
3. 주편의 응고

202

주편을 주형, (1), Roller Apron 등 연주기 내로부터 인발하기 위하여 4 Roll Pinch Roll과 (2)에 걸어주는 전류와 압력을 (3)이라 한다.

1. Bending Unit
2. Rocker Pinch Roll
3. 인발압력

203

주편의 인발과 Dummy Bar를 삽입할 때 4 Roll Pinch Roll등에 유압을 가하게 되면, 주편 및 Dummy Bar의 (1)이 방지되고, 주편의 (2) 등에 의한 주편(3) 등을 방지한다.

1. Slip
2. Bulging
3. 불량

204

냉각수로 사용되는 것은?

담수, Boiler Feed Water

205

냉각 Pattern에 따라서 주편이 완전 응고하기까지 걸리는 소요시간은?

이론응고시간

206

냉각 Pattern이란 냉각부위에 존재하는 (1), (2), (3), (4)를 총칭하여 말한다.

1. Spray Nozzle의 분사각도
2. 냉각수량
3. 냉각수 압력
4. Nozzle의 위치

207
비수량의 단위는?

L/kgf.Steel

208
최소 냉각수량은 언제 사용하는가?

주편이 연주기 내에서 정체되었을 때 즉, 주조초기, 주조말기에 사용

209
자동 냉각수량이란?

주조 속도 상승 시 자동적으로 냉각수량이 조정되는 것으로 주조 속도 (1.1m/min) 이상에서 자동 조작된다.

210
Tundish 측온은 (1)과 (2)으로 나눈다.

1. 정상측온
2. 시험측온

211
Ladle 온도는 제강 전로에서 측온하는 경우와 Bubbling Stand에서 Bubbling을 실시한 후 (   )에 Ladle을 올려놓기 전에 측온하는 경우가 있다.

스윙타워

212
연주작업이 채택될 때는 (1), (2), (3), (4)감소로 가동률을 향상시킬 수 있다.

1. Dummy Bar 삽입시간
2. 주형 Sealing시간
3. Tundish 조정시간
4. Top Cooling

213
가장자리에 길이 300~350mm의 Plate 보호 Angle을 부착하는 이유는?

용강 비산물로 인한 지금 고착방지

214
Ladle 교환 연주란?

동일 Tundish를 사용하여 Ladle 교환 시간을 최대 2분으로 하여 Tundish 내 용강면 높이를 유지하면서 계속 작업하는 주조법이다.

215
Capping이란 주조완료 후 주조 속도를 감소시킨 후 주편 마지막 부분을 잡용수로 냉각 or (　　)을 사용하여 굳히는 작업을 말한다.

분말상태의 철분

216
Mold Sealing 시간이란?

Dummy Bar삽입이 완료된 후의 시간으로부터 Taper Wire 막기작업, Chip 투입, 폐시편 정돈, 주형내면 벽 정리, 주형 Cover와 주형 상단부와의 밀폐 등 모든 작업이 완료되어 Tundish를 조정할 수 있도록 작업이 완료되기까지의 시간을 말한다.

217
주형 Sealing재를 쓰시오.

종이Wire, Chip, 시편

218
주형 Taper의 결정 요인을 쓰시오.

강종, 주조 속도, 주조 폭

219
Dummy Bar는 무엇에 의해 연결되어 있는가?

Link 장치

220
Hold Wide Side의 Taper는 통상 몇 %로서 고정하는가?

1%

221
Mold - Foot Roll - Bending Zone의 배열 측정은 Bending Zone #1, #5 Roll을 기준하며, (   )로 측정하며 허용 기준은 ±0.3mm이다.

Short Subito Device

222
Mold 상단 폭 설정 절차는?

생산될 제품 폭에 수축량(열간 Slab에서 냉간 Slab로 응고 수축되는 양)을 더하면 이것이 Mold 하단 폭이 되며 여기에 양 단면의 Taper량을 더한 수치가 Mold 상단 폭이 되도록 설정한다.

223
Ladle 교환 연주작업을 할 때 연주 가능 작업조건은?

1. 전로 T-T Time(Tap to Tap Time)과 주조시간의 일치
2. 동일 강종
3. 동일 주조 Size

224
전로 T-T Time과 주조시간을 일치하기 위하여 연주에서 주로 하는 작업은?

1. 주조 속도 조정
2. 배폭 및 이폭주조

225
연연주를 하기 위한 조업기술은?

1. Ladle 교환 연주
2. Tundish 교환 연주
3. 이강종 연주
4. 주조 중 폭 변경

226

Tundish Stopper의 이상으로 Mold 내에 용강유량 제어가 곤란하여 Mold에서 빠져나가는 용강량보다 많이 주입되어 Mold 위로 넘쳐흘러 발생한 조업사고를 무엇이라 하는가?

Mold Over Flow

227

주조용 침적 노즐의 폐쇄 발생 원인을 쓰시오.

1. Tundish 내 용강온도가 낮을 때
2. Tundish 예열 상태 불충분 시
3. 침적노즐 예열 불충분 시
4. 침적노즐에 비금속 개재물이 다량 부착되었을 때

228

배폭주조란 무엇인가?

연주에서 주조하는 주편의 사이즈는 다양하며 협폭인 주편을 주조할 때는 주조시간이 광폭인 주편보다 길어지게 된다. 물론 주조 속도를 상승시켜 주조하지만 주조 속도는 어느 범위를 초과할 수 없기 때문에 협폭 주편을 주조할 때에는 전로의 T-T Time보다 길어져 다연연주 작업을 할 때 전로의 T-T Time과 일치하지 않게 되므로 전로의 대기 발생 혹은 연연주를 중단할 수밖에 없다. 이때에는 주편의 주조 폭을 배로 주조하여 주조시간을 단축시키며 이렇게 하여 주조된 배폭 주편을 정정작업과정에서 폭을 절단하여 수요의 요구에 맞는 폭의 주편 및 제품을 생산한다.

229

연주작업 중 대표적인 조업사고는 무엇인가?

1. Break Out
2. Mold Over Flow
3. 주편 정체(Strand Still)

230

조괴로 회송시키는 요인은 어떠한 것들이 있는가?

1. Ladle 내 용강의 온도가 낮을 때
2. Ladle의 Nozzle이 개공되지 않을 때
3. Tundish 침적 노즐이 막힐 때
4. Break Out 및 Mold Over Flow등의 조업사고가 발생했을 때
5. 연주 설비 이상으로 주조 불가능 시
6. 출강이 지연되어 연속주조 완료 시점까지 연결이 불가능 할 때

231

강종에 따른 Tundish 온도관리는?

저탄소강일수록 높게, 고탄소강일수록 낮게 관리되어야 한다.

232

Tundish 온도와 용강의 응고 온도의 차는?

과열도 or Tundish Super Hent

233

응고 완료된 주편은 최종 Pinch Roll을 통과 후 소정의 길이로 절단을 실시하게 되며 절단 방식은 Gas 절단 및 Shear 등이 있다. Gas를 절단하는 기계는?

T.C.M : Torch Cutting Machine

234

주편의 관리를 위하여 생산 일련 순으로 주편의 Head 부위에 일련번호를 자동으로 색인하는 기계를 무엇이라 하는가?

Marking Machine

235

주편의 표면에 발생한 결함을 제거하는 작업은?

Scarfing

236
Cold Scarfing Machine이나 Hot Scarfing Machine의 구분은 어떻게 하는가?

Scarfing 되는 주편이 냉각 주편일 때와 열간 주편일 때로 구분한다.

237
열간상태의 주편을 침적식 수랭방식으로 냉각할 때 이점은?

1. 냉각시간 단축
2. 건물면적 감소
3. 주편 Bending 방지
4. Scale 부착 감소로 Slab 검사작업 용이

238
Scarfing 시 주편 표면을 가열하고 표면이 용융상태까지 도달하는 시간을 무엇이라 하는가?

예열시간

239
주관재를 생산하기 위한 절단기와, 배폭재를 절단하는 기계를 각각 무엇이라 하는가?

1. **주관재**
   Cross Cutting Machine or Recutting Machine
2. **배폭재**
   Slitting Machine

240
연주에서 생산된 주편은 어느 공정으로 인도되는가?

열연공장, 후판공장

241
열간 주편을 후판공장의 가열로에 장입하는 조업을 무엇이라 하는가?

Hot Charge Rolling 혹은 열편 장입 조업

242
H.C.R(Hot Charge Rolling)조업을 하기 위해 우선 되어야 하는 것은?

양호한 주편 품질

243
연주 주편의 결함 중 가장 문제시되고 Scrap 발생률이 가장 높은 결함은?

면세로 Crack

244
약 탈산강을 주조 시 예측되는 주편 결함은?

Pin Hole or Blow Hole

245
연주 설비 내의 Guide Roll 중 회전 불량 Roll이 발생했을 때 예상되는 주편 결함은?

Roll Mark

246
Roll Gap이 잘 맞지 않을 때 발생되는 주요 결함은?

단면 Crack

247
Tundish 교환 작업 시 Pinch Roll 정지 후 왜 Start를 하며 이때 발생되는 주편 결함은?

1. 주편 인발을 중지하여 완전응고시켜 다음 주조시 더미바 대용으로 사용하기 위해
2. 이중 주입 Mark발생

248
주조 완료되는 최종 표면은 Tail부분을 약 500mm로 절단을 실시하는데 이유는?

내부에 Pipe가 존재하기 때문에

249
주편에서 발생한 Star Crack은 후판에서 어떠한 형의 결함이 예측되는가?

취발형 Crack

250
연속주조 주편의 Center Porosity는 무엇인가?

응고 최종지역의 Bulging의 발생과 응고 수축에 의해 일어나는 주형 중심부의 수축공이다.

251
수소성 결함의 방지책을 쓰시오.

1. 중심편석의 경감
2. 용강의 탈가스 처리
3. 주편의 서랭에 의한 탈수소 대책

252
주형 Wide Side의 간격 조정은 Small Side로부터 최소한 몇 mm 벗어난 곳에서 실시하는가?

60mm

253
동판이 1mm 손상을 입었을 경우 Taper는 몇 % 가산되는가?

0.05% 이상

254
Mold와 Bending Device 배열을 측정하는 기구는?

Short Subito Device와 Roller

255
연주 설비에서 수직형에서 만곡형으로 바뀐 이유는?

1. 고속화에 따른 미응고 길이의 증가 때문에 건물 높이를 낮출 필요가 있음
2. 주편의 절단 길이의 조절이 용이하기 때문
3. 만곡교정이 가능하게 되었기 때문

256

주편의 Bulging에 대하여 쓰시오.

주조중인 주편이 용강 정압에 의해 발생하는 외측으로의 팽창력에 의해 Roll Pitch 내에서 Roll 간격보다 두껍게 되는 현상으로 이러한 Bulging 량이 너무 크게 되면 주편 내부크랙 및 내부편석이 심하게 된다.
※ 대책으로는 : Roll Pitch를 작게, Roll 정렬을 바르게

257

연주에서 Guide의 역할을 쓰시오.

1. 주편을 안내하는 역할
2. 주편을 냉각하는 역할
※ Mold Guide : Mold Oscillation 시 Mold의 수직운동을 하도록 한다.
※ Strand Guide Roll : 주형을 나온 주편을 지지하면서 주편이 소정의 Pass Line을 Smooth하게 이동할 수 있도록 한다.

258

연주 전자교반 기술이란?

유도코일에 전류를 통과시켜 발생된 자장이 미응고 용강에 걸리면 과전류가 발생되며, 과전류와 자장이 서로 작용하여 교반력을 발생시켜 미응고 용강을 강제 유동시키고, 유동되는 미응고 용강이 응고 계면상을 스치고 지나가면서 응고 계면상에 성장하던 수지상정의 ARM이 파괴되고, 이 조각들은 응고핵으로 작용하거나 재용해되어 용강의 과열도를 낮추어 등축정 생성을 촉진하므로써 중심편석의 경감 및 내부품질을 개선하는 기술
※ EMBR(Elector Magnetic Brake Ruler) : 전자기의 Damping 을 이용한 기술로 주입류의 유속을 제어하여 용강류가 주형단면에 충돌하는 것을 방지하고 용강류의 침투 깊이를 균일화함으로써 주편의 표면 결함 방지 및 게재물의 부상분리에 좋은 효과를 얻을 수 있다.

259

연주에서 주형과 주편의 융착 방지를 위하여 어떻게 하는가?

1. 주형을 상하로 진동시킨다.
2. 윤활제를 사용한다.
3. Powder Casting
※ Powder 의 재질
: $Al_2O_3 - SiO_2 - CaO$ 계

260

연주 더미바(Dummy Bar)의 용도는 무엇인가?

주형 상하부는 개방되어 있어 주조 초기에 하부를 막아 용강이 새지않도록 하고 주편이 Pinch Roll에 이르기까지 인도하는 역할을 한다.

261

특수연주법에서 In-Line Reduction 법을 쓰시오.

연속주조에서 얻어진 주편을 연주기 내에서 조압연하는 방법으로
1. 주편의 품질개선
2. 여러 가지 단면 치수의 주편을 단일대 단면의 주편으로 집약시켜 연연주 작업을 실시하게 됨에 따른 생산성의 향상
3. 연주 주편의 현열을 유효하게 이용함으로써 얻어지는 압연가열비의 저감
※ 대표적인 방식으로는 주편내부에 미응고 액상이 있는 상태에서 압연하는 BSR법과 완전 응고 후에 압연하는 Sizing Mill법이 있으나 후자가 공업화되어지고 있으며 Sizing Mill 법은 교정기를 나온 주편이 재가열로에서 가열된 후 3개의 수평Roll과 4개의 수직 Roll에서 소정의 주편으로 압연된다.

262

주편두께 1,500×250mm을 1.5m/분 주조 경우 몇 m지점에서 응고되기 시작하는가?
(K상수: 27)

$D = K\sqrt{t}$
$t = L/V$ 이므로
$D = K\sqrt{L/V}$
$\therefore L = \left(\frac{D}{K}\right)^2 \times V = \left(\frac{125}{27}\right)^2 \times 1.5$
$= 32.15$

263

Blow Hole 발생 원인과 대책을 쓰시오.

1. 원인
   - 용강 중에 용해되어 있는 O, N, H 등이 온도 저하에 따라 용해도가 감소되어 가스로 방출되며 특히 탈산도가 불충분 할 경우 C+O → CO 반응으로 기포가 발생한다.
   - Mold Powder 혼입 시 Mold Powder의 수분에 의해 가스가 발생한다.
   - 주형 윤활제가 분해되면서 가스가 발생된다.
2. 대책
   - 용강의 탈산을 충분히 시킨다.
   - 건조된 합금철을 사용한다.
   - Powder의 물성치 적정화
   - 윤활제의 가스화 성분제거 및 수분을 낮게 관리
   - 침지노즐 토출류 적정화
   - 주형 내 탕면위치 변동의 최소화

264

연속주조의 생산성을 향상시키기 위해 어떠한 방법이 고려되는가?

1. 주조 속도의 증가
2. 연연주비 증대
3. 주편 중 폭 변경 기술 확보
4. 준비시간 및 휴지시간 단축

265

Mold Powder의 기능은?

1. 용강면을 덮어서 공기산화와 열방산을 방지
2. 용융한 Powder가 주형벽으로 흘러 들어 윤활제로서 작용한다.
3. 용강면에서 용융 슬래그가 되어 용강 중에 함유된 알루미나 등의 개재물을 용해하여 강의 청정도를 높인다.

266

다연주 작업의 효과를 쓰시오.

가동율 향상, 강편실수율 향상, 작업용 재료비의 저감

267
노즐 막힘의 원인을 쓰시오.

1. 용강온도 저하에 따른 용강의 응고
2. 석출물이 용강에 섞여 노즐이 좁아져 막히게 된다.
3. 용강으로부터의 석출물이 노즐에 부착 성장하여 좁아지고 막힌다.
※ 방지책 : Gas Sleeve 노즐, Poruse 노즐, 가스버블링, Stopper 등을 써서 불활성 가스 피막으로 알루미나 석출을 방지한다.

268
주조 속도 증가 시 문제점을 쓰시오.

1. 응고각이 얇어져 Break Out의 발생율이 많아진다.
2. 중심편석, 내부균열의 위험이 있다.
3. 개재물의 부상 분리가 곤란하여 개재물이 증가한다.

269
Serise Casting이란?

주조 작업을 중단시키지 않고, 한 레이들의 용강의 주조가 끝나면 계속하여 다른 레이들의 용강을 주조하는 방법

270
Sequnce Casting이란?

주조완료 후 주편의 인발을 중지하여 완전 응고시키고 이것을 다음 주조의 더미바 대용하는 방법

271
방사상 균열(Start Crack)이란?

주편을 인발할 때 응고각이 주형 내벽의 Cu를 마모시켜 Cu 분이 주편에 침투되어 Cu 취화를 일으키므로 국부적으로 미세한 균열이 발생한다.
※ 방지책 : 주형 내벽에 Cu, Ni 등의 도금을 하고 주형 테이퍼를 적정화한다.

PART 06

제강기능장 실기 종합 예상문제

PART 06 제강기능장 실기 종합 예상문제

01
주편의 Bulging에 대하여 쓰시오.

> 주조 중인 주편이 용강 정압에 의해 발생하는 외측으로의 팽창력에 의해 Roll Pitch 내에서 Roll 간격보다 두껍게 되는 현상으로 이러한 Bulging량이 너무 크게 되면 주편 내부 크랙 및 내부 편석이 심하게 된다.

02
전기로 제강에서 환원기 작업 중 환원 Slag을 사용하여 탈산하는 방법을 쓰시오.

> **확산 탈산법**
> [FeO]를 함유한 용강에 [FeO]를 함유하지 않은 슬래그를 접촉시키면 용강 중의 [FeO]는 슬래그 중으로 확산해서 [FeO]를 감소시키는 탈산방법
>
> **참고**
> **강제 탈산법(석출탈산법)**
> 산소와 친화력이 Fe보다 큰 원소를 용강 중에 첨가하여 [FeO]를 환원 탈산하고 그 원소와 산화물을 슬래그 중에 분리하는 방법

03
전기로에서 순철 1.5Ton을 용해하는데 필요한 열량은? (단, 순철은 20℃~1,600℃까지의 평균 비열은 0.16kcal/kg$_f$, 강의 용해 잠열은 65kcal/kg$_f$, 20℃에서 용해한다고 가정)

> 필요 열량=비열+잠열
> =[1,500kg$_f$×0.16×(1,600℃-20℃)]+ (1,500kg$_f$×65) = 476,700kcal
> (비열 : 물질 1g을 1℃ 올리는 데 필요한 열량, 융해잠열 : 어떤 금속 1g을 융해시키는 데 필요한 열량)

04

전로 Lance의 구조이다. ( ) 안에 알맞은 용어를 넣으시오.

① 배관(　) ② 배관(　) ③ 노즐재질(　) ④ 분출성분(　)

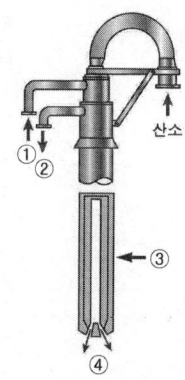

① 배관(급수)
② 배관(배수)
③ 노즐재질(순동)
④ 분출성분(산소)

05

용선의 Si 함량이 높을 때 장점과 단점을 쓰시오.

장점
1. 산화반응 열량이 많다.
2. 용선의 유동성이 좋아진다.

단점
1. 산화반응 열량이 커져 온도 조절을 위한 냉각제 사용량이 증가한다.
2. SiO_2의 증가로 상대적인 생석회 사용량이 증가한다.
3. 슬래그 Volum이 증대하여 Slopping 발생으로 인한 철 손실 증가로 출강 실수율이 저하된다.

[참고]
전기로 작업에서 Si이 높으면 SiO_2로 되어 강재의 염기도를 낮추고 탈인 반응을 저해하여 석회를 첨가하거나 강재를 갱신한다.

06

베렌(Beren) 현상의 정의를 쓰시오.

용강이나 용재가 노 밖으로 비산하지 않고 노구 부근에 도넛형으로 쌓이는 현상

07
Slopping의 원인과 대책을 쓰시오.

원인
1. 노 용적에 비해 장입량이 많다.
2. 용선 중 Si 함량이 높다.
3. Soft Blow
4. 슬래그 점성 증가

대책
1. 정련 중기에 탈탄 반응을 조절하고 강재의 양과 유동성을 조정한다.
2. 취련 초기 산소 압력을 증가한다.
3. 취련 초기 탈탄 속도를 증가시킨다.
4. 취련 중기에 석회석, 형석 등을 투입하여 탈탄 속도, 용재 상황을 조정한다.

08
Sub-Lance의 역할을 쓰시오.

1. 강욕 레벨 측정
2. [C] 농도 측정
3. 산소 농도 측정
4. 온도 측정
5. Sampling

09
제강로의 가탄제 종류 3가지와 투입 시기를 쓰시오.

종류
선철, 무연탄, 코크스, 전극설

투입 시기
장입 시 → 선철, 무연탄
출강 시 → 전극설, 분코크스

10
제강로에 사용되는 연와의 종류를 쓰시오.

1. 소성 Dolomite 연와
2. 소성 Magnesia 연와
3. Tar Bond 연와

11
연주 설비에서 수직형에서 만곡형으로 바뀐 이유를 쓰시오.

1. 고속화에 따른 미응고 길이의 증가 때문에 건물의 높이를 낮출 필요가 생기고
2. 주편의 절단 길이의 조절이 쉬우며 만곡 교정이 가능하게 되었기 때문에

12

연주에서 Guide의 역할을 쓰시오.

주편을 안내하는 역할,
주편을 냉각하는 역할(제강 프로세스)
- Strand Guide Roll : 주형을 나온 주편을 지지하면서 주편이 소정의 Pass Line을 Smooth하게 이동할 수 있도록 한다.
- Mold Guide : Mold Oscillation 시 Mold의 수직 운동을 하도록 한다.

13

철강 제조 공정이다. ( ) 안에 알맞은 용어를 넣으시오.

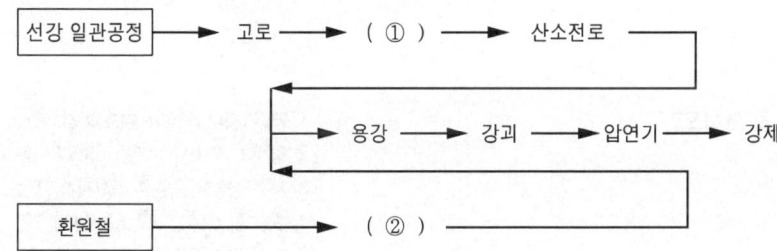

① 용선
② 전기로

14

인조흑연 전극의 구비조건을 쓰시오.

1. 고온에서 산화되지 말 것
2. 전기 전도율과 강도가 높을 것
3. 과부하에 잘 견딜 것
4. 불순물이 적을 것

15

용선 20Ton에 탈탄 작업 시 산소를 60N㎥/min 투입하였다면, 탈탄 시간은 얼마인가?
(단, C : 4.5%, Mn : 0.1%, Si : 0.3%)

1. 용선 중 C량 = 20,000kg$_f$ × 4.5%
   = 900kg$_f$
2. C + O = CO, 12 : 11.2Nm^3 = 900 : X,
   X = 840Nm^3
   840Nm^3/60Nm^3 = 14분

16

용강 80t의 온도를 10℃ 낮추는 데 필요한 철광석 투입량은? (단, 용강 비열 0.2, 철광석 1kgf의 분해열 1kgf 0.7964=674kcal이다)

철광석 투입량 = 용강 냉각 총열량 / 철광석 kgf당 분해열
용강량 80,000kgf을 10℃ 낮추려면
80,000 × 0.2 × 10℃ = 160,000kcal
160,000/674=약 237.4kgf
철광석 237.4kgf 더 넣어야 된다.

17

Conveyer Chain 정비의 점검 사항을 쓰시오.

1. Chain 내의 Oil 주유 상태
2. Chain 크립의 결속 상태
3. Chain Bearing 상태 및 Motor 상태
4. Chain 길이의 팽창 상태 등

18

전로에 생석회(CaO)를 사용 시 구비조건을 쓰시오.

1. 연소되어 반응성이 양호할 것
2. 입자의 크기는 5~35mm 정도일 것
3. 가루가 적고 운송 중 부서지지 말 것
4. 수송 중, 저장 중 풍화 현상이 적을 것
5. P, S, SiO_2 등의 불순물이 적을 것

19

산소 전로법의 조업공정에서 ( ) 안에 내용을 넣으시오.

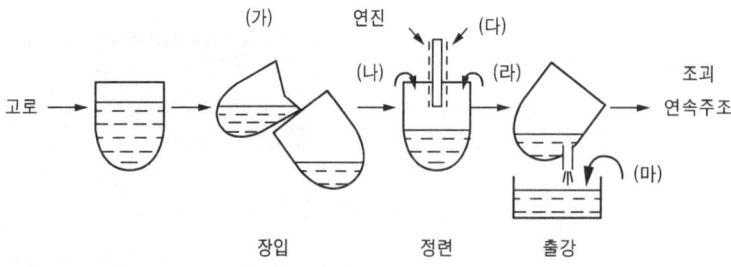

(가) 고철, 용선
(나) 매용제
(다) 조제재
(라) CO가스
(마) 합금철, 탈산제

20

전기로에서 Cr첨가 스테인레스강 제조 시 화학 조성에 따른 종류를 쓰시오.

명칭	조성
13Cr계	13Cr 마르텐사이트계
18Cr계	18Cr 페라이트계
18Cr-8Ni계	18Cr-8Ni 오스테나이트계
16Cr-7Ni-1Al계	16Cr-7Ni-1Al 석출경화형

21

연속주조의 전자교반 기술에 대하여 쓰시오.

유도코일에 전류를 통과시켜 발생된 자장이 미 응고 용강에 걸리면 과전류가 발생되며 이 과전류와 자장이 서로 작용하여 교반력을 발생시켜 미 응고 용강을 강제유동시키고 유동되는 미 응고 용강이 응고 계면상을 스치고 지나가면서 응고 계면상에 성장하던 수지 상정의 Arm이 파괴되고 이 조각들은 응고 핵으로 작용하거나 재용해되어 용강의 과열도를 낮추어 등축정 생성을 촉진함으로써 중심 편석의 경감 및 내부 품질을 개선하는 기술

※ EMBR(Elector Magnetic Brake Ruler) : 전자기의 Damping을 이용한 기술로 주입류의 유속을 제어하여 용강류가 주형 단면에 충돌하는 것을 방지하고 용강류의 침투 깊이를 균일화함으로써 주편의 표면결함 방지 및 개재물의 부상 분리에 좋은 효과를 얻을 수 있다.

22

염기도(CaO/SiO_2)가 1.5를 중화시키는 데 SiO_2 20kg_f일 때 $CaCO_3$ 사용량은 얼마인가?
(CaO 함유량 55%)

염기도 = CaO/SiO_2,

$1.5 = X \times \dfrac{55\%}{20}$

∴ $X = 54.5 kg_f$

23

UHP(Uitry High Power, 초고전력) 제강 작업 시 대책을 쓰시오.

1. 노의 전기용량을 크게 하기 위하여 송전측의 용량도 증가하여야 한다.
2. 고전류 밀도의 통전에도 소모가 적고 전류의 제곱에 비례하여 증가하는 전자력에 잘 견딜 수 있는 강도를 지닌 전극이 필요(즉, 저비저항이고 기계적 강도가 크고 열팽창계수가 작은 특성을 가진 전극이 필요)
3. 노벽, 천정용의 내화물에 문제가 있다. 특히 Hot Spot 부에는 고품질 연와나 수냉 Box를 설치
4. 전극파지기, 모선용량에 문제가 생기므로 이것들을 강화하여야 한다.

24

용강을 고속 주입 시 강괴에 미치는 영향을 쓰시오.

강괴의 균열을 일으키고 Rimmed 강에서는 급속히 봉강 압력이 증가하여 Rimming Action이 나쁘다.
※ 저속 주입 시 주입류가 공기 중에 노출되는 시간이 길어져 산화에 의한 결함이 발생

25

용강을 저온 주입 시 강괴에 나타나는 결함을 쓰시오.

탕 주름, 이중표피
※ 주입온도는 주입법, 강종과 강괴의 크기, 탈산 정도에 따라 다르다. 통상 Melt high cast low의 원칙에 따라 용해는 높게, 주입은 낮은 온도로 한다.

26

용선 100Ton, 고철 20Ton, 철광석 5Ton 장입 후 115Ton 용강과 철진 5Ton(Dust)이 발생되었다. 이때 출강 실수율을 구하시오.

출강 실수율 = 출강량/전장입량×100
= (115,000kgf/100,000kgf+20,000kgf)×100

27

하주 주형 레이들에서 단면이 원형에서 타원형으로 변경 시의 상황은?

1. 주입 완료 후 강괴 정치 시간이 단축된다.
2. 강괴 모서리 및 주형 코너부에서 급랭으로 균열이 많다.
3. Scab 결함 등 결함이 많이 나타난다.

28

조괴법에 사용하는 주형의 재질과 조성을 넣으시오.

가. 주철
나. 조성 C(4.0~4.5%), Si(0.3~4.0%), Mn(0.2%), P(0.08~0.10%), S(0.02~0.03%)
재질
고로선 또는 Cupola 선

29

전기로 제강조업에서 산성 전기로와 염기성 전기로 조업을 비교하시오.

1. **산성 전기로(산성 조업법)**
   규석, 캐니스트 등 산성 내화재를 사용하여 규산화철, 망간, 실리게이트 슬래그로 정련하는 방법으로 탈인, 탈황이 불가능하며 원료 엄선이 필요
2. **염기성 전기로(염기성 조업법)**
   마그네시아, 돌로마이트 등 염기성 내화재를 사용하여 CaO분이 많은 염기성 슬래그로 정련하는 방법으로 유해 원소(P, S 등)제거가 용이하고 값싼 고철 사용이 가능하다.

30

연주에서 주형과 주편의 융착 방지를 위하여 어떻게 하는가?

1. 주형을 상하로 진동시킨다.
2. 윤활제를 사용한다(소형 Bloom, Billet 연주기에서는 채종유를 쓴다).
3. Powder Casting

참고

Powder의 재질
Al_2O_3-SiO_2-CaO계

31

전로 제강법과 다른 제강법을 비교하여 장점과 단점을 쓰시오.

장점
가. 대량 생산이 가능하다.
나. 제강시간이 매우 짧다.
다. 규칙적인 출강이 가능하다.
라. 연료의 사용이 필요없다.
마. 건설비가 저렴하다.

단점
가. 고로 용선이 없으면 조업이 불가능하다.
나. 성분의 미세 조정이 어렵다.
다. 강종 생산이 광범위하지 못하다.
라. 전기로에 비해 온도 조정이 어렵다.

32

상취 전로법에서 용강에 산소를 취입하기 위한 설비 명칭과 설비 끝부분의 재질은 무엇인가?

명칭 : LANCE, 재질 : 순동

33
연주 더미바(Dummy Bar)의 용도를 쓰시오.

주형 상·하부는 개방되어 있어 주조 초기에 하부를 막아 용강이 새지 않도록 하고 주편이 Pinch Roll에 이르기까지 인도하는 역할을 한다.

34
전로 출강량과 비례하는 것과 반비례하는 것을 고르시오.

1. HMR : 비례
2. 용선Si : 반비례
3. 냉선 : 반비례
4. 노체 비용적 : 반비례
5. 산소량 : 반비례
6. Lance 높이 : 반비례
7. 산화철계 부원료 : 비례

35
조괴에서 주입 중 탕 주름 흠 원인과 대책을 쓰시오.

1. 원인 : 저온 저속주입
2. 대책 : 고온 고속주입

36
림드강의 매크로 조직도를 보기를 이용하여 ( ) 안에 명칭을 쓰시오.

Core, Solid Skin, Rim층, 관상기포, 입상기포

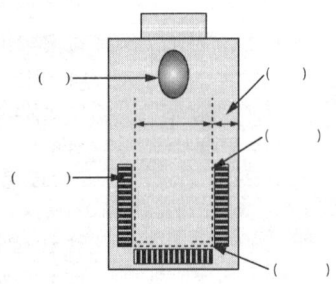

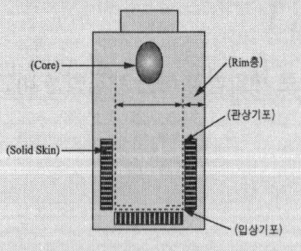

37
전기로 Hot Port 원인과 방지법에 대하여 쓰시오.

전기로 내부 용강 탕면 Slag Line 국부적인 용손에 의하여 철피가 적열되는 것이 원인이며 대책은 연와 축조 시 연와두께 및 높이 조정과 출강 후 주기적인 내화물 Spray 실시

38

전로 노체 수명 저하의 원인과 연장 방안을 쓰시오.

노체수명 저하 원인
1. 용선 Si이 높다(염기도가 낮다).
2. 용선 배합률이 높다.
3. 형석 사용량이 많다.
4. 슬래그 중 T·Fe가 높다.
5. 재취련 횟수가 증가한다.
6. 출강온도가 높다.

노체수명 연장 방안
1. 염기도를 높인다.
2. 용선 배합률을 낮춘다.
3. 형석 사용량을 줄인다.
4. 슬래그 중 T·Fe를 낮춘다.
5. 재취련을 적게 한다.
6. 출강온도를 낮춘다.
7. 돌로마이트를 사용하여 MgO 농도를 높인다.

39

특수 연주법에서 In-Line Reduction법을 쓰시오.

연속주조에서 얻어진 주편을 연주기 내에서 조입연하는 깃으로 대표적인 방식으로는 주편 내부에 미 응고된 액상이 있는 상태에서 압연하는 BSR법과 완전 응고 후에 압연하는 Sizing Mill법이 있다.

40

특수 연주법인 Sizing Mill법에 대하여 설명하시오.

동일 단면의 주편에서 여러 종류의 단면을 갖는 강편을 연속적으로 얻을 목적, 또는 주조하기 쉬운 단면으로 주조하여 그것을 압연공장에 적합한 단면으로 Sizing할 목적으로 연주기의 2차냉각대 또는 Pinch Roll을 나온 주편을 재가열로를 거쳐 직접 압연하는 방법

41

특수 연주법인 Sizing Mill법의 효과에 대하여 설명하시오.

1. 주편품질, 특히 내부품질 개선
2. 여러 가지 단면 치수의 주편을 단일 대단면의 주편으로 집약시켜 연주 작업을 실시하게 됨에 따라 생산성 향상
3. 연주 주편의 현열을 유효하게 이용함으로써 얻어지는 압연 가열비의 저감 도모

42

UHP(Ultra High Power)조업과 종전의 RP(Regular Power)조업의 차이점은 무엇인가?

1. 동일 노 용량에 대하여 종전의 2~3배의 대전력을 투입한다.
2. 저전압, 대전류의 전력율(70% 정도)에 의한 굵고 짧은 아크로써 조업한다.

43

탈탄 반응 촉진조건을 쓰시오.

1. Si, Mn 성분이 적을 것
2. FeO량이 많을 것
3. 노 내 온도가 높을 것

44

전기로 전력량은 얼마인가?

[조건]
10Ton 고철을 20℃에서 1,620℃까지 용해, 비열 0.14kcal/kg$_f$,
잠열 : 60 kcal/kg$_f$, 1kWh 발열량은 : 860kcal로 적용

전력량 = (현열 + 잠열) ÷ 860kcal
현열 = 고철무게 × 온도차 × 비열
(10T × 1,600 × 0.14 = 2,240,000kcal)
잠열 = 고철무게 × 단위 잠열
(10T × 60kcal/kg$_f$ = 600,000kcal)
전력량 = (2,240,000 + 600,000)/860
 = 3,302.3kWh

45

전기로 합금철을 (Fe-Mn) 출강 중 레이들에 투입 시 Mn의 실수율을 구하시오.

출강량 : 100Ton, 노 내 용강 Mn량 : 0.01%, 목표 Mn량 : 0.31%,
Fe-Mn 중 Mn성분 : 70%, Fe-Mn투입량 : 600kg$_f$

투입량 = 출강량 × (목표Mn-노 내 Mn)/Mn성분 % × 실수율
600kg$_f$ = 100T × (0.31% - 0.01%)/70% × 실수율
600kg$_f$ = 300kg$_f$/0.7 × 실수율
600kg$_f$ × 0.7 × 실수율 = 300kg$_f$
실수율 = 300kg$_f$/420kg$_f$ = 0.714
답 : 71.4%

46

용강 탈산제의 종류와 용도를 쓰시오.

Al → 강 탈산용으로 사용
Fe-Si → 잔괴 및 강괴 탈산용

47
전기로 노체 보수 및 수명 향상 방법을 쓰시오.

1. 출강 완료 후 Spray를 실시한다.
2. Slag Coating을 실시한다.
3. 전기로 냉각 판넬 누수를 방지한다.
4. MgO 성분을 높인다.

48
전기조업에서 산화기 완료 후 출강까지 작업 명칭의 순서를 쓰시오.

노 보수 → 장입 → 용해기 → 산화기 → (가) → (나) → 출강

가. 제재
나. 환원기

49
제강작업에서 노외 정련의 목적을 쓰시오.

1. 화학성분 조정 및 합금철 첨가
2. 슬래그 또는 반응물질 첨가에 의한 불순 원소 저감
3. 용존 가스 성분의 제거
4. 용강의 승온 및 온도조정
5. 성분 및 온도의 균질화
6. 청정도 향상을 위한 비금속 개재물 제거 및 형상 제어
7. 출강과 주조 사이의 조업시간 조정 등의 완충효과

참고 기능상 분류
1. 앞 공정에서 생성된 슬래그의 효과적인 분리
2. 용강의 균질화를 위한 교반 기술
3. 합금 또는 반응 물질의 첨가 기술
4. 탈가스를 위한 용강의 진공처리
5. 용강 온도 조정을 위한 냉각제 첨가 또는 승온

50
제강작업에서 노외 정련의 방법과 기능을 쓰시오.

1. Bubbling : 성분, 온도 균일, 비금속 개재물 부상분리
2. PI(Power Injection) : 성분균일, S구상화
3. RH-OB : 탈가스, 탈탄, 냉각, 승온
4. LF : 승온, 탈황, 냉각

51
조괴 주입 중 생산성 향상 및 안전향상을 쓰시오.

1. 작업표준을 준수한다.
2. 정리정돈시간을 준수한다.
3. 수랭을 충분히 시킨다(강괴 두부).

52
전로 취련 중 발생되는 이상 현상을 쓰시오.

1. 베렌
   용강이나 용재가 노 밖으로 비산되지 않고 노구 부근에 도넛형으로 쌓이는 현상
2. Spitting
   취련 초기 산소 Jet에 의해 철립이 노 외로 비산되는 현상
3. Slopping
   정련 중 탈탄 반응에 대한 강욕 내의 CO gas 발생과 그때 상부를 덮고 있는 슬래그 량과의 상호작용 관계에 대하여 돌발적으로 강재 및 용강 혼합물이 노 외로 분출 또는 넘쳐 흐르는 것

53
전로 내화물의 구비조건을 쓰시오.

1. 염기성 Slag에 대한 화학적인 내식성
2. 용강이나 용재의 교반에 대한 내마모성
3. 급격한 온도 변화에 대한 내Spalling성
4. 장입물 충격에 대한 내충격성

54
혼선로의 기능을 쓰시오.

1. 용선의 균질화
2. 용선의 저장
3. 보온 – 1,300도 이상 유지
4. 탈황반응 → FeS + Mn - Fe + MnS

55
혼선차(용선차, HOT Metal Car, Torpedo Car)의 기능을 쓰시오.

고로부터 출선된 용선을 제강공장까지 수송하는 용기로 혼선로를 대신한다.
(저장, 운반, 보온)

56

혼선차의 장·단점을 설명하시오.

가. 장점
1. 레이들 및 혼선로 대비 건설비가 싸다.
2. 온도강하가 적고, 부착 금속이 되는 선철 손실이 적다.
3. 인원 및 크레인을 감소시킨다.
4. 출선 시 슬래그 유출이 적기 때문에 배재 작업을 간략하게 할 수 있다.

나. 단점
1. 온도 및 성분이 불균일하다.
2. 제강 조업에 직접 영향을 미친다.

57

전기로 조업 시 전극이 부러졌을 때 조치사항을 쓰시오.

1. 전극봉 전원을 "OFF" 시킨다.
2. Mastercylinder를 상승시킨다.
3. 노 외에 있으면 제거하고 노 내에 있을 때는 취외 가능하면 Wire Rope를 이용하여 취외시키고 불가능하면 용해시킨다.
4. 전극봉을 접속(보충, 교환)시킨다.
5. 전극봉의 전원을 "ON"시킨다.

58

다음 조건에서 생석회 사용량을 구하시오.

> 용선 : 100t, 용선[Si] : 0.6%, 염기도 : 3.5, 생석회 품위 : 90%일 때

생석회 사용량
= (100/생석회순도)×전선장입량
 ×(Si량/100)×(60/28)×염기도
∴ X = (100/90)×100,000×(0.6/100)
 ×(60/28)×3.5 = 5,000

59

RH에서 부정형 내화물을 이용하여 보수하는 방법을 쓰시오.

1. 용사보수
2. Spray

60

전기로 조업 시 조업상의 대책을 쓰시오.

> Ultra High Power : 조업은 단위 시간당의 투입전력량을 증가시켜 용해 승열 시간을 단축시키므로 생산성 향상에 이바지한다.
> (1. 동일 용량에 비하여 종전의 2~3배의 대전력 투입
> 2. 저전압 대전류의 전력율(70% 정도)에 의한 굵고 짧은 아크로 조업)

1. 노의 전기용량을 크게 하기 위하여 송전측의 용량도 증가하여야 한다.
2. 고전류밀도의 통전에도 소모가 적고 전류의 제곱에 비례하여 증가하는 전자력에 잘 견딜 수 있는 강도를 지닌 전극이 필요하다(즉, 저비저항 이고 기계적 강도가 크고 열팽창계수 가 작은 특성을 가진 전극이 필요).
3. 노벽, 천정용의 내화물에 문제가 있다. 특히 Hot Spot 부에는 고품질 연와나 수랭 Box를 설치한다.
4. 전선용량에 문제가 있으므로 이것들을 강화해야 한다.
5. 용해 중 진동 아크 발생을 최소화하기 위하여 절연 강화해야 한다.

61

전기로 장입방식을 쓰시오.

1. **노체 이동식**
   노체만을 이동
2. **Gantry식**
   노체는 고정시키고 전극지지기구와 천장을 같이 궤도 위로 수평 이동
3. **Swing식**
   전극지지기구와 천장이 주축을 중심 으로 하여 선회

62

주편두께 1,500×250mm을 1.5m/분 주조 경우 몇 m지점에서 응고되기 시작하는가?
(K상수: 27)

$D = K\sqrt{t}$
$t = L/V$ 이므로
$D = K\sqrt{L/V}$
$\therefore L = \left(\dfrac{D}{K}\right)^2 \times V = \left(\dfrac{125}{27}\right)^2 \times 1.5$
$\qquad = 32.15$

63

연주 작업 시 벌징 현상과 결함에 대하여 쓰시오.

주조 중인 주편이 용강 정압에 의해 발생하는 외측으로의 팽창력에 의해 Roll Pitch 내에서 Roll 간격보다 두껍게 되는 현상으로 이러한 Bulging량이 너무 크게 되면 주편 내부크랙 및 내부 편석이 심하게 된다. (대책 : Roll Alignment)

64

다음 조건에서 출강 실수율을 구하시오.

> 용선 : 100ton, 고철 : 15ton 장입하여 용강 : 112ton, 철진(dust) 1.5ton일 때

출강 실수율
= (출강량/전장입량)×100
= (112,000/115,000)×100

65

면세로 터짐의 원인을 쓰시오.

1. 몰드 테이퍼(Mold Taper) 불량
2. 편평비 불량
3. 주형 내에서의 용강류 불량
4. 몰드 파우더(Mold Powder) 불량
5. 오실레이션(Oscillation) 불량

※ 면세로 터짐 : 슬라브 주편 인발 방향과 동일한 방향으로 길게 표면이 갈라지는 흠

66

전로설비의 대표적인 장치를 쓰시오.

1. 노체 및 경동장치
2. 산소 취입장치(Lance 및 Nozzle)

67

Blow hole 발생원인과 대책을 쓰시오.

가. 원인
1. 용강 중에 용해되어 있는 O, H, N이 온도 저하에 따라 용해도가 감소되어 Gas로 방출되며 특히 탈산도가 불충분할 경우에는 $2C + O_2 \rightarrow 2CO$ 반응으로 기포가 발생
2. Mold Powder 혼입 시 Mold Powder의 수분에 의해 Gas 발생
3. 주형 윤활제가 분해되면서 Gas를 발생

나. 대책
1. 용강의 탈산을 충분히 시킨다.
2. 건조된 합금철을 사용한다.
3. Powder의 물성치(용융점, 용융속도, 점도 등)를 적정화한다.
4. 침지노즐 토출류를 적정화한다.
5. 주형 내 탕면위치 변동을 최소화한다.
6. 윤활제의 Gas화 성분제거 및 수분을 낮게 관리한다.

68

전기로 조업 시 산소를 사용하는 이유를 쓰시오.

1. 노 내 Cold Spot 부가 고철을 Cutting 하여 용해속도를 향상시킨다.
2. 용해기에 산소를 취입 반응열을 이용하여 가열 및 용해를 촉진시킨다.
3. 용강 중 산소를 취입 교반 효과에 의한 저온부의 용해를 촉진하여 노저 미용해물의 급격한 반응에 의한 돌비 현상을 억제한다.
4. 탈탄, 탈인 등의 정련반응을 촉진시킨다.
5. 탈탄 반응에서 발생하는 CO 가스 Boiling에 의한 강 중 N, H를 낮춘다.

69

청정 강을 생산하기 위하여 실시하는 2차 정련 중 진공 탈가스 처리목적을 쓰시오.

1. 가스성분의 감소(H, N, O 등)
2. 비금속 개재물의 저감
3. 유해원소의 증발제거
4. 온도 및 성분의 균일화
5. 기계적 성질의 향상(결정립의 미세화)

70

기중기에 사용되는 와이어로프 보관 시 유의해야 할 사항을 쓰시오.

1. 창고 내의 보관관리
   - 코일에 포장된 제품을 콘크리트 바닥에 직접 보관하면 안 되며 필히 팔레트 위에 보관
   - 사용한 로프를 보관할 때는 먼지 및 토사 제거 후 그리스 도포
   - 로프를 배터리나 보일러가 가까운 장소 보관 금지
2. 옥외 및 현장에서의 보관관리
   - 로프를 적재 시 지면에서 20~30cm 정도 이격되도록 받침목 사용
   - 직사광선과 해수 및 염류, 산류, 아황산가스가 있는 곳 보관 금지

71

연속주조기의 턴디시의 역할을 쓰시오.

1. 주형에의 주입량 조절
2. 용강을 각 연주기(각 Strand)에 분배
3. 용강으로부터 슬래그나 개재물이 부상 분리할 기회 제공

72

용선예비처리에 있어서 탈황을 촉진시키는 ① 용선온도, ② Slag 중 산소 이온 활동도, ③ Slag 염기도, ④ 용선 중 산소 활동도를 쓰시오.

1. 높아야 한다.
2. 슬래그 중 산소 이온 활동도는 클수록 탈황에 유리하다.
3. 높아야 한다.
4. 용선 중 산소 활동도는 낮을수록 탈황에 유리하다.

참고

용선 중의 산소량이 많으면 CaC_2는 CaO가 생성되어 탈황능이 급격히 저하됨. 용강 중의 산소는 산소전로에서는 많은 편이 기화탈황에 유리하나, 전기로·평로에는 산소가 낮은 편이 좋다.

73

용선의 고체탈황제인 CaC_2에 의한 탈황반응식을 쓰시오.

$CaC_2 + S = CaS + 2C$
$CaC_2 + FeS = = CaS + 2C + Fe$

74

강괴의 편석을 적게 하기 위한 방법(대책)을 쓰시오.

1. 편석하기 쉬운 유해성분(P, S)의 함량을 적게 한다.
2. 편석 성분을 hot top에 모이게 하여 분괴 후에 끊어낸다.
3. 강괴 중량을 작게 한다.
4. 연속주조법을 써서 billet나 slab를 얻는다.
5. 일방향 응고를 시킨다.
6. 리밍 액션 지속 시간을 짧게 한다.
7. 주형의 크기를 작게 한다.

75

전로의 노체수명은 생산성과 밀접한 관계가 있고 제조원가에도 영향을 미친다. 최근 적용되고 있는 노체수명 연장방법에 대해서 쓰시오.

1. Zoned lining profile 기술
2. 열간분사 보수기술
3. 계측기술의 진보
4. 돌로마이트 사용
5. 신속출강기술
6. 출강온도의 하향화 및 슬래그 코팅 기술의 활용

76

상취 전로의 문제점을 보완한 전로로 노 상부에 산소를 취입하고 노 하부에 불활성 가스를 취입하는 전로법의 명칭과 조업상의 이점을 쓰시오.

가. 명칭
복합 취련법(Combined blowing)

나. 조업상 이점
1. 강욕의 교반이 균일하므로 위치에 따른 성분과 온도의 편차가 없다.
2. 강욕 중의 C와 O의 반응이 활발해지므로 극저탄소강 등 청정 강 용제에 유리하다.
3. 취련 시간이 단축되고 용강의 실수율이 높다.
4. 노체 내화재의 수명이 길어진다.

77

다음 조건에 의하여 1heat의 제강시간을 산출하시오.

[조건]
1일 30heat 작업, 공장 내 대기시간 30분, 준비시간 1시간, 휴식시간 1시간 30분, 수리시간 30분, 주원료 장입시간 2시간 30분, 온도측정 및 시료채취시간 1시간 30분, 출강시간 1시간 30분

{24hr(1,440분)-(대기시간30분+준비시간60분+휴식시간90분+수리시간30분)}/30heat
= (1,440-210)/30
41분(1heat)

78

조괴법에 의해 제조된 강괴의 표면결함 중 기포(blow hole)는 압연 후 가로 흠, 모서리 균열이 생긴다. 기포의 발생 방지 대책을 쓰시오.

1. NaF, Scale 첨가에 의한 리밍 액션(Rimming Action) 조절
2. 고온 저속 주입
3. 주형 및 정반의 보온 실시(첨가물 건조, 소량의 Al 사용)
4. 용강의 수소 가스 제거

79

산소전로 취련 작업 시 연와침식에 가장 나쁜 영향을 주는 것은 Slag 중의 T.FeO이다. 이것을 방지하려면 T.Fe조절을 어떻게 하여야 하는가?

1. 노체수명 향상을 위해서는 T.Fe을 가능한한 낮게 조절해야 한다.
2. 재취련(再吹鍊)도 T.FeO이 현저하게 증가하므로 될 수 있으면 적게 해야 한다.

80

LD전로 조업에서 Catch Carbon 조업의 이점과 용선의 조건을 쓰시오.

가. **Catch Carbon 조업의 이점**
  1. 취련 시간 단축
  2. 산소사용량 감소
  3. 강 중 산소의 감소
  4. 합금철 원단위 저감
나. **용선의 조건**
  1. 용선 중 [P]가 낮을 것
  2. 용선 온도가 높을 것

81

Strip Casting의 정의와 제조 방법을 쓰시오.

1. **정의**
   용강에서 직접 핫코일을 제조함으로써 열간압연 공정을 생략하는 주조법
2. **제조 방법**
   단롤(Single Roll)법, 쌍롤(Twin Roll)법, 벨트롤(Belt Roll)법

82

노즐 막힘없이 장시간에 걸쳐 균일한 주입속도를 유지하기 위한 노즐의 재질과 노즐 막힘의 원인을 쓰시오.

가. **노즐의 재질**
   지르콘질(ZrO_2 66.0%, SiO_2 32.5%), 지르코니아질(ZrO_2 95.0%)
나. **노즐 막힘의 원인**
  1. 용강 온도 저하에 따른 용강의 응고
  2. 석출물이 용강 중에 섞여 노즐이 좁아지고 막히게 되는 경우
  3. 용강으로부터의 석출물이 노즐에 부착 성장하여 좁아지고 막히는 경우

83

제강에 있어서 용융 Slag의 기능을 쓰시오.

1. P, S 등의 유해성분을 제거함과 동시에 Fe 기타의 유용원소 손실을 적게 한다.
2. 산소를 운반하는 매개자로서 산화철을 보유한다.
3. 노 내 분위기로부터 산소, 기타의 가스에 의한 오염을 방지한다.

84

특수 조업법에 관한 사항을 쓰시오.

1. **Double Slag법(이중 강재법)**
   1차 취련 후 슬래그를 배제하고 2차 취련을 함으로써 고탄소저인강제조시 사용되며, 용선 중의 [P]가 높을 때 2중 강재법을 실시
2. **Soft Blow법(저취련법)**
   강욕에 대한 산소제트 에너지를 감소시키기 위해서 취련 압력을 낮추거나 랜스 높이를 보통보다는 높게 하는 취련 방법
3. **가탄법**
   탄소를 목표값보다 낮게 취련한 다음 가탄제 첨가에 의해 성분을 맞추는 방법

85

제강작업 열정산 시 주로 사용되는 아래 용어에 대한 정의를 쓰시오.

1. **현열**
   용강, 용선, Slag 등이 갖는 함열량, 물체를 가열할 때 요하는 열량
2. **잠열**
   상이 변할 때 요하는 열량
3. **반응열**
   산화 및 환원, 분해 등의 반응 시에 발생되는 열량

86

스폴링(Spalling)이란 무엇이며, 스폴링의 발생원인을 쓰시오.

가. **스폴링**
   내화물이 균열하여 표면이 탈락해서 내면이 노출되는 현상
나. **발생원인**
1. **열적 스폴링(Thermal Spalling)**
   급랭, 급열 작용을 받아서 내화물이 급격히 팽창하거나 수축함으로서 박리
2. **기계적 스폴링(Mechanical Spalling)**
   장입물의 충격이나 부딪힘 등에 의한 내화물 손상으로 발생
3. **구조적 스폴링(Structural Spalling)**
   슬래그의 침입으로 내화물 표면에 형성되는 변질층과 미변질층과의 열팽창의 차에 의하여 일어나는 스폴링

87

전로에서 출강된 용강을 별도의 정련로에서 최종 제품이 요구하는 강의 성질을 만족시키기 위해 온도 및 성분을 미세조정을 하는 공정으로 청정 강 제조를 목적으로 하고 있으며 정련을 마친 용강은 연속주조공정으로 보내어진다. 이러한 공정을 2차 정련이라 한다. 2차 정련의 목적을 쓰시오.

1. 온도 및 성분을 미세 조정하고 균질화 한다.
2. 불순원소(P, S 등)를 제거하고 탈가스 (H, N 등)한다.
3. 비금속 개재물을 제거하고 고 청정 강을 제조한다.
4. 전로부하를 경감시키고 전로-연주간 완충 역할을 한다.

88

전로 슬래그의 주성분은 다음 보기와 같다. 각 성분을 산성, 염기성, 양성으로 구분하시오.

$$CaO, \ SiO_2, \ MnO, \ P_2O_5, \ Al_2O_3$$

1. 산성 : SiO_2, P_2O_5
2. 염기성 : CaO, MnO
3. 중성 : Al_2O_3

89

LD전로 조업에서 Catch Carbon조업의 이점과 용선의 조건을 쓰시오.

가. 조업의 이점
1. 종점 slag 중의 (T. Fe)농도 저감으로 실수율 향상
2. 취련 시간 감소에 의한 생산성 향상 및 가탄재 사용량 절감
3. 종점 [O]f 농도 하락에 의한 탈산제 사용량 절감 및 탈산 생성물 (즉, 비금속 개재물) 저감으로 용강 청정도 향상
4. LSP(소량 슬래그) 조업가능 및 종점 [Mn]실수율 향상

나. 용선의 조건
1. 용선 중 [P]가 낮을 것(예비처리에서 탈인처리를 한 용선)
2. 용선 온도가 높을 것

90

다음의 염기도를 계산하시오.

$$CaO \ 60\%, \ SiO_2 \ 35\%, \ MgO \ 0.6\%, \ MnO \ 4.4\%$$

염기도 $= \dfrac{CaO + MgO + MnO}{SiO_2}$

$= \dfrac{60 + 0.6 + 4.4}{36} = 1.867$

91

탈황제의 종류에 관한 다음 사항에 대하여 쓰시오.

가. 탈황력이 우수한 순서로 배열하시오.

> **보기**
>
> KOH, CaC₂, NaOH, Na₂CO₃

나. 고체 탈황제를 3가지 쓰시오.

다. 액체 탈황제를 3가지 쓰시오.

가. CaC_2 > Na_2CO_3 > $NaOH$ > KOH
나. CaO, CaC_2, $CaCN_2$(석회질소), CaF_2
다. Na_2CO_3, NaOH, KOH, NaCl, NaF

92

탈황 예비 처리 시 고려할 사항에 대하여 쓰시오.

1. 용선을 제강 전에 비탈황
2. 용서 작입 전의 탈황 슬래그를 철저히 제거
3. 전 용선조업 또는 저황 고철을 사용
4. CaO 원으로서 저황석회, 석회석을 사용
5. 저황 합금철, 가탄제를 사용
6. 고염기도, 유동성이 좋은 슬래그로 조업

93

탈산제 구비조건을 쓰시오.

1. 산소와 친화력이 크며 반응속도가 클 것
2. 탈산 원소의 용강 중으로 용해속도가 빠를 것
3. 탈산 생성물의 부상 속도가 클 것
4. 미반응 탈산 원소가 잔류해도 강질을 해치지 않을 것
5. 염가이며 소량만 사용할 것
6. 복합탈산(Si-Mn)이 단독 탈산보다 탈산력이 우수
7. 탈산력이 약한 것부터 강한 것 순으로 첨가하는 것이 유리
8. 용강온도가 낮을수록 유리

94
탈인 구비조건을 쓰시오.

1. 염기도가 높을 때(강재 중에 CaO가 많을 때)
2. 산화력이 클 때(강재 중에 FeO가 많을 때)
3. 용강 온도가 낮을 때
4. 강재 중에 P_2O_5가 낮을 때
5. 강재(Slag)량이 많을 때
6. 강재의 유동성이 좋을 때(CaF_2투입)

95
고주파 유도로에서 합금강 제조 시 실수율이 좋은 이유를 쓰시오.

1. 산화성 합금원소의 회수율이 높음
2. 노 내 용강 성분 및 온도 조정이 용이
3. 용강의 자동 교반 효과

96
침지노즐을 사용하는 대형 연주기에서 파우더를 사용한다. 이 파우더의 기능을 쓰시오.

1. 용강의 산화방지
2. 윤활제 역할
3. 개재물 흡수로 강의 청정도 향상
4. 보온 효과

97
연주에서 주형과 주편 사이에 발생하는 에어갭에 대하여 설명하시오.

- 용강이 응고하면 부피가 수축하고 응고 각도 그 후의 온도강하에 따라 수축하므로 인해 주편 표면과 주형 내벽 사이에 에어갭이 발생
- 에어갭 발생구역과 응고 각 접촉구역 사이에 응고 각이 생겨 주형 벽에서 떨어져서 열전도가 떨어짐
- 에어갭 생성역의 전열량은 접촉역 전열량의 1/2 수준, 인출속도를 증가하면 접촉열도 증가
- 주형의 냉각능을 높이려면 에어갭 생성역을 감소시켜야 함

98
B.V 법에서 용강을 진공관에 흘러내리면 급격한 압력 감소로 일어나는 현상을 쓰시오.

가스가 방출되고, 용강은 분산유적이 되어 떨어짐

99

슬로핑의 정의, 원인, 문제점 및 대책을 쓰시오.

1. **정의**
   용강 중 탄소의 연소가 활발해져 노구로부터 용제 및 용강이 노 외로 분출하는 현상
2. **원인**
   장입물 과다, 잔류 슬래그 과다, 고 HMR, 고 Si 용선, soft blow, 슬래그 점성 증가
3. **문제점**
   제강 실수율이 나빠짐
4. **대책**
   취련 중기 탈탄 과다 방지, 취련 초 Hard blow로 탈탄 촉진, 취련 중기 석회석 또는 형석 투입

100

진공 탈가스법의 종류를 쓰시오.

1. **유적 탈가스법(BV법)**
   진공실 내에 미리 레이들 또는 주형을 넣고 진공실 내를 배기하여 감압한 후 상부의 레이들로부터 용강을 주입하는 방법
2. **흡인 탈가스법(DH법)**
   레이들에 진공조 저부의 흡인관을 용강에 담그고 진공조를 상승, 하강시켜 용강을 진공상태에서 정련
3. **순환 탈가스법(RH법)**
   레이들에 진공조 저부의 흡인관, 배출관을 용강에 담그고 노 내를 배기한 후 상승관에 Ar가스 취입하여 용강을 진공상태에서 정련
4. **레이들 탈가스법(LD탈가스법)**
   레이들을 진공조에 넣고 하부에서 아르곤 가스 등을 취입하여 탈가스하는 방법
5. **출강 탈가스법(TD법)**
   제강로에서 출강할 때 레이들에 뚜껑을 덮어 감압하여 놓고, 그 위에 있는 소형 중간 레이들에 용강을 받아 스토퍼(Stopper)를 열어 하부의 감압 레이들에 수강하면서 탈가스하는 방법

101
제강 순서를 나열하시오.

원료장입 → 취련개시 → 착화 → 냉각제 투입 → 취련 종료 → 출강 → 배제

102
냉각제의 종류를 쓰시오.

1. 고철
2. $CaCO_3$
3. 철광석
4. 소결광
5. Mill Scale

103
흡인 탈가스법의 특징을 쓰시오.

1. 용강을 감압하에서 CO 반응을 이용하여 탈산, 극저탄소강 제조 가능
2. 미 탈산 상태의 용강을 처리하여 가스 성분(H, N, O) 제거 가능
3. 처리 말기 또는 처리 후에 임의로 합금원소를 첨가하여 성분 조절 균일화가 가능
4. 비금속 개재물 저감 및 기계적 성질 향상

104
연속주조에서 1. 주입온도가 너무 높을 때와 2. 낮을 때의 각각 조업상의 문제점과 품질상의 문제점을 쓰시오.

1. **주조온도가 높을 때**
   - 조업상 문제점 : 응고 각의 발달이 늦어져 Break Out이 발생
   - 품질상 문제점 : 응고에 따른 Macro 편석이 발생
2. **주조온도가 낮을 때**
   - 조업상 문제점 : 턴디시 노즐에 용강이 부착하여 주조불능 상태
   - 품질상 문제점 : 용강 내 개재물 부상이 불량

105
전로 제강 시 종점 판정요인을 쓰시오.

1. 불꽃의 모양, 색깔, 형태로 판정
2. 산소사용량으로 판정
3. 취련 시간으로 판정

106

저인강 제조 시 고려할 사항을 쓰시오.

1. 용선 예비처리에 의하여 탈인
2. 고염기도 슬래그, 소프트 블로우에 의한 탈인 능력 향상
3. 출강 시에 복인 방지
4. 저인 합금철 사용

107

다음에서 옳은 것을 고르시오.

1. 용선 배합률이 높으면 온도가 올라가고 냉각제를 투입한다. 산화철계 냉각제를 투입하면 실수율이 (증가, 감소)한다.
2. 노체 비용적이 크면 슬로핑이 (증가, 감소)하여 실수율이 (증가, 감소)한다.
3. 산소 유량이 많으면 실수율이 (증가, 감소)한다.

1. 증가
2. 증가, 감소
3. 증가

108

5대 원소와 용강 중의 성분변화에 대한 다음 그래프를 보고 물음에 답하시오.

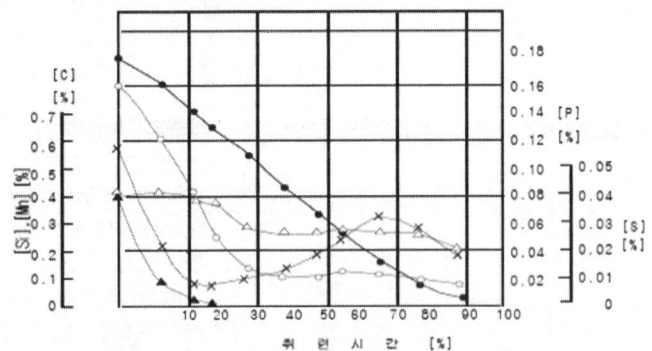

1. 각 기호에 알맞은 원소를 쓰시오.
   ● :   ○ :   △ :   ▲ :   × :
2. X 성분이 감소했다가 증가하는 이유를 쓰시오.

1. ● : [C], ○ : [P], △ : [S], ▲ : [Si], × : [Mn]
2. **Mn이 감소하였다가 증가하는 이유**
   초기는 Mn이 O와 반응하여 MnO로 슬래그로 되어 Mn 성분이 급격히 저하하지만, 이후 탈탄 속도가 빨라지면 슬래그 중의 FeO가 적어지게 되어 MnO가 C에 의해 환원되기 때문에 용강 중의 Mn 성분이 다시 증가하는 Mn융기(Mn buckle) 현상이 나타남

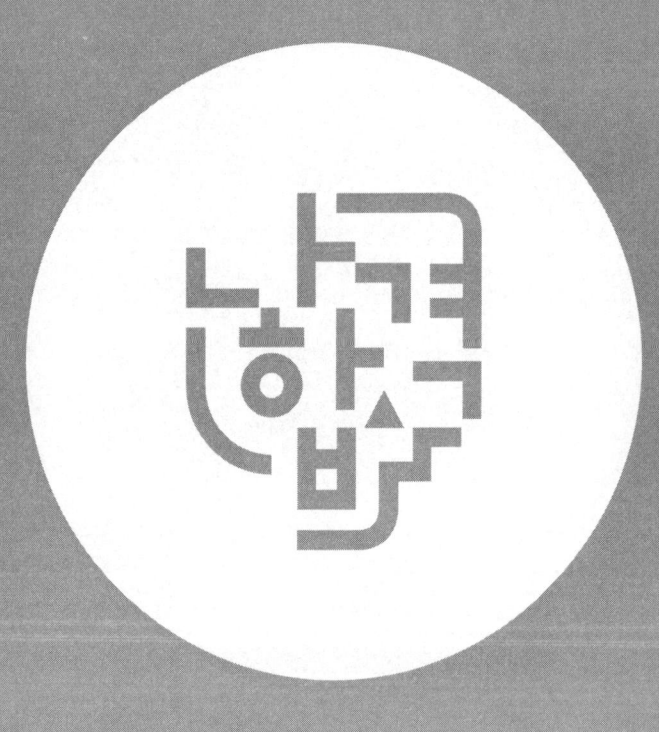

PART 07

제강기능장 실기 필답형 복원문제

01 2021년 1회 시행
02 2021년 2회 시행
03 2022년 1회 시행
04 2022년 2회 시행
05 2023년 1회 시행
06 2023년 2회 시행
07 2024년 1회 시행
08 2024년 2회 시행

유의사항 : 본 문제는 기능장 필답형 실기시험에 응시한 수험생의 기억에 의해 복원한 문제이므로 원문과 다를 수 있습니다.

실기 필답형 복원   2021 * 1회

01
제강로 내화물의 구비조건을 4가지 쓰시오.

- 장입물 충격에 대한 내충격성이 클 것
- 염기성 강재에 대한 화학적인 내식성이 클 것
- 급격한 온도변화에 의한 내열스폴링성이 클 것
- 용강이나 슬래그의 교반력에 대한 내마모성이 클 것

02
탈산제의 종류 3가지와 반응식을 쓰시오.

- Al(강탈산제)
 : $2Al + \frac{3}{2}O_2 = Al_2O_3$
- Fe-Si(중탈산제)
 : $(Fe-Si) + O_2 = Fe + SiO_2$
- Fe-Mn(약탈산제)
 : $(Fe-Mn) + O_2 = Fe + MnO$

03
LD 전로 조업에서 스피팅, 슬로핑, 베렌 현상에 대하여 설명하시오.

- 스피팅
 산소 제트에 의해 취련 초기에 미세한 철 입자가 노구로부터 비산하는 현상
- 슬로핑
 취련 중기 슬래그량 증가로 슬래그와 용강이 노외로 분출되는 현상
- 베렌
 전로 조업 시 용강이나 슬래그가 노구 부근에 도넛 모양으로 쌓이는 것

04
연속주조 조업에서 벌징의 정의, 원인, 발생 결함, 대책을 쓰시오.

- **정의**
  철정압이 중력에 의해 아래로 작용하여 미응고 용강이 부풀게 되고 심하면 균열이 발생
- **원인**
  고온고속 주입했을 때
- **발생 결함**
  내부 크랙
- **대책**
  저속주입, Roll Pitch를 작게

05
흡인 탈가스법(DH법)의 특징을 3가지 쓰시오.

- 용강을 감압하에서 CO 반응을 이용하여 탈산, 극저탄소강 제조 가능
- 미 탈산 상태의 용강을 처리하여 가스 성분(H, N, O) 제거 가능
- 처리 말기 또는 처리 후에 임의로 합금 원소를 첨가하여 성분 조절, 균일화가 가능
- 비금속 개재물 저감 및 기계적 성질 향상

06
버블링(Bubbling) 작업의 목적을 4가지 쓰시오.

- 불순물(비금속 개재물)을 부상 분리
- 용강온도 균일화
- 용강성분 균질화
- 용강과 슬래그간의 반응 효율 향상

07
LD 전로 조업에서 생석회(CaO)의 사용상 특징을 3가지 쓰시오.

- 용선 배합률이 높고, 열량적으로 유리할 때 초기부터 장입하여 냉각제 및 조재제로서의 효과 기대
- 취련 중 100kg_f 정도씩 분할 투입하여 냉각 효과, 조재 효과, 슬로핑(Slopping) 방지
- 열적으로 불리할 때 냉각 효과를 저하시키기 위해 전량 산화칼슘으로 조업
- 탈인, 탈황을 위한 염기도 조정

2021년 1회 시행

08

순환 탈가스법에서 산소, 수소, 질소 가스가 제거되는 장소를 쓰시오.

- 상승관에 취입된 가스표면
- 상승관, 하강관, 진공조 내부의 내화물 표면
- 진공조 내에서 노출된 용강 표면
- 취입가스와 함께 비산하는 Splash 표면

09

탈황제의 종류에 관한 다음 사항에 대하여 쓰시오.

가. 탈황력이 우수한 순서로 배열하시오.

> 보기
>
> KOH, CaC_2, NaOH, Na_2CO_3

나. 고체 탈황제를 3가지 쓰시오.

다. 액체 탈황제를 3가지 쓰시오.

가. CaC_2 > Na_2CO_3 > NaOH > KOH
나. CaO, CaC_2, $CaCN_2$(석회질소), CaF_2
다. Na_2CO_3, NaOH, KOH, NaCl, NaF

10

전로 내화물의 수명 연장에 미치는 조업의 영향을 나타낸 것이다. 수명이 연장되는 요인이면 연장, 감소되는 것이면 감소를 쓰시오.

조업요인	영향도	조업요인	영향도	조업요인	영향도
용선 중 Si%		슬래그 염기도		산소 사용량	
용선 중 Mn%		형석 사용량		고철 사용량	
용선 배합률		백운석 사용량		고온 조업	
슬래그중 T.Fe량		취련시간 증가		슬래그 코팅	

조업요인	영향도	조업요인	영향도	조업요인	영향도
용선 중 Si%	감소	슬래그 염기도	연장	산소 사용량	감소
용선 중 Mn%	연장	형석 사용량	감소	고철 사용량	감소
용선 배합률	감소	백운석 사용량	연장	고온 조업	감소
슬래그중 T.Fe량	감소	취련시간 증가	감소	슬래그 코팅	연장

11

재취련하는 경우 강재 및 용강에 증가하는 것을 각각 쓰시오.

가. 강재에 증가하는 것

나. 용강에 증가하는 것

가. T-Fe(FeO), P, S, CO
나. 용강온도, 질소농도

12

다음 보기를 보고 전장입량, 용선량, 고철량을 구하시오.

보기
용강량 600톤, 출강률 88%, 용선률 80%

전장입량
$$= \frac{용강량}{출강률} = \frac{600}{0.88} = 681.82톤$$

용선량
$= 전장입량 \times 용선률$
$= 681.82 \times 0.8$
$= 545.46톤$

고철량
$= 전장입량 - 용선량$
$= 681.82 - 545.46$
$= 136.36톤$

13

다음 보기를 보고 출강실수율을 구하시오.

보기
선철 74,000kg, 고철 14,000kg, 생석회 400kg, 출강량 81,000kg

출강실수율
$$= \frac{출강량}{전장입량} \times 100$$
$$= \frac{81,000}{74,000 + 14,000} \times 100$$
$$= 92.05\%$$

14

전기로 조업에서 탈수소의 조건을 5가지 쓰시오.

- 대기중 습도가 낮을 것
- 강욕온도가 충분히 높을 것
- 비등이 활발할 것
- 탈탄속도가 클 것
- 슬래그 층이 너무 두껍지 않을 것
- 용강 중의 Si, Mn Cr 등 탈산원소를 과하게 함유하지 않을 것
- 탈산제나 첨가제 등에 수분을 포함하지 않을 것

15

전기로에서 순철 10톤을 용해하는데 필요한 열량 및 전력효율을 계산하시오.

> **조건**
> 순철온도는 20℃, 20~1,600℃까지의 평균 비열은 0.16kcal/kg_f,
> 강의 용해잠열은 65kcal/kg_f, 1500℃에서 용해하는데, 전기로는 시간당
> 2,500kWh로 1시간 42분 용해하였으며, 소비전력은 1kcal당 860kWh.

용해소비열량
= 현열(비열) + 잠열
= 0.16×(1,500-20)×10,000
　+ 65×10,000
= 236,800 + 650,000
= 3,018,000kcal

열량을 전력량으로 환산하려면
1kcal=860kWh이므로
$$\therefore \frac{3,018,000}{860} = 3,509.30 \text{kWh}$$

전기로 사용 전력량
$$= 2,500 \times \frac{60+42}{60} = 4,250 \text{kWh}$$

전기로 부하율
$$= \frac{용해소비전력량}{전기로사용전력량} \times 100$$
$$= \frac{3,509.30}{4,250} \times 100$$
$$= 82.57\%$$

16

연주용 몰드 파우더의 기능을 3가지 쓰고, 점성이 좋을 때와 안좋을 때 나타나는 현상을 쓰시오.

가. 몰드 파우더 기능

나. 점성이 좋을 때

다. 점성이 안좋을 때

가. 몰드 파우더 기능
- 용강 표면을 덮어서 재산화방지
- 비금속 개재물 흡수하여 강의 청정도 향상
- 주형벽에서 몰드와 응고표면간의 윤활제로서 작용
- 용강의 온도 강하 방지(보온)

나. 점성이 좋을 때
　면세로크랙 발생

다. 점성이 안좋을 때
　에어갭(Air Gap) 증가로 열전달률이 감소하여 1차 냉각이 불량하고, 슬래그의 유동성이 떨어진다.

17

각각에 해당하는 산업안전교육 이수 시간을 쓰시오.

가. 사무직 종사 근로자의 정기교육은 얼마 이상 받아야 하는가?

나. 관리감독자의 지위에 있는 사람의 정기교육은 얼마 이상 받아야 하는가?

가. 매분기 3시간 이상

나. 연간 16시간 이상

18

다음은 연속주조설비이다. 각각의 역할을 쓰시오.

가. 핀치롤

나. 더미바

다. 가이드롤(측면지지롤)

가. 핀치롤
더미바를 주형에 삽입하고, 주편을 인발 및 지지한다.

나. 더미바
몰드 하부를 초기 실링 및 열간 주편을 핀치롤까지 인발한다.

다. 가이드롤(측면지지롤)
주편이 주형을 통과할 때 약한 응고각의 벌징방지 및 철정압에 견딜 수 있도록 한다.

19

노즐 막힘의 원인을 3가지 쓰고, 대책으로 사용하는 노즐을 2가지 쓰시오.

가. 노즐 막힘의 원인

나. 대책으로 사용하는 노즐

가. 원인
- 용강온도 저하에 따른 용강의 응고
- 석출물이 용강 중에 섞여 노즐이 좁아지고 막히게 되는 경우
- 용강으로부터 석출물이 노즐에 부착 후 성장하여 노즐이 좁아지고 막히는 경우

나. 대책
- Gas Sleeve 노즐
- Porous 노즐
- Gas Bubbling Stopper 사용

20

전로 1기로서 하루 37Heats를 다음과 같이 생산하였다. 평균 제강 시간은 얼마인가?

조건
설비휴지내역은 용선대기 38분, 설비점검및준비 30분, 설비수리 40분

$$제강시간 = \frac{1일작업시간 - (대기시간 + 준비시간 + 수리시간)}{Heat수} = \frac{(60 \times 24) - (38 + 30 + 40)}{37} = 36분$$

실기 필답형 복원 2021 * 2회

01
저취산소전로법(Q-BOP법)의 정의와 LD전로 대비 장점을 2가지 쓰시오.

가. 정의

나. 장점

가. 정의
2중관 풍구를 사용하여 순산소와 가스, 액체연료 뿐만 아니라 분생석회 등도 동시에 노저로부터 취입하는 방법

나. 장점
- 용강 중의 O, 슬래그 중의 FeO가 낮아서 Fe 실수율 향상 및 극저 탄소강 제조가 가능
- 종점에서의 Mn 함량이 높음
- 슬로핑, 스피팅이 없어 제강 실수율이 높음
- 취련시간 단축 및 폐가스의 효율적인 회수가 가능
- 탈황 및 탈인이 우수
- 상취전로의 랜스가 없으므로 건물높이가 낮음

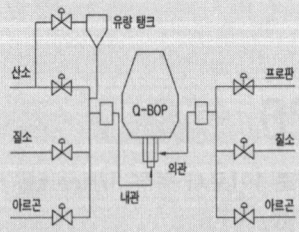

02
고주파 유도로가 특수강 용해에 많이 사용되는 이유를 5가지 쓰시오.

- 용강의 성분, 온도 조정이 용이하다.
- 산화성 합금원소의 실수율이 높고 안정하다.
- 고급강일수록 용해에 유리하다.
- 아크로에서 제조 곤란한 성분을 지닌 합금강도 간단히 용해할 수 있다.
- 용강의 자동교반 효과가 커서 강종면에서 거의 제한이 없다.

03

다음 그림은 안전보건표지이다. 해당하는 표지의 명칭을 쓰시오.

가.

나.

가. (A) : 산화성물질경고
　　(B) : 폭발물경고
　　(C) : 저온경고
　　(D) : 사용금지
　　(E) : 출입금지
나. (A) : 장소 경고
　　(B) : 고온경고
　　(C) : 화기금지
　　(D) : 사용금지
　　(E) : 출입금위험한지

04

스트립캐스팅의 정의와 제조 방법을 3가지 쓰시오.

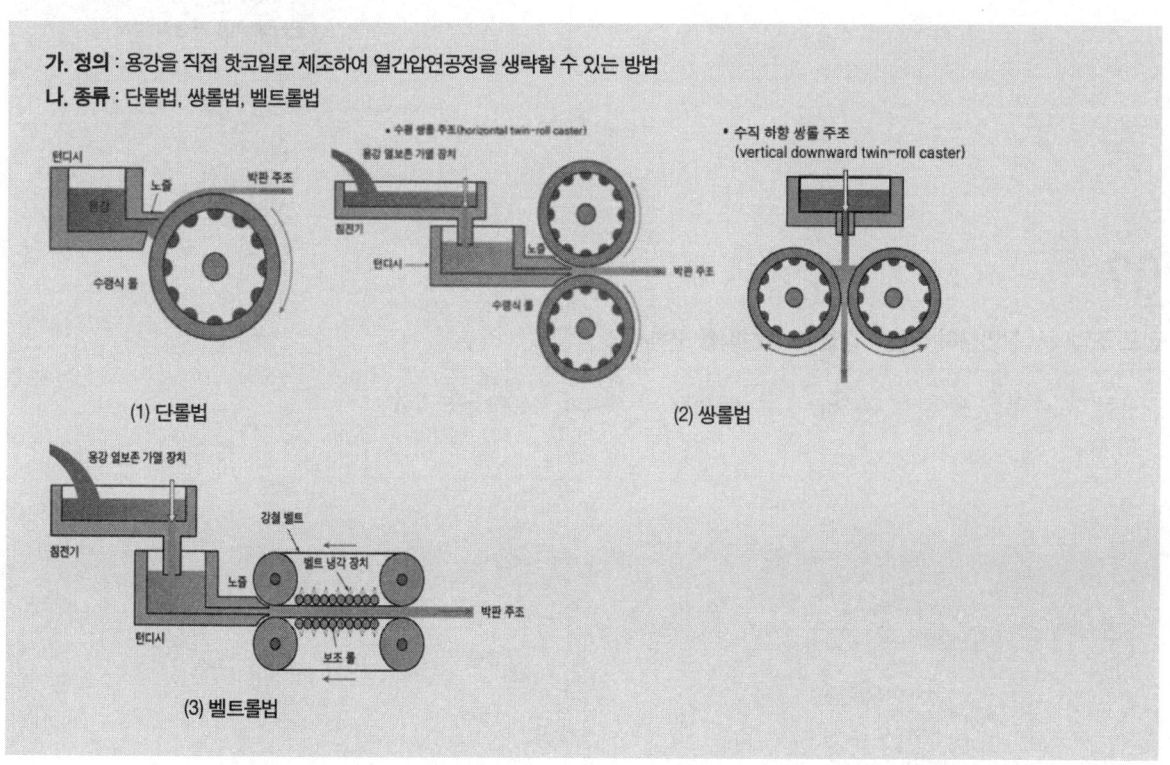

가. 정의 : 용강을 직접 핫코일로 제조하여 열간압연공정을 생략할 수 있는 방법
나. 종류 : 단롤법, 쌍롤법, 벨트롤법

(1) 단롤법
(2) 쌍롤법
(3) 벨트롤법

05

연속주조에서 주형을 진동하는 장치의 명칭을 쓰고, 주형 파우더의 역할을 3가지 쓰시오.

가. 주형진동장치

나. 주형 파우더의 역할

가. 주형진동장치
  몰드 오실레이터
나. 주형 파우더 역할
  - 용강 표면을 덮어 공기에 의한 재산화 방지 및 열방산 방지
  - 용융 파우더가 주형벽으로 흘러가서 윤활제 역할
  - 용강면에서 용융 슬래그를 형성하여 개재물 흡수 및 청정도 향상

06

진공탈가스처리에 의한 산화물계 개재물의 감소기구를 5가지 쓰시오.

- CO반응에 의한 탈산 때문에 탈산생성물이 감소
- 압력이 낮으므로 강중의 산화물이 탄소에 의해 환원
- CO나 수소 등의 기포에 개재물이 부착되어 분리부상
- 용강의 교반, 유동으로 개재물의 응집 및 부상 촉진
- 공기에 의한 재산화 방지

07

전로 조업에서 장입량이 다음과 같을 때 전선비를 구하시오.

> 용선 74,000kg, 냉선 12,000kg, 고철 14,000kg, 생석회 1,400kg을 장입하였다.

$$전선비 = \frac{용선 + 냉선}{전장입량(용선 + 냉선 + 고철)} \times 100$$
$$= \frac{74 + 12}{74 + 12 + 14} \times 100 = 86\%$$

08
노즐 막힘의 원인을 3가지 쓰시오.

- 용강온도 저하에 따른 용강의 응고
- 석출물이 용강 중에 섞여 노즐이 좁아지고 막히게 되는 경우
- 용강으로부터 석출물이 노즐에 부착 후 성장하여 노즐이 좁아지고 막히는 경우

09
슬래그 포밍(Slag Foaming)의 효과 3가지를 쓰시오.

- 열효율 증가
- Arcing(아크 소음) 감소
- 수랭 패널 보호에 의한 노체수명 연장
- 슬래그 중 유가금속 회수율 증가
- 전극 및 내화물 원단위 감소

10
전기로 조업에서 산화기, 배재기, 환원기 작업의 목적을 설명하시오.

가. 산화기 작업

나. 배재기 작업

다. 환원기 작업

가. 산화기 작업
산화제(철광석)나 산소를 용강 중에 첨가 또는 취입하여 C, Si, Mn, P 등의 원소를 산화정련에 의해 제거 및 탄소량을 조절하는 작업이다.

나. 배재기 작업
산화기에서 정련한 용강을 환원기로 전환하기 전에 산화 슬래그를 제거하는 작업이다.

다. 환원기 작업
고염기성, 환원성 슬래그로 정련을 하여 탈황 및 탈산을 하고, 강욕 성분 및 온도 조정을 하는 작업이다.

11
LD전로 조업에서의 종점 판정 기준을 3가지 쓰시오.

- 불꽃의 현상(형태, 색깔, 수량 등)
- 산소 취입량
- 취련 시간

12

전기로 조업에서 강욕 중의 원소 반응 순서와 반응식을 쓰시오.

> 예시 원소 : C, Si, Cr, Mn, P

가. 반응 순서

나. 반응식

가. 반응 순서
$Si \rightarrow Mn \rightarrow Cr \rightarrow P \rightarrow C$

나. 반응식
- $Si + O_2 = SiO_2$
- $2Mn + O_2 = 2MnO$
- $2Cr + \dfrac{3}{2}O_2 = Cr_2O_3$
- $2P + \dfrac{5}{2}O_2 = P_2O_5$
- $2C + O_2 = 2CO$

13

다음의 전로 폐가스(LDG)의 발열량을 계산하시오.

> - 발생가스량은 100(kg), 성분은 CO_2 15%, CO 75%, H_2 3%, N_2 7% 이었다
> - 발열량 : CO 2,430(kcal/kg), H 34,000(kcal/kg)

발열량
= (CO량×CO발열량) + (H량×H발열량)
= (100×0.75×2,430) + (100×0.03×34,000)
= 284,250kcal

14

탈산제의 종류 3가지와 반응식을 쓰시오.

- Al(강탈산제)
  : $2Al + \dfrac{3}{2O_2} = Al_2O_3$
- Fe-Si(중탈산제)
  : $(Fe-Si) + O_2 = Fe + SiO_2$
- Fe-Mn(약탈산제)
  : $(Fe-Mn) + O_2 = Fe + MnO$

15

생석회의 역할을 1가지 쓰고, 생석회 제조 시의 소성 반응식을 쓰시오.

가. 생석회의 역할

나. 제조 시 소성 반응식

가. 생석회의 역할
염기성 슬래그 형성에 의한 탈황, 탈인

나. 제조 시 소성 반응식
$CaCO_3 \rightarrow CaO + CO_2$ -42,500kcal/mol

16

용강에서의 가스 성분과 용해도 관계를 나타내는 법칙을 쓰고, 용해도와 분압의 관계식을 쓰시오.

가. 가스 성분과 용해도 관계를 나타내는 법칙

나. 용해도와 분압의 관계식

가. 법칙
시버트(Sieverts) 법칙

나. 용해도와 분압의 관계식
$$N(\%) = K\sqrt{P_{N_2}}$$
K : 0.044
P_{N_2} : 평형상태 중의 질소 분압
- 따라서 평형상태의 질소 용해도는 질소의 분압에 비례한다.

17

전로 조업에서 소프트 블로우의 정의와 장점을 3가지 쓰시오.

가. 정의

나. 장점

가. 정의
강욕면에 대한 산소의 충돌 에너지를 작게하기 위해 취련 산소 압력을 낮추거나, 랜스의 높이를 높여서 조업하는 방법

나. 장점
- 전철(T.Fe)이 높은 발포성 강재가 형성되어 탈인 반응 촉진
- 탈탄 반응이 억제되어 고탄소강의 제조에 효과적
- 산화성 슬래그 생성을 촉진하고, 고염기성 조업을 하면 탈인, 탈황이 동시에 가능

18

탈인의 반응식을 CaO와의 관계식을 쓰고, 잘되는 조건을 2가지 쓰시오.

가. 반응식

나. 조건

가. 반응식
$2P + 4CaO + 5FeO$
$\rightarrow (CaO)_4 \cdot P_2O_5 + 5Fe$

나. 조건
- 슬래그 중 CaO가 많을 것 (고염기도일 것)
- 슬래그 중 FeO가 많을 것 (산화력이 클 것)
- 슬래그 중 P_2O_5가 낮을 것
- 강욕의 온도가 낮을 것
- 슬래그의 유동성이 좋을 것

19

슬래그 중 CaO가 많을수록, CaS가 많을수록, 온도가 높을수록 탈황은 어떻게 되는지 쓰고, 그 이유를 설명하시오.

가. 슬래그 중 CaO가 많을 경우

나. 슬래그 중 CaS가 많을 경우

다. 온도가 높을 경우

> 가. 탈황이 잘 된다.
> 　이유 : CaO농도가 높아지면 염기도가 높아지고 황의 분배비(K)가 커지기 때문
> 나. 탈황이 잘 안된다.
> 　이유 : CaS농도가 높아지면 황의 분배비(K)가 낮아지기 때문
> 다. 탈황이 잘된다.
> 　이유 : 온도가 높아질수록 황의 평형지수가 커지기 때문

20

다음을 보고 도수율을 구하시오.

> 500명이 근무하는 모회사에서 안전사고 6건에 8명의 재해자가 발생하였다. 이 회사의 재해 도수율을 구하시오. (단, 연근로일수는 300일, 1일 근로시간은 8시간)

$$재해도수율 = \frac{재해건수}{연노동시간 \times 근로인원} \times 1,000,000$$
$$= \frac{6}{300 \times 8 \times 500} \times 1,000,000$$
$$= 5$$

실기 필답형 복원 2022 * 1회

01
고주파 유도로의 특징을 4가지 쓰시오.

- 설비비가 저렴
- 구조가 간단
- 온도조절이 용이
- 자동교반에 의한 성분조정이 용이
- 전기로에서 제강하기 어려운 고합금강 용해에 적합

02
연주용 몰드 파우더의 기능을 3가지 쓰시오.

- 용강 표면을 덮어서 재산화방지
- 비금속 개재물 흡수하여 강의 청정도 향상
- 주형벽에서 몰드와 응고표면간의 윤활제로서 작용
- 용강의 온도 강하 방지(보온)

03
다음을 보고 도수율을 구하시오.

450명이 근무하는 모회사에서 안전사고 15건의 재해자 발생하였다. 이 회사의 재해 도수율을 구하시오. (단, 연근로일수는 260일, 1일 근로시간은 8시간)

$$재해도수율 = \frac{재해건수}{연노동시간 \times 근로인원} \times 1,000,000$$
$$= \frac{15}{260 \times 8 \times 450} \times 1,000,000$$
$$= 16.03$$

2022년 1회 시행

04

다연주(연연주) 조업의 장점을 3가지와 연연주 조업법 3가지를 쓰시오.

가. 연연주 조업의 장점

나. 연연주 조업법

가. 연연주 조업의 장점
- 강편 실수율 향상
- 작업용 재료비 절감
- 가동률 향상

나. 연연주 조업법
- 레이들 교환 연연주
- 턴디시 교환 연연주
- 이강종 연연주
- 주조중 폭변경

05

용선 1톤 취련 시 산소가 $55m^3$/min필요하다면, 용선 70톤을 20분 동안 취련할 때 필요한 산소유량(m^3)을 구하시오.

산소유량
= 용선량 × 분당취련량 × 취련시간
= $70 × 55 × 20 = 77,000m^3$

06

다음 조건과 같은 경우 생석회 투입량을 구하시오.

> **조건**
> 용선 100톤, 용선 중 Si 0.8%, 염기도 3.5, 생석회순도 90%,
> 산소 원자량 16, Si 원자량 28, Ca원자량 40

생석회 투입량

$$= \frac{\text{염기도} \times \text{용선량} \times \text{용선중}Si\% \times \frac{SiO_2}{Si}}{\text{생석회순도}}$$

$$= \frac{3.5 \times 100 \times \frac{0.8}{100} \times \frac{28+16\times2}{28}}{\frac{90}{100}}$$

$$= 6.67\text{톤}$$

07

복망간(망간융기)에 대하여 설명하고, 반응식을 완성하시오.

가. 설명
용선 중 망간이 취련 초기 제거되어 슬래그로 가지만 전로 반응이 진행됨에 따라 MnO가 C에 의해 환원되어 다시 용강 중의 망간 성분이 증가하는 현상

나. 반응식
MnO + C → Mn + CO

08

다음 보기를 보고 슬래그의 산성, 염기성을 구분하여 쓰고, 염기도를 계산하시오.

보기
SiO_2 : 35%, CaO : 60%, MgO : 0.6%, MnO : 4.4%

- 산성 슬래그 : SiO_2
- 염기성 슬래그 : CaO, MgO, MnO
- 염기도 = $\dfrac{60+0.6+4.4}{35}$ = 1.86

09

LF법에서 설비의 목적 3가지와 슬래그 역할을 2가지 쓰시오.

가. 설비 목적

나. 슬래그 역할

가. 설비 목적
- 전로 출강 온도 다운
- 합금철 실수율 증대
- 인(P)의 Reblowing율 감소
- 아크에 의한 용강 온도 상승

나. 슬래그 역할
- 아크열의 대기 방산 방지
- 불순성분의 제거

10

다음의 탈황 반응식을 완성하고, 탈황의 조건을 3가지 쓰시오.

가. 반응식 : FeS + CaO → (1) + (2)

나. 탈황의 조건

가. 반응식
1 : CaS
2 : FeO

나. 탈황의 조건
- 염기도를 높게
- 강욕 온도를 높게
- 슬래그 유동성을 좋게
- 슬래그 양을 많게

11

LD-AC법의 특징을 3가지 쓰고, 기타 고인선 처리법을 2가지 쓰시오.

가. LD-AC법의 특징

나. 기타 고인선 처리법

가. LD-AC법의 특징
- 넓은 성분 범위의 용선을 사용할 수 있어 원료에 제한이 적다.
- 탈인율이 높아서 고인선의 처리에 적합하다.
- 탈인, 탈황이 효과적이다.
- 고탄소, 저인강의 제조에 효과적이다.

나. 기타 고인선 처리법
- 칼도법
- 로터법

12

다음 보기를 보고 전장입량, 용선량, 고철량을 구하시오.

보기
용강량 600톤, 출강률 88%, 용선율 80%

- 전장입량
  $$= \frac{용강량}{출강률} = \frac{600}{0.88} = 681.82톤$$

- 용선량
  = 전장입량 × 용선율
  = 681.82 × 0.8 = 545.46톤

- 고철량
  = 전장입량 − 용선량
  = 681.82 − 545.46
  = 136.36톤

13

용강 중 규소(Si)가 많을 때의 장점 1가지와 단점 3가지를 쓰시오.

가. 장점

나. 단점

가. 장점
산화반응열이 급증하여 용강의 온도가 상승한다

나. 단점
- SiO_2량이 증가하여 염기도가 떨어짐
- 슬래그량이 증가
- 슬로핑 증가로 출강 실수율 저하
- 내화물 침식 증가

14

전기로에서 용강 15톤을 출강하는데 필요한 열량을 계산하시오.

> 보기
>
> 용강 온도는 용융전 1,520℃, 20~1,600℃까지의 평균 비열은 0.16kcal/kg$_f$, 강의 용해잠열은 65kcal/kg$_f$, 출강온도 1,670℃

소비열량
= 현열(온도차×비열) + 잠열
= 0.16×(1,670 - 1,520)×15,000
　　　　　　　　　+65×15,000
= 360,000 + 975,000 = 1,335,000kcal

15

저취산소전로법(Q-BOP법)의 장점을 5가지 쓰시오.

- 슬로핑, 스피팅이 없어 실수율이 높다.
- [C], [O] 반응이 활발하여 극저탄소강 등 청정강 제조에 유리하다.
- 취련시간이 단축되고 폐가스의 회수율이 높다.
- 건물 높이가 낮다.
- 상취전로보다 탈황, 탈인이 잘된다.
- 강중의 O, Slag 중의 FeO가 낮아서 Fe 회수율이 높다.
- 종점에서의 Mn 함량이 높다.

16

스트립캐스팅의 정의 및 장점 3가지를 쓰시오.

가. 정의

나. 장점

가. 정의
　용강을 직접 핫코일로 제조하여 열간압연공정을 생략할 수 있는 방법

나. 장점
- 성에너지 절감
- 제조공정 및 납기단축
- 가공비 절감
- 생산량 증가

17

다음 보기의 원소를 보고 산화기 및 환원기에 제거되는 원소로 각각 분류하시오.

> 보기
>
> C, Si, Mn, P, S, Cr, O, H

가. 산화기
　C, Si, Mn, P, Cr, H

나. 환원기
　S, O

18

다음의 안전에 관한 물음에 답하시오.

가. 유해 화학물질을 안전하게 사용하고 관리하기 위한 필요한 정보를 기재한 시트(Sheet)의 명칭은?

나. 제강공정에서 발생하는 유해가스 2가지는?

가. MSDS
나. CO, SOX, NOX

19

진공탈가스처리에 의한 산화물계 개재물의 감소기구를 5가지 쓰시오.

- CO반응에 의한 탈산 때문에 탈산생성물이 감소
- 압력이 낮으므로 강중의 산화물이 탄소에 의해 환원
- CO나 수소 등의 기포에 개재물이 부착되어 분리부상
- 용강의 교반, 유동으로 개재물의 응집 및 부상 촉진
- 공기에 의한 재산화 방지

20

다음 보기를 보고 주조속도(m/CH)를 구하시오.

| 보기 |

주조시간 35분/CH, 출강량 125톤/CH, 주편 개당 무게 3톤/CH, 전로 출강 싸이클 1

$$주조속도 = \frac{출강량}{출강싸이클 \times 주편당무게 \times 주조시간}$$
$$= \frac{125}{1 \times 3 \times 35}$$
$$= 1.19 \text{m/CH}$$

실기 필답형 복원   2022 * 2회

01

다음 그림은 LD전로 메인랜스의 구조이다.
( )에 해당하는 명칭을 쓰시오.

가. 1, 2에 해당하는 명칭을 쓰시오.
나. 3의 재질을 쓰시오.
다. 4에서 분출되는 성분을 쓰시오.

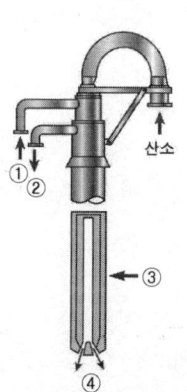

가. 1 : 급수관
　　2 : 배수관
나. 순동
다. 순산소

02

각각에 해당하는 산업안전교육 이수 시간을 쓰시오.

가. 사무직 종사 근로자의 정기교육은 얼마 이상 받아야 하는가?
나. 판매직 및 사무직 외의 근로자의 정기교육은 얼마 이상 받아야 하는가?
다. 관리감독자의 지위에 있는 사람의 정기교육은 얼마 이상 받아야 하는가?

가. 매분기 3시간 이상
나. 매분기 6시간 이상
다. 연간 16시간 이상

03

전기로 조업에서 용융 슬래그의 중요한 기능을 3가지 쓰시오.

- S, P 등의 유해 불순물 제거
- 산소 운반 매개자로서의 산화철 보유
- 외부 공기로부터의 용강 오염 방지 및 산화 방지
- 보온 효과(열손실 방지)

04

산성 전기로와 염기성 전기로의 조업 특성을 비교 설명하시오.

가. 산성 전기로
- 규석 또는 개니스터와 같은 산성 내화물로 바닥을 만들고 SiO_2가 많은 산성 슬래그로 정련하는 방법이다.
- 탈인, 탈황이 곤란하므로 불순물이 적은 원료를 사용해야 하므로 사용에 제약이 많아, 잘 사용하지 않는 방법이다.

나. 염기성 전기로
- 마그네시아, 돌로마이트 같은 염기성 내화재로 노바닥을 만들고 CaO를 주성분으로 하는 염기성 슬래그로 정련하는 방법이다.
- 탈인, 탈황이 용이하여 많이 사용하는 방법이다.

05

다음은 연속주조설비이다. 각각의 역할을 쓰시오.

가. 턴디시

나. 핀치롤

다. 더미바

라. 가이드롤(측면지지롤)

가. 턴디시
주형에 용강의 공급량을 조정하고, 스트랜드에 용강을 분배하기 위한 장치

나. 핀치롤
더미바를 주형에 삽입하고, 주편을 인발 및 지지한다.

다. 더미바
몰드 하부를 초기 실링 및 열간 주편을 핀치롤까지 인발한다.

라. 가이드롤(측면지지롤)
주편이 주형을 통과할 때 약한 응고각의 벌징방지 및 철정압에 견딜 수 있도록 한다.

06

다음 보기를 보고 출강실수율을 구하시오.

> **보기**
> 용선 84톤, 냉선 25톤, 불량 슬래브 8톤, 출강량 110톤

출강실수율
$= \dfrac{출강량}{전장입량} \times 100$
$= \dfrac{110}{84+25+8} \times 100$
$= 94.02\%$

07

석회석 및 형석의 화학식을 쓰고, 내화물의 손상원인을 4가지 쓰시오.

가. 석회석 :

나. 형석 :

다. 내화물 손상원인

가. 석회석 : $CaCO_3$
나. 형석 : CaF_2
다. 내화물 손상원인
- 슬래그에 의한 화학적 침식
- 용강 교반에 의한 마모
- 급격한 온도변화
- 장입물에 의한 충격
- 과도한 고온 조업

08

다음은 슬래그의 탈규 및 탈인에 의한 화학식을 나타낸 것이다. 탈규 및 탈인을 위한 과잉석회(CaO)비를 구하시오.

> **보기**
>
> 탈Si 슬래그(X) $2CaO \cdot SiO_2$, 탈P 슬래그(Y) $3CaO \cdot P_2O_5$
> (원자량 Ca 40, O 16, Si 28, P 31)

- $X : = \dfrac{CaO}{SiO_2}$

  $= \dfrac{2(40+16)}{28+(2\times 16)}$

  $= 1.87$

- $Y : = \dfrac{CaO}{P_2O_5}$

  $= \dfrac{3(40+16)}{(2\times 31)+(5\times 16)}$

  $= 1.18$

09

복합취련 전로법이 LD전로법과 비교할 때 장점을 5가지 쓰시오.

- 용강교반이 균일하여 성분과 온도의 편차가 적다.
- [C]와 [O] 반응이 활발하여 극저탄소강 등 청정강 제조에 유리하다.
- 취련시간이 단축된다.
- 용강 실수율이 높다.
- 취련시간 단축에 의한 내화물의 수명이 연장된다.

10

연속주조 주편의 내부결함을 3가지 쓰시오. (단, 내부 균열(Carck)은 제외)

- 중심편석
- 수소성 결함
- 개재물

11

다음 그림의 산소 전로법의 조업 공정에서 ( )안에 알맞은 공정명 및 장입물을 쓰시오. (단, (가), (나), (다)는 공정, (라), (마)는 장입물)

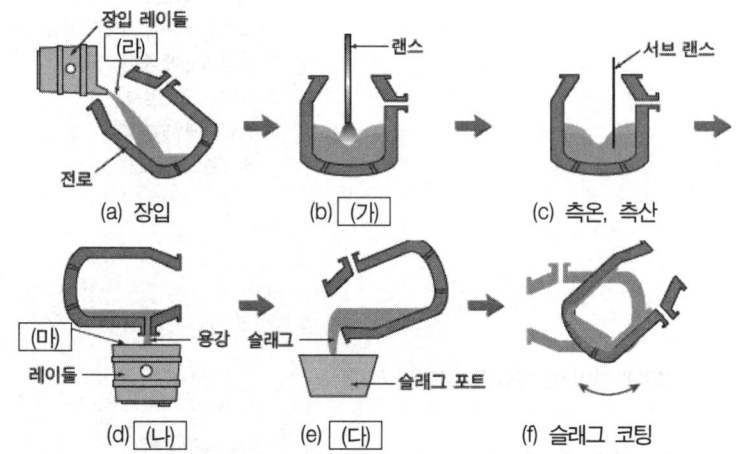

가 : 취련
나 : 출강
다 : 배재
라 : 용선
마 : 합금철

12

다음은 하드블로와 소프트블로에 대한 설명이다. 옳은 것을 골라 쓰시오.

가. 소프트 블로는 T-Fe가 (1 : 높은, 낮은) 발포성 강재가 형성되어 탈인 반응은 (2 : 촉진, 억제) 되고, 탈탄 반응은 (3 : 촉진, 억제) 된다.

나. 하드 블로는 탈탄 반응을 (4 : 촉진, 억제)시키고, FeO(산화철)의 생성을 (5 : 촉진, 억제) 한다.

1 : 높은
2 : 촉진
3 : 억제
4 : 촉진
5 : 억제

13

WF 2차 정련에서 와이어로 투입되는 성분을 1가지 쓰고, 폐가스 냉각방식 2가지를 쓰시오.

가. 와이어로 투입되는 성분

나. 폐가스 냉각방식

가. 와이어 투입 성분
   Al, Ti, Ca
나. 폐가스 냉각방식
   • 비연소방식(OG법)
   • 공기냉각방식(연소방식, IC법)

14

제강용선의 예비탈황에서 액체 탈황제(Na_2CO_3)와 고체 탈황제(CaC_2)의 탈황 반응식을 완성하시오.

가. 액체탈황제(Na_2CO_3)
- $FeS + Na_2CO_3 + Si = Na_2S + SiO_2 + Fe + CO$
- $FeS + Na_2CO_3 + 2Mn = Na_2S + 2MnO + Fe + CO$

나. 고체탈황제(CaC_2)
- $CaC_2 + S = CaS + 2C$
- $CaC_2 + FeS = CaS + 2C + Fe$

15

다음의 공정 기호에 대한 명칭을 쓰시오.

순번	기호	명칭
1	○	( )
2	⇨	( )
3	◇	( )
4	□	( )
5	▽	( )

1 : 가공
2 : 운반
3 : 품질검사
4 : 수량검사
5 : 저장

16

다음의 탈산제를 탈산 능력이 큰 것부터 순서대로 쓰시오.

> **보기**
> Al, Si, Mg, Mn

Mg 〉 Al 〉 Si 〉 Mn

17

순환탈가스법(RH법)에서 가스가 제거되는 장소를 4가지 쓰시오.

- 상승관에 취입된 가스 표면
- 상승관, 하강관, 진공조 내부의 내화물 표면
- 진공조 내에서 노출된 용강 표면
- 취입 가스와 함께 비산하는 스플래시(splash) 표면

18

다음 그림과 같은 주입 노즐의 방식을 쓰고, 이 방식의 장점 3가지를 쓰시오.

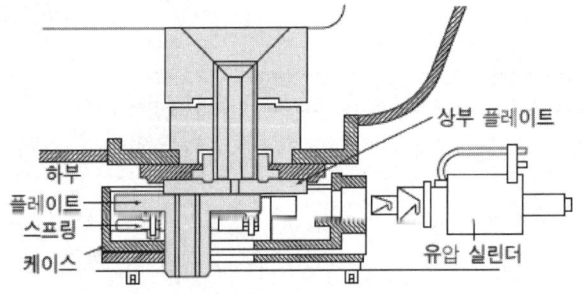

가. 방식

나. 장점

가. **방식**
   슬라이딩 노즐
나. **장점**
   - 연속 사용이 가능하다.
   - 주입속도 조절이 용이하다.
   - 주입사고가 적고 원격 조정이 가능하여 작업이 안전하다.
   - 유량제어가 정확하고 자동화가 가능하다.

19

주편에 이중표피가 발생할 때 조치사항을 3가지 쓰시오.

- 스플래시 캔(splash can) 설치
- 요철(오목) 정반 사용
- 주형 내부 도료로 도포
- 적정 주입속도 유지

20

비금속 개재물의 제어에 적용되는 스토크 법칙(Stoke's law)의 제한 조건 3가지를 쓰시오.

- 낮은 레이놀즈 수의 층류
- 매끄러운 표면
- 균일한 구형 입자

실기 필답형 복원   2023 * 1회

01
LD전로 조업에서 스피팅(Spitting)의 발생 원인과 대책을 각각 2가지씩 쓰시오.

가. 원인 :

나. 대책 :

> 가. • 슬래그 형성이 늦을 때
> • 슬래그 유동성이 불량할 때
> • Hard blow가 과다할 때
> • 산소 용량이 과다할 때
> 나. • 초기 밀스케일, 형석 투입으로 신속히 강재 형성
> • Soft blow 실시

02
용강의 탈인 및 탈황 작업에 대하여 다음 물음에 답하시오.

가. 탈인에 유리한 조건을 3가지 쓰시오.

나. 탈인과 탈황을 유리하게 하는 동일한 조건을 2가지 쓰시오.

> 가. • 용강온도가 낮을 것
> • 산화력이 클 것(슬래그 중 FeO가 많을 것)
> • 슬래그 중 P_2O_5가 낮을 것
> 나. • 슬래그 염기도가 높을 것(슬래그 중 CaO가 많을 것)
> • 슬래그 유동성이 좋을 것

03
다음 보기를 보고 전기로의 열량을 구하시오.

> **보기**
> 20℃ 고철 1.3T을 1,590℃로 용해한다. (단, 20℃~1,600℃ 평균비열 : 0.16kcal, 용융온도 1,500℃에서 융잠열 : 65kcal)

> 소비열량
> = 고철량×(현열 + 잠열)
> = 고철량×(온도차×비열+잠열)
> = 1,300×((1,590 - 20)×0.16 + 65)
> = 411,060kcal

04

연속주조에서 10분에 응고되는 주편의 응고두께를 구하시오(단, 응고상수 K=27).

$$D = 2 \times K \times \sqrt{t}$$
$$= 2 \times 27 \times \sqrt{10}$$
$$= 170.77 mm$$

05

다음 전기로의 전류밀도를 구하시오.

가. 15톤의 전기로에서 직경이 355mm의 전극을 사용하여 12,000A의 전류를 통할 때 전류밀도를 구하시오.

나. 위와 같은 전기로에서 직경을 10% 크게 할 때 전류밀도를 구하시오.

가. 전류밀도(I)
$$= \frac{전류}{전극단면적}$$
$$= \frac{12,000}{3.14 \times \left(\frac{35.5}{2}\right)^2}$$
$$= 12.13 (A/cm^2)$$

나. 전류밀도(I)
$$= \frac{전류}{전극단면적}$$
$$= \frac{12,000}{3.14 \times \left(\frac{35.5 \times 1.1}{2}\right)^2}$$
$$= 10.02 (A/cm^2)$$

06

전로 1기로서 하루 20Heats로 8,000톤을 생산하였다. 전로의 용량을 계산하시오.

$$용량 = \frac{생산량}{Heat수} = \frac{8,000}{20} = 400 톤$$

07

전로 조업에 대하여 다음 물음에 답하시오.

가. 산소 랜스의 재질을 쓰시오.

나. 종점 탄소성분이 목표치보다 높을 때 재취련 시 조업방법을 설명하시오.

가. 구리(순동)
나. 탄소의 성분을 낮추기 위해 산소압력을 고압력으로 취련 실시(Hard blow 실시)

08

LF조업에서 버블링 작업에 대하여 다음 물음에 답하시오.

가. 버블링의 목적을 3가지 쓰시오.

나. 상취 버블링의 단점을 3가지 쓰시오.

가. • 용강의 교반
　　• 용강 온도 및 성분 균일화
　　• 비금속 개재물의 저감
나. • 용강의 비산이 심하다.
　　• 용강의 유동이 심하다.
　　• 가스 사용량이 제한된다.

09

제강 중 용융 강재의 역할을 5가지 쓰시오.

• 정련 작용(불순물 제거)
• 용강의 산화 방지
• 외부 가스의 흡수 방지
• 열방산 방지(보온)
• 용강 중으로 산소를 운반하는 매개체

10

다음 그림은 전로 취련 중 노내 5대 원소의 취련시간에 따른 거동을 나타낸 것이다. 다음 물음에 답하시오.

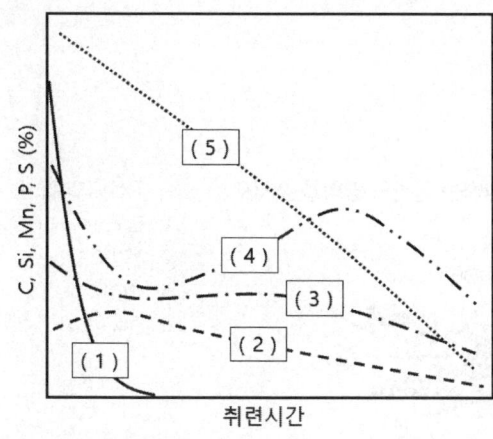

가. 각각의 ( )에 해당하는 원소를 쓰시오.

나. 4번 곡선에서 취련시간 초기에 급격히 감소했다가 다시 증가하는 이유를 쓰시오.

가. 1 : Si
　　2 : S
　　3 : P
　　4 : Mn
　　5 : C
나. Mn의 융기에 의해

11

RH법에서 H, N, O 등의 가스가 제거되는 위치를 4가지 쓰시오.

- 상승관에 취입된 가스 표면
- 상승관, 하강관, 진공조 내부의 내화물 표면
- 진공조 내에서 노출된 용강 표면
- 취입 가스와 함께 비산하는 스플래시(splash) 표면

12

스테인리스 강의 용해 작업 시 전기교반장치의 효과를 3가지 쓰시오.

- 강욕 성분을 균일화
- 슬래그 정련의 효율 향상(환원 효율 향상)
- 노내 반응 촉진

13

연속주조에서 턴디시의 기능을 3가지 쓰시오.

- 주입량 조절
- 주형에 용강을 배분
- 용강 중의 비금속 개재물 부상분리

14

다음 그림은 제철소의 공정을 나타낸 것이다. 각각에 해당하는 설비의 명칭을 쓰시오.

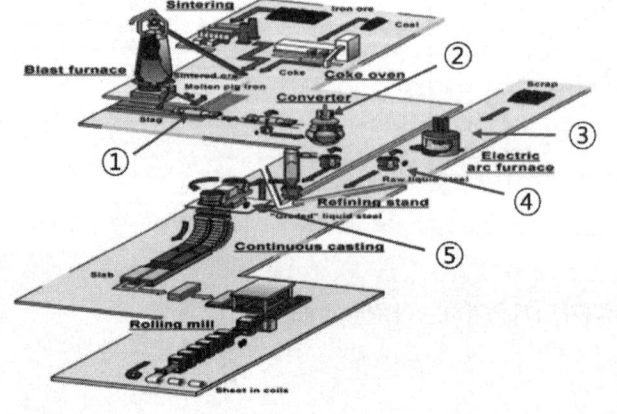

1 : 용선차(토페도카)
2 : 전로
3 : 전기로
4 : 레이들
5 : 연속주조기

15

전기로 Hot Spot 원인과 방지법에 대하여 쓰시오.

가. 원인 :

나. 방지법 :

가. 전기로 내부 용강 탕면 슬래그 라인(slag line)의 국부적인 용손에 의하여 철피가 적열되는 현상
나. 연와 축조시 연와 두께 및 높이 조정과 출강 후 주기적인 내화물 스프레이(spray) 실시

16

LD전로 조업에서 고철과 용선 중 먼저 장입하는 것과 그 이유를 쓰시오.

가. 먼저 장입하는 것

나. 이유

가. 고철
나. 고철에 부착된 수분에 의한 폭발을 방지하기 위해

17

다음 그림은 슬래그의 성분비를 나타낸 3원계 상태도이다. 물음에 답하시오.

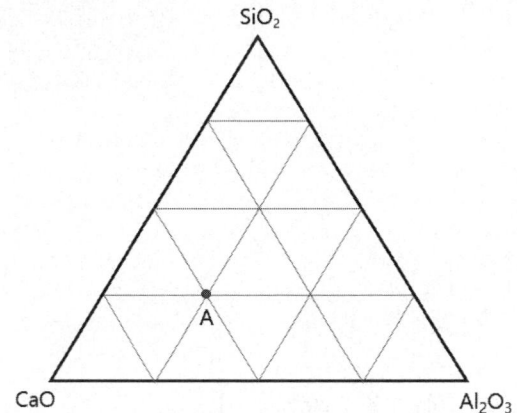

가. A점의 CaO, SiO$_2$, Al$_2$O$_3$의 성분비를 쓰시오.

나. A점의 염기도를 계산하시오(단, Al$_2$O$_3$의 영향은 무시한다).

가. CaO : 50%
　　SiO$_2$: 25%
　　Al$_2$O$_3$: 25%

나. 염기도 $= \dfrac{\text{CaO}}{\text{SiO}_2} = \dfrac{50}{25} = 2.0$

18

다음 그림은 안전보건표지이다. 해당하는 표지의 명칭을 쓰시오.

가	나	다	라	마

가. 화기금지
나. 인화성물질경고
다. 고온경고
라. 사용금지
마. 방진마스크 착용

19

각각에 해당하는 산업안전교육 이수 시간을 쓰시오.

가. 사무직 종사 근로자의 정기교육은 매반기 (　　)시간 이상을 받아야 한다.

나. 판매직 및 사무직 외의 근로자의 정기교육은 매반기 (　　)시간 이상을 받아야 한다.

다. 관리감독자의 지위에 있는 사람의 정기교육은 연간 (　　)시간 이상을 받아야 한다.

가. 6
나. 12
다. 16

20

다음 조건을 보고 Al의 첨가량을 구하시오.

전장입량 : 50T, 출강실수율 : 95%, 목표Al : 0.03%, Al실수율 : 30%

$$Al첨가량 = 전장입량 \times 출강실수율 \times \frac{목표Al\%}{Al실수율}$$
$$= 50,000 \times 0.95 \times \frac{0.03}{30} = 47.5kg$$

실기 필답형 복원 2023 * 2회

01
용선의 탈황법에 대하여 다음 물음에 답하시오.

가. 대표적인 노외 탈황법을 2가지만 쓰시오.

나. 고체 탈황제를 3가지만 쓰시오.

> 가. 와류법, 평면유동법, 레이들탈황법, 탈황제주입법, 기체취입법, 교반법, 요동레이들법
> 나. CaO, CaF_2, CaC_2

02
전기로 조업에 대하여 다음 물음에 답하시오.

가. 전기로 원료 장입 공정에서 고철을 예열할 때 효과를 3가지 쓰시오.

나. 전기로 용해 시 보조 연료 취입법에 사용되는 연료를 2가지 쓰시오. (단, 산소는 제외)

> 가. • 용해시간 단축
> • 부착 수분 제거에 의한 장입 시 폭발 방지
> • 전기 에너지 절감
> 나. 중유, 등유

03
다음 보기를 보고 Mn의 투입량을 계산하시오.

보기
전장입량 : 90T, 출강실수율 : 95%, 종점 목표Mn량 : 0.35%, 종점 분석 Mn : 0.12%, Mn실수율 70%, Fe-Mn 중 Mn성분 : 75%

$$Mn투입량 = (출강량 \times 출강실수율) \times \frac{목표Mn - 분석Mn}{Mn성분\% \times Mn실수율}$$
$$= (90,000 \times 95) \times \frac{(0.35-0.12)}{(75 \times 70)} = 374.6 kg$$

04

전로 조업에 대하여 다음 물음에 답하시오.

가. 스피팅의 방지대책을 2가지 쓰시오.

나. 취련 초기 슬리핑의 방지대책을 2가지 쓰시오.

다. 노구 주변에 도넛 모양으로 용융물이 쌓이는 현상의 명칭을 쓰시오.

가.
- 형석 등 매용제 투입하여 신속히 간재를 형성
- 소프트블로우 실시(랜스 상향, 랜스 압력 저하)

나.
- 취련 초기 탈탄 속도 증가
- 취련 초기 산소 압력 증가

다. 베렌

05

다음 보기를 보고 전장입량, 용선량, 고철량을 구하시오.

> **보기**
> 용강량 : 600T, 출강률 : 88%, 용선율 : 80%

가. 전장입량 :

나. 용선량 :

다. 고철량 :

가. 전장입량 × 출강률 = 용강량

$$\therefore 전장입량 = \frac{용강량}{출강률}$$

$$= \frac{600}{0.88} = 681.82\,T$$

나. 용선량 = 전장입량 × 용선율
$= 681.82 \times 0.8$
$= 545.46\,T$

다. 고철량 = 전장입량 − 용선량
$= 681.82 - 545.46$
$= 136.36\,T$

06

다음은 연속주조 턴디시의 구조를 나타낸 것이다. ( )에 해당하는 설비의 명칭을 쓰시오.

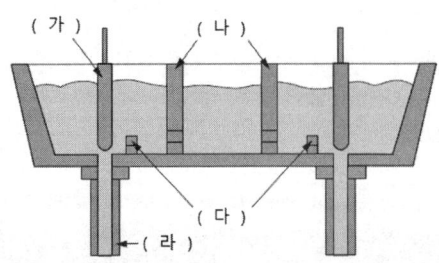

가. 스토퍼(Stopper)
나. 위어(Weir)
다. 댐(Dam)
라. 침지노즐

07

전로 조업의 열정산에서 출열 항목을 5가지 쓰시오.

- 용강의 현열
- 슬래그의 현열
- 폐가스의 현열
- 밀스케일, 철광석의 분해열
- 석회석의 분해열
- 철진의 현열
- CO의 잠열
- 냉각수의 현열
- 기타 방산열

08

연속주조에 대하여 다음 물음에 답하시오.

가. 주편을 핀치롤까지 인발하는 장치의 명칭을 쓰시오.

나. 고속주조 시 문제점을 3가지 쓰시오.

가. 더미바(Dummy bar)

나.
- 주편 내부균열 발생
  - 주편 중심편석 발생
  - 응고각이 얇아짐으로 인한 브레이크 아웃 발생
  - 개재물 분리부상 시간 부족에 의한 개재물 혼입

09

연속주조 주편 인발에서 가이드롤의 역할을 3가지 쓰시오.

- 주편 안내
- 주편 표면의 벌징 방지
- 주편 냉각

10

전로 조업에서 용선 중 규소(Si)가 많을 때 나타나는 현상을 5가지 쓰시오.

- 강욕 온도 과도한 상승에 의한 냉각제 투입량 증가
- 슬래그 염기도 저하로 인한 탈인, 탈황 불리
- 슬래그량 과다 증가
- 슬로핑 발생에 의한 실수율 하락
- 내화물 수명 감소

11

2차 정련에서 진공탈가스법 3가지를 쓰시오.

- 유적탈가스법(BV법)
- 흡인탈가스법(DI법)
- 순환탈가스법(RH법)
- 레이들탈가스법(LD법)

12

전로 조업에서 탈황의 조건을 5가지 쓰시오.

- 강재의 염기도가 높아야 한다.
- 용강 중의 S의 활동도(활량도)가 높아야 한다.
- 용강 온도가 높아야 한다.
- 강재의 유동성이 좋아야 한다.
- 강재량이 많아야 한다.
- 형석의 사용량을 증가시킨다.
- 석회의 재화를 촉진하기 위해 Soft Blow하여 T.Fe를 증가시킨다.

13

다음 그림은 슬래그의 성분비를 나타낸 3원계 상태도이다. 물음에 답하시오.

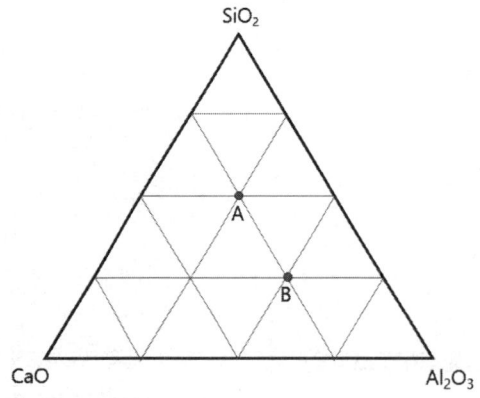

가. A, B점에서의 SiO_2, CaO, Al_2O_3의 성분비를 각각 구하시오.

나. B점을 기준으로 할 때 슬래그 중 MgO가 5% 상승하였을 때 염기도를 구하시오.

가.
- A점 : SiO_2 : 50%
  CaO : 25%
  Al_2O_3 : 25%
- B점 : SiO_2 : 25%
  CaO : 25%
  Al_2O_3 : 50%

나. 염기도 $= \dfrac{CaO + MgO}{SiO_2}$
$= \dfrac{25+5}{25} = 1.2$

14

전로 내장 연와 손상기구 중에서 스폴링 현상의 종류를 3가지 쓰고 설명하시오.

- 구조적 스폴링 : 연와 내의 슬래그 침투에 의해 발생
- 열적 스폴링 : 간헐조업 및 조업 중의 온도 변화에 의해 발생
- 기계적 스폴링 : 승열 시에 발생하는 기계적 응력에 의해 발생

15

Si가 O와의 반응 및 FeO와의 반응식을 쓰시오.

$Si + O_2 = SiO_2$
$Si + FeO = SiO_2 + Fe$

16

다음 보기를 보고 전기로의 열량을 구하시오.

| 보기 |

20℃ 고철 2T을 1,580℃로 용해한다. (단, 20℃~1,600℃ 평균 비열 : 0.16kcal, 용융온도 1,500℃에서 용융잠열 : 65kcal)

소비열량
= 고철량 × (현열 + 잠열)
= 고철량 × (온도차 × 비열 + 잠열)
= 2,000 × ((1,580 − 20) × 0.16 + 65)
= 629,200 kcal

17

다음의 조건을 보고 주조시간을 구하시오.

출강량 : 100T, 주조속도 : 1.5m/min, 주편 크기 : 200mm × 1,000mm, 용강비중 : 7.3g/cm

$$주조시간 = \frac{출강량}{주편크기 \times 주조속도 \times 용강비중}$$
$$= \frac{100}{(0.2 \times 1) \times 1.5 \times 7.3} = 45.67 \text{min/ch}$$

18

다음 전기로 조업 사항에 대하여 물음에 답하시오.

가. 산화기에 생성된 슬래그를 제거하는 작업을 쓰시오.

나. 탈산력이 적은 것부터 순서대로 쓰시오.

> Mg, Mn, Al, Ti, Si

가. 배재작업
나. Mn → Si → Ti → Al → Mg

19

다음 그림은 안전보건표지이다. 해당하는 표지의 명칭을 쓰시오.

 가	 나	 다	 라	 마

가. 산화성물질경고
나. 폭발경고
다. 저온경고
라. 사용금지
마. 출입금지

20

각각에 해당하는 산업안전교육 이수 시간을 쓰시오.

가. 사무직 종사 근로자의 정기교육은 매반기 (　　) 시간 이상을 받아야 한다.

나. 판매직 및 사무직 외의 근로자의 정기교육은 매반기 (　　) 시간 이상을 받아야 한다.

다. 관리감독자의 지위에 있는 사람의 정기교육은 연간 (　　) 시간 이상을 받아야 한다.

가. 6
나. 12
다. 16

실기 필답형 복원   2024 * 1회

01
고주파 유도로의 특징을 4가지 쓰시오.

- 설비비가 저렴하다.
- 구조가 간단하다.
- 온도조절이 용이하다.
- 자동교반에 의한 성분조정이 용이하다.
- 전기로에서 제강하기 어려운 고합금강 용해에 적합하다.

02
저취산소전로법(Q-BOP법)의 장점을 5가지 쓰시오.

- 슬로핑, 스피팅이 없어 실수율이 높다.
- [C], [O] 반응이 활발하여 극저탄소강 등 청정강 제조에 유리하다.
- 취련시간이 단축되고 폐가스의 회수율이 높다.
- 건물 높이가 낮다.
- 상취전로보다 탈황, 탈인이 잘된다.
- 강중의 O, Slag 중의 FeO가 낮아서 Fe 회수율이 높다.
- 종점에서의 Mn 함량이 높다.

03
슬로핑(slopping)의 발생원인과 대책을 쓰시오.

가. 발생원인
- 노용적에 비하여 장입물이 과다할 때
- 잔류 Slag가 많을 때
- Soft Blow가 과할 때
- 용선 중 Si함량이 많을 때
- Slag 점성이 증가할 때
- 용선 배합률이 높을 때

나. 대책
진정제 투입, 산소량 감소, 취련 중기 탈탄속도 과대방지

04

연주 주조속도 증가 시 문제점 및 대책을 3가지씩 쓰시오.

가. 문제점
- 응고각이 얇아져서 Break Out 발생률이 높아진다.
- 중심편석, 내부균열의 위험이 있다.
- 개재물의 부상분리가 곤란하여 비금속 개재물이 증가한다.

나. 대책
- 롤 피치의 단축
- 다단교정 실시
- 압축주조
- 스프레이 냉각도 개선

05

연주용 몰드 파우더의 기능을 3가지 쓰시오.

- 용강 표면을 덮어서 재산화방지
- 비금속 개재물 흡수하여 강의 청정도 향상
- 주형벽에서 몰드와 응고표면간의 윤활제로서 작용
- 용강의 온도 강하 방지(보온)

06

비금속 개재물의 제어에 적용되는 스토크 법칙(Stoke' law)의 식을 쓰고, 제한 조건 3가지를 쓰시오.

가. 적용법칙
스토크법칙

나. 제한 조건
- 낮은 레이놀즈 수의 층류
- 매끄러운 표면
- 균일한 구형 입자

07

순환탈가스법(RH법)에서 가스가 제거되는 장소를 4가지 쓰고, 순환속도 조절하는 방법을 2가지 쓰시오.

가. 가스 제거 장소
- 상승관에 취입된 가스 표면
- 상승관, 하강관, 진공조 내부의 내화물 표면
- 진공조 내에서 노출된 용강 표면
- 취입 가스와 함께 비산하는 스플래시(splash) 표면

나. 속도조절방법
- 흡인용관의 안지름
- 취입하는 가스의 양

08

전기로에 사용하는 철광석의 조건 3가지와 역할 2가지를 쓰시오.

가. 조건
- 철분함량이 많을 것
- 입도가 50~100mm 정도의 괴광일 것
- 맥석성분이 적을 것(SiO_2 10% 이하)
- 유해원소인 P, S 등이 낮을 것

나. 역할
- 산화제
- 냉각제
- 매용제

09

전로 제강에서 인의 분배비에 대하여 설명하고 분배비를 높이는 조건을 3가지 쓰시오.

가. 인의 분배비
슬래그 중 인의 농도비를 나타내는 것으로 분배비가 높을수록 인의 농도가 높아질 수 있으므로, 탈인에서는 인의 분배비가 높아야 한다.

나. 분배비를 높이는 방법
- 염기도가 높을 것(CaO가 많을 것)
- 용강온도가 낮을 것
- 슬래그 중 T-Fe가 많을 것
- 슬래그 중에 P_2O_5 성분이 적을 것

10

탈수소에 유리한 조건을 5가지 쓰시오.

- 강욕 온도가 충분히 높을 것
- 탈산성 원소를 과도히 함유하지 않을 것
- 슬래그 층이 너무 두껍지 않을 것
- 탈산 속도가 클 것(비등이 활발할 것)
- 탈산제나 첨가제에 수분을 포함하지 않을 것
- 대기 중의 습도가 낮을 것

11

다음 그림은 전로 취련 중 노내 5대 원소의 취련시간에 따른 거동을 나타낸 것이다. 물음에 답하시오.

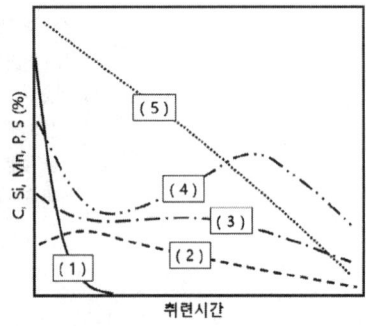

가. 각각의 ( )에 해당하는 원소를 쓰시오.

나. 4번 곡선에서 취련시간 초기에 급격히 감소했다가 다시 증가하는 이유를 쓰시오.

가. ① Si
  ② S
  ③ P
  ④ Mn
  ⑤ C
나. Mn의 융기에 의해

12

2차정련에서 버블링 작업의 목적을 5가지 쓰시오.

- 불순물(비금속 개재물)을 부상 분리
- 용강온도 균일화
- 용강성분 균질화
- 용강의 청정도 향상
- 용강과 슬래그간의 반응 효율 향상 (탈인, 탈황)

13

LF법에서 설비의 목적 3가지와 슬래그 역할을 2가지 쓰시오.

가. 설비 목적
- 전로 출강 온도 다운
- 합금철 실수율 증대
- 인(P)의 Reblowing율 감소
- 아크에 의한 용강 온도 상승

나. 슬래그 역할
- 아크열의 대기 방산 방지
- 불순성분의 제거

14

연속주조에서 턴디시의 기능을 3가지 쓰시오.

- 주입량 조절
- 주형에 용강을 배분
- 용강 중의 비금속 개재물 부상분리

15
제강 중 용융 강재의 역할을 5가지 쓰시오.

- 정련 작용(불순물 제거)
- 용강의 산화 방지
- 외부 가스의 흡수 방지
- 열방산 방지(보온)
- 용강 중으로 산소를 운반하는 매개체

16
전기로 환원기 작업 중 강제탈산법의 장점을 3가지 쓰시오.

- 강욕 성분 변동이 적다.
- 탈산, 탈황이 신속하여 환원시간이 짧다.
- 환원기 강재를 만들기 용이하다.

17
전기로 조업에서 최적전력제어 조업과 Demand 제어를 각각 설명 하시오.

가. **최적전력제어 조업**
용해기 중 노벽 손상을 줄이고, 최단시간 용해를 할 수 있도록 전압 및 전력 설정 값을 자동으로 제어하는 방법

나. **Demand 제어**
아크로 제강공장 전체의 전력이 어느 일정한 제한량을 넘지 않도록 전력을 감시하고, 각 로에 전력분배를 제어하는 것

18
제강용선의 예비탈황에서 액체 탈황제(Na_2CO_3)와 고체 탈황제(CaC_2)의 탈황 반응식을 완성하시오.

가. **액체탈황제(Na_2CO_3)**
- $FeS + Na_2CO_3 + Si = Na_2S + SiO_2 + Fe + CO$
- $FeS + Na_2CO_3 + 2Mn = Na_2S + 2MnO + Fe + CO$

나. **고체탈황제(CaC_2)**
- $CaC_2 + S = CaS + 2C$
- $CaC_2 + FeS = CaS + 2C + Fe$

19

다음 조건을 보고 연주속주 조업에서의 사이클타임을 구하시오.

조건
레이들 100톤 5개를 연주 조업하며, 주조전 대기시간은 14분, 준비시간은 20분, 레이들 1개당 주조시간은 58분 이었다.

사이클 타임 = 대기시간 + 준비시간 + 주조시간 = 14 + 20 + 58 = 92분

20

다음의 안전 표지판에 대하여 쓰시오.

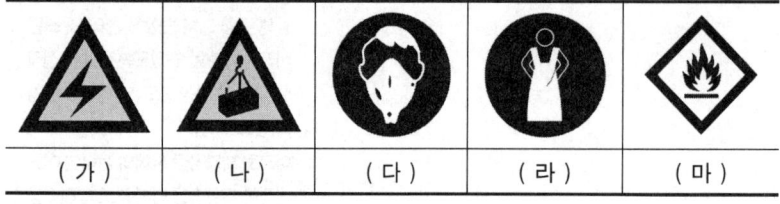

가. 고압전기 경고
나. 매달린 물체 경고
다. 방진마스크 착용
라. 안전복 착용
마. 인화성 물질 경고

실기 필답형 복원 2024 * 2회

01
다음 조건을 보고 전기로의 열량을 계산하시오.

조건
20℃ 고철 2T을 1,580℃로 용해한다(단 20~1,600℃까지의 평균 비열은 0.16kcal/kgf, 용융온도 1,500℃에서 용융잠열 65kcal/kgf).

소비열량 = 고철량×(현열 + 잠열)
= 고철량×(온도차×비열 + 잠열)
= 2,000×((1,580 - 20)×0.16 + 65)
= 629,200kcal

02
다음 그림은 슬래그의 성분비를 나타낸 3원계 상태도이다. 물음에 답하시오.

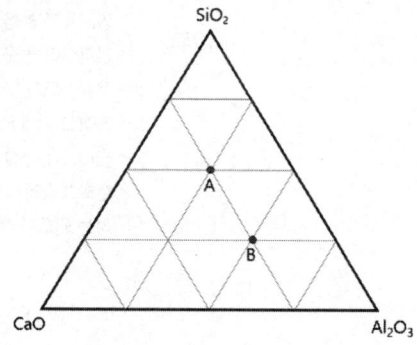

가. A, B점에서의 SiO_2, CaO, Al_2O_3의 성분비를 각각 구하시오.

나. B점을 기준으로 할 때 슬래그 중 MgO가 5% 상승하였을 때 염기도를 구하시오.

가. • A점 : SiO_2 50%, CaO 25%, Al_2O_3 25%
   • B점 : SiO_2 25%, CaO 25%, Al_2O_3 50%

나. 염기도 = $\dfrac{CaO + MgO}{SiO_2} = \dfrac{25+5}{25} = 1.2$

03

다음의 조건을 보고 주조시간을 구하시오.

조건
출강량 100T, 주편속도 1.5m/min, 주편크기 200mm×1,000mm, 용강비중 7.3g/cm

주조시간
$$= \frac{출강량}{주편크기 \times 주조속도 \times 용강비중}$$
$$= \frac{100}{(0.2 \times 1) \times 1.5 \times 7.3}$$
$$= 45.67 \text{min/CH}$$

04

2차정련에서 탈산제의 종류 3가지를 반응식과 함께 쓰시오.

- Al : $4Al + 3O_2 = 2Al_2O_3$
- Fe-Si : $(Fe-Si) + O_2 = Fe + SiO_2$
- Fe-Mn : $2(Fe-Mn) + O_2 = 2Fe + 2MnO$

05

전기로 제강에서 탈인에 유리한 조건을 5가지 쓰시오.

- 염기도가 높을 것(CaO가 많을 것)
- 산화력이 높을 것(FeO가 많을 것)
- 용강온도가 낮을 것
- 슬래그 중에 P_2O_5 성분이 적을 것
- 슬래그 유동성이 좋을 것
- 슬래그 중에 Si, Mn, Cr 등 탈인을 방해하는 원소가 적을 것

06

몰드 내에서 전자기력을 이용하여 침지노즐로부터 토출되는 용강의 유동속도를 제어하는 설비의 명칭을 쓰고 효과를 3가지 쓰시오.

가. 명칭
   몰드 전자교반장치(EMS)
나. 효과
   - 편석 방지
   - 용강 균일화
   - 개재물 분리부상
   - 핀홀 저감

07

2차정련에서 진공탈가스법의 종류를 3가지 쓰시오.

- 유적 탈가스법(Stream Droplet Degassing Process, BV법)
- 흡인 탈가스법(DH법, DHHU법, 도르트문트법)
- 순환 탈가스법(RH법, 라인스탈법)
- 레이들 탈가스법(LD법)

08

다음의 집진설비에 대하여 원리를 설명하시오.

가. 전기 집진기

나. 벤투리 스크러버

다. 백필터

가. 전기집진기
폐가스를 집진판과 방전선 사이에 방전시켜 폐가스 중 분진 흡착하여 집진하는 방식

나. 벤투리 스크러버(Venturi Scrubber)
폐가스를 벤추리를 통과시켜 고속으로 하고 거기에 고압으로 분무하여 집진하는 방식

다. 백필터(Bag Filter)
직포(섬유) 또는 종이로 된 여과장치에 폐가스를 통과시켜 여과시키는 집진방식

09

다음 조건을 보고 출강실수율을 구하시오.

조건
용선 100톤, 냉선 15톤, 고철 5톤, 출강량 112톤, 철진 1.5톤

출강실수율 $= \dfrac{\text{출강량}}{\text{전장입량}} \times 100$

$= \dfrac{112}{100 + 15 + 5} \times 100$

$= 93.33\%$

10

다음 보기를 보고 연속주조 공정을 순서대로 나열하시오.

보기
턴디시, 용강레이들, 몰드주입, 직접냉각, TCM절단, 간접냉각, 주편

용강레이들 → 턴디시 → 몰드주입 → 간접냉각 → 직접냉각 → TCM 절단 → 주편

11

그림과 같은 박슬래브연주법(Thin Slab Casting)의 명칭을 쓰고, 이러한 방법의 장점을 쓰시오.

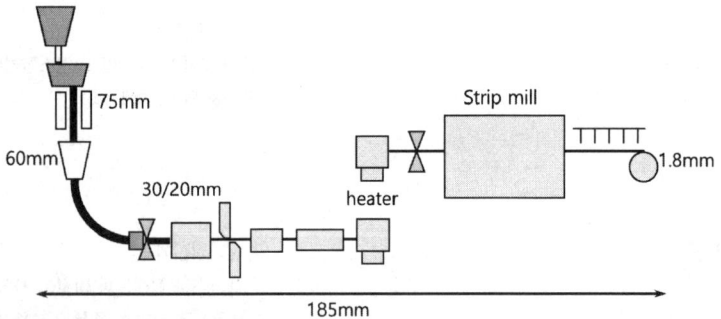

가. 명칭
ISP(In-line strip production)법

나. 장점
- 설비길이의 대폭 축소
- 제품 내부 및 표면 품질 개선

12

턴디시의 기능을 3가지 쓰시오.

- 주형으로의 주입량 조절
- 주형에 용강분배
- 개재물 분리부상
- 연연주 대비 용강 일시 저장

13

연주작업 시 주편의 벌징(Bulging) 현상의 정의, 발생 결함 및 대책을 쓰시오.

가. 정의
주편응고길이 범위에서 완전히 응고하지 못한 미응고 주편이 철정압에 의해 부풀리는 현상

나. 결함
내부 크랙

다. 대책
- Roll Pitch를 작게 유지
- 저속주입

14

베렌(beren)의 의미를 쓰고, 발생원인과 대책을 쓰시오.

가. 정의
  용융물이 전로 노구 부근에 도넛 모양으로 쌓이는 현상

나. 발생원인
 - 랜스 노즐의 영향
 - 슬로핑, 스피팅의 영향

다. 대책
 - 다공노즐 사용
 - 적절한 취련 패턴 유지
 - 적정한 용선 장입

15

다음의 부원료에 해당하는 것을 2가지씩 쓰시오.

가. 조재제

나. 매용제

다. 냉각제

가. 생석회, 석회석, 규사
나. 밀스케일, 소결광, 철광석
다. 철광석, 석회석, 고철

분류	사용목적	부원료 종류
조재제	슬래그 형성	생석회, 석회석, 규사, 연와설(벽돌 스크랩)
매용제	슬래그 생성 촉진	밀 스케일(mill scale), 소결광, 철광석, 형석
냉각제	용강 온도 조정	철광석, 석회석, 밀 스케일, 소결광, 고철
가탄제	탄소 성분 조정	전극설, 무연탄, 코크스
산화제	용강 산소 공급	철광석, 소결광, 밀 스케일, 철망간광
탈산제	용강의 산소 제거	Al, CaC_2, Fe-Si, Fe-Mn, Ca-Si
노보수제	전로 내화물 보호	돌로마이트

16

슬래그 중 CaO가 많을수록, CaS가 많을수록, 온도가 높을수록 탈황은 어떻게 되는지 쓰고, 그 이유를 설명하시오.

가. 슬래그 중 CaO가 많을 경우
- 탈황은 잘 된다.
- 이유 : CaO농도가 높아지면 염기도가 높아지고 황의 분배비(K)가 커지기 때문

나. 슬래그 중 CaS가 많을 경우
- 탈황은 잘 안된다.
- 이유 : CaS농도가 높아지면 황의 분배비(K)가 낮아지기 때문

다. 온도가 높을 경우
- 탈황이 잘된다.
- 이유 : 온도가 높아질수록 황의 평형지수가 커지기 때문

17

내화물의 스폴링 현상을 쓰고, 내화물의 구비조건을 3가지 쓰시오.

가. 스폴링 현상
내화물이 가열, 냉각이 반복될 때 균열이 일어나 표면이 탈락해서 내면이 노출되는 현상

나. 구비조건
- 장입물 충격에 대한 내충격성이 클 것
- 염기성 강재에 대한 화학적인 내식성이 클 것
- 급격한 온도변화에 의한 내열 스폴링성이 클 것
- 용강이나 슬래그의 교반력에 대한 내마모성이 클 것

18

비금속 개재물의 정의, 영향 및 발생원인 3가지를 쓰시오.

가. 정의
산화물, 질화물, 황화물 등의 비금속 화합물이 강괴 중에 들어간 것

나. 영향
재료의 강도와 내충격성 저하의 원인

다. 발생 원인
- 용강 내 각종 반응에 의한 반응 생성물
- 용강의 공기 산화
- 내화물의 용식 및 기계적 혼입

19

연속주조에서 주입온도가 너무 높을 때와 낮을 때의 각각 조업상의 문제점과 품질상의 문제점을 쓰시오.

가. 주조온도가 높을 때

나. 주조온도가 낮을 때

가. 주조온도가 높을 때
- 조업상 문제점
  응고 각의 발달이 늦어져 Break Out이 발생
- 품질상 문제점
  응고에 따른 Macro 편석이 발생

나. 주조온도가 낮을 때
- 조업상 문제점
  턴디시 노즐에 용강이 부착하여 주조불능 상태
- 품질상 문제점
  용강 내 개재물 부상이 불량

20

다음 보기를 보고 전로 출강량과 비례하는 것과 반비례하는 것을 고르시오.

보기
HMR, 용선Si, 냉선 사용량, 노체 비용적, 산소량, Lance 높이, 산화철계 부원료, 슬래그 중 T-Fe, 염기도

가. 비례하는 것
HMR, 산화철계 부원료, 염기도

나. 반비례하는 것
용선Si, 냉선 사용량, 노체 비용적, 산소량, Lance 높이, 슬래그 중 T-Fe

나합격 제강기능장 필기 + 실기

2021년 1월 5일 초판 발행 | 2021년 3월 5일 2판 발행 | 2021년 8월 5일 3판 발행 | 2022년 2월 5일 4판 발행 | 2023년 2월 5일 5판 발행
2024년 2월 5일 6판 발행 | 2025년 2월 5일 7판 발행

지은이 나합격 콘텐츠 연구소 | 발행인 오정자 | 발행처 삼원북스 | 팩스 02-6280-2650
등록 제2017-000048호 | 홈페이지 www.samwonbooks.com | ISBN 979-11-93858-44-8 13500 | 정가 43,000원
Copyright©samwonbooks.Co.,Ltd.

· 낙장 및 파손된 책은 구입한 서점에서 바꿔드립니다.
· 이 책에 실린 모든 내용, 디자인, 이미지, 편집 형태에 대한 저작권은 삼원북스와 저자에게 있습니다. 허락없이 복제 및 게재는 법에 저촉을 받습니다.